건설재료시험기능사
필기 실기

박종삼 편저

도서출판 금 호

머 리 말

건설 기술은 문명의 발상과 함께 시작한 학문으로 자연과 더불어 국토개발과 도시발전을 추구하는 분야이다.

건설 분야 중에서 품질관리는 건설공사의 성패를 결정짓는 중요한 사항으로 과거 고도 성장과정을 거치면서 공기 단축이 우선시 되면서 철저한 품질관리가 미흡하였으나, 이제현대의 건설공사는 대형화, 첨단화하고 있고 그에 따라 품질의 고급화, 시공의 정밀화로 발전하게 되었다.

건설 품질관리 중에서 무엇보다도 요구되는 것은 건설재료에 대한 지식과 재료시험에 있다고 할 수가 있다. 그중에서 콘크리트 재료에 관한 사항, 흙에 관한 사항이 많은 부분을 차지할 것이다.

따라서, 건설공사 품질을 확보하기 위하여 계획 단계, 시공 단계, 유지관리 단계에 이르기까지 담당할 건설재료시험 기술자 양성이 우선 되어야 할 것이다.

본서는 그런 취지에서 건설재료시험 기능사 자격시험의 1차 필기 및 2차 필답형과 작업형을 준비하는 수험자를 위한 것으로 그동안 오랜 현장 경험을 바탕으로 수험생과 현직에 종사하는 건설 기술인에게 더욱 쉽게 이해하여 활용할 수 있도록 중점을 두어 집필하였으며, 콘크리트 표준시방서 개정과 KS 기준의 변경으로 인한 수험자의 혼란을 줄이기 위해 체계화하고, 이해도를 높이도록 문제에 대한 해설에 역점을 두었습니다.

그동안 현장에서 얻은 여러 가지 지식과 정보를 모아 정성을 다하여 본서가 완성되었으나, 내용이 미비한 점과 잘못된 부분은 수정 보완할 것을 약속드리며, 본서 출판에 애써주신 성대준 사장님께 감사드립니다.

저자 씀

차 례 Contents

■ 필기편

제1장 건설 재료 일반 … 13

- 1-1. 건설 재료의 일반적인 사항 … 14
- 1-2. 목재 … 16
- 1-3. 석재 … 19
- 1-4. 금속재 … 21
- 1-5. 역청재 … 24
- 1-6. 합성수지(플라스틱) … 26
- 1-7. 폭약 … 27
- ◆ 문제 및 해설 … 30

제2장 콘크리트 재료 … 47

- 2-1. 골재(잔골재, 굵은 골재) … 48
- 2-2. 시멘트 … 56
- 2-3. 혼화재료 … 62
- 2-4. 콘크리트 일반 … 68
- 2-5. 콘크리트 배합 … 76
- 2-6. 특수콘크리트 시공법 … 89
- ◆ 문제 및 해설 … 101

제3장 흙의 기본적 성질 … 131

- 3-1. 흙의 기본적 성질 … 132
- 3-2. 흙의 분류 … 142
- ◆ 문제 및 해설 … 147

제4장 흙 속의 물과 압밀 … 159

- 4-1. 흙 속의 물의 흐름 … 160
- 4-2. 흙의 압밀 … 165
- ◆ 문제 및 해설 … 168

제5장 흙의 전단강도, 다짐, 기초 — 177
- 5-1. 흙의 전단강도 ·········· 178
- 5-2. 흙의 다짐 ·········· 184
- 5-3. 기초 ·········· 189
- ◈ 문제 및 해설 ·········· 195

제6장 콘크리트 재료 시험 — 213
- 6-1. 시멘트 관련 시험 ·········· 214
- 6-2. 굳지 않은 콘크리트 관련 시험 ·········· 217
- 6-3. 골재 시험 ·········· 224
- 6-4. 굳은 콘크리트 관련 시험 ·········· 233
- ◈ 문제 및 해설 ·········· 239

제7장 아스팔트 시험 — 267
- 7-1. 아스팔트 비중 시험 ·········· 268
- 7-2. 아스팔트 침입도 시험 ·········· 268
- 7-3. 아스팔트 신도 시험 ·········· 269
- 7-4. 역청재료 인화점, 연소점 시험 ·········· 269
- ◈ 문제 및 해설 ·········· 271

제8장 흙의 시험 — 277
- 8-1. 함수비 시험 ·········· 278
- 8-2. 흙의 밀도 시험 ·········· 279
- 8-3. 흙의 액성한계, 소성한계 시험 ·········· 281
- 8-4. 흙의 수축한계 시험 ·········· 282
- 8-5. 흙의 입도 시험 ·········· 284
- 8-6. 흙의 투수 시험 ·········· 285
- 8-7. 흙의 일축압축 시험 ·········· 286
- 8-8. 흙의 직접 전단 시험 ·········· 287
- 8-9. 흙의 다짐 시험 ·········· 287
- 8-10. 노상토 지지력비 시험 ·········· 290
- 8-11. 평판재하 시험 ·········· 292
- 8-12. 표준관입 시험 ·········· 293
- 8-13. 모래치환법에 의한 흙의 단위무게 시험 ·········· 293
- ◈ 문제 및 해설 ·········· 299

실기편

제1장 토성 시험 활용 — 311
◆ 토성 시험 활용 문제 풀이 — 316

제2장 노상토 지지력비 시험 — 343
◆ 노상토 지지력비 시험 문제 풀이 — 345

제3장 흙의 다짐 및 현장밀도 시험 — 351
◆ 흙의 다짐 및 현장밀도 시험 문제 풀이 — 353

제4장 흙의 전단 시험 — 369
◆ 흙의 전단 시험 문제 풀이 — 372

제5장 흙의 압밀 시험 — 377
◆ 흙의 압밀 시험 문제 풀이 — 379

제6장 골재 시험 — 383
◆ 골재 시험 문제 풀이 — 387

제7장 시멘트 및 콘크리트 시험 — 401
◆ 시멘트 및 콘크리트 시험 문제 풀이 — 411

제8장 아스팔트 시험 — 431
◆ 아스팔트 시험 문제 풀이 — 433

제9장 강재 시험 — 437
◆ 강재 시험 문제 풀이 — 439

제10장 작업형 — 441

부 록
모의고사(I~IV) — 472
핵심 필기기출문제 — 496
필답형 기출문제 해설 — 574
건설재료시험 공식 정리 — 628

출제기준(필기)

직무분야	건설	중직무분야	토목	자격종목	건설재료시험기능사	적용기간	2026.1.1.~2027.12.31.

○직무내용 : 건설공사를 수행함에 있어서 필요한 각종 재료에 대해 여러 가지 항목에 걸쳐 시험을 실시하고 적합성을 판별하는 직무이다.

검정방법	객관식	문제수	60	시험시간	1시간

필기 과목명	출제 문제수	주요항목	세부항목	세세항목
건설재료, 건설재료시험, 토질	60	1. 건설재료	1. 일반재료의 성질 및 용도	1. 목재 2. 석재 3. 금속재 4. 역청재 5. 화약 및 폭약 6. 토목섬유
			2. 콘크리트 재료 및 콘크리트의 성질과 용도	1. 잔골재 2. 굵은골재 3. 시멘트의 종류 4. 시멘트의 성질 5. 혼화재료의 성질 6. 혼화재 7. 혼화제 8. 굳지 않은 콘크리트 9. 굳은 콘크리트
		2. 건설재료시험	1. 흙의 시험	1. 함수비시험 2. 밀도시험 3. No. 200체 통과량시험 4. 액성한계시험 5. 소성, 수축한계시험 6. 흙의 입도시험
			2. 시멘트시험	1. 밀도시험 2. 응결시간 측정시험 3. 분말도시험 4. 압축, 인장강도시험 5. 기타 시멘트관련 시험

필기 과목명	출제 문제수	주요항목	세부항목	세세항목
			3. 골재시험	1. 체가름시험 2. 밀도 및 흡수율 시험 3. 표면수량시험 4. 골재의 단위용적질량시험 5. 유기불순물시험 6. 잔입자시험 7. 안정성시험 8. 마모시험
			4. 콘크리트시험	1. 압축, 인장강도시험 2. 휨강도시험 3. 단위질량 및 공기함유량시험 4. 반죽질기시험 5. 블리딩시험 6. 콘크리트의 배합설계
			5. 아스팔트 및 혼합물 시험	1. 비중 및 점도시험 2. 침입도시험 3. 연화점, 인화점 및 연소점시험 4. 신도시험 및 기타 아스팔트시험
			6. 강재의 시험	1. 강재시험
		3. 토질	1. 흙의 기본적 성질과 분류	1. 흙의 성질 2. 흙의 분류
			2. 흙속의 물과 압밀	1. 흙의 모관성, 투수성, 동상 2. 분사현상 및 파이핑 3. 흙의 압축성과 압밀 4. 압밀시험의 정리와 이용
			3. 흙의 전단강도	1. 직접 전단강도 2. 일축압축 전단강도 3. 삼축압축 전단강도
			4. 흙의 다짐	1. 실내다짐 2. 모래치환에 의한 현장밀도시험 3. 노상토 지지력비(CBR)시험

출제기준(실기)

직무분야	건설	중직무분야	토목	자격종목	건설재료시험기능사	적용기간	2026.1.1.~2027.12.31.

○직무내용 : 건설공사를 수행함에 있어서 필요한 각종 재료에 대해 여러 가지 항목에 걸쳐 시험을 실시하고 적합성을 판별하는 직무이다.
○수행준거 : 1. 토질에 대한 기초적인 이론 지식을 바탕으로 토질시험을 수행하고 결과를 판정할 수 있다.
2. 건설재료 및 각종 콘크리트에 대한 기초적인 이론 지식을 바탕으로 관련 시험을 수행하고 결과를 판정할 수 있다.

검정방법	복합형	시험시간	필답형 : 1시간, 작업형 : 2시간 정도

실기과목명	주요항목	세부항목	세세항목
토질 및 건설재료 시험	1. 토질, 시멘트, 골재, 콘크리트 등 건설재료시험에 관한 사항	1. 토성시험하기	1. 토성시험을 할 수 있어야 한다.
		2. 노상토지지력비 시험하기	1. 노상토지지력비 시험을 할 수 있어야 한다.
		3. 다짐 및 현장밀도시험하기	1. 흙의 다짐 시험을 할 수 있어야 한다. 2. 흙의 현장밀도 시험을 할 수 있어야 한다.
		4. 흙의 전단시험하기	1. 직접전단시험을 할 수 있어야 한다. 2. 일축압축시험을 할 수 있어야 한다. 3. 삼축압축시험을 할 수 있어야 한다. 4. 기타 전단시험을 할 수 있어야 한다.
		5. 압밀시험하기	1. 압밀의 원리를 이해하고 적용할 수 있어야 한다. 2. 압밀시험을 할 수 있어야 한다. 3. 압밀침하량을 산정할 수 있어야 한다.
		6. 골재시험하기	1. 잔골재 관련 시험을 할 수 있어야 한다. 2. 굵은골재 관련 시험을 할 수 있어야 한다.
		7. 시멘트 및 콘크리트 시험하기	1. 시멘트 관련 시험을 할 수 있어야 한다. 2. 콘크리트 관련 시험을 할 수 있어야 한다.
		8. 아스팔트 시험하기	1. 아스팔트 관련 시험을 할 수 있어야 한다.
		9. 강재시험하기	1. 강재 관련 시험을 할 수 있어야 한다.

제 1 편
건설재료시험 기능사 필기

제 1 장 건설 재료 일반

제 2 장 콘크리트 재료

제 3 장 흙의 기본적 성질

제 4 장 흙속의 물과 압밀

제 5 장 흙의 전단강도, 다짐, 기초

제 6 장 콘크리트 재료 시험

제 7 장 아스팔트 시험

제 8 장 흙의 시험

건설재료시험 기능사 필기

제1장

건설 재료 일반

1.1 건설 재료의 일반적인 사항
1.2 목 재
1.3 석 재
1.4 금속재
1.5 역청재
1.6 합성수지(플라스틱) 및 폭약
1.7 폭 약
◇ 문제 및 해설

제1장 건설 재료 일반

1.1 건설 재료의 일반적인 사항

1 건설재료로서 필요조건

① 재질이 균등하고 강도가 클 것
② 생산량이 많고 근처에서 경제적으로 쉽게 구할 수 있을 것
③ 운반과 취급이 용이할 것
④ 풍화, 마모, 열에 대한 내구성이 클 것

2 건설재료의 역학적인 성질

응력	재료에 외력이 작용하면 재료의 내부에 저항력이 생기는데, 이것을 응력이라 함 $$응력(f) = \frac{시험에\ 의한\ 최대하중}{재료의\ 단면적} = \frac{P}{A}$$
변형률	재료에 외력을 가하면 변형이 생기는데, 단위 길이에 대한 변형을 변형률이라 함 $$변형율(\varepsilon) = \frac{재료의\ 변형길이}{재료의\ 전체길이} = \frac{\Delta L}{L} \times 100(\%)$$

3 응력과 변형률의 관계

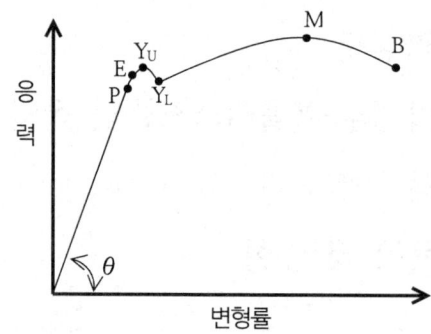

- P 점 : 비례한도
- E 점 : 탄성한도
- Y_U점 : 상항복점
- Y_L점 : 하항복점
- M 점 : 최대응력(극한강도)
- B 점 : 파괴점

1) 비례한도 : 응력과 변형률이 직선적으로 변화하며, 외력이 제거되면 변형이 완전히 회복되는 점
   후크의 법칙 : 재료는 비례한도 이내에서 응력과 변형률이 비례한다.
   $$\sigma = E\varepsilon \quad (응력 : \sigma, 변형률 : \varepsilon, 탄성계수 : E)$$
2) 탄성한도 : 비례한도를 지나 곡선적으로 변화하나 외력이 제거되면 변형이 완전히 회복되는 한계점
3) 항복점 : 소성을 나타내는 점의 응력으로 응력이 증가하지 않아도 변형이 급격히 증가하는 점
4) 극한강도 : 최대 응력을 말한다.
5) 파괴점 : 재료가 파괴되는 점

4 탄성, 소성, 푸와송비(μ), 푸와송수(m)

탄 성	재료가 외력을 받아서 변형이 생겼을 때 외력을 제거하면 원상태로 되돌아가는 성질
	탄성계수 $(E) = \dfrac{P/A}{\Delta L/L} = \dfrac{PL}{A\Delta L}$ f : 응력, ε : 변형률 전단탄성계수 $(G) = \dfrac{E}{2(1+\mu)} = \dfrac{QL}{A\Delta L}$ P : 작용하중 μ : 푸와송비 Q : 전단력, A : 단면적
소 성	원상태로 되돌아가지 못하고 변형된 상태로 남아 있는 것을 소성이라 함
푸와송비(μ) 푸와송수(m)	재료의 응력방향 변형에 대한 가로방향의 변형비를 말함 $\mu = \dfrac{1}{m} = \dfrac{세로 변형률}{가로 변형률}$

5 재료의 성질

1) 강성

재료가 외력을 받을 때 변형에 저항하는 성질을 강성이라 하며, 변형을 크게 일으키지 않는 재료를 강성이 크다고 한다.

2) 인성

재료가 외력을 받아 파괴될 때까지 큰 응력에 견디며, 변형이 크게 일어나는 성질을 인성이라 한다. (고무, 연강)

3) 취성

재료가 외력을 받을 때 작은 변형에도 파괴되는 성질을 취성이라 한다. 콘크리트, 주철, 유리 등은 취성이 큰 재료이다.

4) 연성

재료가 인장력을 받을 때 잘 늘어나는 성질을 연성이라 함

5) 전성

재료를 두드릴 때 얇게 퍼지는 성질을 전성이라 한다. 납, 금 등은 전성이 큰 재료이다.

6) 크리프(Creep)

일정한 하중을 장기간 계속해서 작용시키면 시간이 경과함에 따라 소성 변형이 증가하는 현상

7) 리락세이션(Relaxation)

변형량이 일정할 때 시간의 경과에 따라 응력도가 감소하는 현상

1.2 목재

1 목재의 장단점

1) 목재의 장점
   ① 외관이 아름답다.
   ② 가볍고, 구입, 가공, 취급이 쉽다.
   ③ 중량에 비해 강도 및 탄력성이 크다.
   ④ 온도에 대한 수축, 팽창이 작다.
   ⑤ 충격 및 진동을 잘 흡수한다.
   ⑥ 재질의 결함을 발견하기 쉬우며 방부나 방충화처리가 가능해서 내구적, 내화적으로 만들 수가 있다.
   ⑦ 산 및 알칼리성에 저항성이 크다.
   ⑧ 각지에 분포되어 있어 재료 얻기가 쉽다.

2) 목재의 단점
   ① 공기 중에서 잘 썩는다.
   ② 내구성이 작고 화재의 위험성이 크다.

③ 재질 및 강도가 균질하지 못하고 비틀림이 생기기 쉽다.
④ 함수량에 따른 팽창수축이 크다.
⑤ 크기에 제한을 받는다. (옹이, 혹, 껍질박이, 틀어짐 등이 원인임)
⑥ 섬유방향에 전단강도가 약하고 경도가 작다.

2 목재의 구조 조직

1) **수피** : 생목시의 수목을 보호하는 부분. 제거 후 사용(부식 및 마찰력감소)
2) **형성층** : 외장수의 수피내부의 끈끈한 조직으로 세포분열이 일어나 성장하는 층
3) **변재** : 세포가 활발히 분열하고 수액의 이동, 양분의 저장이 이루어지는 곳으로 흡수성이 크고 연질로 되어 있다. 변재는 심재보다 썩기 쉽고 강도가 약하다.
4) **심재** : 수심 부근에 위치하며 암갈색을 띠고 있으며 리그닌이 축척되어 수분이 적고 단단한 조직으로 되어 강도와 내구성이 크다. 화학적 저항성과 세균분해에 대한 저항성도 매우 크다.
5) **수심** : 나무의 중심에 위치한 코르크 성분의 물질로서 유목시의 수분과 영양분의 전달 통로를 말함.
6) **나이테** : 계절에 따라 성장조건이 다르므로 성장속도에 따라 생성되는 동심원 모양의 조직으로 암갈색의 테는 추재임. 나이테의 절단각도에 따라 마구리, 무늬의 결과에 따라 곧은결 단판이 나온다.
7) **목재의 성질**

   | 일반적인 성질 |

   ① 비중 : 목재의 진비중은 물의 비중보다 큰 1.54~1.56 정도이며 겉보기 비중은 1보다 적다. 일반적으로 목재에서 비중이라 함은 겉보기 비중 중에서 기 건비중을 말한다. 비중을 상대 밀도라고도 함 (밀도:물질의 단위부피당 질량)

   $$밀도 = \frac{물질\,질량(gf)}{물질\,부피(cm^3)}$$

   ② 비중의 종류(함수량의 차이에 따른 분류)
   ㉠ 생목비중 : 수목을 벌채한 직후의 비중으로서 수분이 목재 절대중량의 30~100% 정도이다.
   ㉡ 기건비중 : 보통 목재의 비중이란 공기 중 건조상태의 비중을 말하며, 대기의 습도와 평형상태가 되도록 수목을 건조시켰을 때의 비중을 말한다. 수분은 목재 중량의 13~

18% 정도 함유하며 비중이 0.3~0.9 정도이다.
ⓒ 절대 건조비중 : 수목을 110℃ 이하의 온도로 건조시켜 수분을 완전히 제거했을 때의 비중을 말한다. (노건조 비중).
ⓔ 포수비중 : 간극이 완전히 물로 포화된 상태의 비중을 말한다.
③ 함수율

함수율은 목재가 기건상태 일 때에는 보통 13~18% 정도이다.

$$함수율(\%) = \frac{목재물무게}{건조된 목재무게} = \frac{W_1 - W_2}{W_2} \times 100$$

여기서, W_1 : 건조전의 무게
W_2 : 절대건조무게

역학적인 성질

① 압축강도 : 세로 인장강도의 90%, 가로 압축강도는 세로 압축강도(섬유방향)의 10~20% 정도임.
② 인장강도 : 세로방향의 강도는 압축강도 보다 크지만 옹이 등 재료의 불균질성 때문에 인장 재료로는 잘 사용되지 않음.
③ 휨강도 : 목재는 일반적으로 휨재로 많이 사용하며, 일점 집중하중을 줄 경우의 강도 식은 다음과 같다.

$$f_b = \frac{3Pl}{2bh^2}$$

여기서, P : 파괴시의 하중 l : 지간
b : 공시체의 폭 h : 공시체의 높이

3 목재의 건조

1) 목재 건조 목적
① 균류에 의한 부식과 벌레의 피해 방지
② 사용 시의 수축 및 균열 방지
③ 강도 및 내구성 추진
④ 방부제 주입이 양호하다.

2) 목재 건조 방법

① 자연건조법 : 공기건조법, 침수법

② 인공건조법 : 자비법, 열기법, 증기법, 훈연법

4 목재의 재적 단위

목재의 부피를 목재의 재적이라 하며, 재적의 단위는 m^3이다

1.3 석재

1 건설용 석재의 종류와 용도

토목 공사에 사용하는 석재는 화강암, 안산암, 사암이 가장 많이 쓰이며, 강도가 커서 공사용 석재, 콘크리트용 골재, 기초공사용 부순 돌로 많이 쓰인다.

석재의 종류	특 성	용 도
화 강 암	강도가 가장 크고, 내구성이 크나 열에 약함	각석, 골재, 부순돌, 견치석
안 산 암	강도, 내화성이 크고, 채석이다.	돌쌓기용, 도로용 골재
사 암	규산질의 것은 단단하다.	축대, 돌쌓기용
응 회 암	내화성이 크고, 가공하기 쉽다.	돌쌓기용, 기초용
석 회 암	탄산칼슘을 주성분으로 하는 퇴적암으로, 단단하나 내화성, 내화학성이 작다.	시멘트 원료, 석분, 부순골재
점 판 암	대기 중 변질 하지 않는다. 흡수성이 작다. 외관이 아름답다.	지붕재료, 석반, 석비
대 리 석	강도는 어느 정도 강하나 내구성이 약하고 풍화되기 쉽다.	옥외용으로는 부적당, 실내 장식재로 사용

2 석재의 일반적인 성질

1) **비중** : 비중이 크면 조직이 치밀하다는 의미이므로 강도 및 내구성이 크며, 비중은 진비중과 겉보기 비중으로 나눌 수 있다.

① 진비중 : 분말 상태로 측정

② 겉보기 비중 : 석재의 비중은 일반적으로 2.65 정도

$$\text{비중} = \frac{W_1}{W_3 - W_2} \times 100(\%)$$

여기서, W_1 : 입방체에 가까운 20g의 시료를 항온 건조한 무게
　　　　W_2 : 96시간 증류수 속에 침수시킨 후의 수중 무게
　　　　W_3 : 96시간 증류수 속에 침수시킨 후에 표면수를 제거한 공기중 무게

③ 흡수율 : 석재가 그 빈틈에 물을 흡수하는 성질을 말하여 석재의 흡수율은 풍화, 파괴, 내구성과 깊은 관계가 있다. 일반적으로 흡수율이 클수록 강도가 작고, 내구성이 작아지며, 흡수율이 큰 것은 빈틈이 많아 동해를 받기 쉽다.

$$\text{흡수율}(\%) = \frac{W_3 - W_1}{W_1} \times 100(\%)$$

여기서, W_1, W_3은 비중에서와 같음

2) **강도** : 석재의 강도는 주로 압축 강도를 말하며 강도 시험용 공시체는 톱이나 코어드릴을 사용하며, 직육면체, 사각기둥형 또는 원주형으로 만들어야 하며, 공시체의 지름 또는 가로방향 치수는 5.0cm 이상 되어야 한다. 석재의 압축강도는 단위무게가 클수록 크고, 흡수율이 작을수록 크다.

① 압축강도 : $\sigma = \dfrac{P}{A}$, 가장 크다.

② 인장강도 : 잘 이용하지 않는다.

③ 휨강도 : 공시체의 크기 5cm×5cm×30cm, 지간 25cm

$$\text{휨강도}(f_b) = \frac{3Pl}{2bh^2} \quad \text{(단, 1점하중 재하인 경우)}$$

여기서, P : 시험체가 꺾어졌을 때의 하중(kg)　　l : 지간(cm)
　　　　b : 시험편의 단면폭 5(cm)　　h : 시험체의 단면 높이 5(cm)

3 암석의 구조

절리	암석 특유의 천연적으로 갈라진 금. 특히 화성암에서 현저하다.	
	괴상절리	화강암
	판상절리	판자를 포개놓은 절리(수성암, 안산암 등)
	주상절리	돌기둥을 배열한 것 같은 모양의 절리. 주로 화산암
	구상절리	양파처럼 생긴 절리, 암석의 돌출 두부

층 리	수성암에서 주로 볼 수 있는 평행상의 절리
편 리	변성암에서 주로 나타나며 불규칙하고, 소편으로 갈라지는 현상
석 리	조암광물의 집합상태에 의해 생기는 암석 조직상의 갈라진 금을 말함.
벽 개	일정한 면으로 잘 갈라지는 면

4 입상조직 및 반상조직

1) **입상조직** : 거의 같은 크기의 결정체로 구성된 것
2) **반상조직** : 일부는 큰 것이며, 일부는 작은 것으로 이루어짐
3) **선상조직** : 일정한 방향의 선상으로 발달된 조직

5 석재의 규격

구분		설 명	모 양
석재 규격	각석	나비가 두께의 3배 미만, 나비보다 길이가 긴 직육면체의 석재. 주로 구조용으로 쓰임	
	판석	두께가 15cm미만이고, 나비가 두께의 3배 이상인 판 모양의 석재이며, 궤도용으로 쓰임	
	견치석	앞면이 거의 사각형에 가깝고, 길이는 면의 최소변의 1.5배 이상의 것으로 흙막이용 석축, 비탈면 보호의 돌 붙임에 쓰임	
	사고석	면이 거의 사각형에 가깝고, 길이는 면의 최소변의 1.2배 이상의 것으로 견치석과 같은 용도로 쓰임	
석재의 재적		부피의 단위, m3	

1.4 금속재

1) 금속재료의 특징
   ① 보통온도에서 고체 결정체이다.
   ② 전기, 열전도율이 크다.
   ③ 전성과 연성이 크다.
   ④ 광택이 좋다

2) 탄소 함유량에 따른 분류

구분		특 징
강	탄소강	보통강은 탄소강을 말하며, 탄소 함유량이 많을수록 강도와 경도가 커진다.
	합금강	탄소강에 특수한 성질을 주기 위해 다른 원소를 넣어 만든 것으로, 탄소강에 비해 인장강도, 경도가 크고, 내마멸성이 크며, 무게를 줄여 재료를 절약할 수 있다.
주철		선철을 주원료, 강에 비해 충격에 약해 깨지기 쉬우나, 내마멸성과 압축강도가 크며, 주조하기가 쉽고 값이 싸다.

3) 철강제품

철강제품	특징 및 용도	종류
구조용강재	저탄소강으로 만들어짐. 교량, 철구조, 건축등 강구조에 쓰임	압연강재
강판, 강대	강괴를 롤러로 압연으로 만든 판	
형 강	강괴를 압연하여 여러 모양 단면을 만듦	L형강, ㄷ형강, T형강, I형강, H형강
봉 강	강괴를 여러 가지 단면막대를 만듦	철근, PS강재, 리벳, 볼트
선 재	강괴를 선 모양으로 만듦	철선, PS강선, 와이어로프
강 말 뚝	구조물 기초에 사용	강 널말뚝, 강관말뚝, H형강말뚝
철 관	구조용, 수도용	강관, 주철관

4) 강의 열처리

강은 가열하여 냉각하면 내부결정의 변화에 의해 원강의 성질이 변하는데 이를 열처리라고 한다.

열처리	특 징
불 림	800~1000℃로 가열시킨 후 공기 중에서 서서히 냉각, 강 속의 조직이 치밀하게 되고 변형이 제거된다.
풀 림	가열 후 노속에서 서서히 냉각시키는 것으로 강 속의 내부응력이 제거되고 신도가 증가됨.
담금질	가열한 금속을 물 또는 기름 속에서 급속히 냉각하는 것으로 경도와 내마모성이 증대된다. 대장간의 칼날을 세울 때 이 원리를 이용함.
뜨 임	담금질이 된 것은 경도와 취성이 커 이를 다시 가열한 다음 공기 중에서 서서히 냉각시키는 과정을 말하며, 변형이 적고 강인한 금속이 된다.

5) 금속재료의 시험법

① 인장강도 : 금속재료의 인장시험을 하여 항복점, 인장강도 연신율, 단면 수축률 등을 구한다.
② 굴곡 시험 : 굴곡 각도는 180°임
③ 경도 시험 : 재료의 단단한 정도를 판단하는 시험으로 브리넬식, 비커스식, 록웰식, 쇼어식
④ 충격시험 : 샤르피 충격시험, 아이로드 충격시험

6) 금속의 방식법

방식법	종 류
비금속 도포법	녹막이 도료 바르기, 아스팔트 바르기, 시멘트 몰타르 바르기
금속 피막법	도금법, 확산 침투법, 가공법
전기 방식법	외부 전원, 법유전 양극법

7) 녹 방지용 페인트가 갖추어야 할 성질

① 충분한 탄력성이 있을 것.
② 내구성이 커서 대기 중에 있는 가스류에 상하지 않을 것.
③ 불투수성이며 공기가 통하지 않을 것.
④ 철재에 대하여 화학적 작용을 일으키지 않을 것.
⑤ 성질이 질기고 경도가 커서 마찰, 충격 등에 견딜 수 있을 것.

1.5 역청재

1 아스팔트 종류

아스팔트	아스팔트 종류	
천연 아스팔트	석유가 지표에 흘러나오거나 암석의 틈에 스며들어 휘발성 물질이 증발 또는 대기의 영향을 받아서 변질되어 생긴 것.	
	레이크아스팔트, 록 아스팔트, 샌드아스팔트, 아스팔타이트	
석유 아스팔트	원유를 증류할 때 얻어지는 것	
	스트레이트 아스팔트	원유 중의 아스팔트 성분이 열에 의해 변화되지 않도록 증기증류법, 감압법에 의해 만듦, 신장성. 방수성이 풍부하나, 연화점이 낮고, 감온비가 크며, 내후성이 작다
		유화아스팔트, 컷백아스팔트로 제조 도로포장에 사용
	블론 아스팔트	스트레이트 아스팔트를 가열하여 고온의 공기를 불어넣어, 아스팔트 성분에 화학변화를 일으켜 만듦 감온성이 적고, 탄력이 크며, 연화점이 높다
		방수재료, 접착제, 방식도장에 사용

2 아스팔트 특징

1) 레이크 아스팔트

   아스팔트가 호수와 같은 모양으로 지표면에 노출되어 있는 것

2) 록 아스팔트

   다공성의 석회암과 사암에 아스팔트가 스며들어 생긴 것으로 아스팔트 함유량은 10% 정도이며, 잘게 부수어 도로포장에 사용한다.

3) 샌드(Sand) 아스팔트

   모래층 속에 아스팔트가 스며들어 이루어진 것이다.

4) 아스팔타이트

   암석의 균열 등에 석유가 스며들어 오랜 세월에 걸쳐 아스팔트로 변질된 것으로서 불순물이 거의 없는 순수한 아스팔트의 총칭이다. 길소나이트, 글랜스피치(Glance Pitch), 그라하마이트 등이 있다.

5) 유화아스팔트

비교적 연질인 석유 아스팔트와 안정제를 넣은 유화액을 유화기에 넣고, 잘 섞어서 아스팔트 입자를 유화액 속에 분산시켜 만듦, 가열하지 않고 상온에서 그대로 사용.

6) 컷백 아스팔트

연한 석유 아스팔트에 휘발성 유분을 넣고, 기계적으로 섞어서 만듦

① 급속경화 컷백아스팔트 : 노상 혼합용, 표면 처리용

② 중속경화 컷백아스팔트 : 수선용, 표면 처리용

③ 완속경화 컷백아스팔트 : 일반적으로 사용하지 않음. 먼지 막기용이나 표면처리용으로 약간 쓰임

7) 고무아스팔트

스트레이트 아스팔트에 천연고무, 합성고무 등을 넣어서 성질을 개선한 것으로, 추운 곳에서의 도로포장에 사용

스트레이트 아스팔트에 비해 감온성이 적고 응집력과 부착력이 크며, 탄성 및 충격 저항성이 크고, 내후성 및 마찰계수가 크다.

8) 플라스틱 아스팔트

아스팔트에 폴리에틸렌, 에폭시수지 등 고분자 재료를 넣어 성질을 개선한 것으로 비행장 활주로 포장에 쓰인다.

3 아스팔트 물리적 성질

물리적 성질	특 징
비 중	보통 25℃에서의 아스팔트의 무게와 이와 같은 부피의 물의 무게와의 비(1.01~1.10 정도), 아스팔트의 비중은 침입도가 작을수록(상대 굳기가 클수록) 커진다.
침입도	아스팔트 굳기 정도를 나타냄. 침입도가 클수록 연하다.
신 도	아스팔트가 늘어나는 능력, 점착성, 가요성, 내마모성에 관계
인화점 연소점	아스팔트를 가열하면 가연성 증기로 불이 붙는다. 이 때 최저온도를 인화점, 계속 가열하여 불꽃이 5초 이상 계속될 때의 최저온도를 연소점 이라함.
연화점	아스팔트가 연해져서 점도가 일정한 값에 도달 하였을 때 온도

1.6 합성수지(플라스틱) 및 폭약

1 합성수지

열·압력 등으로 소성 변형시켜 성형할 수 있는 고분자물질이나 그 성형품. 천연 수지 및 합성수지의 총칭이지만 보통 플라스틱이라고 하면 합성수지 및 그 성형물을 말한다.

1) 열가소성 수지
수지를 가열하면 연화하여 가소성을 나타내고, 냉각하면 고화되는 수지

2) 열경화성 수지
가열하면 가소성을 나타내지만, 가열을 계속하면 경화되며, 한번 경화된 것은 다시 가열해도 연화되지 않는 수지

≪알아두기≫
☞ 가소성 : 고체에 외력을 가해 탄성한계를 초과하여 변형시켰을 때, 외력을 제거해도 원래자리로 돌아가지 않는 성질. 소성(塑性)이라고도 한다.

2 합성수지(플라스틱) 장, 단점

1) 장점
① 무게가 가볍고(비중 : 1~2)성형 및 가공이 쉽다.
② 대량생산이 가능하고 내구성과 내수성이 크다.
③ 내산성과 내 알카리성이 크고 녹슬지 않는다.
④ 착색이 자유롭고 빛의 투과율이 좋으며 전성이 있다.

2) 단점
① 내화 및 내열성이 적다.
② 경도가 작고 내마모성이 작다.
③ 팽창계수가 커서 변형이 아주 크다.
④ 강성이 작다.

3 합성수지 종류와 용도

종류	합성수지명	용도
열가소성 수지	염화비닐 수지	관, 판, 막, 지수판
	폴리에틸렌 수지	관, 판, 막, 줄눈재
	폴리프로필렌 수지	관, 판
	아크릴산 수지	관, 판, 토질안정제, 방수제
	메타크릴산 수지	판
열경화성 수지	페놀 수지	접착제, 도료
	요소 수지	접착제, 도료, 토질안정제
	멜라민 수지	도료
	에폭시 수지	접착제, 도료, 절연재
	실리콘 수지	도료, 절연재, 방수제

1.7 폭약

1 화약

1) **흑색화약**

   초석(질산칼륨)70%, 목탄 15%, 유황 15%의 비율로 섞어 지름 3~7mm정도로 만든 것으로 값이 저렴하고 화학적으로 극히 안정되어 자연분해가 안 됨으로써 보관과 취급이 간편하다. 수중폭파가 불가능하고 공기 중에서 점화에 의해 연소된다. 흡수성이 크고 수분을 흡수하면 청색으로 변하며 발화되지 않는다. 폭발시 연기가 많아서 유연화약 이라고도 부른다.

2) **무연화약**

   니트로셀룰로오스나 니트로그리세린을 주성분으로 흑색화약보다 낮은 압력이 장기간 지속되고 연기 및 연소 잔해물이 적고, 총, 포에 많이 사용된다.

2 폭약

1) **카일릿** : 취급이 간편하고 다이너마이트보다 화력이 크고 폭발속도가 느림. 충격에 둔하고 발화점(295℃)도 높으며 자연분해가 잘 되지 않아서 보관과 취급이 간편하다. 단점으로는 흡수성이 크고 염산가스 발생량이 많아서 갱내에서는 사용할 수 없고 채석장 및 노천공사에 주로 사용한다.

2) **니트로글리세린** : 순수한 것은 무색무취의 액체로 공업용은 담황색을 띤다. 가장 강력한 폭약(폭속 : 8000m/sec)으로 충격 및 진동에 취약하여 아주 위험하므로 단독으로 사용하기보다는 다른 폭약의 원료로 주로 사용된다. 다이너마이트의 주원료이며 동해(공업용은 8℃에서 동결)를 입기 쉽다. 점화만으로 연소한다.

3) **니트로셀룰로오스(면약)** : 셀룰로오스(섬유)에 진한 질산을 작용시킨 것으로 강면약과 약면약이 있으며 외관은 솜과 같으나 약간 거칠다.

4) **다이너마이트(dynamite)** : 니트로글리세린을 흡수성이 큰 어떤 물질에 흡수시킨 것으로 7% 이상 함유한 것을 말한다. 타격으로 인한 충격에도 폭발하므로 취급에 주의가 요구된다. 타격으로 사용하며 위력은 젤라틴 다이너마이트보다 떨어진다. 흡수성이 커서 2중 포장을 해서 사용한다.

5) **질산암모늄 폭약** : 초안폭약이라 하며 질산암모늄을 주성분으로 여기에 식염, 니트글리세린, 목분 등을 혼합한 폭약으로 가스 발생량이 많다.

6) **질산암모늄 유제 폭약(ANFO)** : 질산암모늄과 연료유(석유, 등유)를 섞어서 만든 것으로서 니트로글리세린이 들어있지 않다. 이 폭약은 다루기가 쉽고 안전하며 값이 싸서 토목공사 및 광산의 폭파용으로 많이 사용된다.

7) **T.N.T(tri nitro toulene)** : 아주 흡수성이 적어서 물에 용해되지 않으며 폭속은 5200m/sec 정도이다. 기폭약이 없이는 폭발이 불가능한 것으로 다량의 가스로 갱내용으로는 사용이 불가능하고 군용, 도폭선의 심약, 예감제로 많이 사용되는 고체이다.

8) **함수 폭약(slury 폭약)** : ANFO와 같이 초안을 주재료로한 폭약으로 다량의 물을 함유하고 있으므로 충격, 마찰, 화염에 대한 안정이 다이너마이트나 ANFO보다 월등히 높다. 유독가스가 종래의 폭약에 비해 월등이 적고 수중공사가 가능하다. 폭발력은 ANFO보다 크고, 다이너마이트와 비등하다.

3 도화선(blasting fuse)과 뇌관(detonator)

1) **도화선** : 뇌관을 점화시키기 위한 것으로 주로 흑색화약을 사용. 실을 감은 후 방수제로 도장한 것으로 완연 도화선과 속연 도화선이 있으나 속연 도화선은 최근에는 사용하지 않는다. 완연 도화선은 1m에 30초 정도로 점화 후 폭발 속도의 조절이 가능하다.

2) **도폭선(blasting cord)** : 대폭파 또는 수중 폭파시에 동시폭파를 목적으로 금속 또는 섬유로 피복한 끈 모양의 폭약으로 연소속도는 3000~6000m/sec이며 원료로는 T.N.T펜트리트(pentrit), 피크린산, 헥조겐 등을 사용한다.

3) 뇌관 : 기폭약이 들어 있어 다른 폭발유도에 쓰이는 장치임.

4 폭약 취급시 주의 사항

① 뇌관과 폭약은 동일한 장소에 저장해서는 안 된다.
② 운반 중 화기 및 충격에 대해서 세심한 주의를 한다.
③ 장기보존에 의한 흡습, 동결이 되지 않도록 주의를 한다.
④ 다이너마이트를 저장할 때 일광(해볕)의 직사와 화기 있는 곳은 피한다.
⑤ 취급자의 지도, 감독을 받고 폭약의 지식을 충분히 인식시켜 두어야 한다.

건설 재료 일반

건설 재료의 일반적인 성질

문제 1
다음 중 작은 변형에도 쉽게 파괴되는 재료의 성질은?

가. 인성　　　　나. 전성　　　　다. 연성　　　　라. 취성

해설 취성 : 재료가 외력을 받을 때 작은 변형에도 파괴되는 성질. 콘크리트, 주철, 유리 등은 취성이 큰 재료이다.

문제 2
재료가 외력을 받을 때 조금만 변형되어도 파괴되는 성질은 무엇이라 하는가?

가. 취성　　　　나. 연성　　　　다. 전성　　　　라. 인성

해설 취성 : 재료가 외력을 받을 때 작은 변형에도 파괴되는 성질

문제 3
길이 L=10cm, 폭 b=5cm인 강봉을 인장시켰더니 길이가 11.5cm이고, 폭은 4.8cm가 되었다. 포아송 비는?

가. 0.27　　　　나. 0.35　　　　다. 11.50　　　　라. 0.96

해설 $\mu = \dfrac{1}{m} = \dfrac{\text{세로 변형률}}{\text{가로 변형률}} = \dfrac{\Delta b/B}{\Delta l/L} = \dfrac{0.2/5.0}{1.5/10} = 0.27$

문제 4
재료의 역학적 성질 중 재료를 두들길 때 얇게 펴지는 성질을 무엇이라 하는가?

가. 강성　　　　나. 전성　　　　다. 인성　　　　라. 연성

해설 전성 : 재료를 두드릴 때 얇게 펴지는 성질. 납, 금 등은 전성이 큰 재료이다.

문제 5
재료에 하중이 오랫동안 작용하면 하중이 일정한 때에도 시간이 지남에 따라 변형이 커지는 현상은?

가. 크리프　　　　나. 피로　　　　다. 인성　　　　라. 취성

해설 크리프 : 일정한 하중을 장기간 계속해서 작용시키면 시간이 경과함에 따라 소성 변형이 증가하는 현상

정답 1. 라　2. 가　3. 가　4. 나　5. 가

문제 6

크리이프(creep)에 대한 설명 중 옳지 않은 것은?

가. 콘크리트의 재령이 짧을수록 크리이프는 크게 일어난다.
나. 부재의 치수가 클수록 크리이프는 크게 일어난다.
다. 물-결합재비가 클수록 크리이프는 크게 일어난다.
라. 작용하는 응력이 클수록 크리이프는 크게 일어난다.

해설 부재 치수가 커지면 변형이 작아지고 크리프도 작아진다.

문제 7

강의 화학성분 중 인(P)이 많을 때 증가 되는 성질은?

가. 취성　　　　나. 인성　　　　다. 탄성　　　　라. 휨성

해설 P(인) 성분이 많으면 취성적 성질을 갖는다. (유리, 주철 등)

문제 8

다음은 무엇을 설명하는 것인가?

> 재료는 비례한도 이내에서 응력과 변형률이 비례한다.

가. 탄성계수
나. 전단탄성계수
다. 포아송의 비 (Poisson's ratio)
라. 후크의 법칙(Hook's law)

해설 후크의 법칙 : $\sigma = E\varepsilon$

정답 6. 나　7. 가　8. 라

목 재

문제 1

질량 113kg의 목재를 절대 건조시켜서 100kg로 되었다면 함수율은?

가. 0.13% 나. 0.30% 다. 3.00% 라. 13.00%

해설 함수율 $= \dfrac{W_1 - W_2}{W_2} = \dfrac{113-100}{100} \times 100 = 13(\%)$

문제 2

목재의 장점에 관한 다음 설명 중 잘못된 것은?

가. 재질과 강도가 균일하다.
나. 온도에 대한 수축, 팽창이 비교적 작다.
다. 충격과 진동 등을 잘 흡수한다.
라. 가볍고 취급 및 가공이 쉽다.

해설
- 외관이 아름답다.
- 가볍고, 구입, 가공, 취급이 쉽다.
- 중량에 비해 강도 및 탄력성이 크다.
- 온도에 대한 수축, 팽창이 비교적 작다.
- 충격 및 진동을 잘 흡수한다.
- 재질의 결함을 발견하기 쉽고 방부나 방충화처리가 가능해 내구적, 내화적으로 만들 수 있음
- 산 및 알칼리성에 저항성이 크다.
- 각지에 분포되어 있어 재료 얻기가 쉽다.

문제 3

목재의 건조 방법 중 자연 건조방법은?

가. 끓임법 나. 침수법 다. 증기건조법 라. 열기건조법

해설
① 자연건조법 : 공기건조법, 침수법
② 인공건조법 : 자비법, 열기법, 증기법, 훈연법

문제 4

일반적으로 목재의 비중으로 사용되는 것은?

가. 생목비중 나. 기건비중 다. 포수비중 라. 절대건조비중

해설 일반적으로 목재에서 비중이라 함은 겉보기 비중 중에서 기건비중을 말한다.

정답 1. 라 2. 가 3. 나 4. 나

문제 5

목재의 함수율을 구하는 식으로 옳은 것은?
(단, U : 함수율, W_1 : 건조 전 중량, W_2 : 절대건조 후 중량)

가. $U(\%) = \dfrac{W_1 - W_2}{W_2} \times 100$ 　　　　나. $U(\%) = \dfrac{W_2 - W_1}{W_2} \times 100$

다. $U(\%) = \dfrac{W_1 - W_2}{W_1} \times 100$ 　　　　라. $U(\%) = \dfrac{W_2 - W_1}{W_1} \times 100$

해설 　함수율(%) $= \dfrac{\text{목재물무게}}{\text{건조된 목재무게}} = \dfrac{W_1 - W_2}{W_2} \times 100$

문제 6

어떤 목재 700cm³를 건조 전의 무게를 측정하였더니 558.9g 이었고 절대 건조 상태에서 측정하였더니 500g이었다. 이 목재의 함수율은?

가. 11.8%　　　나. 13.5%　　　다. 71.4%　　　라. 81.1%

해설 　함수율(%) $= \dfrac{\text{목재물무게}}{\text{건조된 목재무게}} = \dfrac{W_1 - W_2}{W_2} \times 100 = \dfrac{558.9 - 500}{500} \times 100 = 11.8(\%)$

문제 7

목재에서 양분을 저장하여 두고 수액의 이동과 전달을 하는 부분은?

가. 심재　　　나. 수피　　　다. 형성층　　　라. 변재

해설 　변재 : 세포가 활발히 분열하고 수액의 이동, 양분의 저장이 이루어지는 곳으로 흡수성이 크고 연질로 되어 있다. 변재는 심재보다 썩기 쉽고 강도가 약하다.

문제 8

동일한 목재일 때 다음 강도 중 가장 큰 것은?

가. 종압축강도　　　나. 횡압축강도　　　다. 전단강도　　　라. 종인장강도

해설 　인장강도 : 세로방향의 강도는 압축강도보다 크지만 옹이 등의 재료의 불균질성 때문에 인장 재료로는 잘 사용되지 않음.

문제 9

어떤 목재 시험편이 기건 상태에서 무게가 100gf 이고 시험편의 체적이 200cm³ 이었다면 비중은?

가. 5.0　　　나. 2.0　　　다. 1.5　　　라. 0.5

해설 　비중(밀도) $= \dfrac{\text{물질 질량}(gf)}{\text{물질 부피}(cm^3)} = \dfrac{100}{200} = 0.5$

정답　5. 가　6. 가　7. 라　8. 라　9. 라

문제 10

목재의 기건 상태에서 건조 전의 무게가 250gf 이고, 절대건조 무게가 220gf 인 목재의 함수율은?

가. 12.6% 나. 13.6% 다. 14.6% 라. 15.6%

해 설 함수율(%) $= \dfrac{W_1 - W_2}{W_2} \times 100 = \dfrac{250 - 220}{220} \times 100 = 13.6(\%)$

문제 11

목재의 강도에 관한 기술 중 옳은 것은?

가. 비중이 크면 압축강도는 감소한다.
나. 함수율이 작을수록 강도는 증가한다.
다. 온도가 상승하면 강도가 증가한다.
라. 목재의 흠은 강도를 증가시킨다.

해 설 함수율이 작다는 것은 공극률이 작아 조직이 치밀하여 강도가 커진다.

정답 10. 나 11. 나

석 재

문제 1

다음 석재의 강도에 대한 설명 중 옳은 것은?

가. 인장강도가 압축강도보다 약간 크다.
나. 강도와 밀도는 무관하다.
다. 압축강도시험 시 공시체의 반지름 또는 가로방향 치수는 5.0cm 이상으로 한다.
라. 석재의 밀도란 일반적으로 겉보기 밀도를 말한다.

해설 석재의 강도는 주로 압축 강도를 말하며 강도 시험용 공시체는 지름 또는 가로방향 치수는 5.0cm 이상 노건조 후 시험한다. 석재의 비중(밀도)이란 일반적으로 이를 이용 겉보기 비중(밀도)

문제 2

다음 화강암의 장점에 대한 설명으로 옳지 않은 것은?

가. 석질이 견고하여 풍화나 마멸에 잘 견딜 수 있다.
나. 내화성이 크며 세밀한 조각 등에 적합하다.
다. 균열이 적기 때문에 큰 재료를 채취할 수 있다.
라. 외관이 아름답기 때문에 장식재로 쓸 수 있다.

해설 강도, 내구성이 크나 열에 약함

문제 3

석재의 비중 및 강도에 대한 설명 중 틀린 것은?

가. 석재는 비중이 클수록 흡수율이 크고, 압축강도가 작다.
나. 석재의 비중은 일반적으로 겉보기 비중을 말한다.
다. 석재의 강도는 일반적으로 비중이 클수록, 빈틈율이 작을수록 크다.
라. 석재는 흡수율이 클수록 강도가 작다.

해설 비중, 흡수율, 강도, 내구성 관계
① 비중이 크면 조직이 치밀하다는 의미이므로 강도 및 내구성이 크다.
② 석재의 비중은 일반적으로 겉보기비중을 말함
③ 흡수율이 클수록 강도가 작고, 내구성이 작으며, 흡수율이 큰 것은 빈틈이 많으므로 동해를 받기 쉽다.
④ 석재의 압축강도는 단위무게가 클수록 크고, 흡수율이 작을수록 크다.
⑤ 석재의 흡수율은 풍화, 파괴, 내구성과 크게 관계가 있다.

정답 1. 라 2. 나 3. 가

문제 4

다음 중 석재에 관한 설명으로 틀린 것은

가. 석재의 비중은 일반적으로 겉보기 비중을 말한다.
나. 석재의 압축강도는 단위 무게가 클수록 크고, 흡수율이 작을수록 크다.
다. 석재의 흡수율은 풍화, 파괴, 내구성과 크게 관계가 있다.
라. 석재는 일반적으로 비중이 클수록 흡수율이 크고 압축강도가 작다.

해설
비중, 흡수율, 강도, 내구성 관계
① 비중이 크면 조직이 치밀하다는 의미이므로 강도 및 내구성이 크다.
② 석재의 비중은 일반적으로 겉보기비중을 말함
③ 흡수율이 클수록 강도가 작고, 내구성이 작고, 흡수율이 큰 것은 빈틈이 많으므로 동해를 받기 쉽다.
④ 석재의 압축강도는 단위무게가 클수록 크고, 흡수율이 작을수록 크다.
⑤ 석재의 흡수율은 풍화, 파괴, 내구성과 크게 관계가 있다.

문제 5

석회암은 지열을 받아 변성된 석재로 주성분이 탄산칼슘인 석재는?

가. 화강암   나. 응회암   다. 대리석   라. 점판암

해설 대리석은 탄산칼슘을 주성분으로 하는 퇴적암으로, 단단하나 내화성, 내화학성이 작다. 시멘트 원료, 석분, 부순 골재로 이용

문제 6

석재의 성질에 대한 설명으로 잘못된 것은?

가. 석재의 비중은 2.65 정도이며 비중이 클수록 석재의 흡수율이 작고, 압축강도가 크다.
나. 석재의 흡수율은 풍화, 파괴, 내구성 등과 관계가 있고 흡수율이 큰 것은 빈틈이 많으므로 동해를 받기 쉽다.
다. 석재의 강도는 인장강도가 특히 크고 압축강도는 매우 작으므로 석재를 구조용으로 사용하는 경우에는 주로 인장력을 받는 부분에 많이 사용된다.
라. 석재의 공극률은 일반적으로 석재에 포함된 전체공극과 겉보기체적의 비로서 나타낸다.

해설 석재의 비중은 2.65 정도이며, 석재의 인장강도는 잘 이용하지 않는다.

문제 7

일반적인 석재의 비중은 얼마 정도인가?

가. 2.15   나. 2.25   다. 2.45   라. 2.65

해설 석재의 비중은 약 2.65 정도이다.

정답 4. 라 5. 다 6. 다 7. 라

문제 8

석재의 비중은 일반적으로 어떤 비중으로 나타내는가?

가. 표건 비중 나. 기건 비중 다. 진 비중 라. 겉보기 비중

해설 석재의 비중은 겉보기 비중을 말함

문제 9

조암광물의 조성상태에 의해서 생기는 암석 조직상의 금을 무엇이라 하는가?

가. 벽개 나. 석리 다. 돌눈 라. 절리

해설 석리 : 조암광물의 집합상태에 의해 생기는 암석 조직상의 갈라진 금을 말함.

문제 10

다음 토목공사용 석재 중 압축강도가 가장 큰 것은?

가. 대리석 나. 응회암 다. 사암 라. 화강암

해설 압축강도가 가장 큰 것은 화강암

문제 11

석재의 성질에 대한 설명으로 틀린 것은?

가. 석재의 인장강도는 압축강도에 비해 매우 크다.
나. 흡수량으로 석재의 빈틈율을 알 수 있다.
다. 비중에 의하여 석재의 강도를 알 수 있다.
라. 화강암은 내화성이 낮다.

해설
석재의 성질
① 흡수량이 크면 공극이 커져 빈틈율도 크다.
② 비중이 크면 조밀하여 강도가 커진다.
③ 화강암은 열에 약하다.

정답 8. 라 9. 나 10. 라 11. 가

역 청 재

문제 1
천연 아스팔트의 종류가 아닌 것은?

가. 레이크 아스팔트 나. 록 아스팔트
다. 샌드 아스팔트 라. 블로운 아스팔트

해설 천연아스팔트 : 레이크아스팔트, 록 아스팔트, 샌드아스팔트, 아스팔타이트, 블론 아스팔트는 석유 아스팔트

문제 2
아스팔트의 점도와 가장 밀접한 관계가 있는 것은?

가. 비중 나. 수분 다. 온도 라. 압력

해설 점도는 온도가 높으면 낮고, 온도가 낮으면 크다.

문제 3
블론 아스팔트와 비교하였을 경우 스트레이트 아스팔트 특성에 관한 설명으로 옳지 않은 것은?

가. 방수성이 좋다. 나. 신도가 크다.
다. 감온성이 크다. 라. 내후성이 우수하다.

해설 스트레이트아스팔트는 신장성, 접착성, 방수성, 감온성이 크고, 내후성이 작다.

문제 4
아스팔트에 관한 다음 설명 중 틀린 것은?

가. 블론 아스팔트의 연화점은 대체로 스트레이트 아스팔트보다 낮다.
나. 아스팔트는 도로의 포장재료 외에 흙의 안정재료, 방수 재료 등으로도 사용
다. 스트레이트 아스팔트의 점착성 및 방수성은 블론 아스팔트 보다 양호하다.
라. 아스팔트의 신도는 시편을 규정된 속도로 당기어 끊어졌을 때에 지침의 거리를 읽어 측정한다.

해설 블론 아스팔트는 감온성이 적고 탄력이 크며, 연화점이 높다.
스트레이트아스팔트는 신장성, 접착성, 방수성, 감온성이 크고, 내후성이 작다.

문제 5
아스팔트(Asphalt)의 신도와 관계가 없는 것은?

가. 접착성 나. 수밀성 다. 가요성 라. 내마모성

해설 신도는 아스팔트가 늘어나는 능력으로 접착성, 가요성, 내마모성에 관계

정답 1. 라 2. 다 3. 라 4. 가 5. 나

문제 6

유분이 지표의 낮은 곳에 괴어 생긴 것으로서 불순물이 섞여 있는 아스팔트는?

가. 레이크 아스팔트 나. 록 아스팔트
다. 샌드 아스팔트 라. 석유 아스팔트

해설 레이크 아스팔트 : 아스팔트가 호수와 같은 모양으로 지표면에 노출되어 있는 것

문제 7

다음 중 도로포장용으로 가장 많이 사용되는 재료는?

가. 콜타르 나. 스트레이트 아스팔트
다. 블로운 아스팔트 라. 샌드매스틱

해설 스트레이트아스팔트 종류는 유화아스팔트, 컷백아스팔트로 도로포장에 사용

문제 8

스트레이트 아스팔트에 천연 고무, 합성 고무 등을 넣어서 성질을 개선한 아스팔트는?

가. 유화 아스팔트 나. 컷백 아스팔트
다. 고무화 아스팔트 라. 플라스틱 아스팔트

해설 고무화 아스팔트 : 스트레이트 아스팔트에 천연고무, 합성고무 등을 넣어서 성질을 개선

문제 9

스트레이트 아스팔트에 비해 고무화 아스팔트 이점을 설명한 것 중 옳지 않은 것은?

가. 내후성 및 마찰계수가 크다. 나. 탄성 및 충격저항이 크다.
다. 응집력과 부착력이 크다. 라. 감온성이 크다.

해설 스트레이트 아스팔트에 비해 감온성이 적고 응집력과 부착력이 크며, 탄성 및 충격 저항성이 크고, 내후성 및 마찰계수가 크다.

문제 10

비교적 연한 스트레이트 아스팔트에 적당한 휘발성 용제를 가하여 일시적으로 점도를 저하시켜 유동성을 좋게 한 것은?

가. 고무 아스팔트 나. 컷백 아스팔트
다. 역청 줄눈재 라. 에멀션화 아스팔트

해설 컷백 아스팔트: 연한 석유 아스팔트에 휘발성 유분을 넣고, 기계적으로 섞어서 만듦

정답 6. 가 7. 나 8. 다 9. 라 10. 나

문제 11

융해점이 높고 감온비가 작으며 내구성, 내충격성이 크고, 플라스틱한 성질을 가지며 탄력성이 강한 아스팔트는?

가. 천연 아스팔트 나. 블로운 아스팔트
다. 스트레이트 아스팔트 라. 레이크 아스팔트

해설 블로운 아스팔트는 감온성이 적고 탄력이 크며, 연화점이 높다

문제 12

천연 아스팔트로서 토사 같은 것을 함유하지 않고, 성질과 용도가 블론 아스팔트와 같이 취급되는 것은?

가. 레이크 아스팔트 나. 아스팔타이트
다. 샌드 아스팔트 라. 커트백 아스팔트

해설 아스팔타이트 : 암석의 균열 등에 석유가 스며들어 오랜 세월에 걸쳐 아스팔트로 변질된 것으로서 불순물이 거의 없는 순수한 아스팔트

문제 13

플라스틱 아스팔트에 대한 설명으로 옳은 것은?

가. 점도가 낮다. 나. 비행장 포장에 이용된다.
다. 신도와 감온성이 크다. 라. 열과 용제에 대하여 불안정성이다.

해설 플라스틱 아스팔트 : 아스팔트에 폴리에틸렌, 에폭시수지 등 고분자 재료를 넣어 성질을 개선한 것으로 비행장 활주로 포장에 쓰인다.

문제 14

석유 아스팔트의 설명 중 옳지 않은 것은?

가. 스트레이트 아스팔트는 연화점이 비교적 낮고 감온성이 크다.
나. 스트레이트 아스팔트는 점착성, 연성, 방수성이 크다
다. 블로운 아스팔트는 감온성이 적고 탄력성이 풍부하다
라. 블로운 아스팔트는 화학적으로 불안정하며 충격저항도 작다.

해설 스트레이트아스팔트 : 신장성. 방수성이 풍부하나, 연화점이 낮고, 감온비가 크며, 내후성이 작다.
블론아스팔트 : 감온성이 적고 탄력이 크며, 연화점이 높다.

문제 15

다음 중 대부분 도로포장에 쓰이는 아스팔트는?

가. 스트레이트 아스팔트 나. 블로운 아스팔트
다. 로크아스팔트 라. 레이크아스팔트

해설 스트레이트아스팔트 종류는 유화아스팔트, 컷백아스팔트로 도로포장에 사용

정답 11. 나 12. 나 13. 나 14. 라 15. 가

문제 16

비교적 연한 스트레이트 아스팔트에 적당한 휘발성 용제를 가하여 일시적으로 점도를 저하시켜 유동성을 좋게 한 것은?

가. 고무 아스팔트　　　　　　　　나. 컷백 아스팔트
다. 역청 줄눈재　　　　　　　　　라. 에멀션화 아스팔트

해설 컷백 아스팔트 : 연한 석유 아스팔트에 휘발성 유분을 넣고, 기계적으로 섞어서 만듦

문제 17

다음 중 아스팔트 혼합물의 배합설계 시 필요하지 않은 사항은?

가. 흐름 값 측정　　　　　　　　나. 골재의 체가름 시험
다. 응결시간 측정　　　　　　　　라. 마샬 안정도 시험

해설 응결시간 측정은 시멘트 모르타르 시험이다

문제 18

다음 중 아스팔트 혼합물용이나 철도 및 도로용 골재에 가장 많이 쓰이는 것은?

가. 산자갈　　　나. 막자갈　　　다. 바닷자갈　　　라. 부순돌

해설 아스팔트 혼합물중 골재는 주로 부순돌을 사용

문제 19

스트레이트 아스팔트의 특징 중 옳지 않은 것은?

가. 내후성이 작다.　　　　　　　　나. 점착성, 연성이 크다.
다. 방수성이 작다.　　　　　　　　라. 감온성이 크다.

해설 스트레이트 아스팔트 : 신장성. 방수성이 풍부하나, 연화점이 낮고, 감온비가 크며, 내후성이 작다.

문제 20

고무화 아스팔트(Rubberized Asphalt)는 어떤 물질에 천연고무, 합성고무를 혼합한 것인가?

가. 스트레이트 아스팔트　　　　　나. 블론 아스팔트
다. 시멘트　　　　　　　　　　　　라. 합성수지

해설 고무화 아스팔트는 스트레이트 아스팔트에 천연고무, 합성고무 등을 넣어서 성질을 개선

정답 16. 나　17. 다　18. 라　19. 다　20. 가

금 속 재

문제 1
강을 용도에 알맞은 성질로 개선시키기 위해 가열하여 냉각시키는 조작을 강의 열처리라 한다. 다음 중 이 조작과 관계없는 것은?

가. 성형　　　　나. 담금질　　　　다. 뜨임　　　　라. 불림

해설 성형은 모양을 만드는 것

문제 2
다음 그림은 강(鋼)의 응력과 변형의 관계를 표시한 곡선이다. 외력을 제거해도 변형 없이 원래 상태대로 되는 한계점은?

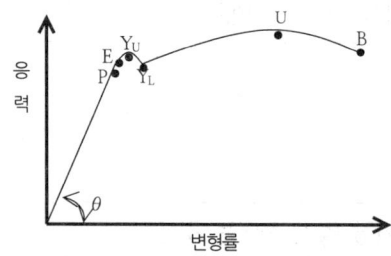

가. P　　　　나. E

다. Yu　　　　라. U

해설 비례한도 : 응력과 변형률이 직선적으로 변화하며, 외력이 제거되면 변형이 완전히 회복되는 점

문제 3
강괴를 압연 롤러로 여러 가지 모양의 단면으로 압연한 강재로서 교량, 철골 구조 등에 사용되는 철강은?

가. 형강　　　　나. 봉강　　　　다. 선재　　　　라. 철관

해설 형강 : 강괴를 압연하여 여러 모양 단면을 만듦

문제 4
다음 중 금속의 경도 시험이 아닌 것은?

가. 브리넬식　　　　나. 록웰식　　　　다. 쇼어식　　　　라. 지이멘스 마아틴식

해설 경도시험법 : 브리넬식, 비커스식, 록웰식, 쇼어식

문제 5
단면적이 80mm²인 강봉을 인장 시험하여 항복점하중 2560kgf, 최대하중 3680kgf을 얻었을 때 인장강도는 얼마인가?

가. 70 kgf/mm²　　　　나. 46 kgf/mm²　　　　다. 32 kgf/mm²　　　　라. 18 kgf/mm²

해설 인장강도 $= \dfrac{P}{A} = \dfrac{3680}{80} = 46\ kgf/mm^2$

정답 1. 가　2. 나　3. 가　4. 라　5. 나

합성수지

문제 1

다음 중 열경화성 수지가 아닌 것은?

가. 페놀수지   나. 멜라민수지   다. 요소수지   라. 아크릴수지

해설 열경화성 수지 : 페놀 수지, 요소 수지, 멜라민 수지, 에폭시 수지, 실리콘 수지

문제 2

플라스틱(plastic)제품의 좋은 점을 설명한 것 중 틀린 것은?

가. 유기재료에 비해 내구성, 내수성이 양호하다.   나. 표면이 평활하고 아름답다.
다. 열에 의한 신축과 변형이 작다.   라. 비중이 비교적 작고 가공과 성형이 쉽다.

문제 3

다음 중 열가소성 수지에 해당되지 않는 것은?

가. 염화비닐수지   나. 폴리에틸렌수지   다. 아크릴산수지   라. 페놀수지

해설 열가소성 수지 : 염화비닐, 폴리에틸렌, 폴리프로필렌, 아크릴산, 메타크릴산 수지

문제 4

다음 중 열가소성 수지는?

가. 페놀수지   나. 요소수지   다. 염화비닐수지   라. 멜라민수지

해설 열가소성 수지 : 염화비닐, 폴리에틸렌, 폴리프로필렌, 아크릴산, 메타크릴산 수지

문제 5

합성수지의 일반적인 성질 중 옳지 않은 것은?

가. 절연성, 전기적 특성이 좋다.   나. 팽창계수가 작고 강성이 크다.
다. 성형성, 가공성이 좋다.   라. 강도와 탄력성이 크다.

해설 합성수지 일반적인 성질

장점
① 무게가 가볍고(비중 : 1~2)성형 및 가공이 쉽다.
② 대량생산이 가능하고 내구성과 내수성이 크다.
③ 내산성과 내알카리성이 크고 녹슬지 않는다.
④ 착색이 자유롭고 빛의 투과율이 좋으며 전성이 있다.
⑤ 절연성, 전기적 특성이 좋다.

단점
① 내화 및 내열성이 적다.
② 경도가 적고 내마모성이 적다.
③ 팽창계수가 커서 변형이 아주 크다
④ 강성이 작다

정답 1. 라   2. 다   3. 라   4. 다   5. 나

폭 약

문제 1

폭약을 다룰 때 주의할 사항 중 옳지 않은 것은?

가. 뇌관과 폭약은 동일한 장소에 저장하여 사용에 편리하게 한다.
나. 운반 중 화기 및 충격에 대해서 세심한 주의를 한다.
다. 장기보존에 의한 흡습, 동결이 되지 않도록 주의를 한다.
라. 다이너마이트를 저장할 때 일광의 직사와 화기 있는 곳은 피한다.

해 설	폭약 취급시 주의 사항 ① 뇌관과 폭약은 동일한 장소에 저장해서는 안 된다. ② 운반 중 화기 및 충격에 대해서 세심한 주의를 한다. ③ 장기보존에 의한 흡습, 동결이 되지 않도록 주의를 한다. ④ 다이너마이트를 저장할 때 일광(해볕)의 직사와 화기가 있는 곳은 피한다.

문제 2

니트로 글리세린을 주성분으로 하여 이것을 여러 가지의 고체에 흡수시킨 폭약은?

가. 칼릿   나. 초유폭약   다. 다이너마이트   라. 슬러리폭약

해 설	다이너마이트(dynamite) : 니트로글리세린을 흡수성이 큰 어떤 물질에 흡수시킨 것으로 타격으로 인한 충격에도 폭발하므로 취급에 주의가 요구된다.

문제 3

대폭파 또는 수중폭파를 동시에 실시하기 위하여 사용되는 기폭 용품은?

가. 도폭선   나. 도화선   다. 전기뇌관   라. 공업뇌관

해 설	도폭선 : 대폭파 또는 수중폭파시에 동시폭파를 목적으로 금속 또는 섬유로 피복한 끈 모양의 폭약으로 연소속도는 3000~6000m/sec이며 원료로는 T.N.T 펜트리트(pentrit), 피크리산, 헥조겐 등을 사용

문제 4

다음 중 다이너마이트의 주성분은?

가. 질산암모니아   나. 니트로글리세린   다. AN-FO   라. 초산

해 설	다이너마이트(dynamite) 주 성분은 니트로글리세린이다.

문제 5

분말로 된 흑색화약을 실이나 종이로 감아 도료를 사용하여 방수시킨 줄로서 뇌관을 점화시키기 위한 것을 무엇이라 하는가?

가. 도화선   나. 뇌관   다. 도폭선   라. 기폭제

정답 1. 가   2. 다   3. 가   4. 나   5. 가

문제 6

채석장, 노천굴착, 대발파, 수중발파에 가장 알맞는 폭약은?

가. 칼릿(carlit) 나. 흑색화약
다. 니트로글리세린 라. 규조토다이너마이트

해 설 카알릿 : 흡수성이 크고 염산가스 발생량이 많아서 갱내에서는 사용할 수 없고 채석장 및 노천공사에 주로 사용한다.

문제 7

과염소산 암모늄을 주성분으로 하고 다이너마이트에 비해 충격에 대하여 둔하므로 취급상 위험이 적은 폭약은?

가. 카알릿 나. 면화약 다. ANFO 라. D.D.N.P

해 설 카일릿 : 취급이 간편하고 다이너마이트보다 화력이 크고 폭발속도가 느림

문제 8

채석장에서 큰 돌을 채취할 때 적합한 폭약은?

가. 칼릿 나. 질산암모늄폭약
다. 니트로글리세린 라. 다이너마이트

해 설 카알릿 : 채석장 및 노천공사에 주로 사용한다

문제 9

화약 취급상 주의할 점 중 옳지 않은 것은?

가. 다이너마이트는 햇볕의 직사를 피하고 화기가 있는 곳에 두지 않는다.
나. 뇌관과 폭약을 동일한 장소에 저장하고 온도 습도에 의한 품질 변화가 없도록 한다.
다. 운반 중 화기 및 충격에 대하여 각별한 주의를 하여야 한다.
라. 취급자의 지도 감독을 받고 폭약의 지식을 충분히 인식시켜 둬야 한다.

해 설 화약 취급 시 주의 사항
- 뇌관과 폭약은 동일한 장소에 저장해서는 안 된다.
- 운반 중 화기 및 충격에 대해서 세심한 주의를 한다.
- 장기보존에 의한 흡습, 동결이 되지 않도록 주의를 한다.
- 다이너마이트를 저장할 때 일광(해볕)의 직사와 화기 있는 곳은 피한다
- 취급자의 지도, 감독을 받고 폭약의 지식을 충분히 인식시켜 두어야 한다.

정답 6. 가 7. 가 8. 가 9. 나

건설재료시험 기능사 필기

제2장

콘크리트 재료

2.1 골재(잔골재, 굵은골재)

2.2 시멘트

2.3 혼화재료

2.4 콘크리트 일반

2.5 콘크리트 배합

2.6 특수 콘크리트의 시공법

◇ 문제 및 해설

제2장 콘크리트 재료

2.1 골재(잔골재, 굵은 골재)

1 개요
골재는 콘크리트 부피의 약 70%를 차지하는 재료로 모르타르, 콘크리트를 만드는 주재료가 된다. 여기서 잔골재의 대표적인 것은 모래이고, 굵은 골재의 대표적인 것은 자갈이다.

2 골재 종류
1) 골재 크기에 따른 분류
   ① 잔골재
      ㉠ 10mm 체를 전부다 통과하고 5mm 체를 무게비로 85% 이상 통과하고 0.08mm 체에 다 남은 골재
      ㉡ 5mm 체를 다 통과하고 0.08mm 체에 다 남은 골재
   ② 굵은 골재
      ㉠ 5mm 체에 무게비로 85% 이상 남은 골재
      ㉡ 5mm 체에 다 남은 골재

   ≪알아두기≫
   ☞ ㉠의 정의는 자연 상태 또는 가공후의 모든 골재에 적용됨
   ☞ ㉡의 정의는 시방 배합을 정할 때에 적용
   ☞ 잔골재와 굵은 골재를 구분하는 체는 5mm체가 기준이 되고, 5mm체 이상 남은 골재는 굵은 골재, 5mm체를 통과한 골재는 잔골재

2) 골재 밀도에 따른 분류
   ① 보통골재
      자연작용으로 암석에서 생긴 잔골재, 자갈 또는 부순모래, 부순굵은골재, 고로슬래그 잔골재, 고로슬래그 굵은골재 등
   ② 경량골재
      천연 경량골재와 인공 경량골재로 구분되며, 천연 경량골재에는 경석 화산자갈, 응회암,

용암 등이 있으며, 인공 경량골재에는 팽창성 혈암, 팽창성점토, 플라이애쉬 등을 주원료로 하여 인공적으로 소성한 인공 경량골재와 팽창 슬래그, 석탄 찌꺼기 등과 같은 산업 부산물인 경량골재 및 그 가공품이다.

골재의 내부는 다공질이고 표면은 유리질의 피막으로 덮인 구조로 되어 있으며, 잔골재는 절건밀도가 $0.0018g/mm^3$ 미만, 굵은 골재는 절건밀도가 $0.0015g/mm^3$ 미만인 것

③ 중량골재

중정석, 갈철광, 자철광 등의 밀도가 보통골재보다 큰 골재를 말함

≪알아두기≫
☞ 단위 체계개편으로 비중은 밀도로 변경 되었으며, 밀도는 단위가 g/cm3으로 변경 경량(輕量)은 무게가 가볍다는 뜻이고, 중량(重量)은 무게가 무거우므로 숫치가 크면 중량골재가 된다.

3) 생산 방법에 따른 분류

① 천연골재 : 강모래. 강자갈, 산모래. 산자갈, 바닷모래. 바다자갈, 천연 경량잔골재. 굵은 골재

② 인공골재 : 부순 잔골재. 부순 굵은 골재, 고로 슬래그 잔골재, 고로슬래그 굵은 골재, 인공 경량골재, 인공 잔골재. 인공 굵은 골재, 인공중량골재

≪알아두기≫
☞ 천연골재는 자연 상태에서 얻을 수 있는 골재를 말하고, 인공골재는 사람이나 기계의 힘을 빌려 얻어지는 골재를 말함

3 골재가 갖추어야 할 성질

① 골재는 강하며, 물리 화학적으로 안정되어 내구적일 것
② 알맞은 입도를 가질 것
③ 연한석편, 가느다란 석편을 함유하지 않고 둥글거나 정육면체에 가까울 것
④ 유해량 이상의 염분을 포함하지 말아야 하며, 진흙이나 유기불순물 등의 유해물이 포함되어 있지 않아야 한다.
⑤ 마멸에 대한 저항성이 크고, 필요한 무게를 가질 것

4 골재의 성질

1) 물리적 성질

① 잔골재로서 사용할 모래의 절건밀도는 2.50g/cm³ 이상 값을 표준
② 굵은골재로서 사용할 자갈의 절건밀도는 2.50g/cm³ 이상 값을 표준
③ 밀도가 큰 골재는 빈틈이 적고, 흡수량이 적어 내구성과 강도가 크다
④ 잔골재, 굵은 골재 밀도 값을 알아야 콘크리트 배합설계에서 시방배합계산을 할 수 있다.

> ≪알아두기≫
> ☞ 비중은 무차원에서 밀도(g/cm³)로 변경되었음. 계산식도 밀도개념으로 변경

굵은 골재 밀도 및 흡수율

① 표면건조 포화상태 밀도

$$D_S = \frac{B}{B-C} \times \rho_w \ (g/cm^3)$$

② 절대건조 상태 밀도

$$D_d = \frac{A}{B-C} \times \rho_w \ (g/cm^3)$$

③ 진 밀도

$$D_A = \frac{A}{A-C} \times \rho_w \ (g/cm^3)$$

④ 흡수율

$$Q = \frac{B-A}{A} \times 100 \ (\%)$$

ρ_w : 시험온도에서 물의 밀도(g/cm^3)
B : 표면건조 포화상태 질량(g)
C : 시료의 수중 질량(g)
A : 절대건조상태 시료 질량(g)

잔골재 밀도 및 흡수율 시험

결과계산

① 표면건조포화상태의 밀도 $(d_s) = \dfrac{m}{B+m-C} \times \rho_w \ (g/cm^3)$

② 절대건조 상태의 밀도 $(d_d) = \dfrac{A}{B+m-C} \times \rho_w \ (g/cm^3)$

③ 진밀도 $d_A = \dfrac{A}{B+A-C} \times \rho_w \ (g/cm^3)$

④ 흡수율$(Q) = \dfrac{m-A}{A} \times 100$ (%)

여기서, m : 표면건조 포화상태 시료의 질량 (g)
C : 시료와 물로 검정된 용량을 나타낸 눈금까지 채운 플라스크 질량 (g)
B : 검정된 용량을 나타낸 눈금까지 물을 채운 플라스크 질량(g)
A : 절대건조 상태의 시료 질량 (g)

2) 함수량

| 골재의 함수 상태 |

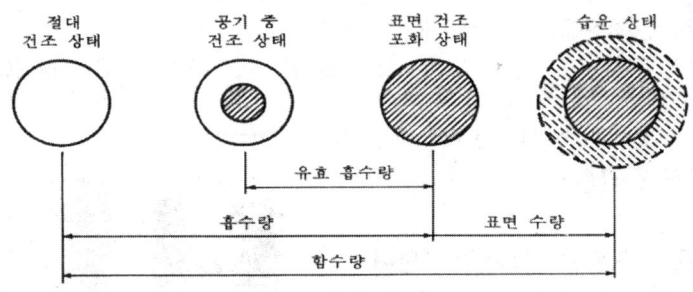

① 절대 건조 상태 : 골재 속의 공극에 있는 물을 전부 제거된 상태
② 공기 중 건조 상태 : 공기 중에서 자연건조 시킨 상태로 골재속의 내부 일부는 물로 차 있는 상태
③ 표면 건조 포화 상태 : 골재 표면은 물기가 없고, 내부 빈틈은 물로 포화된 상태
④ 습윤상태 : 골재 표면에 물기가 있고, 내부 빈틈도 물로 차 있는 상태

≪알아두기≫
☞ 절대건조상태(절건상태, 노건조상태):건조로에서 물기를 완전히 제거한 상태
☞ 공기중건조상태(기건상태) : 공기중에 건조된 상태
☞ 습윤상태 : 금방 하천 등에서 채취한 골재
☞ 표면건조포화상태(표건상태) : 자연적으로는 얻을 수 없는 함수상태로 실험실에서 인위적으로 만들어지며, 시방배합의 기준이 된다.

골재의 수량

① 유효흡수율 = $\dfrac{\text{표면건조 포화 상태} - \text{공기중 건조 상태}}{\text{공기중 건조 상태}} \times 100\,(\%)$

② 흡수율 = $\dfrac{\text{표면건조 포화 상태} - \text{절대건조 상태}}{\text{절대건조상태}} \times 100\,(\%)$

③ 표면수율 = $\dfrac{\text{습윤 상태} - \text{표면건조 포화 상태}}{\text{표면건조 포화 상태}} \times 100\,(\%)$

④ 함수율 = $\dfrac{\text{습윤 상태} - \text{절대건조 상태}}{\text{절대건조상태}} \times 100\,(\%)$

> ≪알아두기≫
> ☞ 1차 필기 및 2차 필답형에 계산문제로 자주 출제되고 있음
> ☞ 골재무게 순서는 습윤상태 〉 표건상태 〉 기건상태 〉 노건상태
> ☞ 콘크리트 시방배합은 표건상태를 기준으로 하고 있으므로, 시방배합을 현장배합으로 변경할 때는 골재의 함수상태에 따라 보정한다

3) 골재의 실적율과 공극률

골재 공극률이 작으면 (실적률이 크면)

① 시멘트풀이 줄어들어 경제적 콘크리트를 만들 수 있음
② 콘크리트 밀도, 마멸성, 수밀성, 내구성 증대
③ 건조 수축이 적고 균열이 적음
④ 골재 알의 모양이 좋고, 입도가 알맞다.
⑤ 일반적으로 공극률은 잔골재는 30~40%, 굵은 골재는 35~40%, 잔골재와 굵은 골재가 섞여 있는 경우는 25% 이하

골재의 실적률

실적율(%) = 100 − 공극률(%) = $\dfrac{\text{단위 용적 질량}}{\text{밀도}} \times 100\,(\%)$

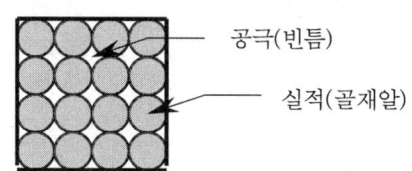

4) 입도

① 입도의 정의 : 골재의 크고 작은 알갱이가 섞여 있는 정도
② 입도를 표시하는 방법 : 체분석에 의한 입도곡선과 조립률을 구하는 방법

조립률(F.M)

① 조립률을 구하기 위한 10개 체

   80mm, 40mm, 20mm, 10mm, 5mm, 2.5mm, 1.2mm, 0.6mm, 0.3mm, 0.15mm

② 체분석을 실시하여 각체에 남은 양을 구하여 조립률(F.M)을 구한다.

$$조립률(F.M) = \frac{10개 \; 각 \; 체에 \; 남은 \; 양의 \; 누계}{100}$$

③ 조립률의 적절한 범위 (골재의 조립률은 알의 지름이 클수록 크다)
- 잔골재 : 2.3~3.1
- 굵은 골재 : 6~8

④ 잔골재와 굵은 골재가 혼합 되었을 때 조립률을 구하는 방법

$$f_a = \frac{p}{p+q} \cdot f_s + \frac{q}{p+q} \cdot f_g$$

여기서,

f_a : 혼합골재의 조립률

f_s, f_g : 잔골재 및 굵은 골재 각각의 조립률

p, q : 무게로 된 잔골재 및 굵은 골재 각각의 혼합비

잔골재의 표준 입도

체의 호칭 치수 (mm)	체를 통과한 것의 질량 백분율(%)	
	천연잔골재	부순잔골재
10	100	100
5	95~100	90~100
2.5	80~100	80~100
1.2	50~85	50~90
0.6	25~60	25~65
0.3	10~30	10~35
0.15	2~10	2~15

위 표의 입도 범위 내의 잔골재를 사용하여야 하며, 입도가 이 범위를 벗어난 잔골재를 쓰는

경우에는, 두 종류 이상의 잔골재를 혼합하여 입도를 조정해서 사용 하여야 한다. 혼합 잔골재의 경우 천연골재의 입도규정에 준한다. 또한, 표에 표시된 연속된 두 개의 체 사이를 통과하는 양의 백분율이 45%를 넘지 않아야 한다.

> ≪알아두기≫
> ☞ 입도분포가 좋다는 뜻은 굵고 작은 알갱이가 골고루 섞여 있어 공극을 작은 입자들이 채워져 실적을 크게 하고, 빈틈을 적게 함으로서 모르타르가 적게 들고, 그러므로 시멘트가 적게 사용되어 경제적이며, 강도, 내구성도 커지게 된다.
> ☞ F.M을 계산하는 문제는 2차 필답형에서 자주 출제됨.
> ☞ 일반적으로 골재의 입경이 클수록 F.M 값이 커진다.
> ☞ 10개 체를 암기 방법: 가장 큰 규격부터 절반씩 암기하면 편리(80mm부터 절반씩)

5) 굵은 골재 최대 치수
① 질량(무게)으로 90% 이상 통과 하는 체 중 체 눈금이 최소인 것의 호칭 치수로 나타내는 굵은 골재의 크기
② 골재의 최대치수가 크면
- 시멘트 풀의 양이 적어져 경제적
- 재료분리가 일어나기 쉽다
- 시공하기가 어렵다.

6) 단위 무게
① 기건상태에서 골재 1m3의 무게
② 단위 무게는

$$\text{골재의 단위 무게}(kg/m^3) = \frac{\text{시험 용기속의 시료 무게}(kg)}{\text{용기의 부피}(m^3)}$$

7) 내구성
① 화학적인 작용, 기후에 의한 작용, 주변 환경에 의해 골재가 견딜 수 있는 성질
② 내구성을 알기 위해서는 안정성 시험을 실시
③ 안정성 시험은 황산나트륨용액에 대한 저항성 측정하여 5회 시험으로 평가
④ 안정성 시험에서 골재 손실 무게비는 잔골재는 10% 이하, 굵은 골재는 12% 이하로 규정하고 있다.

8) 마모저항 (닳음 저항)

골재 마모 시험은 로스엔젤레스 마모시험기(LA마모시험기)로 실시

9) 유해물

① 골재 속에 실트, 점토, 연한 석편, 부식토와 같은 유기물이 들어 있으면, 강도와 내구성이 떨어진다.

② 염화물이 들어 있으면 철근을 부식 시킨다.(바다 모래, 자갈)

10) 중량 골재

중량 골재는 밀도가 큰 철광석을 사용하며, 주로 원자로 등 방사선 차폐 콘크리트에 사용

11) 부순골재

부순 골재는 특유의 모가 나 있고 표면조직이 거칠어 같은 워커빌리티를 얻기 위해서는 단위 수량 증가나 잔골재율 등의 증가가 있다.

부순 굵은골재는 부착력이 좋으며, 콘크리트 포장용에 좋다.

12) 골재의 저장

① 잔골재, 굵은 골재 및 입도가 다른 골재는 각각 구분하여 따로 저장

② 골재 대소 알이 분리되지 않도록 하고, 먼지 잡물이 혼입되지 않도록 한다.

③ 겨울에 동결이나 빙설이 혼입되지 않도록 하고, 여름에는 장기간 뙤약볕에 방치하지 않도록 한다.

④ 골재 저장장소는 적절한 배수 시설을 한다.

13) 콘크리트 시방사항

① 물리적 성질에 관한 기준

구 분	절건밀도(g/mm^3)	흡수율(%)	안정성	마모율
잔 골 재	0.0025 이상	3.0 이하	10% 이하	-
굵은골재	0.0025 이상	3.0 이하	12% 이하	40% 이하

② 유해물질 함유량 시험 기준 (질량 백분율)

구 분	점토덩어리	연한석편	0.08mm체 통과량	염화물 함유량
잔골재	1.0% 이하	-	마모저항 받는 경우 3.0% 이하 기타 5.0% 이하	0.04% 이하
굵은골재	0.25% 이하	5.0% 이하	1.0% 이하	-

2.2 시멘트

1 개요
시멘트(Cement)는 골재를 접착제, 결합재 등을 의미 하지만, 콘크리트로 보면 시멘트가 물과 반응하여 굳어지는 수경성 시멘트를 말함

2 시멘트 일반사항

1) **시멘트의 원료**
   ① 석회석(CaO)과 실리카(SiO_2), 산화알루미나(Al_2O_3) 및 산화제2철(Fe_2O_3) 함유, 규석, 철광석 등임
   ② 응결지연제로 3%의 석고($CaSO_4 \cdot 2H_2O$)가 첨가된다.

2) **시멘트의 제조방법**
   ① 석회석과 점토를 알맞은 비율로 섞어 1,400~1,500℃에서 소성하여 클링커를 만든 다음 응결지연제인 석고를 넣고 분쇄
   ② 건식법 : 원료를 건조시킨 후 소성하여 제조하는 것으로서 열효율이 좋아서 가장 많이 사용함.
   ③ 반건식법 : 미 분쇄된 원료에 10~12%의 물을 가하여 소성하여 제조
   ④ 습식법 : 물을 가한 슬러리(slurry) 상태의 원료를 소성하여 제조하는 방법으로서 열손실이 많기 때문에 거의 사용되지 않음

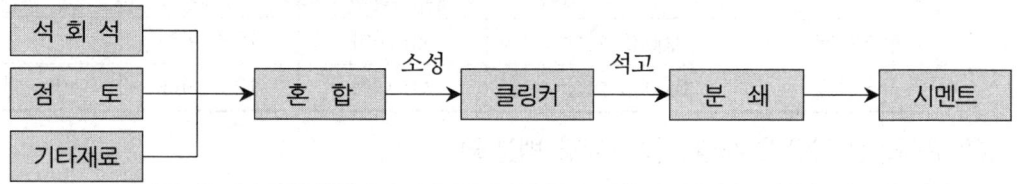

3) **시멘트의 화학성분**
   ① 주성분 : 석회(CaO), 실리카(SiO_2), 알루미나(Al_2O_3), 산화철(Fe_2O_3)
   ② 부성분 : 산화마그네슘(MgO), 무수황산(SO_3), 알칼리(K_2O, Na_2O) 등

4) **클링커 화합물의 특성**
   ※ 클링커 : 시멘트의 원료를 소성로에서 소성하여 제조된 것으로서 여기에 석고를 첨가하여 미분쇄하면 시멘트가 제조된다.

① 규산 3석회(C_3S) : 수화열이 C_2S에 비해 비교적 크며 조기강도가 크다.

② 규산 2석회(C_2S) : 수화열이 작아서 강도발현은 늦지만 장기강도 발현성과 화학저항성이 우수하다.

③ 알민산 3석회(C_3A) : 수화속도가 매우 빠르고 발열량과 수축이 크다.

④ 알민산철 4석회(C_4AF) : 수화열이 적고 수축도 적으며 강도증진에는 큰 효과는 없으나 화학저항성이 양호하다.

⑤ 포틀랜드시멘트 중 클링커 화합물 성분량의 크기: $C_3S > C_2S > C_3A > C_4AF$

화합물	특 성			
	조기강도	장기강도	수화열	건조수축
$C_3S(3CaO.SiO_2)$	대	중	중	중
$C_2S(2CaO.SiO_2)$	소	대	소	소
$C_3A(3CaO.Al_2O_3)$	대	소	대	대
$C_4AF(4CaO.Al_2O_3.Fe_2O_3)$	소	소	소	소

5) **시멘트의 수화**

① 수화반응(hydration) : 시멘트와 물이 화학반응을 일으켜 수화물을 생성하는 반응을 말하며 이때 발생한 열을 수화열이라 한다.

② 수화열은 한중콘크리트에 좋지만, 매스콘크리트는 온도 응력을 일으켜 균열이 발생

6) **응결과 경화**

① 응결은 시멘트가 수화작용에 의해 유동성을 잃고 굳어지는 현상

② 경화는 응결이 끝난 후 수화작용이 계속되면 시멘트가 굳어져 강도를 나타내는 현상

③ 응결시간 측정 시험은 비카(Vicat)침에 의한 방법과 길 모어(Gillmire)침에 의 한 방법이 있다.

④ 응결이 빨라지는 경우
- 분말도가 클수록
- C_3A가 많을수록.
- 온도가 높을수록
- 습도가 낮을수록

⑤ 응결이 지연되는 경우
- 석고첨가량이 많을수록
- 물-결합재비가 클수록
- 시멘트가 풍화될수록

7) 풍화

① 시멘트가 공기 중의 수분과 이산화탄소와 반응하여 수화반응을 일으켜 탄산염을 만들어 시멘트 품질을 저하하는 현상.

$$시멘트 + H_2O \rightarrow Ca(OH)_2 + CO_2 \rightarrow CaCO_3 + H_2O$$
$$(수분) \quad (수산화칼슘) \quad (이산화탄소) \quad (탄산칼슘) \quad (물)$$

② 풍화된 시멘트는
- 밀도가 작아지고
- 응결이 늦어지며
- 강도가 늦게 나타난다.

③ 시멘트 풍화도 측정방법은 강열감량시험에 의해 실시하고, 시멘트 감량은 3% 이하로 규정

≪알아두기≫
☞ 강열감량 : 시멘트 시료를 강열했을 때의 중량손실

8) 밀도

① 시멘트 단위무게, 콘크리트 배합설계에 쓰임
② 일반적으로 시멘트 밀도는 3.14~3.2g/cm3 정도이다.
③ 시멘트 밀도 시험법은 르샤트리에 비중병으로 시험한다.
④ 시멘트의 밀도가 작아지는 원인
- 시멘트가 대기 중의 수분이나 탄산가스를 흡수하여 풍화될 때
- 클링커의 소성이 불충분할 때
- 혼합물이 섞여 있을 때
- 장기간 저장할 때

9) 분말도

① 시멘트 입자의 가는 정도를 분말도라 함
② 시멘트 분말도가 높으면(입자가 가늘면)
- 수화작용이 빠르고
- 조기강도가 커진다.
- 풍화하기 쉽고
- 수화열이 많아 콘크리트에 균열 발생
- 건조수축이 커진다.

③ 분말도는 비표면적으로 나타내며, 비표면적(cm^2/g)은 1g의 시멘트가 가지고 있는 전체 입자의 총 표면적(cm^2), 비표면적은 조강포틀랜드 시멘트는 3300cm^2/g, 그 밖의 시멘트는

$2800cm^2/g$

④ 시험방법은 블레인(Blaine)공기투과장치에 의한다.

10) 안정성
① 시멘트가 굳어 가는 도중에 부피가 팽창하는 정도
② 시험법은 오토클레이브 팽창도 시험법에 의한다.

11) 강도
① 시멘트 강도는 콘크리트 강도와 관계있으며 여러 성질 중 가장 중요
② 시험법은 시멘트모르타르 압축강도시험에 의해 실시하고, 50×50×50mm의 공시체를 23±2℃의 수중 양생 후 시험

12) 시멘트의 저장
① 방습적인 구조로 된 사일로 또는 창고에 품종별로 구분하여 저장
② 지면으로부터 30cm 이상, 쌓아 올리는 포대 수는 13포 이하, 저장기간이 길어질 경우 7포대 이상 쌓지 않는 것이 좋다.
③ 시멘트 입하 순서대로 사용
④ 저장 중 약간이라도 굳은 시멘트는 사용해서는 안 되고, 장기간 저장된 시멘트는 품질시험을 한 후에 사용해야 한다.
⑤ 시멘트의 온도가 높으면 온도를 낮춰 사용

3 시멘트 종류

1) 보통포틀랜드 시멘트
① 가장 보편적으로 사용되는 시멘트
② 밀도는 3.15정도, 중용열과 조강포틀랜드시멘트의 중간적 성질을 나타냄

2) 중용열 포틀랜드 시멘트
① 수화열을 적게 만듦
② 수화열이 적어 건조수축이 작으며, 장기 강도가 크다.
③ 계절적으로는 수화열이 작아 여름(서중콘크리트)에 사용
④ 화학성분은 C_2S, C_4AF가 비교적 많고 C_3S와 C_3A는 적다.
⑤ 수화열과 건조수축이 작아 댐이나 매스콘크리트(Mass Concrete)에 사용

3) 저열 포틀랜드 시멘트
① 중용열 보다 수화열이 더 작다.

② 사용용도는 중용열과 비슷하다.

4) 조강 포틀랜드 시멘트

① 분말을 높게 하여 수화열이 크다.

② 수화열이 커서 조기강도가 크고, 재령 7일에 보통포틀랜드 시멘트 28일 강도를 나타냄

③ C_3S의 양이 많고 분말도가 보통시멘트 보다 크다.

④ 계절적으로 수화열이 커서 겨울(한중콘크리트)에 사용

⑤ 조기강도를 필요로 하는 긴급공사에 사용

5) 내황산염 포틀랜드 시멘트

해수, 광천수 등 황산염을 포함한 물이나 흙에 접하는 콘크리트에 사용

≪알아두기≫
☞ 황산염 : 해수 중에 많으며 시멘트 수화물과 반응하여 팽창성 물질을 생성 시켜 콘크리트의 균열 박리, 붕괴를 일으켜 열화 시키는 화학 물질

6) 백색시멘트

Fe_2O_3 양을 0.3% 이하로 줄이면 흰색의 시멘트가 얻어져 건축용, 장식용, 인조석 제조에 사용된다.

7) 고로슬래그 시멘트

보통포틀랜드시멘트 클링커에 급냉한 잠재수경성을 가진 고로슬래그를 혼합재로서 이용한 시멘트

① 수화열이 작고, 장기강도가 크다.

② 수밀성이 크다.

③ 황산염 등 화학적 저항성이 크다.

④ 알카리 골재반응을 억제한다.

⑤ 댐, 하천, 항만 등의 구조물에 사용

≪알아두기≫
☞ 잠재수경성 : 고로슬래그가 시멘트수화물 중 수산화칼슘과 반응, 경화하여 장기 강도를 발휘하는 성질.
☞ 알카리골재반응 : 골재 중에 실리카 광물이 시멘트 중의 알카리 성분과 화학적으로 반응을 하는 것을 말하며, 팽창을 유발하여 균열을 발생시켜 콘크리트의 내구성을 저하

8) 플라이애쉬 시멘트

화력발전소에서 미분탄 연소할 때 굴뚝을 통해 대기중으로 확산되는 미립자를 집진기로 포집한 것을 플라이애쉬 라고 하며, 포졸란 반응을 지닌다. 플라이애쉬는 구형의 형태로 볼 베어링 효과가 있어 워커빌리티 개선

① 유동성이 좋다.(워커빌리티가 좋다)
② 수화열이 적고, 장기 강도가 크다.
③ 해수 등 화학적 저항성이 크다.
④ 수밀성이 좋다.
⑤ 알카리 골재반응을 억제한다.
⑥ 건조수축을 감소

≪알아두기≫
☞ 포졸란 반응 : 시멘트의 수화에 의하여 생성되는 수산화칼슘($Ca(OH)_2$)과 서서히 반응하여 불용성의 규산칼슘을 생성하여 강도를 증진

9) 포틀랜드 포졸란 시멘트(실리카 시멘트)

포졸란 반응성을 가진 실리카질(규산백토, 화산재)을 혼입한 시멘트로 플라이 애쉬 시멘트의 특징과 비슷하나, 소요 단위수량을 증가하고, 포졸란 반응이 지연되며, 중성화가 빠르다.

10) 알루미나 시멘트

보크사이트와 석회석을 혼합하여 만든 것으로 재령 1일에 보통포틀랜드시멘트 재령 28일 압축강도를 나타낸다.

① 시멘트 중에서 가장 빨리 강도 발현
② 조기강도가 커서 긴급공사에 사용
③ 한중콘크리트에 사용
④ 내화학성이 커서 해수공사에 사용

11) 팽창 시멘트

굳어지는 과정에 콘크리트를 팽창시켜 건조수축에 대해 보상하는 시멘트

① 콘크리트 균열을 막고
② 방수성이 좋아 콘크리트 포장에 사용되고
③ 그라우트 모르타르에 사용

12) 초조강 시멘트

알루미나 시멘트와 조강시멘트의 중간적 정도

> ≪알아두기≫
> ☞ 시멘트 조기강도 발현 순서
>   알루미나시멘트〉초속경시멘트〉초조강시멘트〉조강시멘트〉보통포틀랜드 시멘트
> ☞ 장기강도가 큰 시멘트 : 중용열, 저열 포틀랜트시멘트, 고로시멘트, 플라이애쉬시멘트, 실리카시멘트
> ☞ 시멘트수화열이 크면 조기강도가 크고, 균열이 발생하며 매스콘크리트(댐등)에 부적합하고, 계절적으로는 추운 겨울에 적합하여 한중콘크리트 사용
> ☞ 반대로 수화열이 작으면 장기강도가 크고, 균열이 적어 매스콘크리트에 적합하고, 계절적으로는 더운 여름에 적합하여 서중콘크리트 사용

2.3 혼화재료

1 개요

콘크리트의 성질을 개선하기 위하여 콘크리트에 더 넣는 재료로 사용량에 따라 혼화재와 혼화제로 구분한다.

1) **혼화재**
   ① 정의 : 사용량이 시멘트 중량의 5% 이상으로 콘크리트의 배합설계 계산에 고려해야 하는 혼화재료를 말함
   ② 종류 : 플라이애쉬, 규조토, 화산회, 규산백토, 고로슬래그 미분말 등

2) **혼화제**
   ① 정의 : 사용량이 시멘트 중량의 1% 이하로 비교적 적어서 콘크리트의 배합 계산에 무시되는 혼화재료
   ② 종류 : AE제, AE 감수제, 유동화제, 고성능 감수제, 촉진제, 지연제, 방청제, 고성능 AE 감수제

3) **혼화재료를 쓰는 목적**
   ① 콘크리트의 워커빌리티의 개선
   ② 강도 및 내구성의 증진
   ③ 응결 경화시간 조정

④ 수화작용 및 발열량의 촉진 및 감소
⑤ 수밀성 및 화학저항성의 증진
⑥ 철근의 부식방지
⑦ 기타 콘크리트에 특수한 성능 부여

2 용도별 혼화재료

1) 혼화제
   ① 워커빌리티와 내동해성을 개선시키는 것 : AE제, AE 감수제.
   ② 워커빌리티를 향상시켜 소요의 단위수량이나 단위 시멘트 량을 감소시키는 것 : 감수제, AE 감수제
   ③ 유동성을 좋게 하는 것 : 유동화제
   ④ 큰 감수효과로 강도를 크게 높이는 것 : 고성능 감수제
   ⑤ 응결, 경화 시간을 조절하는 것 : 촉진제, 지연제, 급결제
   ⑥ 방수효과를 나타내는 것 : 방수제.
   ⑦ 기포작용에 의해 충전성을 개선하거나 중량을 조절하는 것 : 기포제, 발포제
   ⑧ 염화물에 의한 철근의 부식을 억제시키는 것 : 방청제
   ⑨ 단위수량을 현저히 감소시켜 내동해성을 개선시키는 것 : 고성능 AE감수제
   ⑩ 기타 : 보수제, 방동제, 건조수축 저감제, 수화열 억제제, 분진방지제등

2) 혼화재
   ① 포졸란 작용이 있는 것 : 플라이애쉬, 규조토, 화산회, 규산 백토
   ② 주로 잠재수경성이 있는 것 : 고로슬래그 미분말
   ③ 경화과정에서 팽창을 일으키는 것 : 팽창재
   ④ 오토글레이브 양생에 의하여 고강도를 나타내게 하는 것 : 규산질 미분말
   ⑤ 착색시키는 것 : 착색재
   ⑥ 기타 : 고강도용 혼화제, 폴리머, 중량재

3 혼화제의 특성

1) AE제
   AE제는 연행 공기제라고도 하며, 발포성이 현저한 계면활성제로서, 콘크리트 중에 미소한

독립된 기포를 고르게 발생시켜 내동결융해성, 내식성 등 내구성을 개선하며, 장점은
   ① 워커빌리티를 좋게 하고, 블리딩 개선
   ② 빈배합일수록 워커빌리티 개선효과가 크다.
   ③ 단위수량을 감소시켜 블리딩 등의 재료분리를 작게 한다.
   ④ 기상작용에 대한 저항성과 수밀성을 증진한다.
그러나 사용량이 많아지면
   ① 강도가 작아진다.
   ② 철근과의 부착강도가 작아진다.
AE제를 사용한 콘크리트의 특징은
   ① 공기량이 1% 증가하면 슬럼프가 약 2.5cm 증가한다.
   ② 공기량이 1% 증가하면 압축강도는 약 4~6%, 휨강도는 2~3% 감소하고, 철근과의 부착강도 저하 등이 일어나므로 적정사용량 권장
   ③ 일반적인 콘크리트의 공기량은 4~7% 정도가 표준
   ④ 슬럼프가 커지면 공기량 감소
   ⑤ 시멘트 분말도가 높으면 공기량 감소
   ⑥ 단위 시멘트량이 증가하면 공기량 감소
   ⑦ 콘크리트 온도가 높으면 공기량 감소
   ⑧ 빈배합일수록 워커빌리티 개선 효과가 크다.

> ≪알아두기≫
> ☞ 계면활성제 : 수용액 속에서 그 표면에 흡착하여 그 표면장력을 현저하게 저하시키는 물질
> ☞ 갇힌공기 : 콘크리트중의 자연상태로 존재하는 1% 전후의 공기로서 비교적 입경이 크고, 불규칙하게 분포되어 있음.
> ☞ 연행공기 : AE제에 의해 생성된 공기로서 입경이 작고, 균일하게 분포
> ☞ 공기량 시험법 : 질량법, 용적법, 공기실 압력법(워싱턴형 측정기)이 있다

2) 감수제, AE 감수제

감수제는 시멘트 입자를 분산시켜 분산효과를 나타내고, 감수제에 AE 공기도 함께 생기도록 한 것을 AE 감수제라 한다.
   ① 시멘트 분산작용을 이용 워커빌리티를 개선하고
   ② 소요의 슬럼프 및 강도를 확보하기 위해 단위수량 및 단위시멘트를 감소시킬 목적으로

사용

③ 재료분리가 적어진다.

④ 동결융해에 대한 저항성을 향상

≪알아두기≫
☞ 워커빌리티(Workability) : ① 작업하기 어렵고 쉬운 정도 ② 재료분리 정도
☞ 재료분리 : 굵은 골재가 모르타르로 부터 분리되는 현상

3) 고성능 감수제(유동화제)

AE 감수제 보다 탁월한 감수 능력을 가지며, 단위 수량이 일정할 경우 유동성이 크므로 유동화제 라고도 함

4) 촉진제, 급결제

시멘트 수화작용을 촉진시키기 위한 것으로 순간적인 응결과 경화가 요구되는 경우에 사용하며 염화칼슘($CaCl_2$)을 사용

① 급속공사, 숏크리트(뿜어 붙이기 콘크리트)에 사용

② 발열량이 많아 한중콘크리트에 알맞다.

5) 지연제

콘크리트의 응결이나 초기경화를 지연시키기 위해 사용

① 레디믹스트 콘크리트의 운반거리가 멀 경우에 사용

② 콘크리트를 연속적으로 칠 때 콜드죠인트가 생기지 않도록 할 경우 사용

③ 서중콘크리트에 적당

≪알아두기≫
☞ 콜드죠인트(cold joint) : 계속하여 콘크리트를 칠 때, 먼저 친 콘크리트와 나중에 친 콘크리트 사이에 완전히 일체화가 되지 않은 시공불량에 의한 이음
☞ 숏크리트(shotcrete) : 압축공기를 이용하여 호스 속에서 운반한 콘크리트, 모르터 재료를 시공면에 뿜어서 만든 콘크리트 또는 모르터
☞ 레디믹스트콘크리트(ready mixed concrete) : 정비된 콘크리트 제조설비를 갖춘 공장에서 생산되며 굳지 않은 상태로 운반차에 의하여 구입자에게 배달되는 굳지 않은 콘크리트를 말하며 레미콘이라 약칭하기도 한다.

6) 발포제

알루미늄 또는 아연가루를 넣어 화학반응으로 발생하는 가스에 의해 기포를 생성하는 것으로 프리플레이스트 그라우트, 프리스트레스 콘크리트용 그라우트에 사용

7) 기포제
콘크리트 속에 거품을 일으켜 콘크리트의 경량화나 단열을 위해 사용

8) 기타
① 방청제 : 염분에 의한 녹 방지
② 방수제 : 수밀성 향상
③ 수중 불 분리제 : 수중에서 재료분리를 방지

9) 혼화제의 저장
① 혼화제는 먼지, 기타의 불순물이 혼입되지 않도록 분말상의 혼화제는 습기를 흡수하거나 굳어지는 일이 없도록 하고, 액상의 혼화제는 분리 하거나 변질하거나 하는 일이 없도록 저장해야 한다.
② 장기간 저장한 혼화제나 이상이 인정된 혼화제는 이것을 사용하기 전에 시험하여 그 성능이 떨어져 있지 않다는 것을 확인한 후에 사용해야 한다.

4 혼화재의 특성

1) 플라이 애쉬(fly ash)
분탄을 연소시킬 때 얻어지는 석탄재로 입자가 구형이고, 그 자체는 수경성이 없지만 실리카 성분이 수산화칼슘과 반응하여 경화하는 포졸란 반응을 한다.
① 워커빌리티가 양호하며 단위수량이 감소된다.
② 포졸란 반응에 의해서 조직이 치밀해지므로 수밀성과 내구성을 향상
③ 블리딩을 감소시킨다.
④ 장기강도는 향상된다.
⑤ 알칼리 실리카 반응의 억제에 효과가 있다.
⑥ 황산염 등의 화학저항성이 우수하다.

≪알아두기≫
☞ 포졸란을 사용한 콘크리트 특징
① 수밀성이 크다.
② 해수 등에 대한 화학적 저항성이 크다.
③ 재료분리를 막고 워커빌리티, 피니셔빌리티가 좋아진다
④ 발열량이 적다
⑤ 강도 증진은 느리나 장기강도가 크다
☞ 포졸란은 천연산(화산재, 규조토, 규산백토)과 인공산(고로슬래그, 플라이애쉬)

2) 고로슬래그 미분말

용광로에서 나오는 슬래그(slag)를 급냉시켜 만든 미분말

① 워커빌리티를 좋게 한다.
② 수화열이 적으며, 장기 강도가 크다.
③ 수밀성의 향상
④ 염화물 이온 침투에 대한 저항성 향상
⑤ 황산염 등에 대한 화학저항성 향상
⑥ 블리딩이 적고 유동성을 향상시키는 효과

3) 실리카 퓸

실리카 퓸은 실리콘, 페로실리콘, 실리콘 합금 등을 제조할 때 발생되는 폐가스 중에 포함된 SiO_2를 집진기로 모아서 얻어지는 초미립자의 산업부산물

① 고강도콘크리트 제조용으로 사용
② 포졸란 반응으로 강도증진 효과가 뛰어나다.
③ 투수성이 작아 수밀성이 향상된다.
④ 수화초기에 발열량이 작아 온도상승 억제효과가 있다.
⑤ 비표면적이 매우 커서 단위수량이 증가하므로 고성능감수제를 사용한다.
⑥ 점착성이 증대되어 재료분리저항성이 커지며 블리딩이 감소된다.

4) 팽창재

콘크리트가 굳을 때 부피를 팽창시켜 건조수축에 의한 균열을 막아주기 위한것

5) 착색제

착색제는 콘크리트에 색을 입히는 혼화제로서 칼라 콘크리트 제조용

6) 혼화재의 저장

① 혼화재는 일반적으로 습기를 흡수하는 성질이 있으며, 습기를 흡수하면 덩어리가 생기거나 그 성능이 저하되는 수가 있다. 따라서 혼화재는 방습적인 사일로 또는 창고 등에 품종별로 구분하여 저장하고, 입하의 순으로 사용
② 장기 저장한 혼화재는 사용하기 전에 시험하여 품질을 확인해야 한다.
③ 혼화재는 일반적으로 미분말로 되어 있고 밀도가 작기 때문에 포대를 푸는 곳이나 사일로의 출구에서는 공중으로 날려서 계기류의 고장원인이 되기 쉽고 또 습도가 높은 시기에는 사일로나 수송설비 등의 벽에 붙게 된다. 따라서 혼화재는 날리지 않도록 그 취급에 주의해야 한다.

2.4 콘크리트 일반

1 콘크리트 구성
콘크리트를 만들려면 필요로 하는 재료는 시멘트, 잔골재(모래), 굵은 골재(자갈), 물, 혼화재료를 혼합하여 만들어진 것을 콘크리트라 한다.
① 시멘트 풀 (Cement paste) : 시멘트+물
② 시멘트 모르타르(Cement mortar) : 시멘트+물+잔골재
③ 콘크리트(Concrete) : 시멘트+물+잔골재+굵은 골재
④ 철근콘크리트 : 시멘트+물+잔골재+굵은 골재+철근

> ≪알아두기≫
> ☞ 콘크리트 전체 부피의 70%가 골재이고 나머지 30%는 시멘트 풀로 되어 있다.
> ☞ 시멘트(Cement), 물(Water), 잔골재(Sand), 굵은 골재(Gravel)영문 첫 알파벳 알아 두어야 뒤에 나오는 계산문제 계산할 때 편리함

2 콘크리트 장, 단점
1) 장점
① 재료의 크기, 모양에 의한 제한을 받지 않고 마음대로 만들 수 있다.
② 압축강도가 크고 내구성, 내화성이 크다.
③ 재료의 운반과 시공이 쉽다.
④ 구조물 유지관리비가 적게 든다.
⑤ 철근과의 부착력이 크다.

2) 단점
① 콘크리트 자체 무게가 무겁다. 그러나 자중이 크므로 중력댐이나 중력식 옹벽은 장점이 된다.
② 압축강도에 비해 인장강도, 휨강도가 작다.
③ 건조수축에 의한 균열이 생기기 쉽다.

3 굳지 않은 콘크리트의 성질
굳지 않은 콘크리트(fresh concrete)는 믹싱 후 시간이 경과함에 따라 유동성을 상실하고, 응

결을 거쳐 소정의 강도를 나타낼 때까지의 콘크리트를 말하며, 치기에 알맞은 유동성을 가져야 하고, 재료의 분리가 생기지 않고, 마무리성이 좋아야 한다.

굳지 않은 콘크리트 성질

① 워커빌리티(workability) : 굳지 않은 콘크리트에서 가장 중요한 것으로 반죽질기에 따른 작업이 어렵고 쉬운 정도(작업의 난이정도) 및 재료분리에 저항하는 정도를 나타내는 성질
② 반죽질기(consistency) : 주로 물의 양이 많고 적음에 따른 반죽의 되고 진 정도를 나타내는 성질
③ 성형성(plasticity) : 거푸집에 쉽게 다져 넣을 수 있고, 거푸집을 제거하면 천천히 형상이 변하기는 하지만 허물어지거나 재료분리하지 않는 성질
④ 피니셔빌리티(finishability) : 굵은 골재의 최대치수, 잔골재율, 잔골재의 입도 반죽질기 등에 따른 마무리하기 쉬운 정도를 나타내는 성질

≪알아두기≫
☞ 응결 : 응결은 시멘트가 수화작용에 의해 유동성을 잃고 굳어지는 현상
☞ 경화 : 응결 후 수화작용이 계속되면 시멘트가 굳어져 강도를 나타내는 현상
☞ 응결 시험법 : 비이카침, 길모어침 시험법

워커빌리티(workability)

1) 워커빌리티(workability)에 영향을 끼치는 요소

요 소	워커빌리티가 좋아지는 경우	워커빌리티가 나빠지는 경우
시멘트	• 시멘트 양이 많을수록(부 배합) • 분말도가 높을수록 • 혼합시멘트	• 시멘트 양이 작을수록(빈배합) • 분말도가 낮을수록 • 풍화된 시멘트를 사용하는 경우
혼화재료	• 혼화재 및 혼화제를 사용한 경우(플라이애쉬, 고로슬래그 미분말, AE제, AE감수제)	
골 재	• 시멘트 양에 비해 골재 양이 적을수록 • 골재알 모양이 둥글수록	• 골재알 모양이 편편하고, 모난 경우(부순 골재)
물		• 수량이 적을수록

≪알아두기≫
☞ 물은 워커빌리티에 가장 큰 영향을 끼치는 요소로 수량이 많아지면, 묽은 반죽이 되어 재료분리가 쉽고, 강도가 현저하게 저하되어 워커빌리티가 좋아진다고 말할 수 없다
☞ 단위수량이 1.2% 증가하면 슬럼프는 1cm 증가한다

2) 그 밖에 굳지 않은 콘크리트에 영향을 주는 요소

① 온도

콘크리트 온도가 높을수록 컨시스턴시(consistency) 저하된다. 일반적으로 비빔 온도가 10℃ 상승에 슬럼프가 2~3cm 증가

② 공기량

AE제나 AE감수제로 만들어진 공기는 볼베어링(ball bearing) 작용에 의해 워커빌리티를 개선시킨다. 공기량이 1% 증가하면 슬럼프가 2.5cm 증가

③ 비빔시간

혼합시간이 불충분하거나 과도하게 비빔시간을 길게 하면 워커빌리티에 나쁜 영향을 준다.

3) 워커빌리티 측정 방법

워커빌리티는 반죽질기에 좌우되므로 일반적으로 반죽질기(컨시스턴시)를 측정하여 판단한다. 그 중에서 슬럼프 시험을 가장 보편적으로 사용

① 워커빌리티 판정시험 : 슬럼프 시험, 구관입 시험, 흐름시험

시험방법	시험기	시험방법 및 내용
슬럼프 시험		슬럼프 콘에 3층 25회 다진 후, 슬럼프 콘을 빼 올렸을 때 무너져 내린 값을 슬럼프
구관입 시험		케리볼 시험이라고 하며 중량 약 13.6kg인 반구가 자중에 의하여 콘크리트 속으로 가라앉는 관입깊이를 측정하는 시험방법
흐름 시험		모울드를 놓고 콘크리트를 2층으로 투입하여 각각 25회씩 다진 다음 수직으로 들어 올린 후 흐름 시험판을 10초 동안에 15회 속도로 낙하 흐름값 = $\dfrac{시험후 퍼진 직경 - 원래지름(25.4cm)}{원래지름(25.4cm)}$

② 그 밖에 워커빌리티 시험
- 비비 시험(Vee-Bee test)
  진동대 위의 원통용기에 슬럼프 시험과 같은 조작으로 슬럼프 시험을 한 후, 투명 플라스틱 원판을 콘크리트면 위에 놓고 진동을 주어 원판의 전면에 콘크리트가 완전히 접할 때까지의 시간을 초(sec)로 측정하여 측정값을 VB값(Vee-Bee degree) 또는 침하도라고 함.
- 리몰딩 시험(remolding test)
  슬럼프 몰드 속에 콘크리트를 채우고 원판을 콘크리트 면에 얹어 놓고 약 6mm의 상하운동을 주어 콘크리트의 표면이 내외가 동일한 높이가 될 때까지의 낙하횟수로써 반죽질기를 나타냄

재료의 분리

굵은 골재가 모르터로 부터 분리되는 현상으로 콘크리트의 구성 재료 중 입경이 큰 재료가 차지하는 비율이 클수록 재료분리가 발생이 쉽고, 입경이 작은 재료가 차지하는 재료의 비율이 클수록 재료분리 저항성이 증가

1) **작업 중 재료분리**

   【작업 중 재료분리가 발생하는 경우】
   ① 굵은 골재의 최대치수가 지나치게 큰 경우
   ② 단위 골재량과 단위수량 너무 많은 경우
   ③ 단위수량 너무 많은 경우
   ④ 배합이 적절하지 않은 경우 (제조, 운반, 타설 시에 재료분리 발생)
   ⑤ 묽은 반죽의 콘크리트를 높은 곳에서 낙하시키는 경우 (슈트)
   ⑥ 혼합시간이 부족하든지 또는 과다하게 혼합하는 경우

   【재료분리 발생 대책】
   ① 콘크리트의 성형성(plasticity)을 증가
   ② 잔골재율을 크게
   ③ 물-결합재비를 작게
   ④ AE제, 플라이애쉬 등의 혼화재료 사용

2) **작업 후의 재료분리**

   콘크리트를 친 후 시멘트와 골재 알이 가라앉으면서 물이 올라와 표면에 떠 오른다. 이 현상

을 블리딩이라 하고, 물이 표면에 떠올라 가라앉으면서 발생한 미세 물질을 레이턴스(laitance)라 함

【블리딩 발생 대책】
① 단위수량을 적게 한다.
② 분말도가 높은 시멘트 사용
③ AE제, 감수제를 사용
④ 플라이 애시, 슬래그 미분말, 실리카퓸 등의 혼화재 사용

4 굳은 콘크리트의 성질

1) 단위 중량(무게) (kg/m³)
① 콘크리트 단위 무게는 굵은 골재의 밀도, 굵은 골재 최대치수, 골재의 사용량에 따라 다르다.
② 무근 콘크리트 단위무게 : 2,300~2,350 kg/m³
   철근 콘크리트 단위무게 : 2,400~2,500 kg/m³
   경량 콘크리트 단위무게 : 1,500~1,900 kg/m³

2) 강도 (압축강도, 인장강도, 휨강도)

압축 강도

① 콘크리트 강도는 주로 압축강도를 말함.
② 압축강도는 재령 28일 강도를 말함
③ 압축강도에 영향을 주는 요인은 물-결합재비, 굵은 골재 최대치수, 혼화재료의 종류, 혼합, 비비기, 공기량, 워커빌리티
④ 원주형 공시체 ($\phi 150 \times 300mm$, 또는 $\phi 100 \times 200mm$)를 제작하여 규정된 일수까지 양생 후 압축강도 시험기로 파괴하여 최대 하중을 단면적으로 나눔

$$\therefore 압축강도(Mpa) = \frac{P(N)}{A(mm^2)} (MPa)$$

여기서, P : 파괴 최대하중, A : 원의 단면적($\frac{\pi d^2}{4}$)

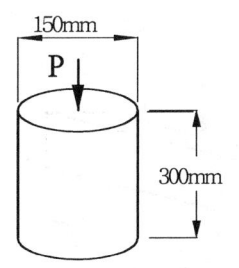

≪알아두기≫
- 공시체 지름 : 높이의 비는 1 : 2가 되어야 한다.
- 재령의 의미 : 콘크리트의 압축강도 발현은 재령 7~14일까지의 사이에 가장 급격한 강도 증가가 나타나고, 수분이 공급되면 일반적으로 재령 6개월부터 1년까지 강도증가, 재령 28일은 콘크리트 강도가 90%이상 발현되어 콘크리트 구조물의 설계기준으로 이용,

【콘크리트 압축강도용 공시체】

인장 강도

① 콘크리트 인장강도는 압축강도의 $\dfrac{1}{10} \sim \dfrac{1}{13}$ 정도

② 인장강도에 영향을 주는 요인은 압축강도와 동일

③ 인장강도 공시체 몰드는 압축강도용을 쓰고, 옆으로 눕혀 놓고 파괴
(인장강도를 쪼갬 인장강도라 함)

$$\therefore 인장강도(Mpa) = \dfrac{2P}{\pi dl}$$

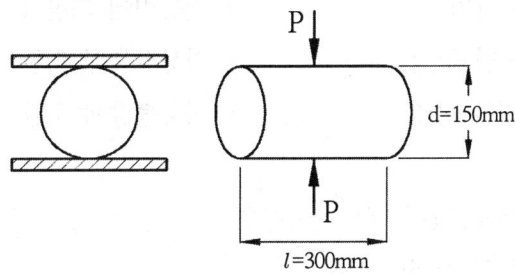

【콘크리트 인장강도용 공시체】

휨 강도

① 콘크리트 휨 강도는 압축강도의 $\dfrac{1}{5} \sim \dfrac{1}{8}$ 정도

② 콘크리트 휨 강도는 도로 포장용 콘크리트 품질 결정에 사용

③ 휨 강도용 공시체 (150×150×530mm, 또는 100×100×380mm)를 만들어 양생 후 시험체를 3등분하여 놓고 파괴하여 최대하중을 구하여 휨강도 구함

■ 시험체가 지간의 3등분 중앙에서 파괴 될 때

$$\therefore \text{휨강도}(Mpa) = \frac{Pl}{bd^2}$$

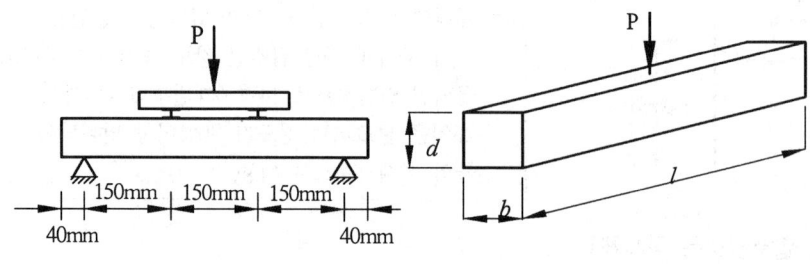

a. 3등분점 재하   b. 중앙점 재하

【콘크리트 휨강도용 공시체】

5 그 밖에 콘크리트의 성질

1) 균열

① 굳지 않은 콘크리트 균열
- 소성수축 균열 (플라스틱 균열)
- 침하균열

② 굳은 콘크리트의 균열
- 건조수축에 의한 균열
- 열응력에 의한 균열
- 화학적 반응에 의한 균열
- 기상작용에 의한 균열
- 철근의 부식에 의한 균열
- 시공불량에 의한 균열

③ 균열발생원인
- 단위시멘트량, 단위수량이 너무 큰 경우
- 알카리 함유량이 큰 시멘트 사용
- 분말도가 너무 큰 시멘트 사용
- 반응성 물질이 있는 골재 사용

≪알아두기≫
☞ 소성수축균열 : 시멘트-페이스트는 경화할 때, 절대체적의 1% 정도가 감소하게 돼며, 이에 따라 소성 상태에 있는 콘크리트의 체적이 감소하는 것.
☞ 침하균열 : 콘크리트의 타설 후 콘크리트는 자중에 의하여 계속 압밀이 되어 수축하는 현상
☞ 건조수축 균열 : 워커빌리티에 필요한 잉여수가 건조하면서 콘크리트는 수축

2) 부피의 변화

콘크리트 온도가 높으면 콘크리트가 팽창하고, 냉각하면 수축한다. 또 콘크리트는 수분의 변

화에 따라 부피가 변화 (건조수축)

3) 내구성
   ① 콘크리트 구조물이 오랫동안 외부작용에 저항하기 위한 성질
   ② 콘크리트 내구성에 영향을 끼치는 요인은 동결, 융해, 기상작용, 물, 산, 염등 화학적 침식, 물 흐름에 대한 침식, 철근의 녹에 의한 균열

4) 크리프(creep)
   콘크리트에 일정하게 하중을 계속주면, 응력의 변화는 없는데 변형이 재령과 함께 커지는 현상

5) 중성화(中性化)
   공기중의 탄산가스(CO_2)에 의해 콘크리트의 수화로 발생한 수산화칼슘($CaOH_2$)이 탄산칼슘($CaCO_3$)으로 변화하여 알칼리성을 소실하는 현상으로, 콘크리트의 강도, 그 외 물리적인 성질은 그다지 변하지 않지만 중성화가 철근의 위치까지 도달하면 철근이 녹슬기 쉽게 되어 구조물의 균열을 발생시키고 내력을 저하 시킨다.

☆ 중성화 구분 방법
   페놀프탈렌 1% 알코올 용액의 분무에 의해 자적색으로 변하지 않는 부분을 중성화 영역으로 하고 변하는 부분을 미중성화 영역으로 하여 측정한다.

6) 잠재수경성
   고로슬래그가 시멘트수화물 중 수산화칼슘과 반응, 경화하여 장기강도를 발휘하는 성질

7) 알칼리골재반응
   알칼리와의 반응성을 가지는 골재가 시멘트, 그 밖의 알칼리와 장기간에 걸쳐 반응하여, 팽창을 유발하여 균열을 발생시켜 콘크리트의 내구성을 저하 시킨다.

☆ 알칼리골재반응을 억제하는 방법
   a. 저알칼리 시멘트 사용
   b. 혼합율이 큰 고로시멘트 또는 플라이애시 시멘트 사용
   c. 콘크리트 중의 전알칼리량을 일정 한도 이하로 억제

≪알아두기≫
☞ 잠재수경성 : 고로슬래그가 시멘트수화물 중 수산화칼슘과 반응, 경화하여 장기강도를 발휘하는 성질
☞ 알칼리골재반응 : 알칼리와의 반응성을 가지는 골재가 시멘트, 그 밖의 알칼리와 장기간에 걸쳐 반응하여, 팽창을 유발하여 균열을 발생시켜 콘크리트의 내구성을 저하
☞ 중성화(中性化) : 공기 중의 탄산가스(CO_2)에 의해서 콘크리트의 수화로 발생한 수산화칼슘($CaOH_2$)이 탄산칼슘($CaCO_3$)으로 변화하여 알칼리성을 소실하는 현상

2.5 콘크리트의 배합

1 배합, 비비기 일반사항

1) 일반사항
   ① 콘크리트의 배합은 소요의 강도, 내구성, 수밀성, 균열저항성, 철근 또는 강재를 보호하는 성능 및 작업에 적합한 워커빌리티를 갖는 범위 내에서 단위수량이 될 수 있는 대로 적게 되도록 해야 한다.
   ② 작업에 적합한 워커빌리티를 갖기 위해 콘크리트는 부재의 크기와 형상, 콘크리트의 다지기 방법 등에 따라서 거푸집의 구석구석까지 콘크리트가 충분히 채워지도록 치고 다지는 작업이 용이함과 동시에 재료분리가 거의 생기지 않는 콘크리트이어야 한다.

2) 재료의 계량오차

재료의 종류	측정단위	허용오차 (%)
물	질량	-2, +1
시 멘 트	질량	-1, +2
혼 화 재	질량	± 2
골 재	질량 또는 부피	± 3
혼 화 제	질량 또는 부피	± 3

※ 고로슬래그 미분말의 계량오차의 최대값은 ±1%로 한다.

3) 콘크리트 비비기
   ① 콘크리트의 재료는 반죽된 콘크리트가 균등질이 될 때까지 충분히 비빈다.
   ② 콘크리트 비비기는 원칙적으로 배치믹서(batch mixer)에 의해서 해야 하나 소규모나 중요하지 않은 공사에서는 삽 비빔을 하기도 한다.
   ③ 재료를 믹서에 투입하는 순서는 미리 적절하게 정해야 된다.
   ④ 비비기 시간은 가경식 믹서는 1분 30초 이상, 강제혼합식믹서는 1분 이상
   ⑤ 비비기는 미리 정해 둔 비비기 시간의 3배 이상 계속해서는 안 된다.
   ⑥ 비비기를 시작하기 전에 미리 믹서내부를 모르터로 부착시켜야 한다.
   ⑦ 믹서 안의 콘크리트를 전부 꺼낸 후 다음 재료를 넣는다.
   ⑧ 비벼놓아 굳기 시작한 콘크리트는 되비벼서 사용하지 않는다.

≪알아두기≫
- ☞ 되비비기 : 모르타르, 콘크리트가 엉기기 시작하였을 때 다시 비비는 작업.
- ☞ 거듭비비기 : 엉기기 시작하지는 않았으나 비빈 후 상당시간이 지났거나 재료분리가 발생한 경우 다시 비비는 작업.

4) 설계기준강도(f_{ck})

콘크리트 부재 설계에서 기준으로 한 압축강도, 일반적으로 재령 28일 압축강도를 기준

5) 배합강도(f_{cr})

콘크리트 배합을 정하는 경우 목표로 하는 압축강도를 말함

6) 물-결합재비(W/B)

콘크리트의 골재가 표면건조포화상태에 있을 때, 시멘트 풀 속에 있는 물과 결합재 무게비

7) 단위량(kg/m³)

콘크리트 1m3 만드는데 필요한 각 재료 양

8) 잔골재율(S/a)

골재에서 5mm체를 통과하는 것을 잔골재, 5mm체에 남는 것을 굵은 골재로 보아 산출한 잔골재량의 전체 골재량에 대한 절대부피(%)

$$잔골재율(S/a) = \frac{S_V}{S_V + G_V} \times 100 \, (\%)$$

9) 시방배합

시방서 또는 책임 감리원이 지시한 배합, 이 때 골재는 표면건조포화상태에 있고, 잔골재는 5mm체를 다 통과하고, 굵은 골재는 5mm체에 다 남는 것으로 한다.

10) 현장배합

시방배합은 골재는 표면건조포화상태에 있고, 잔골재는 5mm체를 다 통과 하고, 굵은 골재는 5mm체에 다 남는 것으로 하지만, 현장 골재함수상태나 입도 상태는 그렇지 않으므로 시방배합을 고치는 것을 현장배합

2 배합설계

시 방 배 합

배합을 결정하는 방법은 ① 계산에 의한 방법 ② 배합표에 의한 방법 ③ 시험배합에 의한 방법이 있다.

가장 합리적이고 실용적인 방법이 시험 배합에 의한 방법으로 이 방법에 의한 배합 설계순서 및 방법을 소개 한다

1) 배합강도 결정 (f_{cr})

배합강도는 설계기준압축강도 35MPa 이하의 경우와, 35MPa 초과의 경우로 나누어 계산하고 각 두 식에 의한 값 중 큰 값으로 정하여야 한다.

□ $f_{ck} \leq 35\ (MPa)$ 인 경우

$$f_{cr} = f_{ck} + 1.34s\ (MPa)\ \text{----------(1)}$$
$$f_{cr} = (f_{ck} - 3.5) + 2.33s\ (MPa)\ \text{----(2)}$$

□ $f_{ck} > 35\ (MPa)$ 인 경우

$$f_{cr} = f_{ck} + 1.34s\ (MPa)\ \text{----------(1)}$$
$$f_{cr} = 0.9f_{ck} + 2.33s\ (MPa)\ \text{--------(2)}$$

여기서, s : 압축강도의 표준편차 (MPa)

□ 시험횟수에 따른 표준편차

(1)식은 f_{ck}이하로 내려갈 확률이 1/100이하, (2)식은 (f_{ck}-3.5)MPa 이하로 내려갈 확률이 1/100로 정한 것이므로 표준편차는 100회 이상 시험 값으로 구하는 것이 원칙이다. 시방서에서는 30회 이상 연속된 결과로 얻어진 값으로 구하나 만약 30회 미만 15회 이상이면, 보정계수를 곱하여 표준 편차를 구한다.

시험횟수가 29회 이하 일 때 표준 편차의 보정계수

시험 횟수	표준 편차의 보정 계수
15	1.16
20	1.08
25	1.03
30 이상	1.00

□ 표준편차를 모를 때 또는 시험횟수가 14회 미만인 경우 배합강도

콘크리트 압축강도의 표준 편차를 알지 못할 때, 또는 시험 횟수가 14회 이하인 경우 콘크리트 배합강도는 아래의 표로 구한다.

표준편차를 알지 못하거나 시험횟수가 14회 이하인 경우 배합강도

설계기준강도 f_{ck} (MPa)	배합강도 f_{cr} (MPa)
21 미만	$f_{ck} + 7$
21 이상 35 이하	$f_{ck} + 8.5$
35 초과	$f_{ck} + 10$

2) 물 - 결합재비 (W/B) 결정

물-결합재비는 소요의 강도, 내구성, 수밀성, 균열저항성 등을 고려하여 결정

① 압축강도를 기준으로 해서 물-결합재비를 정할 경우
- 시험에 의하여 결정하는 것이 원칙이며, 재령 28일 압축강도를 표준
  - ◇ 지금까지 실험 예) $f_{28} = -13.8 + 21.6 \dfrac{B}{W}$ (MPa)
- 배합에 사용할 물-결합재비는 기준 재령의 결합재-물비와 압축강도와의 관계식에서 배합강도에 해당하는 결합재-물비 값의 역수로 한다.

≪알아두기≫ 그동안 물-시멘트비(W/C)로 하였으나, 2009 개정 시방서는 물-결합재비(W/B)로 바뀜. 이유는 결합재로서 시멘트뿐만 아니라 혼화재(고로슬래그등)를 사용하기 때문

② 수밀성을 기준으로 물-결합재비를 정하는 경우 : 50% 이하
③ 제빙화학제가 사용되는 콘크리트의 물-결합재비 : 45% 이하
④ 중성화 저항성을 고려해야 하는 경우 물-결합재비 : 55% 이하
⑤ 내동해성을 기준으로 물-결합재비를 정하는 경우

특수노출상태에 대한 물-결합재비

노출상태	보통골재 콘크리트 최대 물-결합재비	보통골재 콘크리트와 경량골재 콘크리트의 최소 설계기준압축강도 f_{ck}(MPa)
물에 노출되었을 때 낮은 투수성이 요구되는 콘크리트	0.50	27
습한상태에서 동결융해 또는 제빙화학제에 노출된 콘크리트	0.45	30
제빙화학제, 염, 소금물, 바닷물에 노출되거나 이런 종류들이 살포된 콘크리트의 철근부식방지	0.40	35

3) 슬럼프(slump) 값 결정

구조물의 종류		슬 럼 프(mm)
철근콘크리트	일반적인 경우	80~150
	단면이 큰 경우	60~120
무근콘크리트	일반적인 경우	50~150
	단면이 큰 경우	50~100

4) 굵은골재 최대치수(Gmax) 결정, (공기량(A), 잔골재율(S/a), 단위수량(W) 결정)

콘크리트 종류			굵은 골재의 최대치수(mm)	
무근콘크리트			40 부재최소치수의 $\frac{1}{4}$ 이하	
철근콘크리트	일반적인 경우	20또는25	부재최소치수의 $\frac{1}{5}$ 이하	
	단면이 큰 경우	40	피복 두께, 철근간격의 $\frac{3}{4}$ 이하	

(콘크리트의 단위 굵은 골재용적, 잔골재율 및 단위수량의 표준의 값)

굵은골재 최대치수 (mm)	공기량 (%)	양질의 AE제를 사용한 경우		AE콘크리트	
		잔골재율 s/a(%)	단위수량 W(kg)	잔골재율 s/a(%)	단위수량 W(kg)
15	7.0	47	180	48	170
20	6.0	44	175	45	165
25	5.0	42	170	43	160
40	4.5	39	165	40	155

- 이 표의 값은 골재로서 보통 입도의 모래(조립률 2.80 정도) 및 자갈을 사용한 물-결합재비 55%정도, 슬럼프 약 80mm의 콘크리트에 대한 것이다.
- 사용재료 또는 콘크리트의 품질이 위 조건과 다를 경우에는 보정해야 한다.

배합의 보정표

구 분	S/a의 보정 (%)	W의 보정 (kgf)
모래의 조립률이 0.1 만큼 클(작을)때 마다	0.5 만큼 크게(작게) 한다.	보정하지 않는다.
슬럼프 값이 1cm 만큼 클(작을)때 마다	보정하지 않는다.	1.2% 만큼 크게(작게)한다.
공기량이 1% 만큼 클(작을)때 마다	0.5~1.0 만큼 작게(크게) 한다.	3% 만큼 작게(크게)한다.
물-결합재비가 0.05 클(작을)때 마다	1 만큼 크게(작게) 한다.	보정하지 않는다.
S/a가 1% 클(작을)때 마다	보정하지 않는다.	1.5kg 만큼 크게(작게)한다.
부순돌을 사용할 경우	3~5 만큼 크게 한다.	9~15 만큼 크게 한다.
바순모래를 사용할 경우	2~3 만큼 크게 한다.	6~9 만큼 크게 한다.

* 단위 굵은골재 용적에 의하는 경우에는 모래의 조립률이 0.1 만큼 커질(작아질) 때 마다 단위 굵은골재 용적을 1% 만큼 작게(크게)한다.

5) 공기량(A), 잔골재율(S/a), 단위수량(W) 결정
① 콘크리트의 단위 굵은 골재용적, 잔골재율 및 단위수량의 표준의 값에 의하여 결정
② 결정된 값을 배합의 보정표에 의하여 수정한다.

6) 단위량계산

① 단위시멘트량(C) : $\dfrac{W}{C}$ 비에서 구한다. (kg)

② 골재의 절대용적($S_V + G_V$)

$$S_V + G_V = 1 - \left(\dfrac{C(kg)}{1000 \times C_g} + \dfrac{W(kg)}{1000} + \dfrac{A(\%)}{100} + \dfrac{혼화재량(kg)}{1000 \times 혼화재비중} \right) (m^3)$$

③ 잔골재 절대용적(S_V)

$$S_V = (S_V + G_V) \times S/a \, (m^3)$$

④ 단위 잔골재량(S)

$$S = S_V \times S_g \times 1000 \, (kg)$$

⑤ 굵은 골재 절대용적(G_V)

$$G_V = (S_V + G_V) - S_V \, (m^3)$$

⑥ 굵은 골재량(G)

$$G = G_V \times G_g \times 1000 \ (kg)$$

여기서,

- C : 시멘트 무게 [kg]
- A : 공기량 [%]
- S_V : 잔골재 부피 [m³]
- G : 굵은 골재량 [kg]
- G_g : 굵은골재 밀도 [g/cm³]
- W : 물 무게 [kg]
- S : 잔골재량 [kg]
- S_g : 잔골재밀도 [g/cm³]
- G_V : 굵은골재 부피 [m³]

7) 배합 표시방법

굵은 골재의 최대 치수 (mm)	슬럼프 범위 (mm)	공기량 범위 (%)	물-결합 재비¹⁾ W/B (%)	잔골재율 S/a (%)	단위질량(kg/m3)				혼화재료	
					물	시멘트	잔골재	굵은 골재	혼화재¹⁾	혼화제²⁾

주 1) 포졸란 반응성 및 잠재수경성을 갖는 혼화재를 사용하지 않는 경우에는 물-결합재비가 된다.
 2) 같은 종류의 재료를 여러 가지 사용할 경우에는 각각의 난을 나누어 표시한다. 이 때 사용량에 대하여는 ㎖/m³ 또는 g/m³로 표시하며, 희석시키거나 녹이거나 하지 않은 것으로 나타낸다.

현 장 배 합

시방배합은 골재는 표면건조포화상태에 있고, 잔골재는 5mm 체를 다 통과하고, 굵은 골재는 5mm 체에 다 남는 것으로 한다.

그러나 현장 골재함수상태나 입도상태는 그렇지 않으므로 시방배합을 고쳐야 한다.

1) 입도 보정

현장 골재에서 잔골재 속에 들어 있는 굵은 골재량(5mm 체에 남은 양)과 그리고 굵은 골재 속에 들어 있는 잔골재량(5mm 체 통과량)에 따라 입도를 보정

2) 표면수 보정

현장 골재의 함수 상태에 따라 콘크리트의 함수량이 달라지고 골재량도 달라진다. 따라서 골재의 함수 상태에 따라 시방 배합의 물의 양과 골재량을 보정

배합설계 예제

1. 설계조건
주어진 재료에 의하여 콘크리트 표준시방서의 규정에 따라 배합설계를 하시오.
설계기준강도(f_{ck})=23(MPa), 목표로 하는 슬럼프는 100mm이고, 공기량은 4.5%이다. 또 굵은골재는 최대치수 25mm이며, 구조물은 보통의 노출상태에 있으며, 기상작용이 심하고 단면이 보통이며, 수밀콘크리트를 만들고 그밖에 것은 고려하지 않는다. 혼화제는 제조자가 추천한 AE제 사용량은 시멘트 질량의 0.02%

2. 재료시험
재료를 시험한 결과
시멘트 밀도 : 3.14g/cm³
잔골재의 표건밀도 : 2.55g/cm³
굵은골재 표건밀도 : 2.60g/cm³
잔골재의 조립률 : 2.85 (5mm 체 잔유분 제거 후 시험)

3. 배합강도(f_{cr}) 계산
콘크리트 압축강도의 표준편차 (s) : 3.5(MPa) 라고 한다면, 아래 계산에서 큰 값을 사용

$f_{ck} \leq 35\,(MPa)$ 인 경우 이므로

$f_{cr} = f_{ck} + 1.34s = 23 + 1.34 \times 3.5 = 27.69\ (MPa)$

$f_{cr} = (f_{ck} - 3.5) + 2.33s = (23 - 3.5) + 2.33 \times 3.5 = 27.66\ (MPa)$

$$\therefore f_{cr} = 27.69\ (MPa)\ 결정$$

4. 물-결합재비 결정
① 압축강도를 기준으로 해서 물-결합재비를 정할 경우

$$f_{28} = -13.8 + 21.6 \times \frac{B}{W}\ 에서\ \therefore 27.69 = -13.8 + 21.6 \times \frac{B}{W}$$

$$\frac{B}{W} = \frac{27.69 + 13.8}{21.6}, \quad \therefore \frac{W}{B} = \frac{21.6}{41.49} = 0.520 = 52\%$$

② 수밀성을 기준으로 물-결합재비를 정하는 경우 : 50% 이하

③ 내동해성 기준 (보통 노출상태에서 기상작용이 심하고 단면이 보통인 경우) : 55% 이하

위 조건에 의해 물- 결합재가 가장 작은 값을 사용

$$\therefore \frac{W}{B} = 50 \, (\%) \text{ 로 결정}$$

5. 잔골재율 및 단위수량의 결정

굵은골재 최대치수 25mm에 대하여 공기량 : 5(%), 잔골재율(S/a) : 42(%), 단위수량(W) ; 170(kg)으로 보정

보정항목	표 조건	배합 조건	S/a = 42%	W = 170kg
			S/a의 보정량	W의 보정량
잔골재의 조립률	2.8	2.85	$\frac{2.85-2.80}{0.1} \times 0.5 = +0.25(\%)$	-
슬럼프	8	10	-	$(10-8) \times 1.2 = +2.4(\%)$
물-결합재비	0.55	0.5	$\frac{0.5-0.55}{0.05} \times 1 = -1(\%)$	-
공기량	5.0	4.5	$\frac{5.0-4.5}{1} \times 0.75 = +0.4(\%)$	$(5.0-4.5) \times 3 = +1.5(\%)$
합계			$-0.35(\%)$	$+3.9(\%)$
보정한 설계치			$S/a = 42 - 0.35 \fallingdotseq 41.7$	$W = 170 + (170 \times 0.039)$ $\fallingdotseq 177 \, (kg)$

6. 단위량의 계산

① 단위시멘트량 (C)

$$\frac{W}{C} = 50 \, (\%) \text{ 에서}, \quad C = \frac{W}{0.5} = \frac{177}{0.5} = 354 \, (kgf)$$

② 골재의 절대용적$(S_V + G_V)$

$$S_V + G_V = 1 - \left(\frac{C(kg)}{1000 \times C_g} + \frac{W(kg)}{1000} + \frac{A(\%)}{100} + \frac{혼화재량(kg)}{1000 \times 혼화재비중}\right) (m^3)$$

$$= 1 - \left(\frac{354}{1000 \times 3.14} + \frac{177}{1000} + \frac{4.5}{100}\right) = 0.665 \, m^3$$

③ 잔골재의 절대용적(S_V)

$$S_V = 0.665 \times 0.417 = 0.277 \ (m^3)$$

④ 단위잔골재량 (S)

$$S = 0.277 \times 1000 \times 2.55 = 706 \ (kgf)$$

⑤ 굵은골재의 절대용적(G_V)

$$G_V = 0.665 - 0.277 = 0.388 \ (m^3)$$

⑥ 단위 굵은골재량(G)

$$G = 0.388 \times 1000 \times 2.60 = 1009 \ (kgf)$$

⑦ 단위 AE제량 (A)

$$A = 354 \times 0.0002 = 70.8 \ (gf) \quad \text{(AE제 사용량 0.02 \%= 0.0002)}$$

7. 시험비비기 및 시방 배합

계산된 단위량으로부터 시험비비기를 실시하여 시방배합을 실시

가. 제 1 배치량 계산

골재의 함수상태는 표면건조포화상태로 만든다. 1배치 콘크리트 양을 $50l$ ($0.05m^3$, $1m^3 = 1000l$) 라고 하면 1배치 각 재료의 양은 다음과 같다.

① 물의 양 (W) $= 177 \times \dfrac{50}{1000} = 8.85 \ (kgf)$

② 시멘트량 (C) $= 354 \times \dfrac{50}{1000} \times 17.7 \ (kgf)$

③ 잔골재량 (S) $= 706 \times \dfrac{50}{1000} = 35.3 \ (kgf)$

④ 굵은골재량(G) $= 1009 \times \dfrac{50}{1000} = 50.45 \ (kgf)$

⑤ AE제량 (A) $= 70.8 \times \dfrac{50}{1000} = 3.54 \ (gf)$

1배치 양에 의해 시험 비비기를 한 결과 슬럼프 값이 120mm, 공기량이 5.5%의 결과가 나왔다면, 목표로 하는 슬럼프값 100mm와 공기량 4.5%와는 차이가 있으므로 보정한다.

나. 제1배치 시험 비비기에 의한 보정

① 슬럼프값 보정 : 슬럼프 값을 보정하려면 물을 보정하면 되므로 슬럼프값이 1cm 만큼 클(작을)때 마다 물을 1.2% 만큼 크게(작게)보정한다.

$$W = 177 \times \left\{1 - (\frac{12-10}{1}) \times 0.012\right\} = 173 \ (kgf)$$

② 공기량 보정 : 공기량 보정도 물을 보정하면 된다. 공기량이 1% 만큼 클(작을) 때 마다, 물을 3% 만큼 작게(크게) 한다. 따라서 잔골재 율도 보정을 해야 한다.

$$W = 177 \times \left\{1 + (\frac{5.5-4.5}{1}) \times 0.03\right\} = 178 \ (kgf)$$

$$S/a = 41.7 + (\frac{5.5-4.5}{1}) \times 0.75 = 42.5 \ (\%)$$

③ 공기량 4.5 %로 하기위한 AE제량 보정

$$0.02(\%) \times \frac{4.5}{5.5} = 0.016 \ (\%)$$

다. 시방배합

① 단위시멘트량 (C)

$$\frac{W}{C} = 50 \ (\%) \ \text{에서}, \ C = \frac{W}{0.5} = \frac{178}{0.5} = 356 \ (kgf)$$

② 골재의 절대용적($S_V + G_V$)

$$= 1 - \left(\frac{356}{1000 \times 3.14} + \frac{178}{1000} + \frac{4.5}{100}\right) = 0.664 \ m^3$$

③ 잔골재의 절대용적(S_V)

$$S_V = 0.664 \times 0.425 = 0.282 \ (m^3)$$

④ 단위잔골재량 (S)

$$S = 0.282 \times 1000 \times 2.55 = 719 \ (kgf)$$

⑤ 굵은골재의 절대용적(G_V)

$$G_V = 0.664 - 0.282 = 0.382 \ (m^3)$$

⑥ 단위 굵은골재량(G)

$$G = 0.382 \times 1000 \times 2.60 = 993 \ (kgf)$$

⑦ 단위 AE제량 (A)

$$A = 354 \times 0.00016 = 56.6 \, (gf) \quad \text{(AE제 사용량 0.016\%=0.00016)}$$

굵은골재 최대치수 (mm)	슬럼프 범위 (cm)	공기량 범위 (%)	물-결합재 비 W/B (%)	잔골재율 S/a (%)	단위량 (kgf/m³)				
					물 W	시멘트 C	잔골재 S	굵은골재 G	혼화제 (gf/m³)
25	10	4.5	50	42.5	178	356	719	993	56.6

라. 제2배치

제1배치 시방배합으로 50ℓ에 대한 각 재료량을 계산하여 시험 배합한 결과 슬럼프 값이 100mm, 공기량이 4.5%가 되어 설계조건이 만족 하면 제1배치 시방 배합으로 결정

8. 현장배합 설계

시방배합결과와 현장골재상태가 다음 표와 같을 때 현장배합으로 고치시오

현 장 골 재 상 태			
잔골재 표면수량	1 %	5mm 체에 남는 잔골재량	4 %
굵은 골재 표면수량	3 %	5mm 체에 통과하는 굵은 골재량	3 %

가. 입도 조정

$$S + G = 719 + 993 = 1712 \quad \cdots\cdots\cdots ①$$

$$0.96S + 0.03G = 719 \quad \cdots\cdots\cdots ②$$

①식에 0.96를 곱하여 ②식과 연립하면

$$\begin{array}{r} 0.96S + 0.96G = 1644 \\ -) \, 0.96S + 0.03G = 719 \\ \hline 0 + 0.93G = 925 \end{array}$$

$$\therefore G = \frac{925}{0.93} = 995 \, kgf \quad \cdots\cdots ③$$

③식을 ①식에 대입하면

$$\therefore S = 1712 - 995 = 717 \, kgf$$

나. 표면수 보정

　① 잔골재 표면수 : $717 \times 0.01 = 7 \,(kgf)$

　② 굵은 골재 표면수 : $995 \times 0.03 = 30 \,(kgf)$

다. 콘크리트 1m³을 만들기 위한 각 재료 양

　① 시멘트 : $356 \,(kgf/m^3)$

　② 물 : $178 - (7+30) = 141 \,(kgf/m^3)$

　③ 잔골재 : $717 + 7 = 724 \,(kgf/m^3)$

　④ 굵은 골재 : $995 + 30 = 1025 \,(kgf/m^3)$

2.6 특수 콘크리트의 시공법

1) 한중콘크리트
   ① 기온이 낮을 때 시공하는 콘크리트
   ② 1일 평균기온이 4℃이하로 될 때 한중콘크리트 시공
   ③ 한중콘크리트를 쳐 넣었을 때의 온도는 5~20℃로 한다.
   ④ 콘크리트를 쳐 넣은 뒤 초기에 얼지 않도록 잘 보호 한다
   ⑤ 바람을 막아야 하며, 양생 중에는 콘크리트의 온도를 5℃ 이상 유지하여야 하고, 또한 소요 압축강도에 도달한 후 2일간은 구조물의 어느 부분이라도 0℃ 이상이 되도록 유지 하여야 한다.
   ⑥ 수화열에 의한 균열의 문제가 없는 경우에는 조강포틀랜드 시멘트나 초조강 포틀랜드 시멘트의 사용이 효과적
   ⑦ 시멘트는 절대로 직접 가열해서는 안 된다.
   ⑧ 한중콘크리트는 공기연행콘크리트를 사용하는 것을 원칙으로 한다.
   ⑨ 콘크리트 제조시 가열한 재료의 믹서 투입 순서
      더운 물 → 굵은골재 → 잔골재 → 시멘트 투입
   ⑩ 배합강도 및 물-결합재비는 적산온도방식에 의해 결정할 수 있다

2) 서중콘크리트
   ① 기온이 높을 때 시공하는 콘크리트
   ② 하루 평균기온이 25℃ 넘으면 서중콘크리트로 시공
   ③ 콜드죠인트(cold joint)가 발생하기 쉽다
   ④ 서중콘크리트는 쳐 넣었을 때 온도는 35℃ 이내
   ⑤ 콘크리트를 비벼 쳐 넣을 때까지의 시간은 1.5시간 이내
   ⑥ 배합은 필요한 강도 및 워커빌리티를 얻는 범위 내에서 단위 수량과 시멘트량은 될 수 있는 대로 적게 한다.
   ⑦ 중용열 포틀랜드 시멘트나 혼합시멘트를 사용
   ⑧ 콘크리트 치기가 끝나면 곧바로 양생을 시작하고, 콘크리트 표면 건조를 막아야 한다.

3) 수중콘크리트
   ① 콘크리트를 물속에서 치는 콘크리트

② 정수 중에 치는 것을 원칙으로 하며 완전히 물막이를 할 수 없는 경우에도 유속은 1초간 5cm 이하로 되는 것이 좋다
③ 콘크리트를 수중에 직접 낙하시켜서는 안 된다.
④ 콘크리트의 타설 면은 수평을 유지하며 소정의 높이 또는 수면위로 나올 때까지 연속해서 타설
⑤ 물-결합재비는 50% 이하를 표준
⑥ 단위 시멘트량은 370kg/m³ 이상을 표준
⑦ 일반 수중콘크리트의 슬럼프의 표준값(mm)

시공방법	일반 수중 콘크리트	현장타설말뚝 및 지하연속벽에 사용하는 수중콘크리트
트레미	130~180	180~210
콘크리펌프	130~180	-
밑열림상자, 밑열림포대	100~150	-

⑧ 수중콘크리트는 재료분리를 적게 하기 위하여 단위시멘트량이 크고, 잔골재율도 크게 하여 점성이 풍부한 콘크리트를 사용한다. 잔골재율은 40~45%를 표준으로 하고, 굵은 골재는 둥근모양의 입도가 좋은 자갈을 사용하는 것이 좋다.
⑨ 수중콘크리트 치는 방법은 트레미, 포대콘크리트, 밑열림 상자 및 밑열림 포대, 콘크리트 펌프 및 프리플레이스트콘크리트 등이 있다.
⑩ 트레미를 사용하여 수중에서 콘크리트를 치면 강도가 공기 중에서 시공한 것의 약 60% 정도이다. 콘크리트가 수중으로 쳐지는 과정에서 물에 씻기는 작용 때문에 강도 저하를 일으킨다.
⑪ 굵은 골재의 최대 치수는 수중불분리성 콘크리트의 경우 40mm 이하를 표준으로 하며, 부재 최소 치수의 1/5 및 철근의 최소 순간격의 1/2를 초과해서는 안 되며, 현장타설말뚝 및 지하연속벽에 사용하는 콘크리트의 경우는 25mm 이하, 철근 순간격의 1/2 이하를 표준으로 하여야 한다.
⑫ 수중불분리성 콘크리트는 혼화제의 증점 효과와 소정의 유동성을 확보하기 위하여 일반 수중 콘크리트보다도 단위수량이 크게 요구되므로 감수제, 공기 연행감수제 또는 고성능 감수제를 사용하여야 한다.

4) 프리플레이스트 콘크리트(시방서 변경전 프리팩트 콘크리트, ACI기준으로 바뀜)

  4-1) 일반사항

    ① 특정한 입도를 가진 굵은 골재를 거푸집에 채워 넣고 그 공극 속에 특수한 모르타르를 적당한 압력으로 주입하여 만든 콘크리트이다.

    ② 특수 모르타르는 유동성이 크고, 재료분리가 적고, 적당한 팽창성을 가진 주입 모르타르를 말한다.

    ③ 고강도 프리플레이스트콘크리트라 함은 고성능 감수제에 의하여 주입모르타르의 물-결합재비를 40% 이하로 낮추어 재령 91일에서 압축강도 40MPa 이상 얻어지는 프리플레이스트 콘크리트를 말한다.

  4-2) 유동성

    ① 주입 모르타르의 유동성은 유하시간으로 설정

       16~20초가 표준, 고강도 프리플레이스트콘크리트는 25~50초가 표준

    ② 모르타르는 주입시 재료분리가 적고, 경화 시 블리딩이 적으며 소요의 팽창을 가져야 한다.

    ③ 경화 후 소요의 압축강도와 골재와의 부착력을 가지며, 충분한 내구성 및 수밀성과 강재를 보호하는 성능을 가져야 한다.

  4-3) 재료분리 저항성 및 팽창성

    ① 주입 모르타르의 블리딩률 값은 3% 이하, 고강도 프리팩트 콘크리트의 경우는 1% 이하로 한다.

    ② 팽창률은 시험 시작 후 3시간에서 5~10% 값이 표준이며, 고강도는 2~5%가 표준이다.

    ③ 블리딩 현상에 의하여 침하수축 하는 모르타르를 팽창시켜 골재와 모르타르 사이에 틈이 생기는 것을 방지함과 동시에 부착강도를 증진시키기 위하여 주입 모르타르의 팽창성을 확보하여야 한다.

  4-4) 재료 및 배합

    ① 주입 모르타르는 수화열의 억제, 유동성 및 화학저항성의 향상 목적으로 포틀랜드 시멘트에 플라이애시나 고로슬래그 미분말 등의 혼화재를 혼합한다.

    ② 주입 모르타르에 사용되는 혼화제는 유동성을 좋게 하고, 보수성을 향상시켜서 재료분리를 방지하고, 응결을 지연시키며 팽창성을 가지는 감수제, 발포제, 보수제 및 지연제

등을 혼합한 프리믹스트 타입의 프리플레이스트 콘크리트용 혼화제를 사용하는 것이 좋다.

③ 발포제는 일반적으로 알루미늄 분말이며 결합재에 대한 중량비로서 0.010~0.015% 정도를 사용한다.

④ 주입 모르타르의 유동성과 보수성을 좋게 하기 위하여 잔골재는 보통 콘크리트에서 사용하는 것보다 입도가 가는 것이 좋다. 잔골재는 입경 2.5mm이하, 조립률 1.4~2.2의 범위가 적당하다.

⑤ 굵은 골재 최소치수는 15mm 이상, 최대치수는 최소치수의 2~3배 또한 부재 단면 최소치수의 1/4 이하, 철근콘크리트의 경우는 철근의 순간격의 2/3이하로 하는 것이 좋다.

⑥ 대규모 프리플레이스트콘크리트의 경우 굵은 골재 최소치수는 40mm 이상이다.

⑦ 깊은 해수 중에 시공할 경우 모르타르의 팽창값이 적정값이 되도록 알루미늄 분말의 혼입량을 증가시켜야 한다.

4-5) 용도 및 특징

① 용도
- 수중 콘크리트 시공 : 재료분리가 적고 타설 관리가 용이
- 매스콘크리트 시공 : 경화 후 수축이 적다.
- 구조물 보수
- 중량 콘크리트 시공 : 재료분리가 없으므로 밀도가 큰 중량 콘크리트에 적합

② 특징
- 부착 성능이 향상
- 시공이음 대형 구조물시공이 가능
- 건조수축이 일반 콘크리트에 비해 1/2 정도로 감소된다.
- 장기강도가 크다
- 내구성 및 수밀성이 뛰어나다

5) 숏크리트 (shotcrete)

① 압축공기를 이용하여 콘크리트나 모르타르를 시공 면에 뿜어 붙이는 콘크리트

② 터널이나 큰 공동구조물의 라이닝, 비탈면, 법면 또는 벽면의 풍화나 박리, 박락의 방지,

터널, 댐 및 교량의 보수보강공사 등에 적용되는 콘크리트
③ 숏크리트 시공법은
- 건식공법 : 노즐에서 물과 드라이믹스(drymix)된 재료를 혼합하는 것으로 리바운드 량이 많다
- 습식공법 : 물을 포함한 각 재료를 미리 계량하고 충분히 혼합할 수 있으므로 품질 관리가 쉽고 분진의 발생 및 리바운드 량도 적다.

④ 숏크리트는 다음과 같은 기능을 발휘할 수 있도록 하여야 한다.
- 지반과의 부착 및 자체 전단 저항효과로 숏크리트에 작용하는 외력을 지반에 분산 시키고, 터널 주변의 붕락하기 쉬운 암괴를 지지하며, 굴착면 가까이에 지반 아치가 형성될 수 있도록 한다.
- 강지보재, 록볼트에 지반에 압력을 전달하는 기능을 발휘하도록 하여야 한다.
- 굴착된 지반의 굴곡부를 메우고 절리면 사이를 접착시킴으로써 응력집중 현상을 피하도록 한다.
- 굴착면을 피복하여 풍화방지, 지수, 세립자 유출 등을 방지하도록 한다.
- 보수, 보강 재료로 사용되어 소요의 강도와 내구성 등 구조물의 충분한 보수 및 보강 성능을 발휘하여야 한다.
- 비탈면, 법면 또는 벽면 보호 공법으로 적용되어 충분한 안전성을 확보하여야 한다.

⑤ 숏크리트의 초기강도 표준값

재령	숏크리트의 초기강도(MPa)
24시간	5.0~10.0
3시간	1.0~3.0

⑥ 일반 숏크리트의 장기 설계기준압축강도는 재령 28일로 설정하며 그 값은 21MPa 이상 으로 한다.
⑦ 재령 28일 부착강도는 1.0MPa 이상이 되도록 관리하여야 한다.
⑧ 숏크리트의 휨강도 및 휨인성의 성능 목표는 재령 28일 값을 기준으로 설정하여야 한다.
⑨ 공기연행제는 건식 숏크리트의 경우 사용할 수 없으며, 습식 숏크리트의 경우 동결융해 저항성을 확보하기 위하여 사용할 수 있다.

6) 경량골재 콘크리트

① 콘크리트의 건조밀도가 2.0 이하의 콘크리트를 경량콘크리트라 하며, 경량골재를 사용한다.
② 경량골재콘크리트는 사용골재를 프리웨팅(pre-wetting)할 필요가 있으며 반드시 AE콘크리트 시공
③ 경량골재 콘크리트의 슬럼프값은 180mm 이하로 하고, 단위 시멘트량의 최소값은 300 kg/m³, 물-결합재비의 최대값은 60%로 한다.
④ 경량골재 콘크리트 1종 설계기준압축강도(MPa) : 18
⑤ 경량골재의 체가름시험은 KS F 2502, 씻기시험은 KS F 2511에 따른다. 골재의 씻기시험에 의하여 손실되는 양은 10% 이하로 하여야 한다.
⑥ 경량골재는 각 입경마다 골재의 밀도를 측정하는 것은 용이하지 않으므로 질량 백분율로 표시한다. 경량골재 표준입도는 각체를 통과하는 질량백분율 13%에 해당
⑦ 단위질량은 허용값의 10% 이상 차이가 나지 않도록 하여야 한다.
⑧ 콘크리트의 수밀성을 기준으로 물-결합재비를 정할 경우에는 50% 이하를 표준으로 한다.
⑨ 경량골재 콘크리트를 타설할 때 모르타르가 침하하고, 굵은 골재가 위로 떠오르는 재료분리 현상이 작게 일어나도록 하여야 한다.

7) 방사선차폐용 콘크리트

① 밀도가 큰 골재를 사용하여 방사선 차폐용과 같은 특수한 목적으로 사용 되는 콘크리트로 원자력발전용으로 사용
② 철광석, 중정석 기타의 중량골재를 사용
③ 물-결합재비는 50% 이하를 원칙으로 하고, 워커빌리티 개선을 위하여 품질이 입증된 혼화제를 사용할 수 있다.

8) 매스콘크리트 (mass concrete)

① 매스콘크리트는 부재 또는 구조물의 치수가 커서 시멘트의 수화열에 의한 온도 상승을 고려하여 시공하는 콘크리트
② 넓이가 넓은 슬래브에서는 두께 80cm 이상, 하단이 구속된 벽에서는 두께 50cm 이상이면 매스콘크리트
③ 수화열에 의한 열응력으로 균열이 생기므로, 온도를 낮추는 방법에는 파이프쿨링(pipe-

cooling)과 프리쿨링(pre-cooling)

④ 균열 방지법으로는 균열유발줄눈(joint)설치, 팽창콘크리트의 사용에 의한 균열방지방법, 균열제어철근의 배치에 의한 방법

9) 섬유보강 콘크리트

① 콘크리트의 약점인 인장강도, 내충격성, 균열 등의 취성을 개선하기 위해 콘크리트 속에 섬유를 혼합시켜 균열에 대한 저항성을 증진시키고 인성을 부여할 목적으로 제조된 콘크리트

② 섬유의 종류는 강섬유, 유리 섬유 등이 있다.

③ 섬유 혼입률(fiber volume fraction)

섬유보강콘크리트 $1m^3$중에 점유하는 섬유의 용적백분율(%)

10) 해양 콘크리트

해양에 위치한 항만이나 조류의 작용을 받는 구조물은 해수중의 염류에 크게 영향을 받아서 콘크리트가 열화 되고 철근이 부식하는 등의 내구성이 저하

일반사항

① 내구성으로 정해지는 최소 단위 결합재량(kg/m^3)

환경구분 \ 굵은골재최대치수	20mm	25mm	40mm
물보라 지역 및 해상 대기중	340	330	300
해 중	310	300	280

② 내구성으로 정해지는 공기연행콘크리트 최대 물 – 결합재비

환경구분 \ 시공조건	일반 현장 시공	공장제품, 공장제품과 동등 이상의 품질이 보증될 때
해 중	50	50
해상 대기중	45	50
물보라 지역	45	45

③ 해양 콘크리트의 설계기준강도는 30MPa 이상으로 한다.

④ 해양구조물에서는 성능 저하를 방지하기 위하여 가능한 범위 내에서 시공이음을 두지 말아야 한다.

⑤ 콘크리트는 재령 5일이 되기까지 바닷물에 씻기지 않도록 보호해야 하며, 고로 슬래그 시멘트 등 혼합시멘트를 사용할 경우에는 이 기간을 설계기준압축강도의 75% 이상의 강도가 확보될 때까지 연장하여야 한다.
⑥ 해안선으로부터 250m 이내의 육상 지역은 콘크리트 구조물이 염해를 입기 쉬우므로 해안으로 부터 거리에 따라 구분하여 내구성 향상 대책을 수립하여야 한다.
⑦ 해양 콘크리트 구조물에 쓰이는 콘크리트의 설계기준강도는 30MPa 이상으로 한다.

콘크리트 공기량의 표준값(%)

환경조건		굵은 골재의 최대 치수(mm)		
		20	25	40
동결융해작용을 받을 염려가 있는 경우	(a) 물보라, 간만대 지역	6	6	5.5
	(b) 해상 대기중	5	4.5	4.5
동결융해작용을 받을 염려가 없는 경우		4	4	4

해수에 의한 콘크리트의 열화방지 방안

① 양질의 감수제 및 AE제 사용.
② 중용열시멘트, 고로시멘트, 플라이애시 시멘트, 포졸란이 다량 함유된 시멘트 등의 혼합시멘트 사용.
③ 부배합의 콘크리트 사용.
④ 물-결합재비를 작게 한다.
⑤ 최소한 재령 4일 까지 해수영향을 받지 않도록 보호.

11) 수밀 콘크리트

① 물이 새지 않도록 치밀하게 만든 콘크리트
② 수밀 콘크리트에 사용하는 혼화 재료에 적합한 공기연행제, 감수제, 공기연행 감수제, 고성능 공기연행 감수제, 포졸란 등을 사용하는 것을 원칙으로 한다.
③ 수밀성 향상을 목적으로 사용하는 혼화 재료로서 팽창재, 방수제 등을 사용할 경우에는 그 효과를 확인하고 사용 방법을 충분히 검토하여야 한다.
⑤ 소요품질이 얻어지는 범위 내에서 단위수량 및 물-결합재비를 가급적 적게 하고, 단위 굵은 골재량을 가급적 크게 한다.
⑥ 혼화제를 사용하여도 공기량은 4% 이하가 되게 한다.
⑦ 물-결합재비는 50% 이하를 표준으로 한다.

⑧ 균열저감제(crack reducing agent)

콘크리트의 블리딩을 저감시키고, 시공 후 수화과정에서 콘크리트의 결함부 를 충전하는 불용성 혹은 난용성 화합물을 생성시켜 소성수축, 건조수축 등에 대한 저항성을 향상시킴으로써 수축균열을 억제하는 기능성 혼화 재료를 사용하여 균열저감

12) 프리스트레스트 콘크리트

콘크리트에 생기는 인장응력을 상쇄시키거나 감소시키기 위해서, 강선이나 강봉을 미리 긴장시켜 압축응력을 주어 만든 것

① 프리스트레스트 콘크리트 장점
- 부재 단면에 미리 가해진 압축응력으로 인해 균열이 발생하지 않는다.
- 균열이 발생하더라도 하중이 제거되면 원래상태로 복원 한다
- 전단면을 유효하게 이용할 수 있어 자중을 감소시킬 수 있다
- 충격하중, 반복하중에 대한 저항성이 철근 콘크리트 보에 비하여 크다
- 처짐이 적다.
- 지간을 길게 할 수 있다

② 프리스트레스트 콘크리트 단점
- 고강도의 재료를 사용하여야 함으로 단가가 비싸다.
- 부재의 강성이 작기 때문에 변형이 크고, 진동하기 쉽다.
- 설계자나 시공자가 풍부한 경험을 가져야 하고, 제작에 손이 많이 간다.
- 열 피해를 받기 쉽다.
- 콘크리트 단면변화의 허용범위가 좁다.

③ 프리텐션공법과 포스트텐션공법의 비교
- 프리텐션은 제작에는 공장설비가 필요하나 포스트텐션은 필요 없다.
- 장대지간의 부재는 프리텐션에서는 부적당하다.
- 포스트텐션은 정착장치, 쉬스, 그라우트가 필요하나 프리텐션에서 필요 없다.

④ 부재 콘크리트와 긴장재를 일체화시키는 부착강도는 재령 28일의 압축강도로 대신하여 설정할 수 있다. 압축강도는 KS F 2426에 준하여 구한 시험값에 의해 설정하며, 비팽창성 그라우트의 경우는 30MPa 이상, 팽창성 그라우트의 경우는 20MPa 이상을 표준으로 한다.

13) 레디믹스트콘크리트 (KS F 4009, 2003.11.19 참고)

① 콘크리트 제조 설비를 갖는 공장(레미콘 공장)에서 생산되고, 아직 굳지 않은 상태로 현장에 운반되는 콘크리트

② 레미콘의 장점
- 현장에 설비가 없어도 콘크리트를 구입할 수 있다.
- 공사 진행에 차질이 없다.
- 품질이 보증된다.
- 콘크리트를 치기가 쉬워 능률적 이다.

③ 콘크리트 펌프를 이용하여 콘크리트를 칠 때는 슬럼프 15cm 이상의 콘크리트를 사용해야 한다.

④ 강도시험을 한 경우 다음 규정을 만족시켜야 한다.
- 1회의 시험결과는 구입자가 지정한 호칭강도의 85% 이상이어야 한다.
- 3회의 시험결과의 평균치는 구입자가 지정한 호칭강도의 값 이상이어야 한다.

⑤ 시험결과 콘크리트의 강도가 작게 나오는 경우

강도가 부족하다고 판단되고 관리재령의 연장도 불가능할 때에는 비파괴 시험을 실시한다. 비파괴 시험 결과에서도 불합격될 경우 문제된 부분에서 코어를 채취하여 KS F 2422에 따라 코어의 압축강도의 시험을 실시하여야한다. 코어 강도의 시험결과는 평균값이 f_{ck}의 85%를 초과하고 각각의 값이 75%를 초과하면 적합한 것으로 판정한다. 시험 결과 부분적인 결함이라면 해당부분을 보강하거나 재시공하며, 전체적인 결함이라면 재하시험을 실시한다.

⑥ 슬럼프 및 슬럼프 플로 허용오차

슬럼프 허용오차

슬럼프	슬럼프 허용차
2.5	± 1.0
5 및 6.5	± 1.5
8 이상	± 2.5

슬럼프 플로 허용오차(mm)

슬럼프 플로	슬럼프 플로 허용오차
500	± 75
600	± 100
700※	± 100

주(※) 굵은골재의 최대치수가 15mm인 경우에 한하여 적용한다.

⑦ 공기량은 보통콘크리트의 경우 4.5%이며, 경량콘크리트의 경우 5%로 하되, 그 허용오차는 ±1.5%로 한다.

⑧ 염화물함유량의 한도는 배출지점에서 염화물이온(Cl)량에 대한 $0.30kg/m^3$ 이하, 다만 구입자의 승인을 얻은 경우에는 $0.60kg/m^3$ 이하로 할 수 있다.

⑨ 콘크리트 운반차는 트럭믹서 또는 트럭애지데이터의 사용을 원칙으로 하고, 슬럼프가 2.5cm 이하의 낮은 콘크리트를 운반할 때는 덤프트럭을 사용

⑩ 압축강도에 의한 콘크리트의 품질검사

종류	항목	시험·검사 방법	시기 및 횟수[1]	판정기준	
				$f_{ck} \leq 35$ MPa	$f_{ck} > 35$ MPa
설계기준압축강도로부터 배합을 정한 경우	압축강도 (일반적인 경우 재령 28일)	KS F 2405의 방법[1]	1회/일, 또는 구조물의 중요도와 공사의 규모에 따라 $100m^3$ 마다 1회, 배합이 변경될 때마다	① 연속 3회 시험값의 평균이 설계기준압축강도 이상 ② 1회 시험값이(설계기준압축강도− 3.5MPa) 이상	① 연속 3회 시험값의 평균이 설계기준압축강도 이상 ② 1회 시험값이 설계기준압축강도의 90% 이상
그 밖의 경우				압축강도의 평균치가 소요의 물−결합재비에 대응하는 압축강도 이상일 것.	

주 1) 1회의 시험값은 공시체 3개의 압축강도 시험값의 평균값임

⑪ 시험

트럭애지데이터를 30초 교란 후 최초 배출되는 콘크리트 약 50%를 제외한 후 콘크리트 흐름의 전횡단면에서 채취하여, 슬럼프시험, 공기량시험, 강도시험, 염화물함유량시험, 단위용적질량시험 실시

14) 고강도 콘크리트

① 고강도 콘크리트의 설계기준강도는 일반적으로 40MPa 이상으로 하며, 고강도 경량콘크리트는 27MPa 이상으로 한다.

② 고강도콘크리트는 부배합 즉, 단위시멘트량이 많기 때문에 시멘트 대체 재료인 프라이애쉬, 고로슬래그미분말 등을 쓰기도 하고, 높은 강도를 내기 위해 실리카 퓸을 쓴다.

③ 고강도콘크리트에 사용되는 굵은골재의 최대치수는 40mm 이하로서 가능한 25mm 이하로 하며, 철근 최소 수평 순간격의 3/4, 부재최소치수의 1/5 이내의 것으로 한다.

④ 콘크리트에 포함된 염화물은 염소 이온량으로서 $0.3kg/m^3$ 이하가 되어야 한다. 다만, 구입자가 승인하는 경우는 $0.6kg/m^3$ 이하로 할 수 있다.

⑤ 슬럼프는 작업이 가능한 범위 내에서 되도록 작게 하며, 유동화 콘크리트로 할 경우 슬럼프 플로의 목표 값은 설계기준압축강도 40MPa 이상, 60MPa 이하의 경우 구조물의 작업 조건에 따라 500mm, 600mm, 700mm로 구분하여 정한다.

15) 팽창콘크리트

① 팽창콘크리트는 수축보상용 콘크리트, 화학적 프리스트레스용 콘크리트 및 충전용 모르타르와 콘크리트로 한다.

② 수축보상용 콘크리트는 콘크리트의 수축으로 인한 체적감소를 억제시키고 화학적 프리스트레스용 콘크리트는 수축보상용 콘크리트보다도 큰 팽창력을 가져야한다.

③ 팽창콘크리트에 혼화재로서 플라이 애쉬 및 고로 슬래그 미분말을 사용할 경우에는 각각 KS L 5405 및 KS F 2563에 적합한 것으로 한다.

④ 포대 팽창재는 12포대 이하로 쌓아야 한다.

⑤ 팽창재는 다른 재료와 별도로 질량으로 계량하며, 그 오차는 1회 계량분량의 1% 이내로 하여야 한다.

⑥ 콘크리트 거푸집널의 존치기간은 콘크리트 강도의 확보와 팽창률 확보 및 수화 반응에 필요한 수분의 건조를 방지하기 위하여 평균기온 20℃ 미만인 경우에는 5일 이상, 20℃ 이상인 경우에는 3일 이상을 원칙으로 한다.

16) 공장제품

① 관리된 공장에서 계속적으로 제조되는 프리캐스트(PC) 및 프리스트레스트 콘크리트(PSC) 제품

② 양생은 오토클레이브 양생. 증기양생, 전기양생, 온수양생, 적외선 양생, 고주파양생 등이 있지만 증기양생을 주로 쓰인다.

③ 일반적으로 공장제품은 재령 14일 압축강도로 한다.

콘크리트 재료

골 재

문제 1
골재의 조립률을 구하기 위한 10 개의 표준체에 속하는 체만으로 짜여진 항은?

가. 100mm, 80mm, 40mm
나. 30mm, 20mm, 10mm
다. 2.5mm, 1.2mm, 0.6mm
라. 0.3mm, 0.15mm, 0.075mm

해설 조립률을 구하기 위한 10개 체
80, 40, 20, 10, 5, 2.5, 1.2, 0.6, 0.3, 0.15mm

문제 2
골재의 표면수는 없고 골재 알속의 빈틈이 물로 차 있는 상태는?

가. 절대건조상태 나. 기건상태 다. 습윤상태 라. 표면건조 포화상태

해설
- 절대 건조 상태 : 골재속의 공극에 있는 물을 전부 제거된 상태
- 공기 중 건조 상태 : 공기 중에서 자연건조 시킨 상태로 골재속의 내부 일부는 물로 차있는 상태
- 표면 건조 포화 상태 : 골재 표면은 물기가 없고, 내부 빈틈은 물로 포화된 상태
- 습윤상태: 골재 표면에 물기가 있고, 내부 빈틈도 물로 차 있는 상태

문제 3
골재의 밀도라고 하면 일반적으로 골재가 어떤 상태일 때의 밀도를 기준으로 하는가?

가. 노건조상태 나. 공기중 건조상태
다. 표면건조 포화상태 라. 습윤상태

해설 골재 비중(밀도)이라 함은 보통 표면건조 포화상태 밀도를 말함

문제 4
굵은 골재의 노건조 무게(절대건조무게)가 1,000g, 표면건조포화 상태의 무게가 1,100g, 수중무게가 650g 일 때 흡수율은?

가. 10.0% 나. 28.6% 다. 15.4% 라. 35.0%

해설 $Q = \dfrac{B-A}{A} \times 100(\%) = \dfrac{1100-1000}{1000} \times 100 = 10(\%)$

정답 1. 다 2. 라 3. 다 4. 가

문제 5

골재의 안정성 시험에 사용되는 용액으로 알맞은 것은?

가. 황산나트륨용액
나. 황산마그네슘용액
다. 염화칼슘용액
라. 가성소다용액

해설 안정성시험 : 골재의 내구성을 알기 위해 황산나트륨 포화용액으로 인한 골재의 부서짐 작용에 대한 저항성 시험

문제 6

골재에 포함된 잔입자에 대한 설명으로 틀린 것은?

가. 골재에 들어 있는 잔입자는 점토, 실트, 운모질 등이다.
나. 골재에 잔입자가 많이 들어 있으면 콘크리트의 혼합수량이 많아지고 건조수축에 의하여 콘크리트에 균열이 생기기 쉽다.
다. 골재에 잔입자가 들어 있으면 블리딩 현상으로 인하여 레이턴스가 많이 생기게 된다.
라. 골재 알의 표면에 점토, 실트 등이 붙어 있으면 시멘트풀과 골재와의 부착력이 커서 강도와 내구성이 커진다.

해설 골재의 잔 입자
- 잔 입자는 점토, 실트, 운모
- 잔 입자를 많이 포함하고 있으면 혼합수량이 많아져 블리딩, 레이턴스, 건조수축이 커지고 균열이 발생
- 잔 입자는 골재의 부착력을 떨어뜨려 강도, 내구성이 감소

문제 7

잔골재의 비중 및 흡수량에 대한 설명 중 틀린 것은?

가. 잔골재의 밀도는 보통 2.50~2.65g/cm³정도이다.
나. 잔골재의 흡수량은 보통 1~6% 정도이다.
다. 일반적인 잔골재의 밀도는 기건상태의 골재 알의 밀도를 말한다.
라. 밀도가 큰 골재는 빈틈이 적어서 흡수량이 적고 강도와 내구성이 크다.

해설
- 잔골재 밀도 : 2.5~2.65g/cm³
- 밀도가 큰 골재는 빈틈이 적고, 흡수량이 적어 내구성과 강도가 크다
- 잔골재, 굵은 골재 밀도 값을 알아야 콘크리트 배합설계에서 시방배합계산을 할 수 있다.
- 골재 밀도라 함은 보통 표면건조 포화상태 밀도를 말함

정답 5. 가 6. 라 7. 다

문제 8

A골재의 조립률 1.75, B골재의 조립률이 3.5인 두 골재를 무게비 4 : 6의 비율로 혼합할 때의 혼합 골재의 조립률은?

  가. 2.8 나. 3.8 다. 4.8 라. 5.8

해설 $f_a = \dfrac{p}{p+q} \times f_s + \dfrac{q}{p+q} \times f_g = \dfrac{4}{4+6} \times 1.75 + \dfrac{6}{4+6} \times 3.5 = 2.8$

문제 9

골재의 표면 건조 포화상태에서 절대건조 상태의 수분을 뺀 물의 양은?

  가. 함수량 나. 흡수량 다. 유효 흡수량 라. 표면 수량

해설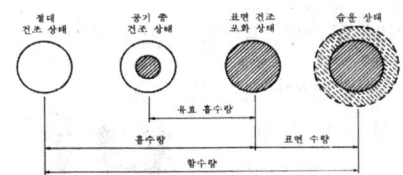

문제 10

굵은 골재의 최대 치수는 무게로 몇 % 이상을 통과시키는 체 가운데에서 가장 작은 치수의 체 눈을 체의 호칭 치수로 나타낸 것인가?

  가. 80% 나. 85% 다. 95% 라. 90%

해설 굵은 골재 최대 치수
질량(무게)으로 90% 이상 통과 하는 체 중 체눈금이 최소인 것의 호칭 치수로 나타내는 굵은 골재의 크기

문제 11

골재의 입도를 시험하는 방법으로 적당한 것은?

  가. 삼축 압축 시험 나. 함수비 시험
  다. 빈틈률 시험 라. 체가름 시험

해설 골재 입도시험은 체가름시험으로 한다.

문제 12

골재의 체가름 시험으로부터 알 수 없는 것은?

  가. 입도 나. 조립률
  다. 굵은골재의 최대치수 라. 실적률

해설 체분석으로 입도곡선과 조립률을 구하고 굵은골재 최대 치수도 구할 수 있다.

정답 8. 가 9. 나 10. 라 11. 라 12. 라

문제 13

콘크리트용 골재의 함수량에 대한 사항 중 옳은 것은?

가. 밀도가 큰 골재는 흡수량도 크다.
나. 굵은 골재는 잔골재 보다 흡수량이 크다.
다. 콘크리트의 배합을 나타낼 때는 골재가 표면건조포화상태에 있는 것을 기준
라. 표면 수량은 흡수량에서 함수량을 뺀 값이다.

해설
- 밀도가 큰 골재는 흡수량이 작다.
- 보통 골재의 흡수율은 잔골재는 1~6%, 굵은 골재는 0.5~4%
- 표면 수량은 습윤상태에서 표면건조 포화상태을 뺀 값이다.

문제 14

콘크리트용 골재로서 갖추어야 할 성질 중 옳지 않은 것은?

가. 깨끗하고 유기물, 먼지, 점토 등이 섞여 있지 않을 것
나. 내구성이 크고 닳음 저항성이 클 것
다. 알의 모양이 둥글거나 정육면체에 가깝고 적당한 입도를 가질 것
라. 밀도가 적고 흡수성이 클 것

해설
골재가 갖추어야 할 성질
- 골재는 강하며, 물리 화학적으로 안정되어 내구적일 것
- 알맞은 입도를 가질 것
- 연한 석편, 가느다란 석편을 함유하지 않고, 둥글거나, 정육면체에 가까울 것
- 먼지, 흙, 유기 불순물, 염화물 등의 유해량을 함유하지 않고, 깨끗할 것
- 마멸에 대한 저항성이 크고, 필요한 무게를 가질 것
- 밀도가 크고 흡수성이 작을 것

문제 15

골재의 함수상태에서 골재알의 표면에는 물기가 없고 골재 알속에는 물로 차 있는 상태를 무엇이라 하는가?

가. 습윤 상태
나. 절대 건조 상태
다. 공기 중 건조 상태
라. 표면 건조 포화 상태

해설 표면 건조 포화 상태 : 골재 표면은 물기가 없고, 내부 빈틈은 물로 포화된 상태

문제 16

골재의 함수 상태에 있어서 표면건조 포화상태에서 공기 중 건조상태까지 증발된 물의 양을 무엇이라고 하는가?

가. 함수량
나. 흡수량
다. 표면수량
라. 유효 흡수량

정답 13. 다　14. 라　15. 라　16. 라

문제 17

골재의 함수상태를 나타낸 그림에서 유효 흡수량은?

가. ①
나. ②
다. ③
라. ④

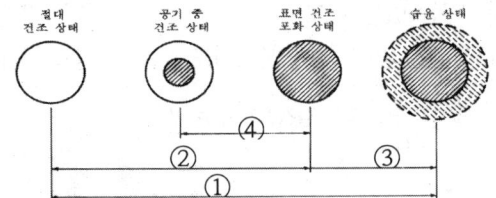

해설 유효흡수량은 표면건조 포화상태에서 공기중 건조상태를 뺀 것이다.

문제 18

잔골재의 실적률이 75%이고 밀도가 2.65일 때 빈틈률은?

가. 28%   나. 25%   다. 66%   라. 3%

해설 실적률(%) = 100 - 공극률 (%) 공극률(%)=100-실적률=100-75=25%
※ 밀도는 실적률이나 빈틈률에 영향을 주지 않는다.

문제 19

골재의 함수상태 중 표면 건조 포화 상태란?

가. 골재알의 속이 물로 차 있고 표면에도 물기가 있는 상태이다.
나. 골재알 속의 일부에만 물기가 있는 상태이다.
다. 골재 알의 표면에는 물기가 없고 골재 알 속의 빈틈만 물로 차 있는 상태
라. 골재 안과 밖에 물기가 전혀 없는 상태이다.

해설 표면 건조 포화 상태 : 골재 표면은 물기가 없고, 내부 빈틈은 물로 포화된 상태

문제 20

잔골재의 조립률(FM)은 일반적으로 얼마가 적당한가?

가. 2.3~3.1   나. 3.1~4.5   다. 5~6   라. 6~8

해설 조립률의 적절한 범위 (골재의 조립률은 알의 지름이 클수록 크다)
• 잔골재 : 2.3~3.1
• 굵은 골재 : 6~8

문제 21

습윤상태의 중량이 100gf인 모래를 절대 노건조 시킨 결과 90gf이 되었다. 함수율 (전함수율)은 얼마인가?

가. 11.1%   나. 12.8%   다. 19.2%   라. 21.6%

해설 $함수율 = \dfrac{습윤\,상태 - 절대건조상태}{절대건조상태} \times 100\,(\%) = \dfrac{100-90}{90} \times 100 = 11.11(\%)$

정답 17. 라   18. 나   19. 다   20. 가   21. 가

문제 22

골재의 입도란 무엇인가?

가. 굵은 골재의 섞여있는 정도　　　나. 잔골재가 섞여있는 정도
다. 골재의 크고 작은 알이 섞여있는 정도　　라. 골재가 가지고 있는 성질

해 설	입도 : 골재의 크고 작은 알갱이가 섞여 있는 정도

문제 23

골재가 갖추어야 할 성질 중 옳지 않은 것은?

가. 단단하고 내구적일 것
나. 깨끗하고 먼지, 흙 등이 섞이지 않을 것
다. 가늘고 긴 조각 등이 있을 것
라. 필요한 무게를 가질 것

해 설	골재가 갖추어야 할 성질 • 골재는 강하며, 물리 화학적으로 안정되어 내구적일 것 • 알맞은 입도를 가질 것 • 연한 석편, 가느다란 석편을 함유하지 않고, 둥글거나, 정육면체에 가까울 것 • 먼지, 흙, 유기 불순물, 염화물 등의 유해량을 함유하지 않고, 깨끗할 것 • 마멸에 대한 저항성이 크고, 필요한 무게를 가질 것

문제 24

다음 체가름 시험 결과 치를 보고 잔골재의 조립률을 구하면?

체크기	10mm	5mm	2.5mm	1.2mm	0.6mm	0.3mm	0.15mm	접시	계
체에 남은양	0	2	14	15	32	24	10	3	100

가. 3.96　　　나. 3.69　　　다. 2.96　　　라. 2.69

해 설	• 조립율 $(F.M) = \dfrac{10개\ 각\ 체에\ 남은\ 양의\ 누계}{100} = \dfrac{0+2+16+31+63+87+97}{100} = 2.96$ • 남은 양의 누계 | 체크기 | 10mm | 5mm | 2.5mm | 1.2mm | 0.6mm | 0.3mm | 0.15mm | 접시 | 계 | |---|---|---|---|---|---|---|---|---|---| | 체에 남은 양 | 0 | 2 | 14 | 15 | 32 | 24 | 10 | 3 | 100 | | 남은양 누계 | 0 | 2 | 16 | 31 | 63 | 87 | 97 | 100 | | ※ 주의 : 접시에 남은 양은 10개체에 포함되지 않으므로 계산에서 제외시킨다.

정답 22. 다　23. 다　24. 다

문제 25

잔골재와 굵은 골재의 일반적인 조립률은?

가. 잔골재 6~8 굵은 골재 2.6~3.1
나. 잔골재 2.3~3.1 굵은 골재 6~8
다. 잔골재 3.6~4.1 굵은 골재 7~9
라. 잔골재 7~9 굵은 골재 3.6~4.1

| 해 설 | 조립률의 범위 : • 잔골재 : 2.3~3.1, • 굵은 골재 : 6~8 |

문제 26

굵은 골재의 마모(닳음) 측정방법으로 알맞은 것은?

가. 지깅시험기
나. 로스엔젤레스시험기
다. 표준침에 의한 방법
라. 원심분리시험기

| 해 설 | 마모저항 (닳음 저항)
• 골재 마모 시험은 로스엔젤레스 마모시험기(LA마모시험기)실시 |

문제 27

다음 중 골재의 조립률을 구하는데 사용되는 표준체가 아닌 것은?

가. 10mm   나. 40mm   다. 80mm   라. 100mm

| 해 설 | 조립률을 구하기 위한 10개체
80mm, 40mm, 20mm, 10mm, 5mm, 2.5mm, 1.2mm, 0.6mm, 0.3mm, 0.15mm |

문제 28

구조용 골재로서 필요한 성질 중 틀린 것은?

가. 깨끗하고 유해물을 함유하지 않을 것
나. 물리적으로 안정하고 내구성이 클 것
다. 입도가 좋지 않을 것
라. 화학적으로 안정할 것

| 해 설 | 입도분포가 좋은 골재는 굵고 작은 알갱이가 골고루 섞여 있어 구조적으로 안정하다. |

문제 29

콘크리트의 골재로서 필요한 성질을 설명한 것으로서 부적당한 것은?

가. 깨끗하고 유해물을 함유하지 않을 것
나. 화학적, 물리적으로 안정하고 내구성이 클 것
다. 크기가 비슷한 것이 고르게 혼입되어 있을 것
라. 단단하며 마모에 대한 저항이 클 것

| 해 설 | 크기가 비슷한 입자가 혼입되면 입도 분포가 나빠 콘크리트 골재로서 부적당하다. |

| 정답 | 25. 나 26. 나 27. 라 28. 다 29. 다 |

시 멘 트

문제 1

알루미나 시멘트에 대한 설명 중 옳지 않은 것은?

가. 보크사이트와 석회석을 혼합하여 분말로 만든 시멘트이다.
나. 재령 7일에 보통포틀랜드 시멘트의 재령 28일에 해당하는 강도를 나타낸다.
다. 화학작용에 대한 저항성이 크다.
라. 내화용 콘크리트에 적합하다.

해설
알루미나 시멘트 특징
- 보크사이트와 석회석을 혼합하여 만든 것
- 재령 1일에 보통포틀랜드시멘트 재령 28일 압축강도를 나타낸다.
- 조기강도가 커서 긴급공사 및 한중콘크리트에 사용

문제 2

시멘트 화합물 중 수화열을 가장 많이 발생시키는 것은?

가. C_3S 나. C_3A 다. C_4AF 라. C_2S

해설 알민산 3석회(C_3A) : 수화속도가 매우 빠르고 발열량과 수축이 크다.

문제 3

시멘트가 절약되고 콘크리트의 수밀성, 내구성, 장기강도 및 해수에 대한 저항성이 커지며 발열량이 감소되는 혼화재(混和材)는?

가. 염화칼슘   나. 포졸란   다. AE제   라. 감수제

해설 염화칼슘, AE제, 감수제는 혼화제임

문제 4

공기 단축을 할 수 있고 한중 콘크리트와 수중 콘크리트를 시공하기에 적합한 시멘트는?

가. 조강포틀랜드 시멘트   나. 중용열시멘트
다. 보통포틀랜드 시멘트   라. 고로 시멘트

해설
조강 포틀랜드 시멘트의 특징
- 수화열이 커서 조기강도가 크고, 재령 7일에 보통포틀랜드 시멘트 28일 강도를 나타냄
- C_3S의 양이 많고 분말도가 보통시멘트 보다 크다.
- 계절적으로 수화열이 커서 겨울(한중콘크리트)에 사용
- 조기강도를 필요로 하는 긴급공사에 사용

정답 1. 나   2. 나   3. 나   4. 가

문제 5

시멘트의 안정성 시험법과 관계있는 것은?

가. 오토클레이브 팽창도 시험
나. 길모어침법
다. 비이카침법
라. 블레인법

해 설	시멘트 안정성 • 시멘트가 굳어 가는 도중에 부피가 팽창하는 정도 • 시험법은 오토클레이브 팽창도 시험법에 의한다.

문제 6

다음 중 혼합 시멘트가 아닌 것은?

가. 고로슬래그 시멘트
나. 알루미나 시멘트
다. 플라이애시 시멘트
라. 포틀랜드 포졸란 시멘트

해 설	혼합시멘트 : 고로슬래그 시멘트, 플라이애시 시멘트, 포틀랜드 포졸란 시멘트

문제 7

분말도가 높은 시멘트에 대한 설명 중 옳지 않은 것은?

가. 풍화하기 쉽다
나. 수화작용이 빠르다
다. 조기강도가 작다
라. 균열이 생기기 쉽다

해 설	시멘트 분말도가 높으면(입자가 가늘면) • 수화작용이 빠르고 • 조기강도가 커진다. • 풍화하기 쉽고 • 수화열이 많아 콘크리트에 균열 발생 • 건조수축이 커진다.

문제 8

다음 중 시멘트의 종류에 있어서 혼합시멘트에 속하지 않는 것은?

가. 고로 슬래그 시멘트
나. 내황산염 포틀랜드 시멘트
다. 플라이애시 시멘트
라. 포틀랜드 포졸란 시멘트

해 설	포틀랜드시멘트 • 보통포틀랜드시멘트(1종) • 중용열 포틀랜드시멘트(2종) • 조강포틀랜드 시멘트(3종) • 저열포틀랜드 시멘트(4종) • 내황산염포틀랜드 시멘트(5종) • 플라이애시 시멘트는 혼합시멘트이다.

정답 5. 가   6. 나   7. 다   8. 나

문제 9

다음 중 시멘트의 시험법과 기구의 연결이 잘못된 것은?

가. 시멘트의 분말도시험 ~ 블레인 공기투과 장치
나. 시멘트의 응결측정 ~ 길모어 장치
다. 시멘트의 팽창도시험 ~ 오토클레이브
라. 시멘트 비중 시험 ~ 비이카 침에 의한 방법

해설	시멘트시험 방법	
	시멘트 시험종류	시험 방법
	시멘트 응결시험	길모어침 방법, 비카침 방법
	시멘트 풍화시험	강열 감량 시험
	시멘트 비중시험	르샤트리에 비중병
	시멘트 분말도시험	블레인 공기 투과 장치
	시멘트 안정성시험	오토클레이브 팽창도 시험

문제 10

댐과 같은 단면이 큰 구조물을 만들려고 할 때 사용되는 시멘트의 선택으로 적당한 것은?

가. 조강 포틀랜드 시멘트
나. 중용열 포틀랜드 시멘트
다. 내황산염 포틀랜드 시멘트
라. 보통 포틀랜드 시멘트

해설: 댐과 같은 단면이 큰 구조물을 매스콘크리트(Mass Concrete)라 하는데 매스콘크리트는 중용열 포틀랜드 시멘트를 쓴다.

문제 11

시멘트 압축강도 시험에서 시험체의 모르타르 배합의 무게비(시멘트 : 표준 모래)는 다음 어느 것인가?

가. 1:1.34   나. 1:2.45   다. 1:3.56   라. 1:4.67

해설:
〈변경전〉 시멘트 : 모래 = 1 : 2.45, 인장강도는 1 : 2.7
〈변경후〉 압축강도 및 휨강도용 모르타르 제작 시 시멘트 : 모래의비는 1 : 3비가 되게 한다.(인장강도에 대한 규정 없음)

- 압축강도(MPa) = $\dfrac{\text{최대 하중(N)}}{\text{시험체의 단면적(mm}^2\text{)}}$ - 휨강도(MPa) = $\dfrac{1.5 F_f l}{b^3}$

문제 12

시멘트 분말도 시험에서 비표면적(比表面積)은 몇 g의 시멘트가 가지고 있는 총 표면적인가?

가. 1g   나. 1.5g   다. 3g   라. 4.5g

해설: 비표면적(cm^2/g)은 1g의 시멘트가 가지고 있는 전체 입자의 총 표면적(cm^2)

정답 9. 라   10. 나   11. 나   12. 가

문제 13

시멘트 분말도에 관한 설명으로 옳지 않은 것은?

가. 분말도는 시멘트 입자의 고운 정도를 나타낸다.
나. 분말도가 높은 시멘트는 수화작용이 느리고 조기강도가 크다.
다. 분말도가 높으면 풍화되기 쉽고 수화작용에 의한 발열이 크다.
라. 분말도 시험법에는 블레인(Blaine)법과 표준체에 의한 방법 등이 있다.

해 설	분말도
	① 시멘트 입자의 가는 정도를 분말도라 함
	② 시멘트 분말도가 높으면(입자가 가늘면)
	   • 수화작용이 빠르고 • 조기강도가 커진다.
	   • 풍화하기 쉽고 • 수화열이 많아 콘크리트에 균열 발생
	   • 건조수축이 커진다.
	③ 분말도 시험법에는 블레인(Blaine)법과 표준체에 의한 방법
	④ 분말도는 비표면적으로 나타내며, 비표면적(cm2/g)은 1g의 시멘트가 가지고 있는 전체 입자의 총 표면적(cm^2)

문제 14

시멘트 제조 시에 석고를 첨가하는 목적은?

가. 알칼리 골재 반응을 막기 위해
나. 수화작용을 조절하기 위해
다. 시멘트의 응결시간을 조절하기 위해
라. 수축성과 발열성을 조절하기 위해

해 설	응결지연제로 3%의 석고($CaSO_4$ $2H_2O$)가 첨가 된다.

문제 15

시멘트 비중시험에 필요한 기구는?

가. 하버드 비중병   나. 르 샤틀리에 비중병
다. 플라스크   라. 비카장치

해 설	시멘트 비중 시험법은 르샤트리에 비중병으로 시험한다.

문제 16

포졸란의 종류 중 인공산에 속하는 것은?

가. 규조토   나. 규산백토
다. 플라이애시   라. 화산재

해 설	포졸란은 천연산(화산재, 규조토, 규산백토)과 인공산(고로슬래그, 플라이애쉬)

정답 13. 나 14. 다 15. 나 16. 다

문제 17

수화열이 적고, 건조수축이 작으며 장기강도가 커서 댐, 지하 구조물, 도로 포장용과 서중 콘크리트 공사에 사용되는 시멘트는?

가. 보통 포틀랜드 시멘트   나. 중용열 포틀랜드 시멘트
다. 조강 포틀랜드 시멘트   라. 알루미나 시멘트

해설
중용열 포틀랜드 시멘트 특징
- 수화열을 적게 만듦
- 수화열이 적어 건조수축이 작으며, 장기 강도가 크다.
- 계절적으로는 수화열이 작아 여름(서중콘크리트)에 사용.
- 화학성분은 C_2S, C_4AF가 비교적 많고 C_3S와 C_3A는 적다.
- 수화열과 건조수축이 작아 댐이나 매스콘크리트(Mass Concrete) 사용

문제 18

시멘트 분말도에 대한 설명 중 틀린 것은?

가. 분말도는 비표면적으로 나타낸다.
나. 분말도가 높으면 수화작용이 빠르다.
다. 입자가 가늘수록 분말도가 높다.
라. 분말도가 높으면 조기강도가 작다.

해설 분말도는 비표면적으로 나타내며, 비표면적(cm^2/g)은 1g의 시멘트가 가지고 있는 전체 입자의 총 표면적(cm^2)

문제 19

시멘트 비중시험에 필요한 기구는?

가. 하버드 비중병   나. 르 샤틀리에 비중병
다. 플라스크   라. 비카장치

해설 시멘트 비중 시험법은 르샤트리에 비중병으로 시험한다.

문제 20

다음 중 시멘트의 응결시간 측정법에 쓰이는 기기는?

가. 블레인(Blaine)   나. 오토클레이브(Autoclave)
다. 길모어 침(Gilmore needle)   라. 데발(Deval)

해설
응결시간 측정 시험은 비카(Vicat)침에 의한 방법과 길 모어(Gillmire)침에 의한 방법
- 블레인 공기투과장치 : 분말도 시험
- 오토클레이브 팽창도시험 : 안정성 시험
- 데발 시험 : 골재 닳음 시험

정답 17. 나   18. 라   19. 나   20. 다

문제 21

시멘트의 응결에 관한 다음 설명 중 옳지 않은 것은?

가. 물의 양이 많은 경우나 시멘트가 풍화되었을 경우 일반적으로 응결이 늦어진다.
나. 분말도가 높으면 응결이 늦어진다.
다. 응결시간 측정법에는 길모어침에 의한 방법이 있다.
라. 온도가 높고 습도가 낮으면 응결이 빨라진다.

해설	• 응결이 빨라지는 경우
	  -. 분말도가 클수록. -. C_3A가 많을수록.
	  -. 온도가 높을수록 -. 습도가 낮을수록
	• 응결이 지연되는 경우
	  -. 석고첨가량이 많을수록 -. 물-결합재비가 클수록
	  -. 시멘트가 풍화될수록

문제 22

수화열을 적게 하기 위하여 규산삼석회와 알루민산삼석회의 양을 제한해서 만든 것으로 건조수축이 적으므로 단면이 큰 콘크리트용으로 알맞는 시멘트는?

가. 조강 포틀랜드 시멘트
나. 슬랙 시멘트
다. 백색 포틀랜드 시멘트
라. 중용열 포틀랜드 시멘트

해설	중용열 포틀랜드 시멘트 화학성분은 C_2S, C_4AF가 비교적 많고 C_3S와 C_3A는 적게 하여 • 수화열을 적게 만듦 • 수화열이 적어 건조수축이 작으며, 장기 강도가 크며 • 수화열과 건조수축이 작아 댐이나 매스콘크리트(Mass Concrete)에 사용

문제 23

중용열 포틀랜드 시멘트의 특징을 설명한 것 중 옳지 않은 것은?

가. 수화작용을 할 때 발열량이 적다.
나. 조기강도가 크다.
다. 체적의 변화가 적다.
라. 댐 콘크리트 등에 쓰인다.

해설	중용열포틀랜드 시멘트 특징 • 수화열을 적으므로 발열도 적으며, 건조수축이 작아 체적변화도 적다. • 장기 강도가 크다. • 수화열과 건조수축이 작아 댐이나 매스콘크리트(Mass Concrete)에 사용

정답 21. 나 22. 라 23. 나

문제 24

분말도에 대한 설명 중 틀린 것은?

가. 분말도가 높으면 수화작용이 빠르다.
나. 분말도가 높으면 조기강도가 커진다.
다. 비표면적을 나타낸다.
라. 입자가 굵을수록 분말도가 높다.

해 설	분말도 • 시멘트 분말도가 높으면(입자가 가늘면) 　-. 수화작용이 빠르고　　-. 조기강도가 커진다. 　-. 풍화하기 쉽고　　　-. 수화열이 많아 콘크리트에 균열 발생 　-. 건조수축이 커진다　-. 분말도는 비표면적으로 나타낸다.

문제 25

시멘트의 분말도 시험에서 시멘트 비표면적의 단위로 맞는 것은?

가. mm/g　　나. mm³/g　　다. cm³/g　　라. cm²/g

해 설	분말도는 비표면적으로 나타내며, 비표면적(cm²/g)은 1g의 시멘트가 가지고 있는 전체 입자의 총 표면적(cm²)

문제 26

시멘트 저장에 관한 사항을 열거한 것 중 잘못된 것은?

가. 입하 순으로 저장
나. 방습적인 창고여야 한다.
다. 포대 시멘트는 되도록 많이 쌓는다.
라. 검사에 편리하게 배치한다.

해 설	시멘트의 저장 방법 • 방습적인 구조로 된 사일로 또는 창고에 품종별로 구분하여 저장 • 지면으로부터 30cm이상 쌓아 올리는 포대 수는 13포 이하, 저장기간이 길어 질 경우 7포대 이상 쌓지 않는 것이 좋다. • 시멘트 입하 순서대로 사용 • 저장 중 약간이라도 굳은 시멘트는 사용해서는 안 되고, 장기간 저장된 시멘트는 품질시험을 한 후에 사용해야 한다. • 시멘트의 온도가 높으면 온도를 낮춰 사용

정답　24. 라　25. 라　26. 다

문제 27

시멘트를 제조할 때 2~3%의 석고를 넣는 이유는?

가. 분말도를 높이기 위하여
나. 강도를 높이기 위하여
다. 방습용으로
라. 응결시간을 조절하기 위하여

해설	석회석과 점토를 알맞은 비율로 섞어 1,400~1,500℃에서 소성하여 클링커를 만든 다음 응결지연제인 석고를 넣고 분쇄하는데, 응결지연제를 쓰는 이유는 응결시간 조절을 위함

문제 28

해중공사 또는 한중 콘크리트 공사용 시멘트로 적당한 것은?

가. 고로 시멘트
나. 실리카 시멘트
다. 알루미나 시멘트
라. 보통 포오틀랜드 시멘트

해설	알루미나 시멘트 용도 • 시멘트 중에서 가장 빨리 강도 발현 • 한중콘크리트에 사용 • 조기강도가 커서 긴급공사에 사용 • 내화학성이 커서 해수공사에 사용

문제 29

시멘트 비중시험을 하는 이유로서 가장 타당한 것은?

가. 밀도를 알아야 응결시간을 알 수 있으므로
나. 콘크리트 배합설계 시 시멘트가 차지하는 부피를 계산하기 위해서
다. 시멘트의 압축강도를 알 수 있으므로
라. 시멘트의 분말도를 알 수 있으므로

해설	시멘트 단위무게, 콘크리트 배합설계에 쓰임

문제 30

시멘트 모르타르의 압축강도에 영향을 주는 요인에 대한설명으로 잘못된 것은?

가. 단위 수량이 많을수록 강도는 떨어진다.
나. 시멘트 분말도와 강도는 비례한다.
다. 시멘트가 풍화되면 강도는 감소한다.
라. 50℃까지는 양생온도가 높을수록 강도는 증가한다.

해설	시멘트 모르타르 압축강도에 영향을 주는 요인 • 수량이 많으면 강도는 저하 • 분말도가 좋으면 강도 증가 • 시멘트가 풍화 하면 강도 감소 • 양생온도가 너무 높으면 균열을 일으킨다.

정답 27. 라 28. 다 29. 나 30. 라

혼화재료

문제 1

콘크리트 경화촉진제로 염화칼슘을 사용했을 때의 설명 중 옳지 않은 것은?

가. 황산염에 대한 저항성이 작아지며 알칼리 골재반응을 촉진한다.
나. 철근콘크리트 구조물에서 철근의 부식을 촉진한다.
다. 건습에 의한 팽창 수축이 적고 건조에 의한 수분의 감소가 적다.
라. 응결이 촉진되고 콘크리트의 슬럼프가 빨리 감소한다.

해설	염화칼슘($CaCl_2$) • 시멘트 수화작용을 촉진시키기 위한 것으로 순간적인 응결과 경화가 요구되는 경우에 사용 • 급속공사, 숏크리트(뿜어 붙이기 콘크리트)에 사용 • 발열량이 많아 한중콘크리트에 알맞다. • 소금기가 있어 철근을 부식

문제 2

시멘트의 응결을 상당히 빠르게 하기 위하여 사용하는 혼화제로서 뿜어붙이기 콘크리트, 콘크리트 그라우트 등에 사용하는 혼화제는?

가. 감수제　　　　나. 급결제　　　　다. 지연제　　　　라. 발포제

해설	급결제 : 급속공사, 숏크리트(뿜어 붙이기 콘크리트)에 사용

문제 3

포졸란을 사용한 콘크리트의 영향 중 옳지 않은 것은?

가. 시멘트가 절약된다.　　　　　　　　나. 콘크리트의 수밀성이 커진다.
다. 작업이 용이하고 발열량이 증대한다.　라. 해수에 대한 저항성이 커진다.

해설	포졸란을 사용한 콘크리트 특징 • 수밀성이 크다. • 해수 등에 대한 화학적 저항성이 크다. • 재료분리를 막고 워커빌리티, 피니셔빌리티가 좋아진다. • 발열량이 적다. • 강도 증진은 느리나 장기강도가 크다. • 혼화 재료를 사용하는 목적은 현재보다 더 좋게 하기 위함.

문제 4

포틀랜드 시멘트를 만들 때 응결 지연제로 사용하는 것은?

가. 규사　　　　나. 광재　　　　다. 실리카　　　　라. 석고

해설	응결지연제인 석고를 넣고 분쇄

정답　1. 다　2. 나　3. 다　4. 라

문제 5

서중콘크리트 시공이나 레디믹스트 콘크리트에서 운반 거리가 멀 경우 혼화제를 사용하고자 한다. 다음 중 어느 혼화제가 적당한가?

가. 지연제　　　　나. 촉진제　　　　다. 급결제　　　　라. 방수제

해설
지연제
- 콘크리트의 응결이나 초기경화를 지연시키기 위해 사용
- 레디믹스트 콘크리트의 운반거리가 멀 경우에 사용
- 콘크리트를 연속적으로 칠 때 콜드죠인트가 생기지 않도록 할 경우 사용
- 서중콘크리트에 적당

문제 6

AE 콘크리트의 장점이 아닌 것은?

가. 물-결합재비를 작게 할 수 있고, 수밀성이 감소된다.
나. 응결 경화시에 발열량이 적다.
다. 워커빌리티가 좋고 블리딩이 적다.
라. 동결융해에 대한 저항성이 크다.

해설
AE제를 사용콘크리트
- 워커빌리티를 좋게 하고, 블리딩 개선
- 단위수량을 감소시켜 블리딩 등의 재료분리를 작게 한다.
- 기상작용에 대한 저항성과 수밀성을 증진한다.
- 응결경화시에 발열량이 적다

문제 7

AE 혼화제를 사용할 경우의 설명 중 옳지 않은 것은?

가. 콘크리트의 워커빌리티가 개선된다.
나. 블리딩을 감소시킨다.
다. 동결 융해의 기상작용에 대한 저항성이 적어진다.
라. 같은 물-결합재비를 사용한 일반콘크리트에 비하여 압축강도가 작아진다.

해설 AE제를 사용하면 동결융해에 대한 저항성을 향상

문제 8

콘크리트용 혼화재료 중에서 워커빌리티(workability)를 개선하는데 영향을 미치지 않는 것은?

가. AE제　　　　나. 응결경화촉진제　　　　다. 감수제　　　　라. 시멘트 분산제

해설 워커빌리티(Workability)는 작업하기 어렵고 쉬운 정도 및 재료분리 정도를 나타내는 정도

정답　5. 가　6. 가　7. 다　8. 나

문제 9

시멘트가 응결할 때 화학적 반응에 의하여 수소 가스를 발생시켜, 콘크리트 속에 아주 작은 기포가 생기게 하는 혼화제는 어느 것인가?

가. 발포제　　　나. 방수제　　　다. AE제　　　라. 감수제

해설	발포제 : 알루미늄 또는 아연가루를 넣어 화학반응으로 발생하는 가스에 의해 기포를 생성하는 것으로 프리플레이스트용 그라우트, 프리스트레스 콘크리트용 그라우트에 사용.

문제 10

다음 중에서 혼화제에 속하지 않는 것은?

가. 급결제　　　나. 발포제　　　다. AE제　　　라. 포졸란

해설	혼화재와 혼화제 구분		
	혼화재	사용량이 시멘트 중량의 5% 이상으로 콘크리트의 배합설계 계산에 고려해야 하는 혼화재료를 말함	
		플라이애쉬, 규조토, 화산회, 규산백토, 고로슬래그 미분말 등	
	혼화제	사용량이 시멘트 중량의 1% 이하로 비교적 적어서 콘크리트의 배합계산에 무시되는 혼화 재료.	
		AE제, AE감수제, 유동화제, 고성능감수제, 촉진제, 지연제, 방청제 등	

문제 11

혼화재료를 저장할 때의 주의사항 중 옳지 않은 것은?

가. 혼화재는 항상 습기가 많은 곳에 보관한다.
나. 혼화재는 날리지 않도록 주의해서 다룬다.
다. 액상의 혼화제는 분리하거나 변질하지 않도록 한다.
라. 장기간 저장한 혼화재는 사용하기에 앞서 시험하여 품질을 확인한다.

해설	혼화재의 저장 • 혼화재는 방습적인 사일로 또는 창고 등에 품종별로 구분하여 저장하고, 입하의 순으로 사용해야 한다. • 장기 저장한 혼화재는 이것을 사용하기 전에 시험하여 품질을 확인해야 한다. • 혼화재는 날리지 않도록 그 취급에 주의해야 한다.

문제 12

콘크리트의 배합 설계에 고려해야 하는 혼화재료는 어느 것인가?

가. 플라이 애시　　　　　　나. 고성능 감수제
다. 기포제　　　　　　　　라. AE제

해설	위 10번 문제 참조

정답　9. 가　10. 라　11. 가　12. 가

문제 13

계면 활성작용에 의하여 워커빌리티와 동결 융해 작용에 대한 내구성을 개선시키는 혼화제는?

가. AE제, 감수제
나. 촉진제, 지연제
다. 기포제, 발포제
라. 보수제, 접착제

해설 감수제는 시멘트 입자를 분산시켜 분산효과를 나타내고, 감수제에 AE 공기도 함께 생기도록 한 것을 AE 감수제라 한다.

문제 14

콘크리트에 AE제를 사용하였을 때 장점에 해당되지 않는 것은?

가. 워커빌리티가 좋다.
나. 동결, 융해에 대한 저항성이 크다.
다. 강도가 커지며 철근과의 부착강도가 크다.
라. 단위수량이 줄고 수밀성이 크다.

해설 감수제, AE 감수제의 특징
- 시멘트 분산작용을 이용 워커빌리티를 개선하고
- 슬럼프 및 강도를 확보하기 위해 단위수량 및 단위시멘트를 감소시킬 목적으로 사용
- 동결융해에 대한 저항성을 향상
- AE제를 과다 사용(4~7% 이상) 하면 강도는 떨어지고 철근과의 부착강도도 떨어진다.

문제 15

감수제의 특징을 설명한 것 중 옳지 않은 것은?

가. 시멘트풀의 유동성을 증가시킨다.
나. 워어커빌리티를 좋게 하고 단위수량을 줄일 수 있다.
다. 콘크리트가 굳은 뒤에는 내구성이 커진다.
라. 수화작용이 느리고 강도가 감소된다.

해설 감수제를 사용하면 사용수량이 줄어들어 강도가 커진다.

문제 16

감수제를 사용했을 때 콘크리트의 성질로 잘못된 것은?

가. 워커빌리티가 좋아진다.
나. 내구성이 증대된다.
다. 수밀성 및 강도가 커진다.
라. 단위 시멘트의 양이 많아진다.

해설 감수제, AE 감수제의 특징
- 시멘트 분산작용을 이용 워커빌리티를 개선하고
- 슬럼프 및 강도를 확보하기 위해 단위수량 및 단위시멘트를 감소시킬 목적으로 사용
- 재료분리가 적어진다.
- 동결융해에 대한 저항성을 향상

정답 13. 가   14. 다   15. 라   16. 라

문제 17

포졸란의 종류 중 인공산에 속하는 것은?

가. 규조토　　　나. 규산백토　　　다. 플라이애시　　　라. 화산재

해 설　포졸란은 천연산(화산재, 규조토, 규산백토)과 인공산(고로슬래그, 플라이애쉬)

문제 18

감수제를 사용한 콘크리트의 특징은?

가. 동일한 슬럼프 값의 콘크리트인 경우 감수 작용으로 강도가 높다.
나. 동결 융해에 대한 저항성은 적다.
다. 감수 작용으로 건조 수축이 크다.
라. 화학적인 저항성 및 내구성이 적다.

해 설　감수제를 사용 하면 사용수량이 줄어들어 강도가 커진다.

문제 19

다음 중 경화 촉진제는?

가. 염화칼슘　　　나. AE제　　　다. 알루미늄　　　라. 플라이 애시

해 설　경화촉진제
시멘트 수화작용을 촉진시키기 위한 것으로 순간적인 응결과 경화가 요구되는 경우에 사용하며 염화칼슘($CaCl_2$)을 사용

문제 20

혼화재료에 대한 설명 중 잘못된 것은?

가. 필요에 따라 콘크리트의 한 성분으로 가해진 재료
나. 콘크리트의 성질의 개선이나 공사비를 절약할 목적으로 사용
다. 혼화재료를 사용하면 콘크리트의 배합, 시공이 복잡해진다.
라. 콘크리트의 배합 계산에 관계되는 것을 혼화제, 무시되는 것을 혼화재라 한다.

해 설　혼화재료를 쓰는 목적은 콘크리트의 성질을 개선하기 위하여 콘크리트에 더 넣는 재료
※ 혼화재와 혼화제 구분

혼화재	사용량이 시멘트 중량의 5% 이상으로 콘크리트의 배합설계 계산에 고려해야 하는 혼화재료를 말함
혼화제	사용량이 시멘트 중량의 1% 이하로 비교적 적어서 콘크리트의 배합계산에 무시되는 혼화 재료.

정답　17. 다　18. 가　19. 가　20. 라

콘크리트 일반, 배합, 시공법

문제 1
단위 수량이 160kg/m³이고 물-결합재비가 50% 일 경우 단위 시멘트량은 몇 kg/m³ 인가?
가. 80　　　　나. 320　　　　다. 410　　　　라. 515

해설 $\dfrac{W}{C}=0.5$, ∴ $C=\dfrac{W}{0.5}=\dfrac{160}{0.5}=320\ kg/m^3$

문제 2
단면적이 80mm2인 강봉을 인장 시험하여 항복점하중 2560kgf, 최대하중 3680kgf을 얻었을 때 인장강도는 얼마인가?
가. 70 kgf/mm²　　나. 46 kgf/mm²　　다. 32 kgf/mm²　　라. 18 kgf/mm²

해설 인장강도$(kg/mm^2)=\dfrac{P}{A}=\dfrac{2p}{\pi dl}=\dfrac{3680}{80}=46.0\ kg/mm^2$

문제 3
콘크리트 슬럼프 시험의 가장 중요한 목적은?
가. 비중측정　　나. 워커빌리티측정　　다. 강도측정　　라. 입도측정

해설 워커빌리티 판정시험 : 슬럼프 시험, 구관입 시험, 흐름시험

문제 4
골재의 절대부피가 0.674m³ 이고 잔골재율이 41% 이고 잔골재의 밀도가 2.60일 때 잔골재량(kgf/m³)은 약 얼마인가?
가. 528　　　　나. 562　　　　다. 624　　　　라. 718

해설 $S=(S_V+G_V)\times S/a\times S_g\times 1000\ (kg)=0.674\times 0.41\times 1000\times 2.6=718\ kgf/m^3$

문제 5
아직 굳지 않은 콘크리트 표면에 떠올라서 가라앉은 미세한 물질을 무엇이라고 하는가?
가. 블리딩　　나. 반죽질기　　다. 워커빌리티　　라. 레이턴스

문제 6
콘크리트 배합설계 시 단위수량이 160kg/m³, 단위시멘트량이 320kg/m³일 때 물-결합재비는 얼마인가?
가. 30%　　　나. 40%　　　다. 50%　　　라. 60%

해설 $\dfrac{W}{C}=\dfrac{160}{320}\times 100=50\ \%$

정답 1. 나　2. 나　3. 나　4. 라　5. 라　6. 다

문제 7

콘크리트의 배합에서 단위 잔골재량 700kg/m³, 단위 굵은골재량이 1300kg/m³ 일 때 절대 잔골재율은 몇 %인가?
(단, 잔골재 및 굵은골재의 밀도는 2.60g/cm³ 이다.)

가. 30%   나. 35%   다. 40%   라. 45%

해설 잔골재율$(S/a) = \dfrac{S_V}{S_V + G_V} \times 100(\%) = \dfrac{700}{700+1300} \times 100 = 35\,(\%)$

문제 8

압축 강도시험용 공시체의 치수는 굵은골재의 최대치수가 40mm 이하인 경우 원칙적으로 지름과 높이는 몇 cm로 하는가?

가. $\phi 10 \times 30$cm   나. $\phi 15 \times 30$cm   다. $\phi 20 \times 35$cm   라. $\phi 25 \times 40$cm

해설
- 압축강도용 표준 시험체의 치수는 굵은골재 최대치수가 40mm 이하인 경우는 지름 150mm, 높이 300mm로 하고, 굵은골재 최대 치수가 25mm 이하인 경우는 지름이 100mm, 높이 200mm 시험체를 사용한다.
- 공시체 지름 : 높이의 비는 1 : 2가 되어야 한다.

문제 9

콘크리트의 경화를 촉진시키는 방법 중 적당하지 않은 것은?

가. 혼화재료인 경화촉진제를 사용한다.
나. 증기양생을 한다.
다. 시멘트량을 늘리고 물-결합재비를 크게 한다.
라. 조강시멘트를 사용한다.

해설 물-결합재비를 크게 하면 사용수량이 많아져 응결 지연이 된다.

문제 10

다음 중 모르타르의 압축강도에 영향을 주는 요인 중 틀린 것은?

가. 수량이 많으면 강도는 커진다.
나. 시멘트 분말도가 높으면 강도는 커진다.
다. 시멘트가 풍화하면 강도는 작아진다.
라. 재령 및 시험방법에 따라 강도가 달라진다.

해설
- 사용수량이 커지면 강도는 저하

정답 7. 나 8. 나 9. 다 10. 가

문제 11

콘크리트 속에 짧은 섬유를 고르게 분산시켜 인장강도, 휨강도, 내충격성, 균열에 대한 저항성 등을 좋게 한 콘크리트는?

가. 팽창 콘크리트   나. 폴리머 콘크리트
다. 섬유 보강 콘크리트   라. 경량 골재 콘크리트

해설 섬유보강 콘크리트
콘크리트의 약점인 인장강도, 내충격성, 균열 등의 취성을 개선하기 위해 콘크리트 속에 섬유를 혼합, 균열에 대한 저항성을 증진시키고 인성을 부여할 목적으로 제조된 콘크리트

문제 12

콘크리트의 휨 강도시험으로 공시체 지간의 3등분 중앙부에서 파괴되었을 때 최대 하중이 33,000N이다. 휨강도는 얼마인가?

가. 3.6MPa   나. 3.9MPa   다. 4.4MPa   라. 4.8MPa

해설 휨강도$(f_b) = \dfrac{Pl}{bd^2} = \dfrac{33,00 \times 450}{150 \times 150^2} = 4.4 \ N/mm^2 \ (MPa)$

문제 13

다음 중 공기량 측정법에 속하지 않는 것은?

가. 양생법   나. 무게법   다. 부피법   라. 공기실 압력법

해설 공기량 시험법은 질량방법(무게법), 용적에 의한 방법(부피법), 공기실 압력법

문제 14

콘크리트 휨강도 시험에서 몰드의 크기가 15×15×53cm일 때 다짐대로 몇 층, 각각 몇 번을 다지면 되는가?

가. 3층, 42회   나. 2층, 58회   다. 2층, 80회   라. 3층, 90회

해설 휨강도 시험
- 콘크리트를 몰드에 2층으로 나누어 넣는다.
- 각 층을 다짐대로 10cm2당 1회 비율로 다진다.
  (휨강도 면적=15×53=795cm², ∴다짐횟수=795÷10=79.5≒80회)

문제 15

굳지 않은 콘크리트의 공기 함유량 시험에서 AE 공기량이 얼마 정도일 때 워커빌리티와 내구성이 가장 좋은가?

가. 1~3%   나. 4~7%   다. 7~9%   라. 9~12%

해설 알맞은 공기량의 범위는 4~7%

정답 11. 다   12. 다   13. 가   14. 다   15. 나

문제 16

굳지 않은 콘크리트의 공기 함유량 시험에서 공기량, 겉보기 공기량, 골재수정 계수는 각각 콘크리트 용적에 대한백분율을 %로 나타낸 것이다. 압력계의 공기량 눈금 측정결과 겉보기 공기량이 6.70, 골재의 수정계수가 1.20 이었을 때 콘크리트의 공기량은 얼마인가?

가. 1.20 %　　　　나. 5.50 %　　　　다. 6.70 %　　　　라. 7.90 %

해 설　콘크리트 공기량 A(%) = A1 - G = 6.7 - 1.2 = 5.5%

문제 17

아직 굳지 않은 콘크리트의 슬럼프 시험기구인 슬럼프 콘의 크기는?

가. 밑면의 안지름 10cm, 윗면의 안지름 20cm, 높이 30cm
나. 밑면의 안지름 20cm, 윗면의 안지름 10cm, 높이 30cm
다. 밑면의 안지름 30cm, 윗면의 안지름 20cm, 높이 10cm
라. 밑면의 안지름 10cm, 윗면의 안지름 30cm, 높이 20cm

문제 18

콘크리트의 크리프(creep)에 대한 설명으로 틀린 것은?

가. 콘크리트의 재령이 짧을수록 크게 일어난다.
나. 부재의 치수가 작을수록 크게 일어난다.
다. 물-결합재비가 작을수록 크게 일어난다.
라. 작용하는 응력이 클수록 크게 일어난다.

해 설　크리프는 콘크리트에 일정하게 하중을 계속주면, 응력의 변화는 없는데 변형이 재령과 함께 커지는 현상으로 재령이 짧을수록, 부재치수가 작을수록, 물결합재비가 클수록, 작용하는 응력이 클수록 크게 일어난다.

문제 19

콘크리트는 인장강도가 작으므로 콘크리트 속에 미리 강재를 긴장시켜 콘크리트에 압축 응력을 주어 하중으로 생기는 인장 응력을 비기게 하거나 줄이도록 만든 콘크리트는?

가. 프리스트레스트 콘크리트　　　　나. 레디믹스트 콘크리트
다. 섬유 보강 콘크리트　　　　　　　라. 폴리머 시멘트 콘크리트

해 설　프리스트레스트 콘크리트
콘크리트에 생기는 인장응력을 상쇄시키거나 감소시키기 위해서, 강선이나 강봉을 미리 긴장시켜 압축 응력을 주어 만든 것

정답　16. 나　17. 나　18. 다　19. 가

문제 20

다음 중 슬럼프 시험의 목적은?

가. 콘크리트 내구성 측정 　　나. 콘크리트 수밀성 측정
다. 콘크리트 반죽질기 측정 　　라. 콘크리트 강도 측정

해설　슬럼프 시험은 반죽질기 측정시험이며, 워커빌리티 판정시험이다.

문제 21

배합 설계 중 가장 먼저 해야 할 내용은?

가. 슬럼프 값을 정한다. 　　나. 단위 수량을 정한다.
다. 굵은 골재의 최대치수를 정한다. 　　라. 물-결합재비를 정한다.

해설　설계기준강도 결정 → 배합강도 결정 → 물-결합재비 결정 → 슬럼프값 결정 → 굵은골재 최대치수결정 → 공기량, 잔골재율, 단위수량 결정 → 각 재료 단위량 계산

문제 22

반죽질기에 따른 작업의 어렵고 쉬운 정도 및 재료의 분리에 저항하는 정도를 나타내는 굳지 않은 콘크리트의 성질을 무엇이라고 하는가?

가. 반죽질기(consistency) 　　나. 워커빌리티(workability)
다. 성형성(plasticity) 　　라. 피니셔빌리티(finishability)

해설　워커빌리티 : 굳지 않은 콘크리트에서 가장 중요한 것으로 반죽질기에 따른 작업이 어렵고 쉬운 정도(작업의 난이 정도) 및 재료분리에 저항하는 정도를 나타내는 성질.

문제 23

시멘트, 물, 잔골재를 혼합해서 만든 것을 무엇 이라하는가?

가. 무근 콘크리트　　나. 철근 콘크리트　　다. 모르타르　　라. 시멘트 풀

해설
- 시멘트 풀 (Cement paste) : 시멘트+물
- 시멘트 모르타르(Cement mortar) : 시멘트+물+잔골재
- 콘크리트(Concrete) : 시멘트+물+잔골재+굵은 골재
- 철근콘크리트 : 시멘트+물+잔골재+굵은 골재+철근

문제 24

콘크리트 배합에 있어서 단위수량 160kg/m3 단위 시멘트량 315kg/m³, 공기량 2%로 할 때 단위 골재량의 절대부피는? (단, 시멘트의 밀도는 3.15g/cm³)

가. 0.72m³　　나. 0.74m³　　다. 0.76m³　　라. 0.78m³

해설　$S_V + G_V = 1 - \left(\dfrac{315}{1000 \times 3.15} + \dfrac{160}{1000} + \dfrac{2}{100} \right) = 0.720 \ m^3$

정답　20. 다　21. 라　22. 나　23. 다　24. 가

문제 25

AE 콘크리트의 알맞은 공기량은 굵은 골재의 최대 치수에 따라 정해지는데 일반적으로 콘크리트 부피의 얼마 정도가 가장 적당한가?

가. 1~2%   나. 2~3%   다. 4~7%   라. 8~10%

해설 일반적인 콘크리트의 공기량은 4~7% 정도가 표준

문제 26

일반적으로 콘크리트의 강도라 하면 보통 어느 강도를 말하는가?

가. 압축강도   나. 인장강도   다. 휨강도   라. 전단강도

해설 콘크리트 강도는 주로 압축강도를 말함.

문제 27

콘크리트의 배합설계는 골재의 어떤 함수상태를 기준으로 하는가?

가. 절대 건조상태   나. 공기중 건조상태   다. 표면건조 포화상태   라. 습윤상태

해설 시방배합은 골재의 함수상태가 표면건조포화상태를 기준으로 함

문제 28

블리딩 시험을 한 결과 마지막까지 누계한 블리딩에 따른 물의 용적 V=76cm³, 콘크리트 윗면의 면적 A=490cm²일 때 블리딩량을 구하면?

가. 1.13 cm³/cm²   나. 0.14 cm³/cm²   다. 0.16 cm³/cm²   라. 0.18 cm³/cm²

해설 블리딩량$(cm^3/cm^2, ml/cm^2) = \dfrac{V}{A} = \dfrac{76}{490} = 0.16\ (cm^3/cm^2)$

문제 29

다음 중 워커빌리티 측정 방법이 아닌 것은?

가. 슬럼프테스트   나. 비파괴시험   다. 켈리볼관입시험   라. 플로우테스트

해설 비파괴시험 : 콘크리트의 강도를 알기 위함(대표적인 비파괴 시험 슈미트해머)

문제 30

콘콘크리트의 배합설계에서 재료 계량의 허용오차는 혼화제 용액에서는 몇 % 이하인가?

가. 1%   나. 2%   다. 3%   라. 4%

해설

재료의 계량 허용오차 (2011년 시방서 변경)

재료의 종류	측정단위	허용오차 (%)
물	질량	-2, +1
시 멘 트	질량	-1, +2
혼 화 재	질량	± 2
골 재	질량 또는 부피	± 3
혼 화 제	질량 또는 부피	± 3

정답 25. 다   26. 가   27. 다   28. 다   29. 나   30. 다

문제 31

콘크리트의 블리딩에 대한 설명 중 옳지 않은 것은?

가. 콘크리트의 재료 분리의 경향을 알 수 있다.
나. 블리딩이 심하면 콘크리트의 수밀성이 떨어진다.
다. 분말도가 높은 시멘트를 사용하면 블리딩을 줄일 수 있다.
라. 일반적으로 블리딩은 콘크리트를 친 후 5시간이 경과하여야 블리딩 현상이 증가한다.

해설

블리딩
- 블리딩 시험은 콘크리트의 재료 분리의 경향을 알기 위해서 한다.
- 일반적으로 블리딩은 콘크리트를 친후 처음 15~30분에 대부분 생기며, 2~4시간에 거의 끝난다.
- 블리딩이 커지면 콘크리트 윗부분의 강도가 작아지고 수밀성과 내구성이 작아지며, 레이턴스는 강도가 거의 없어 제거 후 덧 치기 한다.

블리딩 발생 대책
- 단위수량을 적게 한다.
- 분말도가 높은 시멘트 사용
- AE제, 감수제를 사용
- 플라이 애시, 슬래그 미분말, 실리카품 등의 혼화재 사용

문제 32

콘크리트를 쉽게 거푸집에 다져 넣을 수 있고, 거푸집을 떼어내면 천천히 모양이 변하기는 하지만 모양이 허물어지거나 재료가 분리되지 않는 것은 굳지 않은 콘크리트의 어떤 성질을 나타낸 것인가?

가. 반죽질기(Consistency)
나. 워커빌리티(Workability)
다. 성형성(Plasticity)
라. 피니셔빌리티(Finishability)

해설 성형성(plasticity) : 거푸집에 쉽게 다져 넣을 수 있고, 거푸집을 제거하면 천천히 형상이 변하기는 하지만 허물어지거나 재료분리하지 않는 성질.

문제 33

콘크리트 배합설계에서 단위시멘트량이 300kg, 단위수량이 150kg일 때 물-결합 재비는 얼마인가?

가. 45%   나. 50%   다. 52%   라. 55%

해설 $\frac{W}{B} = \frac{150}{300} \times 100 = 50\ \%$

정답 31. 라 32. 다 33. 나

문제 34

콘크리트 인장강도 시험 시 지름이 100mm, 길이가 200mm인 공시체에 하중을 가하여 공시체가 150,000N에서 파괴되었다면 이때의 인장강도는 얼마인가?

가. 4.78(MPa)
나. 6.14(MPa)
다. 7.50(MPa)
라. 1.50(MPa)

해설 인장강도$(f_{sp}) = \dfrac{2P}{\pi dl} = \dfrac{2 \times 150,000}{3.14 \times 100 \times 200} = 4.78\ (MPa)$

문제 35

레디믹스트 콘크리트의 좋은 점에 관한 설명 중 옳지 않은 것은?

가. 콘크리트의 워커빌리티(Workability)를 즉시 조절하기가 용이하다.
나. 균질의 콘크리트를 얻을 수 있다.
다. 현장에서 콘크리트 치기와 양생만 하면 된다.
라. 넓은 장소가 필요 없고 공사기간이 단축된다.

해설 레미콘의 장점
- 현장에 설비가 없어도 콘크리트를 구입할 수 있다.
- 공사 진행에 차질이 없다.
- 품질이 보증된다.(균질콘크리트)
- 콘크리트를 치기가 쉬워 능률적이다.

문제 36

콘크리트의 배합 설계 방법에서 가장 합리적인 방법은?

가. 배합표에 의한 방법
나. 계산에 의한 방법
다. 시험 배합에 의한 방법
라. 현장 배합에 의한 방법

해설 배합을 결정하는 방법은 ① 계산에 의한 방법 ② 배합표에 의한 방법 ③ 시험배합에 의한 방법이 있다. 가장 합리적이고 실용적인 방법이 시험 배합에 의한 방법

문제 37

굳지 않은 콘크리트의 공기 함유량에 대한 설명 중 틀린 것은?

가. AE공기량은 AE제나 감수제로 인해 콘크리트 속에 생긴 공기를 말한다.
나. AE공기량이 4-7%일 경우 워커빌리티와 내구성이 가장 나쁘다.
다. 공기량의 측정법에는 공기실 압력법, 수주압력법, 무게법이 있다.
라. 갇힌 공기량은 혼화재료를 사용하지 않아도 콘크리트 속에 포함되어 있는 공기

해설 콘크리트시방서에서는 공기량을 4~7%를 규정하고 있으며, 그이상이 되면 내구성과 강도가 떨어질 것이다.

정답 34. 가 35. 가 36. 다 37. 나

문제 38

콘크리트 시험 중 일반적으로 가장 중요한 강도시험은?

가. 압축강도　　나. 인장강도　　다. 휨강도　　라. 전단강도

해 설　콘크리트 강도는 주로 압축강도를 말하므로 압축강도시험이 중요하다.

문제 39

굳지 않은 콘크리트의 워커빌리티(workability)에 관한 다음 설명 중에서 옳은 것은?

가. 거푸집에 쉽게 다져 넣을 수 있고 거푸집을 제거하면 천천히 그 형상이 변하기는 하지만 허물어지거나 재료분리가 없는 성질
나. 굵은골재의 최대치수, 잔골재율, 잔골재의 입도, 반죽질기 등에 따른 콘크리트 표면의 마무리하기 쉬운 정도를 나타내는 성질
다. 반죽질기 여하에 따른 작업의 난이도 및 재료의 분리에 저항하는 정도를 나타내는 굳지 않은 콘크리트의 성질
라. 주로 수량의 다소에 따른 반죽의 되고 진 정도를 나타내는 것으로 콘크리트 반죽의 유연성을 나타내는 성질

해 설　워커빌리티(workability) : 반죽질기에 따른 작업이 어렵고 쉬운 정도(작업의 난이정도) 및 재료분리에 저항하는 정도를 나타내는 성질.
※ ㉮ 성형성(plasticity)　㉯ 피니셔빌리티(finishability)　㉱ 반죽질기(consistency)

문제 40

굳지 않은 콘크리트의 공기 함유량에 대한 설명 중 틀린 것은?

가. AE공기량은 AE제나 감수제 등으로 인해 콘크리트 속에 생긴 공기
나. AE공기량이 4~7%일 경우 워커빌리티와 내구성이 가장 나쁘다.
다. 공기량의 측정법에는 공기실 압력법, 수주압력법, 무게법이 있다.
라. 갇힌 공기량은 혼화재료를 사용하지 않아도 콘크리트 속에 포함되어 있는 공기이다.

해 설　콘크리트시방서에서는 공기량을 4~7%를 규정하고 있으며, 그이상이 되면 내구성과 강도가 떨어질 것이다.

문제 41

도로, 공항 등 콘크리트 포장 두께의 설계나 배합 설계를 위한 자료로 이용되는 것은?

가. 콘크리트의 7일 압축강도　　나. 콘크리트의 28일 압축강도
다. 콘크리트의 휨 강도　　라. 콘크리트의 인장 강도

해 설　콘크리트 휨 강도는 도로 포장용 콘크리트 품질 결정에 사용

정답　38. 가　39. 다　40. 나　41. 다

문제 42

콘크리트의 배합 설계에 관한 용어 중 콘크리트 1m³를 만드는데 쓰이는 각 재료량을 나타내는 말은?

가. 설계 기준 강도
나. 증가계수
다. 단위량
라. 잔골재율

해설 단위량(kgf/m³) : 콘크리트 1m³ 만드는데 필요한 각 재료량

문제 43

콘크리트 배합설계에서 단위수량이 170kgf이고, 단위시멘트량이 340kgf이면 물-결합재비는 얼마인가?

가. 100% 나. 50% 다. 200% 라. 0%

해설 $\frac{W}{B} = \frac{170}{340} \times 100 = 50\ \%$

문제 44

콘크리트 시험 중 일반적으로 가장 중요한 강도시험은?

가. 압축강도 나. 인장강도 다. 휨강도 라. 전단강도

해설 콘크리트의 강도라 함은 보통 압축강도를 말하므로 압축강도시험이 가장 중요

문제 45

경량 골재 콘크리트의 특징을 설명한 것 중 옳은 것은?

가. 내화성이 보통 콘크리트보다 작다.
나. 강도가 보통 콘크리트보다 크다.
다. 건조 수축에 의한 변형이 생기기 쉽다.
라. 탄성계수는 보통 콘크리트 보다 크다.

해설 경량콘크리트의 특징
- 자중이 적고 구조물 중량이 경감됨
- 강도가 약하다. (보통콘크리트의 약70%)
- 건조수축이 크다.
- 중성화 속도가 빠르다(다공질)
- 내화성, 방음성, 단열성 우수
- 수밀성이 저하
- 동결융해 저항성이 작다
- 시공이 번거롭고 재료처리가 필요하다

문제 46

골재의 단위절대부피가 0.72m³ 이고 콘크리트의 잔골재율이 34%이며 잔골재의 밀도가 2.50 일 때 단위 잔골재량은?

가. 326kgf 나. 423kgf 다. 546kgf 라. 612kgf

해설 $S = (S_V + G_V) \times S/a \times S_g \times 1000 = 0.72 \times 0.34 \times 1000 \times 2.5 = 612\ kgf/m^3$

정답 42. 다 43. 나 44. 가 45. 다 46. 라

건설재료시험 기능사 필기

제3장

흙의 기본적 성질

3.1 흙의 기본적 성질
3.2 흙의 분류
◇ 문제 및 해설

제3장 흙의 기본적 성질

3.1 흙의 기본적 성질

1 흙의 기본적 성질

1) 흙의 생성
지각이라 부르는 지구의 표면은 크게 화성암, 퇴적암, 변성암 등 3개의 암석으로 구성되어 있다. 지표에 분포하는 암석은 기온의 변화, 바람, 비, 동결 등을 받으면서 균열이 생기고 점차 붕괴되어, 더욱더 부서져 모래와 같은 작은 입자가 된다. 이러한 현상을 풍화 작용이라 한다.

① 잔류토

풍화작용을 받아 세립화한 풍화 생성물이 그 위치에 멈춰 이동하지 않고 모암을 덮고 있는 상태의 흙

② 퇴적토

풍화 생성물이 물, 바람, 빙하 등의 작용으로 운반되어 해저, 하저, 호소 등에 퇴적 되어 생긴 흙

2) 흙의 구조

흙의 구조	특 징
단립 구조	자갈이나 모래와 같이, 비교적 큰 입자의 흙이 모여 서로 접촉해 중력에 의해 눌려져 있는 구조
벌집 구조	매우 가는 모래나 실트, 점토 등 작은 흙이 정지한 물속에서 가라 앉아 퇴적할 때 생기는 구조. 벌집 모양 구조, 간극비가 크고 충격과 진동에 약하다.
면모 구조	콜로이드 같은 미세립자가 물속에서 이루어진 것으로 간극비가 크고 압축성이 커서 기초 지반 흙으로 부적당한 구조이다.
분산 구조	현탁액 속에서 점토 입자가 가라앉을 때 입자간의 거리가 먼 상태로 개개의 입자로 평행하게 가라앉은 구조

2 흙의 삼상관계

1) 흙의 구성

자연 상태의 흙은 흙 입자, 물, 공기의 3가지 성분으로 구성되어 있으며, 이 중 물과 공기가 차지하는 부분을 간극(공극)이라 한다.

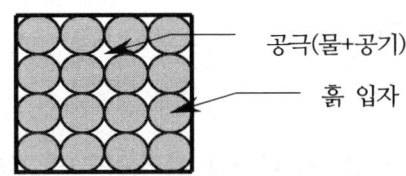

2) 흙의 삼상구조

> 흙의 삼상도

흙을 구성하고 있는 흙 입자, 물, 공기를 주상도(기둥모양)로 표시하면 다음과 같은 그림이 그려진다.

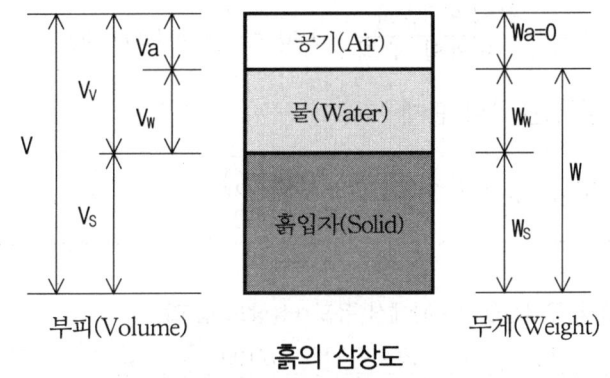

흙의 삼상도

- V(Volume) : 흙의 전체 부피 (V = V_S+V_V =V_S+V_W+V_a)
- V_S : 흙 입자만의 부피 (첨자 "s"는 Solid의 앞 자 S임)
- V_V : 공극의 부피 (첨자 "v"는 Void의 앞 자 V임)
- V_W : 물만의 부피 (첨자 "w"는 Water의 앞 자임)
- V_a : 공기의 부피 (첨자 "a"는 air의 앞 자임)
- W(Weight) : 흙 전체 무게 (W = W_S+W_W)
- W_S : 흙 입자만의 무게 (첨자 "s"는 Solid의 앞 자 S임)
- W_W : 물 만의 무게 (첨자 "w"는 Water의 앞 자임)
- W_a : 공기의 무게이나 공기는 무게가 0이므로 W_a=0임

(첨자 "a"는의 air의 앞 자임)

≪알아두기≫
☞ 기호 읽는 방법
  예) V_S : 뒤의 첨자(S)부터 읽고 앞의 기호(V)를 읽는다. "흙만의 부피"

부피(Volume)와의 관계

1 공극비 : e

흙 속에 있는 공극의 크기를 나타냄. 간극(공극)의 부피(VV)와 흙 입자만의 부피의 비. 느슨한 흙은 공극비가 크고, 조밀한 흙은 공극비가 작다

$$e = \frac{공극의 \ 부피}{흙 \ 입자만의 \ 부피} = \frac{V_V}{V_S}$$

2 공극률 : n

공극의 부피와 흙의 전체부피의 비를 백분율(%)로 나타낸다.

$$n = \frac{공극의 \ 부피}{흙 \ 전체의 \ 부피} \times 100 = \frac{V_V}{V} \times 100 \ (\%)$$

3 공극비(e)와 공극률(n)의 관계

$$e = \frac{n}{100-n}, \ n = \frac{e}{1+e} \times 100 \ (\%)$$

≪알아두기≫
☞ 공극비(e)와 공극률(n)의 관계식 유도 (삼상도 참고)

$$e = \frac{V_V}{V_S} = \frac{V_V}{V-V_V} = \frac{V_V/V}{V/V - V_V/V} = \frac{n/100}{1-n/100} = \frac{n}{100-n}$$

(분자 분모를 V로 나눈다)

$$n = \frac{V_V}{V} \times 100 = \left\{ \frac{V_V/V_S}{(V_S+V_V)/V_S} \right\} \times 100 = \frac{e}{1+e} \times 100 \ (\%)$$

($\therefore V = V_S + V_V$, 분자 분모를 V_S로 나눈다)

4 포화도 (Saturation) : S

흙 입자만을 제외한 부분은 공극으로 공극은 물과 공기로 채워지게 된다. 포화도는 공극속의 물 부피(V_W)와 공극 부피와의 비를 백분율(%)로 나타낸다.

$$S = \frac{공극속의 \ 물의 \ 부피}{공극의 \ 부피} \times 100 = \frac{V_W}{V_V} \times 100 \ (\%)$$

≪알아두기≫

함수상태	포화도	내 용
포화상태	S=100%	공극을 완전히 물로 채워짐, 수중 또는 지하수위 아래 흙
건조상태	S=0%	공극에 물이 하나도 없고 공기만 있음.
습윤상태	0<S<100	지하수위 위에 있는 흙

무게(Weight)와의 관계

5 흙의 함수비(ω)와 함수율(ω')

① 함수비 : 공극 부분에 함유된 물의 양으로 물의 무게(WW)와 흙 입자만의 무게의 비를 백분율(%)로 나타낸다.

$$함수비(\omega) = \frac{물의\ 무게}{흙\ 입자만의\ 무게} \times 100 = \frac{W_W}{W_S} \times 100\ (\%)$$

② 함수율 : 흙 전체 무게에 대한 물의 무게의 비율을 백분율로 나타냄

$$함수율(\omega') = \frac{W_W}{W} \times 100\ (\%)$$

③ 함수비와 함수율 관계

$$\omega = \frac{100\ \omega'}{100 - \omega'}, \quad \omega' = \frac{100\ \omega}{100 + \omega}$$

④ 흙 입자만의 무게와 물의 무게와의 관계

$$W_S = \frac{100\ W}{100 + \omega}, \quad W_W = \frac{\omega\ W}{100 + \omega}$$

6 흙 입자의 비중(Gravity) : G_S

밀도는 물 부피와 그와 동일한 부피의 무게비로 나타내며, 보통 흙의 비중이라 하면 증류수 15℃의 것에 대한 값을 표준으로 한다.

$$G_S = \frac{흙\ 입자만의\ 단위무게}{물의\ 단위무게} = \frac{\gamma_s}{\gamma_w} = \frac{W_S}{V_S} \times \frac{1}{\gamma_w}$$

여기서, 흙 입자만의 단위무게$(\gamma_s) = \frac{흙만의\ 무게}{흙만의\ 부피} = \frac{W_S}{V_S}$

물의 단위무게 : γ_w

7 간극비(e), 포화도(S), 함수비(ω), 비중(G_S)과의 관계

$$S \cdot e = G_S \cdot \omega$$

흙의 단위무게

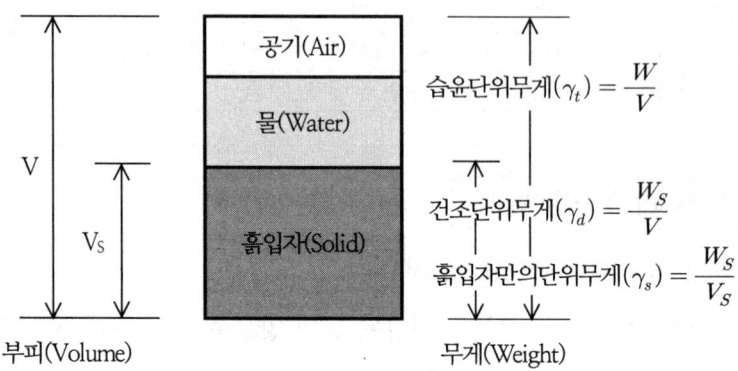

흙의 단위무게에 대한 주상도

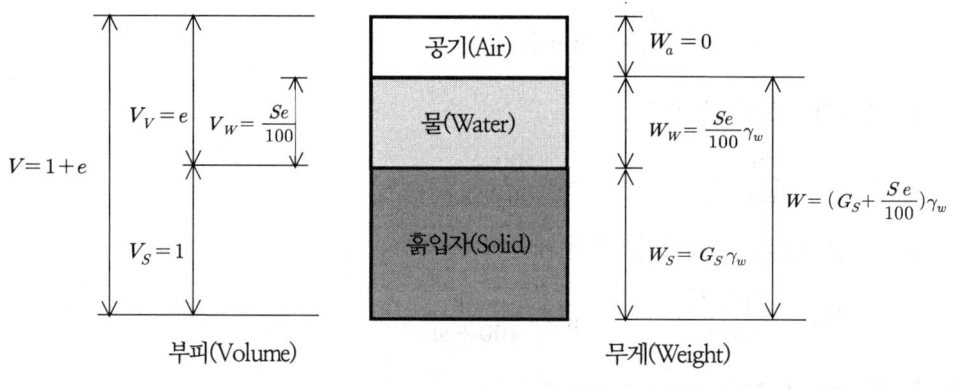

흙만의 부피(V_s)를 1로 한 주상도

$$단위\ 무게(\gamma) = \frac{무게}{부피} = \frac{W}{V}$$

8 습윤단위 무게(γ_t)

흙이 공기 중에 습윤상태로 있을 때 단위 부피에 대한 무게로 나타낸다.

$$습윤단위무게(\gamma_t) = \frac{W}{V} = \frac{W_S + W_W}{V_S + V_V} = \frac{G_S + \dfrac{Se}{100}}{1+e} \times \gamma_w$$

9 건조단위 무게(γ_d)

단위 부피에 대한 흙 입자만의 무게로 나타낸다. 즉 습윤단위 무게에서 건조된 상태이므로 포화도(S)가 0% 이므로 S 대신에 0을 대입한다.

$$건조단위무게(\gamma_d) = \frac{W_S}{V} = \frac{G_S}{1+e}\gamma_w, \ \ 또는 \ \gamma_d = \frac{\gamma_t}{1+\frac{\omega}{100}}$$

10 포화 단위무게(γ_{sat})

흙 속의 공극이 물로 가득 차 있는 상태로 습윤 단위무게에서 포화상태 이므로 포화도(S)가 100% 이므로 S 대신에 100을 대입한다.

$$포화단위무게(\gamma_{sat}) = \frac{G_S+e}{1+e}\gamma_w$$

11 수중단위무게(γ_{sub})

흙이 물속에 완전히 잠겨 있는 상태의 무게로 물속에 있는 부분의 부피가 배제하는 물의 무게와 같은 크기의 연직 상향의 힘을 받는다. 수중단위 무게는 포화 단위 무게에서 물의 단위 무게를 **뺀**다.

$$수중단위무게(\gamma_{sub}) = \frac{G_S+e}{1+e}\gamma_w - \gamma_w = \frac{G_S-1}{1+e}\gamma_w$$

12 단위 무게 대 소 관계

가장 무거운 것은 포화단위 무게이고, 가장 작은 것은 수중단위 무게 이다.

$$\gamma_{sat} > \gamma_t > \gamma_d > \gamma_{sub}$$

13 공극비, 포화도, 함수비, 단위무게, 비중과의 관계

$$e = \frac{\gamma_w}{\gamma_d} \times G_S - 1$$

14 상대 밀도 (D_r)

사질토의 느슨하고 조밀한 정도를 나타낸다.

$$Dr = \frac{e_{\max}-e}{e_{\max}-e_{\min}} \times 100 = \frac{\gamma_d - \gamma_{dmin}}{\gamma_{dmax}-\gamma_{dmin}} \times \frac{\gamma_{dmax}}{\gamma_d} \times 100 \ (\%)$$

사질토의 상대밀도 판정

상 태	상대밀도(%)	상 태	상대밀도(%)
매우 느슨	0~20	조 밀	60~80
느 슨	20~40	매우 조밀	80~100
중 간	40~60		

3 흙의 연경도

접착성이 있는 흙은 함수량이 차차 감소하여 액성 → 소성 → 반고체 → 고체의 상태로 변화하는데 함수량에 의하여 나타나는 이들 각각의 성질을 흙의 연경도라 하고 각각의 변화 한계를 애터버그한계(또는 컨시스턴시 한계)라 한다. 함수비가 감소하면 부피도 감소한다.

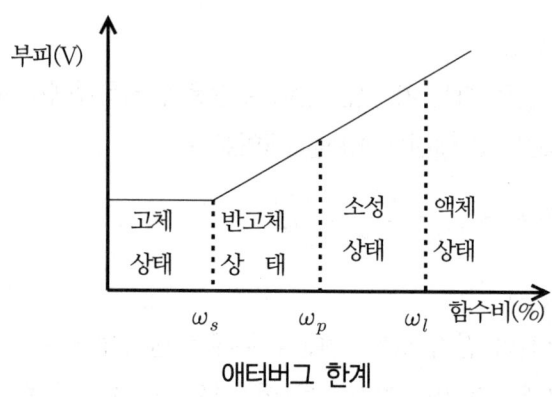

애터버그 한계

1) 액성한계(w_L)

액성한계 측정 접시에 흙을 넣어 홈파기 날로 갈라서 1cm의 낙하고에서 25회 타격시 유동된 흙이 1.5cm 달라붙을 때의 함수비

① 소성 상태를 나타내는 최대 함수비
② 액체 상태를 나타내는 최소 함수비
③ 자중으로 인하여 유동할 때 최소 함수비

액성한계시험은 1cm의 낙하고에서 타격하여 횟수가 25회 미만에서 2개, 25회 이상에서 2개를 얻어 유동곡선을 작도한 후 낙하횟수 25회에 해당하는 함수비를 구하여 액성 한계 값으로 한다.

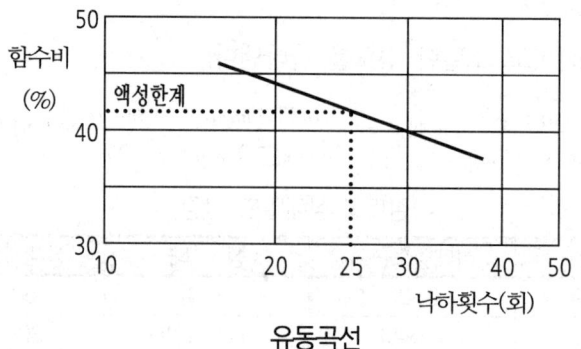

유동곡선

2) 소성한계(w_P)

소성판(판유리) 위에서 흙을 부드럽게 비벼서 지름이 3mm 정도에서 균열이 생겨 부슬부슬 해질 때 조각난 부분의 함수비를 소성한계라 한다.

① 반고체 상태를 나타내는 최대 함수비
② 소성 상태를 나타내는 최소 함수비

≪알아두기≫
☞ 비소성(non-plastic, NP)
  액성한계와 소성한계 시험이 불가능한 흙(뭉쳐도 뭉쳐지지 않는 흙, 모래)

3) 수축한계(w_s)

흙의 함수량을 어떤 양 이하로 줄여도 그 흙의 체적이 줄지 않고 함수량을 그 이상으로 하면 체적이 증대하는 한계의 함수비로 실험할 때 수은을 사용한다.

① 고체 상태에서 반고체 상태로 변하는 경계 함수비
② 고체 상태를 나타내는 최대 함수비
③ 반고체 상태를 나타내는 최소 함수비

$$w_s = w - \left\{\frac{(V-V_s)\gamma_w}{W_s} \times 100\right\} = \left(\frac{1}{R} - \frac{1}{G_s}\right) \times 100\,(\%)$$

흙 입자 비중의 근사치

$$G_S = \frac{1}{\frac{1}{R} - \frac{\omega_s}{100}}$$

여기서, $R = \dfrac{W_S}{V_S \cdot \gamma_w}$

w : 함수비, V_s : 노건조 시료의 체적
R : 수축비, V : 습윤시료의 체적
W_s : 노건조 시료의 중량

4) 컨시스턴시 한계의 이용

1 소성지수(plasticity index : I_P)

흙의 소성을 갖는 함수비로, 보통 모래의 $I_P = 0$, 실트의 $I_P = 10\%$, 점토의 $I_P = 50\%$ 정도로 보고 있다. 소성지수가 크다는 것은 흙이 소성상태로 존재하는 범위가 크다는 뜻

$$I_P = w_L - w_P$$

2 액성지수(liquidity index : I_L)

I_L이 0에 가까울수록 안전하고 1에 가까울수록 불안전한 흙

$$I_L = \frac{w_n - w_p}{I_p} = \frac{w_n - w_P}{w_L - w_P} \qquad w_n : \text{자연 함수비}$$

3 수축지수(shrinkage index : I_S)

수축지수가 크다는 것은 흙이 반고체 상태로 존재하는 범위가 크다는 뜻.

$$I_s = w_P - w_s$$

4 연경지수(consistency index : I_C)

액성한계와 자연함수비와의 차에 대한 소성지수와의 비, 연경지수 값이 0에 가까울수록 자연 함수비는 액성한계에 가깝고 흙이 연한상태가 되며, 1에 가까울수록 단단한 흙

$$I_C = \frac{w_L - w_n}{I_P} = \frac{w_L - w_n}{w_L - w_P}$$

5 연경지수와 액성지수와의 관계

$$I_C + I_L = 1$$

6 유동지수(flow index : I_f)

유동곡선의 기울기로서 유동곡선 상에서 2점의 좌표를 (N_1, w_1), (N_2, w_2)라 하면

$$I_f = \frac{w_1 - w_2}{\log N_2 - \log N_1} = \frac{w_1 - w_2}{\log \frac{N_2}{N_1}}$$

7 터프니스지수(toughness index : I_t)

소성지수와 유동지수와의 비를 터프니스 지수라 하며, 이것은 소성한계에 있는 흙의 전단강도를 나타내는 지수이다.

$$I_t = \frac{I_P}{I_f}$$

8 압축지수의 추정

$$C_C' = 0.007(w_L - 10)$$
$$C_C = 1.3 C_C' = 0.009(w_L - 10)$$

여기서, C_C' = 흐트러진 시료의 압축지수
C_C = 흐트러지지 않은 시료의 압축지수

9 흙의 활성도(Activity : A_C)

$$A_C = \frac{I_P}{2\mu \text{이하의 점토 함유율}(\%)}$$

- 활성도는 점토지반 흙의 팽창성, 점토 광물이 무엇인가를 판단
- $A_C <$ 0.75(비활성), 0.75 $< A_C <$ 1.25(보통), $A_C >$ 1.25(활성)

3.2 흙의 분류

1 흙의 입도

흙 입자의 크기는 입경으로 나타내는데, 흙의 입경은 0.001mm~75mm 범위를 말하며, 여러 가지 크기의 입자들이 어떤 비율로 섞여 있는가를 나타내는 것을 입도라 한다.

1) 흙의 입도 분석

시 험	대상입경	설 명
조립분 체가름 시험	2mm체 잔류시료	시료를 물로 씻어 2mm체로 체가름 한 다음 잔류한 시료를 노건조후 체 분석하여 입경가적곡선을 그린다.
침강분석 시험	2mm체 통과시료	시료를 증류수와 혼합하여 현탁액을 만들어 메스실린더에 넣은 다음 비중계를 띄워 흙 입자가 물 속을 침강할 때 입자가 큰 것은 침강속도가 빠르다.(스토크스법칙 응용)
세립분 체가름시험	0.075mm체	침강분석 후 0.075mm체를 사용하여 물로 세척한 다음 잔류 시료를 건조 후 체가름 시험

≪알아두기≫
☞ 스토크스 법칙 ⇒ 침강분석 시험에 이용
완전히 구로 가정한 흙 입자가 물속에 침강되는 경우에 있어서 흙 입자의 침강 속도는 스토크스 법칙으로 구한다. 입자가 굵을수록 침강속도가 빠르고, 작은 것은 느리다.

2) 입경가적곡선

1 입경가적곡선 그리는 방법

체가름 시험에서 구한 입자 지름에 대한 통과 무게 백분율을 세로축에 표시하고, 가로축에 입자 지름을 표시하여 입경가적곡선을 그린다.

2 입경가적곡선으로 입도상태 판정 방법

① 일반적으로 좋은 입도 분포는 여러 가지 크기의 흙 입자들이 골고루 섞여 있는 상태를 말한다.
② ㉮ 그래프의 흙은 가는 입자를 많이 포함하고 있다.
③ ㉯ 그래프는 굵은 입자만으로 이루어진 흙으로 입도분포가 나쁘다.

④ ㉯ 그래프는 기울기가 완만하게 이루어져 크고 작은 입자가 골고루 섞여 있는 상태로 입도 분포가 좋다.

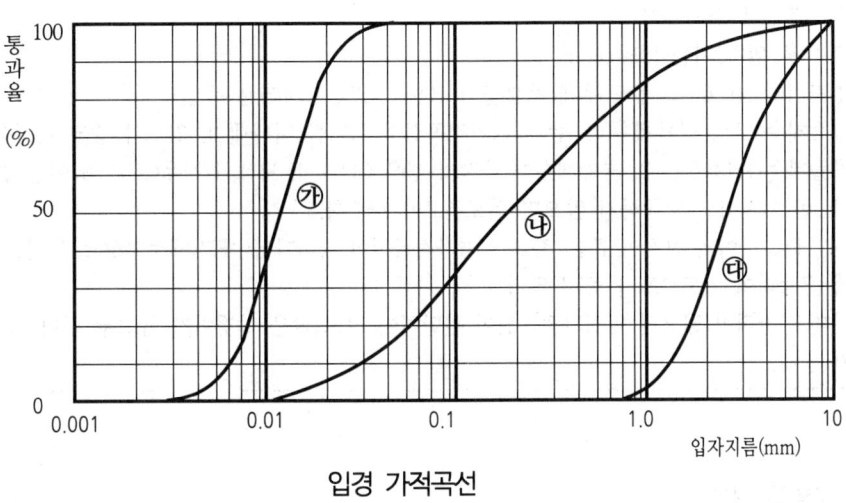

입경 가적곡선

3 유효입경, 균등계수, 곡률계수

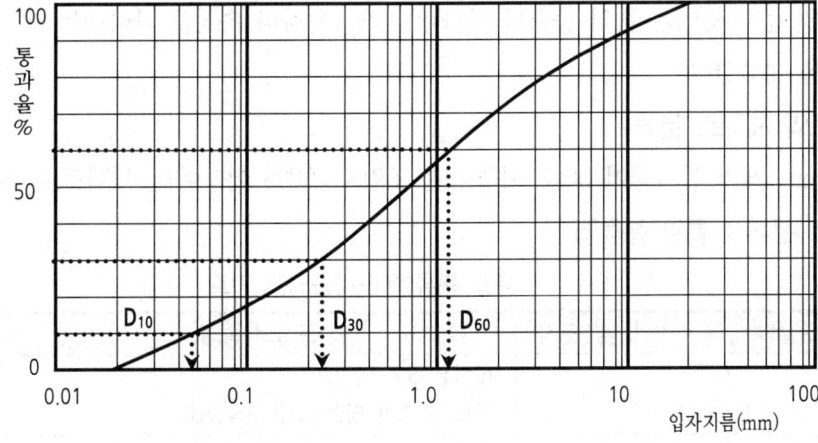

① 유효입경(D_{10}) : 통과 무게 백분율 10%에 해당하는 흙 입자지름
② 균등계수(C_U) : 유효입경(D_{10})에 대한 통과 무게 백분율 60%에 대응하는 입자지름(D_{60})의 비

$$C_U = \frac{D_{60}}{D_{10}}$$

③ 곡률계수(C_g) : 입경가적곡선이 구불구불한 정도

$$C_g = \frac{(D_{30})^2}{D_{10} \cdot D_{60}}$$

> ≪알아두기≫
> ☞ D_{10}, D_{30}, D_{60}의 의미
>   D : 흙 입자 지름 (diameter)
>   첨자 10, 30, 60 : 통과 무게 백분율이 10%, 30%, 60%라는 뜻임
> ☞ 균등계수(CU), 곡률계수(Cg)는 입경가적곡선의 형태를 나타내며, 입도가 좋고 나쁨을 나타냄.
> ☞ 곡률계수가 1< Cg <3, 균등계수가 자갈의 경우 CU > 4, 모래의 경우 CU > 6 이면 입도분포가 좋다. 한 가지라도 만족하지 않으면 입도분포가 나쁘다.
> ☞ D_{10}, D_{60} 사이의 간격이 좁은 경우 입경가적곡선이 경사가 급하고(세로방향으로 서있는 경우)입도가 균등하여 입도분포가 좋지 않다.
>   반대로 간격이 넓으면 입경가적곡선이 완만하여 크고 작은 알갱이가 골고루 섞여 있어 입도 분포가 좋다.

2 통일 분류 방법

통일 분류 방법은 제 2차 세계 대전 당시 미공병단의 비행장 활주로를 건설하기 위하여 카사그랜드(Casagrande)가 고안한 분류법으로, 세계적으로 가장 많이 사용 되고 있는 분류법이다. 통일 분류 방법은 흙의 종류를 나타내는 제 1문자와 속성을 나타내는 제 2문자를 이용하여 흙을 분류한다.

1) 조립토와 세립토 분류

0.075mm 체의 통과량이 50% 이하이면 조립토, 50% 이상이면 세립토로 분류

2) 조립토 분류 : 통일 분류법

통일 분류법에 사용되는 기호

토질의 종류		제1문자	토질의 속성	제2문자	
조립토	자갈 (gravel)	G	세립분 5% 이하, 입도 분포가 양호(well-graded)	W	조립토
	모래 (sand)	S	세립분 5% 이하 입도 분포가 불량(poor-graded)	P	
세립토	실트 (silt)	M	세립분을 12% 이상 함유 하고, A선의 아래에 위치하여 소성 지수가 4이하임.	M	
	점토 (clay)	C	세립분을 12% 이상 함유하고 A선 위에 위치하여 소성 지수가 7 이상	C	
	유기질실트 및 점토	O	압축성이 낮음, $w_L \leq 50$ (low-compressibility)	L	

토질의 종류		제1문자	토질의 속성	제2문자	
유기 질토	이탄 (peat)	P_t	압축성 높음 $w_L \geq 50$ (high compressibiliy)	H	세 립 토

제 1문자는 0.075mm체의 통과량이 50%를 초과하면 세립토(M, C, O), 50%를 초과하지 않으면 조립토(G, S)라고 표시하며, 조립토는 조립분(0.075mm체 잔류분)에 대해서 4.75mm 체의 통과량이 50% 이상이면 모래(S), 50% 이하이면 자갈(G)이라고 분류한다. 세립토는 입자 지름에 의해 분류할 수 없으므로 소성도를 이용하여 점토(C), 실트(M), 유기질토(O)를 분류한다.

제 2 문자는 조립토에서는 균등 계수와 곡률 계수에 의해 입도를 판단하여 입도가 좋으면 W, 나쁘면 P로 표시하거나 0.075mm체 통과 량과 소성 지수에 의해 M 또는 C로 표시하며, 세립토는 액성 한계가 50% 이상이면 고압축성(H), 50% 이하이면 저 압축성(L)으로 표시한다.

3) 세립토 분류

통일 분류 방법에서 세립토를 분류하기 위한 방법으로 흙이 0.075mm 체 통과량이 50 % 이상인 흙을 분류하는데, 소성도를 이용하여 분류한다.

① 세립토를 액성 한계 시험과 소성 한계 시험을 하여 액성 한계와 소성 지수를 구하여 소성도 위에 도시한다.

② 제 1문자 결정

문 자	내 용	표 시(분류)
제 1문자	소성도 위에 표시한 점이 A선 위에 있으면	C
	소성도 위에 표시한 점이 A선 아래에 있으면	M 또는 O
제 2 문자	액성한계가 50% 이상이면	H
	액성한계가 50% 이하이면	L
소성도에서 액성 한계가 50% 이하이며, 소성 지수가 4~7 범위에 있으면(빗금 부분)		CL-ML
유기질이 매우 많은 흙은 냄새, 색깔 등 관찰		P_t

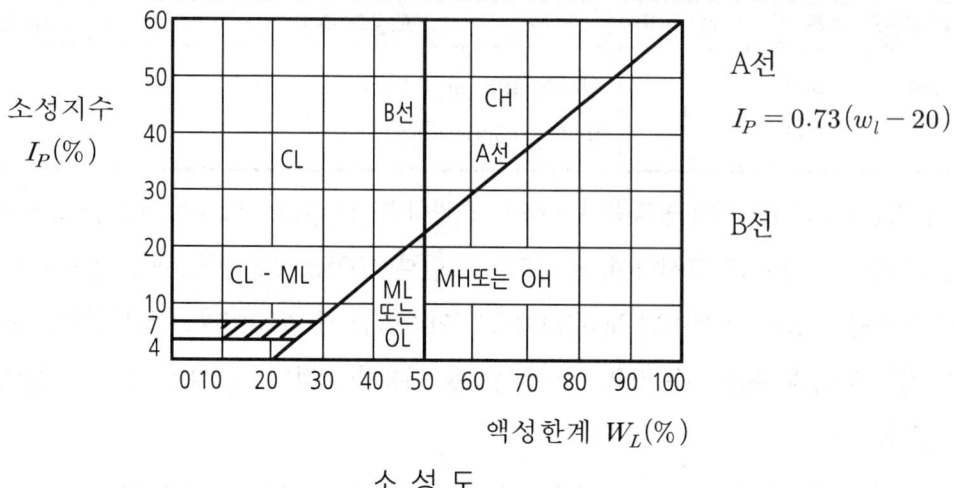

소 성 도

3 삼각 분류 방법

1) 삼각분류방법에서 흙의 분류는 모래, 실트(Silt), 점토 세 가지만 가지고 분류한다.
2) 자갈이란 지름 2mm 이상이고, 모래는 0.05~2mm, 실트는 0.005~0.05mm 그리고 점토는 0.005mm 이하이다.
3) 흙에는 자갈분이 있는데 이것은 모래, 실트 및 점토로 배분, 분류하여 각각모래, 실트 및 점토의 함유 백분율을 구하여 100%로 만들어 삼각 좌표 분류도에 의하여 분류한다.

4 AASHTO 분류 방법

이 분류법은 원래 미국 공로국에서 사용하다가 개정한 것으로 현재는 개정 PRA분류법 또는 AASHTO 분류법이라고 한다.

이 분류법은 입도, 연경도, 군지수(GI)에 의하여 흙을 A-1부터 A-7의 7군으로 나누어 구별하는데, A-3까지는 조립의 흙이고, A-4 및 A-5는 실트질흙, A-6 및 A-7은 점토질흙이다.

$$GI = 0.2a + 0.005ac + 0.01bd$$

여기서 a : No 200체 통과량에서 35를 뺀 값(0~40의 정수) 단, No 200체 통과량이 75%를 넘으면 75로 본다.

b : No 200체 통과량에서 15를 뺀 값(0~40의 정수) 단, No 200체 통과량이 55%를 넘으면 55로 본다.

c : 액성한계에서 40을 뺀 값(0~20의 정수) 단, $w_L > 60\%$ 이면 $w_L = 60\%$로 본다.

d : 소성지수에서 10을 뺀 값(0~20의 정수). 단, $I_P > 30$ 이면 $I_P = 30$으로 본다.

흙의 기본적 성질

문제 1

간극률 25% 인 모래의 간극비는?

가. 0.25　　　　　나. 0.33　　　　　다. 0.37　　　　　라. 0.42

해설　$e = \dfrac{n}{100-n} = \dfrac{25}{100-25} = 0.33$

문제 2

포화도에 대한 설명 중 옳지 않은 것은?

가. 간극 속의 물 부피와 간극 전체의 부피와의 비를 백분율로 표시한 것을 말한다.
나. 포화도가 100% 면 공극 속에 물이 완전히 채워지고 공기는 존재하지 않는다.
다. 간극 속에 물이 차 있는 정도를 나타낸다.
라. 지하수위 아래의 흙은 포화도가 0 이다.

해설　포화도 : 흙 입자만을 제외한 부분은 공극으로, 공극은 물과 공기로 채워지게 된다. 포화도는 공극 속의 물 부피(VW)와 공극 부피와의 비를 백분율(%)
※ 지하수위 아래 흙은 포화도가 100%

문제 3

흙의 함수비에 대한 다음 중 옳은 것은?

가. 흙에 포함된 물의 무게와 흙에 포함된 물질의 전체 무게와의 비
나. 흙 속에 포함된 물의 무게와 흙 입자만의 무게의 비
다. 흙 입자 공극의 부피와 흙 입자의 부피와의 비
라. 흙 입자 공극의 부피와 흙 전체의 부피에 대한 비

해설　함수비 : 공극 부분에 함유된 물의 양으로, 물의 무게(WW)와 흙 입자만의 무게의 비 백분율(%)

문제 4

흙의 밀도 중 작은 것에서 큰 순서로 나열되어 있는 것은?

가. 습윤밀도 < 포화밀도 < 수중밀도 < 건조밀도
나. 건조밀도 < 습윤밀도 < 포화밀도 < 수중밀도
다. 수중밀도 < 건조밀도 < 습윤밀도 < 포화밀도
라. 포화밀도 < 수중밀도 < 건조밀도 < 습윤밀도

해설　흙의 단위 무게 대소 관계 : $\gamma_{sat} > \gamma_t > \gamma_d > \gamma_{sub}$

정답　1. 나　2. 라　3. 나　4. 다

문제 5

흙의 입도시험으로부터 균등계수의 값을 구하고자 할 때 식으로 옳은 것은?
(단, D_{10} : 입경가적곡선으로부터 얻은 10% 입경, D_{30} : 입경가적곡선으로부터 얻은 30% 입경, D_{60} : 입경가적곡선으로부터 얻은 60% 입경)

가. $\dfrac{(D_{30})^2}{D_{10} \times D_{60}}$ 　　　　나. $\dfrac{D_{30}}{D_{10} \times D_{60}}$

다. $\dfrac{D_{30}}{D_{10}}$ 　　　　라. $\dfrac{D_{60}}{D_{10}}$

해설
- 유효입경(D_{10}) : 통과 무게 백분율 10%에 해당하는 흙 입자지름
- 균등계수(C_U) : 유효입경(D_{10})에 대한 통과 백분율 60%에 대응하는 입자지름(D_{60})의 비 $C_U = \dfrac{D_{60}}{D_{10}}$
- 곡률계수(C_g) : 입경가적곡선이 구불구불한 정도 $C_g = \dfrac{(D_{30})^2}{D_{10} \cdot D_{60}}$

문제 6

흙 시료의 간극비가 0.9 이고, 흙의 비중이 2.60 이라할 때 포화단위무게(γ_{sat})는 얼마인가? (단, 물의 단위무게는 1g/cm³이다.)

가. 0.857g/cm³ 　　　　나. 0.972g/cm³
다. 1.452g/cm³ 　　　　라. 1.842g/cm³

해설 포화단위무게(γ_{sat}) $= \dfrac{G_s + e}{1+e} \gamma_w = \dfrac{2.6 + 0.9}{1 + 0.9} \times 1 = 1.842\ g/cm^3$

문제 7

2μ이하의 점토 함유율에 대한 소성지수와의 비를 무엇이라 하는가?

가. 부피변화 　　나. 선수축 　　다. 활성도 　　라. 군지수

해설 활성도 $A_C = \dfrac{I_P}{2\mu \text{이하의 점토 함유율(\%)}}$
- 활성도는 점토지반 흙의 팽창성, 점토 광물이 무엇인가를 판단

문제 8

어떤 습윤흙의 무게가 500g일 때 이 흙의 함수비는 15% 이었다. 흙덩어리 속의 흙 입자만의 무게는 약 얼마인가?

가. 515g 　　나. 485g 　　다. 435g 　　라. 419g

해설 $W_S = \dfrac{100 W}{100 + \omega} = \dfrac{100 \times 500}{100 + 15} = 435\ g$

정답 5. 라　6. 라　7. 다　8. 다

문제 9

흙덩어리를 손으로 밀어 지름 3mm의 국수 모양으로 만들어 부슬 부슬 해질 때의 함수비는?

가. 소성도　　　　　나. 수축한계　　　　　다. 소성한계　　　　　라. 액성지수

| 해 설 | 소성한계 : 소성판(판유리) 위에서 흙을 부드럽게 비벼서 지름이 3mm 정도에서 균열이 생겨 부슬부슬 해질 때 조각난 부분의 함수비를 소성한계 |

문제 10

통일 분류법에서 입도 분포가 좋은 모래를 표시하는 약호는?

가. SP　　　　　나. SC　　　　　다. SM　　　　　라. SW

| 해 설 | 제1문자 : 모래(sand) → S, 　제2문자 : 입도 분포가 양호(well-graded) → W 　∴ SW |

문제 11

흙의 통일분류법에서 입도분포가 양호한 모래를 나타내는 기호는?

가. GW　　　　　나. SW　　　　　다. SP　　　　　라. CL

| 해 설 | 제1문자 : 모래(Sand) : S, 제2문자 : 입도분포 양호(Well-graded) : W 　∴ SW |

문제 12

어떤 흙의 흙입자 만의 부피가 $100cm^3$이고, 간극의 부피는 $20cm^3$일 때 간극비는 얼마인가?

가. 0.20　　　　　나. 0.25　　　　　다. 0.30　　　　　라. 0.35

| 해 설 | $e = \dfrac{\text{공극의 부피}}{\text{흙 입자만의 부피}} = \dfrac{V_V}{V_S} = \dfrac{20}{100} = 0.20$ |

문제 13

자연상태의 모래지반을 다져 e가 emin에 이르도록 했다면 이 지반의 상대밀도는?

가. 0　　　　　나. 0.5　　　　　다. 1.0　　　　　라. 2.0

| 해 설 | 공극비가 최소가 되었다는 것은 가장 조밀해진 상태이므로 상대밀도(D_r)=1이다 |

문제 14

연경도에 대한 설명 중 틀린 것은?

가. 유동지수가 클수록 유동곡선의 기울기가 급하다.
나. 수축한계는 흙이 고체상태에서 반고체상태로 옮겨지는 경계의 함수비를 말한다.
다. 액성한계는 소성상태에서 가장 작은 함수비를 말한다.
라. 소성한계는 반고체상태를 나타내는 최대 함수비를 말한다.

정답　9. 다　10. 라　11. 나　12. 가　13. 다　14. 다

해설

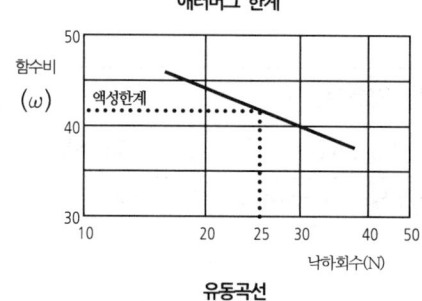

애터버그 한계

유동곡선

- 액성한계 : • 소성 상태를 나타내는 최대 함수비
  • 액체 상태를 나타내는 최소 함수비
- 소성한계 : • 반고체 상태를 나타내는 최대 함수비
  • 소성 상태를 나타내는 최소 함수비
- 수축한계 : • 고체 상태에서 반고체 상태로 변하는 경계 함수비
  • 고체 상태를 나타내는 최대 함수비
  • 반고체 상태를 나타내는 최소 함수비

유동지수(I_f) : 유동곡선의 기울기로서 유동곡선 상에서 2점의 좌표를 (N_1, w_1), (N_2, w_2)라 하면

$$I_f = \frac{w_1 - w_2}{\log_{10} N_2 - \log_{10} N_1}$$

I_f 값이 크려면, 기울기가 커져야 하고, 기울기가 크려면 낙하 회수가 작고 함수비가 크면 기울기가 커진다. 즉 함수비가 커야 한다.

문제 15

어떤 흙에 있어서 함수비는 18%, 비중 2.65, 간극비는 0.70일 때 이 흙의 포화도는 얼마인가?

가. 61.41% 나. 64.68% 다. 66.41% 라. 68.14%

해설 $S \cdot e = G_S \cdot w$에서 $S = \dfrac{G_S \cdot w}{e} = \dfrac{2.65 \times 18}{0.7} = 68.14$

문제 16

어떤 흙을 체가름 시험하여 입경가적곡선에서 D10=0.31mm, D30=1.4mm, D60=2.0mm를 얻었다. 이 흙의 곡률계수는?

가. 1.24 나. 2.36 다. 3.16 라. 4.34

해설 $C_U = \dfrac{D_{60}}{D_{10}} = \dfrac{2.0}{0.31} = 6.45$ $C_g = \dfrac{(D_{30})^2}{D_{10} \cdot D_{60}} = \dfrac{(1.4)^2}{0.31 \times 2.0} = 3.16$

문제 17

반고체 상태에서 고체 상태로 변하는 경계의 함수비로서 흙의 부피가 최소로 되어 함수비가 더 이상 감소되어도 부피는 일정할 때의 함수비는?

가. 액성한계 나. 수축한계 다. 소성한계 라. 최적함수비

해설 흙의 함수량을 어떤 양 이하로 줄여도 그 흙의 체적이 줄지 않고 함수량을 그 이상으로 하면 체적이 증대하는 한계의 함수비

정답 15. 라 16. 다 17. 나

문제 18

함수비 10%인 흙이 2100gf 있다. 이 흙의 함수비를 20%로 만들려면 물을 얼마나 가하여야 하는가?

가. 381.8gf
나. 190.9gf
다. 128.4gf
라. 54.7gf

해설

$$W_S = \frac{100\,W}{100+\omega} = \frac{100 \times 2100}{100+10} = 1909.09\ g$$

$$\therefore w = \frac{W_W}{W_S} \times 100(\%) \text{ 에서 } W_W = \frac{w \times W_S}{100} = \frac{20 \times 1909.09}{100} = 381.8\ gf$$

문제 19

다음은 통일 분류법에 관한 설명이다. 옳지 않은 것은?

가. 통일분류법은 A.Casagrande가 고안한 방법이다.
나. 흙의 종류를 나타내는 제1문자와 흙의 속성을 나타내는 제2문자를 이용하여 흙을 분류한다.
다. 조립토, 세립토, 유기질토와 같이 광범위하게 흙을 분류할 수 있는 장점이 있다.
라. 통일 분류법은 기초의 지지력 판정에 주로 쓰인다.

해설

- 통일 분류 방법은 카사그랜드(Casagrande)가 고안한 분류법
- 통일 분류 방법은 흙의 종류를 나타내는 제 1문자와 속성을 나타내는 제 2문자를 이용하여 흙을 분류한다.
- 조립토, 세립토, 유기질토와 같이 광범위하게 흙을 분류
- 통일분류법은 조립토, 세립토, 유기질토를 분류하는 방법

문제 20

액성한계와 소성한계의 차이로 나타내는 것은?

가. 액성지수
나. 소성지수
다. 유동지수
라. 터프니스 지수

해설

소성지수 $I_P = w_L - w_P$

문제 21

용기의 무게가 15gf 일 때 용기에 시료를 넣어 총무게를 측정하여 475gf 이었고 노건조 시킨 다음 무게가 422gf이었다. 이때의 함수비는?

가. 8.67%
나. 10.45%
다. 13.02%
라. 25.42%

해설

함수비$(\omega) = \dfrac{\text{물의 무게}}{\text{흙 입자만의 무게}} \times 100 = \dfrac{W_W}{W_S} \times 100\ (\%) = \dfrac{460-407}{407} \times 100 = 13.02\ (\%)$

∴ 습윤시료무게 $= 475 - 15 = 460\ g$ 건조시료무게 $= 422 - 15 = 407\ g$

정답 18. 가   19. 라   20. 나   21. 다

문제 22

간극비가 0.54인 흙의 간극률은?

가. 17% 나. 35% 다. 46% 라. 54%

해설 $n = \dfrac{e}{1+e} \times 100\ (\%) = \dfrac{0.54}{1+0.54} \times 100 = 35\ (\%)$

문제 23

통일 분류법에서 입도분포가 양호한 자갈의 분류기호는?

가. GW 나. ML 다. GM 라. SW

해설 제1문자 : 자갈(Gravel) : G, 제2문자 : 입도분포 양호(Well-graded) : W ∴ GW

문제 24

다음 중 Stokes의 법칙에 의하여 흙 입자의 크기를 알아내는 것은?

가. 체분석법 나. 침강분석법 다. MIT분석법 라. Casagrande분석법

해설 스토크스 법칙 ⇒ 침강분석 시험에 이용
완전히 구로 가정한 흙 입자가 물속에 침강되는 경우에 있어서 흙 입자의 침강속도는 스토크스 법칙으로 구한다.
입자가 굵을수록 침강속도가 빠르고, 작은 것은 느리다.

문제 25

흙의 비중이 2.65 이고 간극비는 1.0 인 흙의 함수비가 15.0% 일 때 포화도는?

가. 39.75% 나. 42.73% 다. 53.65% 라. 62.83%

해설 $S \cdot e = G_S \cdot w$에서 $S = \dfrac{G_S \cdot w}{e} = \dfrac{2.65 \times 18}{1.0} = 39.75$

문제 26

흙의 건조단위무게가 1.505gf/cm³, 비중이 2.63일 때 이 흙의 간극비는 얼마인가?

가. 0.548 나. 0.760 다. 0.748 라. 0.854

해설 $e = \dfrac{\gamma_w}{\gamma_d} \cdot G_S - 1 = \dfrac{1}{1.505} \times 2.63 - 1 = 0.748\ (\because \gamma_w = 1\ gf/cm^3)$

문제 27

입경가적곡선의 기울기가 매우 급한 흙의 일반적인 성질로 적당하지 않은 것은?

가. 밀도가 좋다. 나. 투수성이 좋다.
다. 균등계수가 작다. 라. 간극비가 크다.

정답 22. 나 23. 가 24. 나 25. 가 26. 다 27. 가

| 해 설 | 입경가적곡선에서 기울기가 급한 경우(그래프가 세로방향으로 그려지는 경우) 흙입자 크기가 같은 크기를 가진 흙 입자로 구성되었다는 의미. 기울기가 크면
• 입도분포가 나쁘다. • 공극이 커서 공극비가 크다.
• 공극이 크므로 밀도가 작다. • 공극이 크므로 투수성이 크다.
• 균등계수가 작다.($\because C_U = \dfrac{D_{60}}{D_{10}} = \dfrac{0.15}{0.05} = 3.0$ 에서 D_{10}, D_{60}의 차이가 작아 균등계수가 작다) |

문제 28

흙의 비중 2.5, 함수비 30%, 공극비 0.92일 때 포화도는 얼마인가?

가. 75% 나. 82% 다. 87% 라. 93%

| 해 설 | $S \cdot e = G_S \cdot w$에서 $S = \dfrac{G_S \cdot w}{e} = \dfrac{2.5 \times 30}{0.92} = 82$ |

문제 29

액성한계가 42.8%이고 소성한계는 32.2%일 때 소성지수를 구하면?

가. 10.6 나. 12.8 다. 21.2 라. 42.4

| 해 설 | $I_P = w_L - w_P = 42.5 - 32.2 = 10.6\ \%$ |

문제 30

지름 50mm 높이 125mm인 용기에 현장의 습윤 시료를 채취하여 시료의 무게를 측정했더니 446gf 이었다. 이때 습윤 단위무게는 얼마인가?

가. 1.58 gf/cm³ 나. 1.82 gf/cm³ 다. 2.35 gf/cm³ 라. 2.76 gf/cm³

| 해 설 | $\gamma_t = \dfrac{W}{V} = \dfrac{446}{245.31} = 1.82\ g/cm^3$ ($\because V = \dfrac{\pi d^2}{4} \times H = \dfrac{3.14 \times 5^2}{4} \times 12.5 = 245.3\ cm^3$) |

문제 31

보통 흙의 비중이라 하면 증류수 몇 ℃의 것에 대한 값을 표준으로 하는가?

가. 4℃ 나. 10℃ 다. 15℃ 라. 20℃

| 해 설 | 밀도는 물 부피와 그와 동일한 부피의 무게비로 나타내며, 보통 흙의 비중이라 하면 증류수 몇 15℃의 것에 대한 값을 표준으로 한다. |

문제 32

건조단위무게가 1.66 tf/m³이고 간극비가 0.5인 흙의 밀도는 얼마인가?

가. 2.43 나. 2.46 다. 2.49 라. 2.52

| 해 설 | 건조단위무게(γ_d) $= \dfrac{W_S}{V} = \dfrac{G_S}{1+e}\gamma_w$, 에서 $G_S = \gamma_d \times (1+e) = 1.66 \times (1+0.5) = 2.49$ |

정답 28. 나 29. 가 30. 나 31. 다 32. 다

문제 33

흙의 간극비를 알고 간극률을 구하는 식은?

가. $n = \dfrac{e}{1+e}$ 나. $n = \dfrac{e}{1-e}$

다. $n = \dfrac{e}{1+e} \times 100\ (\%)$ 라. $n = \dfrac{e}{1-e} \times 100\ (\%)$

해설 $n = \dfrac{e}{1+e} \times 100\ (\%)$

문제 34

흙의 입도에서 유효입경이라 함은 가적 통과율 몇 %에 해당하는 입경을 말하는가?

가. 15%   나. 40%   다. 20%   라. 10%

해설 유효입경(D_{10}) : 통과 무게 백분율 10%에 해당하는 흙 입자지름

문제 35

모래치환에 의한 현장 단위무게시험 결과 파낸 구멍속의 흙 무게 2500gf, 파낸 구멍의 부피 1000cm³, 흙의 함수비가 25%였을 때 현장 흙의 건조단위 무게는?

가. 1.0 gf/cm³   나. 2.0 gf/cm³   다. 2.5 gf/cm³   라. 3.0 gf/cm³

해설 건조단위무게(γ_d) $= \dfrac{\gamma_t}{1+\dfrac{w}{100}} = \dfrac{2.5}{1+\dfrac{25}{100}} = 2\ gf/cm^3$, ($\because \gamma_t = \dfrac{W}{V} = \dfrac{2500}{1000} = 2.5\ gf/cm^3$)

문제 36

흙의 팽창성을 판단하는 기준으로서 활주로, 도로 등의 건설재료를 결정하는 데 사용되는 것은?

가. 활성도   나. 상대밀도   다. 연경도   라. 포화도

해설 $A_C = \dfrac{I_P}{2\mu \text{이하의 점토 함유율}(\%)}$

- 활성도는 점토지반 흙의 팽창성, 점토 광물이 무엇인가를 판단
- $A_C < 0.75$(비활성), $0.75 < A_C < 1.25$(보통), $A_C > 1.25$(활성)

문제 37

다음 중 흙의 삼상(三相)관계 중 세 가지 성분이 아닌 것은?

가. 물   나. 공기   다. 간극   라. 흙입자

해설 자연 상태의 흙은 흙 입자, 물, 공기의 3가지로 성분으로 구성되어 있다.

정답 33. 다   34. 라   35. 나   36. 가   37. 다

문제 38

유동곡선에서 타격 횟수 몇 회에 해당하는 함수비를 액성한계로 하는가?

가. 15회   나. 20회   다. 25회   라. 30회

해설

액성한계 : 유동곡선을 그린 후 낙하횟수 25회에 해당하는 함수비를 액성한계로 함

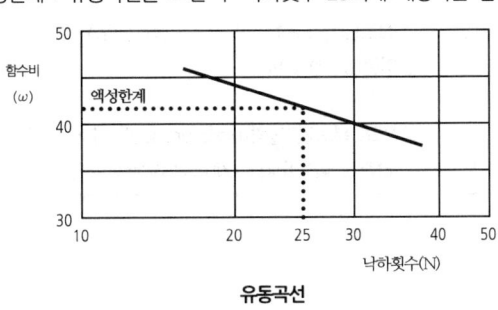

유동곡선

문제 39

함수비의 변화에 따라 흙의 상태가 다양하게 바뀌고, 변형상태나 외력에 대한 저항력도 달라진다. 이와 같은 흙의 성질을 무엇이라 하는가?

가. 포화도   나. 액성한계   다. 연경도   라. 수축한계

해설

흙의 연경도
접착성이 있는 흙은 함수량이 차차 감소하면 액성 → 소성 → 반고체 → 고체의 상태로 변화하는데 함수량에 의하여 나타나는 이들 각각의 성질을 흙의 연경도라 함.

문제 40

어떤 시료의 습윤단위무게가 1.90gf/cm³이고, 함수비가 25%이었다. 이 시료의 건조 단위무게는 얼마인가?

가. 1.90 gf/cm³   나. 1.87 gf/cm³   다. 1.67 gf/cm³   라. 1.52 gf/cm³

해설

건조단위무게(γ_d) $= \dfrac{\gamma_t}{1+\dfrac{\omega}{100}} = \dfrac{1.9}{1+\dfrac{25}{100}} = 1.52 \, gf/cm^3$

문제 41

어떤 흙에 있어서 토립자 부분의 무게가 65gf이다. 토립층 부분의 부피가 40cm³일 때, 이 흙의 밀도는 얼마인가?

가. 1   나. 1.63   다. 2   라. 2.45

해설

$G_S = \dfrac{\gamma_s}{\gamma_w} = \dfrac{W_S}{V_S} \cdot \dfrac{1}{\gamma_w} = \dfrac{65}{40} \times \dfrac{1}{1} = 1.63$

정답 38. 다   39. 다   40. 라   41. 나

문제 42

카사그랜드(casagrande)가 고안한 흙의 통일 분류법에서 사용되는 제1문자로 옳지 않은 것은?

가. C 나. M 다. W 라. O

해설
- 제1문자
  - 모래(sand) : S
  - 자갈(gravel) : G
  - 실트(silt) : M
  - 점토(clay) : C
  - 유기질의 실트 및 점토 : O
  - 이탄(peat) : P_t
- 제2문자
  - 입도 분포가 양호(well-graded) : W
  - 입도 분포가 불량(poor-graded) : P
  - 압축성이 낮음(low-compressibility) : L
  - 압축성 높음(high compressibiliy) : H

문제 43

반죽된 흙의 함수비를 달리하여 각 함수비에 대한 황동 접시의 낙하 횟수와의 관계를 반대수 모눈종이(semilogarithmic paper)에 직선으로 나타낸 그래프를 무엇이라 하는가?

가. 유동 곡선
나. 단위무게 곡선
다. 소성도 곡선
라. 액성한계 곡선

해설 액성한계시험은 1cm의 낙하고에서 타격하여 횟수가 25회 미만에서 2개, 25회 이상에서 2개를 얻어 유동곡선을 작도한 후 낙하횟수 25회에 해당하는 함수비를 구하여 액성 한계 값으로 함

문제 44

자연 상태의 함수비가 98.0%, 소성한계가 70.0%, 액성지수가 1.17인 흙 시료의 소성지수의 값은?

가. 23.9 % 나. 28.0 %
다. 59.8 % 라. 83.8 %

해설 $I_L = \dfrac{w_n - w_p}{I_p}$ 에서 $I_P = \dfrac{w_n - w_p}{I_L} = \dfrac{98.0 - 70.0}{1.17} = 23.9 \, (\%)$

문제 45

입경 가적곡선에서 D_{10}=0.05mm, D_{30}=0.09mm, D_{60}=0.15mm임을 알았다. 균등 계수(Cu)와 곡률 계수(Cg)는?

가. Cu=1.08, Cg=3.0 나. Cu=1.08, Cg=5.0
다. Cu=3.0, Cg=1.08 라. Cu=5.0, Cg=3.0

해설 $C_U = \dfrac{D_{60}}{D_{10}} = \dfrac{0.15}{0.05} = 3.0 \quad C_g = \dfrac{(D_{30})^2}{D_{10} \cdot D_{60}} = \dfrac{(0.09)^2}{0.05 \times 0.15} = 1.08$

정답 42. 다 43. 가 44. 가 45. 다

문제 46
통일분류법에 의해 그 흙이 CH로 분류되었다면, 이 흙의 대략적인 공학적 성질은?

가. 액성한계가 50% 이상인 실트이다. 나. 액성한계가 50% 이상인 점토이다.
다. 수축한계가 50% 이상인 점토이다. 라. 수축한계가 50% 이하인 실트이다.

해설 제1문자 C : 점토, 제2문자 H : 압축성이 높다. 즉 압축성이 높은 점토 이므로 $w_L \geq 50$ 이상인 점토

문제 47
통일 분류법에 의해 흙을 분류할 때 먼저 체를 이용하여 조립토와 세립토로 나누는데 이 때 사용되는 체는?

가. No. 4체 나. No. 40체 다. No. 100체 라. No. 200체

해설 조립토와 세립토를 구분하는 체 : No.200체 (0.075mm체)

문제 48
어느 흙의 수축비가 1.59이고, 수축한계가 25.45%일 때 이 흙의 밀도는?

가. 2.55 나. 2.67 다. 2.75 라. 2.80

해설 흙입자 비중의 근사치 $G_S = \dfrac{1}{\dfrac{1}{R} - \dfrac{w_s}{100}} = \dfrac{1}{\dfrac{1}{1.59} - \dfrac{25.45}{100}} = 2.67$

문제 49
흙의 액성한계 시험 결과로 작성하는 그래프의 이름은?

가. 다짐곡선 나. 유동곡선 다. 입경가적곡선 라. 한계곡선

해설 액성한계시험은 1cm의 낙하고에서 타격하여 횟수가 25회 미만에서 2개, 25회 이상에서 2개를 얻어 유동곡선을 작도한다.

문제 50
어느 시료의 간극율이 40.47%이다. 이 때의 간극비는 얼마인가?

가. 0.48 나. 0.68 다. 0.88 라. 1.08

해설 $e = \dfrac{n}{100-n} = \dfrac{40.7}{100-40.7} = 0.68$

문제 51
흙의 입도분석 시험결과 입경가적곡선에서 $D_{10}=0.05$mm, $D_{30}=0.10$mm, $D_{60}=0.15$mm일 때 곡률계수(Cg)는?

가. 4.16 나. 3.12 다. 2.85 라. 1.33

해설 $C_U = \dfrac{D_{60}}{D_{10}} = \dfrac{0.15}{0.05} = 3.0$ $C_g = \dfrac{(D_{30})^2}{D_{10} \cdot D_{60}} = \dfrac{(0.1)^2}{0.05 \times 0.15} = 1.33$

정답 46. 나 47. 라 48. 나 49. 나 50. 나 51. 라

건설재료시험 기능사 필기

제4장

흙속의 물과 압밀

4.1 흙속의 물의 흐름
4.2 흙의 압밀
◈ 문제 및 해설

제4장 흙속의 물과 압밀

4.1 흙속의 물의 흐름

1 흙 속의 물
1) 중력수 : 빗물, 지표수 등이 중력 작용으로 지하에 침투하는 물
2) 모관수 : 흙 입자의 흡착력과 표면장력에 의해 스며 올라오는 물
3) 흡착수 : 흙 입자와 물 사이의 분자 인력으로 연결되는 물

2 모관현상(capillarity)
1) 모관현상
   수중에 모세관을 세웠을 때에 관내의 수면이 표면장력에 의해 모세관을 따라 올라가는 현상
2) 모관 상승 높이
   모관 내의 수면은 표면 장력과 점착력에 의해 곡면이 되고, 관벽과의 각도 α 인 접촉각을 가진다. 이 표면 장력의 단위 길이당 크기를 T(g/cm)라 하면, 표면 장력의 연직 분력은 관속의 물기둥 무게는 평행을 이루게 된다.
   모관 상승고를 h_c, 관의 지름을 D라 하면 다음 식이 성립된다.

$$\pi D T \cos\alpha = \gamma_w \times \frac{\pi D^2}{4} h_c$$

$$h_c = \frac{4T\cos\alpha}{\gamma_w D}(cm)$$

   여기서, T : 물의 표면 장력(15℃에서 0.075g/cm)
   α : 물과 유리의 접촉각(°)
   γ_w : 물의 단위무게(g/cm3)
   D : 유리관의 안지름(cm)
   h_c : 모관 상승고(cm)

3) 흙 속에서 모관 현상
   자연 지반 흙의 모관 상승고 h_c를 구하는 경험식

$$h_c = \frac{C}{eD_{10}}$$

여기서, e : 흙의 간극비
C : 흙의 간극의 크기, 모관현상에 관계되는 계수로 (0.1~0.5cm²)
D_{10} : 유효 입경

3 동상현상

1) 흙 속의 공극수가 동결되면 부피가 약 9% 정도 팽창되어 지표면이 부푸는 현상으로 모관 상승고, 투수성, 동결온도의 지속시간, 동결심도 하단에서 지하수면까지의 거리가 모관상승고 보다 작을 때 등이 동상 량을 지배한다.

2) 동상 조건
   ① 흙의 모관 상승 높이가 높고, 투수성이 큰 흙에서 증가한다.
   ② 모세관 현상에 의해 아래층에서 물의 공급이 충분할 때 증가한다.
   ③ 0℃ 이하의 온도가 오래 지속될수록 증가한다.

3) 흙 종류에 따른 동상 현상
   동상은 모관상승 높이가 클수록 크게 발생한다.

흙 종류	동 상 정 도
점 토	점토는 모관상승 높이가 크지만 투수성이 낮다.
모 래	투수성이 크지만 모관상승이 작아 동상현상이 잘 발생하지 않는다.
실 트	모관상승높이와 투수성이 모두 커서 동상이 잘 일어난다.
동상이 잘 일어나는 순서 : 실트 〉 점토 〉 모래 〉 자갈	

4) 동상 방지 대책
   ① 동결심도 상부의 흙을 비동결성 흙(자갈, 쇄석, 석탄재)으로 치환한다.
   ② 배수구를 설치하여 지하수위를 낮춘다.
   ③ 지표의 흙을 화학약품처리($CaCl_2$, $NaCl$, $MgCl_2$)하여 동결온도를 내린다.
   ④ 모관수 상승을 방지하기 위해 지하수위 윗 층에 조립의 차단 층(모래, 콘크리트, 아스팔트, 소오다)을 설치한다.
   ⑤ 흙 속에 단열재료(석탄재, 코우크스)를 넣는다.

4 흙의 투수성

1) 투수성
흙 입자는 공극으로 이루어져 이 사이를 물이 유입 유출이 발생하게 된다. 이와 같이 연속된 흙 속의 공극 속에 흐르는 성질을 투수성이라 한다.

2) 동수경사

① 손실수두(Δh)

유체는 관이나 밸브 등을 통과할 때 마찰 등으로 인해 피할 수 없이 압력의 손실이 발생, 그러한 압력손실을 수두로 나타냄

② 동수경사(i)

손실 수두를 물이 이동한 거리(L)로 나눈 값으로 나타낸다.

$$i = \frac{\Delta h}{L}$$

③ 다르시(Darcy)의 법칙

흙 속을 흐르는 물이 층류인 경우에 한하여 다음의 Darcy법칙이 적용

$$Q = V.A = ki.A = k.\frac{\Delta h}{L}.A$$

여기서, Q : 단면적 A 를 흐르는 단위 시간의 유량(cm^3/sec)

V : 평균유속(cm/sec) i : 동수구배($\frac{\Delta h}{L}$)

Δh : 수두차(cm) L : 시료길이(cm)

A : 흙의 단면적(cm^2) K : 투수계수(cm/sec)

④ 투수계수(k)

속도 단위(cm/s, m/s)을 가지고 있으며, 흙 입자의 크기, 유체의 점성, 간극의 크기, 입도분포, 간극비, 포화도에 따라 변화한다.

투수계수의 특징은,

투수계수가 증가하는 경우	투수계수가 감소하는 경우
흙 입자가 클수록	물의 점성계수가 클수록
물의 단위 무게가 클수록	
간극비가 클수록	
지반 포화도가 클수록	

⑤ 투수시험

흙의 종류에 따른 적용 투수시험

시험 방법	적용 지반
정수위 투수시험	투수계수가 큰 모래지반
변수위 투수시험	투수성이 작은 흙
압밀시험	불투수성 흙

5 흙 속의 유량

1) 유선망
손실수두가 같은 점을 연결한 선을 등수두선이라 하고, 흙 속을 침투하여 물이 흐르는 경로를 유선이라 함

2) 유선망 작도 목적
흙 댐 등의 본체 및 투수성 지반 내에서 침투수의 방향, 침투수량, 침투속도, 간극 수압, 분사현상(quick sand), 파이핑(piping)현상, 히빙(heavinga)현상 추정

① 분사현상(quick sand) : 한계동수 경사에 이르러 유효응력이 0이 되면 점착력이 없는 흙은 전단강도를 가질 수 없다. 수압이 유효응력보다 크게 되면 수압에 의하여 흙 입자는 혼탁하게 되어 분출되는 현상을 말한다.

- 동수경사(i)=$\dfrac{h}{L}$

- 한계 동수 경사(i_c)=$\dfrac{G_S-1}{1+e}$

    $i < i_c$이면 분사 현상이 일어나지 않는다.

    $i > i_c$이면 분사 현상이 일어난다.

② 파이핑(piping)현상 : 제방 지반에 모래질 흙이 있을 때, 침투수에 의하여 흙 입자가 분출하여 지반 내에 파이프 모양의 수로가 생기는 현상을 말한다.

③ 히빙(heavinga)현상 : 지반을 굴착시킬 때 수위차로 인하여 과잉간극 수압이 증가하고, 흙 입자 사이에 유효응력이 감소하여 굴착면이 부풀어 오르는 현상을 말한다.

3) 유선망의 특성
① 인접한 두개의 유선 사이를 흐르는 침투수량은 서로 같다.
② 인접한 두개의 등수두선 사이의 손실수두는 서로 같다.

③ 유선과 등수두선은 서로 직교한다.
④ 유선망의 요소는 이론상 정사각형이다.
⑤ 침투 속도와 동수경사는 유선망의 요소 길이에 반비례한다.
⑥ 흙 댐에 필터(filter)을 설치하면 전수두가 0인 등수두선이 되고, 침윤선이 필터 층으로 연결됨으로서 댐 하부의 세굴을 방지

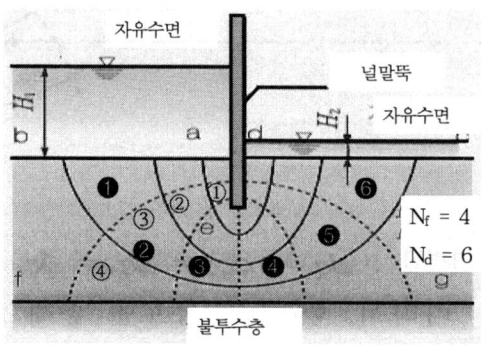

물막이 널말뚝 유선망

4) 침투 유량의 계산

$$Q = k \cdot h \cdot \frac{N_f}{N_d}$$

여기서, k : 투수계수, h : 전수두(수위차), N_d : 등압면수, N_f : 유로수

4.2 흙의 압밀

1 압밀 현상

연속적으로 작용하는 정하중에 의하여 흙 속의 물과 공기가 배제되어 흙이 압축되는 현상을 말하는데 만약 모래와 같이 투수성이 큰 것이라면 상부에 하중이 가해졌을 때 토중의 공극 내의 수분이 재빠르게 배출되므로 압밀은 순간적으로 끝난다. 그러나 점토와 같이 투수성이 낮은 것이라면 내부의 배수가 곤란하기 때문에 압밀이 완료되고 침하가 끝날 때까지 오래 걸리게 된다.

압밀은 실제로 공학상에 있어서 지반상에 축조된 구조물에 생기는 침하의 크기, 침하진행의 시간적 비율, 즉 침하의 계속시간 등의 추정, 진행에 따르는 흙의 역학적 강도의 증가 등 중요한 문제를 포함하고 있다.

2 테르자기의 압밀이론(일차원 압밀)

① 흙은 균질하고 흙 속의 간극은 물로 완전히 포화되어 있다.
② 흙 속의 물은 1층(상하)으로 배수되며, 다르시의 법칙이 성립된다.
③ 토층의 압축도 1축으로 일어난다.
④ 흙 입자와 물 분자의 압축성은 무시한다.
⑤ 간극비와 압력과의 관계는 직선적이다.
⑥ 흙의 성질은 압력의 크기에 관계없이 일정하다.

3 압밀이론

1) **정규압밀** : 현재 하중이 과거의 최대하중
2) **과압밀** : 현재 하중이 과거 최대하중보다 작은 경우
3) **선행압밀하중** : 과거에 받았던 최대하중
4) **압축 계수** : a_v(coefficient of compressibility : cm^2/kg)

$$a_v = \frac{e_1 - e_2}{P_1 - P_2} = \frac{\Delta e}{\Delta P}(P-e)\text{곡선의 구배}$$

5) **체적 변화 계수** : m_v(Coefficient of volume change)

$$m_v = \frac{\frac{\Delta V}{V}}{\Delta P} = \frac{e_1 - e_2}{1+e} \times \frac{1}{P_2 - P_1} = \frac{a_v}{1+e}(cm^2/kg)$$

- 체적 변화 계수와 침하량의 관계

$$m_v = \frac{\frac{\Delta H}{H}}{\Delta P} = \frac{1}{H} \times \frac{\Delta H}{\Delta P}$$

$$\Delta H = m_v \, \Delta P \, H = \frac{a_v}{1+e} \, H \, \Delta P = \frac{e_1 - e_2}{1+e} \, H$$

여기서, ΔH : 최종 침하량(cm)

H : 시료의 높이(cm)

ΔP : 압력의 변화치(kgf/cm^2)

6) **압축 지수** : C_c(compression Index)

$$C_c = \frac{e_1 - e_2}{\log P_2 - \log P_1} = \frac{e_1 - e_2}{\log \frac{P_2}{P_1}}$$

- 압축지수와 침하량과의 관계

$$\Delta H = \frac{C_c}{1+e} \log \frac{P_2}{P_1} H, \quad \Delta H = \frac{0.435}{\frac{1}{2}(P_1 + P_2)(1+e)} C_c \, \Delta P \, H$$

- 압축지수의 추정식(by skempton)

$C_c = 0.009(w_L - 10)$ ⋯흐트러지지 않은 시료

$C_c' = 0.77 C_c = 0.007(w_L - 10)$ ⋯흐트러진 시료

7) **압밀계수(C_v)**

압밀 계수 : Tayler에 의해 제안된 식으로 압밀도 90%의 압밀계수 추정식

- $\sqrt{t}$ 법(by Taylor)

$$C_v = \frac{0.848 H^2}{t_{90}}$$

t_{90} : 압밀도 90%에 이르는 침하시간

0.848 : 압밀도 90%에 해당하는 시간계수

H : 배수거리(m)

- log t법(by A. Casagrande)

$$C_v = \frac{0.197H^2}{t_{50}}$$

t_{50} : 압밀도 50%에 이르는 침하시간

0.197 : 압밀도 50%에 해당하는 시간계수

H : 배수거리(m) (양면 배수인 경우는 전 두께의 $\frac{1}{2}$)

8) 압밀시간과 압밀층 두께와의 관계

- 압밀 압력과 배수 조건이 동일할 시

$$t_1 = t\left(\frac{H_1}{H}\right)$$

t_1 : 현장토의 압밀 시간 t : 시료의 압밀 시간

H_1 : 현장토의 압밀층 두께 H : 시료의 두께

흙 속의 물과 압밀

흙 속의 물의 흐름

문제 1
유선망도에서 상 하류면의 수두차가 4m, 등수두면의 수가 12개, 유로의 수가 6개일 때 침투 유량은 얼마인가? (단, 투수층의 투수계수는 2.0×10⁻⁴ m/sec 이다)

가. 8.0×10-4 m³/sec
나. 5.0×10-4 m³/sec
다. 4.0×10-4 m³/sec
라. 7.0×10-6 m³/sec

해설 $Q = k \cdot h \cdot \dfrac{N_f}{N_d} = 2.0 \times 10^{-4} \times 4 \times \dfrac{6}{12} = 4 \times 10^{-4} \, m^3/sec$

문제 2
연약한 점토 지반을 굴착할 때 하중이 지반의 지지력보다 크면 지반내의 흙이 소성평형 상태가 되어 활동면에 따라 소성 유동을 일으켜 배면의 흙이 안쪽으로 이동하면서 굴착부분의 흙이 부풀어 올라오는 현상을 무엇이라고 하는가?

가. 파이핑(piping)현상
나. 히빙(heaving)현상
다. 크리프(creep)현상
라. 분사(quick sand)현상

해설 히빙(heavinga)현상 : 지반을 굴착시킬 때 수위차로 인하여 과잉 간극수압이 증가하고, 흙입자 사이에 유효응력이 감소하여 굴착면이 부풀어 오르는 현상을 말한다.

문제 3
모래 지반의 물막이 널말뚝에서 침투수두(h)가 6.0m, 한계 동수경사(i_c)가 1.2일 때 분사현상을 방지하려면 널말뚝을 얼마 깊이(D)로 박아야 하는가?

가. D ≤ 5.0 m
나. D > 5.0 m
다. D ≤ 7.2 m
라. D > 7.2 m

해설 동수경사 $(i) = \dfrac{h}{L}$, 한계 동수 경사 $(i_c) = \dfrac{G_s - 1}{1 + e}$, $i < i_c$ 이면 분사 현상이 일어나지 않는다.

∴ $\dfrac{h}{L} < i_c$, $\dfrac{6}{D} < 1.2$, $D > \dfrac{6}{1.2}$ $D > 5.0$

정답 1. 다 2. 나 3. 나

문제 4

압밀 시험에 있어서 공시체의 높이가 2cm이고 배수가 양면배수일 때 배수거리는?

가. 0.2cm 　　　나. 1cm　　　　다. 2cm　　　　라. 4cm

해설　$C_v = \dfrac{0.197H^2}{t_{50}}$, H : 배수거리(m) (양면 배수인 경우는 전 두께의 $\dfrac{1}{2}$)

문제 5

유선망의 특징에 대한 설명으로 틀린 것은?

가. 인접한 2개의 유선 사이를 흐르는 침투수량은 서로 같다.
나. 인접한 2개의 등수두선 사이의 손실 수두는 서로 같다.
다. 침투속도와 동수경사는 유선망의 요소 길이에 비례한다.
라. 유선과 등수두선은 서로 직교한다.

해설
유선망의 특성
- 인접한 두개의 유선 사이를 흐르는 침투수량은 서로 같다.
- 인접한 두개의 등수두선 사이의 손실수두는 서로 같다.
- 유선과 등수두선은 서로 직교한다.
- 유선망의 요소는 이론상 정사각형이다.
- 침투 속도와 동수경사는 유선망의 요소 길이에 반비례한다.

문제 6

비중(GS)이 2.65 이고 간극비(e)가 0.65 인 지반의 한계 동수 경사는 얼마인가?

가. 1.0　　　　나. 1.7　　　　다. 2.0　　　　라. 2.2

해설　한계 동수 경사(i_c) = $\dfrac{G_S - 1}{1+e} = \dfrac{2.65-1}{1+0.65} = 1$

문제 7

작은 자갈 또는 모래와 같이 투수성이 비교적 큰 조립토에 적합한 투수시험은?

가. 정수위투수시험　　　　나. 변수위투수시험
다. 양수에 의한 투수시험　　라. 현장투수시험

해설

시험 방법	적용 지반
정수위 투수시험	투수계수가 큰 모래지반
변수위투수시험	투수성이 작은 흙
압밀시험	불투수성 흙

정답　4. 나　5. 다　6. 가　7. 가

문제 8

다음 중 유선망(flow net)의 특징이 아닌 것은?

가. 유선과 등수두선은 서로 직교한다.
나. 침투속도와 동수경사는 유선망의 폭에 비례한다.
다. 유선망으로 이루어진 사각형은 이론상 정사각형이다.
라. 인접한 2개의 유선 사이를 흐르는 침투수량은 같다.

해설 침투 속도와 동수경사는 유선망의 요소 길이에 반비례한다.

문제 9

흙의 동상 방지 대책을 설명한 것 중 옳지 않은 것은?

가. 배수구를 설치하여 지하수위를 높인다.
나. 동결심도 상부의 흙을 비동결성 흙(자갈, 쇄석, 석탄재)으로 치환한다.
다. 흙속에 단열재료(석탄재, 코우크스)를 넣는다.
라. 지표의 흙을 화학 약품 처리하여 동상을 방지한다.

해설 동상 방지 대책
- 동결심도 상부의 흙을 비동결성 흙(자갈, 쇄석, 석탄재)으로 치환한다.
- 배수구를 설치하여 지하수위를 낮춘다.
- 지표의 흙을 화학약품처리(Cad_2, Nad, Mgd_2)하여 동결온도를 내린다.
- 모관수 상승을 방지하기 위해 지하수위 윗 층에 조립의 차단 층(모래, 콘크리트, 아스팔트, 소오다)을 설치한다.
- 흙속에 단열재료(석탄재, 코우크스)를 넣는다.

문제 10

흙댐의 유선망도에서 상하류면의 수두차(H)가 6m, 등수두면의 수(Nd)가 10개, 유로의 수(Nf)가 6개일 때 침투수량은 얼마인가? (단, 투수층의 투수계수는 2.0×10^{-4} m/s이다)

가. 1.2×10^{-4} m³/s
나. 3.6×10^{-4} m³/s
다. 6.0×10^{-4} m³/s
라. 7.2×10^{-4} m³/s

해설 $Q = k \cdot h \cdot \dfrac{N_f}{N_d} = 2.0 \times 10^{-4} \times 6 \times \dfrac{6}{10} = 7.2 \times 10^{-4} m/\sec$

정답 8. 나 9. 가 10. 라

문제 11

흙 속의 온도가 빙점 이하로 내려가서 지표면 아래 흙속의 물이 얼어붙어 부풀어 오르는 현상을 동상이라고 한다. 다음 중 동상의 피해가 가장 큰 것부터 작은 것의 순으로 올바르게 나열한 것은?

가. 실트-자갈-모래-점토
나. 자갈-모래-실트-점토
다. 실트-점토-모래-자갈
라. 자갈-실트-모래-점토

| 해 설 | 동상이 잘 일어나는 순서 : 실트 > 점토 > 모래 > 자갈 |

문제 12

흙의 투수계수를 구하는 시험 방법에서 비교적 투수계수가 낮은 미세한 모래나 실트질 흙에 적합한 시험은?

가. 정수위 투수 시험
나. 변수위 투수 시험
다. 압밀 시험
라. 양수 시험

| 해 설 | 투수성이 작은 흙은 변수위 투수시험을 한다. |

문제 13

비중이 2.65 공극비가 0.65인 모래 지반의 한계 동수 경사는 얼마인가?

가. 1.0   나. 1.5   다. 2.0   라. 2.5

| 해 설 | 한계 동수 경사(i_c)$=\dfrac{G_S-1}{1+e}=\dfrac{2.65-1}{1+0.65}=1$ |

문제 14

모세관의 안지름 0.10mm인 유리관 속을 증류수가 상승하는 높이는? (단, 표면장력 T=0.075gf/cm, 접촉각을 0으로 한다.)

가. 30cm   나. 3.0cm   다. 1.5cm   라. 15cm

| 해 설 | $h_c=\dfrac{4T\cos\alpha}{\gamma_w D}=\dfrac{4\times0.075\times\cos0°}{1\times0.01}=30\,cm$ |

문제 15

다음 중 분사현상에서 간극비가 1.0, 비중이 2.6인 경우 한계 동수 경사(i_c)는 얼마인가?

가. 0.60   나. 0.70   다. 0.80   라. 0.90

| 해 설 | 한계 동수 경사(i_c)$=\dfrac{G_S-1}{1+e}=\dfrac{2.65-1}{1+1}=0.8$ |

정답 11. 다   12. 나   13. 가   14. 가   15. 다

문제 16

흙 댐 하류에 필터 층을 설치하는 목적은?

가. 침투압을 증가시키기 위해
나. 세굴을 방지하기 위해
다. 등수두선을 없애기 위해
라. 유선을 길게 하기 위해

해설 흙 댐에 필터(filter)를 설치하면 전수두가 0인 등수두선이 되고, 침윤선이 필터 층으로 연결됨으로서 댐 하부의 세굴을 방지

문제 17

유선망도에서 상하류면의 수두차가 4m, 등수두면의 수가 12개, 유로의 수가 6개일 때 침투 유량은 얼마인가? (단, 투수층의 투수계수는 2.0×10^{-4} m/sec이다)

가. 8.0×10^{-4} m³/sec
나. 5.0×10^{-4} m³/sec
다. 4.0×10^{-4} m³/sec
라. 7.0×10^{-6} m³/sec

해설 $Q = k \cdot h \cdot \dfrac{N_f}{N_d} = 2.0 \times 10^{-4} \times 4 \times \dfrac{6}{12} = 4.0 \times 10^{-4} \, m^3/\sec$

정답 16. 나 17. 다

흙의 압밀

문제 1

테르자기의 압밀 가정으로 틀린 것은?

가. 흙은 자갈, 모래, 점토가 섞여 있다.
나. 흙 속의 간극은 물로 완전히 포화되어 있다.
다. 다르시(Darcy)의 법칙이 성립한다.
라. 흙의 압밀도는 한 방향으로 일어난다.

해설 테르자기의 압밀이론(일차원 압밀)
- 흙은 균질하고 흙속의 간극은 물로 완전히 포화되어 있다.
- 흙 속의 물은 1층(상·하)으로 배수되며, 다르시의 법칙이 성립된다.
- 토층의 압축도 1축으로 일어난다.
- 흙 입자와 물 분자의 압축성은 무시한다.
- 간극비와 압력과의 관계는 직선적이다.
- 흙의 성질은 압력의 크기에 관계없이 일정하다.

문제 2

두께 3.5m의 점토 시료를 채취하여 압밀 시험한 결과 하중강도가 $2kgf/cm^2$에서 $4kgf/cm^2$로 증가될 때 간극비는 1.8에서 1.2로 감소하였다. 압축 계수(a_v)는?

가. $0.3cm^2/kgf$ 나. $1.2cm^2/kgf$ 다. $2.2cm^2/kgf$ 라. $3.3cm^2/kgf$

해설 $a_v = \dfrac{e_1 - e_2}{P_1 - P_2} = \dfrac{\Delta e}{\Delta P}(P-e) = \dfrac{1.8-1.2}{4-2} = 0.3 cm^2/kgf$

문제 3

압밀 시험에서 구할 수 없는 것은?

가. 선행 압밀 하중   나. 부피 변화 계수
다. 투수 계수   라. 곡률 계수

해설 곡률계수는 흙의 체가름시험에서 구할 수 있다.

문제 4

어떤 압밀도에 도달할 때까지 소요시간이 일면배수일 때 4년 걸릴 경우 양면 배수일 경우 얼마 걸리는가?

가. 4년   나. 2년   다. 1년   라. 6개월

해설 $\sqrt{t}$ 법에서 $C_v = \dfrac{0.848 H^2}{t_{90}}$ 이므로 압밀도가 같으면, 배수조건이 다르므로

$C_v = \dfrac{0.848 H^2}{t_{90}} = \dfrac{0.848(\frac{H}{2})^2}{t}$, $\dfrac{H^2}{4} = \dfrac{H^2}{4t}$, $\therefore t = 1$년 (양면배수인 경우 $\dfrac{H}{2}$)

정답 1. 가   2. 가   3. 라   4. 다

문제 5

테르쟈기(Terzaghi)의 압밀이론을 옳게 설명한 것은?

가. 흙은 전부 균질하다.
나. 흙 속의 간극은 물과 공기로 채워져 있다.
다. 흙 속의 물은 여러 방향으로 배수된다.
라. 압력과 간극비의 관계는 곡선적으로 변화를 한다.

해설	• 흙 속의 간극은 물로 완전히 포화되어 있다. • 흙 속의 물은 1층(상하)으로 배수되며, 다르시의 법칙이 성립된다. • 간극비와 압력과의 관계는 직선적이다.

문제 6

압밀이론에서 선행 압밀하중이란 무엇인가?

가. 과거에 받았던 최대 압밀 하중
나. 현재 받고 있는 압밀 하중
다. 앞으로 받을 수 있는 최대 압밀 하중
라. 현재 받고 있는 최대 압밀 하중

해설	선행압밀하중 : 과거에 받았던 최대하중

문제 7

테르자기의 압밀이론에 관한 가정 중 틀린 것은?

가. 흙은 균질하고 흙 속의 간극은 완전히 포화되어 있다.
나. 흙층의 압축도 일축적으로 일어난다.
다. 간극비와 압력과의 관계는 곡선이다.
라. 흙의 성질은 압력의 크기에 관계없이 일정하다.

해설	간극비와 압력과의 관계는 직선적이다

문제 8

Terzaghi의 압밀이론(1차원 압밀)에 근거를 두는 주요 가정 중 옳지 않은 것은?

가. 흙은 균질하고 불포화되어 있다.
나. 흙 입자와 물의 압축성은 무시한다.
다. 흙속의 물의 이동은 Darcy 법칙을 따른다.
라. 토층의 압축이 1축으로 일어난다.

해설	흙 속의 간극은 물로 완전히 포화되어 있다.

정답 5. 가   6. 가   7. 다   8. 가

문제 9

두께 2cm의 점토 시료를 압밀 시험한 결과 90% 압밀에 1시간 30분이 걸렸다. 같은 조건하에서 2m의 점토층이 90% 압밀에 소요되는 시간은?

가. 6 일 나. 150 일 다. 365 일 라. 625 일

해설

압밀 계수 : Tayler에 의해 제안된 식으로 압밀도 90%의 압밀계수 추정식
- $\sqrt{t}$ 법

$C_v = \dfrac{0.848 H^2}{t_{90}}$ (t_{90} : 압밀도 90%에 이르는 침하시간0.848 : 압밀도 90%에 해당하는 시간계수

H : 배수거리(m))

$C_v = \dfrac{0.848 H^2}{t_{90}} = \dfrac{0.848 \times (0.02)^2}{1.5\,\text{시간}} = 2.26 \times 10^{-4}\,(cm^2/\text{sec})$

$\therefore t_{90} = \dfrac{0.848 H^2}{C_V} = \dfrac{0.848 \times 2^2}{2.26 \times 10^{-4}} = 15,008\,\text{시간} = 625\,\text{일}$

문제 10

다음은 압밀에 대한 설명이다. 틀리는 것은?

가. 압밀이란 흙의 간극 속에서 물이 배수됨으로써 오랜 시간에 걸쳐 압축되는 현상을 말한다.
나. 압밀시험의 목적은 지반의 침하속도와 침하량을 추정해서 설계시공의 자료를 얻는데 있다.
다. 일반적으로 점토는 투수계수가 작아 압밀은 장시간에 걸쳐 일어나나 간극비가 작아 침하량은 작다.
라. 압밀이 완료되면 과잉간극수압은 0이 된다.

해설

압밀
- 연속적으로 작용하는 정하중에 의하여 흙 속의 물과 공기가 배제되어 흙이 압축되는 현상
- 모래와 같이 투수성이 큰 것은 상부에 하중이 가해졌을 때 토중의 공극 내의 수분이 재빠르게 배출 되므로 압밀은 순간적으로 끝난다.
- 점토와 같이 투수도가 낮은 것이라면 내부의 배수가 곤란하기 때문에 압밀이 완료되고 침하가 끝날 때 까지 오래 걸리게 되고 침하량도 크다.

정답 9. 라 10. 다

건설재료시험 기능사 필기

제5장

흙의 전단강도, 다짐, 기초

5.1 흙의 전단강도
5.2 흙의 다짐
5.3 기초
◇ 문제 및 해설

제5장 흙의 전단강도, 다짐, 기초

5.1 흙의 전단강도

1 흙의 전단강도

1) 전단 : 물체를 자르는 것
2) 전단력 : 물체를 자르는 힘
3) 전단응력 : 물체가 잘라지지 않으려고 저항하는 힘
4) 전단강도 : 큰 전단력을 주어 물체가 잘라졌다면 잘라지기 직전의 전단응력이 최대 전단 저항력이 되며 이를 전단강도라 함
5) 흙의 전단 강도

   흙의 자중이나 외력의 작용에 의해서 흙 내부에 전단응력이 생기며 전단응력의 크기에 따라 활동(sliding)에 저항하려는 힘이 생기는데, 이 힘을 전단저항이라 한다. 전단저항 한도를 전단강도라 부른다.

   전단응력이 전단강도를 초과하면 파괴가 생기고, 반대일 때는 파괴되지 않는다.

2 흙의 전단강도 기초 이론

1) 모래와 점토질흙의 전단강도

흙의 종류	전단강도 설명
모 래	알갱이와 알갱이 사이의 마찰력으로 발생
점성토	점성토는 끈적끈적한 점성을 가지고 있어 점착력 때문에 발생

2) 전단강도 구하는 식

   ① 일반적인 흙의 전단강도

   $$\tau_f = C + \sigma \tan\phi$$

   여기서, τ_f : 전단응력(kg/cm^2)

   C : 점착력(kg/cm^2)

   σ : 전단력에 작용하는 수직 응력(kg/cm^2)

   ϕ : 내부 마찰각

② 모래의 전단강도 : 일반적인 경우의 식에서 모래는 점착력이 없으므로 C=0)

$$\tau_f = \sigma \tan\phi$$

③ 점성토의 전단강도(일반적인경우의 식에서 점토는 마찰각 $\pm$= 0)

$$\tau_f = C$$

3) 모래와 점성토의 전단강도 비교

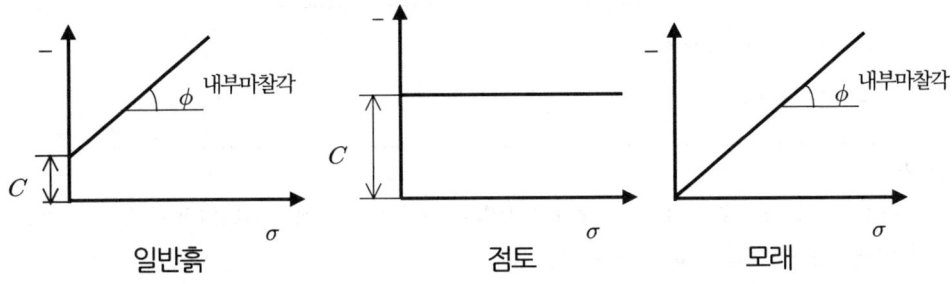

| 일반흙 | 점토 | 모래 |

① 건조된 모래는 점착력이 0이며, 내부 마찰력만 있다.

② 점토는 마찰각이 0이고 점착력 C만 작용한다.

≪알아두기≫
☞ 전단면에서 수직응력(σ) = $\dfrac{N(\text{수직 하중})}{A(\text{전단면의 단면적})}$

☞ 전단면에서 전단응력(τ_f) = $\dfrac{T(\text{미끄러질때의 전단력})}{A(\text{전단면의 단면적})}$

☞ 내부마찰각(ϕ) $\tau_f = C + \sigma \tan\phi$에서, $\phi = \tan^{-1}\dfrac{\tau_f}{\sigma}$ (마찰이 생기는 경우는 모래)

4) 물 아래에 흙이 놓여 있는 경우 전단강도

① 흙이 물아래에 있는 경우(수중)

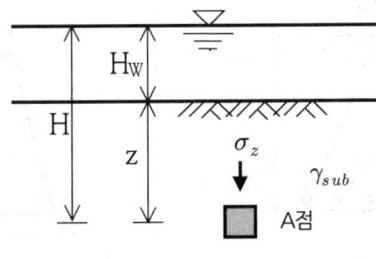

- 수직응력 = 물속의 흙의 무게+수압

$$\sigma_Z = (\gamma_{sat} - \gamma_w)z + \gamma_w(H_w + z)$$

$$\tau_f = C + \sigma_z \tan\phi$$

② 흙의 일부가 지하수위 아래에 있는 경우

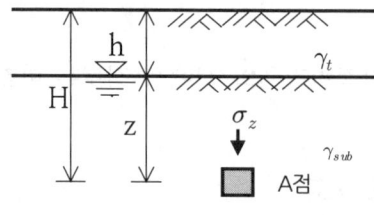

$$\sigma_z = (\gamma_{sat} - \gamma_w)z + \gamma_t h$$
$$\tau_f = C + \sigma_z \tan\phi$$

≪알아두기≫
☞ 유효응력(σ_z') : 물속에 놓여 있는 흙 무게가 가벼워 져서 흙 입자에는 가벼워진 무게가 전달되어 수직 응력이 발생하는 데 이를 유효 응력 이라함.
☞ 간극수압(u) : 흙 입자 사이에 있는 물의 수압
☞ 전응력(σ_z) = 유효응력(σ_z') + 간극수압(u)
☞ 유효응력(σ_z')= 전응력(σ_z) - 간극수압(u)

5) 하중이 작용할 때 수직응력 증가량(2:1 응력 간편법)

하중이 지반에 전달되면서 영향을 끼치는 범위가 넓어지고 깊이가 깊을수록 적어진다. 깊이가 증가함에 따라 하중이 미치는 영향은 2:1로 증가한다고 가정할 수 있다. 수직응력의 증가를 간편하게 계산하는 방법을 2:1 응력 간편법이라 한다.

띠 하중	사각형 하중
$\Delta\sigma_z = \dfrac{qB}{(B+z)}$	$\Delta\sigma_z = \dfrac{qBL}{(B+z)(L+z)}$

3 시험실에서의 전단강도 시험방법

직접전단시험, 1축 압축시험, 3축 압축시험, 평면변형률시험, 비틀림 단순전단 시험

1) 직접전단시험(Direct Shear Test)
① 주로 사질지반의 ϕ를 구하기 위함이다.

② 가장 간단하고 경제적인 시험

- 1면전단 시험 : $\tau_f = \dfrac{S}{A}$

- 2면전단 시험 : $\tau_f = \dfrac{S}{2A}$

  여기서, τ_f : 전단응력, S : 전단력 A : 단면적

2) 일축압축시험
① 일반적으로 점성토에 사용되는 시험이다.

② 시료의 수직압력만을 가하여 파괴시에 시료의 접착력(C)와 내부 마찰각(ϕ)을 구하는 시험이다.

③ 일축압축강도와 점착력

- $C_u = \dfrac{q_u}{2} tan(45 - \dfrac{\phi}{2})$, $q_u = 2C_u \tan(45 + \dfrac{\phi}{2})$

- 내부마찰각(ϕ) : 파괴면이 최대 주응력면과 이루는 각 $\theta = 45° + \dfrac{\phi}{2}$에서 θ를 측정 하여 $\phi = 2\theta - 90°$ 값을 구한다.

④ 표준관입 시험치(N)와 일축압축강도와의 관계

  $q_u = \dfrac{N}{8}$ 여기서, N : 표준관입시험에서 30cm 관입하는데 필요한 타격횟수

3) 삼축 압축시험
① 점성토와 포화 사질토에 적용한다.

② 자연 상태와 거의 비슷한 조건으로 만들어서 시험을 하는 것으로 배수 조건 변화에 따른 접착력(C)와 내부 마찰력(ϕ) 및 간극 수압을 알기 위하여 실시 한다.

③ 측압을 가한 후에 수직압력을 가해 파괴 시키는 시험법이다.

④ 배수 조건
- 비압밀 비배수(CU-test)시험, 압밀 비배수(UU-test)시험, 주로 단기 안정에 사용

- 압밀 배수(CD-test) 시험, 주로 장기안정 해석에 사용

4 전단강도와 관련된 용어

1) 예민비(sensitivity ratio : S_t) : 예민비가 크면 공학적으로 불량한 토질

$$S_t = \frac{q_u}{q_{ur}}$$

여기서, q_u : 흐트러지지 않은 시료의 압축강도

q_{ur} : 흐트러진 시료를 되비빔 했을 때의 압축강도

예민비	점토의 분류
$S_t \leq 1$	비예민 점토
$2 \leq S_t \leq 4$	일반 점토
$4 \leq S_t \leq 8$	예민성 점토
$8 \leq S_t \leq 64$	급속 점토
$64 \leq S_t$	초 급속 점토

2) 다이러턴시(Dilatancy)

조밀한 모래에서 전단이 진행됨에 따라 부피가 증가되는 현상

3) 틱소트로피 현상(Thixotropy)

교란된 흙을 함수비의 변화가 없도록 그대로 두면 시간이 지남에 따라 손실된 강도를 일부 회복하는 현상

4) 액상화 현상

포화상태인 느슨한 모래가 진동 등의 충격을 주면 입자들이 재배열되어 모래가 약간 수축하며 과잉공극 수압이 유발되고 이로 인해 유효응력이 크게 감소되어 모래가 유체처럼 흐르는 현상으로 방지하기 위해 자연공극비가 한계공극비보다 작아야 한다.

5 현장에서 전단강도 측정 방법

표준관입시험(SPT), 베인시험(Vane test)

1) 표준관입시험(SPT)

① 점성토와 사질지반을 보링한 후 샘플러를 로드 끝에 붙여 75cm의 높이로부터 63.5kg의 해머를 낙하시켜 30cm 관입했을 때 타격횟수 N 값을 구하는 시험

② N 값의 수정
- 로드길이에 대한 수정
- 토질에 대한 수정
- 상재 하중에 의한 수정

③ N 값의 이용
- 모래의 상대 밀도 산정에 이용한다.
- Dumham에 의한 ϕ 값 계산

$\phi = \sqrt{12N} + 15°$	토립자가 둥글고 균일한 입경일 때
$\phi = \sqrt{12N} + 20°$	토립자가 둥글고 입도 분포가 좋거나, 토립자가 모나고 균일한 입경일 때
$\phi = \sqrt{12N} + 25°$	토립자가 모나고 입도 분포가 좋을 때

- 점토지반의 강도 지지력 추정

④ N 값에 따른 상대밀도

N 값	판정	상대밀도
0~4	대단히 느슨	0.0~0.2
4~10	느슨	0.2~0.4
10~30	중간 정도	0.4~0.6
30~50	조밀	0.6~0.8
50 이상	대단히 조밀	0.8~1.0

2) 베인 시험(Vane test)

① 적용 대상 : 포화된 연약 점토지반

② 베인 시험기를 보링 구멍 아래에 박고 회전 모멘트를 가하여 흙을 회전 전단시킨다. 이때 회전에 저항하려는 흙의 전단저항 모멘트를 구한다.

$$C_f = \frac{N_{\max}}{\pi D^2 (\frac{H}{2} + \frac{D}{6})}$$

여기서, H : 베인날개 높이
D : 베인의 지름
$N_{\max}$: 회전 저항 모멘트

5.2 흙의 다짐

1 다짐

1) 느슨한 상태의 흙에 기계의 힘을 이용 전압, 충격, 진동 등의 하중을 가하여 흙 속에 있는 공기를 빼내고 단위 무게를 증가하여 외력에 저항하는 힘을 증대 시키는 것.
2) 다짐효과
   ① 흙의 종류, 함수비, 다짐 시험 방법, 다짐 에너지 등에 따라 다르다
   ② 흙 입자의 간격을 적게 하여 투수성을 감소
   ③ 전단강도의 증가
   ④ 지지력 증대
   ⑤ 잔류침하방지 : 흙의 밀도를 증가시켜 압축침하와 같은 변형을 작게 함.

2 다짐도 판정법

1) 건조밀도로 판정
   ① 다짐도(degree of compaction)

   $$C_d = \frac{\gamma_d}{\gamma_{dmax}} \times 100 \, (\%)$$

   여기서, γ_d : 다짐 후 현장 건조단위 무게
   γ_{max} : 실험실의 최대 건조단위 무게
   ② 노체 90% 이상, 노상 95% 이상이면 합격.
   ③ 신뢰성이 높아 가장 많이 적용
2) 포화도 또는 공기 공극률로 판정

   $$S_r = \frac{w \, G_s}{e} \quad \text{(보통 85~95\%로 한다.)}$$

3) 강도로 판정
   ① 다짐 후 현장에서 측정한 CBR치, PBT시험의 K치, cone 지수 (q_c)가 시방서 기준 이상이면 합격.
   ② 안정된 흙(암괴, 호박돌, 사질토 등)에 사용된다.

4) 상대밀도로 판정

① 상대밀도(relative density)

$$D_r = \frac{\gamma_{dmax}}{\gamma_d} \times \frac{\gamma_d - \gamma_{dmin}}{\gamma_{dmax} - \gamma_{dmin}} \times 100\,(\%)$$

② 점성이 없는 사질토에 적합하다.

5) 변형량으로 판정

① proof rolling 법 : 덤프트럭이나 대형 타이어 롤러를 주행시켜 성토면의 휨 변형량을 관찰하는 방법.

② Benkelman beam 법

3 다짐도 측정을 위한 시험

1) 다짐시험
2) 흙의 건조밀도 측정법
   ① 모래치환법(sand cone method, 들밀도 시험)
   ② 고무막법(rubber baloon method)
   ③ 절삭법(core cutter method)
   ④ 방사선 밀도측정기에 의한 방법(the use of nuclear density meter)
3) CBR 시험
4) 평판재하시험(PBT)
5) cone 지수(q_c) 측정시험
6) proof rolling, Benkelman beam에 의한 변형량 시험

4 다짐시험(실내 다짐) 이론

1) 다짐시험(표준다짐 : A 다짐)

몰드 안지름이 10cm인 몰드에 3층으로 각 층당 래머 무게 2.5kg으로 낙하고 30cm 높이에서 25회씩 다져 함수비를 측정

시료에 함수비를 변화시키면서 같은 조건으로 다지는 작업을 하여 각각의 함수비에 따른 건조밀도를 구하여 다짐곡선(compaction curve)을 그리고, 그림으로부터 최적함수비(optimum moisture content : OMC)와 최대 건조 밀도(maximum dry density : γ_{dmax})를 구한다.

2) 다짐에너지(E_C)

다짐하기 위하여 흙에 가하는 일의 양으로 다짐에너지가 클수록 단위무게는 커지 며, 다짐에너지가 지나치게 커서 다짐이 불충분한 것을 과도 전압이라 함

$$E_C = \frac{W_R \cdot H \cdot N_B \cdot N_L}{V}$$

여기서, E_C : 다짐에너지 ($kgf.cm/cm^3$)　　W_R : 래머의 무게(kgf)
　　　　N_B : 각 층의 다짐횟수　　　　　N_L : 다짐층수
　　　　H : 낙하고　　　　　　　　　　V : 몰드의 부피(cm^3)

3) 다짐곡선, 최대 건조단위 무게 및 최적함수비

① 다짐곡선 : 가로축에는 함수비, 세로축에 건조단위무게로 하여 각 시료에 대한 함수비를 측정하여 다짐곡선으로 함수비가 증가함에 따라 건조단위무게는 증가 하지만 어느 함수비를 경계로 하여 함수비가 증가해도 건조단위무게는 감소한다.

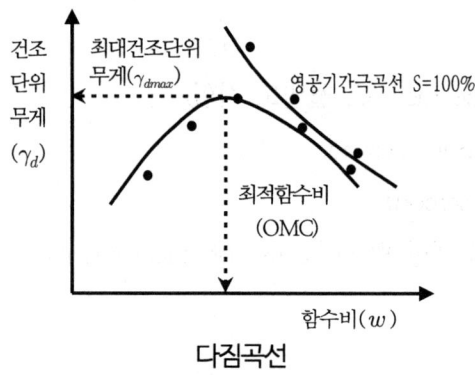

다짐곡선

② 다짐곡선 최대점의 단위 무게를 최대건조 단위무게(γ_{dmax}), 이때의 함수비를 최적함수비(OMC)라 한다.

③ 영공기 간극곡선

간극이 물로 완전히 포화 되어 있는 경우 (S=100%)로, 다짐곡선의 하향선 오른쪽에 위치한다. 포화 건조 단위 무게는

$$\gamma_{dsat} = \frac{\gamma_w}{\dfrac{1}{G_S} + \dfrac{w}{100}}$$

여기서, G_S : 흙의 비중
　　　　γ_w : 물의 단위 무게(gf/cm^3)
　　　　γ_{dsat} : 포화 건조단위무게(gf/cm^3)

4) 다짐특성

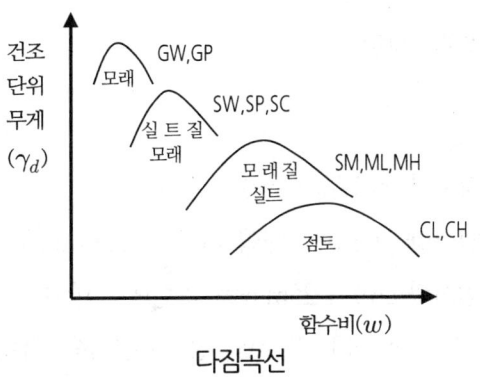

다짐곡선

① 최적함수비가 작은 흙일수록 γ_{dmax}는 크다.
② 입자크기가 큰 흙일수록 γ_{dmax}가 크고, OMC가 작으며, 곡선경사가 급하다.
③ 입자크기가 작은 흙일수록 γ_{dmax}는 작고, OMC가 크며, 곡선은 완만하다.
④ 입도 분포가 좋은 흙일수록 γ_{dmax}가 크고, OMC는 작다.
⑤ 다짐에너지가 증가하면 OMC는 감소하고, γ_{dmax}는 증가한다.

5 노상토 지지력비 시험(CBR)

1) 도로나 활주로 등의 포장 두께를 결정하기 위한시험

2) $CBR = \dfrac{\text{시험 단위 하중 강도}}{\text{표준 단위 하중 강도}} \times 100\,(\%)$

6 들밀도 시험(현장 밀도시험)

1) 현장밀도의 측정방법은
　① 모래 치환법
　② 물 치환법
　③ 기름 치환법
　④ γ선 산란형 밀도계에 의한 방법
2) 현장에서 5cm 이하 흙의 단위 무게를 모래 치환법에 의해 구하는 시험

7 평판재하시험(PBT)

1) 지지력 계수(K)를 구하는 시험

$$K = \frac{q}{y}$$

여기서, k : 지지력 계수(kg/cm^3)

q : 침하량 y(cm)일 때의 하중강도(kg/cm^2)

y : 침하량(cm) 1.25mm를 표준으로 한다.

2) 재하판은 두께 22mm 지름 30, 40, 75cm의 강재원판사용, 재하판의 크기에 따른 관계는 다음 식과 같다.

$$k_{75} = \frac{1}{2.2} k_{30}$$

$$k_{75} = \frac{1}{1.5} k_{40}$$

5.3 기초

1 기초의 구비 조건
① 최소 근입 깊이를 가질 것
② 안전하게 하중을 지지할 것
③ 침하가 허용 침하량 이하 일 것
④ 시공이 가능할 것

2 얕은 기초

1) 얕은 기초 : $\dfrac{D_f}{B} < 1$ 인 경우

   여기서, D_f : 근입 깊이, B : 기초 폭

2) 얕은 기초 종류
   ① 독립 후팅 기초 : 한 후팅에 1개의 기둥이 지지되며, 정사각형 독립 후팅은 정사각형 및 원형기둥의 지지에 경제적이고, 구형 독립 후팅은 벽체 및 구형 기둥의 지지에 경제적 이다.
   ② 연속 후팅 기초 : 한 후팅에 대하여 2개 이상의 기둥이 지지되든가 띠 모양의 긴 후팅으로 지지하며, 줄기초라고도 한다.
   ③ 복합 후팅 기초 : 2개 이상의 기둥이 근접하여 독립 후팅을 2개 설치하기가 곤란 하거나 편심의 우려가 있는 경우에 쓰인다.
   기초 지지력이 좀 큰 경우는 캔틸레버 후팅 기초가 사용된다.
   ④ 전면기초(매트기초) 기초지반 지지력이 작은 경우 개개의 footing을 하나의 큰 슬래브로 연결하여 지반에 작용하는 단위 압력을 감소시킨다.
   사질로서 N>10 이상의 경우에 가능하고, 후팅 기초 면적이 시공 면적의 2/3 이상 되는 경우는 mat 기초로 취급한다. 굴착하여 내린 무게만큼 구조물 무게가 가벼워지나 절대 침하량이 커지는 단점이 있다.
   사이로나 굴뚝의 기초는 mat기초이다.

3) 얕은 기초 지지력 (Terzaghi의 지지력 공식)

$$q_u = \alpha C N_C + \beta \gamma_1 B N_B + \gamma_2 D_f N_q$$

   여기서, C : 기초아래 흙의 점착력(t/m²)
   γ_1 : 기초밑면 아래에 있는 흙의 단위무게(t/m²)

γ_2 : 기초밑면 위에 있는 흙의 단위무게(t/m²)

α, β : 기초 형상에 따른 계수

N_C, N_B, N_q : 지지력 계수

구 분	연속	정사각형	장방형	원형
α	1.0	1.3	$1 + 0.3\dfrac{B}{L}$	1.3
β	0.5	0.4	$0.5 - 0.1\dfrac{B}{L}$	0.3

4) 압밀 침하

① 즉시 침하 (탄성침하) : 모래지반

모래지반이나 지하수위에 놓여 있는 단단한 점토 지반에 발생한다. 하중이 상재하는 동시에 빠른 시간 내에 침하가 발생한다.

② 압밀 침하 : 점토지반

지하수, 호수, 바닷물 아래에 놓여 있는 점토지반에 발생한다. 하중이 가해지면 흙 속의 물이 서서히 빠지면서 침하가 발생하고, 오랜 시간이 걸린다.

③ 소성 침하

주로 점성지반에서 과다한 하중으로 인하여 파괴가 진행되면 발생하는 침하로 구조물이 파괴될 위험성이 크다.

5) 강성기초와 연성기초

① 강성기초 : 기초의 강성도가 무한히 커서 기초의 형상대로 지반이 변형되고 침하는 균등하게 발생되고 접지압은 기초의 모서리에서 이론적으로 무한히 커서 극한지력보다 크다.

강성기초 아래 탄성침하와의 접지압력

② 연성기초 : 기초가 휨 강성을 갖지 않아서 지반이 변형되는 형태로 변형되는 기초로, 침하량은 구조물 위치에 따라 다르나 접지압은 균등하다.

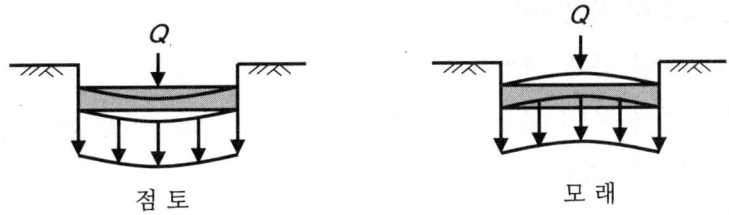

연성기초 아래 탄성침하와의 접지압력

3 깊은 기초

1) 깊은 기초
상부의 연약한 지표 지반 층을 관통하여 하부의 지지층까지 말뚝 등의 구조를 설치 하는데 이러한 형식의 기초를 깊은 기초라고 한다.

$$\frac{D_f}{B} \geq 1 \text{ 인 경우}$$

2) 깊은 기초 종류
말뚝 기초, 피어 기초, 케이슨 기초

3) 지지 말뚝과 마찰말뚝
① 지지 말뚝 : 상부 연약지반을 관통하여 하부 암반에 도달, 선단저항이 지배적인 말뚝
② 마찰 말뚝 : 말뚝주변 마찰력에 지지력을 의존. 암반선이 깊을 경우
③ 부 마찰력
부 마찰력은 말뚝 주위의 흙이 말뚝을 아래방향으로 끌어내리는 힘을 말하며 부주면 마찰력이라고도 한다. 부 마찰력은 말뚝 주위의 흙의 침하가 말뚝의 침하량보다 클 경우에 발생하여 오히려 부 마찰력은 하중역할을 함.

4) 말뚝 기초
구조물의 하중이 너무 크든지 기초지반이 연약하여 직접기초를 하지 못하는 경우 지지력이 충분히 굳은 지반까지 말뚝을 도달 시켜 구조물 하중을 전달하는 기초

5) 말뚝 기초 종류

기성 말뚝	나무 말뚝, 원심력 철근콘크리트 말뚝(RC pile), 프리스트레스 콘크리트 말뚝 (PC pile)
현장타설 말뚝	Franky 말뚝, Pedestal 말뚝, Raymond 말뚝

6) 말뚝 기초의 지지력 산정방법
   ① 정역학적 지지력 공식 : 테르자기식, Meyerhof공식
   ② 동역학적 지지력공식 : Hiley공식, Weisbach공식, Engineering News공식
   ③ 말뚝 재하에 의한 방법
7) 말뚝 기초의 지지력 산정시 안전율
   ① 엔지니어링 뉴스 공식의 안전율(F_s) : 6
   ② Sander 공식 안전율(F_s) : 8
8) 케이슨 기초
   육상 또는 수상에서 만들어진 케이슨을 자중이나 하중을 가하여 소요로 하는 깊이까지 침하시켜 기초를 만든 것
9) 케이슨 기초 종류
   오픈케이슨(open caisson), 공기케이슨(pneumatic air caisson), 박스케이슨(box caisson)
10) 피어(pier)기초
    현장에서 지중에 구멍을 뚫고 그 속에 콘크리트, 철근콘크리트를 타설하여 만든 기초.
11) 피어(pier)기초 종류
    ① 인력 굴착 : Chicago공법, Gow공법
    ② 기계 굴착 : Benote공법, Calwelde(earth drill), Reverse Circulation 공법

4 부등침하

1) 구조물의 기초지반이 침하함에 따라, 구조물의 여러 부분에서 불균등하게 침하를 일으키는 현상
2) 부등침하 원인
   ① 연약 층 두께가 서로 다를 때
   ② 구조물이 서로 다른 지반에 걸쳐 있는 경우
   ③ 구조물이 경사지에 근접한 경우
   ④ 아래 지반이 연약한 경우
   ⑤ 지하수위가 부분적으로 변화할 경우
3) 부등침하의 대책
   ① 구조물을 가볍게 한다.
   ② 각 기초에 작용하는 하중을 균등하게 한다.

③ 기초구조를 통일하고, 같은 지지층에 놓는다.
④ 구조물의 수평방향 강성을 크게 한다.
⑤ 적당한 곳에 신축 이음를 설치한다.
⑥ 지반을 개량하고 침하를 억제한다.

5 옹벽의 안정

1) 성토, 절토 비탈면을 흙의 안식각보다 급한 기울기로 유지하기 위하여 설치하는 구조물로 부지의 확보, 비탈면의 안정 목적
2) 옹벽의 종류
    ① 중력식 옹벽
    ② 반중력식 옹벽
    ③ 역 T형 옹벽(캔틸레버 옹벽)
    ④ 부벽식 옹벽
3) 옹벽의 안정 조건
    ① 전도에 대한 안정
    ② 활동에 대한 안정
    ③ 지지력에 대한 안정
    ④ 원호활동에 대한 안정

6 연약지반 개량공법

1) 연약지반 : 함수비가 높고 일축압축강도가 작은 점토지반, 실트, 유기질토 및 느슨한 사질 지반을 말한다.
2) 점토지반 개량공법

흙 종류	공 법	공 법 종 류
점토지반	치환공법	굴착치환, 폭파치환, 압출치환
	강제압밀공법	프리로딩 공법(사전압밀 공법), 압성토공법
	수직배수공법	샌드드레인 공법, 페이퍼드레인공법, 팩 드레인공법
	기 타	샌드매트공법, 전기침투공법, 전기화학적고결공법

흙 종류	공 법	공법 종류
사질지반		다짐말뚝공법, 다짐모래말뚝공법, 바이브로 플로테이션공법, 폭파다짐공법, 전기충격법, 약액주입공법
일시적지반 개량 공법		웰포인트 공법, deep well 공법, 대기압공법, 동결공법
기타 공법		동다짐공법, 동치환공법, JSP공법, SGR공법

흙의 전단강도, 다짐, 기초

흙의 전단강도

문제 1
흙의 전단 강도를 구하기 위한 실내 시험은?

가. 직접 전단 시험　　　　　　　　나. 표준 관입 시험
다. 콘 관입 시험　　　　　　　　　라. 베인 시험

해설
- 시험실에서의 전단강도시험방법 : 직접전단시험, 1축압축시험, 3축압축시험 등.
- 현장에서 전단강도 측정 방법 : 표준관입시험(SPT), 베인시험(Vane test)
- 콘관입시험은 다짐 시험

문제 2
흙의 1면 전단시험에서 전단응력을 구하려면 다음의 어느 식이 적용되는가?
(단, τ_f는 전단응력, S는 전단력, A는 단면적이다.)

가. $\tau_f = \dfrac{S}{A}$　　나. $\tau_f = \dfrac{S}{2A}$　　다. $\tau_f = \dfrac{2A}{S}$　　라. $\tau_f = \dfrac{2S}{A}$

해설
- 1면 전단 시험 : $\tau_f = \dfrac{S}{A}$　　• 2면 전단 시험 : $\tau_f = \dfrac{S}{2A}$

문제 3
내부마찰각이 0°인 연약점토를 일축압축 시험하여 일축압축강도가 2.45kgf/mm²을 얻었다. 이 흙의 점착력은?

가. 0.849 kgf/mm²　　나. 0.955 kgf/mm²　　다. 1.225 kgf/mm²　　라. 1.649 kgf/mm²

해설
$C_u = \dfrac{q_u}{2}tan(45-\dfrac{\phi}{2}) = \dfrac{2.45}{2}tan(45-\dfrac{0}{2}) = 1.225 \ kgf/mm^2$

문제 4
일축압축 시험을 한 결과, 흐트러지지 않은 점성토의 압축강도가 2.0kg/cm² 이고, 다시 이겨 성형한 시료의 일축압축강도가 0.4kg/cm²일 때 이 흙의 예민비는 얼마인가?

가. 0.2　　　　　　　나. 2.0　　　　　　　다. 0.5　　　　　　　라. 5.0

해설
$S_t = \dfrac{q_u}{q_{ur}} = \dfrac{2}{0.4} = 5.0$

정답　1. 가　2. 가　3. 다　4. 라

문제 5

어떤 지반내의 한 점에서 연직응력이 8.0t/m2이고, 토압계수가 0.4일 때 수평응력(σ_h)은?

가. 2.2 t/m^2 나. 1.6 t/m^2 다. 3.2 t/m^2 라. 4.0 t/m^2

문제 6

내부 마찰각이 30°인 흙에 수직 응력 18kg/cm^{2}을 가하였을 때 전단응력은 얼마인가? (단, 점착력은 0.12kg/cm^{2}이다.)

가. 6.67 kg/cm^2 나. 8.85 kg/cm^2 다. 10.51 kg/cm^2 라. 13.68 kg/cm^2

해설 $\tau_f = C + \sigma_z \tan\phi = 0.12 + 18 \times \tan 30° = 10.51 \ kgf/cm^2$

문제 7

교란되지 않은 점토시료에 대하여 일축압축 시험을 한 결과 일축압축강도가 5kg/cm^2 였다. 이 시료를 재 성형하여 시험한 결과 일축압축강도가 2.5kg/cm^2 였다면, 이 점토의 예민비는 얼마인가?

가. 1   나. 2   다. 3   라. 4

해설
$S_t = \dfrac{q_u}{q_{ur}} = \dfrac{5}{2.5} = 2.0$

- 교란되지 않은 시료 = 흐트러지지 않은 시료 = 자연시료
- 재성형 시료 = 흐트러진 시료 = 되비빔 시료

문제 8

연약한 점토나 예민한 점토지반의 전단강도를 구하는 현장시험법은?

가. 직접전단시험   나. 현장재하시험   다. 베인전단시험   라. 현장CBR시험

해설 현장에서 전단강도 측정 방법
표준관입시험(SPT), 베인시험(Vane test)

문제 9

자연시료의 일축압축강도와 흐트러진 시료로 다시 공시체를 만든 되비빔한 시료의 일축압축강도와의 비를 무엇이라 하는가?

가. 압축변형률   나. 틱소트로피   다. 보정단면적   라. 예민비

해설
예민비 : $S_t = \dfrac{q_u}{q_{ur}}$

☀ 틱소트로피 현상 : 교란된 흙을 함수비의 변화가 없도록 그대로 두면 시간이 지남에 따라 손실된 강도를 일부 회복하는 현상

정답   5. 다   6. 다   7. 나   8. 다   9. 라

문제 10

흙의 전단강도에 관한 설명 중 틀린 것은?

가. 흙의 전단강도와 압축강도와는 밀접한 관계가 있다.
나. 일반적으로 외력을 가하여 변형할 때 흙의 내부에 전단변형에 대한 응력을 일으킨다.
다. 일반적으로 사질토는 내부 마찰각이 적고 점토질은 점착력이 적다.
라. 외력이 증가하면 전단력에 의해 내부에 있는 어느 면에 따라 미끄럼이 일어나 파괴된다.

해설	$\tau_f = C + \sigma \tan\phi$ 에서 • σ : 전단력에 작용하는 수직 응력(kg/cm^2) • 외력의 작용에 의해서 흙 내부에 전단응력이 생긴다. • 전단력 : 물체를 자르는 힘에 의해 잘라지거나 미끄러진다. • 건조된 모래는 점착력이 0이며, 내부 마찰력만 있고, 점토는 마찰각이 0이고 점착력 C만 작용

문제 11

흙의 전단강도를 구하기 위한 전단시험법 중 현장시험에 해당하는 것은?

가. 일축 압축 시험　　　　　　　나. 삼축 압축 시험
다. 베인(vane) 전단 시험　　　　라. 직접 전단 시험

해설	• 시험실에서의 전단강도시험방법 : 직접전단시험, 1축 압축시험, 3축 압축시험 등. • 현장에서 전단강도 측정 방법 : 표준관입시험(SPT), 베인시험(Vane test)

문제 12

지하수위가 지표면과 일치하면 기초의 지지력 계산에서 어떤 단위중량을 사용하여야 하는가?

가. 습윤단위중량　　나. 건조단위중량　　다. 포화단위중량　　라. 수중단위중량

해설	완전히 물로 잠겨있는 상태이므로 수중단위 중량을 사용해야 한다. 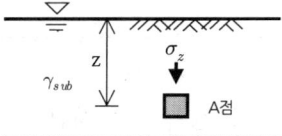

문제 13

다음 중 현장에서의 시험에 해당되지 않는 것은?

가. 기초의 평판 재하시험　　　　나. 말뚝의 지지력 시험
다. Vane 전단 시험　　　　　　라. 직접 전단시험(일면 전단시험)

해설	직접 전단시험(일면 전단시험)은 시험실에서 실시하는 실내 시험

정답　10. 다　11. 다　12. 라　13. 라

문제 14

지표면에 있는 정사각형 하중면 10m×10m의 기초 위에 10tonf/m² 의 등분포 하중이 작용했을 때 지표면으로부터 10m 깊이에서 발생하는 수직응력의 증가량은 얼마인가? (단, 2 : 1 분포법을 사용한다.)

가. 1.0tonf/m²
나. 1.5tonf/m²
다. 2.3tonf/m²
라. 2.5tonf/m²

해설
$$\Delta\sigma_z = \frac{qBL}{(B+z)(L+z)} = \frac{10\times 10\times 10}{(10+10)(10+10)} = 2.5$$

문제 15

점착력이 0인 건조 모래의 직접전단실험에서 수직응력이 5kgf/cm² 일 때 전단 강도가 3kgf/cm² 이었다. 이 모래의 내부 마찰각은?

가. 5° 나. 10° 다. 20° 라. 31°

해설
$\tau_f = C + \sigma_z \tan\phi$ 에서 C=0
$\tau_f = \sigma_z \tan\phi$, $\tan\phi = \dfrac{\tau_f}{\sigma_z}$, $\therefore \phi = \tan^{-1}\dfrac{3}{5} = 31°$

- 계산기 누르는 법(CASIO기준) : SHIFT, $\tan^{-1}$, (, 3, ÷, 5,), =, °′″

문제 16

어떤 흙을 일축 압축시험을 하여 일축압축강도가 1.2kgf/cm² 를 얻었다. 이 때 시료의 파괴 면은 수평에 대해 50°의 경사가 생겼다. 이 흙의 내부마찰각은?

가. 10° 나. 20° 다. 30° 라. 40°

해설
내부마찰각(ϕ) : $\theta = 45° + \dfrac{\phi}{2}$ 에서, $\phi = 2\theta - 90° = 2\times 50 - 90 = 10°$

문제 17

다음 중 흙에 관한 전단시험의 종류가 아닌 것은?

가. 베인 시험 나. 일축 압축 시험 다. 삼축 압축 시험 라. CBR 시험

해설 CBR 시험 : 노상토 지지력비 시험

문제 18

다음 중 예민비를 결정하는데 사용되는 시험은?

가. 압밀시험 나. 직접전단시험 다. 일축압축시험 라. 다짐시험

해설 예민비 결정은 일축압축시험으로 한다.

정답 14. 라 15. 라 16. 가 17. 라 18. 다

문제 19

지반 내 연직응력의 상호관계식을 표시한 것으로 옳은 것은?
(단, σ_z'=유효응력, σ_z=전응력, u=간극수압)

가. $u = \sigma_z + \sigma_z'$
나. $\sigma_z' = \sigma_z \div u$
다. $\sigma_z' = \sigma_z - u$
라. $\sigma_z' = \sigma_z \times u$

해설
- 전응력(σ_z) = 유효응력(σ_z') + 간극수압(u)
- 유효응력(σ_z') = 전응력(σ_z) - 간극수압(u)

문제 20

연약한 점토나 예민한 점토지반의 전단강도를 구하는 현장 시험법은?

가. 베인전단시험
나. 직접전단시험
다. 현장 CBR시험
라. 삼축압축시험

해설
- 현장에서 전단강도 측정 방법 : 표준관입시험(SPT), 베인시험(Vane test)
- CBR 시험은 노상토 지지력비시험, 직접전단시험, 1축 압축시험, 3축 압축시험 등은 시험실에서의 전단강도시험방법

문제 21

점착력이 0.2 kgf/cm², 내부 마찰각이 30°인 흙에 수직응력 20 kgf/cm²을 가하였을 때 전단응력은?

가. 11.25 kgf/cm²
나. 11.75 kgf/cm²
다. 12.08 kgf/cm²
라. 12.18 kgf/cm²

해설
$\tau_f = C + \sigma_z \tan\phi = 0.2 + 20 \times \tan 30° = 11.75\ kgf/cm^2$
- 계산기 누르는 법(CASIO기준) : 0.2, +, (20, ×, tan, 30,), =

문제 22

내부마찰각이 0, 점착력이 0.85tf/m², 단위무게 1.7 tf/m³인 흙에서 발생하는 인장균열 깊이는?

가. 1.0m
나. 1.5m
다. 2.0m
라. 2.5m

해설
- $H_C = 2Z_0 = \dfrac{4C}{\gamma_t}tan(45+\dfrac{\phi}{2}) = \dfrac{4 \times 0.85}{1.7}tan(45+\dfrac{0}{2}) = 2m$
- $H_C = 2Z_0 = 2$, ∴ $Z_0 = \dfrac{2}{2} = 1m$

문제 23

전단강도를 구하는 방법 중 현장시험 방법이 아닌 것은?

가. Vane 시험
나. 표준관입 시험
다. Dutch cone 시험
라. 3축 압축시험

해설 3축 압축시험은 실내시험이다.

정답 19. 다 20. 가 21. 나 22. 가 23. 라

문제 24

포화 점토시료에서 일축압축 강도시험을 시행하여 일축압축강도 qu = 0.98kgf/cm²의 값을 얻었다. 이 흙의 점착력(C)은 얼마인가?

가. 0.49 kgf/cm² 나. 0.98 kgf/cm² 다. 1.96 kgf/cm² 라. 2.94 kgf/cm²

해 설

$C_u = \dfrac{q_u}{2} tan(45 - \dfrac{\phi}{2}) = \dfrac{0.98}{2} tan(45 - \dfrac{0}{2}) = 0.49\ kgf/cm^2$

(∵ 포화점토 이므로 마찰각은 0이다)

- 별해 : 포화 점토에서 점착력 $C_u = \dfrac{q_u}{2} = \dfrac{0.98}{2} = 0.49\ kgf/cm^2$
- key : 모래는 점착력이 없으므로 0이며, 내부 마찰력만 있다. 또한, 점토는 마찰각이 0이고 점착력 C 만 작용한다.

문제 25

내부마찰각이 0°인 연약점토를 일축압축 시험하여 일축압축강도가 2.45kgf/cm²을 얻었다. 이 흙의 점착력은?

가. 0.849 kgf/cm² 나. 0.955 kgf/cm² 다. 1.225 kgf/cm² 라. 1.649 kgf/cm²

해 설 $C_u = \dfrac{q_u}{2} = \dfrac{2.45}{2} = 1.225\ kgf/cm^2$

문제 26

다음 그림과 같이 지하수 밑의 A점에 전단강도를 추정한 값은?
(단, 점착력(C)은 0.8t/m², 전단저항각(φ)는 45° 임)

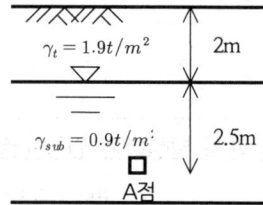

가. 4.62t/m²
나. 5.42t/m²
다. 6.85t/m²
라. 7.62t/m²

해 설

$\sigma_z = (\gamma_{sat} - \gamma_w)z + \gamma_t h = (0.9 \times 2.5) + (1.9 \times 2.0) = 6.05\ tf/m^2$

$\tau_f = C + \sigma_z \tan\phi = 0.8 + 6.05 \times \tan45 = 6.85\ kgf/m^2$

문제 27

모래지반에 대한 표준관입시험(SPT)의 결과 N값이 50 이상이 나왔다면 이로부터 지반의 상대 밀도가 어떠함을 판단할 수 있는가?

가. 대단히 조밀하다. 나. 중간이다.
다. 느슨하다. 라. 대단히 느슨하다.

정답 24. 가 25. 다 26. 다 27. 가

해설	N 값에 따른 상대밀도		
	N 값	판정	상대밀도
	0 ~ 4	대단히 느슨	0.0 ~ 0.2
	4 ~ 10	느슨	0.2 ~ 0.4
	10 ~ 30	중간 정도	0.4 ~ 0.6
	30 ~ 50	조밀	0.6 ~ 0.8
	50 이상	대단히 조밀	0.8 ~ 1.0

문제 28

흐트러진 시료가 시간이 지남에 따라 손실된 강도의 일부분을 회복하는데 흐트러 놓으면 강도가 감소되고 시간이 지나면 강도가 회복되는 현상은?

가. 틱소트로피
나. 다일러턴시
다. 한계간극비
라. 액화현상

해설
- 다이러턴시(dilatacy) : 체적이 팽창하는 현상
- 틱소트로피 현상 : 교란된 흙을 함수비의 변화가 없도록 그대로 두면 시간이 지남에 따라 손실된 강도를 일부 회복하는 현상
- 액상화 현상 : 포화상태인 느슨한 모래가 진동 등의 충격을 주면 입자들이 재배열되어 모래가 약간 수축하며 과잉공극 수압이 유발되고 이로 인해 유효응력이 크게 감소되어 모래가 유체처럼 흐르는 현상으로 방지하기 위해서는 자연공극비가 한계공극비보다 작아야 한다.

문제 29

일축압축시험 결과 파괴면이 수평면과 이루는 각은 $\theta=60°$였다. 이 때 전단 저항각(내부 마찰각)은 얼마인가?

가. 30° 나. 60° 다. 90° 라. 120°

해설 내부마찰각(ϕ): $\theta = 45° + \dfrac{\phi}{2}$ 에서, $\phi = 2\theta - 90 = 2 \times 60 - 90 = 30°$

정답 28. 가 29. 가

흙의 다짐

문제 1

다음 약호 가운데 최적 함수비를 나타내는 것은?

가. N.P 나. S.P.T 다. O.M.C 라. O.P.C

해설 다짐곡선 최대점의 단위 무게를 최대건조 단위무게(γ_{dmax}), 이때의 함수비를 최적함수비(OMC)라 함

문제 2

다짐효과에 대한 다음 설명 중 옳지 않은 것은?

가. 지지력이 감소한다.
나. 투수성이 감소한다.
다. 압축성이 작아진다.
라. 흡수성이 감소한다.

해설 다짐효과
- 흙의 종류, 함수비, 다짐 시험 방법, 다짐 에너지 등에 따라 다르다
- 흙 입자의 간격을 적게 하여 투수성을 감소
- 전단강도의 증가
- 지지력 증대
- 잔류침하방지 : 흙의 밀도를 증가시켜 압축침하와 같은 변형을 작게 한다.

문제 3

다음 중 흐트러진 흙에 대한 설명으로 옳은 것은?

가. 자연 상태의 흙에 비하여 투수성이 작다.
나. 자연 상태의 흙에 비하여 압축성이 크다.
다. 자연 상태의 흙에 비하여 밀도가 높다.
라. 자연 상태의 흙에 비하여 전단강도가 크다.

해설 흐트러진 흙은 공극이 커져 부피, 투수성, 압축성 커지고, 밀도, 전단강도가 작아진다.

문제 4

흙을 다질 때 조립토 일수록 어떻게 되는가?

가. 최대건조단위중량과 최적함수비가 동시에 커진다.
나. 최대건조단위중량과 최적함수비가 동시에 작아진다.
다. 최대건조단위중량은 커지고 최적함수비는 작아진다.
라. 최대건조단위중량은 작아지고 최적함수비는 커진다.

해설 입자크기가 큰 흙(조립토) 일수록 γ_{dmax} 가 크고, OMC가 작으며 곡선 경사 급하다.

정답 1. 다 2. 가 3. 나 4. 다

문제 5

다음 토질조사 시험에서 지지력 조사를 위한 시험이라고 볼 수 없는 것은?

가. 표준관입시험(SPT)   나. 전단시험
다. 콘관입시험   라. 투수시험

해설 투수시험은 흙 속의 물의 흐름 시험이다.

문제 6

흙의 다짐효과에 대한 설명으로 옳은 것은?

가. 투수성이 증가한다.   나. 압축성이 커진다.
다. 흡수성이 증가한다.   라. 지지력이 증가한다.

해설 다짐효과 : 공극이 작아지므로 투수성, 압축성, 흡수성이 작아지고, 전단강도, 지지력이 증가한다.

문제 7

흙의 다짐 정도를 판정하는 시험법과 거리가 먼 것은?

가. 평판재하시험   나. 베인(Vane)시험
다. 현장 흙의 단위무게 시험   라. 노상토 지지력비시험

해설 다짐정도 판정시험 : 다짐시험, 노상토 지지력비 시험, 현장 밀도(단위무게)시험, 평판재하시험
※ 베인(Vane)시험 : 흙의 전단강도 시험

문제 8

도로 포장 설계에 있어서 포장 두께를 결정하는 시험은?

가. 직접전단시험   나. 일축압축시험
다. 평판재하시험   라. C.B.R 시험

해설 노상토 지지력비 시험(CBR)
도로나 활주로 등의 포장 두께 결정하기 위한 시험

문제 9

현장 도로공사에서 습윤 단위무게가 1.56gf/cm³이고, 함수비는 18.2%이었다. 이 흙의 토질시험 결과 실험실에서 최대건조밀도는 1.46gf/cm³일 때 다짐도를 구하면?

가. 76.8%   나. 82.3%   다. 94%   라. 110.6%

해설 $C_d = \dfrac{\gamma_d}{\gamma_{dmax}} \times 100\,(\%) = \dfrac{1.32}{1.46} \times 100 = 90.4\,(\%)$ $\left(\gamma_d = \dfrac{\gamma_t}{1+\dfrac{\omega}{100}} = \dfrac{1.56}{1+0.182} = 1.32 g/cm^3\right)$

정답 5. 라   6. 라   7. 나   8. 라   9. 다

문제 10

흙의 다짐에 대하여 다음 설명 중 옳지 않은 것은?

가. 건조 단위무게가 가장 클 때의 함수비를 최적 함수비(OMC)라 한다.
나. 흙이 조립토에 가까울수록 최적 함수비는 작고 건조단위무게도 작다
다. 같은 다짐 방법에서는 최적 함수비가 작을수록 γ_{dmax}가 크다
라. 최적 함수비는 흙의 종류와 다짐 방법에 따라 다르다

해설

다짐특성
- 최적함수비가 작은 흙일수록 γ_{dmax}는 크다.
- 입자크기가 큰 흙일수록 γ_{dmax}가 크고, OMC가 작으며, 곡선 경사 급하다.
- 입자크기가 작은 흙일수록 γ_{dmax}는 작고, OMC가 크며, 곡선은 완만하다.
- 입도 분포가 좋은 흙일수록 γ_{dmax}가 크고, OMC는 작다.
- 다짐에너지가 증가 하면 OMC는 감소하고, γ_{dmax}는 증가한다.

문제 11

도로의 평판 재하 시험에서 침하량은 몇 cm를 표준으로 하는가?

가. 0.125cm   나. 0.250cm   다. 0.500cm   라. 0.725cm

해설 지지력 계수(K)를 구하는 시험
$K = \dfrac{q}{y}$ (y : 침하량(cm) 1.25mm를 표준으로 한다.)

문제 12

평판 재하 시험에서 1.25mm 침하량에 해당하는 하중 강도가 1.25kgf/cm² 일 때 지지력 계수 (K)는 얼마인가?

가. K = 5kgf/cm³   나. K = 15kgf/cm³   다. K = 10kgf/cm²   라. K = 10kgf/cm³

해설 $K = \dfrac{q}{y} = \dfrac{1.25}{0.125} = 10\ kgf/cm^3$ (∵ 침하량 1.25mm = 0.125cm)

문제 13

목도로지반의 평판재하 시험에서 1.25mm 침하될 때 하중강도가 2.5kgf/cm³ 일 때 지지력 계수 K는?

가. 2kgf/cm³   나. 10kgf/cm³   다. 20kgf/cm³   라. 100kgf/cm³

해설 $K = \dfrac{q}{y} = \dfrac{2.5}{0.125} = 20\ kgf/cm^3$

문제 14

노상토의 CBR값의 단위를 표시한 것 중 옳은 것은?

가. %   나. kgf/cm²   다. kgf.cm   라. kgf/cm³

해설 $CBR = \dfrac{\text{시험 단위 하중 강도}}{\text{표준 단위 하중 강도}} \times 100\ (\%)$

정답 10. 나   11. 가   12. 라   13. 다   14. 가

문제 15

하중 강도와 침하량을 측정함으로써 기초 지반의 지지력을 추정하는 방법은?

가. 다짐 시험
나. 평판 재하 시험
다. 일축 압축 시험
라. 콘 관입 시험

해설

평판재하시험(PBT)

$$K = \frac{q}{y}$$

여기서, K : 지지력 계수(kg/cm³)

q : 침하량 y(cm)일 때의 하중강도(kg/cm³)

y : 침하량(cm) 1.25mm를 표준으로 한다.

문제 16

흙의 시험에서 최적함수비(O.M.C)와 관계가 깊은 것은?

가. 입도시험
나. 액성한계시험
다. 다짐시험
라. 투수시험

해설

다짐시험

몰드 안지름이 10cm인 몰드에 3층으로 각 층당 래머 무게 2.5kg으로 낙하고 30cm 높이에서 25회씩 다져 함수비를 측정. 시료토에 함수비를 변화시키면서 같은 조건으로 다지는 작업을 하여 각각의 함수비에 따른 건조밀도를 구하여 다짐곡선을 그리고, 그림으로부터 최적함수비(OMC)와 최대 건조 밀도(γ_{dmax})를 구한다.

문제 17

콘크리트 포장은 평판 재하 시험의 결과를 이용하여 설계하며, 일반적으로 지지력계수는 지름 30cm의 원형 재하판을 쓰고, 침하량은 얼마일 때의 값을 사용 하는가?

가. 0.125cm
나. 1.5cm
다. 2.2cm
라. 3.6cm

해설 침하량(cm) 1.25mm를 표준으로 한다.

문제 18

흙의 다짐에 관한 사항이다. 옳지 않은 것은?

가. 흙을 다짐하면 일반적으로 전단강도가 증가한다.
나. 다짐에너지를 증가시키면 간극률도 증가한다.
다. 다짐에너지가 증가하면 최대 건조 단위무게가 증가한다.
라. 다짐에너지가 같으면 최적함수비에서 다짐효과가 가장 좋다.

해설
- 흙을 다지면 공극이 감소하여 전단강도가 증가
- 다짐에너지가 클수록 공극이 감소하여 단위무게는 커진다.
- 최적함수비에서 다지는 것이 다짐효과가 가장 크다.

정답 15. 나   16. 다   17. 가   18. 나

문제 19

평판재하시험에서 규정된 재하판의 지름치수가 아닌 것은?

가. 30cm 나. 40cm 다. 50cm 라. 75cm

해설 재하판은 두께 22mm 지름 30, 40, 75cm의 강재원판사용.

문제 20

다짐에너지에 관한 설명 중 옳지 않은 것은?

가. 다짐에너지는 래머 중량에 비례한다.
나. 다짐에너지는 시료의 부피에 비례한다.
다. 다짐에너지는 층의 수에 비례한다.
라. 다짐에너지는 층 당 타격횟수에 비례한다.

해설
$$E_C = \frac{W_R \cdot H \cdot N_B \cdot N_L}{V}$$

여기서, E_C : 다짐에너지 $(kgf \cdot cm/cm^3)$ W_R : 래머의 무게(kgf)
N_B : 각 층의 다짐횟수, N_L : 다짐층수, H : 낙하고, V : 몰드의 부피(cm^3)

문제 21

어떤 현장 시료를 다짐 시험한 결과, 최대 건조 단위 무게가 0.683 kgf/cm³이었다. 이 시료의 최소 간극비는 얼마인가? (단, 이 흙의 밀도는 2.66이다.)

가. 2.66 나. 2.89 다. 2.94 라. 2.99

해설 $e = \frac{\gamma_w}{\gamma_d} G_S - 1$에서, 최대건조단위무게$(\gamma_{dmax})$로 다졌다는 것은 공극이 최소$(e_{min})$라는 의미이므로

$e_{min} = \frac{\gamma_w}{\gamma_{dmax}} G_S - 1 = \frac{1}{0.683} \times 2.66 - 1 = 2.89$

문제 22

다짐곡선에서 최대 건조 단위 무게에 대응하는 함수비를 무엇이라 하는가?

가. 적정 함수비 나. 최대 함수비 다. 최소 함수비 라. 최적 함수비

해설 다짐곡선 최대점의 단위 무게를 최대건조 단위무게(γ_{dmax}), 이때의 함수비를 최적함수비 (OMC)라 함

문제 23

흙의 다짐 정도를 판정하는 시험법과 거리가 먼 것은?

가. 평판재하시험 나. 베인(Vane)시험
다. 현장 흙의 단위무게 시험 라. 노상토 지지력비시험

해설 다짐시험 : CBR 시험, 평판재하시험, cone 지수(q_c) 측정시험, 현장 흙의 단위무게 시험

정답 19. 다 20. 나 21. 나 22. 라 23. 나

문제 24

최적함수비(O.M.C)를 구하려고 한다. 다음 어느 시험을 하여야 구할 수가 있는가?

가. 일축압축시험
나. 입도시험
다. 다짐시험
라. 함수당량시험

해설
- 최적함수비는 다짐시험에서 구한다.
- 일축압축시험 : 실내 전단강도 시험, 입도시험 : 흙의 체분석

문제 25

CBR 시험의 결과를 이용하기에 부적합한 것은 다음 중 어느 것인가?

가. 도로의 포장 두께 결정
나. 대상 지반토의 입도분포
다. 표층, 기층, 노반의 두께 및 재료 등을 결정
라. 노상토 및 노반재료 등 흙의 판별

해설 노상토 지지력비 시험(CBR) : 도로나 활주로 등의 포장 두께 결정하기 위한시험

문제 26

최적 함수비란 무엇인가?

가. 건조밀도가 최소인 것
나. 건조밀도가 최대인 것
다. 건조밀도가 있는 것
라. 건조밀도가 없는 것

해설 최적함수비는 최대건조밀도로 다질 때의 함수비를 말함

문제 27

다음 중 다짐 곡선에서 구할 수 없는 것은?

가. 최대건조밀도
나. 최적함수비
다. 다짐 에너지
라. 현장시공함수비

해설
- 다짐곡선에서 최대건조밀도, 최적함수비, 현장시공함수비(현장에서 요구하는 다짐도를 얻기 위한 함수비의 범위)
- 다짐 에너지는 다짐곡선에서 구할 수 없고, 래머의 무게, 각 층의 다짐횟수, 다짐층수, 낙하고, 몰드의 부피에 의해 결정된다.

정답 24. 다 25. 나 26. 나 27. 다

기 초

문제 1

다음 중 부등 침하를 일으키는 원인이 아닌 것은?

가. 신축 이음을 한 건물의 경우
나. 연약 층의 두께가 서로 다를 경우
다. 지하수위가 부분적으로 변화할 경우
라. 구조물이 서로 다른 지반에 걸쳐 있을 경우

해설
부등침하 원인
- 연약 층 두께가 서로 다를 때
- 구조물이 서로 다른 지반에 걸쳐 있는 경우
- 구조물이 경사지에 근접한 경우
- 아래 지반이 연약한 경우
- 지하수위가 부분적으로 변화할 경우

문제 2

기초 슬래브 최소폭 B=2.0m이고, 기초의 깊이 D_f=1.0m일 때 이것은 다음 중 어떤 기초로서 설계하는 것이 가장 적당한가?

가. 말뚝 기초   나. 우물통 기초   다. 케이슨 기초   라. 직접 기초

해설 얕은 기초 : $\dfrac{D_f}{B} < 1$, $\dfrac{1.0}{2} = 0.5 < 1$ 이므로 얕은기초(직접기초)

문제 3

다음 중 직접 기초에 해당하는 것은?

가. Footing 기초   나. 말뚝 기초   다. 피어 기초   라. 케이슨 기초

해설
- 얕은 기초(직접기초) : 독립 footing 기초, 연속 footing 기초, 복합 footing 기초, 전면기초
- 깊은기초 : 말뚝기초, 케이슨기초, 피어기초

문제 4

다음 중 기초의 지지력을 보강하기 위한 방법이 아닌 것은?

가. 샌드 드레인 공법   나. 페이퍼 드레인 공법   다. 파일 공법   라. 전기 탐사법

해설 전기탐사법은 지반조사 방법이다.

문제 5

다음 중 직접기초에 속하는 것은?

가. 말뚝기초   나. 전면기초   다. 피어기초   라. 케이슨기초

정답 1. 가   2. 라   3. 가   4. 라   5. 나

문제 6

다음 중 말뚝의 지지력을 구하는 방법이 아닌 것은?

가. 동역학적 지지력 공식 이용 방법
나. 정역학적인 정재하시험 방법
다. 정역학적 지지력 공식 이용 방법
라. 평판재하시험에 의한 방법

해 설	말뚝 기초의 지지력 공식 • 정역학적 지지력 공식 　• 동역학적 지지력공식 　• 말뚝 재하에 의한 방법

문제 7

상부구조물에서 오는 하중을 연약한 지반을 통해 견고한 지층으로 전달시키는 기능을 가진 말뚝을 무슨 말뚝이라 하는가?

가. 마찰말뚝　　　나. 인장말뚝　　　다. 선단지지말뚝　　　라. 경사말뚝

해 설	• 선단지지말뚝 : 상부 연약지반을 관통하여 하부 암반에 도달, 선단저항이 지배적인 말뚝 • 마찰말뚝 : 말뚝주변 마찰력에 지지력을 의존. 암반선이 깊을 경우

문제 8

사질지반에 있어서 강성기초의 접지압 분포에 관한 설명 중 옳은 것은?

가. 기초 밑면에서의 응력은 토질에 상관없이 일정하다.
나. 기초의 밑면에서는 어느 부분이나 동일하다.
다. 기초의 모서리 부분에서 최대응력이 발생한다.
라. 기초의 중앙부에서 최대 응력이 발생한다.

해 설	• 강성기초 : 기초의 강성도가 무한히 커서 기초의 형상대로 지반이 변형되고 침하는 균등하게 발생되고 접지압은 기초의 모서리에서 이론적으로 무한히 커서 극한지력보다 크다 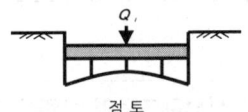 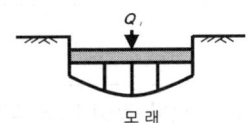 　　　점 토　　　　　　　모 래

문제 9

옹벽 구조물의 안정을 위해 검토하는 안정 조건 중 가장거리가 먼 것은?

가. 전도에 대한 안정
나. 기초 지반의 지지력에 대한 안정
다. 활동에 대한 안정
라. 벽체 강도에 대한 안정

해 설	옹벽의 안정 조건 • 전도에 대한 안정　　• 활동에 대한 안정 • 지지력에 대한 안정　• 원호활동에 대한 안정

정답　6. 라　7. 다　8. 라　9. 라

문제 10

다음은 어느 기초의 종류를 나타낸 것인가?

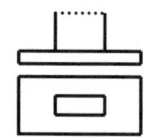

가. 전면기초 나. 복합기초
다. 케이슨기초 라. 독립후팅기초

해설 • 독립 footing 기초 : 한 footing에 1개의 기둥이 지지된다.

문제 11

깊은 기초의 종류가 아닌 것은?

가. 말뚝기초 나. 피어기초 다. 전면기초 라. 우물통기초

해설 • 깊은기초 ; 말뚝기초, 케이슨기초(우물통=정통=오픈케이슨, 공기케이슨, 박스케이슨), 피어기초

문제 12

기초의 폭이 B, 근입 깊이가 Df일 때 얕은 기초가 되는 조건은?

가. $\dfrac{D_f}{B} < 1$ 나. $\dfrac{D_f}{B} \geq 1$ 다. $\dfrac{D_f}{B} \geq 6$ 라. $\dfrac{D_f}{B} < 6$

해설 • 얕은기초 : $\dfrac{D_f}{B} < 1$ • 깊은 기초 : $\dfrac{D_f}{B} \geq 1$

문제 13

점성토 지반의 개량공법으로 적합하지 않은 것은?

가. 샌드드레인 공법 나. 바이브로 플로테이션 공법
다. 치환공법 라. 프리로우딩 공법

해설 • 바이브로 플로테이션 공법은 사질지반에 적합하다.

문제 14

현장에서의 암반층이 적절한 깊이 내에 위치할 경우 상부구조물의 하중을 연약한 지반을 통해 암반으로 전달시키는 기능을 가진 말뚝?

가. 마찰 말뚝 나. 다짐 말뚝 다. 인장 말뚝 라. 선단지지 말뚝

해설 지지말뚝 : 상부 연약지반을 관통하여 하부 암반에 도달, 선단저항이 지배적인 말뚝

문제 15

다음 기초의 종류 중에서 직접기초가 아닌 것은?

가. 복합기초 나. 연속기초 다. 말뚝기초 라. 독립기초

해설 얕은 기초(직접기초) : 독립 footing 기초, 연속 footing 기초, 복합 footing 기초, 전면기초(mat기초)

정답 10. 라 11. 다 12. 가 13. 나 14. 라 15. 다

문제 16

구조물의 하중을 굳은 지반에 전달하기 위하여 수직공을 굴착하여 그 속에 현장 콘크리트를 채운 기초는?

가. 피어 기초
나. 말뚝 기초
다. 오픈 케이슨
라. 뉴메틱 케이슨

해설
- 피어(pier)기초
  현장에서 지중에 구멍을 뚫고 그 속에 콘크리트, 철근콘크리트를 타설하여 만든 기초.

문제 17

말뚝의 지지력 계산시 Engineering news 공식의 안전율은 얼마를 사용하는가?

가. 10 나. 8 다. 6 라. 2

해설 Engineering news 공식의 안전율 : 6

문제 18

하중이 강성기초를 통하여 아래 그림 같은 지반에 전해질 때의 접지압의 분포도로서 옳은 것은?

가. A
나. B
다. C
라. D

A 점토지반 
B 점토지반 
C 모래지반 
D 모래지반

해설
- 강성기초 : 기초의 강성도가 무한히 커서 기초의 형상대로 지반이 변형되고 침하는 균등하게 발생되고 접지압은 기초의 모서리에서 이론적으로 무한히 커서 극한지력보다 크다.

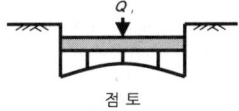 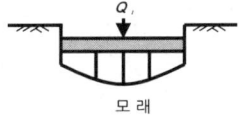
점토 / 모래

- 연성기초 : 기초가 휠 강성을 갖지 않아서 지반이 변형되는 형태로 변형되는 기초로 침하량은 구조물 위치에 따라 다르나 접지압은 균등하다.

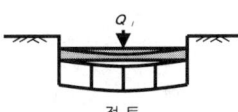 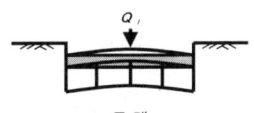
점토 / 모래

정답 16. 가 17. 다 18. 다

건설재료시험 기능사 필기

제6장

콘크리트 재료시험

6.1 시멘트 관련 시험
6.2 굳지않은 콘크리트 관련 시험
6.3 골재 시험
6.4 굳은 콘크리트 관련 시험
◇ 문제 및 해설

제6장 콘크리트 재료시험

6.1 시멘트 관련 시험

1 시멘트 비중 시험

1) 시험기구
   - 르샤트리에 비중병

2) 사용재료
   - 광유(온도 23±2℃에서 비중 0.83인 완전 탈수된 등유나 나프타)
   - 시멘트 : 64g

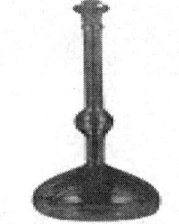

【르샤트리에 비중병】

3) 관련지식 및 유의사항
   ① 시멘트 밀도를 알면
      ◇ 시멘트 종류, 품질 판정
      ◇ 콘크리트 배합설계 때 시멘트 무게를 구할 수 있음
   ② 광유 곡면 읽을 때 곡면 밑면을 읽음

4) 결과계산
   - 시멘트의 비중 = $\dfrac{\text{시멘트 무게}(g)}{\text{비중병 눈금차}(ml)}$ (여기서 시멘트 무게는 64g)

2 시멘트 응결 시험

1) 시험기구
   - 비카 장치
   - 길모어 장치

2) 사용재료
   - 시멘트, 유리판

【비카 장치】

【길모어 장치】

3) 관련지식 및 유의사항

① 습도가 높고, 수량이 많고, 풍화하면 응결시간이 늦어진다.

② 온도가 높고 분말도가 높으면 응결이 빨라진다.

③ 비카 장치 : 초결 측정에 사용

④ 길모어 장치 : 초결과 종결 측정에 사용

4) 결과의 판정

① 비카 침에 의한 초결 시간은 시멘트를 혼합한 후부터 30초 동안에 표준침이 시험체에 25mm 들어갔을 때의 시간으로 한다.

② 길모어 침에 의한 응결 시간은 시멘트를 물과 혼합한 후부터 초결은 초결침, 종결은 종결침을 시험체가 표면에 흔적을 내지 않고 받치고 있을 때까지의 시간으로 한다.

3 시멘트 모르타르 압축강도 시험

1) 시험기구
   - 시험체몰드(40mm 정육면체)
   - 흐름시험기
   - 압축강도시험기
   - 모르타르 혼합기

【시험체 몰드】

【흐름 시험기】

2) 관련지식 및 유의사항

모르타르의 압축강도는
- 수량이 적을수록 커진다.
- 분말도가 높을수록 커진다.

3) 주요 시험방법

① 모래알의 차이에 따른 영향을 없애기 위해 표준모래 사용

② 모르타르 제작시 시멘트 : 모래의 비

※ 2011 KS 규격 변경

〈변경전〉 시멘트 : 모래 = 1 : 2.45, 인장강도는 1 : 2.7

〈변경후〉 압축강도 및 휨강도용 모르타르 제작 시 시멘트 : 모래의 비는 1 : 3비가 되게 한다.(인장강도에 대한 규정 없음)

$$-.\text{압축강도(MPa)} = \frac{\text{최대하중(N)}}{\text{시험체의 단면적(mm}^2)}$$

$$-.\text{휨강도(MPa)} = \frac{1.5 F_f l}{b^3}$$

③ 9개의 시험체를 한 배치로 한다.

④ 혼합수는 포틀랜드 시멘트인 경우 시멘트 무게의 50%로 하며, 그 밖의 시멘트는 흐름값이 110±5가 되도록 한다.

⑤ 시험체 양생은 습기함에서 24시간

⑥ 시험체에서 몰드를 떼어 내고, 20±1℃의 양생 수조에 넣는다.

4) 결과계산

- 압축강도$(Mpa) = \dfrac{\text{최대하중}(N)}{\text{시험체의 단면적}(mm^2)}$

여기서, 시험체 단면적(mm²) = 40mm×40mm = 1600(mm²)

4 시멘트 분말도 시험

1) **시험목적** : 시멘트 입자의 가는 정도를 알기 위함(비표적으로 표시 : cm^2/g)
2) **시험방법** : 블레인 공기투과장치

5 시멘트 팽창도 시험

1) **시험목적** : 시멘트가 굳어가는 도중에 부피가 팽창하는 것을 알기 위해 실시
2) **시험방법** : 오토클레이브 팽창도시험

6 시멘트 풍화 시험

1) **시험목적** : 시멘트 풍화정도 측정
2) **시험방법** : 강열 감량 시험법
3) **시멘트 감량 규정** : KS에서는 3% 이하

6.2 굳지 않은 콘크리트 관련 시험

1 굳지 않은 콘크리트 슬럼프 시험

1) 시험기구
   - 슬럼프 콘
     ◇ 밑면 안지름 : 200mm
     ◇ 윗면 안지름 : 100mm
     ◇ 높이 : 300mm
   - 다짐봉 : 지름 16mm, 길이 500~600mm

【슬럼프 콘】

2) 시험 목적 : 콘크리트 반죽질기를 측정하는 것으로, 워커빌리티 판단수단

3) 관련지식
   ① 콘크리트 슬럼프 시험은 굳지 않은 콘크리트의 반죽질기(컨시스턴시)를 측정하는 시험 방법으로, 워커빌리티를 판정하는 시험
   ② 굵은 골재 최대치수가 40mm를 넘을 경우 40mm 넘는 골재는 제거
   ③ 슬럼프 콘을 들어 올리는 시간은 높이 30cm에서 2~5초로 한다.

4) 시험방법
   ① 슬럼프 콘에 시료를 채우고 벗길 때 까지 전 작업시간은 3분 이내
   ② 슬럼프 콘은 강으로 된 평판 위에 설치하고 3층 25회 다진다.
   ③ 2층은 슬럼프콘 부피의 약 2/3(깊이 약 16cm) 넣고 25회 고르게 다진다.
      각 층을 다질 때 다짐봉의 다짐 깊이는 그 앞 층에 거의 도달할 정도로 함.
   ④ 슬럼프 콘을 채운 콘크리트 윗면을 고르게 하고, 즉시 슬럼프 콘을 연직으로 들어 올려 공시체 높이와 콘크리트가 무너진 상단부와 차를 5mm 단위로 측정하여 슬럼프 값으로 한다.

4) 결과의 계산
- 콘크리트가 내려앉은 길이를 슬럼프 값으로 한다.

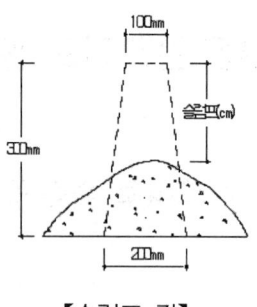

【슬럼프 값】

5) 레디믹스트 콘크리트 슬럼프 허용오차(mm)

슬럼프	슬럼프 허용오차
25	± 10
50 및 65	± 15
80 이상	± 25

2 굳지 않은 콘크리트 슬럼프 플로 시험

1) 적용범위
   ① 굵은골재 최대치수 40mm 이하인 고유동 콘크리트의 슬럼프 플로 시험
   ② 굵은골재 최대치수 40mm를 넘는 경우 40mm를 넘는 골재는 제거

2) 시험용 기구
   ① 슬럼프 콘, 다짐봉 : KS F 2402(슬럼프시험) 으로 규정된 것으로 한다.
   ② 평판 : 수밀성 및 강성을 갖는 강철 제품으로 크기는 800mm×800mm 이상 으로 평편한 것으로 한다.
   ③ 버니어 캘리퍼스 또는 척도 : 1mm까지 읽을 수 있는 것으로 한다.
   ④ 콘크리트 용기 : 용량이 12L 정도의 것
   ⑤ 스톱위치 : 0.1초까지 계측할 수 있는 것

3) 시험
   ① 슬럼프 콘 및 평판의 설치
   슬럼프 콘 및 평판을 내면 및 표면을 습포로 닦아내고 슬럼프 콘은 수평으로 설치한 평판 위에 둔다.

② 시료 채우기

시료는 재료분리가 생기지 않도록 주의하여 채우고 슬럼프 콘에 채우기 시작하여 끝날 때까지의 시간은 2분 이내로 한다. 고유동 콘크리트인 경우, 콘크리트 시료를 미리 용기에 받아 두고 균질한 상태로 섞어주며, 다지거나 진동을 주지 않은 상태로 한꺼번에 채워 넣도록 한다. 필요에 따라 3층으로 나누어 채운 후 각 층마다 다짐봉으로 25회 다짐을 실시한다.

③ 슬럼프 플로 측정

슬럼프 콘에 채운 콘크리트의 윗면을 슬럼프 콘의 상단에 맞춘 후 슬럼프콘을 연직 방향으로 들어 올린다. 콘크리트의 움직임이 멈춘 후에 퍼짐이 최대라고 생각된 지름과 그 직교한 방향의 지름을 잰다. 측정횟수는 1회로 한다.

④ 500mm 플로 도달시간 측정

500mm 플로 도달시간을 구하는 경우에는 슬럼프 콘을 들어 올리고 개시시간으로부터 확산이 평평하게 그렸던 지름 500mm의 원에 최초에 이른 시간까지의 시간을 스톱위치로 0.1초 단위로 잰다. 슬럼프를 측정하는 경우에는 콘크리트의 중앙부에서 내려간 부분을 재고 이것을 슬럼프라고 한다. 슬럼프는 5mm 까지 잰다.

⑤ 플로 유동 정지 시간의 측정

플로의 유동 정지 시간을 구하는 경우에는 슬럼프 콘을 들어 올리는 시점으로부터 육안으로 정지가 확인되기까지의 시간을 스톱위치로 0.1초 단위로 잰다.

4) 시험의 결과

슬럼프 플로는 최대 및 그와 직교하는 지름의 평균값을 5mm 단위로 표시한다. 콘크리트의 퍼짐이 원형 모형과 현저하게 다르다고 판단되거나 슬럼프 플로의 양 지름의 측정차이가 50mm 이상인 경우에는 같은 배치의 시료를 이용하여 재시험한다.

5) 레디믹스트 콘크리트 슬럼프 플로 허용오차 (mm)

슬럼프 플로	슬럼프 플로 허용오차
500	± 75
600	± 100
700※	± 100

주(※) 굵은골재의 최대치수가 15 mm인 경우에 한하여 적용 한다

3 굳지 않은 콘크리트 블리딩 시험

1) 시험기구

- 용기
    - 안지름 25±0.5cm
    - 안높이 28±0.5cm

【블리딩 시험용기】

2) 관련지식 및 유의사항

① 블리딩 시험은 콘크리트의 재료 분리의 경향을 알기 위해서 한다.

② 블리딩에 의하여 콘크리트의 표면에 떠올라서 가라앉은 미세한 물질을 레이턴스(laitance)라고 한다. 블리딩이 크면 레이턴스도 크다.

③ 블리딩이 심하면 콘크리트의 윗부분이 다공질이 되며, 강도, 수밀성, 내구성 등이 작아진다.

④ 블리딩(bleeding)이란, 굳지 않은 콘크리트 또는 모르타르에서 물이 분리되어 위로 올라오는 현상을 말한다.

⑤ 블리딩이 크면, 굵은 골재가 모르타르로부터 분리되는 경향이 커진다.

⑥ 일반적으로 블리딩은 콘크리트를 친후 처음 15~30 분에 대부분 생기며, 2~4시간에 거의 끝난다.

⑦ 블리딩 현상을 줄이려면, 분말도가 높은 시멘트, 혼화 재료, 응결 촉진제 등을 사용하고, 단위 수량을 적게 해야 한다

3) 시험방법

① 대표적인 시료 채취한다. 이때 채취량은 필요한 양보다 5L 이상으로 한다.

② 혼합된 콘크리트를 용기에 3층으로 나누어 넣고, 각 층을 다짐대로 25회 다진후 용기의 바깥을 10~15번 정도 두드린다.

③ 콘크리트를 용기에 25±0.3cm의 높이까지 채운 후, 윗부분을 흙손으로 평활하게 고른다.

④ 시료와 용기를 수평한 시험대 위에 놓고 뚜껑을 덮는다.

⑤ 처음 60분 동안은 10분 간격으로, 그 후는 블리딩이 정지할 때까지 30분 간격으로 표면에 생긴 블리딩 물을 피펫으로 빨아낸다.

⑥ 빨아 낸 물을 메스실린더에 옮긴 후 물의 양을 기록한다.

⑦ 이 시험 방법은 굵은 골재 최대 치수가 50mm 이하인 경우에 적용된다.

⑧ 시험 중에는 실온 20±3℃로 하고, 콘크리트의 온도는 20±2℃로 한다.

4) 결과 계산

① 블리딩량(cm^3/cm^2, ml/cm^2) = $\dfrac{V}{A}$

여기서, V : 규정된 측정시간동안에 생긴 블리딩 물의 양($cm^3 = ml$)

A : 콘크리트 노출면의 면적 (cm²)

② 블리딩률(%) = $\dfrac{B}{C \times 1000} \times 100$

여기서, $C = \dfrac{w}{W} \times S$

B : 시료의 블리딩 물의 총량 (cc)

C : 시료에 함유된 물의 총 무게 (kgf)

W : 콘크리트 1m³에 사용된 재료의 총 무게 (kgf)

w : 콘크리트 1m³에 사용된 물의 총 무게 (kgf)

S : 시료의 무게 (kgf)

4 압력법에 의한 공기 함유량 시험

1) 시험기구
- 공기량계
  - 워싱턴형

굵은골재 최대치수(mm)	용기 최소 치수 (L)
50 이하	6
80 이하	12

【워싱턴형 공기량계】

2) 관련 지식 및 시험방법
① 공기량 시험법은 질량방법, 용적에 의한 방법, 공기실 압력법이 있다
② 공기량 시험은 AE 공기량을 측정하기 위함
③ AE 공기는 연행공기, 갇힌 공기는 혼화제를 쓰지 않고 자연적으로 생김
④ 알맞은 공기량의 범위는 4~7%

3) 시험방법

> 겉보기 공기량 측정

① 시료의 양은 필요한 양보다 5L이상을 한다.
② 대표적인 시료를 용기에 3층으로 넣고, 각 층을 25회 다진다.
③ 용기 옆면을 고무망치로 가볍게 두들겨 빈틈을 없앤다.
④ 용기 윗부분의 남은 콘크리트를 정규로 깎아내고 뚜껑을 얹어 공기가 새지 않게 잠근다. 이때, 공기실의 주 밸브는 잠그고, 배기구 밸브와 주수구 밸브를 열어 놓는다.
⑤ 물을 넣을 경우 배기구에서 물이 나올 때까지 주수구에 물을 넣고, 배기구에서 기포가 나오지 않을 때까지 압력계를 두들긴 다음 배기구와 주수구를 잠근다.
⑥ 공기실 내의 압력을 초압력까지 올리고, 약 5초 지난 뒤에 주 밸브를 충분히 연다.
⑦ 콘크리트 각 부분에 압력이 잘 전달되도록 용기의 옆면을 고무망치로 두들긴다.
⑧ 지침이 안정되었을 때 압력계를 읽어 겉보기 공기량(A_1)을 구한다.

골재 수정계수의 결정

① 잔골재와 굵은 골재의 시료를 채취한다.

② 시료를 따로 따로 약 5분간 물에 담가 둔다.

③ 용기에 물을 1/3 정도 채운다.

④ 용기에 잔골재를 한 삽 놓고, 다짐대로 10번 정도 다진다.

⑤ 용기에 옆면을 고무망치로 두들겨 공기를 뺀다.

⑥ 골재 수정계수(G)값을 구한다.

4) 결과의 계산

콘크리트 공기량 $A(\%) = A_1 - G$

여기서, A : 콘크리트의 공기량 (콘크리트 부피에 대한 비 [%])

A_1 : 겉보기 공기량 (콘크리트 부피에 대한 비 [%])

G : 골재의 수정 계수 (콘크리트 부피에 대한 비 [%])

6.3 골재 시험

1 골재 체가름 시험

1) **시험목적** : 골재의 입도, 조립률, 굵은 골재의 최대치수 등을 얻는다. 콘크리트의 배합설계에 있어서 잔골재율이나 입도를 조정하기 위한 자료를 얻기 위하여 필요하다.

2) **시험기구**
   ① 체진동기
   ② 표준체

【 체진동기 】

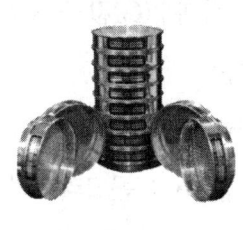
【 표준체 】

3) **관련지식 및 유의사항**
   ① 골재 체가름 시험을 통해 골재의 입도 및 최대치수를 구할 수 있다.
   ② 골재 조립률을 구하여 입도를 판정할 수 있다.
   ③ 시료를 건조기에 넣고 105±5℃에서 일정 무게가 될 때까지 건조한다.
   ④ 표준체 규격
      0.08, 0.15, 0.3, 0.6, 1.2, 2.5, 5.0, 10, 13, 15, 20, 25, 30, 40, 50, 60, 80, 100 mm.
   ⑤ 체분석을 실시하여 각체에 남은 양을 구하여 조립률(FM)을 구한다.
      ㉠ 조립률을 구하기 위한 10개 체
         80, 40, 20, 10, 5, 2.5, 1.2, 0.6, 0.3, 0.15 mm
      ㉡ 각 체에 남은 시료의 질량을 전체 질량에 대한 질량비(%)로 나타내며, 체잔유율 및 누적 체통과량의 백분율의 결과는 소수점 이하 한자리에서 끝맺음 한다.

$$\text{조립률(FM)} = \frac{\text{10개 각 체에 남는 양의 누적잔유율의 합}}{100}$$

⑥ 굵은 골재 최대 치수

질량(무게)으로 90% 이상 통과 하는 체 중 체 눈금이 최소인 것의 호칭치수로 나타내는 굵은 골재의 크기

⑦ 조립률의 적절한 범위 (골재의 조립률은 입자의 지름이 클수록 크다)

   ㉠ 잔골재 : 2.3~3.1

   ㉡ 굵은 골재 : 6~8

2 굵은골재 밀도 및 흡수율 시험

1) **시험목적** : 굵은 골재의 공극 및 콘크리트 배합 시 사용수량을 조절하기 위하여 필요하다.

2) **시험기구**

   ① 저울

   ② 철망태

   ③ 물통

   ④ 건조기: 105±5℃

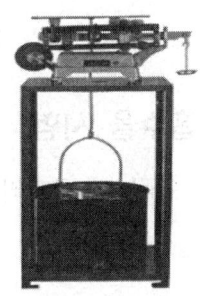

【 굵은 골재 밀도 시험장치 】

3) **관련지식 및 유의사항**

   ① 5mm 체에 남은 굵은 골재를 4분법 또는 시료분취기로 채취한다.

   ② 시료를 물로 충분히 세척하고 입자 표면의 불순물 및 그 밖의 이물질을 제거한다.

   ③ 시료를 철망태에 넣고 20±5℃물속에 24시간 담근다.

   ④ 20±5℃의 물속에서 수중질량(C)과 수온을 측정한다.

   ⑤ 시료를 수중에서 꺼내어 흡수천으로 물기를 제거하고 표면건조포화상태의 질량(B)을 측정한다.

   ⑥ 105±5℃에서 건조시키고 실온에서 냉각 후 절대건조상태의 질량(A)을 측정한다.

4) 결과의 계산

① 표면건조 포화상태 밀도

$$D_s = \frac{B}{B-C} \times \rho_w \ (g/cm^3)$$

ρ_w : 시험온도에서 물의 밀도(g/cm^3)

② 절대건조 상태 밀도

$$D_d = \frac{A}{B-C} \times \rho_w \ (g/cm^3)$$

③ 진 밀도

$$D_A = \frac{A}{A-C} \times \rho_w \ (g/cm^3)$$

B : 표면건조 포화상태 질량(g)

C : 시료의 수중 질량(g)

A : 절대건조상태 시료 질량(g)

④ 흡수율

$$Q = \frac{B-A}{A} \times 100 \ (\%)$$

3 잔골재 밀도 및 흡수율 시험

1) **시험목적** : 잔골재의 공극 및 콘크리트 배합 시 사용수량을 조절하기 위하여 필요하다.

2) **시험기구**

① 원뿔형 몰드
   윗지름 : 40±3mm
   밑지름 : 90±3mm
   높이 : 75±3 mm

② 플라스크
   : 잔골재 밀도 시험(500ml)

【 원뿔형 몰드 】

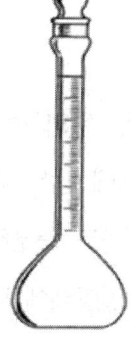
【 플라스크 】

3) **관련지식**

① 잔골재 밀도는 콘크리트 배합 설계 시 잔골재의 부피계산에 이용된다.

② 잔골재의 흡수율은 골재알 속의 빈틈이 많고 적음을 나타낸다.

③ 잔골재의 흡수율은 콘크리트 배합에서 혼합수량을 조정하는데 쓰인다.

4) 시료 준비

① 시료를 4분법 또는 시료분취기에 의해서 채취한다.

② 약 $1000g$의 양을 적당한 팬이나 그릇에 넣어 105±5℃의 온도로 항량이 될 때까지 건조시킨다.

③ 원뿔형 몰드에 시료를 채우고 윗면을 평평하게 고르고 표면을 다짐봉으로 25회 가볍게 다진다.

④ 원뿔형 몰드를 들어 올렸을 때에 시료의 원뿔 모양이 처음으로 흘러내렸을 때를 표면건조 포화상태로 한다.

5) 밀도 시험

① 표시선까지 물을 채운 플라스크의 질량을 계량한다.

② 표면건조포화상태의 시료 500g을 0.1g까지 계량한다.

③ 시료를 플라스크에 넣고 물을 용량의 90%까지 넣은 후 기포를 제거

④ 항온수조 속에 약 1시간 담근 후 정확히 $500ml$의 눈금까지 물을 넣고 무게를 측정하고 0.1g까지 기록한다.

6) 흡수율 시험

잔골재를 플라스크에서 꺼낸 다음 항량이 될 때까지 105±5℃에서 건조시키고 실내 온도까지 식힌 후 무게를 잰다.

7) 결과계산

① 표면건조포화상태의 밀도 $(d_s) = \dfrac{m}{B+m-C} \times \rho_w \; (g/cm^3)$

② 절대건조 상태의 밀도 $(d_d) = \dfrac{A}{B+m-C} \times \rho_w \; (g/cm^3)$

③ 진밀도 $(d_A) = \dfrac{A}{B+A-C} \times \rho_w \; (g/cm^3)$

④ 흡수율 $(Q) = \dfrac{m-A}{A} \times 100 \; (\%)$

여기서, m : 표면건조 포화상태 시료의 질량 (g)

C : 시료와 물로 검정된 용량을 나타낸 눈금까지 채운 플라스크 질량 (g)

B : 검정된 용량을 나타낸 눈금까지 물을 채운 플라스크 질량 (g)

A : 절대건조 상태의 시료 질량 (g)

4 골재의 단위 용적질량 및 실적률 시험

1) **시험목적** : 콘크리트의 제조, 배합의 결정, 현장에서 골재를 개량할 경우에 필요하다.
2) **시험법**
   ① 봉 다지기   ② 충격에 의한 경우
3) **결과**
   ① 골재의 단위 용적 질량(T)

   $$T = \frac{m_1}{V} (kg/m^3)$$

   여기서, m_1 : 용기안의 시료의 질량 (kg)
   V : 용기 용적 (m^3)

【 골재의 단위용적 측정기 】

   ② 골재의 실적률(G)

   $$G = \frac{T}{d_D \times 1000} \times 100 (\%) \quad \text{또는} \quad G = \frac{T}{d_S \times 1000} \times (100 + Q) (\%)$$

   여기서, d_D : 골재의 절대건조상태 밀도 (g/cm^3)
   d_S : 골재의 표면건조포화상태 밀도 (g/cm^3)
   Q : 골재의 흡수율

5 잔골재 표면수 시험

1) **시험 목적** : 콘크리트 배합설계를 할 때 골재의 표면수가 있으면 물-결합재비가 달라지므로 혼합수를 조정하기 위해 잔골재의 표면수율 시험을 한다.
2) **관련지식**
   ① 콘크리트의 배합설계는 골재의 표면건조 포화상태를 기준으로 한 것이므로 골재의 표면수를 측정하여 혼합수량을 조절한다.
   ② 잔골재의 표면수 측정방법은 질량에 의한 측정법(질량법), 용적에 의한 측정법(부피법), 메스실린더에 의한 간이 측정법이 있다.
3) **시험방법(질량법)**
   ① 플라스크의 표시선까지 물을 채우고 질량을 계량한다.
   ② 물을 일부 제거한 플라스크 속에 시료 500g을 넣고, 흔들어서 공기를 없앤다.
   ③ 플라스크 표시선까지 물을 채우고 시료와 물이 든 플라스크의 질량을 계량한다.

④ 시료가 밀어낸 물의 질량

$$m = m_1 + m_2 - m_3$$

여기서, m_1 : 시료의 질량
m_2 : 표시선까지 물을 채운 플라스크의 질량
m_3 : 시료를 넣고 표시선까지 물을 채운 플라스크의 질량

4) 결과의 계산

표면수율

$$H(\%) = \frac{m - m_s}{m_1 - m} \times 100(\%)$$

여기서, $m_s : \dfrac{m_1}{표면건조포화상태의 밀도}$

6 골재의 안정성 시험

1) **시험 목적** : 골재의 내구성을 알기 위해 황산나트륨 포화용액으로 인한 골재의 부서짐 작용에 대한 저항성을 시험한다.

2) **시험기구**
   ① 시험용 용기
   ② 철망태
   ③ 저울
   ④ 건조기 : 105±5℃
   ⑤ 표준체
   ⑥ 황산나트륨 용액

【 골재 안정성 시험용기 】

3) **황산나트륨 표준용액 제조방법**
   ① 25~30℃의 깨끗한 물 1l에 황산나트륨(Na_2SO_4) 약 250g을 넣는다.
   ② 황산나트륨이 잘 녹을 수 있도록 저으면서 섞는다.
   ③ 황산나트륨 용액을 20℃가 될 때까지 식히고 48시간 이상 유지한 후 사용한다.

3) **관련지식 및 시험방법**
   ① 골재의 내구성은 과거의 경험이 없는 경우에는 골재의 안정성 시험 또는 그 골재를 사용한 콘크리트로 동결융해시험 등의 촉진 내구성 시험을 하여 그 결과로 판단한다.

② 용액은 48시간 이상, 시료의 온도는 21±1℃를 유지한 후 사용한다.

③ 용액을 시험에 사용하는 경우, 용기의 바닥에 결정이 생기지 말아야 한다.

④ 시험에 사용하여 더러워진 용액은 10번 이상 되풀이 하여 시험에 사용해서는 안 된다. 각 무더기의 질량비가 5% 이상이 된 무더기에서만 안정성 시험을 한다.

⑤ 시료를 철망 바구니 안에 넣고 시험용 용액 안에 16~18시간 동안 담가둔다.

7 골재의 유기 불순물 시험

1) **시험목적** : 잔골재 중에 함유되어 있는 유기 불순물의 양을 알아 그 모래의 사용적부를 판단하는데 필요하다. 잔골재 중의 유기물은 콘크리트의 경화를 방해하고 콘크리트의 강도, 내구성 및 안정성을 해친다.

2) **관련지식 및 시험방법**

① 표준색 용액 제조

㉠ 10%의 알코올 용액을 만든다. (알코올 10g+물 90g)

㉡ 10%의 알코올 용액 9.8g에 타닌산 가루 0.2g을 넣어 2%의 타닌산 용액을 만든다.

㉢ 3%의 수산화나트륨 용액을 만든다. (수산화나트륨 9g+물 291g)

㉣ 2% 타닌산 용액 $2.5ml$를 3% 수산화나트륨 용액 $97.5ml$에 섞어서 표준색 용액을 만든다.

② 시험용액 제조

㉠ 시료를 무색 유리병에 $130ml$의 눈금까지 넣고 3%의 수산화나트륨 용액을 $200ml$의 눈금까지 넣는다.

㉡ 병마개를 닫고 잘 흔든 다음 24시간 동안 가만히 둔다.

③ 시험용액의 색깔이 표준색 용액보다 연할 때는 사용 가능하다.

8 골재에 포함된 잔입자 시험 (0.08 mm체 통과량 시험)

1) **시험목적** : 콘크리트의 강도, 건조수축 및 혼합수량에 영향을 끼치는 잔입자의 함유량을 측정한다.

2) 관련지식 및 시험방법

① 골재에 잔입자인 점토, 실트, 운모질 등이 많이 함유되어 있으면 콘크리트의 혼합수량이 많아지고 건조수축에 의한 콘크리트에 균열이 생기기 쉽다.

그리고 블리딩 현상으로 레이턴스가 많이 생기며 시멘트 풀과 골재와의 부착력이 약해져서 콘크리트의 강도와 내구성이 낮아진다.

② 일정한 시료를 준비하여 건조시킨 다음 질량을 측정하고 시료를 용기에 잠기게 넣는다. 그리고 0.08mm체 위에 1.2mm체를 얹어 시료를 붓는다.

③ 씻은 물이 맑을 때까지 계속 작업한다.

④ 건조시킨 후 질량을 측정한다.

⑤ 통과율(%) = $\dfrac{\text{씻기 전 시료의 건조질량} - \text{씻은 후 시료의 건조질량}}{\text{씻기 전 시료의 건조질량}} \times 100(\%)$

⑥ 골재의 잔입자 함유량 한도

항 목	최대값(%)	
	잔골재	굵은 골재
콘크리트의 표면이 닳음 작용을 받은 경우	3.0	1.0
그 밖의 경우	5.0	1.0

⑦ 골재 중의 점토 덩어리 함유량 한도

골재의 종류	최대값(%)
잔골재	1.0
굵은골재	0.25

⑧ 점토 덩어리 량의 시험 시 사용되는 체는 잔골재 0.6mm, 굵은골재 2.5mm를 사용한다.

9 굵은 골재의 마모시험(닳음 시험)

1) **시험목적** : 도로용 콘크리트 및 댐 콘크리트와 같이 마모저항이 요구되는 콘크리트에 사용되는 굵은 골재의 사용 가능성 여부를 판단하는데 사용된다.

2) 시험기구 및 재료

① 로스엔젤레스 시험기

안지름 710±5mm

안쪽길이 510±5mm의 강제원통

② 철구 : 평균지름 약 46.8mm,

1개 질량은 390~445g

③ 저울 : 시료 전체 무게의 0.1% 이상의 정밀도

④ 체 : 망체 1.7, 2.5, 5, 10, 15, 20, 25, 40, 50, 65, 80 mm

⑤ 건조기 : 105±5℃의 온도를 유지할 수 있는 것

⑥ 시료용기

【 로스엔젤레스 시험기 】

3) 관련지식 및 시험방법

① 철구의 질량 및 철구 수

입도구분	철구의 질량(g)	철구 수	입도구분	철구의 질량(g)	철구 수
A	5,000±25	12	E	5,000±25	12
B	4,580±25	11	F	5,000±25	12
C	3,330±20	8	G	5,000±25	12
D	2,500±5	6			

② 입도구분에 따라 시료를 준비하고 분당 30~33회전으로 A, B, C, D 입도의 경우 500회 회전, E, F 및 G 입도의 경우는 1000회 회전시킨다.

③ 시료를 시험기에서 꺼내 1.7mm 체로 체가름 한 후 물로 씻고 건조시켜 질량을 측정한다.

④ 마모율 = $\dfrac{\text{시험 전 시료 질량} - \text{시험 후 } 1.7mm \text{체에 남은 시료 질량}}{\text{시험 전 시료 질량}} \times 100(\%)$

⑤ 보통콘크리트용 골재의 마모율은 50% 이하, 댐 콘크리트는 40% 이하, 포장 콘크리트의 경우는 35% 이하이다.

6.4 굳은 콘크리트 관련시험

1 콘크리트 압축강도시험

1) 시험기구
   - 압축강도용 시험체 몰드
     ◇ 지름 : 150mm, 높이 : 300mm
     ◇ 지름 : 100mm, 높이 : 200mm
   - 압축강도시험기

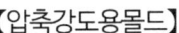
【압축강도용몰드】　【만능재료시험기】

2) 관련지식
   ① 콘크리트의 강도라 함은 보통 압축강도를 말함
   ② 압축강도 시험 목적
      ◇ 경제적인 콘크리트 만들기 위한 재료 선정
      ◇ 재료 및 배합한 콘크리트의 압축강도를 구한다.
      ◇ 공사 현장의 콘크리트가 필요한 성질을 가진 콘크리트인지 확인
      ◇ 압축강도 시험 값으로부터 다른 여러 가지 성질(휨 강도, 인장강도, 탄성계수)의 대략 값을 추정
      ◇ 콘크리트 품질관리 용이
   ③ 압축강도 시험은 보통 재령 7일, 28일 (댐 콘크리트는 91일)의 강도를 설계 표준
   ④ 시험체 지름은 굵은 골재 최대치수의 3배 이상, 또 10cm 이상이어야 한다.
      굵은 골재 최대 치수가 40mm를 넘을 경우 40mm 망체로 쳐서 40mm를 넘는 입자를 제거한 시료를 사용하여 지름이 15cm의 공시체를 사용
   ⑤ 시험체 가압면에는 0.05mm 이상의 홈이 있어서는 안 된다.
   ⑦ 공시체 지름을 0.1mm, 높이를 1mm까지 측정한다.
   ⑧ 공시체는 소정의 양생이 끝난 직후의 상태에서 시험

⑨ 공시체 치수는 공시체 지름의 2배의 높이를 가진 원기둥으로 한다. 그 지름은 굵은골재 최대치수의 3배 이상, 10cm 이상으로 한다.

3) 시험방법

① 탈형을 쉽게 하고 이음새로 콘크리트가 새는 것을 방지하기 위해 공시체 내부에 그리스를 바른다.

② 콘크리트 몰드에 3층 25회 다진다.

콘크리트를 채울 때 1층 두께는 160mm를 넘어서는 안 되며, 다짐은 10cm² 당 1회 비율로 다짐

③ 콘크리트를 채운 후 된 반죽콘크리트는 2~6시간, 묽은 반죽콘크리트는 6~24시간 지나서 물-결합재비(W/C) 27~30%로 공시체를 캐핑한다.

④ 시험체에 콘크리트를 다 채운 후 16시간 이상 3일 이내에 몰드를 뗀다.

⑤ 시험체를 20±2℃에서 습윤 양생

⑦ 압축강도 시험시 공시체는 습윤상태를 유지한다.

⑧ 공시체에 일정한 속도로 하중을 가한다. 하중을 가하는 속도는 압축 응력도의 증가율이 매초 0.6±0.2 (MPa)로 한다.

⑨ 소정의 재령이 되면 시험체를 파괴 한다. 이때 최대 파괴하중을 기록

4) 결과 계산

$$f_C = \frac{P}{A} (MPa)$$

여기서, P: 최대하중(N) A: 공시체의 면적$(\frac{\pi d^2}{4})$

$$d = \frac{d_1 + d_2}{2}$$ d_1, d_2: 두방향 지름(mm)

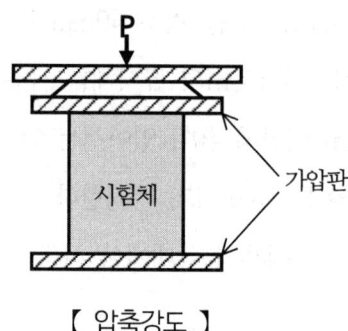

【 압축강도 】

≪알아두기≫
☞ 콘크리트 압축강도, 인장강도, 휨강도 공통사항
　① 몰드 떼는 시기 : 16시간~3일
　② 시험체 양생 : 20±2 ℃에서 습윤양생
　③ 캐핑(capping) : 일반적으로 물건 위를 감싸거나 위에 씌우거나 위에 부착하는 것
　④ 국제단위(SI)단위에 따른 환산 : $1kgf = 9.8N$, $1MPa = 10.2kgf/cm^2$

2 콘크리트 쪼갬인장강도시험

1) 콘크리트 인장강도 시험방법은 직접 인장강도 시험법과, 쪼갬 인장강도 시험법이 있으나, 직접 인장강도 시험법은 시험이 어려워 쪼갬 인장강도(할렬시험) 시험법을 표준
2) 인장강도 시험의 기계기구, 시험체 제작은 압축강도와 동일
3) 관련지식
　① 시험하기 전의 재료의 온도는 20~25℃로 일정하게 유지
　② 공시체의 지름은 골재 최대 치수의 4배 이상이고 10cm 이상으로 하며, 공시체 길이는 지름의 2배로 한다.
　③ 시험기의 위아래의 가압판은 평행이 되어야 한다.
　④ 시험체는 양생이 끝난 뒤, 즉시 젖은 상태에서 시험하여야 한다.
　⑤ 인장강도는 콘크리트 포장슬래브, 물탱크 등에서 중요
　⑥ 콘크리트 인장강도는 압축강도의 $\frac{1}{10} \sim \frac{1}{13}$ 정도
4) 인장강도 시험
　① 시험체를 시험하기 직전에 양생실에서 꺼내어 지름을 0.1mm까지 두 곳 이상을 재어서 평균값을 구한다.
　② 시험체의 길이를 0.1mm까지 두 곳 이상을 재어서 평균값을 구한다.
　③ 시험체를 시험기의 가압판 위에 중심선과 일치하도록 옆으로 뉘고, 인장응력도의 증가율이 매초 0.06±0.04(MPa)의 일정한 비율로 증가 하도록 하중을 준다.
　④ 시험체가 파괴될 때, 시험기에 나타난 최대 하중을 기록한다.

5) 결과 계산

$$인장강도(f_{sp}) = \frac{2P}{\pi dl} \ (MPa)$$

여기서, P : 시험기에 나타난 최대하중(N)
   l : 시험체의 길이(mm)
   d : 시험체의 지름(mm)

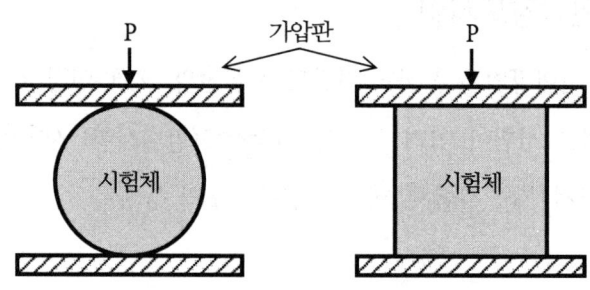

【인장강도 시험】

3 콘크리트 휨강도시험

1) 시험기구
   - 휨 시험체 몰드
     ◇ 150×150×530mm 몰드
     ◇ 100×100×380mm 몰드
   - 만능재료시험기

【휨 시험체 몰드】

2) 관련지식

① 콘크리트 휨 강도는 압축강도의 $\frac{1}{5} \sim \frac{1}{8}$ 정도

② 콘크리트 휨 강도는 도로 포장용 콘크리트 품질 결정에 사용

③ 공시체의 높이는 골재 최대 치수의 4배 이상이며, 10cm 이상으로 한다.

④ 공시체의 길이는 높이의 3배보다 8cm 이상 더 커야 한다.

⑤ 휨 강도용 공시체 (150×150×530mm, 또는 100×100×380mm)를 만들어 양생 후 시험체를 3등분하여 놓고 파괴하여 최대하중 구하여 휨강도 구함.

⑥ 굵은 골재 최대 치수가 40mm 망체를 쳐서 40mm를 넘는 입자를 제거한 시료를 사용하여 150mm×150mm의 공시체를 사용

3) 시험체 제작 및 시험 방법

① 콘크리트를 몰드에 2층으로 나누어 넣는다.

② 각 층을 다짐대로 10cm² 당 1회 비율로 다진다.

③ 하중을 가하는 속도는 가장자리 응력도의 증가율이 매초 0.06±0.04 [MPa] 이 되도록 조정하고, 최대하중이 될 때까지 그 증가율을 유지하도록 한다.

④ 파괴 단면 나비는 3곳에서 0.1mm 까지 측정하여 평균하고, 파괴 단면 높이는 2곳에서 0.1mm까지 측정

4) 결과의 계산

① 시험체가 지간의 3등분 중앙에서 파괴 될 때

$$휨강도(f_b) = \frac{Pl}{bd^2} \ (MPa)$$

여기서, P : 시험기에 나타난 최대하중(N) b : 평균 나비(mm)
l : 지간의 길이(mm) d : 평균 두께(mm)

② 공시체가 인장 쪽 표면의 지간 방향 중심선의 3등분점의 바깥쪽에서 파괴된 경우 그 시험은 무효로 한다.

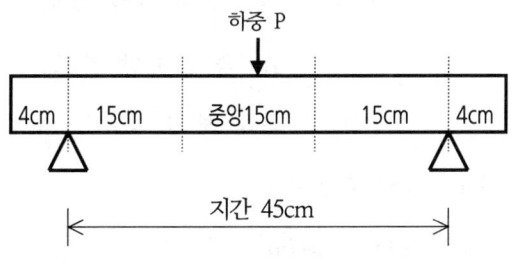

【15×15×53cm중앙점 하중장치】

≪알아두기≫
☞ 휨강도 1층당 다짐 횟수 구하기
  ① 15×15×53cm 몰드를 사용한 경우(다짐 횟수는 1회/10㎠)
     다짐 횟수 = 면적÷10 =(15×53)÷10 =79.5 ≒ 80회
  ② 10×10×38cm 몰드 사용한 경우(다짐 횟수는 1회/10㎠)
     다짐 횟수 = 면적÷10 =(10×38)÷10 = 38회

4 콘크리트 압축강도 추정을 위한 반발 경도 시험

1) **시험목적** : 비파괴로 콘크리트의 강도를 알기 위함
2) **시험방법** : 슈미트 해머(Schmidt hammer)로 때려 반발 경도로 콘크리트 압축강도 추정
   ① 시험부위 : 시험할 콘크리트 부재 두께는 100mm 이상, 하나의 구조체로 고정, 평활한 면을 선택
   ② 타격방향 : 수평 타격이 가장 안정적
   ③ 시험 준비
      - 시험 영역 지름은 150mm 이상
      - 거친 면, 푸석푸석한 면은 연삭 숫돌로 평활하게 한다.

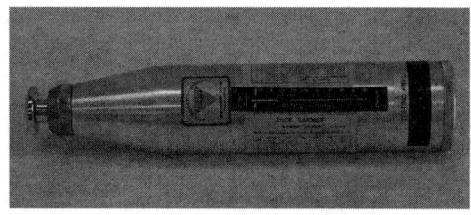
【슈미트 해머】

   ④ 계산
      시험 값 20개의 평균으로부터 오차가 20% 이상은 버리고 나머지 시험값 평균, 이때 4개 이상 벗어나면 재시험
   ⑤ 압축강도 추정 (일본재료학회에 발표한 강도 추정식)

   $R_0 = R + \Delta R$ 여기서, R_0 : 수정 반발 경도
   R : 측정 반발 경도
   ΔR : 보정 값

   압축강도 $F = 13R_0 - 184\ (kgf/cm^2)$

   $F = 1.27R_0 - 18.0\ (MPa)$

   압축강도 추정값 $F_C = F \times \alpha$ α : 재령 보정계수

콘크리트 재료 시험

시멘트 시험

문제 1
시멘트의 안정성 시험법과 관계있는 것은?
- 가. 오토 클레이브 팽창도 시험
- 나. 길모어침법
- 다. 비이카침법
- 라. 블레인법

해설 시멘트 안정성
- 시멘트가 굳어 가는 도중에 부피가 팽창하는 정도
- 시험법은 오토클레이브 팽창도 시험법에 의한다.

문제 2
시멘트 밀도 시험에서 1회 시험에 사용하는 시멘트의 양은 어느 정도 필요한가?
- 가. 35g
- 나. 46g
- 다. 58g
- 라. 64g

해설 시멘트 밀도시험 시료의 양 : 64g

문제 3
시멘트 밀도 시험에 사용되는 액체는?
- 가. 소금물
- 나. 알콜
- 다. 황산
- 라. 광유

해설 시멘트 밀도 시험용 액체
광유(온도 23±2℃에서 밀도 0.83인 완전 탈수된 등유나, 나프타)

문제 4
시멘트 64g, 처음 광유 눈금 읽기가 0mL, 시멘트를 넣고 기포를 제거한 후 눈금 읽기가 21mL일 때 시멘트의 밀도는 얼마인가?
- 가. $3.05 g/cm^3$
- 나. $3.10 g/cm^3$
- 다. $3.15 g/cm^3$
- 라. $3.20 g/cm^3$

해설 시멘트의 밀도 $= \dfrac{\text{시멘트 무게}(g)}{\text{비중병 눈금차}(ml)} = \dfrac{64}{21-0} = 3.05 g/cm^3$

문제 5
다음 중 시멘트의 응결시간을 측정하기 위한 시험기구는?
- 가. 플로우 테이블
- 나. 압축시험기
- 다. 비카장치
- 라. 진동기

해설 시멘트 응결시간 측정기구 : 비카 장치, 길모어 장치

정답 1. 가 2. 라 3. 라 4. 가 5. 다

문제 6

시멘트 밀도시험에서 비중병을 실온으로 일정하게 되어 있는 항온수조 속에 넣고 광유의 온도차가 최대 얼마 이내로 되었을 때 광유표면의 눈금을 읽어 기록 하는가?

가. 1℃   나. 0.5℃   다. 0.2℃   라. 0.05℃

해설 비중병을 항온수조에 넣은 후 물과 광유와의 온도차가 0.2℃ 이내가 되었을 때 눈금을 읽는다.

문제 7

다음 중 시멘트의 시험법과 기구의 연결이 잘못된 것은?

가. 시멘트의 분말도시험~블레인 공기투과 장치
나. 시멘트의 응결측정~길모어 장치
다. 시멘트의 팽창도시험~오토 클레이브
라. 시멘트 밀도 시험~비카 침에 의한 방법

해설 시멘트시험 방법
- 시멘트 응결시험 : 길모어침 방법, 비카침 방법
- 시멘트 풍화시험 : 강열 감량 시험
- 시멘트 밀도시험 : 르샤트리에 비중병
- 시멘트 분말도시험 : 블레인 공기 투과 장치
- 시멘트 안정성시험 ; 오토클레이브 팽창도 시험

문제 8

시멘트 모르타르 압축강도시험에서 시멘트 사용을 510g 사용 했을 때 표준모래의 양은 얼마나 되는가?

가. 약 510g   나. 약 638g   다. 약 1020g   라. 약 1530g

해설 압축강도 및 휨강도용 모르타르 제작 시 시멘트 : 모래의 비는 1 : 3 비가 되어야 한다.
3×510=1530g

문제 9

다음은 무엇을 설명하는 것인가?

가. 블레인 시험   나. 비이커 시험
다. 오오토 클레이브 시험   라. 길모아 시험

해설 시멘트 분말도시험 : 블레인 공기 투과 장치

정답 6. 다   7. 라   8. 라   9. 가

문제 10

시멘트의 밀도시험을 하기 위하여 쓰이는 기구 및 재료에 속하지 않는 것은?

가. 르샤틀리에 비중병
나. 광유
다. 천칭
라. 표준체

해설	• 시험기구 : 르샤트리에 비중병 • 사용재료 : 광유(온도 23±2℃에서 비중 0.83인 완전 탈수된 등유나, 나프타)

【르샤트리에 비중병】

문제 11

시멘트 압축강도 시험에서 시험체의 모르타르 배합의 무게비(시멘트 : 표준모래)는 다음 어느 것인가?

가. 1:2 나. 1:3 다. 1:4 라. 1:5

해설	압축강도 및 휨강도용 모르타르 제작 시 시멘트 : 모래의 비는 1 : 3 비가 되어야 한다.

문제 12

시멘트 64g, 처음 광유 눈금읽기 $1ml$, 시멘트와 광유읽기가 $21.4ml$ 일 때 시멘트의 밀도 값은 약 얼마인가?

가. 3.14 나. 3.16 다. 3.18 라. 3.20

해설	시멘트의 밀도 = $\dfrac{시멘트\ 무게(g)}{비중병\ 눈금차(ml)}$ = $\dfrac{64}{21.4-1}$ = $3.14 g/cm^3$

문제 13

비카 침에 의한 시멘트의 응결시간 측정에서 지름 1mm의 표준침이 몇 mm 들어갔을 때의 시간을 초결 시간으로 하는가?

가. 10 나. 25 다. 15 라. 20

해설	비카 침에 의한 초결 시간은 시멘트를 혼합한 후부터 30초 동안에 표준침이 시험체에 25mm 들어갔을 때의 시간으로 한다.

문제 14

시멘트 밀도시험에서 비중병 속에 넣는 시멘트 량은 약 얼마인가?

가. 100gf 나. 64gf 다. 500gf 라. 1000gf

해설	시멘트시료 64g을 가지고 실시한다.

정답 10. 라 11. 나 12. 가 13. 나 14. 나

문제 15

다음은 시멘트 분말도 시험에 대한 관계 지식이다. 설명이 잘못된 것은?

가. 시멘트 입자의 가는 정도를 나타내는 것을 분말도라 한다.
나. 시멘트 입자가 가늘수록 분말도가 높다.
다. 분말도가 높으면 수화발열이 작다.
라. 시멘트의 분말도는 비표면적으로 나타낸다.

해설	분말도 ① 시멘트 입자의 가는 정도를 분말도라 함 ② 시멘트 분말도가 높으면(입자가 가늘면) 　• 수화작용이 빠르고　　• 조기강도가 커진다.　　• 풍화하기 쉽고 　• 수화열이 많아 콘크리트에 균열 발생　　• 건조수축이 커진다. ③ 분말도 시험법에는 블레인(Blaine)법과 표준체에 의한 방법 ④ 분말도는 비표면적으로 나타내며, 비표면적(cm^2/g)은 1g의 시멘트가 가지고 있는 전체 입자의 총표면적(cm^2)

문제 16

시멘트 밀도시험 결과 처음 광유 눈금을 읽었더니 0.2mL이고, 시멘트 64g을 넣고 최종적으로 눈금을 읽었더니 20.5mL이었다. 이 시멘트의 밀도는?

가. $3.05 g/cm^3$　　나. $3.15 g/cm^3$　　다. $3.17 g/cm^3$　　라. $3.18 g/cm^3$

해설	시멘트의 밀도 = $\dfrac{\text{시멘트 무게}(g)}{\text{비중병 눈금차}(ml)} = \dfrac{64}{20.5 - 0.2} = 3.15 g/cm^3$

문제 17

흐름시험을 실시한 결과 물의 양은 시멘트 무게의 48%이고, 시험 후 퍼진 모르타르의 평균 지름 값은 11.5cm 일 때 흐름값은? (단, 몰드의 밑지름은 10.2cm 이다.)

가. 102.3%　　나. 110.5%　　다. 112.7%　　라. 121.6%

해설	흐름값 = $\dfrac{\text{시험후 퍼진 모르타르의 평균지름}}{\text{흐름 몰드의 밑지름}} \times 100\ (\%) = \dfrac{11.5}{10.2} \times 100 = 112.7\ (\%)$

문제 18

시멘트 모르타르 압축강도 시험은 공시체를 양생 수조에서 충분히 양생한 후 다음 중 언제 시험 하는가?

가. 양생수조에서 꺼낸 후 30분후에 한다.
나. 양생수조에서 꺼낸 후 60분후에 한다.
다. 양생수조에서 꺼낸 후 공기건조 시킨 후 한다.
라. 양생수조에서 꺼낸 직후에 한다.

해설	양생수조에서 꺼낸 직후에 한다.

정답　15. 다　16. 나　17. 다　18. 라

문제 19

시멘트 밀도시험을 할 때 시험과정 및 유의사항에 대한 설명으로 틀린 것은?

가. 광유는 휘발성 물질이므로 불에 주의해야 한다.
나. 시멘트를 비중병의 목 부분에 묻지 않도록 조심하면서 넣는다.
다. 비중병을 알맞게 흔들어 시멘트 내부에 들어 있는 공기를 빼낸다.
라. 시험이 끝나면 비중병에 깨끗한 물과 마른 모래를 넣고 잘 흔들어 깨끗이 닦아 놓도록 한다.

해설 물로 닦아서는 안 된다.

문제 20

시멘트 밀도시험에 필요한 기구는?

가. 하버드 비중병
나. 르 샤틀리에 비중병
다. 플라스크
라. 비카장치

해설
- 플라스크 : 잔골재 밀도시험
- 비카 장치 : 시멘트 응결시간 측정 장치

문제 21

시멘트 몰탈 압축강도 시험을 하였다. 시험체의 단면적이 1600mm²이고 파괴될 때 최대하중이 15,000 N이었다. 이때 시멘트 몰탈 압축강도는?

가. 8.06(MPa)
나. 9.06(MPa)
다. 9.38(MPa)
라. 10.06(MPa)

해설 압축강도(f_c) = $\frac{P}{A}$ (N/mm^2) = $\frac{15,000}{1,600}$ = 9.38 (MPa)

문제 22

시멘트의 응결시간 시험방법에서 비카장치에 의한 방법은 시멘트 풀을 만들 때 시멘트 몇 g을 시료로 사용하는가?

가. 100g
나. 200g
다. 300g
라. 500g

해설 시멘트시료 500g을 가지고 실시한다.

문제 23

다음 시멘트의 밀도시험 조건에서 밀도 값으로 맞는 것은? (조건 : 처음 광유 읽기 0.4mL, 시료중량 64gf, 시료와 광유 읽기 20.70mL)

가. 3.12g/cm³
나. 3.15g/cm³
다. 3.17g/cm³
라. 3.20g/cm³

해설 시멘트의 밀도 = $\frac{시멘트\ 무게(g)}{비중병\ 눈금차(ml)}$ = $\frac{64}{20.7-0.4}$ = $3.15g/cm^3$

정답 19. 라 20. 나 21. 다 22. 라 23. 나

문제 24

시멘트 모르타르의 압축강도 시험에서 시멘트량이 320gf 일 때 표준사의 중량은?

가. 760gf 나. 860gf 다. 960gf 라. 1260gf

해설 압축강도 및 휨강도용 모르타르 제작 시 시멘트 : 모래의 비는 1 : 3 비가 되어야 한다. 3×320=960g

문제 25

시멘트 밀도 시험 시 주의사항 중 맞지 않은 것은?

가. 광유는 휘발성 물질이므로 불에 조심하여야 한다.
나. 광유표면의 눈금을 읽을 때에는 가장 윗면의 눈금을 읽도록 한다.
다. 시멘트, 광유, 수조의 물, 비중병은 미리 실온으로 일정하게 유지시킨다.
라. 시험이 끝나면 비중병에 물을 사용해서는 안 된다.

해설 광유 표면의 눈금을 읽을 때는 가장 아래 면을 읽는다.

문제 26

다음 중 블레인 공기투과장치에 의하여 시멘트 분말도 시험을 할 때 필요 없는 것은?

가. 표준시멘트 나. 거름종이 다. 수은 라. 광유

해설 광유는 시멘트 밀도시험에 쓰인다.

문제 27

다음 중 시멘트 응결시간 시험방법과 관계가 없는 것은?

가. 플로우 테이블(Flow Table)
나. 비아카 장치(Vicat)
다. 길모아침(Gillmore Needless)
라. 유리판(Pat Glass Plate)

해설 응결시간측정기계기구 : 비아카 장치, 길모아침, 유리판

문제 28

르샤틀리에 비중병 속 광유 표면의 눈금은 어느 곳을 읽는 것이 가장 이상적인가?

가. 곡면의 중간면
나. 곡면의 옆면
다. 곡면의 1/3면
라. 곡면의 밑면

해설 광유 표면의 눈금을 읽을 때는 가장 아래의 곡면을 읽는다.

정답 24. 다 25. 나 26. 라 27. 가 28. 라

문제 29

시멘트 모르타르의 압축강도나 인장강도의 시험체의 양생온도는?

가. 20±3℃
나. 27±2℃
다. 23±2℃
라. 15±3℃

해설 시험체에서 몰드를 떼어 내고, 23±2℃에서 양생

문제 30

시멘트 응결시간 측정 시험의 주의사항 중 옳은 것은?

가. 실험실의 상대습도는 40% 이하가 되도록 한다.
나. 습기함이나 습기실은 시험체를 50%이상의 상대습도에서 저장할 수 있는 구조이어야 한다.
다. 혼합하여 주는 물의 온도는 15±1.7℃의 범위에 있도록 한다.
라. 시험 동안에는 모든 장치를 움직이지 않도록 한다.

해설
- 비카 장치 : 초결 측정에 사용
- 길모어장치 : 초결과 종결 측정에 사용
- 시험 시료 및 시험기기 주위 온도는 20~27.5℃를 유지 한다.
- 혼합하는 물의 온도는 23±1.7℃의범위에 있도록 한다.
- 실험실 상대 습도는 50% 이상이 되도록 한다.
- 습기함이나 습기실의 상대습도는 90% 이상이 되도록 한다.

정답 29. 다   30. 라

골재시험

문제 1
골재 단위무게 측정 시험시 충격을 이용하는 경우 용기 한쪽을 들어 올렸다가 떨어뜨리는 높이는 약 몇 cm인가?

가. 5cm 나. 10cm 다. 25cm 라. 40cm

해설 3층으로 채우고 각층을 용기 한쪽을 약 5cm 가량 올려서 떨어뜨리고 다음에 반대쪽을 5cm가량 들어 올려 떨어뜨려서 한쪽에 25번씩 50번 떨어뜨린다.

문제 2
골재의 체가름 시험시 주의사항으로 옳지 않은 것은?

가. 체 눈에 막힌 알갱이는 파쇄 되지 않도록 되밀어 체에 남은 시료로 간주한다.
나. 1.2mm체에 5%(무게비)이상 남는 잔골재 시료의 최소무게는 100g으로 한다.
다. 측정결과의 무게비(%)의 표시는 이것에 가장 가까운 정수로 수정한다.
라. 체가름은 수동 또는 기계에 의해 체에 상하 운동 및 수평운동을 주고 시료를 흔들어 시료가 끊임없이 체 면을 균등하게 운동하도록 한다.

문제 3
골재에 포함된 잔입자 시험은 골재를 물로 씻어서 몇 mm체를 통과하는 것을 잔입자로 하는가?

가. 0.03mm 나. 0.04mm 다. 0.06mm 라. 0.08mm

해설 0.08mm 체를 통과하는 잔 입자량의 백분율(%)

문제 4
다음 중 잔골재의 표면수 측정법을 바르게 묶은 것은 어느 것인가?

가. 부피에 의한 방법, 충격을 이용하는 방법
나. 충격을 이용하는 방법, 질량에 의한 방법
다. 다짐대를 사용하는 방법, 삽을 이용하는 방법
라. 질량에 의한 방법, 부피에 의한 측정법

해설 잔골재 표면수 시험 방법
• 질량에 의한 측정법(무게법)   • 용적에 의한 측정법(부피법)

문제 5
굵은 골재의 닳음 시험에 사용되는 기계기구가 아닌 것은?

가. 데시케이터 나. 로스앤젤레스 시험기
다. 1.7mm 표준체 라. 건조기

정답 1. 가 2. 나 3. 라 4. 라 5. 가

문제 6

다음 중 골재의 체가름 시험에서 골재의 조립률을 나타내는데 적용되는 표준체의 규격이 아닌 것은?

가. 50mm 나. 20mm 다. 10mm 라. 1.2mm

해 설 조립률을 구하기 위한 10개체
80mm, 40mm, 20mm, 10mm, 5mm, 2.5mm, 1.2mm, 0.6mm, 0.3mm, 0.15mm

문제 7

골재의 안정성 시험에 사용되는 용액으로 알맞은 것은?

가. 황산나트륨용액 나. 황산마그네슘용액
다. 염화칼슘용액 라. 가성소다용액

해 설 안정성시험 : 골재의 내구성을 알기 위해 황산나트륨 포화용액으로 인한 골재의 부서짐 작용에 대한 저항성 시험

문제 8

잔골재의 체가름 시험 때 사용할 시료의 최소무게는 일반적으로 몇 g인가?
(단, 1.2mm체에 무게비로 5%이상 남는 시료를 사용하는 경우로 한다.)

가. 50g 나. 500g 다. 2,000g 라. 5,000g

해 설 잔골재 체가름 시험 최소 시료양
• 1.2mm 체에 5%(무게비) 이상 남는 것 : 500g
• 1.2mm 체를 95%(무게비)이상 통과하는 것 : 100g

문제 9

체가름 할 골재의 시료 채취 방법으로 옳은 것은?

가. 2분법 나. 4분법 다. 6분법 라. 8분법

해 설 시료의 채취 방법 채취
• 필요한 시료를 4분법 또는 분취기로 채취한다.
• 4분법 채취 : A+C, B+D 대각선 채취

문제 10

잔골재의 밀도 및 흡수율 시험시 시험용 기구가 아닌 것은?

가. 저울 나. 플라스크 다. 철망태 라. 건조기

해 설 철 망태는 굵은 골재 밀도 및 흡수율 시험에 사용된다.

정답 6. 가 7. 가 8. 나 9. 나 10. 다

문제 11

다음 중 굵은 골재의 최대치수가 50mm 이하인 경우에 콘크리트 압축강도 시험용 공시체의 크기는?

가. ø 15×30cm 나. ø 20×20cm 다. ø 15×20cm 라. ø 10×30cm

해설 공시체 지름 : 높이의 비는 1 : 2가 되어야 한다.

문제 12

잔골재의 밀도 및 흡수량에 대한 설명 중 틀린 것은?

가. 잔골재의 밀도는 보통 2.50~2.65정도 이다.
나. 잔골재의 흡수량은 보통 1~6% 정도 이다.
다. 일반적인 잔골재의 밀도는 기건상태의 골재 알의 밀도를 말한다.
라. 밀도가 큰 골재는 빈틈이 적어서 흡수량이 적고 강도와 내구성이 크다.

해설
- 잔골재 밀도 : 2.5~2.65
- 밀도가 큰 골재는 빈틈이 적고, 흡수량이 적어 내구성과 강도가 크다
- 잔골재, 굵은 골재 밀도 값을 알아야 콘크리트 배합설계에서 시방배합계산을 할 수 있다.
- 골재 밀도라 함은 보통 표면건조 포화상태 밀도를 말함

문제 13

잔골재의 체가름 시험에서 입도범위(조립율 : FM)가 어느 범위 안에 들어야 콘크리트용 잔골재로서 적당한가?

가. 1.3~2.3 나. 2.3~3.1 다. 5~6 라. 6~8

해설 조립률의 적절한 범위 (골재의 조립률은 알의 지름이 클수록 크다)
- 잔골재 : 2.3~3.1
- 굵은 골재 : 6~8

문제 14

잔골재 밀도 및 흡수량 시험에서 표면건조 포화상태의 시료를 1회 사용할 때 시료의 표준 중량은?

가. 300g 나. 400g 다. 500g 라. 600g

해설 원뿔형몰드에 의해 만든 표면건조포화상태의 시료 500g

문제 15

굵은 골재의 밀도 및 흡수량 시험과 관련이 없는 시험 기계 및 기구는?

가. 시료 분취기 나. 항온 건조기 다. 원뿔형 몰드 라. 데시케이터

해설 원뿔형 몰드는 잔골재 비중(밀도)시험에 사용한다.

정답 11. 가 12. 다 13. 나 14. 다 15. 다

문제 16

콘크리트용 모래에 포함되어 있는 유기불순물 시험에 사용되지 않는 것은?

가. 메틸알콜   나. 탄산암모늄
다. 탄닌산용액   라. 수산화나트륨

해설 유기불순물 시험에 사용하는 용액 조제
10% 알콜용액 만들기 → 2% 탄닌산용액 만들기 → 3% 수산화나트륨 만들기

문제 17

골재의 내구성을 알기 위하여 황산나트륨 포화 용액으로 인한 골재의 부서짐 작용에 대한 저항성을 시험하는 것은?

가. 골재의 안정성 시험   나. 골재의 닳음시험
다. 골재의 단위무게 시험   라. 골재의 유기 불순물 시험

해설 골재안정성 시험은 황산나트륨용액에 대한 저항성 측정

문제 18

잔골재의 밀도 및 흡수율 시험 방법으로 틀린 것은?

가. 500g 시료를 플라스크에 넣고 물을 용량의 90% 까지 채운 다음 교란시켜 기포를 모두 없앤다.
나. 플라스크를 항온수조에 담가 규정의 온도로 조정 후 플라스크, 시료, 물의 질량을 측정한다.
다. 잔골재를 플라스크에서 꺼낸 다음 항량이 될 때까지 105±5℃에서 건조시키고 실온까지 식힌 후 무게를 단다.
라. 흡수율 시험은 3회 이상으로 하며, 측정값은 그 차가 0.5% 이하여야 한다.

해설 시험은 두 번 실시하여 그 측정값의 평균값과 차가 밀도 시험은 0.01g/cm³ 이하, 흡수율 시험의 경우는 0.05% 이하이어야 한다.

문제 19

잔골재 밀도시험 할 때 시료의 준비 및 시험방법을 설명한 것으로 틀린 것은?

가. 시료는 시료분취기 또는 4분법에 따라 채취한다.
나. 시료를 24±4시간 동안 물속에 담근다.
다. 시료를 시료 용기에 담아 무게가 일정하게 될 때까지 105±5℃의 온도로 건조시킨다.
라. 다짐대로 시료의 표면을 가볍게 55회 다진다.

해설 원뿔형 몰드에 시료를 채우고 윗면을 평평하게 고르고 표면을 다짐봉으로 25회 가볍게 다진다.

정답 16. 나   17. 가   18. 라   19. 라

문제 20

입도(粒度) 시험용 잔골재시료는 그림과 같은 4분법을 반복해서 필요량의 시료를 취한다. 다음의 시료 취하는 방식 중 어느 것이 옳은가?

가. A+B 나. B+C 다. C+D 라. B+D

해 설 4분법 채취 : A+C 또는 B+D

문제 21

콘크리트용 모래에 포함되어 있는 유기불순물 시험에 사용하는 식별용 표준색 용액 제조에 필요하지 않는 것은?

가. 질산은 나. 알코올 다. 수산화나트륨 라. 탄닌산가루

해 설 유기불순물 시험에 사용하는 용액 조제
10% 알콜용액 만들기 → 2% 타닌산용액 만들기 → 3% 수산화나트륨 만들기

문제 22

골재의 체가름 시험을 할 때 체를 놓는 순서로 옳은 것은?

가. 체눈이 가는 체는 위로, 굵은 체는 밑으로 놓는다.
나. 체눈이 굵은 체와 가는 체를 섞어 놓는다.
다. 체눈이 굵은 체는 위에, 가는 체는 밑에 놓는다.
라. 체눈의 크기에 관계없이 놓는다.

해 설 체눈이 굵은 체는 위에, 가는 체는 밑에 놓고, 맨 밑은 PAN을 설치한다.

문제 23

굵은 골재의 마모 시험기 중에서 일반적으로 가장 많이 사용하는 시험기는 다음 중 어느 것인가?

가. 데발시험기 나. 로스앤젤레스시험기
다. 흐름시험기 라. 긁기경도 시험기

해 설 로스앤젤레스시험기(LA시험기)를 주로 사용

문제 24

모래의 유기 불순물 시험에서 시료와 수산화나트륨 용액을 넣고 병마개를 닫고 잘 흔든 다음 얼마 동안 가만히 놓아둔 후 색도를 비교 하는가?

가. 1시간 나. 12시간 다. 24시간 라. 48시간

해 설 식별용 표준색 용액을 400ml의 시험용 무색 유리병에 넣어 마개를 막고 잘 흔들어서 24시간 동안 가만이 놓아둔다.

정답 20. 라 21. 가 22. 다 23. 나 24. 다

문제 25

다음 중 골재의 단위무게 시험방법이 아닌 것은?

가. 충격을 이용하는 방법
나. 다짐대를 사용하는 방법
다. 삽을 이용하는 방법
라. 무게에 의한 측정법

해설 봉다지기, 충격에 의한 방법이 있다.

문제 26

로스앤젤레스 시험기로 닳음(마모)시험을 할 때 E,F,G급회전수를 표시한 것 중 옳은 것은?

가. 매분 18~25번 1,000회
나. 매분 30~33번 1,000회
다. 매분 30~33번 10,000회
라. 매분 36~40번 10,000회

해설 시험기를 매분 30~33회의 회전수로 A급, B급, C급, D급은 500번, E급, F급, G급 은 1000번 회전

문제 27

굵은 골재의 체가름 시험에서 골재의 최대 공칭치수가 40mm일 때 시료의 최소 무게는?

가. 3kg
나. 4kg
다. 5kg
라. 8kg

해설 굵은골재 최대치수 40mm 정도의 것은 8kg을 가지고 실시

문제 28

마모시험에서 시료를 시험기에서 꺼내어 시험 후 시료를 몇mm 체로 체가름 하는가?

가. 0.5mm
나. 1.2mm
다. 1.7mm
라. 2.8mm

해설 시료를 시험기에서 꺼내어 1.7mm체로 체가름 한다.

문제 29

모래의 유기불순물 시험에서 사용하는 용액은?

가. 수산화나트륨
나. 염화칼슘
다. 염화나트륨
라. 황산마그네슘

해설 유기불순물 시험에 사용하는 용액 : 3% 수산화나트륨

문제 30

골재의 체가름 시험 결과를 계산하는 과정으로 잘못된 것은?

가. 유동곡선을 그린다.
나. 골재의 최대치수와 조립률을 구한다.
다. 무게비의 표시는 이것에 가장 가까운 정수로 한다.
라. 각체에 남는 시료의 무게를 전체 무게에 대한 무게비(%)로 나타낸다.

해설 유동곡선은 액성한계 구할 때 그리는 곡선

정답 25. 라   26. 나   27. 라   28. 다   29. 가   30. 가

문제 31

굵은 골재의 밀도시험에서 정밀도는 시험을 두 번하여 그 값의 차가 얼마 이하 이어야 하는가?

가. 0.01g/cm³   나. 0.03g/cm³   다. 0.04 g/cm³   라. 0.05g/cm³

해설	정밀도는 두번 실시하여 측정값이 평균값과 차가 밀도시험은 그 값의 0.01g/cm3, 흡수율은 0.03%이하

문제 32

체가름 할 골재의 시료 채취 방법으로 옳은 것은?

가. 2분법   나. 4분법   다. 6분법   라. 8분법

해설	시료 채취방법은 4분법 또는 시료 분취기를 사용

문제 33

골재의 유기불순물 시험에 관한 내용 중 옳지 않은 것은?

가. 시료는 4분법 또는 시료분취기를 사용하여 가장 대표적인 것 약 450g을 취한다.
나. 2%의 탄닌산 용액과 3%의 수산화나트륨용액을 섞어 표준색 용액을 만든다.
다. 시험용액을 만들어 비교해서 표준색과 비교한다.
라. 시험용액이 표준색보다 진할 경우 합격으로 한다.

해설	표준 용액 만들기 • 알코올 10g 물을 90g을 타서 10%의 알코올 용액을 만든다. • 10%의 알코올 용액을 9.8g에 타닌산가루 0.2g을 넣어 2%의 타닌산 용액을 만든다. • 물 291g에 수산화나트륨 9g(무게비 97:3)을 섞어 3%의 수산화나트륨 용액을 만든다. • 2%의 타닌산 용액 2.5ml를 3%의 수산화나트륨 용액 97.5ml에 타서 식별용 표준색용액을 만든다. • 식별용 표준색 용액을 400ml의 시험용 무색 유리병에 넣어 마개를 막고 잘 흔들어서 24시간 동안 가만히 놓아둔다. • 시험 용액의 색갈이 표준색 용액보다 연할 때에는 그 모래는 합격으로 한다.

정답 31. 가   31. 나   33. 라

콘크리트 시험

문제 1

콘크리트 블리딩 시험에서 콘크리트를 용기에 3층으로 나누어 넣고 각층을 다짐대로 몇 회씩 고르게 다지는가?

가. 10회 나. 15회 다. 20회 라. 25회

해설 혼합된 콘크리트를 용기에 3층으로 나누어 넣고, 각 층을 다짐대로 25회 다진 후 용기의 바깥을 10~15번 정도 두드린다.

문제 2

단면적이 80mm²인 강봉을 인장 시험하여 항복점하중 2560kg, 최대하중 3680kg을 얻었을 때 인장강도는 얼마인가?

가. 70 kgf/mm² 나. 46 kgf/mm² 다. 32 kgf/mm² 라. 18 kgf/mm²

해설 인장강도 $(f_{sp}) = \dfrac{P}{A} = \dfrac{3680}{80} = 46.0 \; kgf/mm^2$

문제 3

콘크리트의 인장강도 시험에서 공시체를 성형 후 몇 시간 내에 몰드를 떼어 내는가?

가. 6~10시간 나. 10~16시간 다. 16~72시간 라. 72~96시간

해설 몰드 떼는 시기 : 16시간 ~ 3일 (16~72시간)

문제 4

콘크리트 압축강도 시험에 대한 내용으로 틀린 것은?

가. 굵은 골재의 최대치수가 50mm이하인 경우 시험용 공시체의 지름은 15cm를 원칙으로 한다.
나. 시험기의 가압판과 공시체의 끝 면은 직접 밀착시키고 그 사이에 쿠션재를 넣어서는 안 된다.
다. 시험기의 하중을 가할 경우 공시체에 충격을 주지 않도록 똑같은 속도로 하중을 가한다.
라. 시험체를 만든 다음 48~56시간 안에 몰드를 떼어낸다.

해설 시험체에 콘크리트를 다 채운 16시간 이상 3일 이내에 몰드를 뗀다.(2009 KS 기준 변경)

정답 1. 라 2. 나 3. 다 4. 라

문제 5

콘크리트 슬럼프 시험의 가장 중요한 목적은?

가. 밀도측정
나. 워커빌리티측정
다. 강도측정
라. 입도측정

해설	워커빌리티 판정시험 : 슬럼프 시험, 구관입 시험, 흐름시험

문제 6

콘크리트 강도시험용 공시체의 표준 양생온도는 대략 어느 정도인가?

가. 10℃~15℃
나. 13℃~18℃
다. 17℃~23℃
라. 26℃~35℃

해설	시험체를 20±2℃(18~22℃)에서 습윤 양생 (2009 KS 기준 변경)

문제 7

다음 중 콘크리트 휨강도 시험용 시험체 몰드의 규격으로 적당한 것은?

가. 지름 15cm 높이 30cm
나. 50mm 정육면체
다. 15×15×53cm의 각주형
라. 윗면 10 cm, 밑면 20cm, 높이 30 cm

해설	휨강도용 공시체 규격 • 150×150×530mm 몰드　　• 100×100×380mm 몰드

문제 8

슬럼프 시험에 관한 내용 중 옳은 것은?

가. 슬럼프 콘에 시료를 채우고 벗길 때까지의 시간은 5분이다.
나. 슬럼프 콘만을 벗기는 시간은 10초이다.
다. 슬럼프 콘의 높이는 30cm이다.
라. 물을 많이 넣을수록 슬럼프 값은 작아진다.

해설	슬럼프 시험 (KS 기준이 변경) • 슬럼프 콘을 들어 올리는 시간은 높이 300mm에서 2~3초로 한다. • 슬럼프 콘에 채우고 벗길 때 까지 전 작업시간은 3분 이내 • 물을 많이 넣으면 반죽질기가 커져 슬럼프 값은 커진다.

문제 9

굳은 콘크리트의 비파괴 시험 방법에 속하지 않는 것은?

가. 방사선 투과법
나. 슈미트해머법
다. 공기량 측정법
라. 음파 측정법

해설	공기량 측정법은 콘크리트 속의 공기량을 판정하는 시험

정답 　5. 나　 6. 다　 7. 다　 8. 다　 9. 다

문제 10

다음 그림에서 슬럼프 콘(Slump Cone)의 높이는 얼마인가?

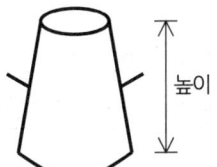

가. 10 cm
나. 20 cm
다. 30 cm
라. 40 cm

문제 11

압축 강도시험용 공시체의 치수는 굵은골재의 최대치수가 40mm 이하인 경우 원칙적으로 지름과 높이는 몇 cm로 하는가?

가. $\varphi 10 \times 30$cm
나. $\varphi 15 \times 30$cm
다. $\varphi 20 \times 35$cm
라. $\varphi 25 \times 40$cm

해설	• 압축강도용 표준 시험체의 치수는 굵은골재 최대치수가 40mm 이하인 경우는 지름 150mm, 높이 300mm로 하고, 굵은골재 최대 치수가 25mm 이하인 경우는 지름이 100mm, 높이 200mm 시험체를 사용한다. • 공시체 지름 : 높이의 비는 1 : 2가 되어야 한다.

문제 12

다짐봉을 사용하여 콘크리트 휨강도시험용 공시체를 제작하는 경우 다짐 횟수는 표면적 약 몇 cm^2당 1회의 비율로 다지는가?

가. 14cm^2
나. 10cm^2
다. 8cm^2
라. 7cm^2

해설	각 층을 다짐대로 10cm2당 1회 비율로 다진다.

문제 13

콘크리트의 압축강도 시험에서 시험용 공시체는 시험 전까지 일정한 온도에서 습윤양생을 해야 한다. 다음 중 옳은 양생온도는?

가. 17℃±3℃
나. 19℃±2℃
다. 20℃±3℃
라. 27℃±2℃

해설	콘크리트 압축강도, 인장강도 휨강도 공통사항 (KS 기준이 바뀜) • 시험체 양생 : 20±2℃에서 습윤양생

문제 14

콘크리트 휨강도 시험용 공시체는 성형후 몇 시간 내에 몰드에서 꺼내야 하는가?

가. 7~10시간
나. 10~15시간
다. 15~21시간
라. 16~72시간

해설	몰드 떼는 시기 : 16시간 ~ 3일 (16~72시간)

정답 10. 다   11. 나   12. 나   13. 다   14. 라

문제 15

워커빌리티와 밀접한 관계가 있는 반죽질기를 측정하는 방법으로서 여러 가지가 있다. 그 중에서도 가장 널리 쓰이는 시험법은?

가. 슬럼프 시험(slump test)
나. 플로우 시험(flow test)
다. 이리바렌 시험(Iribarren test)
라. 켈리 보올(kelly ball)관입 시험

해설	워커빌리티 판정시험 슬럼프 시험, 구관입 시험, 흐름시험, 비비 시험(Vee-Bee test), 리몰딩 시험(remolding test), 이리바렌 시험(Iribarren test)

문제 16

콘크리트의 휨 강도시험으로 공시체 지간의 3등분 중앙부에서 파괴되었을 때 최대하중이 33,000N이다. 휨강도는 얼마인가? (단, 공시체는 150×150×530mm이고, 지간은 450mm임)

가. 3.6(MPa) 나. 3.9(MPa) 다. 4.4(MPa) 라. 4.8(MPa)

해설	휨강도 $= \dfrac{Pl}{bd^2} = \dfrac{33,000 \times 450}{150 \times 150^2} = 4.4\ (MPa)$

문제 17

굳지 않은 콘크리트의 공기함유량 시험에서 멘젤형 공기량 측정기를 사용하는 것은?

가. 수주압력법 나. 공기실압력법 다. 무게법 라. 부피법

해설	수주 압력법(용적에 의한 방법) 멘젤형 공기량 측정기를 사용하며, 일정한 압력을 주었을 때 공기 부피의 감소량이 먼저 공기의 부피에 비례되는 것을 이용하여 공기량을 구하는 방법이다.

문제 18

콘크리트 휨강도 시험에서 몰드의 크기가 150×150×530mm일 때 다짐대로 몇 층, 각각 몇 번을 다지면 되는가?

가. 3층, 42회 나. 2층, 58회 다. 2층, 80회 라. 3층, 90회

해설	• 콘크리트를 몰드에 2층으로 나누어 넣는다. • 각 층을 다짐대로 10cm²당 1회 비율로 다진다. (휨강도면적 $= 15 \times 53 = 795\,cm^2$, ∴ 다짐횟수 $= 795 \div 10 = 79.5 ≒ 80$회)

문제 19

다음 중 공기량 측정법에 속하지 않는 것은?

가. 양생법 나. 무게법 다. 부피법 라. 공기실 압력법

해설	공기량 시험법은 질량방법(무게법), 용적에 의한 방법(부피법), 공기실 압력법

정답 15. 가 16. 다 17. 가 18. 다 19. 가

문제 20

굳지 않은 콘크리트의 공기 함유량 시험에서 공기량, 겉보기 공기량, 골재수정계수는 각각 콘크리트 용적에 대한 백분율을 %로 나타낸 것이다. 압력계의 공기량 눈금 측정결과 겉보기 공기량이 6.70, 골재의 수정계수가 1.20 이었을 때 콘크리트의 공기량은 얼마인가?

가. 1.20 %   나. 5.50 %   다. 6.70 %   라. 7.90 %

해설 콘크리트 공기량 A(%) = A1 - G = 6.7 - 1.2 = 5.5%

문제 21

아직 굳지 않은 콘크리트의 슬럼프 시험기구인 슬럼프 콘의 크기는?

가. 밑면의 안지름 10cm, 윗면의 안지름 20cm, 높이 30cm
나. 밑면의 안지름 20cm, 윗면의 안지름 10cm, 높이 30cm
다. 밑면의 안지름 30cm, 윗면의 안지름 20cm, 높이 10cm
라. 밑면의 안지름 10cm, 윗면의 안지름 30cm, 높이 20cm

문제 22

완성된 구조물의 콘크리트 강도를 알고자 할 때 쓰이는 방법은?

가. 리몰딩시험   나. 이리바렌시험   다. 표면경도방법   라. 다짐계수시험

해설 리몰딩시험, 이리바렌시험, 다짐계수시험 : 굳지 않은 콘크리트의 반죽질기 시험이다.

문제 23

다음 중 슬럼프 시험의 목적은?

가. 콘크리트 내구성 측정   나. 콘크리트 수밀성 측정
다. 콘크리트 반죽질기 측정   라. 콘크리트 강도 측정

해설 슬럼프 시험은 반죽질기 측정시험이며, 워커빌리티 판정시험이다.

문제 24

굳지 않은 콘크리트의 공기 함유량 시험에서 워싱턴형 공기량 측정기를 사용하는 공기량 측정법은 어느 것인가?

가. 무게법   나. 공기실 압력법   다. 부피법   라. 공기 계산법

해설 공기실 압력법: 워싱턴형 공기량 측정기를 사용하며, 공기실의 일정압력을 콘크리트에 가할 때 공기량으로 인하여 압력이 저하되는 것으로부터 공기량을 구하는 방법이다.

정답 20. 나   21. 나   22. 다   23. 다   24. 나

문제 25

슬럼프 시험에서 다짐대로 몇 층에 각각 몇 번씩 다지는가?

가. 2층, 25회   나. 3층, 25회   다. 3층, 59회   라. 2층, 59회

해설 슬럼프 콘은 강으로 된 평판위에 설치하고 3층 25회 다진다.

문제 26

블리딩 시험을 한 결과 마지막까지 누계한 블리딩에 따른 물의 용적 V=76cm³, 콘크리트 윗면의 면적 A=490cm² 일 때 블리딩 량을 구하면?

가. 1.13 cm³/cm²   나. 0.14 cm³/cm²   다. 0.16 cm³/cm²   라. 0.18 cm³/cm²

해설 블리딩량$(cm^3/cm^2, ml/cm^2) = \dfrac{V}{A} = \dfrac{76}{490} = 0.16 \; cm^3/cm^2$

문제 27

콘크리트 인장강도를 측정하기 위한 간접시험 방법으로 가장 적당한 시험은?

가. 탄성종파시험   나. 직접전단시험   다. 비파괴시험   라. 할렬시험

해설 콘크리트 인장강도 시험방법은 직접 인장강도 시험법과, 쪼갬 인장강도 시험법이 있으나, 직접 인장강도 시험법은 시험이 어려워 쪼갬 인장강도(할렬시험) 시험법을 표준

문제 28

다음 중 워커빌리티 측정 방법이 아닌 것은?

가. 슬럼프테스트   나. 비파괴시험   다. 켈리보올관입시험   라. 플로우테스트

해설 비파괴시험 : 콘크리트의 강도를 알기 위함(대표적인 비파괴 시험 슈미트해머)

문제 29

콘크리트 인장강도 시험시 지름이 100mm, 길이가 200mm인 공시체에 하중을 가하여 공시체가 150,000N에서 파괴되었다면 이때의 인장강도는 얼마인가?

가. 4.78(MPa)   나. 6.14(MPa)   다. 7.50(MPa)   라. 1.50(MPa)

해설 인장강도$(f_{sp}) = \dfrac{2P}{\pi dl} = \dfrac{2 \times 150,000}{3.14 \times 100 \times 200} = 4.78\,(MPa)$

문제 30

콘크리트의 슬럼프 시험용 몰드의 크기는? (단, 밑면 안지름×윗면 안지름×높이)

가. 10×20×30cm   나. 10×30×20cm   다. 20×10×30cm   라. 30×10×20cm

해설 슬럼프 콘의 크기 : 윗면(100mm), 밑면(200mm), 높이(300mm)

정답 25. 나   26. 다   27. 라   28. 나   29. 가   30. 다

문제 31

콘크리트 압축강도 시험용 원주형 공시체의 제작시에 캐핑(capping)작업이란 무엇 때문에 해야 하는가?

가. 공시체 표면의 수분침투를 막아 가급적 높은 강도를 얻으려고
나. 가급적 두꺼운 층을 갖는 캐핑으로 먼지 등의 오물침투를 막으려고
다. 공시체 표면의 불순물을 제거하여 청결을 유지하려고
라. 공시체의 표면을 다듬어 유용한 시험결과를 얻으려고

해 설 캐핑 (capping)
콘크리트공시체에 재하 할 때, 가압판과 공시체의 재하면을 밀착시키기 위하여 공시체 상면을 마무리하는 것

문제 32

콘크리트 슬럼프시험에서 시료를 슬럼프콘에 채워 넣을 때 약1/3씩 되도록 3회에 나누어 채우는데 1/3이란 다음 어떤 것에 해당되는가?

가. 콘 높이의 1/3씩을 말한다.
나. 약 10cm 씩을 말한다.
다. 슬럼프콘 용적의 1/3씩을 말한다.
라. 처음 1/3은 바닥에서 5cm, 다음 1/3은 바닥에서 17cm위치를 말한다.

해 설 슬럼프 콘 부피(용적)의 1/3 을 말함

문제 33

콘크리트의 압축강도 시험용 공시체를 성형한 후 몇 시간 지난 후 몰드를 떼내야 하는가?

가. 2~4시간   나. 6~12시간
다. 12~16시간 라. 16~72시간

해 설 몰드 떼는 시기 : 16시간 ~ 3일 (16~72시간)

문제 34

콘크리트의 압축강도 시험에서 공시체는 다음의 어느 상태에서 시험 하는가?

가. 절건상태   나. 함수율 5% 일 때
다. 기건상태   라. 습윤상태

해 설 압축강도 시험 시 공시체는 습윤상태를 유지해야 한다.

정답 31. 라 32. 다 33. 라 34. 라

문제 35

콘크리트의 블리딩에 대한 설명 중 옳지 않은 것은?

가. 콘크리트의 재료 분리의 경향을 알 수 있다.
나. 블리딩이 심하면 콘크리트의 수밀성이 떨어진다.
다. 분말도가 높은 시멘트를 사용하면 블리딩을 줄일 수 있다.
라. 일반적으로 블리딩은 콘크리트를 친 후 5시간이 경과하여야 블리딩 현상이 증가한다.

해설	블리딩 • 블리딩 시험은 콘크리트의 재료 분리의 경향을 알기 위해서 한다. • 일반적으로 블리딩은 콘크리트를 친후 처음 15~30분에 대부분 생기며, 2~4시간에 거의 끝난다. • 블리딩이 커지면 콘크리트 윗부분의 강도가 작아지고 수밀성과 내구성이 작아지며, 레이턴스는 강도가 거의 없어 제거 후 덧 치기 한다. • 분말도가 높은 시멘트 사용

문제 36

플로우 시험(flow test)의 목적은?

가. 콘크리트의 압축강도 측정
나. 콘크리트의 공기량 측정
다. 콘크리트의 유동성 측정
라. 콘크리트의 수밀시험

해설	흐름시험은 유동성 측정 방법

문제 37

콘크리트의 비파괴시험에서 일정한 에너지의 타격을 콘크리트 표면에 주어 그 타격으로 생기는 반발력으로 콘크리트의 강도를 판정하는 방법은?

가. 보울트를 잡아당기는 방법
나. 코어채취 방법
다. 표면경도 방법
라. 음파측정 방법

해설	비파괴 시험의 대표적인 시험은 슈미트 해머에 의한 반발경도 시험으로 슈미트해머(Schmidt hammer)로 때려 반발경도로 콘크리트 압축강도 추정

문제 38

콘크리트 슬럼프 시험 할 때 콘크리트를 처음 넣는 양은 슬럼프 콘 용적의 얼마까지 넣는가?

가. 3/4   나. 1/2   다. 1/3   라. 1/5

해설	슬럼프 콘에 콘크리트 넣기 층당 슬럼프콘 부피의 약 1/3 넣고 25회 고르게 다진다.

정답 35. 라   36. 다   37. 다   38. 다

문제 39
블리딩 시험에서 처음 60분 동안은 몇 분 간격으로 표면에 생긴 블리딩 물을 피펫으로 빨아내는가?

가. 1분　　　나. 5분　　　다. 10분　　　라. 30분

해설 처음 60분 동안은 10분 간격으로, 그 후는 블리딩이 정지할 때까지 30분 간격으로 표면에 생긴 블리딩 물을 피펫으로 빨아낸다.

문제 40
콘크리트 슬럼프 시험을 할 때 슬럼프 콘에 시료를 채우고 벗길 때까지의 전 작업시간은 얼마이내로 하여야 하는가?

가. 5초　　　나. 30초　　　다. 1분　　　라. 3분

해설 슬럼프 콘을 들어 올리는 시간은 높이 30cm에서 2~5초로 한다.
슬럼프 콘에 시료를 채우고 벗길 때까지의 전 작업시간은 3분 이내

문제 41
콘크리트 슬럼프 시험에서 굵은 골재 최대 치수가 얼마를 넘을 경우 제거하고 실시하는가?

가. 25mm　　　나. 40mm　　　다. 70mm　　　라. 100mm

해설 굵은 골재 최대 치수가 40mm를 넘을 경우에는 40mm를 넘는 굵은 골재는 제거하고 슬럼프 시험을 실시한다.

문제 42
콘크리트 블리딩 시험은 굵은 골재의 최대치수가 얼마 이하인 경우 적용 하는가?

가. 200mm　　　나. 150mm　　　다. 100mm　　　라. 50mm

해설 블리딩시험 방법은 굵은 골재의 최대 치수가 50mm 이하인 경우에 적용 된다

문제 43
콘크리트 인장강도 시험에서 공시체의 습윤양생 온도는 어느 정도로 하면 적당한가?

가. 15±3℃　　　나. 20±3℃　　　다. 25±3℃　　　라. 30±3℃

해설 콘크리트 압축강도, 인장강도 휨강도 공통사항 (KS 기준 변경)
- 몰드 떼는 시기 : 16시간~3일
- 시험체 양생 : 20±2℃에서 습윤양생

정답 39. 다　40. 라　41. 나　42. 라　43. 나

문제 44

콘크리트의 블리딩에 대한 설명 중 옳지 않은 것은?

가. 콘크리트의 재료 분리의 경향을 알 수 있다.
나. 블리딩이 심하면 콘크리트의 수밀성이 떨어진다.
다. 분말도가 높은 시멘트를 사용하면 블리딩을 줄일 수 있다.
라. 일반적으로 블리딩은 콘크리트를 친 후 10~12시간이면 거의 끝난다.

해설 일반적으로 블리딩은 콘크리트를 친후 처음 15~30분에 대부분 생기며, 2~4시간에 거의 끝난다.

문제 45

다음 중 3층 25회 다짐방법을 쓰지 않는 것은?

가. 굳지 않은 콘크리트의 슬럼프 시험
나. 굳지 않은 콘크리트의 블리딩 시험
다. 콘크리트 압축강도 시험체 만들기
라. 콘크리트의 휨강도 시험체 만들기

해설 콘크리트 휨강도 시험은 2층 80회 다진다.

문제 46

콘크리트 압축강도용 표준공시체의 파괴최대 하중이 371kN일 때 콘크리트의 압축 강도는 약 얼마인가? (단, 표준공시체는 150x300mm 임)

가. 5.5(MPa)　　나. 10.5(MPa)　　다. 15.5(MPa)　　라. 21.0(MPa)

해설 압축강도 $= \dfrac{P}{A} = \dfrac{371 \times 1000}{\dfrac{3.14 \times 150^2}{4}} = 21.0\,(MPa)$　　$(\because A = \dfrac{\pi d^2}{4})$

- 계산기 누르는 방법 : 371000 ÷ ((3.14 × 150 x^2) ÷ 4) =

문제 47

콘크리트 압축강도 시험시 지름10cm, 높이 20cm의 시험체를 만들어 사용할 수 있는 굵은 골재의 최대치수 크기는?

가. 80mm　　나. 50mm　　다. 40mm　　라. 25mm

해설 콘크리트 압축강도용 굵은 골재의 최대치수

굵은 골재의 최대치수	공시체 크기(지름×높이)
40mm 이하	150mm×300mm
25mm 이하	100mm×200mm

정답　44. 라　45. 라　46. 라　47. 라

문제 48
워싱턴형 공기량 측정기를 사용하여 굳지 않은 콘크리트의 공기 함유량을 구하는 경우에 응용되는 법칙으로 맞는 것은?

가. 스토크스(Stokes)의 법칙 나. 보일(Boyle)의 법칙
다. 다르시(Darcy)의 법칙 라. 뉴턴(Newton)의 법칙

해설 워싱턴형 공기량 측정기는 보일(Boyle)의 법칙을 응용

문제 49
콘크리트의 압축강도 시험기의 공시체 지름은 굵은 골재 최대 치수의 최소 몇 배 이상인가?

가. 2배 나. 3배 다. 4배 라. 5배

해설 시험체 지름은 굵은 골재 최대 치수의 3배 이상이며, 또 10cm 이상이어야 한다.

문제 50
도로, 공항 등 콘크리트 포장 두께의 설계나 배합 설계를 위한 자료로 이용되는 것은?

가. 콘크리트의 7일 압축강도 나. 콘크리트의 28일 압축강도
다. 콘크리트의 휨 강도 라. 콘크리트의 인장 강도

해설 콘크리트 휨 강도는 도로 포장용 콘크리트 품질 결정에 사용

문제 51
콘크리트 시험 중 일반적으로 가장 중요한 강도시험은?

가. 압축강도 나. 인장강도 다. 휨강도 라. 전단강도

해설 콘크리트의 강도라 함은 보통 압축강도를 말하므로 압축강도시험이 가장 중요

문제 52
원주형 공시체에 의한 콘크리트 강도의 슈미트 해머에 의한 비파괴 시험에서 수정된 반발경도(R_0)는 32.0이다. 압축 강도는?

가. 232 kg/cm² 나. 236 kg/cm² 다. 243 kg/cm² 라. 223 kg/cm²

해설 압축강도$(F) = -184 + 13 R_0 = -184 + 13 \times 32 = 232 \, kgf/cm^2$

문제 53
콘크리트 슬럼프 시험할 때 콘크리트를 처음 넣는 양은 슬럼프 콘 용적의 얼마까지 넣는가?

가. 3/4 나. 1/2 다. 1/3 라. 1/5

해설 슬럼프 콘 부피의 1/3씩 넣는다.

정답 48. 나 49. 나 50. 다 51. 가 52. 가 53. 다

문제 54

콘크리트의 압축 강도 시험에서 시험체의 가압면에는 0.05mm 이상의 홈이 있어서는 안 된다. 이를 방지하기 위하여 하는 작업을 무엇이라 하는가?

가. 몰딩　　　나. 캐핑　　　다. 리몰딩　　　라. 코팅

해설
캐핑 (capping)
콘크리트공시체에 재하 할 때, 가압판과 공시체의 재하면을 밀착시키기 위하여 공시체 상면을 마무리하는 것

문제 55

콘크리트 슬럼프 시험에서 슬럼프콘은 몇 초 이내에 벗기며 전 작업 시간은 어느 정도로 하는가?

가. 1~2초, 1분 30초 이내　　　나. 1~2초, 1분 50초 이내
다. 2~5초, 2분 10초 이내　　　라. 2~5초, 3분 이내

해설
슬럼프 콘을 들어 올리는 시간은 높이 30cm에서 2~5초로 한다.
슬럼프 콘에 시료를 채우고 벗길 때까지의 전 작업 시간은 3분 이내

문제 56

슬럼프 콘에 콘크리트를 3층으로 나누어 넣고 다질 때 각층의 다짐 횟수는?

가. 15회　　　나. 20회　　　다. 25회　　　라. 30회

해설
3층으로 나누어 다지며, 각층마다 25회씩 다진다.

문제 57

슈미트 해머에 의한 콘크리트 강도의 비파괴 시험은 한곳에서 몇 점 이상을 측정하여야 하는가?

가. 10점　　　나. 12점　　　다. 20점　　　라. 25점

해설
시험부위 : 시험할 콘크리트 부재 두께는 100mm 이상, 하나의 구조체로 고정, 평활한 면을 선택하고, 한곳에서 3cm 간격 20점 이상을 측정

문제 58

Boyle's law을 적용한 공기량 측정법은?

가. 체적에 의한 방법　　　나. 질량법
다. Washington형 공기실 압력법　　　라. 무게에 의한 방법

해설
공기실 압력법 : 워싱턴형 공기량 측정기를 사용하며, 공기실의 일정압력을 콘크리트에 가할 때 공기량으로 인하여 압력이 저하되는 것으로부터 공기량을 구하는 방법이다.

정답　54. 나　55. 라　56. 다　57. 다　58. 다

문제 59

콘크리트 휨 강도에 대한 유의 사항 중 틀린 것은?

가. 시험체의 한 변의 길이는 골재 최대치수의 4배 이상으로 한다.
나. 시험체는 양생이 끝난 뒤 즉시 젖은 상태에서 시험하여야 한다.
다. 시험하기 전의 재료의 온도는 20~25℃로 일정하게 유지한다.
라. 시험체의 길이는 높이의 4배 보다 15cm 작아야 한다.

해 설 공시체의 길이는 높이의 3배 보다 8cm 이상 더 커야 한다.

문제 60

워싱턴형 공기량 측정법에서 굵은 골재의 최대 치수가 50mm 이하 일 때에 용기의 최소 용량은 몇 L 인가?

가. 6L　　　　나. 8L　　　　다. 10L　　　　라. 12L

해 설

굵은골재 최대치수(mm)	용기 최소 치수(L)
50 이하	6
80이하	12

문제 61

콘크리트 압축강도 시험에서 가압면은 얼마 이상의 홈이 있어서는 안 되는가?

가. 0.05mm　　　나. 0.1mm　　　다. 0.25mm　　　라. 0.5mm

해 설 시험체 가압 면에는 0.05mm 이상의 홈이 있어서는 안 된다

문제 62

굳지 않은 콘크리트의 공기함유량 시험에서 공기량의 측정법 중 옳지 않은 것은?

가. 부피법　　　나. 무게법　　　다. 공기실압력법　　　라. 할렬법

해 설 할렬시험(쪼갬인장시험) : 인장강도시험

문제 63

굳지 않은 콘크리트의 반죽 질기를 시험하는 방법이 아닌 것은?

가. 슬럼프 시험　　　　　　나. 리몰딩시험
다. 길모아침 시험　　　　　라. 켈리볼 관입시험

해 설 길모아침 시험은 응결시험 장치이다

정답 59. 라　60. 가　61. 가　62. 라　63. 다

문제 64
콘크리트 블리딩은 보통 몇 시간이면 거의 끝나는가?

가. 4 - 6시간   나. 6 - 8시간   다. 8시간 이상   라. 2 - 4시간

해설 일반적으로 블리딩은 콘크리트를 친후 처음 15~30분에 대부분 생기며, 2~4시간에 거의 끝난다.

문제 65
굳지 않은 콘크리트의 공기 함유량 시험에서 AE 공기량이 얼마 정도일 때 워커빌리티와 내구성이 가장 좋은가?

가. 1-3%   나. 4-7%   다. 7-9%   라. 9-12%

해설 알맞은 공기량의 범위는 4~7%

문제 66
콘크리트의 압축강도는 재령 며칠의 강도를 설계의 표준으로 하고 있는가?

가. 3일   나. 7일   다. 21일   라. 28일

해설 압축강도는 재령 28일 강도를 말함

문제 67
굳지 않은 콘크리트 또는 모르타르(mortar)에 있어서 골재 및 시멘트 입자의 침강으로 물이 분리하여 상승하는 현상을 무엇이라고 하는가

가. 워커빌리티(Workability)   나. 성형성(Plasticity)
다. 피니셔 빌리티(Finishability)   라. 블리딩(Bleeding)

해설 콘크리트를 친 후 시멘트와 골재 알이 가라앉으면서 물이 올라와 표면에 떠오른다. 이 현상을 블리딩이라 하고, 물이 표면에 떠올라 가라앉으면서 발생한 미세 물질을 레이턴스(laitance)라 함.

문제 68
다음 중 워커빌리티에 영향을 끼치는 요소 중 가장 중요한 것은?

가. 단위시멘트량   나. 단위수량   다. 단위잔골재량   라. 단위혼화재량

해설 콘크리트 강도에 가장 큰 영향을 미치는 것은 단위수량, 즉 사용수량이다.

문제 69
시멘트와 물을 반죽한 것을 무엇이라 하는가?

가. 모르타르   나. 시멘트 풀   다. 콘크리트   라. 반죽질기

해설 혼합물에 의한 분류
- 시멘트 풀 (Cement paste) : 시멘트+물
- 시멘트 모르타르(Cement mortar) : 시멘트+물+잔골재

정답 64. 라   65. 나   66. 라   67. 라   68. 나   69. 나

건설재료시험 기능사 필기

제 7 장

아스팔트 시험

7.1 아스팔트 비중시험

7.2 아스팔트 침입도시험

7.3 아스팔트 신도시험

7.4 역청재료 인화점, 연소점시험

◈ 문제 및 해설

제7장 아스팔트 시험

7.1 아스팔트 비중 시험

1) 보통 25℃에서의 아스팔트의 무게와 이와 같은 부피의 물의 무게와의 비(1.01~1.10정도), 아스팔트의 비중은 침입도가 작을수록(상대 굳기가 클수록) 커진다.
2) 용도 : 아스팔트 분류, 성질, 제법 등을 아는데 참고자료가 되고 아스팔트 혼합물(포장)의 배합설계에서 부피 계산에 사용됨.

7.2 아스팔트 침입도 시험

1) 아스팔트 굳기 정도를 나타냄, 침입도가 클수록 연하다
2) 시료의 준비
   ① 시료는 부분적인 과열을 피하고, 연화점보다 90℃ 이상 높지 않도록 가열하여, 가능한 저온에서 시료 속에 기포가 들어가지 않도록 천천히 혼합하면서 녹인다.
   ② 시료 양은 예정 진입 깊이보다 10mm 이상 깊은 양으로 한다.
   ③ 시료용기에 먼지가 들어가지 않도록 뚜껑을 하고 이것을 15~30℃의 실온에서 1~1.5시간 방치한다. 다음에 삼각대에 넣은 유리 용기와 함께 25±0.1℃로 유지된 항온수조의 지지대에 위에 놓고 1~1.5 시간 방치 한다.
3) 시험방법
   ① 표준 시험조건 온도 25℃, 하중 100g, 시간 5초이다.
   ② 이동용 접시 속에 시료 용기를 넣고, 시료 용기에 충분히 물을 채운다.
   ③ 시료 용기를 침입도계의 시험대 위에 올려놓고 규정된 하중이 가해진 표준침을 시료의 표면에 닿도록 한다.
   ④ 표준침이 시료 표면에 닿으면 즉시 침입 되도록 하중 조정 나사를 빨리 풀어 시료에 자유 낙하시킨다.

⑤ 위와 같은 경우, 표준침의 침입량을 0.1mm 단위로 나타낸 값을 침입도로 한다.
⑥ 시험 결과는 동일 시료에 대하여 3회의 시험 결과의 평균값을 정수로 보고 한다.

7.3 아스팔트 신도 시험

① 신도는 아스팔트의 늘어나는 능력을 나타내며, 연성의 기준이 된다.
② 신도란, 시료의 두 끝을 규정 온도 및 속도로 잡아당겼을 때에 시료가 끊어질 때까지 늘어난 길이를 말하며, 단위는 cm로 나타낸다.
③ 신도시험기의 전동기에 의해 물의 온도 25±0.5℃에서 5±0.25cm/min의 속도로 잡아 당겨 시료가 끊어졌을 때의 지침 눈금을 0.5cm 단위로 읽는다.
④ 도로 포장을 위한 아스팔트는 신도가 크나, 블로운 아스팔트는 신도가 상당히 작다.
⑤ 3회의 시험 결과의 평균값을 신도로 한다.
⑥ 만일, 정상적인 시험을 계속 3회하여 신도를 얻을 수 없다면, 이 시험조건 하에서는 신도를 측정할 수 없는 것으로 한다.

7.4 역청재료 인화점 및 연소점 시험

1) 인화점
    규정 조건에서 시료를 가열하여 작은 불꽃을 유면에 가까이 대었을 때 기름의 증기와 공기의 혼합 기체가 섬광을 발하며 순간적으로 연소하는 최저 온도
2) 연소점
    규정 조건에서 시료를 가열하여 작은 불꽃을 유면에 가까이 대었을 때 기름의 증기와 공기의 혼합 기체가 연속하여 5초 이상 연소하는 최저 온도
3) 연화점(환구법)이란 시료를 규정 조건하에서 가열하였을 때 시료가 연화되기 시작하여 규정된 거리(25.4mm)로 쳐졌을 때의 온도를 말한다.
4) 시료의 준비
    ① 시료는 부분적인 과열을 피하고, 연화점보다 90℃ 이상 높지 않도록 하고 가능한 저온으로 시료 속에 기포가 들어가지 않도록 교반 하면서 용융한다.

② 2개의 환을 시료와 같은 온도로 가열하고, 실리콘 그리스, 글리세린 텍스트린 혼합물 등의 박리제를 도포한 금속판 위에 놓는다.

③ 2개의 환에 시료를 조금 과잉으로 넣고 실온에서 30분 이상 냉각 후 항온 물 중탕에서 10분 이상 냉각 후 과잉의 시료는 환의 상부와 같은 높이까지 맞춘다.

④ 시료를 환에 주입하고 4시간 이내에 시험을 종료 한다.

5) 시험방법

① 연화점이 80℃ 미만인 경우는 새로 끓여 5℃로 냉각한 증류수를, 또 연화점이 80℃ 이상인 경우는 약 32℃의 글리세린을 가열 100~110mm의 높이까지 채운다.

② 중탕온도를 연화점 80℃ 미만의 경우는 5℃로, 80℃이상인 경우는 32℃로 15분간 유지 한다.

③ 가열시작 3분 후부터 연화점에 도달할 때 까지 중탕온도가 매분 5±0.5℃의 속도로 상승하도록 가열 한다.

④ 2개결과의 차가 1℃를 넘는 경우는 재시험 한다.

⑤ 2개의 측정값의 평균값을 0.5℃에 가까운 숫자를 연화점으로 한다.

⑥ 시료가 강구와 함께 25.4mm의 시험대에 닿는 순간의 온도를 연화점으로 한다.

아스팔트 시험

문제 1
아스팔트 침입도시험 시 표준 온도로 적당한 것은?
가. 15℃   나. 20℃   다. 25℃   라. 30℃

해설 표준시험 조건 : 온도 25℃, 하중 100g, 시간 5초

문제 2
역청제의 연화점을 알기 위하여 일반적으로 사용하는 방법은?
가. 환구법   나. 웬트라이너법   다. 우벨로데법   라. 육면체법

해설 연화점 시험 : 환구법

문제 3
아스팔트의 연화점 시험에서 시료가 연화해서 늘어나기 시작하여 얼마만큼 떨어진 밑판에 닿는 순간의 온도계의 눈금을 읽어 기록하는가?
가. 10.0mm   나. 16.0mm   다. 20.1mm   라. 25.4mm

해설 시료가 늘어나기 시작하여 강구와 함께 25.4mm 떨어진 시험대 위에 닿는 순간의 온도를 읽어서 기록 한다.

문제 4
천연 아스팔트의 신도 시험에서 시료를 고리에 걸고 시료의 양끝을 잡아 당길 때의 규정 속도는 분당 얼마가 이상적인가?
가. 80mm/min   나. 50mm/min   다. 80cm/min   라. 50cm/min

해설 25℃에서, 5cm/min

문제 5
도로포장용 아스팔트의 신도 시험 시 인장속도와 신도의 단위로서 맞는 것은?
가. 5mm/분, mm   나. 5mm/분,   다. 5cm/분, mm   라. 5cm/분, cm

해설 25℃에서, 5cm/min이며 단위는 cm로 나타낸다.

문제 6
신도시험으로 파악하는 아스팔트의 성질은?
가. 온도   나. 증발량   다. 굳기정도   라. 연성

해설 신도는 아스팔트의 늘어나는 능력을 나타내며, 연성의 기준이 된다.

정답 1. 다 2. 가 3. 라 4. 나 5. 라 6. 라

문제 7

아스팔트 침입도 시험에서 침입도의 단위로 맞는 것은?

가. 0.001mm 나. 0.01mm 다. 0.1mm 라. 1.0mm

해설 표준침의 침입량을 0.1mm 단위로 나타낸다.

문제 8

침입도 시험의 측정조건 중 옳은 것은?

가. 시료의 온도 25℃에서 100gf의 하중을 5초 동안 가하는 것을 표준으로 한다.
나. 시료의 온도 25℃에서 100gf의 하중을 10초 동안 가하는 것을 표준으로 한다.
다. 시료의 온도 25℃에서 200gf의 하중을 5초 동안 가하는 것을 표준으로 한다.
라. 시료의 온도 25℃에서 200gf의 하중을 10초 동안 가하는 것을 표준으로 한다.

해설 표준 시험 조건 온도 25℃, 하중 100g, 시간 5초

문제 9

아스팔트의 침입도 시험에서 표준침의 침입량이 16.9mm일 때 침입도는?

가. 1.69 나. 16.9 다. 169 라. 1690

해설 표준침의 침입량을 0.1mm ($\frac{1}{10}$mm) 단위로 나타낸 값을 침입도로 한다.

∴ 침입도 $= \frac{16.9}{0.1} = 169$

문제 10

아스팔트의 신도시험에서 시험기에 물을 채우고, 물의 온도를 얼마로 유지해야 하는가?

가. 23±0.5℃ 나. 24±0.5℃ 다. 25±0.5℃ 라. 26±0.5℃

해설 별도의 규정이 없는 한 온도를 25±0.5℃에서, 5cm/min이며 단위는 cm로 나타낸다.

문제 11

다져진 아스팔트 혼합물의 골재 간극 중 아스팔트가 차지하는 부피비를 무엇이라고 하는가?

가. 안정도 나. 빈틈률 다. 채움률 라. 흐름값

해설 아스팔트가 차지하는 부피비 : 채움률

문제 12

다음 중 역청재료가 혼합되었을 때 그 사용목적에 적당한 굳기를 가지는지를 알기 위한 시험은?

가. 침입도 시험 나. 신도 시험 다. 점도 시험 라. 증발감량시험

해설 침입도 : 아스팔트 굳기 정도를 나타냄, 침입도가 클수록 연하다

정답 7. 다 8. 가 9. 다 10. 다 11. 다 12. 가

문제 13

아스팔트 신도시험에 대한 설명으로 틀린 것은?

가. 신도는 3회의 시험결과의 평균값을 취한다.
나. 신도는 아스팔트의 늘어나는 능력을 말하며 연성의기준이 된다.
다. 클립(clip)의 구멍을 시험기의 핀 또는 훅(hook)에 걸고 당겨서 시료가 끊어 졌을 때의 거리를 mm로 기록한다.
라. 별도 규정이 없는 한 온도는 25±0.5℃, 속도는 5±0.25cm/min로 시험한다.

해 설	역청재료 신도 시험 • 신도란, 시료의 두 끝을 규정 온도 및 속도로 잡아당겼을 때에 시료가 끊어질 때까지 늘어난 길이를 말하며, 단위는 cm로 나타낸다. • 신도시험기의 전동기에 의해 5±0.25cm/min의 속도로 잡아 당겨 시료가 끊어졌을 때의 지침 눈금을 0.5cm 단위로 읽는다. • 3회의 시험 결과의 평균값을 신도로 한다.

문제 14

아스팔트의 침입도 시험에서 표준 침이 관입하는 깊이가 20mm일 때 침입도의 표시로 옳은 것은?

가. 2   나. 20   다. 200   라. 2000

해 설	∴ 침입도 = $\frac{20}{0.1}$ = 200

문제 15

역청재료의 연소점을 시험할 때 계속해서 매분 5.5±0.5℃의 속도로 가열하여 시료가 몇 초 동안 연소를 계속할 때의 최초의 온도를 말하는가?

가. 5초   나. 10초   다. 15초   라. 20초

해 설	연소점 규정 조건에서 시료를 가열하여 작은 불꽃을 유면에 가까이 대었을 때 기름의 증기와 공기의 혼합기체가 연속하여 5초 이상 연소하는 최저 온도

문제 16

아스팔트의 침입도 시험에 대한 설명 중 틀린 것은?

가. 시험시 표준온도는 25℃ 이다.
나. 침에 가해지는 추의 무게는 100g 이다.
다. 시험기의 고정쇠를 눌러 침이 10초간 시료 속으로 들어가게 한다.
라. 침입도는 침이 시료 속으로 들어간 깊이를 0.1mm단위로 나타낸다.

해 설	침입도 표준시험 조건 : 온도 25℃, 하중 100g, 시간 5초 이다.

정답   13. 다   14. 다   15. 가   16. 다

문제 17

아스팔트의 신도 시험에 관한 내용 중 틀린 것은?

가. 물의 온도를 25±0.5℃ 로 유지한다.
나. 매분 5±0.25cm 의 속도로 시료를 잡아당긴다.
다. 시료가 끊어 질 때까지 늘어난 길이를 mm단위로 표시한다.
라. 아스팔트의 늘어나는 능력을 신도라 한다.

해설	역청재료 신도 시험 • 신도란, 시료의 두 끝을 규정 온도 및 속도로 잡아당겼을 때에 시료가 끊어질 때까지 늘어난 길이를 말하며, 단위는 cm로 나타낸다. • 신도시험기의 전동기에 의해 5±0.25cm/min의 속도로 잡아 당겨 시료가 끊어졌을 때의 지침 눈금을 0.5cm 단위로 읽는다. • 3회의 시험 결과의 평균값을 신도로 한다.

문제 18

아스팔트 침입도는 표준침의 관입 저항으로 측정하는 것인데, 시료 중에 관입하는 깊이를 얼마 단위로 나타내는가?

가. 1/10mm   나. 5/10mm   다. 1/100mm   라. 1mm

해설	표준침의 침입량을 0.1mm ($\frac{1}{10}$ mm) 단위로 나타낸 값을 침입도로 한다.

문제 19

아스팔트 신도 시험에서 시험기의 물의 온도와 시험 속도로 맞는 것은?

가. 물의 온도 20±0.5℃, 시험기 속도 매분 2±0.25cm
나. 물의 온도 22±0.5℃, 시험기 속도 매분 3±0.25cm
다. 물의 온도 25±0.5℃, 시험기 속도 매분 5±0.25cm
라. 물의 온도 28±0.5℃, 시험기 속도 매분 7±0.25cm

해설	신도시험기의 전동기에 의해 물의 온도 25±0.5℃에서 5±0.25cm/min의 속도로 잡아당겨 시료가 끊어 졌을 때의 지침 눈금을 0.5cm 단위로 읽는다..

문제 20

연화점 시험에서 시료가 강구와 함께 어느 정도 처졌을 때를 연화점으로 하는가?

가. 6.8mm   나. 12.2mm   다. 25.4mm   라. 27.6mm

해설	연화점(환구법)이란 시료를 규정 조건하에서 가열하였을 때 시료가 연화되기 시작하여 규정된 거리(25.4mm)로 처졌을 때의 온도를 말한다.

정답 17. 다   18. 가   19. 다   20. 다

문제 21

아스팔트의 인화점과 연소점에 대한 설명으로 바르지 못한 것은?

가. 인화점은 시료를 가열하면서 시험불꽃을 대었을 때, 시료의 증기에 불이 붙는 최저온도를 말한다.
나. 연소점은 인화점을 측정한 뒤 계속 가열하면서 시료가 최소 5초 동안 연소를 계속한 최저온도를 말한다.
다. 연소점은 인화점보다 낮다.
라. 아스팔트를 가열할 때 표면에서 인화성 가스가 발생하여 불이 붙기가 쉬우므로 아스팔트의 인화점을 알아야 한다.

해설	• 인화점 시험 규정 조건에서 시료를 가열하여 작은 불꽃을 유면에 가까이 대었을 때 기름의 증기와 공기의 혼합기체가 섬광을 발하며 순간적으로 연소하는 최저 온도 • 연소점 규정 조건에서 시료를 가열하여 작은 불꽃을 유면에 가까이 대었을 때 기름의 증기와 공기의 혼합기체가 연속하여 5초 이상 연소하는 최저온도

문제 22

아스팔트 혼합물의 배합설계와 현장에 따른 품질관리를 위하여 행하는 시험은?

가. 증발감량시험
나. 용해도시험
다. 인화점시험
라. 안정도시험(마샬식)

해설	마아샬(marshall) 안정도 시험 아스팔트 콘크리트 표층공사에 사용되는 가열 아스팔트 혼합물 품질시험

문제 23

아스팔트 신도시험에 관한 설명 중 틀린 것은?

가. 신도의 단위는 cm로 나타낸다.
나. 아스팔트 신도는 전성의 기준이 된다.
다. 신도는 늘어나는 능력을 나타낸다.
라. 시험할 때 규정온도는 25±0.5℃이다.

해설	신도는 아스팔트의 늘어나는 능력을 나타내며, 연성의 기준이 된다.

문제 24

보통 아스팔트의 비중시험 온도는 얼마인가?

가. 15℃
나. 20℃
다. 25℃
라. 30℃

해설	비중 시험 방법 보통 25℃에서의 아스팔트의 무게와 이와 같은 부피의 물의 무게와의 비(1.01~1.10 정도)

정답 21. 다 22. 라 23. 나 24. 다

문제 25
아스팔트 침입도 시험에서 침입도의 단위는?

가. 0.1mm   나. 1mm   다. 10mm   라. 100mm

해설 표준침의 침입량을 0.1mm ($\frac{1}{10}$ mm) 단위로 나타낸 값을 침입도로 한다

문제 26
천연 아스팔트의 신도 시험에서 시료를 고리에 걸고 시료의 양끝을 잡아당길 때의 규정 속도는 분당 얼마가 이상적인가?

가. 80mm/min   나. 50mm/min   다. 80cm/min   라. 50cm/min

해설 신도시험기의 전동기에 의해 물의 온도 25±0.5℃에서 5±0.25cm/min의 속도로 잡아당긴다.

문제 27
아스팔트 침입도 시험에 관한 설명 중 옳지 않은 것은?

가. 아스팔트의 컨시스턴시를 측정하는 시험이다.
나. 침입 관입량을 1/10cm 단위로 나타낸 것을 침입도로 한다.
다. 표준침은 지름 약 1.00 - 1.02mm, 길이 약 50.8mm의 스테인레스 강재로 된 것을 사용한다.
라. 시료는 부분적으로 과열되지 않도록 주의해서 액체상태가 될 때까지 가열한다.

해설 침입도 시험
- 아스팔트 굳기 정도를 나타냄, 침입도가 클수록 연하다
- 시료는 부분적인 과열을 피하고, 연화점보다 90℃ 이상 높지 않도록 가열하여, 가능한 저온에서 시료 속에 기포가 들어가지 않도록 천천히 혼합하면서 녹인다.
- 위와 같은 경우, 표준침의 침입량을 0.1mm 단위로 나타낸 값을 침입도로 한다.

문제 28
아스팔트의 늘어나는 능력을 측정하는 시험은?

가. 아스팔트 비중시험
나. 아스팔트 침입도시험
다. 아스팔트 인화점시험
라. 아스팔트 신도시험

해설 신도는 아스팔트의 늘어나는 능력을 나타내며, 연성의 기준이 된다.

문제 29
아스팔트의 컨시스턴시를 알고자 한다. 다음 중 어떤 시험을 실시해야 하는가?

가. 침입도 시험   나. 인화점 시험   다. 연화점 시험   라. 신도 시험

해설 아스팔트 굳기 정도를 나타냄 (컨시스턴시)

정답 25. 가   26. 나   27. 나   28. 라   29. 가

건설재료시험 기능사 필기

제8장

흙의 시험

8.1 흙의 함수비 시험
8.2 흙의 밀도 시험
8.3 흙의 액.소성한계 시험
8.4 흙의 수축한계 시험
8.5 흙의 입도 시험
8.6 흙의 투수 시험
8.7 흙의 일축압축 시험
8.8 흙의 직접 전단 시험
8.9 흙의 다짐 시험
8.10 노상토 지지력비 시험
8.11 평판재하 시험
8.12 표준관입 시험
8.13 모래 치환법에 의한 흙의 단위무게 시험
◇ 문제 및 해설

제8장 흙의 시험

8.1 흙의 함수비시험 (KSF 2306)

1) 함수비

   110±5℃의 노 건조에 의해 잃게 되는 젖은 흙 속의 수분 무게와 흙의 노 건조 무게에 대한 비. 백분률로 나타낸다.

2) 함수비측정이 요구되는 시험

   ① 액성한계시험

   ② 소성한계시험

   ③ 수축한계시험

   ④ 다짐시험

3) 관련지식

   ① 저울은 같은 저울로 단다. (저울의 오차 최소)

   ② 습윤시료무게 측정은 즉시 측정한다.

   ③ 건조기, 데시게이터에서 시료를 넣거나 꺼낼 때는 도가니 집게를 사용한다.

4) 시험기구

   용기, 저울, 데시게이터 (실리카겔, 염화칼슘 등의 흡수제를 넣은 것)

5) 시료 : 함수비 측정에 필요한 최소 무게

시료의 최대 입자 지름(mm)	시료의 최소 무게
75	5~30(kgf)
37.5	1~5(kgf)
19	150~300(gf)
4.75	30~100(gf)
2.0	10~30(gf)
0.425	5~10(gf)

6) 시험방법

   ① 용기 무게(W_C)를 측정한다.

   ② 습윤시료를 용기에 넣고 전 무게(W_a)를 측정한다. : 습윤토 무게+용기 무게

   ③ 시료를 용기별로 항온건조로에 넣고, 110±5℃에서 일정 무게가 될 때 까지(일반적으로 18~24시간 정도) 노 건조한다.

④ 노 건조 시료를 용기별로 데시게이터에 옮기고, 거의 실온이 될 때 까지 식힌 후 전 무게 (W_b)를 단다. : 건조토 무게+용기무게

7) 결과 계산

- 함수비 $(w) = \dfrac{물의\ 무게}{흙\ 입자만의\ 무게} = \dfrac{W_W}{W_S} \times 100\ (\%)$

8.2 흙의 밀도(비중)시험 (KSF 2308)

1) 흙의 밀도(비중)

물의 단위중량에 대한 흙 입자의 단위중량과의 비로 정의된다. 따라서 흙의 비중은 그 흙을 조성하는 광물질의 단위중량과 관계되므로, 철분과 같은 성분을 포함하고 있으면 비중의 값은 커진다.

2) 시험목적

흙 입자의 비중은 흙의 기본성질인 공극과 포화도를 아는데 필요할 뿐만 아니라 흙의 다짐의 정도와 유기질흙에 있어서 유기물함량을 구하는데 이용되며 이 때문에 흙 입자의 비중시험을 한다.

3) 관련지식

① 비중병은 부피 팽창이 적은 것을 사용한다.
② 기포를 제거하기 위해 끓일 때는 내용물이 넘치지 않도록 한다. 끓어 넘칠 경우에는 온도를 내리거나 감압 하는 것이 좋다. 또 다른 방지법으로는 유리봉 등을 교차시켜 비중병에 넣는 것이 좋다.
③ 끓이는 시간은 일반적인 흙에서 10분 이상, 고 유기질토에서 약 40분, 화산재 흙에서는 2시간 이상 필요하다.
④ 4.75mm 체를 통과한 시료를 사용한다.
⑤ 노 건조시료를 사용 하는 경우는 증류수를 가하여 12시간 담근 후 시험을 실시한다.
⑥ 비중병을 끓이는 이유는 공기를 제거하여 정확한 비중을 측정하기 위함이다.
⑦ 스토퍼를 사용하는 이유는 비중병에 증류수를 넣을 때 메니스커스 현상에 의해 오차를 적게 하기 위함이다.

4) 시험기구

피크노미터, 저울(감도 0.001g), 온도계, 항온건조로(110±5℃ 유지할 수 있는 것), 데시게이터, 흙 입자 분리기구, 파쇄 기구, 끓이는 기구, 증류수

5) 시험 방법
① 준비한 시료를 비중병에 넣는다.
② 증류수를 비중병 용량의 2/3정도까지 채운다. 이때 비중병 내부의 상부에 붙은 시료도 흘려 넣는다.
③ 알코올램프로 비중병을 가열하여 10분 이상 끓인다.
④ 끓이는 도중에 기포가 빠져나가는 것을 돕기 위해 가끔씩 비중병을 흔들어 준다.
⑤ 가열한 시료를 실온이 될 때까지 식힌다.
⑥ 비중병 전체에 증류수를 가하여 스토퍼를 닫아서 가득 채운다.
⑦ (시료+증류수+비중병)의 무게를 잰다.
⑧ 스토퍼를 빼내고 내용물의 온도 T를 측정한다.
⑨ 비중병의 내용물이 유실되지 않도록 증발접시 또는 비이커에 꺼내 담는다.
⑩ 꺼낸 내용물 전량을 110±5℃에서 일정한 무게가 될 때까지 건조시킨다.
⑪ 노건조 시료를 데시케이터 내에서 실온이 될 때까지 식힌다.
⑫ 노건조 중량을 측정하여 흙 입자 중량을 구한다.

6) 결과의 계산
① W_a의 결정

$$W_a = \frac{T\text{℃에서의 물의 비중}}{T'\text{℃에서의 물의 비중}} \times (W_a' - W_f) + W_f$$

여기서, W_f : 비중병 무게 (g)

W_a' : T'℃에서 비중병과 증류수 무게 (g)

T℃ : 임의의 온도

② 온도 T'℃의 물에 대한 T℃의 흙 입자 비중

$$G_T(T\text{℃}/T'\text{℃}) = \frac{W_S}{W_S + (W_a - W_b)}$$

여기서, W_S: 비중병에 넣은 노 건조토의 중량 (g)

W_a : T℃에서의 (비중병+증류수)의 환산 중량 (g)

W_b : T℃에서의 (비중병+노건조토(또는 습윤토)+증류수)의 중량 (g)

T℃ : W_b를 측정할 때 내용물의 온도

③ 특히 기준이 되는 온도가 지정되지 않을 때의 흙 입자비중

$$G_S(T/15\text{℃}) = K \cdot G_T(T\text{℃}/T'\text{℃})$$

8.3 흙의 액성한계 시험 및 소성한계 시험

1 액성한계 시험

1) **액성한계** : 흙이 소성 상태에서 액체 상태로 바뀔 때의 함수비
2) **시험목적**
    액·소성한계시험은 흙을 공학적으로 분류하기 위해서 시행되며 액성한계는 세립토의 판별, 분류 및 공학적 성질을 판단하는데 그 목적이 있다.
3) **시험기구**
    액성한계 측정기, 홈파기 날 및 게이지, 함수비 측정기구
4) **시험방법**
    ① 액성한계 시험용으로 공기건조시료를 0.425mm 체로 쳐서 통과한 시료 약 200 g을 준비한다.
    ② 시료를 유리판 위에 놓고 충분히 반죽한다.
    ③ 수분이 증발되지 않도록 해서 10여 시간 방치한다.
    ④ 황동접시와 경질고무 받침대 사이를 낙하 높이가 10±0.1mm로 조절한다.
    ⑤ 반죽한 흙을 황동 접시에 담아 최대 두께가 약 1cm 되도록 잘 고른다.
    ⑥ 접시의 대칭축을 따라 홈파기 날을 수직으로 세워 홈을 파서 접시 속의 흙을 양쪽으로 가른다.
    ⑦ 액성한계측정기의 손잡이를 1초 동안에 2회의 속도로 회전시켜 흙을 담은 접시를 판에 떨어뜨린다.
    ⑧ 홈의 밑 부분에 있는 흙이 약 1.5cm 정도 합류할 때의 낙하횟수를 구한다.
    ⑨ 양쪽 흙이 합쳐진 부분에서 흙을 따내서 함수비를 구한다.
    ⑩ 낙하횟수 10~25회의 것 2개, 25~35회의 것 2개가 얻어지도록 한다.

2 소성한계 시험

1) **소성한계** : 흙이 소성 상태에서 반고체 상태로 바뀔 때의 함수비
2) **시험기구** : 불투명 유리판, 둥근 봉,
3) **시험 방법**
    ① 소성한계 시험용으로 공기건조시료를 0.425mm 체로 쳐서 통과한 시료 약20g으로 한다.
    ② 반죽한 시료 덩어리를 손바닥과 불투명 유리판 사이에서 굴리면서 끈 모양으로 하고 끈의

굵기를 지름 3mm의 둥근 봉에 맞춘다. 이 흙 끈이 지름 3mm가 되었을 때 다시 덩어리로 만들고 이 조작을 반복한다.

③ 위 조작으로 흙의 끈이 지름 3mm가 된 단계에서 끈이 끊어졌을 때 그 조각조각 난 부분의 흙을 모아서 재빨리 함수비를 구한다.

3 결과계산

1) 액성한계

① 반 로그 그래프용지의 로그 눈금에 낙하횟수, 산술 눈금에 함수비를 잡고 측정값을 플롯한다.
② 측정값에 가장 적합한 직선을 구하고 이것을 유동곡선으로 한다.
③ 유동곡선에서 낙하횟수 25회에 상당하는 함수비를 액성한계(w_l)로 한다.
④ 소성한계를 구할 수 없거나 소성한계가 액성한계와 같다든지 또는 소성한계가 액성한계보다 크게 구해지는 경우는 비소성(NP)으로 표시한다.

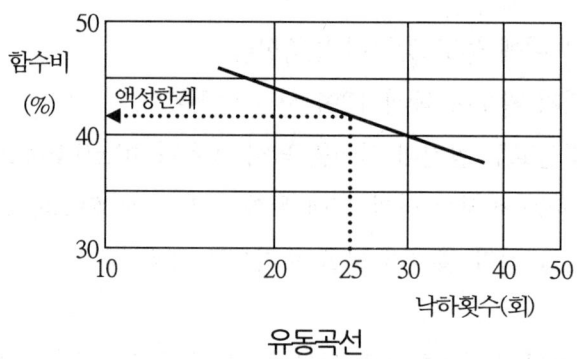

유동곡선

2) 소성한계

소성지수는 다음 식에 의하여 구한다. 다만, 액성한계 혹은 소성한계를 구할 수 없을 때, 또는 액성한계와 소성한계에 유의차가 없을 때는 NP로 한다.

$$I_P = w_l - w_p$$

8.4 흙의 수축 한계 시험

1) 수축한계

흙의 함수량을 어떤 양 이하로 줄여도 그 흙의 체적이 줄지 않고 함수량을 그 이상으로 하면 체적이 증대하는 한계의 함수비

2) 시험 장치 및 기구

수축 접시(지름 4.5mm, 길이 13mm 정도), 유리판, 유리 용기(안지름 약 50mm, 길이 약 25mm), 수은(50mL), 수은접시(지름 150mm 정도)

3) 안전 및 유의 사항

① 시료는 물을 가해서 약 1일 동안 습기 상자 내에 방치한다.
② 시료의 함수량은 액성 한계를 넘어서지 않는 것이 좋다.
③ 바셀린 또는 그리스는 시료가 증발 접시에 붙는 것을 방지하는 데 있어서 필요한 범위 내에서 될 수 있는 한 엷게 바른다.
④ 증발 접시를 두드릴 때 시료에서 기포가 안 나올 때까지 몇 회라도 두드린다.
⑤ 시료를 수은에 넣을 때에 넘지 않도록 천천히 넣어서 기포가 남지 않도록 한다.

4) 시험방법

① 0.425mm체 통과 시료 약 30g을 유리판 위에서 증류수를 가하면서 반죽 상태로 반죽한다.
② 수축 접시의 내면에 바셀린이나 그리스를 얇게 발라 흙이 부착되지 않도록 한다.
③ 수축 접시의 무게를 측정한다.
④ 수축 접시 용적의 약 1/3정도로 반죽한 시료를 접시 중앙에 넣고 수매의 여과지로 된 쿠션면에 접시를 두들겨 흙을 자연스럽게 유동시킨다. 이때 기포가 표면에 나오면서 흙이 잘 다짐되도록 접시를 두드리면서 수축 접시 상부까지 시료가 넘치도록 한다.
⑤ 넘치는 흙을 곧은 날로 절취하고 접시 외측의 흙도 떨어낸다.
⑥ (습윤토+수축접시)의 무게를 측정하고, 시료가 검은색에서 밝은 색이 될 때까지 공기 건조한다.
⑦ 밝은 색이 되면 110±5°C에서 일정량이 될 때까지 건조시켜 건조토의 무게를 구한다.
⑧ 습윤토의 체적을 측정한다. 이때, 수은을 수축 접시에 넘치도록 넣고 유리판으로 접시 상부를 눌러 수은을 제거하고, 남은 수은을 메스실린더에 옮겨 용적을 측정하면, 이것이 습윤토의 체적이다.
⑨ 유리그릇에 수은을 넘치도록 채우고, 다리 달린 유리판을 유리 용기 윗면에 꼭 눌러 여분의 수은을 제거하고, 그릇 바깥에 묻은 수은도 씻어 낸다.
⑩ 수은이 들어 있는 유리그릇을 증발 접시 속에 옮기고 ⑦에서 건조시킨 공시체를 수은 표면에 놓은 다음 다리 달린 유리판으로 공시체를 수은 속으로 밀어 넣으면서 유리

용기의 상면에 꼭 접촉시킨다.

⑪ 배제된 수은의 체적을 메스실린더로 측정하면 이것이 건조토의 체적이 된다.

5) 결과의 계산

① 수축한계

수축한계는 체적 수축 시험에서 얻어진 자료로부터 다음 식에 따라 계산한다.

- 수축한계 $(w_s) = w - \left\{ \dfrac{(V-V_s)\gamma_w}{W_s} \times 100\% \right\} = (\dfrac{1}{R} - \dfrac{1}{G_s}) \times 100\%$

② 수축비

수축비 R은 수축 한계 이상의 부분에 있어서 체적 변화와 이에 대응하는 함수량의 변화 $w - w_s$와의 비이며 건조한 최후의 상태에 있어서의 단위무게와 같으며, 다음 식으로 표시된다.

- 수축비 $(R) = \dfrac{C}{w - w_s} = \dfrac{W_s}{V_s \cdot r_w}$

③ 비중(근사값)

비중은 체적 변화 시험에서 얻어진 자료로부터 다음 식에 따라 계산한다.

- $G_S = \dfrac{1}{\dfrac{1}{R} - \dfrac{\omega_s}{100}}$

여기서, $R = \dfrac{W_S}{V_S \cdot \gamma_w}$

w : 함수비, V_s : 노건조 시료의 체적

R : 수축비, V : 습윤시료의 체

W_s : 노건조 시료의 중량

8.5 흙의 입도 시험

1) 기계기구

저울, 체진동기, 초시계, 시험용 체(75mm, 53mm, 37.5mm, 26.5mm, 19mm, 9.5mm, 4.75mm, 2mm) 솔, 고무망치, 온도계, 함수비 측정기구

2) 시료
① 2mm체 잔류분을 2mm체 위에서 물로 씻어 2mm체 통과분의 흙 입자를 충분히 씻어 낸다.
② 체에 잔류한 시료의 전량을 110±5℃에서 일정 질량이 될 때까지 노 건조 하고 그 질량을 W_{OS} 로 한다.

3) 2mm 체 잔류분 체가름 시험 방법
① 노 건조 시료 전량을 75mm, 53mm, 37.5mm, 26.5mm, 19mm, 및 4.75mm체를 사용하여 체가름 한다. 체가름은 상하 및 수평 방향에 진동을 준다. 1분간을 체가름 하여도 통과분이 남은 양의 0.1%를 넘지 않을 때까지 계속한다.
② 각 체에 잔류한 시료 무게를 측정한다.
③ 입자 지름에 대한 통과 무게 백분율을 구한다.

4) 2mm체 통과시료는 비중계에 의한 침강분석 시험

5) 결과의 계산
① 전 시료의 노 건조무게 : $W_S = \dfrac{100\,W}{100+w}$

② 잔유율 : $P_r = \dfrac{W_{sr}}{W_s} \times 100\,(\%)$ (W_{sr} : 각체에 남은 시료의 노건조무게

W_s : 전체 시료의 노 건조 무게)

③ 가적 잔유율 $P_r' = \sum P_r$
④ 가적 통과율 $P' = 100 - P_r'$

8.6 흙의 투수시험

1) 실내 투수시험

시험방법	적용범위	적용지반
정수위 투수시험	$k = 10^{-2} \sim 10^{-3}\,cm/s$	투수계수가 큰 지반
변수위 투수시험	$k = 10^{-3} \sim 10^{-6}\,cm/s$	투수성이 작은 흙
압밀 시험	$k = 10^{-7}\,cm/s$ 이하	불투수성 흙

2) 현장 투수 시험
① 양수 시험
양수 시험은 조립토의 투수계수 측정 하는데 적합하며, 불투수층까지 굴착한 시험 우물에서

양수를 계속하여 주변 관측 우물의 수위를 관찰 하는 것

② 주입법

지반내의 지하수가 매우 낮거나 암반과 같이 투수계수가 작은 경우에 실시하는 방법이다.

8.7 흙의 일축압축시험

1) **일축압축강도** : 구속압을 받지 않는 시험체의 최대 압축 응력
2) **시험기구** : 트리머, 마이터 박스
3) **시험방법**
   ① 공시체를 하부 가압판의 중앙에 둔다. 공시체에 압축력이 가해지지 않도록 상부 가압판을 밀착시킨다.
   ② 변위계, 하중계 설치를 확인하고, 원점을 조정한다.
   ③ 매분 1%의 압축변형이 발생하는 비율을 표준으로 하여 연속적으로 공시체를 압축한다.
   ④ 압축과정에서 압축량 ΔH와 압축력 P를 측정한다. 전기식 변위계를 사용하여 연속기록을 하지 않는 경우에는 약 20초마다 시간, 하중계 및 압축량 측정용 다이얼 게이지를 동시에 읽는다.
   ⑤ 압축을 종료하는 것은 다음 3가지 조건 중 어느 하나에 해당할 때 하는 것으로 한다.
   - 압축력이 최대가 된 후 계속하여 변형률이 2%이상 생길 때
   - 압축력이 최대값의 2/3 정도로 감소할 때
   - 압축변형률이 15%에 달했을 때
   ⑥ 공시체의 변형, 파괴상황 등을 관찰하고 기록한다.
4) **결과의 정리**

$$\epsilon = \frac{\Delta H}{H_0} \times 100$$

$$\sigma = \frac{P}{A_0} \times (1 - \frac{\epsilon}{100}) \times 100$$

변곡점이 곡선 초기 부분에 발생하는 경우는 변곡점 이하의 직선 부분을 연장하여 가로축과 교점을 파괴 변형률 산정의 원점(수정원점)으로 한다.

8.8 흙의 직접 전단시험

1) **시험 목적** : 주로 사질지반의 ±를 구하기 위함이다.
2) **시험 방법**
   ① 전단상자 상,하면 사이에 0.2mm 정도의 틈을 가지도록 전단상자를 조절한다.
   ② 전단력 전달 장치를 소요의 전단속도가 얻어지도록 설정한다.
   ③ 전단력 전달 장치를 전단상자에 접촉시킨다.
   ④ 전단변위 측정용 다이얼게이지를 초기눈금을 설정한다.
   ⑤ 상, 하 전달상자를 연결하고 있는 록킹 핀을 뽑는다.
   ⑥ 전단력을 가하여 소정의 전단속도로 전단상자를 변위시킨다.
   ⑦ 적당한 시간간격마다 하중계를 읽고, 이때의 수직 및 전단변위를 다이얼게이지에서 읽어 각각 기록한다.
   ⑧ 하중계를 읽은 값(전단력 S)이 최대값을 넘은 후 일정치로 떨어지거나 혹은 수평 변위량이 시료직경의 15%를 넘은 뒤 1분간 더 전단한다.
   ⑨ 전단력과 수직력을 제거하고, 전단변위, 수직변위 측정용 다이얼게이지를 떼어낸다.
   ⑩ 가압판을 떼어내고 전단상자를 떼어낸다.
   ⑪ 공시체의 전단면을 관찰한 후 항온 건조에 노건조시켜 건조 중량을 측정
   ⑫ 4개 이상의 공시체를 수직응력을 단계적으로 변화시키면서 수행한다.
3) **결과의 정리**

$$\tau = \frac{S}{A}, \quad \sigma = \frac{P}{A}$$

τ, σ 를 이용하여 c, ϕ를 구한다.

c, ϕ값은 토압계산, 사면안정해석, 기초파괴에 대한 안정, 말뚝이나 기초의 지지력 계산에 이용된다.

8.9 흙의 다짐시험 (KSF 2312)

1) **시험 장치 및 기구**
   래머, 몰드, 칼라, 스페이서 디스크, 시료 추출기, 혼합 용구(팬, 분무기), 저울(20kg, 감도

5g), 곧은날, 표준체(19mm 및 37.5mm 체), 항온 건조로(온도 110±5℃ 조절이 가능), 메스실린더(용량 1000 mL)

2) 안전 및 유의 사항

① 채취한 흙이 습할 때에는 규정된 체를 통과할 수 있게 될 때까지 공기 건조시킨다.

② 공기 건조를 서두르기 위해서 항온 건조로를 이용하게 될 때에는 건조온도는 50℃ 이하로 한다.

③ 물을 부어 혼합한 후, 물이 흙에 완전히 흡수되도록 밀폐된 용기에 넣어 12시간 이상 정치하여야 한다.

④ 다진 후의 각 층 두께(약 4.5cm)는 경험에 의하나, 로움 정도의 흙에서는 첫째 층은 몰드 부분의 80%정도까지, 둘째 층은 칼라 부분의 10%정도, 셋째 층은 칼라 부분의 80~90% 정도까지 채우고 다지면 된다.

⑤ 래머의 저면에 부착한 흙은 다질 때마다 반드시 깎아 낸다.

⑥ 다짐은 콘크리트 바닥과 같은 견고하고 평편한 곳에서 한다. 현장에서는 구형 암거, 교량 슬래브 및 포장면에 놓고 다져도 된다.

⑦ 시료의 양이 너무 많아서 3층 때의 다짐이 끝난 면의 높이가 칼라 부분에 너 무 들어가 버렸을 경우에, 무리하게 칼라를 빼면 칼라에 붙어 있는 몰드 내의 흙이 벗겨지는 수가 많기 때문에 칼라의 내측에 부착된 흙을 주걱 등으로 긁어내면 좋다. 또는 칼라 내의 흙 상부를 래머로 누르면서, 칼라를 돌리면서 떼어 내는 것이 좋다.

⑧ 래머는 수직으로 세워 윗면까지 정확하게 들어 올려 자유 낙하시킨다.

⑨ 래머의 낙하 면이 균등하게 시료를 다지기 위하여 몰드 가장자리를 돌아가면 서 낙하시켜 한 바퀴 돌 수 있도록 한다.

⑩ 일반적으로 같은 흙을 되풀이하여 사용할 수 있다. 여기서, 흙이 연질이어서 다짐 작업 중 입자가 깨지는 경우나 다져진 흙덩어리가 잘 부서지지 않는 점토질의 흙에서는 같은 시료를 되풀이하여 사용하지 말고 매번 새로운 흙을 사용해야 한다.

3) 다짐 시험 방법의 종류

다짐 시험의 종류는 다짐 몰드의 지름, 래머 무게, 낙하고, 층수, 타격 횟수, 사용 시료 등에 따라서 5가지 방법이 있다.

다짐 방법	래머 무게(kg)	몰드안지름 (cm)	다짐 층수	1층 당의 다짐 횟수	허용 최대 입자 지름(mm)
A	2.5	10	3	25	19
B	2.5	15	3	55	37.5
C	4.5	10	5	25	19
D	4.5	15	5	55	19
E	4.5	15	3	92	37.5

4) 시료의 준비 방법 및 사용 방법

시료의 준비 방법 및 사용 방법은 a방법, b방법, c방법의 3가지가 있다.

a 방법은 건조법으로 반복법이고, b방법은 건조법으로 비반복법, c방법은 습윤법으로 비반복법을 이용하여 시료를 준비 사용하는 방법이다.

5) 시험 방법의 선택

시험 방법의 선택은 다음 사항을 고려하여야 한다.

① 다짐 방법은 시험 목적과 시료의 최대 입자 지름을 고려하여 선택한다.

② 시료의 준비 방법에서 함수비 조정은 만일 시료가 건조하면 시험 결과에 영향을 주는 흙에는 습윤법을 적용하고, 그 이외에는 건조법을 적용한다.

③ 시료의 사용방법

다짐에 의해 토립자가 파쇄 되기 쉬운 흙이나, 물을 가한 후에 물과 섞이는 데 시간이 걸리는 흙에는 비반복을 그 외의 흙에는 반복법을 적용한다.

6) 시료의 준비

준비하는 시료의 최소 필요량은 아래표와 같다

준비하는 시료의 최소 필요량

조합의 호칭명	시료 준비 및 사용 방법의 조합	몰드의 지름 (cm)	허용 최대 입자 지름 (mm)	시료의 최소 필요량
a	건조법으로 반복법	10	19	5kg
		15	19	8kg
		15	37.5	15kg
b	건조법으로 비반복법	10	19	3kg
		15	37.5	6kg
c	습윤법으로 비반복법	10	19	3kg
		15	37.5	6kg

7) 시험 방법

① 몰드와 밑판 및 칼라 내부에 그리스를 엷게 바른 다음, 몰드 및 밑판의 무게(W_1)를 측정한다.

② 시료를 몰드에 넣어 소정의 방법으로 다진다. 다짐은 견고하고 평평한 바닥 위에서 하며, 다진 후 각 층의 두께가 거의 같아지도록 한다. 그리고 15cm 몰드의 경우는 시료를 몰드에 넣기 전에 몰드에 스페이서 디스크를 넣고 거름종이를 깐다.

③ 3층 25회 다져진 후의 시료 윗면은 몰드의 위 끝에서 약간 위가 되도록 한다. 다만, 10mm를 넘어서는 안 된다.

④ 다짐이 모두 끝나면 칼라를 떼어 내고 몰드 상부의 흙을 곧은 날로 조심해서 깎아낸다.

⑤ 몰드와 밑판을 분리하여 몰드 외부에 묻은 흙을 깨끗이 솔로 털어 낸 후 몰드와 밑판 및 시료의 무게 (W_2)를 측정한다.

⑥ 시료 추출기 등을 사용하여 다진 시료를 추출하고 함수비 측정용 시료는 측 정 개수가 1개인 경우에는 공시체 중심부에서 2개인 경우에는 상부 및 하부에서 시료를 채취하여 함수비를 측정한다.

⑦ 추출한 공시체를 잘게 부수고 적당한 시료 준비 및 사용 방법을 이용하여 시료를 만든 후, 앞의 시험 순서를 반복해서 수행한다. 이 조작은 다져진 흙의 습윤 단위 무게가 더 이상 변화가 없게 되든지, 감소할 때 까지 계속한다.

8) 결과의 계산

① 다져진 흙의 습윤단위무게

- 습윤밀도 $(\gamma_t) = \dfrac{W}{V} = \dfrac{W_2 - W_1}{V}$ (g/cm^3)

② 다져진 흙의 건조단위무게

- 건조밀도 $(\gamma_d) = \dfrac{\gamma_t}{1 + \dfrac{w}{100}}$ (g/cm^3)

8.10 노상토 지지력비(C B R) 시험

1) **시험 목적**: 도로나 활주로 등의 포장 두께 결정하기 위한 시험
2) **기계 기구**

재하 장치, 다이얼게이지, 스페이서 디스크, 시험용체, 몰드, 관입피스톤, 래머 등

3) 안전 및 유의 사항

① 다짐시험과 비슷하나, 다짐하는 시료를 각 시험체 마다 새로운 시료를 사용하는 것이 차이점이다.

② 96시간 이내에 시료 팽창이 멈추었다고 판단될 경우, 또는 흡수가 빠른 흙이고 시험결과에 영향이 없을 경우에는 수침 시간을 짧게한다.

③ 함수량의 영향이 큰 흙, 또는 팽창성의 흙은 그 함수량 변화에 주의해야 한다.

4) 시료의 준비

① 시료는 D다짐 방법의 규정일 경우 19mm체를 통과하는 것으로, E다짐방법의 규정일 경우 37.5mm체를 통과한 흙을 시료로 사용한다.

② 준비한 시료의 양은 약 5kgf씩 필요한 세트 수로 준비하여 밀폐된 용기에 넣어서 함수비 변화를 방지한다.

5) 시험방법

시료를 5층으로 나누어 넣고 각 층 다짐 두께가 약 25mm가 되도록 시료를 몰드에 채우고 래머를 사용하여 55회씩 다진다.

6) 결과 계산

① 팽창비

$$\gamma_e = \frac{\text{다이얼게이지 최후 읽음}(mm) - \text{다이얼게이지 최초 읽음}(mm)}{\text{공시체 최초 높이}(mm)} \times 100$$

② 흡수팽창시험 후 시험체의 부피

- $V_2 = V_1 \times (1 + \frac{r_e}{100}) \; (cm^3)$ (V_1 : 시험전 시료 부피)

③ 흡수팽창시험 후 시험체에 대한 건조단위 무게

- $\gamma_d' = \dfrac{\gamma_d}{1 + \dfrac{\gamma_e}{100}} = \dfrac{100\gamma_d}{100 + \gamma_e} \; (g/cm^3)$

④ 흡수팽창시험 후 시험체에 대한 습윤단위 무게

- $\gamma_t = \dfrac{W_3 - W_1}{V}$

⑤ 흡수팽창시험 후 시험체에 대한 평균 함수비

- $w_a' = (\dfrac{\gamma_t}{\gamma_d'} - 1) \times 100$ (%)

⑥ 노상토 지지력비

- $CBR = \dfrac{시험\ 하중}{표준\ 하중} \times 100 = \dfrac{시험단위\ 하중}{표준단위\ 하중} \times 100 (\%)$

관입량(mm)	표준하중 강도(kgf/cm²)	표준 하중(kg)
2.5	70 (6.9MN/m²)	1,370 (13.4kN)
5.0	105 (10.3MN/m²)	2,030 (19.9kN)

8.11 평판 재하시험

1) 시험 목적

지반의 지내력 및 노상, 노반의 지반반력계수, 콘크리트 포장과 같은 강성포장의 두께를 결정

2) 실험시 유의사항

① $0.35\ kg/cm^2$씩 하중을 증가시킨다.
② 침하량이 15mm에 달하거나 하중강도가 현장에서 예상되는 최대 접지압, 또는 지반의 항복점을 넘으면 시험을 멈춘다.
③ 지지점은 재하판의 중심에서 3.5D 이상 떨어진 곳에 설치한다.
④ 1회의 재하압력은 $10\ t/m^2$이거나 예상되는 극한지지력의 1/5이하로 하여 5단계 이상으로 나누어 재하한다.
⑤ 각 단계의 침하량이 15분에 $1/100(mm)$ 이하가 되면 다음 단계의 하중을 가한다.
⑥ 시험의 종료는 하중-침하곡선에서 항복점이 나타날 때까지 또는 0.1D의 침하가 일어날 때까지 계속 재하하며, 반력하중에 여유가 있으면 지반이 파괴될 때까지 계속한다.

3) 평판재하시험 결과를 이용할 때 유의사항

① 시험한 지점의 토질 종단을 알아야 한다. 기초 폭의 규모에 따른 지중응력의 분포범위는 기초 폭의 2배 정도 깊이까지 미치므로 실제 기초 폭의 2배 이상의 깊이까지 원위치시험 및 토질시험으로 하부지층의 성상을 확인해야 한다.

② 지하수위면과 그 변동을 고려하여야 한다. 지하수위가 상승하면 흙의 유효 밀도는 약 50% 감소하므로 지반의 지지력도 대략 반감한다.

③ Scale effect를 고려한다.

4) 결과의 계산

① 지지력 계수(K)를 구하는 시험

- $K = \dfrac{q}{y}$

  여기서, K : 지지력 계수(kg/cm^3)

  q : 침하량 y(cm)일 때의 하중강도(kg/cm^3)

  y : 침하량(cm) 1.25mm를 표준으로 한다.

② 재하판은 두께 22mm, 지름 30, 40, 75cm의 강재원판사용, 재하판의 크기에 따른 관계는 다음 식과 같다.

- $K_{75} = \dfrac{1}{2.2} \times K_{30}$, $K_{75} = \dfrac{1}{1.5} \times K_{40}$

8.12 표준 관입시험

개략적인 지반의 지지력, 대상지층의 토질, 심도별 강도변화, 지지층의 위치, 연약층의 유무 등을 판정하기 위하여 본 시험을 실시한다.

표준관입시험은 스플릿 배럴 샘플러를 지반에 관입시켜 그 저항치를 기록하고 동시에 토질 분류시험 및 실내시험을 위한 대표적 시료 채취하는 방법이라 규정되어 있다.

시험은 64kg의 해머로 76cm 높이에서 자유 낙하시켜 관입시험용 샘플러를 지반에 30cm 관입시키는데 필요한 타격횟수 N치를 구한다.

8.13 모래 치환법에 의한 흙의 단위무게 시험

1) 사용재료

   시험용 모래(2mm체를 통과하고 0.075mm체에 남은 모래를 물로 씻어 건조시킨 것), 물

2) 기계기구

   단위무게 측정기 : 병(용량 약 $4l$), 깔때기(안지름 162mm, 밸브까지 높이 143mm), 밸브(지

름 12.5mm 구멍 입구와 밸브를 가지고 있음), 밑판(300×300mm), 유리판, 저울, 항온건조기, 함수비 측정 기구, 시험용체, 구멍파기 삽

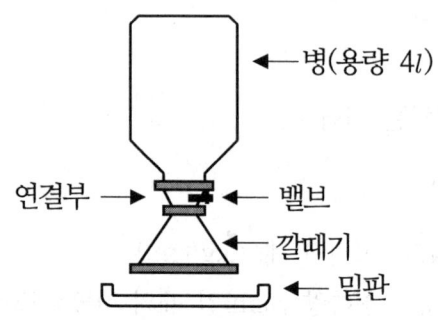

단위 무게 측정기

3) 유의 사항
① 측정기에 물을 채울 때 기포가 남지 않도록 한다.
② 병과 연결부의 접촉 위치를 표시하여 검정 할 때와 항상 같도록 한다.
③ 밑판 구멍의 부피도 깔때기 부피의 일부분으로 한다.
④ 시험용 모래가 병으로 이동하는 상태가 일정하도록 하기 위하여 시험용 모래를 넣는 동안 깔때기 높이의 반 이상이 되도록 시험용 모래를 보충한다.
⑤ 병에 넣은 시험용 모래에 진동을 주지 않도록 한다.
⑥ 현장에서 흙의 단위 무게를 측정할 때에는 시험용 모래의 단위무게를 측정할 때와 같은 상태가 되도록 모든 측정을 한다.

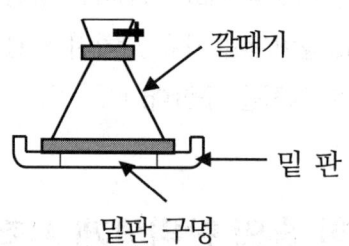

4) 시험 순서

측정기(병과 연결부)의 부피교정

① 측정기를 조립한다.
② 측정기의 무게(W1)를 측정한다.

③ 측정기를 반대로 하여 밸브를 연다.
④ 깔때기의 위쪽에서 측정기에 물을 넣어서 병과 연결부를 물로 채운다.
⑤ 물속에 기포가 있으면 모두 제거 하고 밸브를 잠근다.
⑥ 남은 물을 버리고 측정기를 잘 닦아 말린다.
⑦ 물을 채운 측정기의 무게(W_2)를 측정한다.
⑧ 연결부를 벗기고 측정기 내 물의 온도(T)를 측정한다.
⑨ 측정기의 부피(V1)를 계산한다.
⑩ 온도가 일정한 상태에서 3회 이상 측정하여 측정값의 차가 5mL 이하인 값이 세개 있으면 평균하여 계산한다.

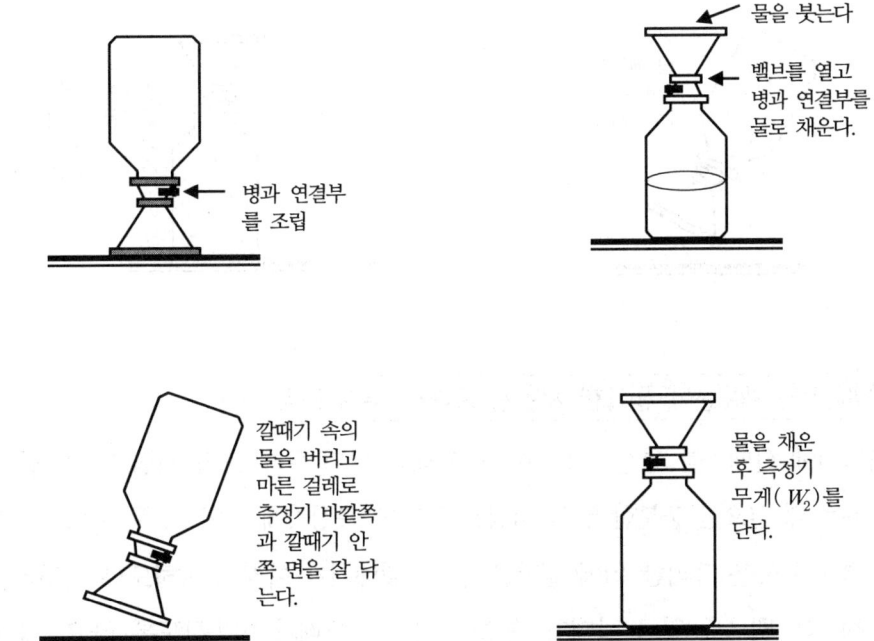

시험용 모래의 단위무게 교정

① 시험용 모래를 10kg 정도를 준비한다.
② 측정기를 거꾸로 세워 밸브를 닫고 시험용 모래를 깔때기 위 끝까지 넣는다.
③ 밸브를 열어서 깔때기 높이의 반 이상이 항상 유지 하도록 시험용 모래를 보충 하여 넣는다.
④ 시험용 모래의 이동이 멈추면 밸브를 닫고 깔때기 속에 남은 시험용 모래를 버린다.
⑤ 시험용 모래를 채운 측정기의 무게(W_3)를 측정한다.

⑥ 측정기를 채우는데 사용된 시험용 모래의 무게(W_4)를 계산한다.

⑦ 시험용 모래의 단위 무게(γ_{sand})를 계산한다.

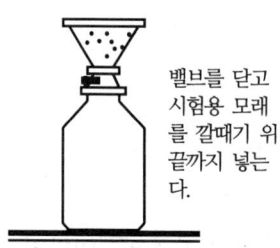

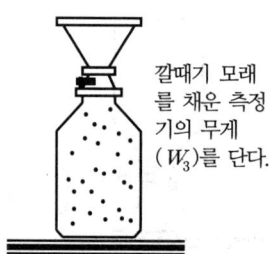

깔때기를 채우는데 필요한 시험용 모래의 무게 교정

① 측정기에 깔때기를 연결하고 시험용 모래의 단위 무게 교정 시험에서와 같이 깔때기를 채우는 데 필요한 충분한 양의 시험용 모래를 측정기에 넣어 그 무게 (W_3')를 측정한다.

② 수평으로 놓은 유리판 위에 밑판을 놓고, 깔때기가 아래로 향하도록 측정기를 세운다.

③ 측정기의 밸브를 열고 깔때기 속으로 시험용 모래가 이동하도록 하고, 멈추면 밸브를 잠근다.

④ 측정기와 병에 남은 시험용 모래의 무게(W_5)를 측정한다.

⑤ 깔때기 속을 채우는데 필요한 시험용 모래의 무게(W_6)를 계산한다.

현장에서의 흙의 단위무게 측정

① 시험할 지표면의 느슨한 흙, 돌 또는 쓰레기를 제거하고 지표면을 지름 35cm 정도로 편평하게 고른다.

② 편평하게 고른 지표면에 밑판을 밀착시켜 놓는다.

③ 용기의 무게(W_7)를 측정한다.
④ 밑판 구멍 안쪽의 흙을 굴착 기구로 파서, 조금도 손실되지 않도록 주의하여 용기에 담는다.
⑤ 뚜껑을 닫은 다음 용기와 파낸 흙의 전체무게(W_8)를 측정한다.
⑥ 시험 구멍에서 파낸 흙의 습윤 무게(W_9)를 계산한다.
⑦ 함수비 측정용 시료를 채취하여 함수비를 구한다.
⑧ 측정기에 깔때기를 연결하고 시험용 모래의 단위 무게 교정시험에서와 같이 깔때기와 시험 구멍을 채우는데 필요한 충분한 양의 시험용 모래를 측정기에 넣어 그 무게를(W_3'')를 측정한다.
⑨ 측정기의 깔때기를 밑판에 세우고 밸브를 열어서 시험 구멍과 깔때기 속까지 시험용 모래 이동이 끝나면 밸브를 닫은 후 들어 올린다.
⑩ 측정기와 병에 남은 시험용 모래의 무게(W_{10})를 측정하여 시험 구멍의 부피를 계산한다.
⑪ 시험 구멍에서 파낸 흙의 습윤 단위무게를 구한다.
⑫ 시험 구멍에서 파낸 흙의 건조 단위무게를 구한다.

지표면의 느슨한 흙, 돌, 쓰레기를 제거 하고, 직선자로 지름 35cm 정도 범위를 편평하게 고른다.

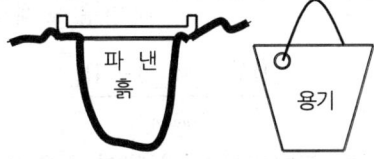

굴착기구를 사용하여 밑판 구멍 안쪽의 흙을 파서 조금도 손실 되지 않도록 주의하여 용기에 담는다.

파낸 흙 전체무게(W_3)를 단다.

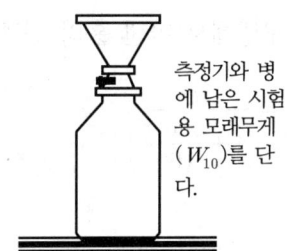

측정기와 병에 남은 시험용 모래무게(W_{10})를 단다.

5) 결과의 계산

① 측정기 부피(V_1)

- $V_1 = K \cdot (W_2 - W_1)$

  K: 측정 수온($T℃$)에서의 물 $1gf$당 부피 (cm^3/gf)

② 시험용 모래의 단위 무게(γ_{sand})

- $\gamma_{sand} = \dfrac{W_3 - W_1}{V_1} = \dfrac{W_4}{V_1}$

③ 깔때기 속을 채우는데 필요한 시험용 모래 무게(W_6)

- $W_6 = W_3' - W_5$

④ 시험 구멍에서 파낸 흙의 습윤 무게(W_9)

- $W_9 = W_8 - W_7$

⑤ 시험 구멍에서 파낸 흙의 함수비(w)와 건조 무게(W_S)의 관계

- $w = \dfrac{W_W}{W_S} \times 100, \quad W_S = \dfrac{W_9}{1 + \dfrac{w}{100}}$

⑥ 시험 구멍 부피(V_0)

- $V_0 = \dfrac{\text{시험 구멍을 채우는데 사용된 시험용 모래 무게}}{\text{시험용 모래의 단위 무게}}$

  $= \dfrac{(W_3'' - W_{10}) - W_6}{\gamma_{sand}}$

⑦ 시험 구멍에서 파낸 흙의 습윤 단위 무게(γ_t)

- $\gamma_{tf} = \dfrac{\text{시험 구멍에서 파낸 흙의 습윤 무게}}{\text{시험 구멍의 부피}} = \dfrac{W_9}{V_0}$

⑧ 시험 구멍에서 파낸 흙의 건조 단위 무게(γ_{df})

- $\gamma_{df} = \dfrac{\gamma_{tf}}{1 + \dfrac{w}{100}}$

흙의 시험

문제 1

흙의 함수비와 관계없는 시험은?

가. 소성한계시험　　나. 액성한계시험　　다. 투수시험　　라. 수축한계시험

| 해 설 | 함수비측정이 요구되는 시험
• 액성한계 시험　• 소성한계시험
• 수축한계시험　• 다짐시험 |

문제 2

액성한계 시험 시 유동 곡선에서 낙하 횟수 몇 회에 해당하는 함수비를 액성한계라 하는가?

가. 10회　　나. 15회　　다. 20회　　라. 25회

| 해 설 | 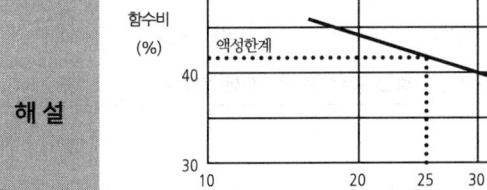 낙하횟수 10~25회의 것 2개, 25~35회의 것 2개를 얻은 후 유동곡선을 그려 25회 해당하는 함수비를 액성한계라 한다. |

문제 3

현장에서 모래 치환법에 의한 흙의 단위 무게 시험을 할 때 모래(표준사)를 사용하는 이유는?

가. 실험 구멍 내 시료 입자의 지름을 알기 위하여
나. 실험 구멍 내 시료의 무게를 알기 위하여
다. 실험 구멍 내 시료의 공극율을 알기 위하여
라. 실험 구멍 내 시료의 부피를 알기 위하여

| 해 설 | 모래를 사용 하는 이유는 구덩이 부피를 측정하기 위함 |

문제 4

흙의 소성한계 시험에 사용되는 기계 및 기구가 아닌 것은?

가. 증발접시　　나. 항온건조기　　다. 분무기　　라. 홈파기날

| 해 설 | 홈파기 날은 액성한계시험에 사용하는 기구이다. |

| 정답 | 1. 다　2. 라　3. 라　4. 라 |

문제 5

다음 중 수은을 사용하는 시험 방법은?

가. 액성 한계시험　　나. 소성 한계시험　　다. 흙의 밀도시험　　라. 수축 한계시험

해설 수축한계
흙의 함수량을 어떤 양 이하로 줄여도 그 흙의 체적이 줄지 않고 함수량을 그 이상으로 하면 체적이 증대하는 한계의 함수비로 실험할 때 수은을 사용한다.

문제 6

흙을 국수모양으로 밀어 지름이 약 3mm 굵기에서 부스러질 때의 함수비를 무엇이라 하는가?

가. 액성한계　　나. 수축한계　　다. 소성한계　　라. 자연한계

해설 소성한계
소성판(판유리) 위에서 흙을 부드럽게 비벼서 지름이 3mm 정도에서 균열이 생겨 부슬부슬 해질 때 조각 난 부분의 함수비를 소성한계라 한다.

문제 7

액성한계 시험에서 황동 접시를 1cm 높이에서 1초에 몇 회의 속도로 자유낙하시키는가?

가. 2회　　나. 3회　　다. 4회　　라. 5회

해설 액성한계측정기의 손잡이를 1초 동안에 2회의 속도로 회전시켜 흙을 담은 접시를 판에 떨어뜨린다.

문제 8

액성한계 시험에서 낙하횟수 몇 회에 상당하는 함수비를 액성한계라 하는가?

가. 10 회　　나. 15 회　　다. 20 회　　라. 25 회

해설 액성한계 측정 접시에 흙을 넣어 홈파기 날로 갈라서 1cm의 낙하고에서 25회 타격시 유동된 흙이 1.5cm 달라붙을 때의 함수비

문제 9

흙의 함수비 시험에서 데시케이터 안에 넣는 제습제는?

가. 염화나트륨　　나. 염화칼슘　　다. 황산나트륨　　라. 황산칼슘

해설 제습제로 실리카겔, 염화칼슘 등의 흡수제를 넣는다.

문제 10

흙의 비중 시험에서 흙 시료가 내포한 공기를 없애기 위해서 전열기로 끓이는 데 일반적인 흙은 얼마 이상 끓여야 하는가?

가. 1분　　나. 3분　　다. 5분　　라. 10분

해설 끓이는 시간은 일반적인 흙에서 10분 이상, 고 유기질토에서 약 40분, 화산재 흙에서는 2시간 이상 필요하다.

정답　5. 라　6. 다　7. 가　8. 라　9. 나　10. 라

문제 11

흙의 수축한계 시험에서 수은을 사용하는 이유는 무엇인가?

가. 정확한 시료의 무게를 구하기 위하여
나. 정확한 시료의 부피를 구하기 위하여
다. 정확한 시료의 밀도를 구하기 위하여
라. 정확한 시료의 입도를 구하기 위하여

해설	수축한계 시험시 습윤토의 체적을 측정할 때 수은을 수축 접시에 넘치도록 넣고 유리판으로 접시 상부를 눌러 수은을 제거하고, 남은 수은을 메스실린더에 옮겨 용적을 측정하면, 이것이 습윤토의 체적으로 정확한 체적(부피, 용적)을 측정하기 위함이다.

문제 12

액성한계와 소성한계 시험을 할 때 시료를 준비하는 방법으로 옳은 것은?

가. 0.425mm체에 잔류한 흙을 사용한다.
나. 0.425mm체에 통과한 흙을 사용한다.
다. 0.075mm체에 잔류한 흙을 사용한다.
라. 0.075mm체에 통과한 흙을 사용한다.

해설	공기건조시료를 0.425mm체로 쳐서 통과한 시료를 액성한계용으로 약 200g과 소성한계 시험용으로 약 20gf을 준비

문제 13

다음 중 비소성(NP)으로 나타내는 경우가 아닌 것은?

가. 소성한계가 구할 수 없는 경우
나. 소성한계와 액성한계가 일치하는 경우
다. 소성한계가 액성한계보다 작은 경우
라. 소성한계가 액성한계보다 큰 경우

해설	소성한계를 구할 수 없거나 소성한계가 액성한계와 같다든지 또는 소성한계가 액성한계보다 크게 구해지는 경우는 비소성(NP)으로 표시한다.

문제 14

일반적인 흙의 비중시험에서 피크노미터에 절반가량 증류수를 채워 증발접시에 물을 넣고 그 안에 피크노미터를 넣어 전열기로 얼마 이상 끓이는가?

가. 1분   나. 3분   다. 5분   라. 10분

해설	끓이는 시간은 일반적인 흙에서 10분 이상 끓인다.

정답 11. 나   12. 나   13. 다   14. 라

문제 15

흙의 함수비 시험에서 시료를 몇 ℃에서 일정무게가 될 때까지 건조시키는가?

가. 20±3℃   나. 270±10℃   다. 23±2℃   라. 110±5℃

해설 110±5℃의 노 건조에 의해 잃게 되는 젖은 흙 속의 수분 무게와 흙의 노 건조무게에 대한비. 백분율로 나타낸다.

문제 16

다음 중 흙의 실내다짐시험을 할 때 필요하지 않는 기구는?

가. 몰드(mold)   나. 다이얼 게이지   다. 래머   라. 시료 추출기

해설 다짐시험 장치 및 기구
래머, 몰드, 칼라, 스페이서 디스크, 시료추출기, 혼합 용구(팬, 분무기), 저울(20kg, 감도 5g), 곧은날, 표준체(19mm 및 37.5mm 체), 항온 건조로(온도 110±5℃ 조절이 가능), 메스실린더(용량 1000 mL)

문제 17

수축한계를 결정하기 위한 수축접시 1개를 만드는 시료의 량으로 적당한 것은?

가. 15g   나. 30g   다. 50g   라. 150g

해설 수축한계시험 시료
0.425mm체 통과 시료 약 30g을 유리판 위에서 증류수를 가하면서 반죽 상태로 반죽한다.

문제 18

토질조사에서 실내 시험 중 역학시험에 해당하지 않는 것은?

가. C.B.R.시험   나. 일축압축시험
다. 소성한계시험   라. 압밀시험

해설 소성한계 시험은 흙이 소성상태에서 반고체 상태로 바뀔 때의 함수비를 측정하는 시험

문제 19

소성한계란 흙을 국수모양으로 밀어 지름이 약 얼마 굵기에서 부스러질 때의 함수비를 말하는가?

가. 3mm   나. 5mm   다. 7mm   라. 10mm

해설 소성한계
소성판(판유리) 위에서 흙을 부드럽게 비벼서 지름이 3mm 정도에서 균열이 생겨 부슬부슬 해질 때 조각난 부분의 함수비를 소성한계라 한다.

정답 15. 라   16. 나   17. 나   18. 다   19. 가

문제 20

흙의 함수비를 측정할 때 시료를 몇 ℃로 항온 건조기에서 항량이 될 때까지 건조 하는가?

가. 100±5℃ 나. 110±5℃ 다. 115±5℃ 라. 120±5℃

해 설	항온 건조로 온도 시료를 용기별로 항온건조로에 넣고, 110±5℃에서 일정 무게가 될 때까지(일반적으로 18~24시간 정도) 노 건조한다.

문제 21

흙의 액성한계시험에 대한 다음 설명 중 옳지 않은 것은?

가. 흙이 소성상태에서 액체 상태로 바뀔 때의 함수비를 구하기 위한 시험이다.
나. 황동 접시와 경질 고무대와의 간격이 1cm가 되도록 한다.
다. 크랭크를 초당 2회 정도로 회전 시킨다.
라. 2등분 되었던 흙이 타격으로 인하여 10mm 정도 합쳐질 때의 낙하 횟수를 구함

해 설	액성한계시험 • 흙이 소성상태에서 액체 상태로 바뀔 때의 함수비 • 황동접시와 경질고무 받침대 사이를 낙하 높이가 10±0.1mm로 조절한다. • 액성한계측정기의 손잡이를 1초 동안에 2회의 속도로 회전시킨다. • 홈의 밑 부분에 있는 흙이 약 1.5cm정도 합류할 때의 낙하 횟수를 구한다.

문제 22

평판재하시험에서 규정된 재하판의 지름치수가 아닌 것은?

가. 30cm 나. 40cm 다. 50cm 라. 75cm

해 설	재하판은 두께 22mm 지름 30, 40, 75cm의 강재원판사용.

문제 23

다음 중 Stokes의 법칙에 의하여 흙 입자의 크기를 알아내는 것은?

가. 체분석법 나. 침강분석법 다. MIT분석법 라. Casagrande분석법

해 설	스토크스 법칙 ⇒ 침강분석 시험에 이용 완전히 구로 가정한 흙 입자가 물속에 침강되는 경우에 있어서 흙 입자의 침강속도는 스토크스 법칙으로 구한다. 입자가 굵을수록 침강속도가 빠르고, 작은 것은 느리다.

문제 24

수축한계 시험에서 수은을 사용하는 이유는 무엇을 구하기 위한 것인가?

가. 젖은 흙의 무게
나. 젖은 흙의 부피
다. 건조기에서 건조시킨 흙의 무게
라. 건조기에서 건조시킨 흙의 부피

해 설	수축한계 시험시 수은을 사용하는 이유는 습윤토의 체적으로 정확한 체적(부피, 용적)을 측정하기 위함이다.

정답 20. 나 21. 라 22. 다 23. 나 24. 나

문제 25

두꺼운 불투명 유리판위에 시료를 손바닥으로 굴리면서 늘렸을 때 지름 3mm에서 부스러질 때의 함수비를 무엇이라 하는가?

가. 수축한계   나. 액성한계   다. 유동한계   라. 소성한계

해설 소성판(판유리) 위에서 흙을 부드럽게 비벼서 지름이 3mm 정도에서 균열이 생겨 부슬부슬 해질 때 조각난 부분의 함수비를 소성한계라 한다.

문제 26

흙의 비중시험에서 비중병에 시료와 증류수를 넣고 10분 이상 끓이는 이유로 가장 타당한 것은?

가. 흙 입자의 무게를 정확히 알기 위하여
나. 흙 입자 속에 있는 기포를 완전히 제거하기 위하여
다. 비중병의 무게를 정확히 알기 위하여
라. 비중병을 검정하기 위하여

해설 비중병을 끓이는 이유는 흙 입자 속에 있는 기포를 제거하기 위함이다.

문제 27

흙의 함수비 시험에서 시료의 최대 입자 지름이 19mm일 때 시료의 최소무게로 적당한 것은?

가. 100gf   나. 300gf   다. 500gf   라. 1000gf

해설 함수비 측정에 필요한 최소 무게

시료의 최대 입자 지름(mm)	시료의 최소 무게
75	5~30(kgf)
37.5	1~5(kgf)
19	150~300(gf)
4.75	30~100(gf)
2.0	10~30(gf)
0.425	5~10(gf)

문제 28

액성한계 시험은 황동 접시를 경질 고무 받침대에 낙하시켜, 홈의 바닥부의 흙이 길이 약 몇 cm 합류할 때까지 계속하게 되는가?

가. 0.5cm   나. 1.2cm   다. 1.4cm   라. 1.5cm

해설 홈의 밑 부분에 있는 흙이 약 1.5cm 정도 합류할 때의 낙하 횟수를 구한다.

정답 25. 라   26. 나   27. 나   28. 라

문제 29

현장에서 모래 치환법에 의한 흙의 단위무게 시험을 할 때의 유의사항 중 옳지 않은 것은?

가. 측정병의 부피를 구하기 위하여 측정병에 물을 채울 때에 기포가 남지 않도록 한다.
나. 측정병에 눈금을 표시하여 병과 연결부와의 접속위치를 검정할 때와 같게 한다.
다. 모래를 부어 넣는 동안 깔대기 속의 모래가 항상 반 이상이 되도록 일정한 높이를 유지시켜 준다.
라. 병에 모래를 넣을 때에 병을 흔들어서 가득 담을 수 있도록 한다.

해설
- 측정기에 물을 채울 때 기포가 남지 않도록 한다.
- 병과 연결부와의 접속 위치를 검정할 때와 같게 한다.
- 모래가 병에 이동하는 상태를 일정하게 하기 위하여 모래를 붓는 동안 깔때기속의 모래가 항상 반 이상이 되도록 보충해 주어야 한다.
- 병에 넣는 시험용 모래에 진동을 주지 않도록 한다.

문제 30

액성한계가 42.8% 이고 소성한계는 32.2%일 때 소성지수를 구하면?

가. 10.6   나. 12.8   다. 21.2   라. 42.4

해설 $I_P = w_l - w_p = 42.8 - 32.2 = 10.6\,\%$

문제 31

흙의 입도 분석시험 결과 입경 가적 곡선에서 $D_{10}=0.020$mm이고, $D_{30}=0.050$mm, $D_{60}=0.10$mm 일 때 균등계수는?

가. 2   나. 5   다. 10   라. 20

해설 $C_U = \dfrac{D_{60}}{D_{10}} = \dfrac{0.10}{0.02} = 5.0$

문제 32

도로나 활주로 등의 포장 두께를 결정하기 위하여 주로 실시하는 토질 시험은?

가. C.B.R. 시험   나. 일축 압축 시험
다. 표준 관입 시험   라. 현장 단위 무게 시험

해설 노상토 지지력비(C B R) 시험
도로나 활주로 등의 포장 두께 결정하기 위한 시험

문제 33

체가름시험에서 건조기 온도 몇 도를 유지하여 건조해야 하는가?

가. 90±5℃   나. 100±5℃   다. 110±5℃   라. 120±5℃

해설 항온건조로의 온도는 110±5℃

정답 29. 라   30. 가   31. 나   32. 가   33. 다

문제 34

흙의 비중시험에서 노건조 시료로 시험할 경우에는 110±5℃에서 항량건조가 될 때까지 적어도 몇 시간 건조 시키는가?

가. 6시간　　　　나. 12시간　　　　다. 24시간　　　　라. 48시간

해설 노건조 시료를 사용할 경우 적어도 12시간 이상 노건조시킨다.

문제 35

비중계 시험에서 사용한 흙의 공기 중 건조상태 시료의 무게가 55.64g이고 이 때 함수비가 6.42% 일 때 노건조 시료의 무게를 구한 값은?

가. 50.28g　　　　나. 51.82g　　　　다. 52.28g　　　　라. 54.32g

해설 $W_S = \dfrac{100W}{100+w} = \dfrac{100 \times 55.64}{100+6.42} = 52.28 \ g$

문제 36

현장에서 평판을 놓고 그 위에 하중을 걸어 하중 강도와 침하량을 측정함으로써 기초 지반의 지지력을 추정하는 시험은?

가. 실내 다짐시험　　나. 현장 밀도시험　　다. 평판재하시험　　라. 실내 CBR

해설 평판재하시험(PBT)
기초가 설치된 지반을 대상으로 직접하중을 가하여 시험대상 부지의 허용지지력 및 예상침하량을 측정하기 위해 실시한다.

문제 37

지름 50mm 높이 125mm인 용기에 현장의 습윤시료를 채취하여 시료의 무게를 측정했더니 446gf이었다. 이때 습윤단위 무게는 얼마인가?

가. 1.58 gf/cm³　　나. 1.82 gf/cm³　　다. 2.35 gf/cm³　　라. 2.76 gf/cm³

해설 $\gamma_t = \dfrac{W}{V} = \dfrac{446}{245.31} = 1.82 \ g/cm^3 \ (\because V = \dfrac{\pi d^2}{4} \times H = \dfrac{3.14 \times 5^2}{4} \times 12.5 = 245.3 \ cm^2)$

문제 38

모래치환에 의한 현장 단위무게시험 결과 파낸 구멍속의 흙 무게 2500gf, 파낸 구멍의 부피 1000cm³, 흙의 함수비가 25% 였을 때 현장 흙의 건조단위 무게는?

가. 1.0 gf/cm³　　나. 2.0 gf/cm³　　다. 2.5 gf/cm³　　라. 3.0 gf/cm³

해설 건조단위무게$(\gamma_d) = \dfrac{\gamma_t}{1+\dfrac{w}{100}} = \dfrac{2.5}{1+\dfrac{25}{100}} = 2 \ gf/cm^3 \ (\because \gamma_t = \dfrac{W}{V} = \dfrac{2500}{1000} = 2.5 \ gf/cm^3)$

정답 34. 나　35. 다　36. 다　37. 나　38. 나

문제 39
액성한계 시험에서 황동 접시 컵의 1회 낙하속도는 약 얼마인가?

가. 0.5초　　　　　나. 0.25초　　　　　다. 1.0초　　　　　라. 1.5초

해설　액성한계측정기의 손잡이를 1초 동안에 2회의 속도로 회전시키므로 1회 낙하속도는 0.5초

문제 40
흙의 수축한계 시험에서 수축접시 3개를 만들 때 필요한 시료의 양으로 가장 적당한 것은?

가. 100gf　　　　　나. 150gf　　　　　다. 200gf　　　　　라. 250gf

해설　1회 시험용 시료량은 0.425mm체 통과 시료 약 30g

문제 41
흙의 비중 측정을 할 때 표준 온도는 몇 도로 하는가?

가. 0℃　　　　　나. 4℃　　　　　다. 10℃　　　　　라. 15℃

해설　기준이 되는 온도가 지정되지 않을 경우는 15℃의 물에 대한 비중을 구한다.

문제 42
현재 가장 많이 쓰이고 있는 흙의 입도 분석법은?

가. 비중계법　　　　　나. 피펫법　　　　　다. 침전법　　　　　라. 원심력법

해설　비중계법 : 비중을 재는 방법의 하나. 부표를 액체 속에 띄워 액체의 밀도를 잰다

문제 43
흙의 비중시험에서 비중병을 끓이는 이유는?

가. 시료에 열을 가하기 위함이다.　　　　　나. 빨리 시험하기 위함이다.
다. 부피를 축소하기 위함이다.　　　　　　라. 기포를 완전히 제거하기 위함이다.

해설　비중병을 끓이는 이유는 흙 입자 속에 있는 기포를 완전히 제거하기 위함이다.

문제 44
모래치환법에 의한 흙의 현장 단위무게시험에 있어서 모래는 어느 것을 구하기 위하여 쓰이는가?

가. 시험구멍에서 파낸 흙의 중량　　　　　나. 시험구멍의 체적
다. 시험구멍에서 파낸 흙의 함수상태　　　라. 시험구멍의 밑면부의 지지력

해설　$\gamma_t = \dfrac{W}{V}$　（V : 시험구멍의 체적）

정답　39. 가　40. 가　41. 라　42. 가　43. 라　44. 나

문제 45
평판 재하시험에서 단계적으로 하중을 증가시키는데 1단계 하중강도의 값은?

가. 0.15kgf/cm²   나. 0.25kgf/cm²   다. 0.35kgf/cm²   라. 0.45kgf/cm²

해설 0.35kgf/cm² 씩 하중을 증가시킨다.

문제 46
흙의 함수비를 측정하는 시험용 기구가 아닌 것은?

가. 항온건조기   나. 데시케이터   다. 증발접시   라. 홈파기날

해설 홈파기 날은 액성한계시험 시 시료를 2등분하기 위한 기구

문제 47
체 눈에 끼인 골재는 어떻게 처리하는가?

가. 공기로 불어낸다.
나. 손으로 밀어서 빼낸다.
다. 부서져도 상관없으므로 힘껏 빼낸다.
라. 끼인 골재는 체에 남는 골재에서 제외시킨다.

해설 체분석 시험할 때 체 눈에 끼인 골재는 공기로 불어낸다.

문제 48
흙의 다짐시험에 필요한 기구가 아닌 것은?

가. 프럭터(proctor)   나. 원통형 금속제 몰드(mold)
다. 래머(rammar)   라. 시료추출기(sample extruder)

해설 다짐시험 기구
래머, 몰드, 칼라, 스페이서 디스크, 시료 추출기, 혼합 용구(팬, 분무기), 저울, 곧은날, 표준체, 항온 건조로, 메스실린더, 시료추출기

문제 49
도로 포장 두께나 표층, 기층, 노반의 두께 및 재료의 설계에 이용되는 시험은 다음 중 어느 것인가?

가. 평판재하시험   나. 삼축압축시험
다. C.B.R 시험   라. 현장 흙의 단위무게시험

해설 노상토 지지력비(C B R) 시험
도로나 활주로 등의 포장 두께 결정하기 위한 시험

정답 45. 다   46. 라   47. 가   48. 가   49. 다

제 2 편

건설재료시험 기능사 실기

제 1 장 토성시험 활용

제 2 장 노상토 지지력비 시험

제 3 장 흙의 다짐 및 현장밀도 시험

제 4 장 흙의 전단 시험

제 5 장 흙의 압밀 시험

제 6 장 골재 시험

제 7 장 시멘트 및 콘크리트 시험

제 8 장 아스팔트 시험

제 9 장 강재 시험

제10장 작업형

건설재료시험 기능사 필답형

제1장

토성시험 활용

1.1 흙의 기본적 성질
1.2 흙의 연경도
1.3 흙의 입도상태 판정
◇ 토성시험 활용 문제 풀이

제1장 토성시험 활용

1.1 흙의 기본적 성질

① 공극비 $(e) = \dfrac{\text{공극의 부피}}{\text{흙 입자만의 부피}} = \dfrac{V_V}{V_S}$

② 공극률 $(n) = \dfrac{\text{공극의 부피}}{\text{흙 전체부피}} \times 100 = \dfrac{V_V}{V} \times 100\,(\%)$

③ $e = \dfrac{n}{100-n}, \qquad n = \dfrac{e}{1+e} \times 100\,(\%)$

④ 포화도 $(S) = \dfrac{\text{공극속의 물 부피}}{\text{공극의 부피}} \times 100 = \dfrac{V_W}{V_V} \times 100\,(\%)$

⑤ 함수비 $(w) = \dfrac{\text{물의 무게}}{\text{흙 입자만의 무게}} \times 100 = \dfrac{W_W}{W_S} \times 100\,(\%)$

⑥ $W_S = \dfrac{100 \cdot W}{100+w}, \qquad W_W = \dfrac{w \cdot W}{100+w}$

⑦ $S \cdot e = G_S \cdot w$

⑧ 습윤 단위 무게 $(\gamma_t) = \dfrac{W}{V} = \dfrac{W_S + W_W}{V_S + V_V} = \dfrac{G_S + \dfrac{S \cdot e}{100}}{1+e}\gamma_w\,(gf/cm^3)$

⑨ 건조 단위 무게 $(\gamma_d) = \dfrac{W_S}{V} = \dfrac{G_S}{1+e}\gamma_w = \dfrac{\gamma_t}{1+\dfrac{w}{100}}\,(gf/cm^3)$

⑩ 포화 단위무게 $(\gamma_{sat}) = \dfrac{G_S + e}{1+e}\gamma_w\,(gf/cm^3)$

⑪ 수중단위 무게 $(\gamma_{sub}) = \dfrac{G+e}{1+e}\gamma_w - \gamma_w = \gamma_{sat} - \gamma_w\,(gf/cm^3)$

1.2 흙의 연경도

1) 흙의 애터버그 한계

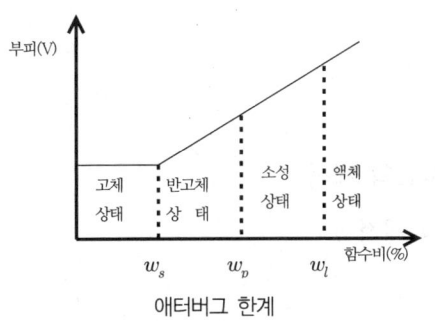
애터버그 한계

- 액성한계 : • 소성 상태를 나타내는 최대 함수비
  • 액체 상태를 나타내는 최소 함수비
- 소성한계 : • 반고체 상태를 나타내는 최대 함수비
  • 소성 상태를 나타내는 최소 함수비
- 수축한계 : • 고체 상태에서 반고체 상태로 변하는 경계 함수비
  • 고체 상태를 나타내는 최대 함수비
  • 반고체 상태를 나타내는 최소 함수비

2) 액성한계(w_L)

황동접시에 흙을 넣어 홈파기 날로 갈라서 1cm 높이에서 25회 타격할 때의 함수비
액성한계시험은 1cm의 낙하고에서 타격하여 횟수가 25회 미만에서 2개, 25회 이상에서 2개를 얻어 유동곡선을 작도한 후 낙하횟수 25회에 해당하는 함수비를 구하여 액성한계 값으로 한다.

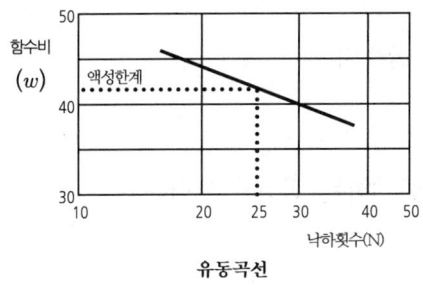
유동곡선

유동지수(I_f) : 유동곡선의 기울기로서 유동곡선 상에서 2점의 좌표를 (N_1, w_1), (N_2, w_2)라 하면

$$I_f = \frac{w_1 - w_2}{\log_{10}N_2 - \log_{10}N_1}$$

I_f 값이 크려면, 기울기가 커져야 하고, 기울기가 크려면 낙하횟수가 작고 함수비가 크면 기울기가 커진다. 즉 함수비가 커야 한다.

3) 소성한계(w_P)

소성판(판유리) 위에서 흙을 부드럽게 비벼서 지름이 3mm 정도에서 균열이 생겨 부슬부슬해질 때 조각난 부분의 함수비를 소성한계라 한다.

4) 수축한계(w_s)

흙의 함수량을 어떤 양 이하로 줄여도 그 흙의 체적이 줄지 않고 함수량을 그 이상으로 하면 체적이 증대하는 한계의 함수비로 실험할 때 수은을 사용

- 수축한계 $(w_s) = w - \left\{\frac{(V-V_s)\gamma_w}{W_s} \times 100\%\right\} = \left(\frac{1}{R} - \frac{1}{G_s}\right) \times 100 \%$

- 흙 입자 비중의 근사치

$$G_S = \cfrac{1}{\cfrac{1}{R} - \cfrac{w_s}{100}}$$

여기서, $R = \cfrac{W_S}{V_S \cdot \gamma_w}$

w : 함수비, V_S : 노건조 시료의 체적

R : 수축비, V : 습윤시료의 체적

W_S : 노건조 시료의 중량

5) 컨시스턴시 한계의 이용

① 소성지수(plasticity index : I_P)

흙의 소성을 갖는 함수비로, 보통 모래의 $I_P = 0$, 실트의 $I_P = 10\%$, 점토의 $I_P = 50\%$ 정도로 보고 있다. 소성지수가 크다는 것은 흙이 소성상태로 존재하는 범위가 크다는 뜻

- $I_P = w_L - w_P$

② 액성지수(liquidity index : I_L)

I_L이 0에 가까울수록 안전하고 1에 가까울수록 불안전한 흙

- $I_L = \cfrac{w_n - w_P}{I_p} = \cfrac{w_n - w_P}{w_L - w_P}$ 　　w_n : 자연 함수비

③ 수축지수(shrinkage index : I_s)

수축지수가 크다는 것은 흙이 반고체 상태로 존재하는 범위가 크다는 뜻.

- $I_S = w_P - w_S$

④ 연경지수(consistency index : I_C)

액성한계와 자연함수비와의 차에 대한 소성지수와의 비, 연경지수 값이 0에 가까울수록 자연 함수비는 액성 한계에 가깝고 흙이 연한상태가 되며, 1에 가까울수록 단단한 흙

- $I_C = \cfrac{w_L - w_n}{I_P} = \cfrac{w_L - w_n}{w_l - w_p}$

⑤ 연경지수와 액성지수와의 관계

- $I_C + I_L = 1$

⑥ 유동지수(flow index : I_f)

유동곡선의 기울기로서 유동곡선 상에서 2점의 좌표를 (N_1, w_1), (N_2, w_2)라 하면

- $I_f = \dfrac{w_1 - w_2}{\log N_2 - \log N_1} = \dfrac{w_1 - w_2}{\log \dfrac{N_2}{N_1}}$

⑦ 터프니스지수(toughness index : I_t)

- $I_t = \dfrac{I_P}{I_f}$

⑧ 압축지수의 추정

- $C_C{'} = 0.007(w_L - 10)$
- $C_C = 1.3 C_C{'} = 0.009(w_L - 10)$

여기서,　$C_C{'}$ = 흐트러진 시료의 압축지수
　　　　C_C = 흐트러지지 않은 시료의 압축지수

⑨ 흙의 활성도(Activity : A_C)

- $A_C = \dfrac{I_P}{2\mu \text{이하의 점토 함유율}(\%)}$

1.3 흙의 입도 상태 판정

① 유효입경(D_{10}) : 통과 무게 백분율 10%에 해당하는 흙 입자지름

② 균등계수(C_U) : 유효입경(D_{10})에 대한 통과 무게 백분율 60%에 대응하는 입자지름 (D_{60})의 비

- $C_U = \dfrac{D_{60}}{D_{10}}$

③ 곡률계수(Cg) : 입경가적곡선이 구불구불한 정도

- $C_g = \dfrac{(D_{30})^2}{D_{10} \times D_{60}}$

⑤ 입도 상태 판정

일반적으로 C_U가 4 이하의 흙은 '입도 분포가 나쁘다'고 말하고, 10이상인 흙은 '입도 분포가 좋다'고 말할 수 있다. 곡률 계수는 입도 분포가 계단상인 경우에 이것을 정량적으로 나타내는 것으로 C_g=1~3은 '입도 분포가 좋다'는 것을 나타내고 있다.

토성 시험 활용 문제 풀이

문제 1

현장에서 젖은 흙을 채취하여 무게를 측정하니 200gf, 부피는 100cm³, 이 흙을 110±5℃로 항온노건조한 후 무게를 측정하였더니 160gf 이었다. 이 흙의 비중 Gs=2.70 이라고 할 때 다음 물음에 답하시오.

풀이

가. 함수비(w)를 구하시오.

$$w = \frac{W_W}{W_S} \times 100 = \frac{40}{160} \times 100 = 25 \ (\%)$$

$(W_W = 200 - 160 = 40 \ g)$

나. 습윤 단위무게(γ_t) 를 구하시오.

$$\gamma_t = \frac{G_S + \dfrac{S \cdot e}{100}}{1+e}\gamma_w = \frac{W}{V} = \frac{200}{100} = 2.0 \ (gf/cm^3)$$

다. 건조단위무게(γ_d)를 구하시오.

$$\gamma_d = \frac{G_S}{1+e}\gamma_w = \frac{W_S}{V} = \frac{160}{100} = 1.6 \ (gf/cm^3)$$

라. 간극비(e)를 구하시오.

$$e = \frac{G_S}{\gamma_d} \times \gamma_w - 1 = \frac{2.70}{1.6} \times 1 - 1 = 0.69$$

마. 간극률 (n)을 구하시오.

$$n = \frac{e}{1+e} \times 100 = \frac{0.69}{1+0.69} \times 100 = 40.83 \ \%$$

바. 포화도 (S)를 구하시오.

$$S = \frac{G_S \cdot w}{e} = \frac{2.7 \times 25}{0.69} = 97.83 \ (\%)$$

문제 2

어떤 흙의 흙입자, 공기, 수분의 조성을 다음과 같이 나타냈을 때 물음에 산출 근거와 답을 쓰시오.

조성성분	부피(cm³)	무게(g)
가스(공기)	$V_a = 8$	$W_a = 0$
액체(물)	$V_W = 12$	$W_W = 20g$
고체(흙입자)	$V_S = 80$	$W_S = 160g$

풀이

가. 이 흙의 함수비(w)

$$w = \frac{W_W}{W_S} \times 100 = \frac{20}{160} \times 100 = 12.5\,\%$$

나. 이 흙의 습윤 단위 무게(γ_t)

$$\gamma_t = \frac{W}{V} = \frac{180}{100} = 1.80\,(gf/cm^3)$$

($W = W_a + W_W + W_S = 0 + 20 + 160 = 180\,(gf)$
$V = V_a + V_W + V_S = 8 + 12 + 80 = 100\,(cm^3)$)

다. 이 흙의 건조 단위 무게(γ_d)

$$\gamma_d = \frac{W_S}{V} = \frac{160}{100} = 1.60\,(gf/cm^3)$$

라. 이 흙의 공극비(e)

$$e = \frac{V_V}{V_S} = \frac{20}{80} = 0.25 \qquad (V_V = V_a + V_W = 8 + 12 = 20)$$

마. 이 흙의 포화도(S)

$$S = \frac{V_W}{V_V} \times 100 = \frac{12}{20} \times 100 = 60\,(\%)$$

바. 이 흙의 공극률(n)

$$n = \frac{V_V}{V} \times 100 = \frac{20}{100} \times 100 = 20\,(\%)$$

또는 $n = \frac{e}{1+e} \times 100 = \frac{0.25}{1+0.25} \times 100 = 20\,(\%)$

문제 3

어떤 자연시료를 샘플러로 파낸 결과 불교란시료 무게가 430.7g, 흙의 비중이 2.75, 노건조 무게가 401.5g를 얻었다.
(단, 샘플러 직경 7.5cm, 높이 6cm이었다.)

풀이

가. 습윤 단위무게

① 샘플러 부피 $(V) = \dfrac{\pi \times d^2}{4} \times h = \dfrac{3.14 \times 7.5^2}{4} \times 6 = 264.94 \ (cm^3)$

② $\gamma_t = \dfrac{W}{V} = \dfrac{430.7}{264.94} = 1.63 \ (gf/cm^3)$

나. 건조 단위무게 : $\gamma_d = \dfrac{W_S}{V} = \dfrac{401.5}{264.94} = 1.52 \ (gf/cm^3)$

다. 함수비 : $w = \dfrac{W_W}{W_S} \times 100 = \dfrac{29.2}{401.5} \times 100 = 7.27 \ (\%)$

$(W_W = 430.7 - 401.5 = 29.2 \ (g))$

라. 간극비 : $e = \dfrac{G_S}{\gamma_d} \times \gamma_w - 1 = \dfrac{2.75}{1.52} \times 1 - 1 = 0.81$

마. 간극율 : $n = \dfrac{e}{1+e} \times 100 = \dfrac{0.81}{1+0.81} \times 100 = 44.75 \ (\%)$

바. 포화도 : $S = \dfrac{G_S \cdot w}{e} = \dfrac{2.75 \times 7.27}{0.81} = 24.68 \ (\%)$

사. 포화단위무게 : $\gamma_{sat} = \dfrac{G_S + e}{1+e} \gamma_w = \dfrac{2.75 + 0.81}{1+0.81} \times 1 = 1.97 \ (gf/cm^3)$

아. 수중단위무게: $\gamma_{sub} = \gamma_{sat} - \gamma_w = 1.97 - 1 = 0.97 \ (gf/cm^3)$

문제 4

어느 현장의 토질 시험 결과 습윤단위 무게가 1.72g/cm3이고 함수비가 18% 이며 흙 입자의 비중이 2.62이다. 다음 물음에 답하시오.
(단, 소수점 4자리에서 반올림)

풀이

가. 현장 건조밀도를 구하시오.

$$\gamma_d = \frac{W_S}{V} = \frac{G_S}{1+e}\gamma_w = \frac{\gamma_t}{1+\frac{w}{100}} = \frac{1.72}{1+\frac{18}{100}} = 1.458 \ (gf/cm^3)$$

나. 공극비를 구하시오.

$$e = \frac{G_S}{\gamma_d} \times \gamma_w - 1 = \frac{2.62}{1.458} \times 1 - 1 = 0.797$$

다. 포화도를 구하시오.

$$S = \frac{G_S \cdot w}{e} = \frac{2.62 \times 18}{0.797} = 59.172 \ (\%)$$

문제 5

공극비가 0.6이고 비중이 2.68의 모래질 점토가 있다. 이때 물의 단위중량이 1g/cm³일 때 다음 물음에 답하시오.

풀이 가. 포화 단위무게(γ_{sat})는 얼마인가?

$$\gamma_{sat} = \frac{G_S + e}{1+e}\gamma_w = \frac{2.68 + 0.6}{1 + 0.6} \times 1 = 2.05 \ (gf/cm^3)$$

나. 수중 단위무게(γ_{sub})는 얼마인가?

$$\gamma_{sub} = \frac{G+e}{1+e}\gamma_w - \gamma_w = \gamma_{sat} - \gamma_w = 2.05 - 1 = 1.05 \ (gf/cm^3)$$

문제 6

어떤 자연상태 습윤 흙의 구성을 다음과 같이 나타냈다. 물음에 산출근거를 쓰고 답하시오.
(단, 소수점 3자리에서 반올림)

부피		무게
10cm³	공기	0
20cm³	물	20g
70cm³	흙입자	200g

풀이 가. 함수비(w)를 구하시오.

$$w = \frac{W_W}{W_S} \times 100 = \frac{20}{200} \times 100 = 10 \ (\%)$$

나. 공극비(e)를 구하시오.

$$e = \frac{V_V}{V_S} = \frac{30}{70} = 0.43 \quad (V_V = V_a + V_W = 10 + 20 = 30)$$

다. 공극율(n)을 구하시오.

$$n = \frac{V_V}{V} \times 100 = \frac{30}{100} \times 100 = 30 \ (\%)$$

$$(V = V_a + V_W + V_S = 10 + 20 + 70 = 100 \ (cm^3))$$

라. 포화도(S)를 구하시오.

$$S = \frac{V_W}{V_V} \times 100 = \frac{20}{30} \times 100 = 66.67 \ (\%)$$

마. 습윤밀도(γ_t)를 구하시오.

$$\gamma_t = \frac{W}{V} = \frac{220}{100} = 2.20 \ (gf/cm^3)$$

바. 건조밀도(γ_d)를 구하시오.

$$\gamma_d = \frac{W_S}{V} = \frac{200}{100} = 2.0 \ (gf/cm^3)$$

문제 7

직경 75mm, 길이 60mm 불교란 시료의 습윤무게가 430.7gf이고, 노건조후의 무게가 401.5gf이었다. 흙의 비중이 2.75인 경우에 물음에 답하시오.
(단, π는 3.14, 소수넷째자리에서 반올림)

풀이

가. 현장 습윤 단위 무게(γ_t)를 구하시오.

① $V = \dfrac{\pi \cdot d^2}{4} \times h = \dfrac{3.14 \times 7.5^2}{4} \times 6.0 = 264.938 \ (cm^3)$

② $\gamma_t = \dfrac{W}{V} = \dfrac{430.7}{264.938} = 1.626 \ (gf/cm^3)$

나. 현장 건조단위무게(γ_d)를 구하시오.

$$\gamma_d = \frac{W_S}{V} = \frac{401.5}{264.938} = 1.515 \ (gf/cm^3)$$

다. 함수비(w)를 구하시오.

$$w = \frac{W_W}{W_S} \times 100 = \frac{29.2}{401.5} \times 100 = 7.273 \, (\%)$$

$$(W_W = 430.7 - 401.5 = 29.2 \, (g))$$

라. 간극비(e)를 구하시오.

$$e = \frac{G_S}{\gamma_d} \times \gamma_w - 1 = \frac{2.75}{1.515} \times 1 - 1 = 0.815$$

마. 간극률(n)을 구하시오.

$$n = \frac{e}{1+e} \times 100 = \frac{0.815}{1+0.815} \times 100 = 44.904 \, (\%)$$

바. 포화도(S)를 구하시오.

$$S = \frac{G_S \cdot w}{e} = \frac{2.75 \times 7.273}{0.815} = 24.541 \, (\%)$$

사. 포화 단위무게(γ_{sat})를 구하시오.

$$\gamma_{sat} = \frac{G_S + e}{1+e} \gamma_w = \frac{2.75 + 0.815}{1+0.815} \times 1 = 1.964 \, (gf/cm^3)$$

아. 수중 단위무게(γ_{sub})를 구하시오.

$$\gamma_{sub} = \frac{G+e}{1+e} \gamma_w - \gamma_w = \gamma_{sat} - \gamma_w = 1.964 - 1 = 0.964 \, (gf/cm^3)$$

문제 8

부피 196cm³의 습윤토가 있다. 무게가 379g인데 노건조시킨 후에 무게를 측정하니 327g 이었다. 이 흙의 습윤 단위무게(γ_t), 건조 단위무게(γ_d), 함수비(w), 간극비(e), 포화도(S)를 구하시오.
 (단, 흙입자의 비중은 2.65이고, 소수점 3자리에서 반올림)

풀이 가. 습윤단위 무게(γ_t)를 구하시오.

$$\gamma_t = \frac{W}{V} = \frac{379}{196} = 1.93 \, (gf/cm^3)$$

나. 함수비(w)를 구하시오.

$$w = \frac{W_W}{W_S} \times 100 = \frac{52}{327} \times 100 = 15.90 \, (\%) \quad (W_W = 379 - 327 = 52 \, (g))$$

다. 건조단위 무게(γ_d)를 구하시오.

$$\gamma_d = \frac{W_S}{V} = \frac{327}{196} = 1.67 \ (gf/cm^3)$$

라. 간극비(e)를 구하시오.

$$e = \frac{G_S}{\gamma_d} \times \gamma_w - 1 = \frac{2.65}{1.67} \times 1 - 1 = 0.59$$

마. 포화도(S)를 구하시오.

$$S = \frac{G_S \cdot w}{e} = \frac{2.65 \times 15.9}{0.59} = 71.42 \ (\%)$$

문제 9

어느 현장의 토질시험결과 습윤단위 무게가 1.72g/cm³이고 함수비가 24%이며 흙입자의 비중시험 결과 2.73이다. 다음 물음에 답하시오.
(단, 소수점 4자리에서 반올림)

풀이 가. 현장 건조밀도를 구하시오.

$$\gamma_d = \frac{W_S}{V} = \frac{G_S}{1+e}\gamma_w = \frac{\gamma_t}{1+\frac{w}{100}} = \frac{1.72}{1+\frac{24}{100}} = 1.387 \ (gf/cm^3)$$

나. 공극비를 구하시오.

$$e = \frac{G_S}{\gamma_d} \times \gamma_w - 1 = \frac{2.73}{1.387} \times 1 - 1 = 0.968$$

다. 포화도를 구하시오.

$$S = \frac{G_S \cdot w}{e} = \frac{2.73 \times 24}{0.968} = 67.686 \ (\%)$$

라. 공극률을 구하시오.

$$n = \frac{e}{1+e} \times 100 = \frac{0.968}{1+0.968} \times 100 = 49.187 \ (\%)$$

문제 10

어떤 시료를 채취하여 액성한계 시험을 한 결과 다음 표와 같이 얻었을 때 물음에 대한 답을 구하시오.
(단, 소성한계는 25%이고, 자연함수비는 30%였다)

낙하횟수	42	34	27	18	6
함수비	41	41.3	41.6	42.2	43.8

풀이 가. 작도를 하고, 액성한계 값을 구하시오.

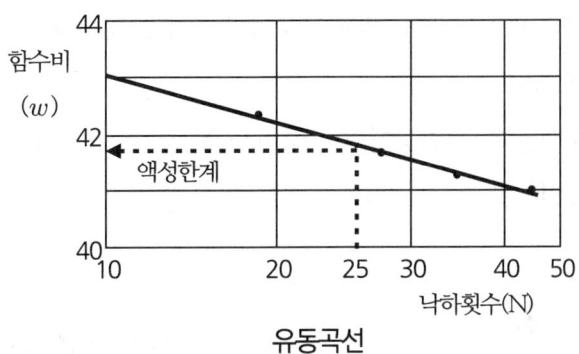

유동곡선

$$액성한계(w_L) = 41.7\,(\%)$$

(∵ 액성한계는 유동곡선에서 25회 일때 함수비)

나. 소성지수를 구하시오.

$$I_P = w_L - w_P = 41.7 - 25 = 16.7\,(\%)$$

다. 액성지수를 구하시오.

$$I_L = \frac{w_n - w_P}{I_P} = \frac{30 - 25}{16.7} = 0.30$$

문제 11

흙의 액성한계, 소성한계, 수축한계는 무엇에 의해 결정되는가?

정답 함수비

문제 12

어떤 흙의 소성한계 시험에서 흙을 국수 모양으로 밀어 지름이 약 3mm부스러질 때의 함수비가 32.4% 액성한계 시험에서 유동곡선을 작도하여 낙하횟수 25회에 상당하는 함수비가 49%의 결과를 얻었다. 다음 물음에 답하시오.(단, 자연상태 함수비는 40.2 %임)

풀이 가. 소성 지수를 구하시오. (단. 소수점 3자리에서 반올림)

$$I_P = w_L - w_P = 49 - 32.4 = 16.6\,(\%)$$

나. 액성 지수를 구하시오. (단, 소수점 3자리에서 반올림)

$$I_L = \frac{w_n - w_P}{I_P} = \frac{40.2 - 32.4}{16.6} = 0.47$$

다. 애터버그 한계와 연경도 사이의 관계로 보아 자연 상태에서 이 시료는 어떤 상태인가?

소성상태 (자연상태의 함수비가 액성한계보다 작고, 소성한계보다 크므로 소성상태임.)

≪해설≫

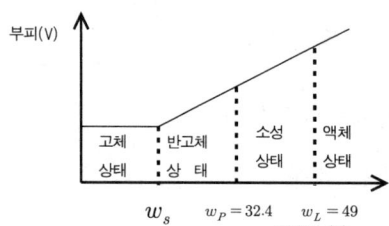

시료의 판정은 애터버그 한계에서 판정한다.
소성한계 : 32.4 %
자연상태 함수비 : 40.2 %
액성한계 : 49 %
∴ 애터버그 그림에서 자연상태 시료는 소성상태에 속함

문제 13

어떤 흙을 시험한 결과 액성한계 w_L=47.4%, 소성한계 w_P=35.8%, 자연 함수비가 42.6%이고, 활성도(A)의 값은 0.89였을 때 다음 물음에 답하시오.

풀이

가. 소성지수(I_P)를 구하시오.

$$I_P = w_L - w_P = 47.4 - 35.8 = 11.6 \,(\%)$$

나. 컨시스턴시 지수(I_C)를 구하시오.

$$I_C = \frac{w_L - w_n}{I_P} = \frac{47.4 - 42.6}{11.6} = 0.414$$

다. 2μ이하의 점토 함유량을 구하시오.

$$A = \frac{I_P}{2\mu \text{ 이하의 점토 함유량}}$$

$$\therefore 2\mu \text{ 이하의 점토 함유량} = \frac{I_P}{A} = \frac{11.6}{0.89} = 13.03 \,(\%)$$

문제 14

자연 상태의 함수비 43.7%인 어떤 흙 시료의 애터버어그 시험 결과 액성한계 66.5%, 소성한계 32.9%, 수축한계가 17.8%일 때 다음 값을 계산하시오.

풀이

가. 이 흙의 소성지수를 구하시오.

$$I_P = w_L - w_P = 66.5 - 32.9 = 33.6 \, (\%)$$

나. 이 흙의 액성지수를 구하시오.(소수점 4자리에서 반올림)

$$I_L = \frac{w_n - w_P}{I_P} = \frac{43.7 - 32.9}{33.6} = 0.321$$

다. 이 흙의 수축 지수를 구하시오.

$$I_S = w_P - w_s = 32.9 - 17.8 = 15.1 \, (\%)$$

문제 15

어느 점성토에 대한 애터버그시험 결과이다. 다음 물음에 대한 산출근거와 답을 쓰시오.
(단, 소수점 3자리에서 반올림)

* 자연상태의 함수비 43.26% 액성한계 65.38%
  소성한계   30.43%   수축한계 16.72%

풀이

가. 이 흙의 소성지수(I_P)를 구하시오.

$$I_P = w_L - w_P = 65.38 - 30.43 = 34.95 \, (\%)$$

나. 이 흙의 액성지수(I_L)를 구하라.

$$I_L = \frac{w_n - w_P}{I_P} = \frac{43.26 - 30.43}{34.95} = 0.37$$

다. 이 흙의 수축지수(Is)를 구하라.

$$I_S = w_P - w_s = 30.43 - 16.72 = 13.71 \, (\%)$$

라. 애터버그 한계와 연경도(Consistency) 사이의 관계로 보아 자연 상태에서 이 시료는 어떤 상태에 속하는가?

$$w_P = 30.43 < w_n < w_L = 65.38 \quad \text{이므로 소성 상태}$$

마. 아래 소성도표에 의해 흙을 공학적으로 분류하라.

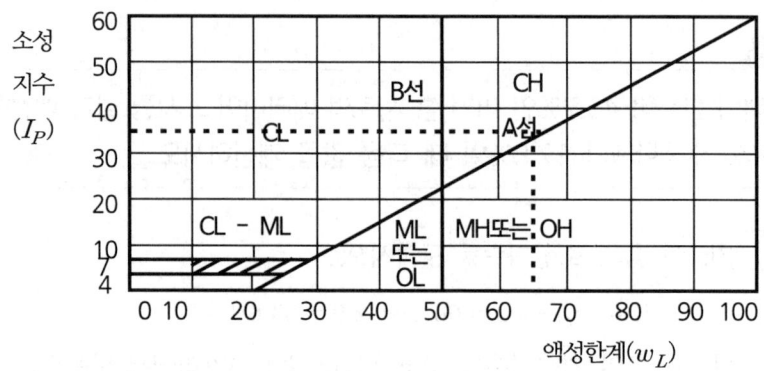

A선 식 $I_P = 0.73(w_L - 20) = 0.73 \times (65.38 - 20) = 33.13$

$\therefore CH$

문제 16

흙의 자연 함수비가 50%인 점성토의 토성시험 결과 액성한계가 70%, 소성한계 40%, 수축한계가 25%였다. 물음에 산출근거를 쓰고 답하시오.

풀이

가. 소성지수를 구하시오.

$$I_P = w_L - w_P = 70 - 40 = 30\,(\%)$$

나. 액성지수를 구하시오.

$$I_L = \frac{w_n - w_P}{I_P} = \frac{50 - 40}{30} = 0.33$$

다. 컨시스턴시(consistency)지수를 구하시오.

$$I_C = \frac{w_L - w_n}{I_P} = \frac{70 - 50}{30} = 0.67$$

문제 17

자연상태의 함수비가 41.2% 이고 액성한계 48.4%, 소성한계 34.6% 이었다. 다음 물음에 답하시오.

풀이

가. 소성지수를 구하시오

$$I_P = w_L - w_P = 48.4 - 34.6 = 13.8\,(\%)$$

나. 컨시스턴시 지수를 구하시오.

$$I_C = \frac{w_L - w_n}{I_P} = \frac{48.4 - 41.2}{13.8} = 0.52$$

다. 액성지수를 구하시오

$$I_L = \frac{w_n - w_P}{I_P} = \frac{41.2 - 34.6}{13.8} = 0.48$$

문제 18

어떤 세립토를 공학적 분류 방법으로 시험한 결과가 아래 물음과 같을 때 다음소성 도표를 보고 답하시오.

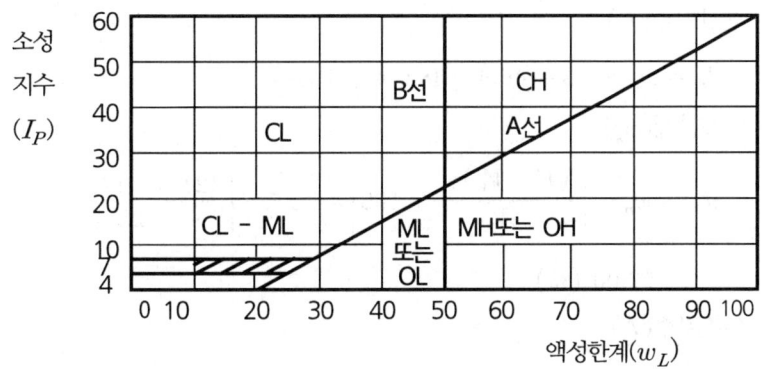

풀이

가. 액성한계(w_L)가 45%, 소성한계(w_p)가 20%일 때 이 흙을 분류하시오.

$$I_P = w_L - w_P = 45 - 20 = 25\,(\%)$$

$$\therefore CL$$

나. 액성한계(w_L)가 20%, 소성한계(w_p)가 6%일 때 이 흙을 분류하시오.

$$CL - ML\,(빗금친 부분에 해당)$$

다. 액성한계가 60%이었다.

① A-line에서의 소성지수를 구하시오.

$$I_P = 0.73(w_L - 20) = 0.73 \times (60 - 20) = 29.2$$

② 이 흙을 분류하시오.

$$CH\,(A-선\,위쪽\,방향)$$

문제 19

어느 시료를 갖고 액성한계, 소성한계, 성과표를 얻은 다음 수축한계 시험을 하였다. 다음 물음에 산출근거와 답을 구하시오.
(단, 소수점 2자리에서 반올림)

습윤시료 체적	21.6cm³	자연시료 함수비	42.5%
노건조시료 체적	17.2cm³	액성한계	46.4%
노건조시료 무게	28.4g	소성한계	38.6%

풀이

가. 소성지수(I_P)

$$I_P = w_L - w_P = 46.4 - 38.6 = 7.8 \, (\%)$$

나. 수축한계(w_s)

$$w_s = w_n - \left[\frac{(V-V_0)\gamma_w}{W_S} \times 100\right] = 42.5 - \left[\frac{(21.6-17.2)\times 1}{28.4} \times 100\right]$$
$$= 27.00 \, (\%)$$

다. 수축지수(I_S)

$$I_S = w_P - w_s = 38.6 - 27.0 = 11.6 \, (\%)$$

라. 컨시스턴시지수(I_C)

$$I_C = \frac{w_L - w_n}{I_P} = \frac{46.4 - 42.5}{7.8} = 0.5$$

마. 수축비(R) (소수점 2자리까지 구하시오)

$$R = \frac{W_s}{V_0 \times \gamma_w} = \frac{28.4}{17.2 \times 1} = 1.65$$

바. 이 흙의 비중(G_S)

$$G_S = \frac{\gamma_w}{\frac{1}{R} - \frac{w_s}{100}} = \frac{1}{\frac{1}{1.65} - \frac{27.0}{100}} = 2.98$$

문제 20

어느 시료를 갖고 수축한계 시험을 하였다. 다음 물음에 답 하시오

습윤시료 체적	20.4(cm³)	습윤시료 함수비	48.2(%)
노건조시료 체적	16.2(cm³)	액성한계	44.2(%)
노건조시료 무게	24.3(g)	소성한계	38.6(%)

풀이 가. 수축한계 (소수점 2자리에서 반올림)

$$w_s = w - \left[\frac{(V-V_0)\gamma_w}{W_S} \times 100\right]$$
$$= 48.2 - \left[\frac{(20.4-16.2)\times 1}{24.3}\times 100\right] = 30.9\,(\%)$$

나. 수축지수 (소수점 2자리에서 반올림)

$$I_S = w_p - w_s = 38.6 - 30.92 = 7.7\,(\%)$$

다. 수축비 (소수점 3자리에서 반올림)

$$R = \frac{W_S}{V_0 \times \gamma_w} = \frac{24.3}{16.2 \times 1} = 1.50$$

라. 체적 변화 (소수점 3자리에서 반올림)

$$C = \frac{V-V_0}{V_0} \times 100 = (w_1 - w_s)\frac{W_S}{V_0 \gamma_w}$$

$$= (44.2 - 30.92) \times \frac{24.3}{16.2 \times 1} = 19.92$$

마. 비중 근사값 (소수점 3자리에서 반올림)

$$G_S = \frac{\gamma_w}{\dfrac{1}{R} - \dfrac{w_s}{100}} = \frac{1}{\dfrac{1}{1.5} - \dfrac{30.9}{100}} = 2.80$$

문제 21

흙의 수축한계 시험결과가 다음과 같다. 다음 물음에 답하시오.
(단, 소수점 3자리에서 반올림)

(포화된시료+수축접시) 무게	53.7g
(건조시료+수축접시) 무게	36.4g
수축접시 무게	18.2g
습윤시료의 용적	24.0cm3
건조시료의 용적	14.0cm3

풀이 가. 수축 한계를 구하시오.

① $w = \dfrac{W_W}{W_S} \times 100 = \dfrac{17.3}{18.2} \times 100 = 95.05\,(\%)$

$$\left[\because W_S = 36.4 - 18.2 = 18.2g, \ W = 53.7 - 18.2 = 35.5g,\right.$$
$$\left. W_W = 35.5 - 18.2 = 17.3g \right]$$

② $w_s = w - \left[\dfrac{(V-V_0)\gamma_w}{W_S} \times 100\right]$

$= 95.05 - \left[\dfrac{(24.0-14.0) \times 1}{36.4-18.2} \times 100\right] = 40.10\,(\%)$

나. 수축비(R)를 구하시오.

$R = \dfrac{W_S}{V_0 \times \gamma_w} = \dfrac{36.4-18.2}{14 \times 1} = 1.3$

다. 이 흙의 비중을 구하시오.

$G_S = \dfrac{\gamma_w}{\dfrac{1}{R} - \dfrac{w_s}{100}} = \dfrac{1}{\dfrac{1}{1.3} - \dfrac{40.1}{100}} = 2.72$

문제 22

어떤 흙의 수축 한계 시험을 한 결과가 다음과 같았다. 다음 물음에 답 하시오.

수축접시내의 습윤시료의 용적	21.6cm³
노건조시료의 용적	15.1cm³
노건조시료의 중량	26.2g
습윤시료의 함수비	44.6%

풀이 가. 수축한계를 구하시오.

$w_s = w - \left[\dfrac{(V-V_0)\gamma_w}{W_S} \times 100\right] = 44.6 - \left[\dfrac{(21.6-15.1) \times 1}{26.2} \times 100\right] = 19.79\,(\%)$

나. 수축비를 구하시오.

$R = \dfrac{C}{w-w_s} = \dfrac{W_S}{V_0 \times \gamma_w} = \dfrac{26.2}{15.1 \times 1} = 1.74$

다. 흙의 비중을 구하시오.

$G_S = \dfrac{\gamma_w}{\dfrac{1}{R} - \dfrac{w_s}{100}} = \dfrac{1}{\dfrac{1}{1.74} - \dfrac{19.79}{100}} = 2.65$

문제 23

완전히 포화된 점토의 함수비가 30.1% 습윤밀도가 1.86g/cm³이었다. 이 흙이 건조한 후에 수축비가 1.66으로 되었을 때 다음 값을 구하시오.
(단, 소수점 3자리에서 반올림)

풀이 가. 토립자의 비중

① $S \cdot e = G_S \cdot w$ 에서 $e = \dfrac{G_S \cdot w}{S} = \dfrac{30.1 \times G_S}{100} = 0.301 G_S$

② $\gamma_t = \dfrac{G_S + \dfrac{S \cdot e}{100}}{1+e} \gamma_w$ 에서, $1.86 = \dfrac{G_S + \dfrac{100 \times 0.301 G_S}{100}}{1 + 0.301 G_S} \times 1$

위 식을 정리하면, $0.74114 G_S = 1.86$,

$\therefore G_S = \dfrac{1.86}{0.74114} = 2.51$

나. 수축한계

$w_s = \left(\dfrac{1}{R} - \dfrac{1}{G_S}\right) \times 100 = \left(\dfrac{1}{1.66} - \dfrac{1}{2.51}\right) \times 100 = 20.4 \, (\%)$

문제 24

완전히 포화된 점토의 함수비가 39.1%, 습윤밀도가 1.86g/cm³이었다. 이 흙이 건조한 후에 수축비가 1.66으로 되었을 때 다음 값을 구하시오.
(단, 소수점 3자리에서 반올림)

풀이 가. 토립자의 비중을 구하시오.

$w : 39.1 \%$, $\gamma_t : 1.89 \, g/cm^3$, $R = 1.66$, $S = 100\% \,(완전포화)$

① $e = \dfrac{G_S \cdot w}{S} = \dfrac{39.1 \times G_S}{100} = 0.391 G_S$

② $\gamma_t = \dfrac{G_S + \dfrac{S \cdot e}{100}}{1+e} \gamma_w$ 에서, $1.86 = \dfrac{G_S + \dfrac{100 \times 0.391 G_S}{100}}{1 + 0.391 G_S} \times 1$

위 식을 정리하면, $0.66374 G_S = 1.86$,

$\therefore G_S = \dfrac{1.86}{0.66374} = 2.80$

나. 수축한계

$$w_s = \left(\frac{1}{R} - \frac{1}{G_S}\right) \times 100 = \left(\frac{1}{1.66} - \frac{1}{2.80}\right) \times 100 = 24.53\,(\%)$$

문제 25

수축 한계 시험에서 습윤흙 부피가(V) 20.6cm3, 건조흙 부피(V_0)가 14.2cm³, 건조 흙 중량(W_S)가 20.36g, 평균함수비(w)가 58%일 때 다음 물음에 답하시오.

풀이

가. 수축 부피를 구하시오.

$$\text{수축부피} = V - V_0 = 20.6 - 14.2 = 6.4\,(cm^3)$$

나. 수축한계(w_s)를 구하시오. (단, 소수점 2자리에서 반올림)

$$w_s = w - \left[\frac{(V - V_0)\gamma_w}{W_S} \times 100\right] = 58 - \left[\frac{(20.6 - 14.2) \times 1}{20.36} \times 100\right] = 26.6\,(\%)$$

문제 26

자연함수비(w_n) 36%, 액성한계(w_L)가 41%, 습윤시료의 부피(V)가 20.4cm³, 건조시료의 부피(V_0) 16.2cm³, 건조시료무게(W_S) 30.6g, 소성한계(w_P) 32%이었을 때 다음 물음에 답하시오.

풀이

가. 수축한계를 구하시오.

$$w_s = w_n - \left[\frac{(V - V_0)\gamma_w}{W_S} \times 100\right] = 36 - \left[\frac{(20.4 - 16.2) \times 1}{30.6} \times 100\right]$$

$$= 22.27\,(\%)$$

나. 수축지수를 구하시오

$$I_S = w_P - w_s = 32 - 22.27 = 9.73\,(\%)$$

다. 수축비를 구하시오.

$$R = \frac{W_S}{V_0 \times \gamma_w} = \frac{30.6}{16.2 \times 1} = 1.89$$

라. 수축한계시험에서 수은을 사용하는 이유는?

부피를 측정하기 위하여

문제 27

입도시험을 하기 위하여 실내 건조시료 57.88g을 취하여 비중계 시험을 한 후 NO.200체 위에서 물로 세척하여 잔유분을 노건조시킨 다음 세립분 체가름 시험을 하였다. 다음 물음에 답하시오.
(단, 조립분 체가름 시험하여 입경 2.0mm의 가적통과율은 64%이었고 비중계 시험시료의 함수비는 6.2%이었다.)

체 눈(mm)	잔류흙 무게(g)
0.84	1.92
0.42	2.45
0.25	2.87
0.125	6.74
0.074	1.33

풀 이

가. 비중계 시험용 시료의 노건조무게를 구하시오. (단, 소수 2자리에서 반올림)

$$W_S = \frac{W}{1+\frac{w}{100}} = \frac{57.88}{1+\frac{6.2}{100}} = 54.5 \, (g)$$

나. 다음 체가름 시험 성과표를 완성하시오.

체 눈 (mm)	잔류흙 무게(g)	잔류흙 (%)	가적잔유율 (%)	가적통과율 (%)	보정가적 통과율 (%)
0.84	1.92	(3.5)	(3.5)	(96.5)	(61.8)
0.42	2.45	(4.5)	(8.0)	(92.0)	(58.9)
0.25	2.87	(5.3)	(13.3)	(86.7)	(55.5)
0.125	6.74	(12.4)	(25.7)	(74.3)	(47.6)
0.074	1.33	(2.4)	(28.1)	(71.9)	(46.0)

⟨산출근거⟩ ① 각 체 잔유율 = $\dfrac{\text{각 체 잔유무게}}{No.10\text{번체 통과한 노건조시료 무게}} \times 100$

② 가적 잔유율 = Σ 각 체 잔유율

③ 가적 통과율 = 100 − 가적 잔유율

④ 보정 가적 통과율 = 가적 통과율 × $\dfrac{64(P_{2.0})}{100}$

문제 28

No.10체를 통과한 공기 건조 시료 300g을 취하여 비중계 시험을 한 후, 그 내용물을 No.200체에 놓고 물로 씻어 내어 잔류한 시료를 표준체로 체 가름 한 결과 다음과 같은 결과를 얻었다. 다음 물음에 답하시오.

(단, 이 시료 전체에 대한 No.10체(2.0mm) 통과율 $P_{2.0}$=89%, 공기 건조 시료의 함수비는 20%임)

풀이

가. No.10체를 통과한 공기건조시료 300g의 노건조 무게를 구하시오.
(단, 산출근거와 답을 쓰시오)

$$W_S = \frac{W}{1+\frac{w}{100}} = \frac{300}{1+\frac{20}{100}} = 250 \ (g)$$

나. 아래 각체 잔류율, 가적 잔류율, 가적 통과율, 보정 가적 통과율을 구하시오.

체번호	잔류무게	잔류율	가적잔류율	가적통과율	보정가적통과율
NO20	15.6	(6.24)	(6.24)	(93.76)	(83.45)
NO40	61.8	(24.72)	(30.96)	(69.04)	(61.45)
NO60	88.3	(35.32)	(66.28)	(33.72)	(30.01)
NO140	62.5	(6.56)	(91.28)	(8.72)	(7.76)
NO200	16.4	(0)	(97.84)	(2.16)	(1.92)
pan	0				

〈산출근거〉

① 각 체 잔유율 = $\frac{각 체 잔유 무게}{No.10번 체 통과한 노건조시료 무게} \times 100$

② 가적 잔유율 = Σ 각체 잔유율

③ 가적 통과율 = 100 - 가적 잔유율

④ 보정 가적 통과율 = 가적 통과율 × $\frac{89(P_{2.0})}{100}$

문제 29

흙의 입도시험에서 N$_O$.10체를 통과한 대기중 건조시료(함수비 10%) 110g 을 취하여 비중계 시험을 한 후, 그 내용물을 N$_O$.200체에 놓고 물로 씻어내어 남은 시료를 표준체로 시험하여 다음의 결과를 얻었다. 물음에 답하시오.
(단, 이 시료 전체에 대한 N$_O$.10체(2.0mm) 통과율 P$_{2.0}$=80%)

체번호	잔류무게	체번호	잔류무게
NO 20	8.58	NO 140	17.60
NO 40	18.79	NO 200	2.43
NO 60	14.06	PAN	0

풀이

가. N$_O$.10체를 통과한 대기 중 건조시료 100g의 노건조 무게를 구하시오.

(단, 산출근거와 답을 쓰시오)

$$W_S = \frac{W}{1+\frac{w}{100}} = \frac{110}{1+\frac{10}{100}} = 100 \,(g)$$

나. 아래 빈칸을 적당한 숫자로 채우시오.   (단, 소수점 3자리에서 반올림)

체번호	잔류무게	잔류율	가적잔류율	가적통과율	보정가적통과율
NO.20	8.58	(8.58)	(8.58)	(91.42)	(73.14)
NO.40	18.79	(18.79)	(27.37)	(72.63)	(58.10)
NO.60	14.06	(14.06)	(41.43)	(58.57)	(46.86)
NO.140	17.60	(17.60)	(59.03)	(40.97)	(32.78)
NO.200	2.43	(2.43)	(61.46)	(38.54)	(30.83)

문제 30

어떤 흙의 체가름 시험에서 10번체(2.0mm)에 잔유한 부분의 노건조 무게가 142g이고 2.0mm체를 통과한 무게가 851g, 이 시료의 함수비가 15%이었을 때 다음 물음에 답하시오.
(단, 소수점 2자리에서 반올림)

풀이   가. 전체 시료의 노건조 무게를 구하시오.

$$W_{S1} = 142\ g, \qquad W_{S2} = \frac{W_2}{1+\dfrac{w}{100}} = \frac{851}{1+\dfrac{15}{100}} = 740\ (g)$$

$$\therefore\ W_S = W_{S1} + W_{S2} = 142 + 740 = 882\ (g)$$

나. 10번체(2.0mm)의 잔유율을 구하시오.

$$잔유율 = \frac{142}{882} \times 100 = 16.1\ (\%)$$

다. 10번체(2.0mm)의 통과율을 구하시오.

$$통과율 = 100 - 잔유율 = 100 - 16.1 = 83.9\ (\%)$$

문제 31

흙의 입도 분석 시험 결과 입경 가적 곡선에서 흙 입자 지름은 다음과 같다. 물음에 답하시오.

D_{10} (mm)	0.020
D_{30} (mm)	0.05
D_{60} (mm)	0.14

풀이 가. 유효·입경은?

$$D_{10}\ :\ 0.02\ mm$$

나. 균등 계수(C_U)는? (정수로 구하시오)

$$C_U = \frac{D_{60}}{D_{10}} = \frac{0.14}{0.02} = 7$$

다. 곡률 계수(C_g)는? (단, 소수점 3자리에서 반올림)

$$C_g = \frac{D_{30}^2}{D_{10} \times D_{60}} = \frac{0.05^2}{0.02 \times 0.14} = 0.89$$

문제 32

흙의 입도 분석 시험결과로부터 입경 가적 곡선을 그려 다음 값을 얻었다. 물음에 답하시오.
 단, D_{10}=0.006(mm), D_{30}=0.120(mm), D_{60}=0.240(mm)

풀이 가. 이 흙의 균등계수(Cu)는 얼마인가?   (단, 소수점 2자리에서 반올림)

$$C_U = \frac{D_{60}}{D_{10}} = \frac{0.240}{0.006} = 40$$

나. 이 흙의 곡률계수(Cg)는 얼마인가?

$$C_g = \frac{D_{30}^2}{D_{10} \times D_{60}} = \frac{0.120^2}{0.006 \times 0.240} = 10$$

다. 균등계수(Cu)로 볼 때 이 흙의 입도분포 상태를 판별하시오.

(단, 구체적으로 판별이유를 쓸 것)

$C_U = 40 > 10$ 이므로 입도 분포 양호

> ≪해설≫
> ☞ 입자 지름 분포의 양부 판정
> 균등 계수는 입자 지름 누적 곡선의 기울기를 나타내는 것으로 Cu≒1일 때에는 D_{60}과 D_{10}과의 범위가 좁아 입자지름 누적 곡선이 거의 직립함을 나타내며, Cu가 커짐에 따라 입자 지름 분포가 넓은 것을 나타낸다. 일반적으로 Cu가 4 이하의 흙은 '입도 분포가 나쁘다'고 말하고, 10 이상인 흙은 '입도 분포가 좋다'고 말할 수 있다. 곡률 계수는 입도 분포가 계단 상인 경우에 이것을 정량적으로 나타내는 것으로 Cg=1~3은 '입도 분포가 좋다'는 것을 나타내고 있다. Cu는 균등 계수로서 입자 지름이 고른 흙은 균등계수가 1에 가깝다. 입도 분포가 좋은 흙은 균등 계수의 값이 크고 균등 계수가 1에 가까우면 동일한 입자 지름의 토립자로 이루어진 흙으로 볼 수 있다. 사질토에서는 Cu>10이면, 양입도, Cu<4이면, 빈입도로 판단한다.

문제 33

흙의 입도분석 시험결과 입경가적곡선에서 흙입자 지름은 다음 표와 같다. 물음에 답하시오.

통과율(%)	입자의 지름	통과율(%)	입자의지름	통과율(%)	입자의 지름
D_{10}	0.005mm	D_{30}	0.042mm	D_{60}	0.34mm

풀이 가. 균등계수(C_U)

$$C_U = \frac{D_{60}}{D_{10}} = \frac{0.34}{0.005} = 68$$

나. 곡률계수(C_g)

$$C_g = \frac{D_{30}^2}{D_{10} \times D_{60}} = \frac{0.042^2}{0.005 \times 0.34} = 1.04$$

문제 34

흙의 입도분석 시험결과 입경가적 곡선에서 흙입자 지름은 다음 표와 같다. 물음에 답하시오.

통과율(%)	입자의 지름	통과율(%)	입자의 지름
D_{10}	0.02mm	D_{60}	0.32mm
D_{30}	0.08mm	D_{90}	1.8mm

풀이

가. 유효입경의 입자의 지름을 쓰시오.

$$D_{10} : 0.02\,mm$$

나. 균등계수(C_U)는?(정수로 구하시오)

$$C_U = \frac{D_{60}}{D_{10}} = \frac{0.32}{0.02} = 16$$

다. 곡률계수(C_g)는?(소수2자리에서 반올림)

$$C_g = \frac{D_{30}^2}{D_{10} \times D_{60}} = \frac{0.08^2}{0.02 \times 0.32} = 1$$

라. 이 흙의 입도분포를 판정하시오.(단, 구체적 사유를 쓸 것)

$$C_U = 16 > 10,\ C_g = 1 \sim 3\ \text{이므로 입도분포 양호}$$

문제 35

흙의 입도시험을 실시하여 작성한 입경가적 곡선에서 D_{10}=0.02mm, D_{30}=0.04mm, D_{60}=0.12mm를 얻었다. 아래 물음에 답 하시오.

단, D_{10} : 통과 백분율 10%에 대응하는 입자 지름
D_{30} : 통과 백분율 30%에 대응하는 입자 지름
D_{60} : 통과 백분율 60%에 대응하는 입자 지름

풀이

가. 균등계수를 구하시오.

$$C_U = \frac{D_{60}}{D_{10}} = \frac{0.12}{0.02} = 6$$

나. 곡률계수를 구하시오.

$$C_g = \frac{D_{30}^2}{D_{10} \times D_{60}} = \frac{0.04^2}{0.02 \times 0.12} = 0.67$$

문제 36

흙의 입도분석 시험결과 입경가적 곡선에서 흙입자 지름은 다음 표와 같다. 물음에 답 하시오.

통과율(%)	입자지름	통과율(%)	입자 지름
D_{10}	0.02mm	D60	0.24mm
D_{30}	0.08mm	D90	1.8mm

풀이

가. 유효입경을 쓰시오.

$$D_{10} : 0.02\,mm$$

나. 균등계수(CU)는?

$$C_U = \frac{D_{60}}{D_{10}} = \frac{0.24}{0.02} = 12$$

다. 곡률계수(Cg)는?

$$C_g = \frac{D_{30}^2}{D_{10} \times D_{60}} = \frac{0.08^2}{0.02 \times 0.24} = 1.33$$

라. 이 흙의 입도분포를 판정하시오. (단, 구체적 사유를 쓸 것)

$C_U = 12 > 10$, $C_g = 1 \sim 3$ 이므로 입도분포 양호

문제 37

흙의 비중시험 결과 다음과 같다.

- 피크노미터 무게 45.2g
- 노건조 시료무게 : 26g
- (증류수+피크노미터)무게 : 177.6g
- (증류수+시료+피크노미터)무게 : 194.2g
- 21℃   0.998022(비중)   −
- 25℃   0.997075(비중)   0.9979(보정계수)

풀이

가. 수온 25℃에 대한 비중은?

$$W_a = \frac{T\,℃\,에서의\,물의\,비중}{T'\,℃\,에서의\,물의\,비중} \times (Wa' - W_f) + W_f$$

$$= \frac{0.997075}{0.998022} \times (177.6 - 45.2) + 45.2 = 177.47\,g$$

$$G_T(T/25℃) = \frac{W_S}{W_S + (W_a - W_b)} = \frac{26}{26 + (177.47 - 194.2)} = 2.80$$

나. 수온 15℃에 대한 비중은?

$$G_S(T/15℃) = K \cdot G_T(T/25℃) = 0.9979 \times 2.81 = 2.80$$

문제 38

다음 자연 상태의 함수비가 39.4%인 점토에 대한 액성한계 시험결과 유동곡선에서 액성한계 (w_L)=72.6%를 얻었다. 다음 물음에 답하시오.
(단, 소수 2자리에서 반올림)

【 결과 】
○ 이 흙의 소성한계 함수비는 31.4%
○ 낙하 횟수 10회일 때 함수비 77.4%
○ 낙하 횟수 40회일 때 함수비 70.6%

풀이

가. 소성지수는?

$$I_P = w_L - w_P = 72.6 - 31.4 = 41.2 \, (\%)$$

나. 컨시스턴시 지수는?

$$I_C = \frac{w_L - w_n}{I_P} = \frac{72.6 - 39.4}{41.2} = 0.8$$

다. 액성지수는?

$$I_L = \frac{w_n - w_P}{I_P} = \frac{39.4 - 31.4}{41.2} = 0.2$$

라. 유동지수는?

$$I_f = \frac{w_1 - w_2}{\log_{10} N_2 - \log_{10} N_1} = \frac{77.4 - 70.6}{\log 40 - \log 10} = 11.3$$

문제 39

어떤 흙의 체가름 시험에서 10번체(2.0mm)에 잔유한 부분의 노건조 무게가 142g이고, 2.0mm체를 통과한 무게가 851g, 이 시료의 함수비가 15%이었을 때 다음 물음에 답하시오.
(단, 소수 2자리에서 반올림)

풀이

가. 전체 시료의 노건조 무게를 구하시오.

$$W_{S1} = 142 \, g$$

$$W_{S2} = \frac{W}{1+\frac{w}{100}} = \frac{851}{1+\frac{15}{100}} = 740 \ (g)$$

$$W_S = W_{S1} + W_{S2} = 142 + 740 = 882 \ (g)$$

나. 10번체(2.0mm)의 잔유율을 구하시오.

$$P_r = \frac{W_{S1}}{W_S} \times 100 = \frac{142}{882} \times 100 = 16.1 \ (\%)$$

다. 10번체(2.0mm)의 통과율을 구하시오.

$$P = 100 - \Sigma P_r = 100 - 16.1 = 83.9 \ (\%)$$

문제 40

실트 점토에 대한 수축한계 시험결과 습윤 시료의 체적 V=26cm³, 노건조시료의 중량 W_s=32.0g, 노건조 시료의 체적 V0=22cm³, 습윤시료의 함수비 w=45%이었다. 다음 사항을 구하시오.
(단, 액성한계 w_L=44.5%, 소성한계 w_P=36%이다)

풀이

가. 수축한계를 구하시오.(단, 소수 2자리에서 반올림)

$$w_s = w_n - \left[\frac{(V-V_0)\gamma_w}{W_S} \times 100\right] = 45 - \left[\frac{(26-22)\times 1}{32.0} \times 100\right]$$

$$= 32.5 \ (\%)$$

나. 수축 지수를 구하시오.(단, 소수 2자리에서 반올림)

$$I_S = w_P - w_s = 36 - 32.5 = 3.5 \ (\%)$$

다. 수축비를 구하시오.(단, 소수 3자리에서 반올림)

$$R = \frac{W_S}{V_0 \times \gamma_w} = \frac{32}{22 \times 1} = 1.45$$

라. 체적변화를 구하시오.(단, 소수2자리에서 반올림)

$$C = \frac{V_1 - V_0}{V_0} \times 100 = (w - w_s)\frac{W_S}{V_0 \gamma_w} = (45 - 32.5) \times \frac{32}{22 \times 1} = 18.18 \ (\%)$$

마. 흙의 비중을 구하시오.(단, 소수3자리에서 반올림)

$$G_S = \frac{\gamma_w}{\frac{1}{R} - \frac{w_s}{100}} = \frac{1}{\frac{1}{1.45} - \frac{32.5}{100}} = 2.74$$

건설재료시험 기능사 필답형

제2장

노상토 지지력비 시험

2.1 노상토 지지력비 시험
2.2 평판재하 시험
　◇ 노상토 지지력비 시험 문제 풀이

제2장 노상토 지지력비 시험

2.1 노상토 지지력비(CBR) 시험

1) 팽창비

$$\gamma_e = \frac{\text{다이얼게이지 최후 읽음}(mm) - \text{다이얼게이지 최초 읽음}(mm)}{\text{공시체 최초 높이}(mm)} \times 100$$

2) 흙의 흡수 팽창 시험 후 공시체의 부피

$$V_2 = V_1 \times (1 + \frac{r_e}{100})\ (cm^3) \quad (V_1 : \text{시험전 시료 부피})$$

3) 흡수 팽창 시험후의 건조 밀도($\gamma_d{'}$)

$$\gamma_d{'} = \frac{\gamma_d}{1 + \frac{\gamma_e}{100}} = \frac{100\gamma_d}{100 + \gamma_e}\ (g/cm^3)$$

4) 흡수 팽창 시험후의 평균 함수비($w_a{'}$)

$$w_a{'} = (\frac{\gamma_t}{\gamma_d{'}} - 1) \times 100\ (\%)$$

5) $CBR = \dfrac{\text{시험하중}}{\text{표준하중}} \times 100 = \dfrac{\text{시험단위하중}}{\text{표준단위하중}} \times 100$

관입량(mm)	표준하중 강도(kgf/cm²)	표준 하중(kg)
2.5	70 (6.9MN/m²)	1,370(13.4kN)
5.0	105 (10.3MN/m²)	2,030(19.9kN)

2.2 평판재하 시험

1) 지지력 계수 (K)

$$K = \frac{q}{y} \quad q: \text{하중강도}(kg/cm^3),\ y: \text{침하량}(cm)$$

2) 재하판 크기에 따른 지지력 계수

재하판 두께는 22mm, 지름은 30cm, 40cm, 75cm 원형 재하판을 사용

$$K_{75} = \frac{1}{2.2} \times K_{30}, \qquad K_{75} = \frac{1}{1.5} \times K_{40}$$

노상토 지지력비 시험 문제 풀이

문제 1

노상토의 CBR시험이다.
* 몰드의 부피 2209cm3 건조밀도 1.642 g/cm^3 공시체의 높이 12.5cm, 팽창후 습윤밀도 1.920g/cm^3 흡수 팽창 시험 결과 최초 다이얼 게이지 읽음 0.2mm 였고, 최종 읽음이 1mm 였다.

풀이

가. 이 흙의 팽창비를 구하시오.

$$팽창비(\gamma_e) = \frac{다이얼게이지\ 최후읽음(mm) - 다이얼게이지\ 최초읽음(mm)}{공시체\ 최초\ 높이(mm)} \times 100$$

$$= \frac{1-0.2}{12.5 \times 10} \times 100 = 0.64\ (\%)$$

나. 흙의 흡수 팽창 시험후 이 공시체의 부피를 구하시오.

$$V_2 = V_1 \times (1 + \frac{r_e}{100}) = 2209 \times (1 + \frac{0.64}{100}) = 2223.14\ (cm^3)$$

다. 흡수 팽창 시험후의 건조 밀도(γ_d')를 구하시오.

$$\gamma_d' = \frac{\gamma_d}{1 + \frac{\gamma_e}{100}} = \frac{100\gamma_d}{100 + \gamma_e} = \frac{100 \times 1.642}{100 + 0.64} = 1.632\ (gf/cm^3)$$

라. 흡수 팽창 시험후의 평균 함수비(w_a')를 구하시오.

$$w_a' = (\frac{\gamma_t}{\gamma_d'} - 1) \times 100 = (\frac{1.920}{1.632} - 1) \times 100 = 17.65\ (\%)$$

문제 2

어떤 노상토 시료를 다짐 시험한 결과 표1과 같은 값을 얻었고 그 결과로부터 함수비를 10%로 하여 10회, 25회, 55회 다져 지지력 시험(C.B.R)을 한 결과 관입량 2.5mm에 대해 표2와 같은 결과를 얻었다.
(단, 표준하중은 1370kg, 다짐률은 95%이다.)

【표1】	시험횟수	1	2	3	4	5
	함수비	3.6	6.4	9.7	12.6	15.2
	건조밀도	1.725	1.932	2.066	1.989	1.850

[표2] 다짐회수	10회	25회	55회
시험하중2.5mm에 대하여	222	1099	2002
건조밀도	1.822	1.955	2.066

풀이

가. 다짐 곡선을 그리고 최적 함수비(OMC), 최대 건조밀도 (γ_{dmax})를 구하시오.

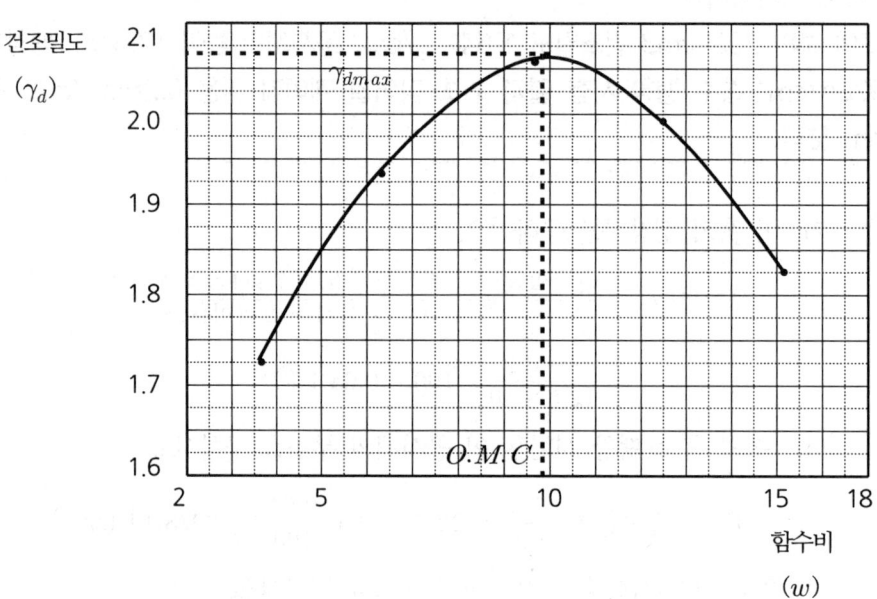

- 최적 함수비(OMC) : 9.8 (%)
- 최대 건조밀도 (γ_{dmax}) : 2.07 (g/cm3)

나. 10회, 25회, 55회의 지지력비(C.B.R)을 계산하고, C.B.R곡선을 작도하여 수정 C.B.R을 구하시오.

- $CBR_{10} = \dfrac{222}{1370} \times 100 = 16.2 \ (\%)$

- $CBR_{25} = \dfrac{1099}{1370} \times 100 = 80.2 \ (\%)$

- $CBR_{55} = \dfrac{2002}{1370} \times 100 = 146.1 \ (\%)$

- $\gamma_{d(95\%)} = 2.07 \times \dfrac{95}{100} = 1.967 \ (g/cm^3)$

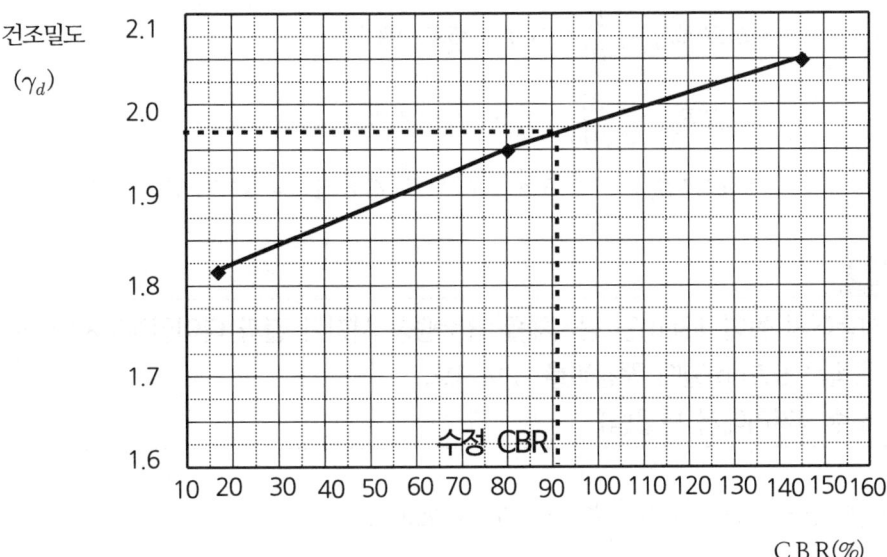

- 수정 $CBR = 91\ (\%)$

문제 3

도로지반의 시료를 채취하여 50mm 몰드에 5층으로 나누어 넣고 4.5kg 래머로 55회씩 다져서 흡수팽창시험이 끝난 후 관입 시험을 한 결과가 다음과 같다. 하중-관입량 곡선은 생략하고 재시험은 끝난 것으로 할 때 다음 물음에 대한 산출근거와 답을 답안지에 기록하시오.

관입량(mm)	0	0.5	1.0	1.5	2.0	2.5	5.0	7.5	10.0
하중(kg)	0	127.6	235.6	323.9	392.6	490.8	726.5	961.9	1177.8

(시험에 사용한 피스톤의 지름은 5cm 이다.)

풀이

가. 하중강도를 구하여 다음 표를 완성하시오.

관입량(mm)	0	0.5	1.0	1.5	2.0	2.5	5.0	7.5	10.0
하 중(kg)	0	127.6	235.6	323.9	392.6	490.8	726.5	961.9	1177.8
하중강도 (kg/cm^2)	0	6.5	12.0	16.5	20.0	25.0	37.0	49.0	60.0

$$하중강도 = \frac{하중}{피스톤\ 단면적} = \frac{P}{A} \quad (A = \frac{\pi d^2}{4} = \frac{\pi \times 5^2}{4} = 19.635 cm^2)$$

나. 관입량 2.5mm와 5.0mm에 대한 CBR을 구하여 지지력 비를 구하시오.

- $CBR_{2.5} = \dfrac{25}{70} \times 100 = 35.71\,(\%)$

- $CBR_{5.0} = \dfrac{37}{105} \times 100 = 35.24\,(\%)$

∴ $CBR_{2.5} > CBR_{5.0}$ 이므로 $CBR_{2.5} = 35.71\,\%$ 를 취함

문제 4

CBR 시험에서 높이 13cm인 공시체를 흡수팽창 시험한 결과 다이얼게이지의 초독이 88mm였고, 종독은 97mm일때 팽창비를 구하시오.
(단, 소수 4자리에서 반올림)

풀이 팽창비 $(\gamma_e) = \dfrac{97-88}{130} \times 100 = 6.923\,\%$

문제 5

어느 지점의 노상토에 대해 CBR 시험을 하였다. 그 결과가 다음과 같을 때 아래 물음에 답하시오.

번호	관입량(mm)	시험하중(kN)	표준하중(kN)
1	2.5	2.86	13.4
2	5.0	4.07	19.9

풀이 가. 관입량 2.5mm일 때의 $CBR_{2.5}$ 값을 구하시오

$$CBR = \dfrac{\text{시험하중}}{\text{표준하중}} \times 100 = \dfrac{\text{시험단위하중}}{\text{표준단위하중}} \times 100$$

$$CBR_{2.5} = \dfrac{2.86}{13.4} \times 100 = 21.34\,(\%)$$

나. 관입량 5.0mm일 때의 $CBR_{5.0}$ 값을 구하시오

$$CBR_{5.0} = \dfrac{4.07}{19.9} \times 100 = 20.45\,(\%)$$

다. CBR 값을 결정하시오

$CBR_{2.5} > CBR_{5.0}$ 이므로 $CBR_{2.5} = 21.34\,\%$ 를 취함

문제 6

CBR시험에서 높이 125mm 공시체를 흡수팽창 시험한 결과 다이얼 게이지의 최초 읽음 값이 65mm였고, 최종 읽음 값은 70mm였다. 다음 물음에 답하시오.

풀이 가. 팽창비를 구하시오.(단 소수 2자리에서 반올림)

$$팽창비\,(\gamma_e) = \frac{70-65}{125} \times 100 = 4\,(\%)$$

나. 몇 시간 동안 수침 후 읽음값을 원칙으로 하는가?

4일간 (96시간)

문제 7

CBR시험에서 높이가 12.5cm인 공시체를 흡수 팽창 시험한 결과 다음과 같다. Dialgage의 최초 읽음 0.2mm, 종독이 12mm 이 시료의 몰드 체적은 2100cm³일 때 다음을 구하시오.

풀이 가. 팽창비를 구하시오.

$$팽창비\,(\gamma_e) = \frac{12-0.2}{125} \times 100 = 9.44\,(\%)$$

나. 시험 후 이 공시체의 체적을 구하시오.

$$V_2 = V_1 \times (1 + \frac{r_e}{100}) = 2100 \times (1 + \frac{9.44}{100}) = 2298.24\,(cm^3)$$

다. 몇 시간 동안 수침 후 읽은 값을 원칙으로 하여 그 시간이 되지 않았더라도 어떤 때 그 값을 사용할 수 있는가?

4일(96시간) 동안 수침 후 읽은 값을 원칙으로 하나, 어느 정도 팽창후 96시간이 되지 않아도 더 이상 팽창하지 않으면 그 값을 사용할 수 있음

문제 8

노반의 CBR 시험결과를 보고 다음 물음에 답하시오.

번 호	관입량(mm)	시험단위하중(kg/cm²)	표준하중(kg)
1	2.5	39.2	1370
2	5.0	65.1	2030

풀이 가. $CBR_{2.5}$을 구하시오. (단, 소수2자리에서 반올림)

$$CBR_{2.5} = \frac{39.2}{70} \times 100 = 56 \, (\%)$$

나. $CBR_{5.0}$을 구하시오.

$$CBR_{5.0} = \frac{65.1}{105} \times 100 = 62 \, (\%)$$

문제 9

지름 30cm 재하판을 사용하여 평판재하시험을 한 결과 침하량 0.125cm에 대한 하중강도가 5.6kgf/cm²를 얻었다. 물음에 답하시오.

풀이 가. 지지력 계수 K_{30}을 구하시오.

$$K_{30} = \frac{q}{y} = \frac{5.6}{0.125} = 44.8 \, (kgf/cm^3)$$

나. 지름 75cm의 재하판을 사용한다면 지지력계수 K_{75}을 추정하시오.

$$K_{75} = K_{30} \times \frac{1}{2.2} = 44.8 \times \frac{1}{2.2} = 20.36 \, (kgf/cm^3)$$

다. 지름 40cm의 재하판을 사용한다면 지지력계수 K_{40}을 추정하시오.

$$K_{75} = K_{40} \times \frac{1}{1.5} \text{ 에서, } K_{40} = K_{75} \times 1.5$$

$$K_{40} = K_{75} \times 1.5 = 20.36 \times 1.5 = 30.54 \, (kgf/cm^3)$$

건설재료시험 기능사 필답형

제3장

흙의 다짐 및 현장밀도 시험

3.1 흙의 다짐 시험
3.2 모래치환법에 의한 단위무게 시험
◈ 흙의 다짐 및 현장밀도시험 문제 풀이

제3장 흙의 다짐 및 현장밀도 시험

3.1 흙의 다짐 시험

1) 다짐시험(표준다짐 : A 다짐)

   몰드 안지름이 10cm인 몰드에 3층으로 각 층당 래머 무게 2.5kg으로 낙하고 30cm 높이에서 25회씩 다져 함수비를 측정.

2) 다짐에너지(E_C)

   - $E_C = \dfrac{W_R \cdot H \cdot N_B \cdot N_L}{V} \, (kg.cm/cm^3)$

     여기서, W_R : 래머의 무게(kg)　　　H : 낙하고　　V : 몰드의 부피
     　　　　N_B : 각 층의 다짐 횟수　　N_L : 다짐 층수

3) 다짐시험 결과 계산에 필요한 식

   - 습윤밀도(γ_t) = $\dfrac{W}{V} \, (g/cm^3)$

   - 건조밀도(γ_d) = $\dfrac{\gamma_t}{1 + \dfrac{w}{100}} \, (g/cm^3)$

   - 상대밀도

     $Dr = \dfrac{e_{\max} - e}{e_{\max} - e_{\min}} \times 100 = \dfrac{\gamma_d - \gamma_{dmin}}{\gamma_{dmax} - \gamma_{dmin}} \times \dfrac{\gamma_{dmax}}{\gamma_d} \times 100 \, (\%)$

3.2 모래치환법에 의한 단위무게 시험

- 시험 구멍의 체적　　　　$V_H = \dfrac{W_{sand}}{\gamma_s} \, (m^3)$

- 현장 습윤단위 무게　　　$\gamma_t = \dfrac{W}{V} \, (g/cm^3)$

- 현장 건조단위 무게　　　$\gamma_d = \dfrac{W_S}{V} \, (g/cm^3)$

- 간극비　　　　　　　　　$e = \dfrac{Gs \cdot \gamma_w}{\gamma_d} - 1$

- 포화도　　　　　　　　　$S = \dfrac{G_S \cdot w}{e} \, (\%)$

- 다짐도　　　　　　　　　$C_d = \dfrac{\gamma_d}{\gamma_{dmax}} \times 100 \, (\%)$

흙의 다짐 및 현장밀도 시험 문제 풀이

문제 1

어떤 점토시료를 채취하여 다짐시험을 한 결과 최대 건조 단위무게 γ_{dmax}=1.88(g/cm³), 흙입자 비중 Gs=2.67이었다. 물음에 답하시오.

풀이

가. A다짐일 때의 다짐에너지를 구하시오. (단, 몰드의 부피=1000cm²)

$$E_C = \frac{W_R \cdot H \cdot N_B \cdot N_L}{V} = \frac{2.5 \times 30 \times 25 \times 3}{1000} = 5.625 \ (kgf.cm/cm^3)$$

≪해설≫
☞ 다짐시험(표준다짐: A 다짐)
  몰드 안지름이 10cm인 몰드에 3층으로 각 층당 래머무게 2.5kg으로 낙하고 30cm 높이에서 25회씩 다져 함수비를 측정. ∴ W_R:2.5, H:30, N_B:25, N_L:3

나. 최소 간극비를 구하시오.

$$e_{\min} = \frac{Gs \cdot \gamma_w}{\gamma_{dmax}} - 1 = \frac{2.67 \times 1}{1.88} - 1 = 0.42$$

다. 최소 간극률을 구하시오.

$$n_{\min} = \frac{e_{\min}}{1 + e_{\min}} \times 100 = \frac{0.42}{1 + 0.42} \times 100 = 29.58 \ (\%)$$

≪해설≫
☞ 최소 간극이 되기 위해서는 다짐이 잘되어 건조 단위무게가 최대일 때임

문제 2

현장모래의 건조단위무게가 1.62gf/cm³이었다. 이 모래를 시험실에서 시험한 결과 최대 건조단위무게가 1.78gf/cm³, 최소 건조단위무게가 1.46gf/cm³일 때 다음 물음에 답하시오.

풀이 가. 현장모래의 상대밀도를 구하시오.

$$Dr = \frac{e_{\max} - e}{e_{\max} - e_{\min}} \times 100 = \frac{\gamma_d - \gamma_{dmin}}{\gamma_{dmax} - \gamma_{dmin}} \times \frac{\gamma_{dmax}}{\gamma_d} \times 100$$

$$= \frac{1.62 - 1.46}{1.78 - 1.46} \times \frac{1.78}{1.62} \times 100 = 54.94 \ (\%)$$

나. 현장모래의 상대밀도 상태를 판정하시오.

(단, 판정사유를 반드시 기재하시오.)

40~60% 사이이므로 중간(보통) 정도임

≪해설≫
☞ 상대밀도 판정

상 태	상대밀도(%)
매우 느슨	0~20
느 슨	20~40
중 간	40~60
조 밀	60~80
매우 조밀	80~100

문제 3

자연상태의 모래의 함수비, 습윤단위 무게를 측정하였더니 8%와 1.70gf/cm³였다. 이 모래를 실험실에서 1000cm³의 용기를 사용하여 최대로 느슨한 상태로 채우고, 또 최대로 조밀하게 채운 다음 단위무게(밀도)를 측정하였더니 최소건조밀도(γ_{dmin})가 1.522gf/cm³, 최대건조밀도 (γ_{dmax})는 1.624gf/cm³이었다. 물음에 답하시오. (단, 소수넷째자리에서 반올림)

풀 이 가. 건조밀도(γ_d)

$$\gamma_d = \frac{\gamma_t}{1 + \frac{w}{100}} = \frac{1.70}{1 + \frac{8}{100}} = 1.574 \ (gf/cm^3)$$

나. 상대밀도(Dr)

$$Dr = \frac{\gamma_d - \gamma_{dmin}}{\gamma_{dmax} - \gamma_{dmin}} \times \frac{\gamma_{dmax}}{\gamma_d} \times 100 \ (\%)$$

$$= \frac{1.574 - 1.522}{1.624 - 1.522} \times \frac{1.624}{1.574} \times 100 = 52.6 \ (\%)$$

문제 4

어떤 현장에서 다짐시험을 한 결과이다. 다음 물음에 답하시오.
(단, 몰드의 체적은 1000cm³이고, 이 흙의 비중은 2.60이다.)

시 험 번 호	1	2	3	4	5	6
몰드무게(g)	4000	4000	4000	4000	4000	4000
(시료+몰드)무게(g)	5990	6050	6090	6100	6080	6060
함수비(%)	11.1	12.4	13.5	14.5	15.4	16.6

풀이

가. 습윤 시료무게, 습윤밀도, 건조밀도를 구하시오.

시 험 번 호	1	2	3	4	5	6
습윤시료의 무게(gf)	1990	2050	2090	2100	2080	2060
습윤밀도(gf/cm³)	1.99	2.05	2.09	2.10	2.08	2.06
건조밀도(gf/cm³)	1.791	1.824	1.841	1.834	1.802	1.767

계산근거)

습윤시료무게 = (시료+몰드)무게 − 몰드무게

$$= 5990 - 4000 = 1990 \, (gf)$$

$$습윤밀도(\gamma_t) = \frac{W}{V} = \frac{1990}{1000} = 1.99 \, (gf/cm^3)$$

$$건조밀도(\gamma_d) = \frac{\gamma_t}{1+\frac{w}{100}} = \frac{1.99}{1+\frac{11.1}{100}} = 1.791 \, (gf/cm^3)$$

나. 다짐곡선을 작도하시오.

≪해설≫
☞ ① 다짐곡선 ; 가로축에는 함수비, 세로축에 건조단위무게로 하여 각 시료에 대한 함수비를 측정하여 그림 곡선으로 함수비가 증가함에 따라 건조단위무게는 증가 하지만 어느 함수비를 경계로 하여 함수비가 증가해도 건조 단위무게는 감소한다.
② 다짐곡선 최대점의 단위 무게를 최대건조 단위무게(γ_{dmax}), 이때의 함수비를 최적함수비(OMC)라 한다.
③ 영공기 간극곡선
  간극이 물로 완전히 포화된 경우 (S=100%)로, 다짐곡선의 하향선 오른쪽에 위치한다.

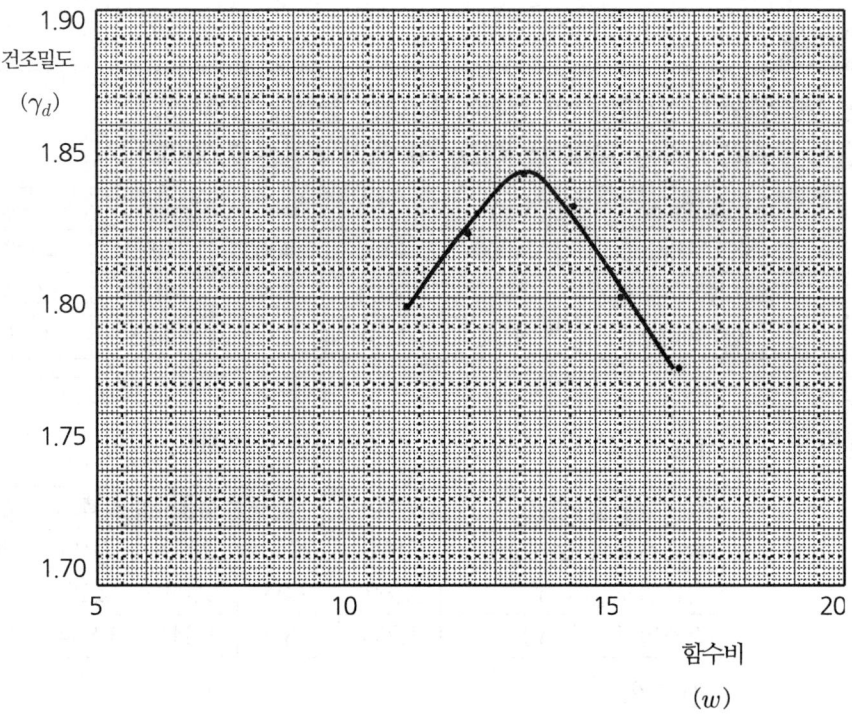

다. 최적함수비(O.M.C)와 최대건조밀도 (γ_{dmax})를 구하시오.

최적함수비($O.M.C$) : 13.5%

최대 건조밀도(γ_{dmax}) : $1.84\ g/cm^3$

문제 5

도로공사에서 현장 들밀도 시험을 한 결과 시료를 파내어 그 무게를 측정하였더니 1250g 이었고 파낸 구멍에 채우는데 필요한 모래의 무게가 1050g이었다. 이때 사용한 모래의 단위무게가 1.50g/cm³이었다. 또 파낸 흙의 건조 시료 무게1000g 이고 흙 입자의 비중이 2.65라 할 때 다음 물음에 대한 산출근거와 답을 구하시오.
(단, 최대 건조밀도(γ_{dmax})=1.55g/cm³이고, 소수점 3자리에서 반올림)

풀이

$W = 1250\ g$, $W_{sand} = 1050\ g$, $\gamma_S = 1.50\ g/cm^3$

$W_S = 1000\ g$, $G_S = 2.65$, $\gamma_{dmax} = 1.55\ g/cm^3$

가. 시험 구멍의 체적(V_H)를 구하시오

$$V_H = \frac{W_{sand}}{\gamma_s} = \frac{1050}{1.50} = 700\ (cm^3)$$

나. 현장 습윤단위 무게를 구하시오.

$$\gamma_t = \frac{W}{V} = \frac{1250}{700} = 1.79 \ (gf/cm^3)$$

다. 현장 건조단위 무게를 구하시오.

$$\gamma_d = \frac{W_S}{V} = \frac{1000}{700} = 1.43 \ (gf/cm^3)$$

라. 간극비(e)를 구하시오.

$$e = \frac{G_s \cdot \gamma_w}{\gamma_d} - 1 = \frac{2.65 \times 1}{1.43} - 1 = 0.85$$

마. 포화도(S)를 구하시오.

$$S \cdot e = G_S \cdot w \text{에서}, \ S = \frac{G_S \cdot w}{e} = \frac{2.65 \times 25}{0.85} = \frac{66.25}{0.85} = 77.94 \ (\%)$$

$$(w = \frac{W_w}{W_s} \times 100 = \frac{W - W_S}{W_S} \times 100 = \frac{1250 - 1000}{1000} \times 100 = 25 \ (\%))$$

바. 다짐도를 구하시오.

$$C_d = \frac{\gamma_d}{\gamma_{dmax}} \times 100 = \frac{1.43}{1.55} \times 100 = 92.26 \ (\%)$$

사. 시방서에서 다짐도가 95%원한다면 현장다짐 상태의 합격여부를 판정하시오.

95% > 92.26% 이므로 불합격, 더 다져야 한다.

문제 6

다음은 사질토의 모래치환법에 의한 현장밀도 시험결과이다. 다음 물음에 산출근거와 답을 쓰시오.
(단, 소수점 3자리에서 반올림)

〈시험결과〉
- 시험구멍에서 파낸 흙의 무게 2611g
- 시험구멍에서 파낸 흙의 함수비 5.0%
- 시험구멍에 채운표준 모래의 무게 1820g
- 표준모래의 단위무게 1.448g/cm³
- 시험실에서 구한 최대 건조밀도 2.012g/cm³

풀이 가. 시험구멍의 부피(V_H)를 구하시오.

$$V_H = \frac{W_{sand}}{\gamma_{sand}} = \frac{1820}{1.448} = 1256.91 \ (cm^3)$$

나. 현장 흙의 습윤밀도(γ_t)를 구하시오.

$$\gamma_t = \frac{W}{V_H} = \frac{2611}{1257} = 2.08 \ (gf/cm^3)$$

다. 현장 흙의 건조밀도(γ_d)를 구하시오.

$$\gamma_d = \frac{W_S}{V_H} = \frac{2487}{1257} = 1.98 \ (gf/cm^3)$$

$$(\because W_S = \frac{100 \cdot W}{100+w} = \frac{100 \times 2611}{100+5} = 2487g)$$

라. 현장 다짐도(C_d)를 구하시오.

$$C_d = \frac{\gamma_d}{\gamma_{dmax}} \times 100 = \frac{1.980}{2.012} \times 100 = 98.41 \ (\%)$$

문제 7

현장 밀도시험을 하기 위하여 구멍을 파낸 습윤토의 무게를 측정하니 3924g이고 이 구멍에 표준모래를 천천히 가득 채우니 3451g이 들어갔다.
또한 이구멍에서 파낸 습윤토의 함수비를 측정하기 위한 시험결과는 다음과 같다. 물음에 답하시오.

* 결과
  - (용기+습윤토)의 중량 : 41g
  - (용기+건조토)의 중량 : 40g
  - 용기의 중량 : 24g

그리고 표준모래의 단위 무게를 측정하기 위한 시험 결과는 다음과 같다.

* 결과
  - 모래병의 밸브까지 물을 채웠을 때의 무게 4850g
  - 모래병의 무게 1250g 물 1g당 부피는 1cm3/g 으로 한다.
  - 모래병의 밸브까지 표준모래를 채웠을 때 무게 6758g

풀이

가. 현장 흙의 함수비를 구하시오. (단, 소수점 2자리까지 구하시오)

$$w = \frac{W_W}{W_S} \times 100 = \frac{41-40}{40-24} \times 100 = \frac{1}{16} \times 100 = 6.25 \ (\%)$$

나. 시험용 표준 모래의 단위 중량을 구하시오.

(단, 소수점 2자리까지 구하시오.)

$$\gamma_{sand} = \frac{W_{sand}}{\gamma_{sand}} = \frac{6758-1250}{4850-1250} = \frac{5508}{3600} = 1.53 \ (gf/cm^3)$$

다. 파낸 구멍의 부피(습윤토의 부피)를 구하시오.
(단, 소수점 1자리까지 구하시오)

$$V_H = \frac{W_{H(sand)}}{\gamma_{sand}} = \frac{3451}{1.53} = 2255.6 \ (cm^3)$$

라. 습윤 밀도를 구하시오. (단, 소수점 2자리까지 구하시오)

$$\gamma_{tf} = \frac{W_H}{V_H} = \frac{3924}{2255.6} = 1.74 \ (gf/cm^3)$$

마. 건조 밀도를 구하시오. (단, 소수점 2자리까지 구하시오)

$$\gamma_{df} = \frac{\gamma_t}{1+\frac{w}{100}} = \frac{1.74}{1+\frac{6.25}{100}} = 1.64 \ (gf/cm^3)$$

바. 이 현장 흙을 실내에서 다짐 시험한 결과 최대 건조 밀도가 1.71g/cm³ 일 때 이 흙의 다짐도는? (단, 소수점 2자리까지 구하시오)

$$C_d = \frac{\gamma_{df}}{\gamma_{dmax}} \times 100 = \frac{1.64}{1.71} \times 100 = 95.91 \ (\%)$$

문제 8

다음은 모래 치환법에 의한 현장에서 흙의 단위체적 중량 시험을 한 결과이다.

- 구덩이 속에서 파낸 흙의 무게 : 1728g
- 구덩이 속에서 파낸 흙의 함수비 : 12.7%
- 구덩이 속을 채운 표준 모래의 단위 무게 : 1.65g/cm³
- 구덩이 속을 채운 표준 모래의 무게 : 1503g
- 실내 시험에서 구한 최대 건조 밀도 : 1.72g/cm³
- 현장 흙의 비중 : 2.83

풀이

가. 구덩이의 부피를 구하시오.

$$V_H = \frac{W_{sand}}{\gamma_{sand}} = \frac{1503}{1.65} = 910.91 \ (cm^3)$$

나. 현장 흙의 습윤 밀도(γ_t) 구하시오.

$$\gamma_t = \frac{W}{V_{Hole}} = \frac{1728}{910.91} = 1.897 \ (gf/cm^3)$$

다. 현장 흙의 건조 밀도(γ_d)를 구하시오.

$$\gamma_d = \frac{\gamma_t}{1 + \frac{w}{100}} = \frac{1.897}{1 + \frac{12.7}{100}} = 1.683 \ (gf/cm^3)$$

라. 현장 흙의 공극비(e)를 구하시오.

$$e = \frac{Gs \cdot \gamma_w}{\gamma_d} - 1 = \frac{2.83 \times 1}{1.683} - 1 = 0.682$$

마. 다짐도를 구하시오.

$$C_d = \frac{\gamma_d}{\gamma_{dmax}} \times 100 = \frac{1.683}{1.72} \times 100 = 97.85 \ (\%)$$

바. 현장 흙의 포화도를 구하시오.

$$S = \frac{G_S \cdot w}{e} = \frac{2.83 \times 12.7}{0.682} = \frac{35.941}{0.682} = 52.70 \ (\%)$$

문제 9

현장 노상토에서 모래 치환법에 의한 흙의 단위무게 시험을 한 결과가 다음과 같다. 각 항의 물음에 산출 근거와 답을 쓰시오.

- 현장 구멍의 부피 = V(cm3) = 1960cm^3
- 현장 구멍에서 파낸 흙의 무게 = 3440g
- 최대 건조밀도 γ_{dmax} = 1.65g/cm^3
- 현장 흙의 비중 Gs = 2.65
- 현장 흙의 함수비 = 11%

풀이

가. 현장 건조 밀도를 구하시오.

$$\gamma_t = \frac{W}{V} = \frac{3440}{1960} = 1.76 \ (gf/cm^3)$$

$$\therefore \gamma_d = \frac{W_S}{V} \frac{\gamma_t}{1 + \frac{w}{100}} = \frac{1.76}{1 + \frac{11}{100}} = 1.59 \ (gf/cm^3)$$

나. 현장 흙의 공극비를 구하시오.

$$e = \frac{Gs \cdot \gamma_w}{\gamma_d} - 1 = \frac{2.65 \times 1}{1.59} - 1 = 0.67$$

다. 현장 흙을 가지고 실내 시험에서 최대 건조 밀도가 1.65g/cm^{3}일 때 현장 흙의 다짐도를 구하시오.

$$C_d = \frac{\gamma_d}{\gamma_{dmax}} \times 100 = \frac{1.59}{1.65} \times 100 = 96.36 \ (\%)$$

문제 10

현장에서 모래 치환법에 의한 흙의 단위무게 시험결과이다. 물음에 대한 산출근거와 답을 쓰시오.
(단, 소수점 4자리에서 반올림)

번호	측 정 요 소	결과	비 고
1	(시험 전 모래+병)무게(g)	6371	
2	(시험 후 모래+병)무게(g)	3913	
3	깔대기 속에 모래무게(g)	1460	
4	구멍속의 흙 무게(g)	1158	
5	흙의 함수비(%)	8.72	
6	최대건조밀도(g/cm3)	1.56	
7	모래의 단위중량(g/cm3)	1.34	

풀이

가. 구멍 속을 채운 표준모래 무게를 구하시오.

$$W_{sand} = 6371 - (3913 + 1460) = 998 \ (gf)$$

나. 시험 구멍의 부피(V)를 구하시오.

$$V_H = \frac{W_{sand}}{\gamma_{sand}} = \frac{998}{1.34} = 744.776 \ (cm^3)$$

다. 현장 흙의 습윤밀도(γ_t)를 구하시오.

$$\gamma_t = \frac{W}{V_H} = \frac{1158}{744.776} = 1.555 \ (gf/cm^3)$$

라. 현장 흙의 건조밀도(γ_d)를 구하시오.

$$\gamma_d = \frac{W_S}{V} = \frac{\gamma_t}{1+\frac{w}{100}} = \frac{1.555}{1+\frac{8.72}{100}} = 1.430 \ (gf/cm^3)$$

마. 현장 다짐도(C_d)를 구하시오.

$$C_d = \frac{\gamma_d}{\gamma_{dmax}} \times 100 = \frac{1.430}{1.56} \times 100 = 91.67 \ (\%)$$

문제 11

현장에서 모래치환법에 의한 흙의 단위 무게 시험을 한 결과 다음과 같을 때 다음 물음에 대한 산출근거와 답을 답안지에 기록하시오.

- 시험 공에서 파낸 습윤흙의 무게 2000g
- 시험 공에 들어간 모래무게 1400g
- 시험 공에 들어간 모래의 단위중량 1.40g/cm³
- 시험 공에 들어간 습윤흙의 함수비 20.0%
- 시험 공에 들어간 습윤흙의 비중 2.6
- 최대건조밀도(γ_{dmax}) = 2.30g/cm³

풀이

가. 시험공의 부피를 구하시오.

$$V_H = \frac{W_{sand}}{\gamma_{sand}} = \frac{1400}{1.40} = 1000 \ (cm^3)$$

나. 습윤밀도를 구하시오.

$$\gamma_t = \frac{W}{V_H} = \frac{2000}{1000} = 2.00 \ (gf/cm^3)$$

다. 건조밀도를 구하시오.

$$\gamma_d = \frac{W_S}{V} = \frac{\gamma_t}{1 + \frac{w}{100}} = \frac{2.00}{1 + \frac{20}{100}} = 1.67 \ (gf/cm^3)$$

라. 간극비를 구하시오.

$$e = \frac{Gs \cdot \gamma_w}{\gamma_d} - 1 = \frac{2.60 \times 1}{1.67} - 1 = 0.56$$

마. 다짐도를 구하시오.

$$C_d = \frac{\gamma_d}{\gamma_{dmax}} \times 100 = \frac{1.67}{2.30} \times 100 = 72.61 \ (\%)$$

문제 12

어느 현장도로 토공에서 모래 치환법에 의한 흙의 단위무게 시험을 한 결과가 다음과 같다. 다음 물음에 산출근거와 답을 쓰시오.

구멍의 부피(cm³)	2030
구멍에서 파낸 흙의 무게(g)	3715
파낸 흙의 함수비(%)	15
파낸 흙의 비중	2.60
실내시험에서 구한 최대 건조 밀도(g/cm³)	1.67

풀 이 가. 현장습윤 단위무게를 구하시오.

$$\gamma_t = \frac{W}{V_H} = \frac{3715}{2030} = 1.83 \ (gf/cm^3)$$

나. 현장건조 단위무게(건조밀도)를 구하시오.

$$\gamma_d = \frac{W_S}{V} = \frac{\gamma_t}{1+\frac{w}{100}} = \frac{1.83}{1+\frac{15}{100}} = 1.59 \ (gf/cm^3)$$

다. 파낸 흙의 공극비를 구하시오.

$$e = \frac{Gs \cdot \gamma_w}{\gamma_d} - 1 = \frac{2.60 \times 1}{1.59} - 1 = 0.64$$

라. 파낸 흙의 공극률을 구하시오.

$$n = \frac{e}{1+e} \times 100 = \frac{0.64}{1+0.64} \times 100 = 39.02 \ (\%)$$

마. 이 흙의 다짐도를 구하시오.

$$C_d = \frac{\gamma_d}{\gamma_{dmax}} \times 100 = \frac{1.59}{1.67} \times 100 = 95.21 \ (\%)$$

바. 이 현장에서 다짐도의 판정을 내리시오.

95% < 95.21%이므로 합격

문제 13

현장 도로 토공에서 들밀도 시험을 하였다. 현장 흙의 무게가 2150gf, 노건조후의 무게가 2000gf, 구멍 속에 들어간 모래의 무게가 2120gf, 모래의 비중이 1.432, 흙의 비중이 2.65일 때 다음 물음에 답하시오.

풀 이 가. 습윤 단위무게

$$V_H = \frac{W_{sand}}{\gamma_{sand}} = \frac{2120}{1.432} = 1480.45 \ (cm^3)$$

$$\gamma_t = \frac{W}{V_H} = \frac{2150}{1480.45} = 1.452 \ (gf/cm^3)$$

나. 함수비

$$w = \frac{W_W}{W_S} \times 100 = \frac{W-W_S}{W_S} \times 100 = \frac{2150-2000}{2000} \times 100 = 7.5 \ (\%)$$

다. 공극비

$$e = \frac{Gs \cdot \gamma_w}{\gamma_d} - 1 = \frac{2.65 \times 1}{1.351} - 1 = 0.96$$

문제 14

모래치환법으로 현장 단위무게 시험을 했다. 시험구멍의 부피(V)가 836.63cm³이었고, 이 구멍에서 파낸 흙무게(W)가 1650.5g 이었다. 이 흙의 토질 실험 결과 함수비(w)는 9.5%, 흙의 비중(Gs)이 2.65, 최대 건조단위무게(γ_{dmax})가 1.87g/cm³ 이었을 때 다음 물음에 답하시오.

풀이

가. 현장 습윤단위무게(γ_t)를 구하시오

$$\gamma_t = \frac{W}{V_H} = \frac{1650.5}{836.63} = 1.97 \; (gf/cm^3)$$

나. 현장 건조단위무게(γ_d)를 구하시오

$$\gamma_d = \frac{W_S}{V} = \frac{\gamma_t}{1 + \frac{w}{100}} = \frac{1.97}{1 + \frac{9.5}{100}} = 1.80 \; (gf/cm^3)$$

다. 간극비(e)를 구하시오.

$$e = \frac{Gs \cdot \gamma_w}{\gamma_d} - 1 = \frac{2.65 \times 1}{1.80} - 1 = 0.47$$

라. 간극률(n)을 구하시오.

$$n = \frac{e}{1+e} \times 100 = \frac{0.47}{1 + 0.47} \times 100 = 31.97 \; (\%)$$

마. 다짐도를 구하시오.

$$C_d = \frac{\gamma_d}{\gamma_{dmax}} \times 100 = \frac{1.80}{1.87} \times 100 = 96.26 \; (\%)$$

문제 15

현장 토공에서 모래 치환법에 의한 흙의 단위 무게 시험(들밀도 시험)을 한 결과가 다음과 같다. 각 항의 물음에 산출근거와 답을 답안지에 기록하시오.

- 시험용 모래의 단위무게 1.45g/cm³
- 현장구멍에 들어간 모래 무게 1160g
- 현장구멍에서 파낸 흙의 무게 1200g
- 현장구멍에서 파낸 흙의 건조무게 1000g

풀이 가. 현장 흙의 습윤단위 무게는 얼마인가?

① $V_H = \dfrac{W_{sand}}{\gamma_{sand}} = \dfrac{1160}{1.45} = 800 \ (cm^3)$

② $\gamma_t = \dfrac{W}{V_H} = \dfrac{1200}{800} = 1.5 \ (gf/cm^3)$

나. 현장 흙의 건조단위 무게는 얼마인가?

$\gamma_d = \dfrac{W_S}{V_H} = \dfrac{1000}{800} = 1.25 \ (gf/cm^3)$

문제 16

다음 주어진 모래치환법에 의한 흙의 들밀도 시험 결과표를 이용하여 답안지의 빈칸을 채우시오 (단, 소수 3자리에서 반올림)

풀이

번호	측정요소	결과	산 출 근 거
1	(시험전 모래+용기)무게(g)	7612	
2	(시험후 모래+용기)무게(g)	1704	
3	사용된 모래무게(g)	(5908)	7612 − 1704 = 5908
4	깔때기속의 모래무게(g)	670	
5	구멍속의 모래무게(g)	(5238)	5908 − 670 = 5238
6	(용기+(시료팬)+흙)무게(g)	5425	
7	용기+(시료팬)무게(g)	580	
8	흙의(구멍속)무게(g)	(4845)	5425 − 580 = 4845
9	(젖은흙+함수캔)무게(g)	94.29	
10	(마른흙+함수캔)무게(g)	81.76	
11	함수캔 무게(g)	32.71	
12	물 무게(g)	(12.53)	94.29 − 81.76 = 12.53
13	마른흙의 무게(g)	(49.05)	81.76 − 32.71 = 49.05
14	함수비(%)	(25.55)	$\dfrac{W_W}{W_S} \times 100 = \dfrac{12.53}{49.05} \times 100 = 25.55\%$
15	모래의 단위중량 (g/cm^3)	1.42	

번호	측정요소	결과	산 출 근 거
16	습윤 밀도 (g/cm^3)	(1.31)	$\gamma_t = \dfrac{W}{V_H} = \dfrac{4845}{3689} = 1.31 \ g/cm^3$ ($V_H = \dfrac{W_{sand}}{\gamma_{sand}} = \dfrac{5238}{1.42} = 3689 cm^3$)
17	건조 밀도 (g/cm^3)	(1.04)	$\gamma_d = \dfrac{\gamma_t}{1+\dfrac{w}{100}} = \dfrac{1.31}{1+\dfrac{25.55}{100}} = 1.04 \ g/cm^3$ 또는, $\gamma_d = \dfrac{W_S}{V} = \dfrac{3859}{3689} = 1.05 \ g/cm^3$ ($W_S = \dfrac{W}{1+\dfrac{w}{100}} = \dfrac{4845}{1+\dfrac{25.55}{100}} = 3859 \ g$)

문제 17

다음은 사질토의 모래치환법에 의한 현장밀도 시험 결과이다. 다음 물음에 대한 산출 근거와 답을 쓰시오.

(시험결과)
- 시험공에서 파낸 습윤흙의 무게 1967g
- 시험공에서 파낸 습윤흙의 함수비 12.0%
- 시험공을 채운 표준모래의 무게 1385.26g
- 표준모래의 단위중량 1.48g/cm³
- 시험공에서 파낸 습윤흙의 비중 2.72
- 최대건조 밀도 2.37g/cm³

풀이

가. 시험공의 부피를 계산하시오.(단, 소수 3자리에서 반올림)

$$V_H = \dfrac{W_{sand}}{\gamma_{sand}} = \dfrac{1385.26}{1.48} = 935.99 \ (cm^3)$$

나. 현장흙의 습윤밀도(γ_t)를 구하시오.(단, 소수 3자리에서 반올림)

$$\gamma_t = \dfrac{W}{V_H} = \dfrac{1967}{935.99} = 2.10 \ (gf/cm^3)$$

다. 현장흙의 건조밀도(γ_d)를 구하시오.(단, 소수 3자리에서 반올림)

$$\gamma_d = \dfrac{W_S}{V} = \dfrac{\gamma_t}{1+\dfrac{w}{100}} = \dfrac{2.1}{1+\dfrac{12}{100}} = 1.88 \ (gf/cm^3)$$

라. 현장흙의 공극비(e)를 구하시오. (단, 소수 3자리에서 반올림)

$$e = \frac{Gs \cdot \gamma_w}{\gamma_d} - 1 = \frac{2.72 \times 1}{1.88} - 1 = 0.45$$

마. 현장 다짐도를 구하시오.(단, 소수 3자리에서 반올림)

$$C_d = \frac{\gamma_d}{\gamma_{dmax}} \times 100 = \frac{1.88}{2.37} \times 100 = 79.32 \, (\%)$$

문제 18

현장토공에서 모래치환법에 의한 흙의 단위무게 시험(들밀도)을 한 결과가 다음과 같다. 물음에 답하시오.

결 과
○ 현장 구멍에서 파낸 흙의 무게 2200g
○ 시험용 모래의 단위중량 1.448/cm3
○ 현장 구멍 속에 들어간 시험용 모래의 중량 2100g
○ 현장 구멍에서 파낸 흙의 노건조 무게 2000g
○ 현장 구멍에서 파낸 흙 입자의 비중 : 2.65

풀이

가. 현장 흙의 습윤 단위중량(습윤밀도)은 얼마인가?

(단, 소수 3자리에서 반올림)

① $V_H = \dfrac{W_{sand}}{\gamma_{sand}} = \dfrac{2100}{1.448} = 1450.28 \, (cm^3)$

② $\gamma_t = \dfrac{W}{V_H} = \dfrac{2200}{1450.28} = 1.52 \, (gf/cm^3)$

나. 현장 흙의 건조 단위중량(건조밀도)은 얼마인가?

(단, 소수 3자리에서 반올림)

$$\gamma_d = \frac{W_S}{V} = \frac{2000}{1450.28} = 1.38 \, (gf/cm^3)$$

다. 현장 흙의 공극비는 얼마인가?

(단, 소수 3자리에서 반올림)

$$e = \frac{Gs \cdot \gamma_w}{\gamma_d} - 1 = \frac{2.65 \times 1}{1.38} - 1 = 0.92$$

건설재료시험 기능사 필답형

제4장

흙의 전단 시험

4.1 전단강도

4.2 직접전단 시험

4.3 일축압축 시험

4.4 예민비

◇ 흙의 전단시험 문제 풀이

제4장 흙의 전단 시험

4.1 전단강도

- $\tau_f = C + \sigma \tan\phi$

    여기서, τ_f : 전단응력(kg/cm^2)

    C : 점착력(kg/cm^2)

    σ : 전단력에 작용하는 수직 응력(kg/cm^2)

    ϕ : 내부 마찰각

4.2 직접 전단시험(Direct Shear Test)

- 1면전단 시험 : $\tau_f = \dfrac{S}{A}$

- 2면전단 시험 : $\tau_f = \dfrac{S}{2A}$

    여기서, τ_f : 전단응력, S : 전단력, A : 단면적

4.3 일축 압축시험

1) 일축압축강도와 점착력

- $C_U = \dfrac{q_u}{2} tan\left(45 - \dfrac{\phi}{2}\right)$ $q_u = 2 \cdot C_u \cdot \tan\left(45 + \dfrac{\phi}{2}\right)$

- 내부마찰각(ϕ) : 파괴면이 최대 주응력면과 이루는 각

- $\theta = 45° + \dfrac{\phi}{2}$ 에서 θ 를 측정하여 $\phi = 2\theta - 90°$ 값을 구한다.

2) 표준관입 시험치(N)와 일축압축강도와의 관계

- $q_u = \dfrac{N}{8}$

    여기서, N : 표준관입시험에서 30cm 관입하는데 필요한 타격횟수

4.4 예민비

- $S_t = \dfrac{q_u}{q_{ur}}$ 여기서, q_u : 흐트러지지 않은 시료의 압축강도

  q_{ur} : 흐트러진 시료를 되비빔 했을 때의 압축강도

예민비	점토의 분류
$S_t \leq 1$	비예민 점토
$2 \leq S_t \leq 4$	일반 점토
$4 \leq S_t \leq 8$	예민성 점토
$8 \leq S_t \leq 64$	급속 점토
$64 \leq S_t$	초 급속 점토

흙의 전단 시험 문제 풀이

문제 1

어떤 점성토의 일축 압축 시험 결과 흐트러지지 않은 상태의 일축압축강도 q_u=3.8kg/cm² 였고, 공시체 파괴면이 수평면과 이루는 각이 45°였다. 그리고 다시 이 흙의 흐트러진 상태 일축압축강도를 측정한 결과 q_{ur}=0.69kg/cm²를 얻었다.
물음에 산출 근거를 쓰고 소수점 2자리에서 반올림하여 답하시오.

풀이 가. 이 흙의 예민비(S_t)를 구하시오.

$$S_t = \frac{q_u}{q_{ur}} = \frac{3.8}{0.69} = 5.5$$

나. 흐트러지지 않은 상태를 기준으로 한 이 흙의 내부 마찰각(ϕ)를 구하시오.

$$\theta = 45° + \frac{\phi}{2} \quad \therefore \phi = 2\theta - 90 = 2 \times 45 - 90 = 0$$

다. 흐트러지지 않은 상태를 기준으로 한 이 흙의 점착력(C)을 구하시오.

$$C = \frac{q_u}{2} tan(45 - \frac{\phi}{2}) = \frac{3.8}{2} tan(45 - \frac{0}{2}) = 1.9 \ (kgf/cm^2)$$

문제 2

점착력 0.61kg/cm², 내부마찰각 21°인 사면에 수직응력 0.078kg/cm²와 전단응력 0.45kg/cm²가 작용하고 있을 때 다음 물음에 답하시오.

풀이 가. 이 면에서의 전단강도를 구하시오. (단, 소수점 3자리에서 반올림)

$$\tau = \sigma tan\phi + c = 0.078 \times tan21° + 0.61 = 0.64 \ (kgf/cm^2)$$

나. 이 사면의 활동파괴 여부를 판정하시오.

전단응력(0.45) < 전단강도(0.64) 이므로 파괴되지 않는다.

문제 3

어떤 흙의 공시체에서 일축 압축시험 결과 다음과 같다. 물음에 답하시오.
(단, 소수 4자리 반올림)

| 일축압축강도 3.2kg/cm² | 파괴면의 각도 55도 |

풀이

가. 흙의 내부 마찰각은?

$$\theta = 45° + \frac{\phi}{2} \quad \therefore \phi = 2\theta - 90 = 2 \times 55 - 90 = 20°$$

나. 흙의 점착력은?

$$C = \frac{q_u}{2} tan(45 - \frac{\phi}{2}) = \frac{3.2}{2} tan(45 - \frac{20}{2}) = 1.12 \ (kgf/cm^2)$$

문제 4

포화점토의 일축 압축 시험을 한 결과 자연상태일 때의 일축 압축강도(q_u)가 2.64kg/cm², 흐트러진 상태의 일축 압축 강도(q_{ur})는 0.6kg/cm² 이었다.
또한 파괴 면과 수평면이 이루는 각도가 65°일 때 아래의 물음에 답하시오.

풀이

가. 이 흙의 내부마찰각(ϕ)을 구하시오.

$$\phi = 2\theta - 90 = 2 \times 65 - 90 = 40°$$

나. 이 흙의 점착력(C)를 구하시오.(단, 소수점 3자리 반올림)

$$C = \frac{q_u}{2} tan(45 - \frac{\phi}{2}) = \frac{2.64}{2} tan(45 - \frac{40}{2}) = 0.62 \ (kgf/cm^2)$$

다. 이 흙의 예민비(sensitivity ratiois)를 구하시오.
(단, 소수점 2자리에서 반올림)

$$S_t = \frac{q_u}{q_{ur}} = \frac{2.64}{0.6} = 4.4$$

라. 이 흙의 예민비의 특성을 분류하시오.(단, 구체적인 사유를 쓸 것)

$4 \leq S_t \leq 8$ 이므로 예민성 점토

문제 5

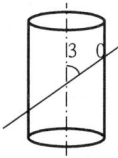
흙의 일축압축 강도시험에서 시험 체의 파괴 면이 그림과 같을 때 이 흙의 내부마찰각은 얼마인가?

풀이 $\theta = 45° + \dfrac{\phi}{2}$ ∴ $\phi = 2\theta - 90 = 2 \times 60 - 90 = 30°$

(∵ θ는 수평면과 이루는 각이므로 $90° - 30° = 60°$ 임)

문제 6

흙의 전단강도를 결정하기 위해 일반적으로 사용되는 실내 시험방법 3가지만 쓰시오.

풀이
① 흙의 일축압축강도 시험
② 흙의 삼축압축강도 시험
③ 흙의 직접전단강도 시험

문제 7

일축압축강도 시험에서 수직응력이 10kgf/cm²이고, 점착력이 3kgf/cm²일 때, 전단저항을 구하여라. (단, 내부마찰각 30°)

풀이 $\tau = C + \sigma \tan\phi = 3 + 10 \times \tan 30° = 8.77 \ (kgf/cm^2)$

문제 8

흙의 전단시험방법의 배수조건에 따른 3가지 방법을 쓰시오.

풀이
① 비압밀 비배수 시험
② 압밀 비배수 시험
③ 압밀 배수 시험

문제 9

어떤 시료에 대하여 직접 전단시험을 한 결과가 다음 표와 같을 때 물음에 답하시오.
(단, 시료의 단면적이 28.26cm²)

시험번호	1	2	3	4
수직하중(kg)	11.304	22.608	33.912	56.520
수직응력(kg/cm2)	0.4	0.8	1.2	2.0
전단응력(kg/cm2)	0.6	0.7	0.8	1.0

풀이

가. 그래프를 그리시오.

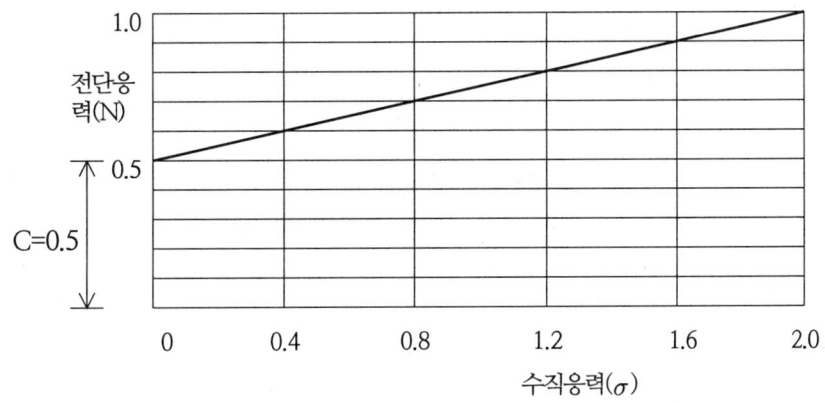

나. 이 흙의 점착력은?

그래프에서 C=0.5

다. 내부 마찰각은?

$$\phi = \tan^{-1}\frac{1.0-0.6}{2.0-0.4} = 14°2'10'' \ (\because 내부마찰각은 그래프 기울기임)$$

건설재료시험 기능사 필답형

제 5 장

흙의 압밀 시험

5.1 압축 계수

5.2 체적 변화 계수

5.3 압축 지수

5.4 압밀 계수

◇ 흙의 압밀 시험 문제 풀이

제5장 흙의 압밀 시험

5.1 압축 계수 : a_v

$$a_v = \frac{e_1 - e_2}{P_1 - P_2} = \frac{\Delta e}{\Delta P}(P-e)$$

5.2 체적 변화 계수 : m_v

$$m_v = \frac{\frac{\Delta V}{V}}{\Delta P} = \frac{e_1 - e_2}{1+e} \times \frac{1}{P_2 - P_1} = \frac{a_v}{1+e}(cm^2/kg)$$

5.3 압축 지수 : C_C

$$C_c = \frac{e_1 - e_2}{\log P_2 - \log P_1} = \frac{e_1 - e_2}{\log \frac{P_2}{P_1}}$$

5.4 압밀 계수 : C_v

1) $\sqrt{t}$ 법(by Taylor)

$$C_v = \frac{0.848 H^2}{t_{90}}$$

t_{90} : 압밀도 90%에 이르는 침하시간

0.848 : 압밀도 90%에 해당하는 시간계수

H : 배수거리(m) (양면 배수인 경우는 전 두께의 $\frac{1}{2}$)

2) log t법(by A. Casagrande)

$$C_v = \frac{0.197 H^2}{t_{50}}$$

t_{50} : 압밀도 50%에 이르는 침하시간

0.197 : 압밀도 50%에 해당하는 시간계수

H : 배수거리(m) (양면 배수인 경우는 전 두께의 $\frac{1}{2}$)

흙의 압밀 시험 문제 풀이

문제 1

압밀시험에서 공시체의 두께가 2.0cm인 점성토를 압밀 시험하여 $\sqrt{t}$법으로 구한 t_{90}=53.3분이고, logt법으로 구한 t_{50}=12.5분 이었다. 아래 물음에 답하시오.
(단, 양면배수인 경우이며, 소수 6자리에서 반올림)

풀이 가. $\sqrt{t}$법에 의하여 압밀계수를 구하시오.

$$C_V = \frac{0.848\left(\frac{H}{2}\right)^2}{t_{90}} = \frac{0.848 \times \left(\frac{2}{2}\right)^2}{53.3 \times 60} = 2.7 \times 10^{-4} \ (cm^2/\sec)$$

$\therefore$ H는 양면 배수 이므로 $\left(\frac{H}{2}\right)$임

나. log t법에 의하여 압밀계수를 구하시오

$$C_V = \frac{0.197\left(\frac{H}{2}\right)^2}{t_{50}} = \frac{0.197\left(\frac{2}{2}\right)^2}{12.5 \times 60} = 2.6 \times 10^{-4} \ (cm^2/\sec)$$

문제 2

비중이 2.3인 점토시료에 대해 압밀 시험을 실시했다. 하중이 7.2kg/cm²에서 14.5kg/cm²로 변화하는 동안 공극비가 1.15에서 0.96으로 감소하였다. 평균 시료 높이 1.45cm, t_{50}=83초, t_{90}=327초 일 때 다음 물음에 답하시오.
(단, 양면 배수임)

풀이 가. 압밀 계수(C_V) 값을 구하시오.

① $\sqrt{t}$법

$$C_V = \frac{0.848\left(\frac{H}{2}\right)^2}{t_{90}} = \frac{0.848 \times \left(\frac{1.45}{2}\right)^2}{327} = 1.3631 \times 10^{-3} \ (cm^2/\sec)$$

② $\log t$ 법

$$C_V = \frac{0.197\left(\frac{H}{2}\right)^2}{t_{50}} = \frac{0.197\left(\frac{1.45}{2}\right)^2}{83} = 1.2476 \times 10^{-3} \ (cm^2/sec)$$

나. 압축계수(a_V)값을 구하시오. (단, 소수 4자리에서 반올림)

$$a_V = \frac{e_1 - e_2}{p_2 - p_1} = \frac{1.15 - 0.96}{14.5 - 7.2} = 0.026 \ (cm^2/kg)$$

다. 체적변화계수(m_V) 값을 구하시오.(단, 소수 4자리에서 반올림)

$$m_V = \frac{a_V}{1+e} = \frac{0.026}{1+1.15} = 0.012 \ (cm^2/kg)$$

라. 압축지수(Cc) 값을 구하시오. (단, 소수 4자리에서 반올림)

$$Cc = \frac{e_1 - e_2}{\log\frac{p_2}{p_1}} = \frac{1.15 - 0.96}{\log\frac{14.5}{7.2}} = 0.625$$

마. 투수계수(k)값을 구하시오.

① $\sqrt{t}$ 법

$$k = C_V \times m_V \times \gamma_w = 1.3631 \times 10^{-3} \times 0.012 \times 0.001$$

$$= 1.636 \times 10^{-8} \ (cm/sec)$$

② $\log t$ 법

$$k = C_V \times m_V \times \gamma_w = 1.2476 \times 10^{-3} \times 0.012 \times 0.001$$

$$= 1.497 \times 10^{-8} \ cm/sec$$

여기서 $\gamma_w = 1g/cm^3 = 0.001 \ (kg/cm^3)$

문제 3

포화 점토층의 두께가 5m이며, 점토층의 위는 모래층이고 아래는 암반이다. 이 점토에 일정하게 작용하여 최종 압밀 침하량이 50cm 였다. 다음 물음에 답하시오.

풀이 가. 침하량이 10cm 일 때, 이 점토의 평균 압밀도를 구하시오.

$$U = \frac{\Delta H_t}{\Delta H} \times 100 = \frac{10}{50} \times 100 = 20 \ (\%)$$

나. 같은 하중에 대한 압밀계수 CV 값이 $3 \times 10^{-3} cm^2/sec$ 라 할 때 50% 침하가 일어나는데 걸리는 시간을 구하시오. (단, 단위는 일로 표시)

$$t_{50} = \frac{T_V H^2}{C_V} = \frac{0.197 \times 500^2}{3 \times 10^{-3}} = 16,416,666 초$$

$$= \frac{16,416,666}{60 \times 60 \times 24} = 190 일$$

여기서, 아래층이 암반이므로 1면 배수임

다. 만일 이 점토층이 양면배수인 경우 50% 압밀이 되는데 걸리는 시간을 구하시오. (단, 단위는 일로 표시)

$$t_{50} = \frac{T_V H^2}{C_V} = \frac{0.197 \times \left(\frac{500}{2}\right)^2}{3 \times 10^{-3}} = 4,104,166 초$$

$$= \frac{4,104,166}{60 \times 60 \times 24} = 47.5 일$$

건설재료시험 기능사 필답형

제6장

골재 시험

6.1 잔골재 밀도 및 흡수율 시험
6.2 굵은골재 밀도 및 흡수율 시험
6.3 골재의 함수상태
6.4 골재의 체가름 시험
6.5 골재의 조립률
◇ 골재 시험 문제 풀이

제6장 골재 시험

6.1 잔골재 밀도 및 흡수율 시험

① 표면건조포화상태의 밀도 $(d_s) = \dfrac{m}{B+m-c} \times \rho_w \ (g/cm^3)$

② 절대건조 상태의 밀도 $(d_d) = \dfrac{A}{B+m-C} \times \rho_w \ (g/cm^3)$

③ 진밀도 $d_A = \dfrac{A}{B+A-C} \times \rho_w \ (g/cm^3)$

④ 흡수율 $(Q) = \dfrac{m-A}{A} \times 100 \ (\%)$

여기서, m : 표면건조 포화상태 시료의 질량 (g)
C : 시료와 물로 검정된 용량을 나타낸 눈금까지 채운 플라스크 질량 (g)
B : 검정된 용량을 나타낸 눈금까지 물을 채운 플라스크 질량(g)
A : 절대건조 상태의 시료 질량 (g)

6.2 굵은골재 밀도 및 흡수율 시험

1) 밀도 및 흡수율

① 표면건조 포화상태 밀도

$$D_S = \dfrac{B}{B-C} \times \rho_w \ (g/cm^3)$$

② 절대건조 상태 밀도

$$D_d = \dfrac{A}{B-C} \times \rho_w \ (g/cm^3)$$

③ 진 밀도

$$D_A = \dfrac{A}{A-C} \times \rho_w \ (g/cm^3)$$

④ 흡수율

$$Q = \dfrac{B-A}{A} \times 100 \ (\%)$$

ρ_w : 시험온도에서 물의 밀도 (g/cm^3)
B : 표면건조 포화상태 질량 (g)
C : 시료의 수중 질량 (g)
A : 절대건조상태 시료 질량 (g)

2) 여러 개의 무더기로 나누어서 밀도 및 흡수량 시험을 실시한 경우

① 평균밀도(G) = $\dfrac{1}{\dfrac{P_1}{100G_1} + \dfrac{P_2}{100G_2} + \dfrac{P_3}{100G_3} + \cdots + \dfrac{P_n}{100G_n}}$

② 평균 흡수율(A) = $\dfrac{P_1 A_1}{100} + \dfrac{P_2 A_2}{100} + \cdots + \dfrac{P_n A_n}{100}$

여기서, P_1, P_2, P_n : 원시료에 대한 각 무더기의 무게비
G_1, G_2, Gn : 각 무더기 밀도
A_1, A_2, A_3 : 각 무더기의 흡수율

6.3 골재의 함수상태

① 유효흡수율 = $\dfrac{\text{표면건조 포화 상태} - \text{공기중 건조 상태}}{\text{공기중 건조 상태}} \times 100\,(\%)$

② 흡수율 = $\dfrac{\text{표면건조 포화 상태} - \text{절대건조 상태}}{\text{절대건조 상태}} \times 100\,(\%)$

③ 표면수율 = $\dfrac{\text{습윤 상태} - \text{표면건조 포화 상태}}{\text{표면건조 포화 상태}} \times 100\,(\%)$

④ 함수율 = $\dfrac{\text{습윤 상태} - \text{절대건조 상태}}{\text{절대건조 상태}} \times 100\,(\%)$

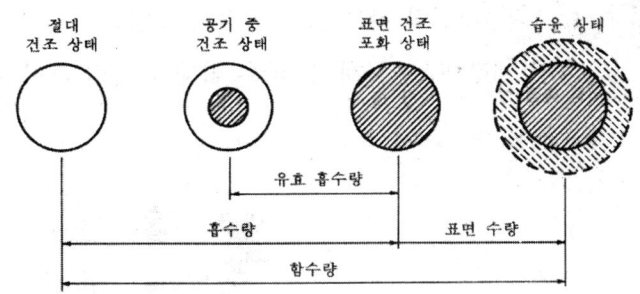

6.4 골재 체가름 시험

1) 성과표 작성하기

① 잔유율 = $\dfrac{\text{각체의 잔류량}}{\text{총시료량}} \times 100\,(\%)$

② 가적잔유율 = Σ잔유율 (%)

③ 가적통과율 = 100 - 가적잔유율 (%)

2) 조립률 구하기

① $FM = \dfrac{10개체\ 가적잔유율의\ 합}{100}$

② 조립률을 구하기 위한 10개체

80mm, 40mm, 20mm, 10mm, 5mm(N_o4), 2.5mm(N_o8), 1.2mm(N_o16), 0.6mm(N_o30), 0.3mm(N_o50), 0.15mm(N_o100)

3) 굵은 골재 최대 치수 판정하기

굵은 골재 최대 치수의 정의 : "질량(무게)으로 90% 이상 통과 하는 체중에서 체눈금이 최소인 것의 호칭 치수로 나타내는 굵은 골재의 크기"

4) 골재 사용여부 판정하기

조립률이 잔골재 : 2.3~3.1, 굵은골재 : 6~8 사이 이어야 콘크리트용 골재로 적합

6.5 조립률이 다른 잔골재와 굵은골재가 혼합 되었을 때 조립률 구하기

$$f_a = \dfrac{p}{p+q} \cdot f_s + \dfrac{q}{p+q} \cdot f_g$$

여기서

f_a : 혼합골재의 조립률

f_s, f_g : 잔골재 및 굵은 골재 각각의 조립률

p, q : 무게로 된 잔골재 및 굵은 골재 각각의 혼합비

골재 시험 문제 풀이

문제 1

잔골재 밀도시험을 한 결과 다음과 같은 결과를 얻었다. 물음에 답하시오.

결과 : 시료의 무게 500g A : 시료의 노건조 무게 490g
B : (플라스크+물) 무게 689g C : (플라스크+물+시료) 무게 990g

풀이

가. 절대건조상태 밀도를 구하시오.

$$\frac{A}{B+m-C} \times \rho_w = \frac{490}{689+500-990} \times 1 = 2.46 g/cm^3$$

나. 표면건조포화상태의 밀도를 구하시오.

$$\frac{m}{B+m-C} \times \rho_w = \frac{500}{689+500-990} \times 1 = 2.51 g/cm^3$$

다. 진밀도를 구하시오.

$$\frac{A}{B+A-C} \times \rho_w = \frac{490}{689+490-990} \times 1 = 2.59 g/cm^3$$

라. 흡수율은 몇 %인가?

$$\frac{m-A}{A} \times 100 = \frac{500-490}{490} \times 100 = 2.04 (\%)$$

문제 2

잔골재 밀도 및 흡수량 시험결과 다음과 같다. 물음에 답하시오.

구 분	무 게(g)
시험 전 시료의 무게	500
시험 후 시료의 무게	494.6
(물 + 플라스크) 무게	688.8
(물 + 플라스크 + 시료) 무게	998.6

풀이

가. 표면 건조 포화 상태의 밀도를 구하시오. (소수점 3자리에서 반올림)

$$표면건조포화상태 밀도 = \frac{m}{B+m-C} \times \rho_w$$
$$= \frac{500}{688.8+500-998.6} \times 1 = 2.63 g/cm^3$$

나. 흡수율을 구하시오. (소수점 3자리에서 반올림)

$$흡수율 = \frac{m-A}{A} \times 100 = \frac{500-494.6}{494.6} \times 100 = 1.09\,(\%)$$

문제 3

다음은 잔골재에 밀도시험을 한 값이다. 아래 물음에 답하시오.
(단, 소수점 4째 자리에서 반올림)

플라스크 무게(gf)	164
플라스크+물(gf)	662
시료의 무게(gf)	500
플라스크+시료+물(gf)	970
시료의 노건조 무게(gf)	493

풀이

가. 표면 건조 포화상태의 밀도를 구하시오.

$$표건밀도 = \frac{m}{B+m-C} \times \rho_w = \frac{500}{662+500-970} \times 1 = 2.604\,g/cm^3$$

나. 진밀도를 구하시오.

$$진밀도 = \frac{A}{B+A-C} \times \rho_w = \frac{493}{662+493-970} \times 1 = 2.665\,g/cm^3$$

다. 흡수율을 구하시오.

$$흡수율 = \frac{m-A}{A} \times 100 = \frac{500-493}{493} \times 100 = 1.420\,(\%)$$

문제 4

굵은 골재의 밀도 및 흡수량 시험을 하여 다음과 같은 결과를 얻었다. 물음에 대한 산출근거와 답을 쓰시오. (단, 소수점 3자리에서 반올림)

- 건조기 건조후의 시료 무게 : 2252g
- 표면건조 포화상태의 무게 : 2352g
- 물속에서 시료의 무게 : 1495g

풀이

가. 표면건조 포화상태의 밀도를 구하시오.

$$\frac{B}{B-C} \times \rho_w = \frac{표면건조포화상태\ 무게}{표면건조포화상태\ 무게 - 물속에서\ 시료\ 무게} \times \rho_w$$

$$= \frac{2352}{2352-1495} \times 1 = 2.74\,g/cm^3$$

나. 흡수율을 구하시오.

$$\frac{B-A}{A}\times 100 = \frac{\text{표면건조포화상태 무게} - \text{건조시료 무게}}{\text{건조시료 무게}} \times 100$$

$$= \frac{2352-2252}{2252}\times 100 = 4.44\ (\%)$$

문제 5

굵은골재의 밀도 및 흡수량 시험을 하여 다음과 같은 결과를 얻었다. 다음 물음에 산출근거와 답을 쓰시오.

건조기에서 건조한 후 시료의 무게 (g)	1951
표면 건조 포화상태의 무게 (g)	2057
물속에서의 시료 무게 (g)	1290

풀이 가. 표면건조 포화상태의 밀도를 구하시오.

$$\frac{B}{B-C}\times \rho_w = \frac{2057}{2057-1290}\times 1 = 2.68 g/cm^3$$

나. 흡수율을 구하시오

$$\frac{B-A}{A}\times 100 = \frac{2057-1951}{1951}\times 100 = 5.43\ (\%)$$

문제 6

굵은 골재의 밀도 및 흡수량 시험한 결과가 다음과 같을 때 물음에 답하시오

- 표면건조포화상태 : 2225g
- 물속 철망의 무게 : 1917g
- 물속 시료와 철망의 무게 : 3218g
- 노건조의 시료무게 : 2138g

풀이 가. 표면건조 포화상태의 밀도

$$\frac{B}{B-C}\times \rho_w = \frac{2225}{2225-1301}\times 1 = 2.41 g/cm^3$$

C값(물속에서 시료무게) 계산

물속(철망태+시료무게) - 물속 철망태무게 = 3218 - 1917 = 1301g

나. 흡수율

$$\frac{B-A}{A}\times 100 = \frac{2225-2138}{2138}\times 100 = 4.07\ (\%)$$

문제 7

여러 개의 무더기로 나누어서 굵은 골재의 밀도 및 흡수량 시험을 실시 하여 다음과 같은 결과를 얻었다. 다음 물음에 답하시오.

무더기의 크기	원시료에 대한 백분율(%)	시료무게 (g)	밀도	흡수율(%)	비고
A	45	2213.0	2.74	2.31	
B	39	5462.5	2.77	2.52	
C	21	12593.0	2.78	2.93	

풀이

가. 평균밀도(G)를 구하시오.

$$G = \frac{1}{\frac{P_1}{100 G_1} + \frac{P_2}{100 G_2} + \cdots + \frac{P_n}{100 G_n}} = \frac{1}{\frac{45}{100 \times 2.74} + \frac{39}{100 \times 2.77} + \frac{21}{100 \times 2.78}} = 2.63$$

나. 평균 흡수율(A)를 구하시오.

$$A = \frac{P_1 A_1}{100} + \frac{P_2 A_2}{100} + \cdots + \frac{P_n A_n}{100} = \frac{45 \times 2.31}{100} + \frac{39 \times 2.52}{100} + \frac{21 \times 2.93}{100} = 2.64 \ (\%)$$

문제 8

굵은 골재의 밀도 및 흡수량 시험을 한 결과 다음과 같다. 표면건조포화상태의 공기 중 시료의 무게 5000g, 물속의 철망태와 시료의 무게 4235g, 물 속의 철망태의 무게 1138g, 건조 후 시료의 무게 4950g일 때 다음 물음에 대한 산출근거와 답을 쓰시오.
 (단, 모든 계산은 소수 2째 자리까지 구하시오)

풀이

가. 절대건조 밀도를 구하시오

$$\frac{A}{B-C} \times \rho_w = \frac{4950}{5000 - (4235 - 1138)} \times 1 = 2.60 g/cm^3$$

나. 표면건조포화상태밀도를 구하시오

$$\frac{B}{B-C} \times \rho_w = \frac{5000}{5000 - (4235 - 1138)} \times 1 = 2.63 g/cm^3$$

다. 진밀도를 구하시오

$$\frac{A}{A-C} \times \rho_w = \frac{4950}{4950 - (4235 - 1138)} \times 1 = 2.67 g/cm^3$$

라. 흡수량은 몇 %인가?

$$\frac{B-A}{A}\times 100 = \frac{5000-4950}{4950}\times 100 = 1.01\,(\%)$$

문제 9

골재의 잔입자(NO. 200체를 통과하는) 시험을 실시한 결과 씻기 전의 시료의 건조무게와 씻은 후의 건조무게가 각각 500g, 478.6.g이었다. 골재의 잔입자율 (NO. 200체를 통과하는 잔입자의 무게비)을 구하시오.
 (단, 소수점 2자리에서 반올림)

풀이 NO. 200체를 통과하는 잔입자의 무게비

$$= \frac{W_0 - W_1}{W_0}\times 100 = \frac{500-478.6}{500}\times 100 = 4.28\,(\%)$$

문제 10

골재의 단위 무게 시험에 대한 물음에 답하시오.

풀이 가. 골재의 단위 무게는 어느 상태의 골재 1m³의 무게를 말하는가?
　　　　공기 중 건조상태 (기건상태)
나. 골재의 단위 무게 시험 방법에서 골재의 최대 치수가 40mm 이하인 것에 적용하는 방법은?
　　　　봉 다짐 방법 (다짐대를 사용하는 방법)
다. 굵은 골재에 단위 무게는 시험결과 평균값이 1632kg/m3 이고 밀도값이 2.60 일 때 빈틈율은 얼마인가?
　　(단, 표준온도 17℃에서 물 1m³당 중량은 0.999t이다)

$$\text{빈틈률} = \frac{(\text{비중}\times 0.999) - \text{단위무게}}{\text{비중}\times 0.999}\times 100$$

$$= \frac{(2.60\times 0.999) - 1.632}{2.6\times 0.999}\times 100 = 37.17\,(\%)$$

문제 11

습윤 상태에 있어서 중량이 100g의 모래를 건조시켜 표면 건조 상태에서 95g, 기건 상태에서 92g, 노건조상태에서 91g이 되었을 때 표면수율, 유효 흡수율, 흡수율, 전함수율(비)을 구하시오.

풀이 가. 표면수율은?

$$\frac{습윤상태-표면건조포화상태}{표면건조포화상태} \times 100 = \frac{100-95}{95} \times 100 = 5.26\,(\%)$$

나. 유효흡수율은?

$$\frac{표면건조포화상태-기건상태}{기건상태} \times 100 = \frac{95-92}{92} \times 100 = 3.26\,(\%)$$

다. 흡수율은?

$$\frac{표면건조포화상태-노건조상태}{노건조상태} \times 100 = \frac{95-91}{91} \times 100 = 4.40\,(\%)$$

라. 전함수율은?

$$\frac{습윤상태-노건조상태}{노건조상태} \times 100 = \frac{100-91}{91} \times 100 = 9.89\,(\%)$$

문제 12

습윤상태 있어서 중량이 474g의 모래를 건조시켜 표면 건조 포화 상태에서 463g, 기건 상태에서 447g, 노건조 상태에서 421g이 되었을 때 표면수량, 유효흡수율, 흡수율, 전함수비 구하시오.

풀이 가. 표면수율은?

$$\frac{습윤-표건}{표건} \times 100 = \frac{474-463}{463} \times 100 = 2.38\,(\%)$$

나. 유효흡수율은?

$$\frac{표건-기건}{기건} \times 100 = \frac{463-447}{447} \times 100 = 3.58\,(\%)$$

다. 흡수율은?

$$\frac{표건-노건}{노건} \times 100 = \frac{463-421}{421} \times 100 = 9.98\,(\%)$$

라. 전함수율은?

$$\frac{습윤-노건}{노건} \times 100 = \frac{474-421}{421} \times 100 = 12.59\,(\%)$$

문제 13

습윤상태의 굵은골재 무게가 2000g 이고 함수상태에 따른 무게가 아래 표와 같을 때 다음 물음에 답하시오.

> 표면 건조포화상태의 무게 : 1900g
> 공기중 건조상태 무게 : 1800g
> 노건조 상태의 무게 : 1700g

풀이

가. 표면수율을 구하시오.

$$\frac{습윤 - 표건}{표건} \times 100 = \frac{2000 - 1900}{1900} \times 100 = 5.26\,(\%)$$

나. 유효흡수율을 구하시오.

$$\frac{표건 - 기건}{기건} \times 100 = \frac{1900 - 1800}{1800} \times 100 = 5.56\,(\%)$$

다. 흡수율을 구하시오.

$$\frac{표건 - 노건}{노건} \times 100 = \frac{1900 - 1700}{1700} \times 100 = 11.76\,(\%)$$

문제 14

모래의 함수상태를 계량한 값이 다음과 같다. 다음 물음에 답하시오.

노 건조상태 무게	468gf	표면건조 포화상태 무게	490gf
공기중 건조상태 무게	476gf	습윤상태의 무게	504gf

풀이

가. 흡수율

$$\frac{표건 - 노건}{노건} \times 100 = \frac{490 - 468}{468} \times 100 = 4.70\,(\%)$$

나. 유효흡수율

$$\frac{표건 - 기건}{기건} \times 100 = \frac{490 - 476}{476} \times 100 = 2.94\,(\%)$$

다. 표면수율

$$\frac{습윤 - 표건}{표건} \times 100 = \frac{504 - 490}{490} \times 100 = 2.86\,(\%)$$

라. 전함수율

$$\frac{습윤 - 노건}{노건} \times 100 = \frac{504 - 468}{468} \times 100 = 7.69 \, (\%)$$

문제 15

다음 주어진 잔골재의 체가름 시험 결과를 이용하여 물음에 답하시오.

체	10mm	No 4	No 8	No 16	No 30	No 50	No 100
잔류량(g)	0	0	40	150	180	80	50

풀이

가. 표를 완성하시오

체의 크기	잔류량(g)	잔류율(%)	가적잔류율(%)	가적통과율(%)
10mm	0	(0)	(0)	(100)
No 4	0	(0)	(0)	(100)
No 8	40	(8)	(8)	(92)
No 16	150	(30)	(38)	(62)
No 30	180	(36)	(74)	(26)
No 50	80	(16)	(90)	(10)
No 100	50	(10)	(100)	(0)
PAN	0	(0)	(100)	(0)
계	500			

산출근거 : ① 잔유율 $= \dfrac{각체의 잔류량}{총시료량} \times 100 \, (\%)$

② 가적잔유율 $= \Sigma 잔유율 (\%)$

③ 가적통과율 $= 100 - 가적잔유율 \, (\%)$

나. 조립률을 구하시오. (단, 소수점 3자리에서 반올림)

$$FM = \frac{10개체 \ 가적 \ 잔유율의 \ 합}{100}$$

$$= \frac{0+0+0+0+0+8+38+74+90+100}{100} = 3.10$$

≪해설≫
☞ 조립률을 구하기 위한 10개 체
  80, 40, 20, 10, 5(N04), 2.5(N08), 1.2(N016), 0.6(N030), 0.3(N050), 0.15mm(N0100)
  주의: 위에 열거한 10개 체 외의 체가 있을 경우는 조립률을 구할 때는 제외시키고 계산함.

문제 16

다음 주어진 골재의 체가름 시험 결과표를 이용하여 다음 물음에 대한 산출 근거와 답을 답안지에 쓰시오.

체	10mm	NO4	NO8	NO16	NO30	NO50	NO100
잔류량	0	71	198	204	122	88	29

풀이

가. 표를 완성하시오

체의 크기	잔류량	잔류율(%)	가적잔류율(%)	가적통과율(%)
10mm	0	(0)	(0)	(100)
N_O 4	71	(10)	(10)	(90)
N_O 8	198	(27.8)	(37.8)	(62.2)
N_O 16	204	(28.6)	(66.4)	(33.6)
N_O 30	122	(17.1)	(83.5)	(16.5)
N_O 50	88	(12.4)	(95.9)	(4.1)
N_O 100	29	(4.1)	(100)	(0)
PAN	0	(0)	(100)	(0)
계	712			

나. 조립률을 구하시오.

$$FM = \frac{0+0+0+0+10+37.8+66.4+83.5+95.9+100}{100} = 3.94$$

다. 사용가능 여부를 쓰시오.

잔골재의 적절한 조립률의 범위는 2.3~3.1이나 이 시료는 범위를 벗어나므로 잔골재로 사용 부적합

≪해설≫
☞ 잔골재 판단 근거
  NO 4체(5mm)를 한계로 치수가 큰 체는 전부 통과 하였으므로 이 골재는 잔골재

문제 17

골재의 체가름 시험 결과 각 체의 가적 통과율(%)은 다음 표와 같다. 다음 물음에 답하시오.

체	65mm	40mm	19mm	10mm	NO4	NO8	NO16
가적통과율(%)	100	96	61	24	3	0	0

풀이 가. 조립률을 구하시오.

$$FM = \frac{0+4+39+76+97+5\times100}{100} = 7.16$$

체	65mm	40mm	19mm	10mm	NO4	NO8	NO16
가적통과율 (%)	100	96	61	24	3	0	0
가적잔유율 (%)	0	4	39	76	97	100	100

나. 굵은 골재 최대치수를 구하시오.

  40 (mm)

다. 시료의 사용 여부를 구체적 사유를 들어 판정 하시오.

  굵은골재 조립률의 적정범위는 6~8로써 이 시료는 조립률이 7.16이므로 사용 적합

≪해설≫
☞ 조립률을 구할 때 가적 통과율을 주어졌으므로 가적 잔유율을 구하여 계산
  가적 잔유율=100-가적 통과율
☞ 65mm는 10개체에 포함되지 않으므로 조립률 계산 시 제외 하고 체를 세팅 할 때 80mm, 0.6mm(N030), 0.3mm(N050), 0.15mm(N0100) 없으나 있는 것으로 하여 계산에 포함(∵65mm 100%통과이므로 80mm는 당연 100%통과, N08번 0%통과 이므로 그 이하는 당연 0%통과)
☞ 굵은골재 최대치수의 정의: "질량(무게)으로 90% 이상 통과 하는 체중 체 눈금이 최소인 것의 호칭 치수로 나타내는 굵은 골재의 크기"이므로 40mm가 근접

문제 18

다음 주어진 굵은 골재의 체가름 시험결과를 이용하여 물음에 답하시오.

체의 호칭(mm)	75	40	25	20	10	No.4 (5)	No.8 (2.5)	No.16 (1.2)	PAN
각체의 잔유량(%)	0	15	25	60	95	120	145	20	0
가적 잔류율(%)	0	3.1	8.3	20.8	40.6	65.6	95.8	100	100

풀이 가. 조립률(FM)을 구하시오.

$$FM = \frac{0+3.1+20.8+40.6+65.6+95.8+4\times100}{100} = 6.26$$

나. 굵은 골재의 최대치수를 구하시오.

25 (mm)

> ≪해설≫
> ☞ 25mm체는 10개체에 포함이 안 되므로 제외, N030(0.6mm), N050(0.3mm), N0100(0.15 mm)은 체 세팅은 안 되어 있으나 포함하여 계산
> ☞ 굵은골재 최대치수는 "질량(무게)으로 90% 이상 통과 하는 체중 체 눈금이 최소인 것의 호칭 치수"이므로 굵은 골재 최대치수는 25mm

문제 19

다음에 주어진 잔골재를 체가름 시험하여 얻은 아래 표를 이용하여 다음 물음에 답하시오.

체(mm)	잔유량(g)	잔유율(%)	누적잔유율(%)	가적통과율(%)
10	0	0	0	100
5	37.7	2.8	2.8	97.2
2.5	94.1	7.0	9.8	90.2
1.25	213.9	15.9	25.7	74.3
0.6	341.6	25.4	51.1	48.9
0.3	396.8	29.5	80.6	19.4
0.15	177.5	13.2	93.8	6.2
0.08	25.6	1.9	95.7	4.3
pan	57.8			

풀이 가. 조립률을 구하시오

$$FM = \frac{0+0+0+0+2.8+9.8+25.7+51.1+80.6+93.8}{100} = 2.64$$

나. 사용여부를 결정 하시오

잔골재 조립률의 적정범위는 2.3~3.1임. 따라서 2.3<2.64<3.1이므로 사용가능

문제 20

체분석 시험을 위한 잔골재의 건조무게가 500g이고, 체가름 시험결과 각체에 남은 양이 다음과 같을 때 표(잔유율, 가적잔유율)을 완성하고 조립률을 계산 하시오.

풀이 가. 빈칸 (잔유율, 가적잔유율)을 계산하여 기록 하시오

체(mm)	잔유량(g)	잔유율(%)	가적잔유율(%)
20	0	(0)	(0)
10	5	(1)	(1)
5	20	(4)	(5)
2.5	66	(13.2)	(18.2)
1.2	140	(28)	(46.2)
0.6	212	(42.4)	(88.6)
0.3	41	(8.2)	(96.8)
0.15	14	(2.8)	(99.6)
팬	2	(0.4)	(100)
계	500		

나. 조립률을 계산 하시오. (단, 소수점이하 2자리에서 반올림)

$$FM = \frac{0+0+0+1+5+18.2+46.2+88.6+96.8+99.6}{100} = 3.6$$

문제 21

다음 표는 굵은 골재의 체가름 시험 결과이다. 조립률을 계산하고, 또 이 골재는 사용이 가능한가, 불가능한가를 정하시오.

구 분	백 분 율
80mm체에 남는 시료량	0 %
40mm체에 남는 시료량	0 %
25mm체에 남는 시료량	3 %
19mm체에 남는 시료량	29 %
13mm체에 남는 시료량	53 %
10mm체에 남는 시료량	77 %
No.4 체에 남는 시료량	98 %
No.8 체에 남는 시료량	100 %

풀이

① $FM = \dfrac{0+0+29+77+98+100+100+100+100+100}{100} = 7.04$

② 굵은 골재의 조립률의 범위는 6~8 사이에 있는 것이 좋으므로 시험결과 7.04가 얻어졌으므로 골재사용은 가능

문제 22

어느 현장에서 골재 체가름 시험한 결과 굵은 골재 조립률이 7.4이고 잔골재 조립률이 2.8일 때 잔 골재와 굵은 골재 비율은 1:1.8 비율로 혼합할 때 혼합된 골재의 조립률을 구하시오.

풀이 $f_a = \dfrac{p}{p+q} \cdot f_s + \dfrac{q}{p+q} \cdot f_g = \dfrac{1}{1+1.8} \times 2.8 + \dfrac{1.8}{1+1.8} \times 7.4 = 5.76$

건설재료시험 기능사 필답형

제7장

시멘트 및 콘크리트 시험

7.1 시멘트 밀도 시험
7.2 시멘트 모르타르 흐름 시험
7.3 콘크리트 압축강도 시험
7.4 콘크리트 인장강도 시험
7.5 콘크리트 휨강도 시험
7.6 콘크리트 블리딩 시험
7.7 콘크리트 공기량 시험
7.8 콘크리트 반발 경도 시험
7.9 콘크리트 시방배합
7.10 콘크리트 현장배합
7.11 콘크리트 배합설계
◇ 시멘트 및 콘크리트 시험 문제 풀이

제7장 시멘트 및 콘크리트 시험

7.1 시멘트 밀도시험

$$시멘트\,밀도 = \frac{시멘트의\,무게}{비중병\,눈금차} \quad (여기서\,시멘트\,무게는\,64g)$$

7.2 시멘트 모르타르 흐름시험

$$흐름값 = \frac{시험후\,퍼진\,모르타르의\,평균지름}{흐름몰드의\,밑지름} \times 100\,(\%)$$

7.3 콘크리트 압축강도 시험

$$압축강도(f_c) = \frac{P}{A}\,(MPa)$$

여기서, P : 최대하중 (N) A : 공시체 면적($\frac{\pi d^2}{4}$)

7.4 콘크리트 인장강도 시험

$$인장강도(f_{sp}) = \frac{2P}{\pi d l}\,(MPa)$$

여기서, P : 시험기에 나타난 최대 하중(N)
  l : 시험체 길이(mm) d : 시험체 지름 (mm)

7.5 콘크리트 휨강도 시험

1) 시험체가 지간의 3등분 중앙에서 파괴 될 때

$$휨강도(f_b) = \frac{Pl}{bd^2}\,(MPa)$$

여기서, P : 시험기에 나타난 최대하중(N) b : 평균 나비(mm)
  l : 지간의 길이(mm) d : 평균 두께(mm)

2) 공시체가 인장 쪽 표면의 지간 방향 중심선의 3등분점의 바깥쪽에서 파괴된 경우 그 시험은 무효로 한다.

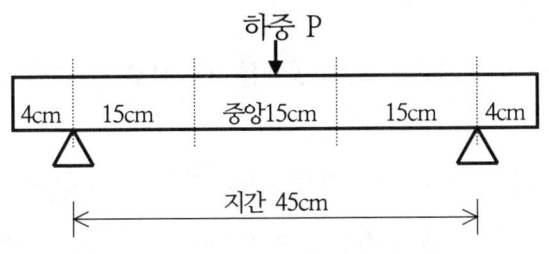

【15×15×53cm 중앙점 하중장치】

7.6 콘크리트 블리딩 시험

$$블리딩량(cm^3/cm^2) = \frac{V}{A}$$

여기서, V : 규정된 측정시간동안에 생긴 블리딩 물의 양($cm^3=ml$)
A : 콘크리트 노출면의 면적 (cm^2)

7.7 콘크리트 공기량 시험

콘크리트 공기량 A(%) = A1 - G

여기서, A : 콘크리트의 공기량 (콘크리트 부피에 대한 비 [%])
A1 : 겉보기 공기량 (콘크리트 부피에 대한 비 [%])
G : 골재의 수정 계수 (콘크리트 부피에 대한 비 [%])

7.8 콘크리트 압축강도 추정을 위한 반발 경도 시험

압축강도 추정 (일본재료학회에 발표한 강도 추정식)

$$R_0 = R + \triangle R$$

여기서, R_0 : 수정 반발 경도
R : 측정 반발 경도
$\triangle R$: 보정 값

압축강도 $F = 1.3R_0 - 18.4\ (MPa)$

압축강도 추정값 $F_C = F \times \alpha\ (MPa)$ α : 재령보정계수

7.9 콘크리트 시방배합

1) 시방배합 설계는 골재의 표면건조 포화 상태를 기준으로 설계한다.
2) 문자의 약속

   C : 시멘트 무게 [kg] W : 물 무게 [kg]   A(Air): 공기량 [%]

   S : 잔골재량 [kg] S_V : 잔골재 부피 [m³] S_g : 잔골재밀도

   G : 굵은 골재량 [kg] G_V : 굵은골재 부피 [m³] G_g : 굵은골재 밀도

   V(Volume):부피, 체적, 용적 g(specific gravity) : 밀도

3) 배합설계

   ① 시멘트량 결정은 물-결합재비에서 결정한다.

   ② 단위 골재량 절대부피

    골재량은 잔골재와 굵은 골재량을 모두 포함하므로 콘크리트 재료 1m³중에서 물, 시멘트, 공기, 혼화재를 빼면, 골재 부피만 남는다.

   $$\therefore S_V + G_V = 1m^3 - \left\{ \left(\frac{C(kg)}{1000 \times C_g}\right) + \left(\frac{W(kg)}{1000}\right) + \left(\frac{A(\%)}{100}\right) + \left(\frac{혼화재량(kg)}{1000 \times 혼화재 비중}\right) \right\}$$

   여기서, C, W, 혼화재는 부피 단위에서 무게 단위를 뺄 수가 없으므로 무게 단위kg을 부피 단위 m³으로 환산해야 한다.

   4℃ 물은 1ton/m³ (1000kg/m³)이고, 어떤 물체의 무게는 물과, 밀도의 관계이므로, C, W, 혼화재의 무게를 (1000×밀도)로 나누어 단위를 일치, 공기량은 백분율이므로 100으로 나누면 환산됨

   ③ 잔골재 부피는 전체 골재부피에서 잔골재가 차지하고 있는 비율(잔골재율 S/a)을 곱함

   ④ 잔골재 무게는 잔골재 부피를 무게로 환산하기 위해서는 (1000×밀도)로 곱함

   ⑤ 굵은 골재 부피는 골재 전체 부피에서 잔골재 부피를 뺀다.

   ⑥ 굵은 골재 무게는 잔골재 무게처럼 부피를 무게로 환산하기 위해서는 (1000×밀도)로 곱함

7.10 콘크리트 현장 배합

시방배합은 잔골재와 굵은 골재가 섞이지 않고 순수하게 100% 수용하지만, 현장의 굵은 골재는 잔골재가 묻어 들어오고, 잔골재는 일부 굵은 골재가 섞여 들어와 조정(입도 보정)을 해야 한다.

또한, 시방배합은 골재의 함수 상태가 표면건조 포화 상태로 설계를 하지만, 현장골재는 대부분 습윤 상태이므로 표면에 묻어 있는 물 만큼 무게를 골재 무게에 더해 주고, 대신 사용 수량에서는 골재에 묻어 있는 물 무게 만큼 빼준다.
(표면수 보정)

7.11 콘크리트 배합설계 (예제: 변경 시방서 조건에 의함)

1) 설계조건

주어진 재료에 의하여 콘크리트 표준시방서의 규정에 따라 배합설계를 하시오.

설계기준강도(f_{ck})=23(MPa), 목표로 하는 슬럼프는 100mm이고, 공기량은 4.5%이다. 또 굵은골재는 최대치수 25mm이며, 구조물은 보통의 노출상태에 있으며, 기상작용이 심하고 단면이 보통이며, 수밀콘크리트를 만들고 그밖에 것은 고려하지 않는다. 혼화제는 제조자가 추천한 AE제 사용량은 시멘트 질량의 0.02%이다.

2) 재료시험

재료를 시험한 결과

- 시멘트 밀도 : 3.14g/cm³
- 잔골재의 표건밀도 : 2.55g/cm³
- 굵은골재 표건밀도 : 2.60g/cm³
- 잔골재의 조립률 : 2.85 (5mm 체 잔유분 제거 후 시험)

3) 배합강도(f_{cr}) 계산

콘크리트 압축강도의 표준편차 (s) : 3.5(MPa) 라고 한다면, 아래 계산에서 큰 값을 사용

f_{ck} ≤ 35 MPa인 경우 이므로

$$f_{cr} = f_{ck} + 1.34s = 23 + 1.34 \times 3.5 = 27.69 \ (MPa)$$

$$f_{cr} = (f_{ck} - 3.5) + 2.33s = (23 - 3.5) + 2.33 \times 3.5 = 27.66(MPa)$$

$$\therefore f_{cr} = 27.69 \ (MPa) \ 결정$$

4) 물-결합재비 결정

① 압축강도를 기준으로 해서 물-결합재비를 정할 경우

$$f_{28} = -13.8 + 21.6 \times \frac{B}{W} \ \text{에서} \ \therefore 27.69 = -13.8 + 21.6 \times \frac{B}{W}$$

$$\frac{B}{W} = \frac{27.69 + 13.8}{21.6}, \quad \therefore \frac{W}{B} = \frac{21.6}{41.49} = 0.520 = 52\%$$

② 수밀성을 기준으로 물-결합재비를 정하는 경우 : 50% 이하

③ 내동해성 기준 (보통 노출상태에서 기상작용이 심하고 단면이 보통인 경우) : 55%이하

위 조건에 의해 물-결합재비가 가장 작은 값을 사용

$$\therefore \frac{W}{B} = 50 \ (\%) \ 로 \ 결정$$

5) 잔골재율 및 단위수량의 결정

굵은골재 최대치수 25mm에 대하여 공기량 : 5(%), 잔골재율(S/a) : 42(%), 단위 수량(W) : 170(kg)으로 보정

보정항목	표 조건	배합 조건	S/a = 42%	W = 170kg
			S/a의 보정량	W의 보정량
잔골재의 조립률	2.8	2.85	$\frac{2.85 - 2.80}{0.1} \times 0.5 = +0.25(\%)$	-
슬럼프	8	10	-	$(10-8) \times 1.2 = +2.4 \ (\%)$
물-결합재비	0.55	0.5	$\frac{0.5 - 0.55}{0.05} \times 1 = -1(\%)$	-
공기량	5.0	4.5	$\frac{5.0 - 4.5}{1} \times 0.75 = +0.4(\%)$	$(5.0 - 4.5) \times 3 = +1.5(\%)$
합계			-0.35(%)	+3.9(%)
보정한 설계치			$S/a = 42 - 0.35 ≒ 41.7$	$W = 170 + (170 \times 0.039)$ $≒ 177 \ (kgf)$

6) 단위량의 계산

① 단위시멘트량 (C)

$$\frac{W}{C} = 50 \; (\%) \text{ 에서}, \quad C = \frac{W}{0.5} = \frac{177}{0.5} = 354 \; (kgf)$$

② 골재의 절대용적 $(S_V + G_V)$

$$S_V + G_V = 1 - \left(\frac{C(kg)}{1000 \times C_g} + \frac{W(kg)}{1000} + \frac{A(\%)}{100} + \frac{\text{혼화재량}(kg)}{1000 \times \text{혼화재비중}} \right) (m^3)$$

$$= 1 - \left(\frac{354}{1000 \times 3.14} + \frac{177}{1000} + \frac{4.5}{100} \right) = 0.665 \; m^3$$

③ 잔골재의 절대용적 (S_V)

$$S_V = 0.665 \times 0.417 = 0.277 \; (m^3)$$

④ 단위잔골재량 (S)

$$S = 0.277 \times 1000 \times 2.55 = 706 \; (kgf)$$

⑤ 굵은골재의 절대용적 (G_V)

$$G_V = 0.665 - 0.277 = 0.388 \; (m^3)$$

⑥ 단위 굵은골재량 (G)

$$G = 0.388 \times 1000 \times 2.60 = 1009 \; (kgf)$$

⑦ 단위 AE제량 (A)

$$A = 354 \times 0.0002 = 70.8 \; (g) \quad (\text{AE제 사용량 } 0.02 \; \% = 0.0002)$$

7) 시험비비기 및 시방 배합

계산된 단위량으로부터 시험비비기를 실시하여 시방배합을 실시

가. 제1배치량 계산

골재의 함수상태는 표면건조포화상태로 만든다. 1배치 콘크리트 양을 $50l$ ($0.05m^3$, $1m^3 = 1000l$) 라고 하면 1배치 각 재료의 양은 다음과 같다.

① 물의 양 $(W) = 177 \times \dfrac{50}{1000} = 8.85 \; (kgf)$

② 시멘트량 $(C) = 354 \times \dfrac{50}{1000} \times 17.7 \; (kgf)$

③ 잔골재량 $(S) = 706 \times \dfrac{50}{1000} = 35.3 \; (kgf)$

④ 굵은골재량 $(G) = 1009 \times \dfrac{50}{1000} = 50.45 \; (kgf)$

⑤ AE제량 $(A) = 70.8 \times \dfrac{50}{1000} = 3.54 \ (gf)$

1배치 양에 의해 시험 비비기를 한 결과 슬럼프 값이 120mm, 공기량이 5.5%의 결과가 나왔다면, 목표로 하는 슬럼프값 100mm와 공기량4.5%와는 차이가 있으므로 보정한다.

나. 제1배치 시험 비비기에 의한 보정

① 슬럼프값 보정 : 슬럼프 값을 보정하려면 물을 보정하면 되므로 슬럼프값이 1cm 만큼 클(작을)때 마다 물을 1.2% 만큼 크게(작게)보정한다.

$$W = 177 \times \left\{ 1 - (\dfrac{12-10}{1}) \times 0.012 \right\} = 173 \ (kg)$$

② 공기량 보정 : 공기량 보정도 물을 보정하면 된다. 공기량이 1% 만큼 클(작을) 때 마다, 물을 3% 만큼 작게(크게) 한다. 따라서 잔골재율도 보정을 해야 한다.

$$W = 177 \times \left\{ 1 + (\dfrac{5.5-4.5}{1}) \times 0.03 \right\} = 178 \ (kgf)$$

$$S/a = 41.7 + (\dfrac{5.5-4.5}{1}) \times 0.75 = 42.5 \ (\%)$$

③ 공기량 4.5%로 하기위한 AE제량 보정

$$0.02(\%) \times \dfrac{4.5}{5.5} = 0.016 \ (\%)$$

다. 시방배합

① 단위시멘트량 (C)

$$\dfrac{W}{C} = 50 \ (\%) \ \text{에서}, \ C = \dfrac{W}{0.5} = \dfrac{178}{0.5} = 356 \ (kgf)$$

② 골재의 절대용적 $(V_S + V_G)$

$$S_V + G_V = 1 - \left(\dfrac{C(kg)}{1000 \times C_g} + \dfrac{W(kg)}{1000} + \dfrac{A(\%)}{100} + \dfrac{혼화재량(kg)}{1000 \times 혼화재비중} \right) (m^3)$$

$$= 1 - \left(\dfrac{356}{1000 \times 3.14} + \dfrac{178}{1000} + \dfrac{4.5}{100} \right) = 0.664 \ m^3$$

③ 잔골재의 절대용적 (S_V)

$$S_V = 0.664 \times 0.425 = 0.282 \ (m^3)$$

④ 단위잔골재량 (S)

$$S = 0.282 \times 1000 \times 2.55 = 719 \ (kgf)$$

⑤ 굵은골재의 절대용적(G_V)

$$G_V = 0.664 - 0.282 = 0.382 \ (m^3)$$

⑥ 단위 굵은골재량(G)

$$G = 0.382 \times 1000 \times 2.60 = 993 \ (kgf)$$

⑦ 단위 AE제량 (A)

$$A = 354 \times 0.00016 = 56.6 \ (g) \quad (AE제 \ 사용량 \ 0.016 \ \% = 0.00016)$$

굵은골재 최대치수 (mm)	슬럼프 범위 (cm)	공기량 범위 (%)	물-결합재비 W/B (%)	잔골재율 S/a (%)	단위량 (kg/m³)				
					물 W	시멘트 C	잔골재 S	굵은골재 G	혼화제 (g/m³)
25	10	4.5	50	42.5	178	356	719	993	56.6

라. 제2배치

제1배치 시방배합으로 50ℓ에 대한 각 재료량을 계산하여 시험 배합한 결과 슬럼프 값이 100mm, 공기량이 4.5% 되어 설계조건이 만족하면 제1배치 시방배합으로 결정

8) 현장배합설계

시방배합결과와 현장골재상태가 다음 표와 같을 때 현장배합으로 고치시오

현 장 골 재 상 태			
잔골재 표면수량	1 %	5mm 체에 남는 잔골재량	4 %
굵은 골재 표면수량	3 %	5mm 체에 통과하는 굵은 골재량	3 %

가. 입도 조정

$$S + G = 719 + 993 = 1712 \quad \cdots\cdots\cdots ①$$

$$0.96S + 0.03G = 719 \quad \cdots\cdots\cdots ②$$

①식에 0.96를 곱하여 ②식과 연립하면

$$\begin{array}{r} 0.96S + 0.96G = 1644 \\ -) \ 0.96S + 0.03G = 719 \\ \hline 0 + 0.93G = 925 \end{array}$$

$$\therefore G = \frac{925}{0.93} = 995 \ (kgf) \quad \cdots\cdots ③$$

③식을 ①식에 대입하면

$$\therefore S = 1712 - 995 = 717 \ (kgf)$$

나. 표면수 보정

　① 잔골재 표면수 : $717 \times 0.01 = 7\ (kgf)$

　② 굵은 골재 표면수 : $995 \times 0.03 = 30\ (kgf)$

다. 콘크리트 1m³을 만들기 위한 각 재료 양

　① 시멘트 : $356\ (kgf)$

　② 물 : $178 - (7 + 30) = 141\ (kgf)$

　③ 잔골재 : $717 + 7 = 724\ (kgf)$

　④ 굵은 골재 : $995 + 30 = 1025\ (kgf)$

시멘트 및 콘크리트 시험 문제 풀이

문제 1

시멘트 압축강도시험에 관한 다음 물음에 답하시오.

[풀이]

가. 시멘트 압축강도 시험 시 표준모래를 사용하는 이유를 설명하시오.
  ① 모래 입자의 크기에 따른 시험에 영향을 없애고
  ② 시험 조건을 일정하게 하기 위함

나. 시멘트 압축강도의 영향요인을 3가지만 쓰시오.
  ① 사용수량 ② 시멘트 분말도 ③ 시멘트 풍화 ④ 양생조건
  ⑤ 양생기간 ⑥ 배합(혼합) ⑦ 시멘트 밀도

다. 시멘트 몰타르의 흐름 시험을 실시한 결과 흐름 몰드의 아래 지름 102mm, 시험 후 퍼진 몰타르의 평균지름 112mm이 였을 때 흐름값(치)을 구하시오.

$$\frac{\text{퍼진 평균 지름}}{\text{몰드 아래 지름}} \times 100 = \frac{112}{102} \times 100 = 109.8 \, (\%)$$

라. 시멘트 압축강도에 쓰이는 표준모래와 시멘트(표준 몰타르)의 무게비를 쓰시오.
  모래 : 시멘트 = 3 : 1

마. 흐름 시험에서 규정된 흐름값의 범위를 쓰시오.
  110±5(%)

문제 2

시멘트 64g, 처음 광유 눈금 읽기 0.3ml, 시료와 광유읽기 21.3ml 일 때, 시멘트의 밀도는?

[풀이]

$$\frac{\text{시멘트의 중량}}{\text{시료와 광유 눈금읽기} - \text{광유의 눈금읽기}} = \frac{64}{21.3 - 0.3} = 3.05 \, \text{g/cm}^3$$

문제 3

시멘트 시험에 대한 다음 물음에 답하시오.

풀이

가. 시멘트 모르타르의 압축강도 시험결과 공시체의 단면적이 25.80cm², 최대 하중이 1320kg이었다. 압축강도를 구하시오. (단, 소수점 2자리에서 반올림)

$$압축강도 = \frac{P}{A} = \frac{1320}{25.80} = 51.2 \ (kgf/cm^2)$$

나. 시멘트 모르타르의 인장 강도 시험 시 모르타르의 조제를 하는데 필요한 시멘트와 모래 표준의 무게비는 얼마로 하는가?

시멘트 : 모래 = 1 : 2.7 (압축강도는 1 : 2.45)

> ※ 2011 KS 규격 변경
> 〈변경전〉 시멘트 : 모래 = 1 : 2.45, 인장강도는 1 : 2.7
> 〈변경후〉 압축강도 및 휨강도용 모르타르 제작 시 시멘트 : 모래의 비는 1 : 3비가 되게 한다.(인장강도에 대한 규정 없음)

다. 시멘트의 밀도 시험에서 보통 포틀랜트 시멘트 64g으로 시험한 결과 처음에 광유 표면의 읽은 값이 0.48ml이고, 시료와 광유표면의 읽은 값은 20.8ml 였다. 밀도 값은? (단 소수점 3자리에서 반올림)

$$시멘트밀도 = \frac{시멘트의 \ 무게}{나중 \ 광유 \ 표면 \ 읽음 - 처음 \ 광유 \ 표면 \ 읽음}$$

$$= \frac{64}{20.8 - 0.48} = 3.15 \ (g/cm^3)$$

라. 시멘트 응결시간 측정 시험 방법의 종류를 두 가지 쓰시오
　① 비이카침　　② 길모아침

문제 4

모르타르 압축강도 시험에서 시멘트와 표준모래를 1:2.45 무게비로 하고 표준사를 1862g 사용하여 공시체를 만들어 양생한 다음 측정한 시험체 한 변이 5.08cm이고 최대하중이 3880kg이다. 다음 물음에 답하시오.

풀이

가. 시멘트 사용량은?

$$C : S = 1 : 2.45 = C : 1862 \quad \therefore C = \frac{1862}{2.45} = 760 \ (g)$$

나. 압축강도는 얼마인가?

$$f = \frac{P}{A} = \frac{3880}{5.08 \times 5.08} = 150.35 \ (kgf/cm^2)$$

문제 5

콘크리트 압축강도, 인장강도와 휨강도에 대한 물음에 답하시오.

풀이

가. 압축강도 :
  (1) 콘크리트를 몰드에 채운 후 몇 시간 후 캐핑을 하는가?
       2~6시간
  (2) 시험체를 만든 뒤 몇 시간 뒤 몰드를 떼어 내는가?
       16시간~3일
  (3) 시험체의 양생온도는 얼마인가?
       20±2℃에서 습윤양생

나. 인장강도
  (1) 시험 시 시험 전 재료의 유지 온도는 어느 정도인가?
       20~25℃
  (2) 콘크리트 인장강도는 압축강도의 몇 배인가?
       $\frac{1}{10} \sim \frac{1}{13}$

다. 휨강도
  (1) 시험체의 높이는 골재 최대치수의 (A)배 이상
       A : 4
  (2) 길이는 높이의 (B)배 보다 (C)cm 더 커야 한다
       B : 3, C : 8

≪해설≫
☞ 콘크리트 휨강도 하중장치

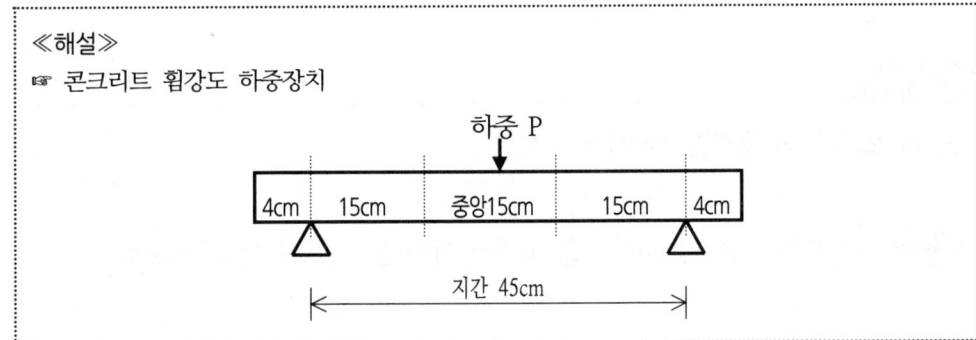

문제 6

지름 150mm, 높이 300mm의 원주형 공시체를 사용하여 인장 강도 시험을 한 결과 공시체는 최대 하중 150,000N에서 파괴되었다. 이 콘크리트의 인장 강도를 구하시오.

풀이 인장강도 $= \dfrac{2P}{\pi dl} = \dfrac{2 \times 150,000}{3.14 \times 150 \times 300} = 2.12 \ (MPa)$

문제 7

콘크리트의 휨강도 시험 방법에서 공시체를 만들 때 15×15×53cm의 몰드를 쓰면 각 층을 몇 번씩 다져야 하는가? (단, 정수로 쓸 것)

풀이 (15cm×53cm)÷10회/cm2 = 79.5 ≒80회

문제 8

콘크리트 휨강도시험에서 지간 450mm, 폭 150mm, 높이 150mm의 공시체를 최대하중이 32,000N이고 3등분 중앙에서 파괴 되었을 때 휨 강도를 구하시오.

풀이 휨강도 $= \dfrac{PL}{bd^2} = \dfrac{32,000 \times 450}{150 \times 150^2} = 4.27 \ (MPa)$

문제 9

콘크리트 휨강도 시험에서 지간 450mm, 폭 150mm, 높이150mm, 공시체를 최대하중이 43kN 이고, 3등분중앙에서 파괴되었을 때 휨강도를 구하시오.

풀이 휨강도 $= \dfrac{PL}{bd^2} = \dfrac{43 \times 1000 \times 450}{150 \times 150^2} = 5.73 \ (MPa)$

문제 10

콘크리트 공기량 측정법 3가지만 쓰시오.

풀이 ① 무게법(질량법) ② 공기실 압력법 ③ 부피법(용적법)

문제 11

다음은 슬럼프 시험에 관한 사항이다. (   )안에 채우시오.

풀이

가. 슬럼프 콘에 콘크리트를 채울 때 (   )층으로 넣고 (   )회 다짐한다.
   3, 25

나. 슬럼프 콘은 (   )초 이내에 벗겨야 한다.
   2~5

다. 슬럼프 콘에 시료를 채우고 벗길 때까지의 작업시간은 (   )이내로 해야 한다.
   3분

문제 12

콘크리트의 워커빌리티(Workability)를 측정하기 위한 방법 5가지만 쓰시오

풀이
① 슬럼프시험 ② 구관입(커리볼)시험 ③ 흐름시험
④ 비비(Vee Bee)시험 ⑤ 리몰딩(Remolding)시험

문제 13

슈미트 해머(Schmidt hammer)에 의한 콘크리트 강도의 비파괴시험에 대하여 다음 물음에 답하시오.

풀이

가. 측정할 곳(측정점)은 몇 cm의 간격으로 표시하는가?
   3cm 간격

나. 1개소의 측정은 몇 점 이상 측정하여 평균값을 그곳의 반발경도(R)로 하는가?
   20점 이상

다. 측정 반발경도(R)가 41, 보정값(ΔR)이 0일 때 표준 원주 시험체의 압축강도 (F_C)를 구하시오. (단, 소수점 1자리에서 반올림)

$R_0 = R + \Delta R = 41 + 0 = 41$

압축강도$(F_C) = -184 + 13R_0 = -184 + 13 \times 41 = 349 \ (kgf/cm^2)$

문제 14

다음 주어진 표를 보고 물음에 답하시오.

결과	슈미트 해머형사용	20번 측정한 평균값 : 42
		보정값 : 1

풀이

가. 수정 반발경도(R_O)를 구하시오.

$$R_0 = R + \Delta R = 42 + 1 = 43$$

나. 표준 원주 시험체의 압축강도(σc)를 구하시오.

압축강도(σc) = $-184 + 13.0 \times R_O$

$$\sigma_c = -184 + 13R_0 = -184 + 13 \times 43 = 375 \ (kgf/cm^2)$$

문제 15

콘크리트의 비파괴 시험방법의 종류를 4가지 쓰시오.

풀이
① 반발경도 방법(슈미터 해머 방법)
② 초음파법(음파속도 측정법)
③ 파동법(종파속도 측정법)
④ 진동수 측정법

문제 16

콘크리트 1m³ 만드는데 필요한 재료량을 아래 배합표를 보고 구하시오.

굵은골재의 최대치수	단위수량 W	물시멘트비 W/C	잔골재율 S/a	잔골재 밀도	굵은골재의 밀도	시멘트 밀도	AE 공기량	혼화재 밀도
40mm	165kg	45%	36%	2.63	2.70	3.15	1.2%	2.20

(단, 혼화재는 시멘트량의 3%로 한다.)

풀이

가. 단위 시멘트량(C)을 구하시오.(단, 소수 2자리에서 반올림하시오.)

$$\frac{W}{C} = 0.45, \ \frac{165}{C} = 0.45, \ \therefore C = \frac{165}{0.45} = 366.7 \ (kgf)$$

나. 단위 혼화재량을 구하시오. (단, 소수 1자리에서 반올림하시오.)

혼화재 량 = $366.7 \times 0.03 = 11 \ (kgf)$

다. 단위 골재량의 절대체적(V)을 구하시오. (단, 소수 4자리에서 반올림하시오.)

$$S_V + G_V = 1m^3 - \left\{ \frac{C(kg)}{1000 \times C_g} + \frac{W(kg)}{1000} + \frac{A(\%)}{100} + \frac{혼화재량(kg)}{1000 \times 혼화재 밀도} \right\}$$

$$= 1 - \left\{ \frac{366.7}{1000 \times 3.15} + \frac{165}{1000} + \frac{1.2}{100} + \frac{11}{1000 \times 2.2} \right\} = 0.702 \ (m^3)$$

라. 단위 잔골재량의 절대 체적 (S_V)을 구하시오.
　　(단, 소수 4자리에서 반올림하시오.)

$$S_V = (S_V + G_V) \times S/a = 0.702 \times 0.36 = 0.253 \ (m^3)$$

마. 단위 굵은 골재량(G)을 구하시오.

① $G_V = (S_V + G_V) - S_V = 0.702 - 0.253 = 0.449 \ (m^3)$

② $G = G_V \times G_g \times 1000 = 0.449 \times 2.70 \times 1000 = 1212.3 \ (kgf)$

문제 17

굵은 골재의 최대치수가 40mm, 슬럼프값 7.5cm, 갇힌 공기량 2%, 잔골재율 37%, 물결합재비 55%, 단위수량 166kg일 때 다음 사항을 구하시오.
(단, 잔골재율과 단위 수량은 보정하지 않고 시멘트의 밀도는 3.15, 잔골재와 굵은 골재의 밀도는 각각 2.60, 2.65이다.)

풀이　가. 단위 시멘트량을 구하시오. (단, 소수 1자리에서 반올림하시오.)

$$\frac{W}{C} = 0.55, \quad \frac{166}{C} = 0.55, \quad \therefore C = \frac{166}{0.55} = 302 \ (kgf)$$

나. 단위 골재량의 절대부피를 구하시오. (단, 소수3자리에서 반올림하시오.)

$$S_V + G_V = 1m^3 - \left\{ \frac{302}{1000 \times 3.15} + \frac{166}{1000} + \frac{2}{100} \right\} = 0.72 \ (m^3)$$

다. 단위 잔골재량의 절대부피를 구하시오. (단, 소수3자리에서 반올림하시오.)

$$S_V = (S_V + G_V) \times S/a = 0.72 \times 0.37 = 0.27 \ (m^3)$$

문제 18

AE제를 사용하지 않는 콘크리트의 배합설계에서 다음과 같은 결과를 얻었다. 각항의 물음에 대한 산출근거와 답을 쓰시오.

　　굵은골재 최대치수 19mm　　단위수량 140kg　　물결합재비 56%
　　잔골재 밀도 2.50　　　　　　잔골재율 42%　　　시멘트 밀도 3.20
　　굵은골재 밀도 2.62　　골재의 표면 건조 포화상태이며 갇힌 공기는 1%이다.

풀이 가. 단위 시멘트량을 구하시오.(단, kg으로 나타내며 소수1자리에서 반올림)

$$\frac{W}{C} = 0.56, \quad \frac{140}{C} = 0.56, \quad \therefore C = \frac{140}{0.56} = 250 \ (kgf)$$

나. 단위 골재량의 절대부피를 구하시오.
(단, m^3로 나타내며 소수 4자리에서 반올림)

$$1m^3 - \left\{ \frac{C(kg)}{1000 \times C_g} + \frac{W(kg)}{1000} + \frac{A(\%)}{100} + \frac{혼화재량(kg)}{1000 \times 혼화재 비중} \right\}$$

$$= 1m^3 - \left\{ \frac{250}{1000 \times 3.20} + \frac{140}{1000} + \frac{1}{100} \right\} = 0.772 \ (m^3)$$

다. 단위 잔골재량의 절대부피를 구하시오. (단, 소수점 4자리에서 반올림)

$$S_V = (S_V + G_V) \times S/a = 0.772 \times 0.42 = 0.324 \ (m^3)$$

라. 단위 굵은골재량의 절대부피를 구하시오. (단, 4자리에서 반올림)

$$G_V = (S_V + G_V) - S_V = 0.772 - 0.324 = 0.448 \ (m^3)$$

마. 단위 잔골재량을 구하시오. (단, 소수 1자리에서 반올림)

$$S = S_V \times S_g \times 1000 = 0.324 \times 2.50 \times 1000 = 810 \ (kgf)$$

바. 단위 굵은 골재량을 구하시오 (단, 소수 1자리에서 반올림)

$$G = G_V \times G_g \times 1000 = 0.448 \times 2.62 \times 1000 = 1174 \ (kg)$$

문제 19

다음과 같은 배합 설계표에 의하여 콘크리트 $1m^3$ 을 배합하는데 필요한 요구 사항을 구하시오.

시멘트 밀도	단위시멘트량 (kg)	물결합재비 (%)	굵은골재 최대치수 (mm)	슬럼프 (cm)	잔골재율 (%)	AE공기량 (%)	잔골재 밀도	굵은골재 밀도
3.14	353	48.5	25	8.5	36	1.5	2.64	2.65

풀이 가. 단위 수량을 구하시오. (정수로 하시오)

$$\frac{W}{C} = 0.485, \quad \frac{W}{353} = 0.485, \quad \therefore W = 0.485 \times 353 = 171 \ (kgf)$$

나. 단위 골재량의 절대체적을 구하시오. (소수점 4자리에서 반올림)

$$S_V + G_V = 1m^3 - \left\{ \frac{C(kg)}{1000 \times C_g} + \frac{W(kg)}{1000} + \frac{A(\%)}{100} + \frac{혼화재량(kg)}{1000 \times 혼화재 비중} \right\}$$

$$= 1m^3 - \left\{\frac{353}{1000 \times 3.14} + \frac{171}{1000} + \frac{1.5}{100}\right\} = 0.702 \ (m^3)$$

다. 단위 잔골재량 절대체적을 구하시오.
$$S_V = (S_V + G_V) \times S/a = 0.702 \times 0.36 = 0.253 \ (m^3)$$

라. 단위 굵은 골재량의 절대체적을 구하시오.
$$G_V = (S_V + G_V) - S_V = 0.702 - 0.253 = 0.449 \ (m^3)$$

마. 단위 잔골재량을 구하시오.
$$S = S_V \times S_g \times 1000 = 0.253 \times 2.64 \times 1000 = 668 \ (kgf)$$

바. 단위 굵은 골재량을 구하시오.
$$G = G_V \times G_g \times 1000 = 0.449 \times 2.65 \times 1000 = 1190 \ (kg)$$

문제 20

콘크리트 1m³ 만드는데 필요한 재료량을 아래 배합표를 보고 물음에 답하시오.

단위수량	물-결합재비	잔골재율	공기량
170kg	50%	35%	4%
잔골재 밀도	굵은골재 밀도	시멘트 밀도	
2.65	2.70	3.15	

풀이

가. 단위 시멘트량을 구하시오.
$$\frac{W}{C} = 0.50, \quad \frac{170}{C} = 0.50, \quad \therefore C = \frac{170}{0.50} = 340 \ (kgf)$$

나. 단위 골재량의 절대 체적 (소수 4자리에서 반올림)
$$S_V + G_V = 1m^3 - \left\{\frac{340}{1000 \times 3.15} + \frac{170}{1000} + \frac{4}{100}\right\} = 0.682 \ (m^3)$$

다. 단위 잔 골재량의 절대 체적 (소수 4자리에서 반올림)
$$S_V = (S_V + G_V) \times S/a = 0.682 \times 0.35 = 0.239 \ (m^3)$$

라. 단위 잔골재량 (소수 1자리에서 반올림)
$$S = S_V \times S_g \times 1000 = 0.239 \times 2.65 \times 1000 = 633 \ (kgf)$$

마. 단위 굵은골재량 (소수 1자리에서 반올림)
$$G = G_V \times G_g \times 1000 = (0.682 - 0.239) \times 2.7 \times 1000 = 1196 \ (kgf)$$

문제 21

배합강도=232kg/cm², W/C=48.6%, 시멘트 밀도 3.15, 굵은 골재의 밀도 2.65, 잔골재의 밀도 2.60, 공기량 1.5%, 잔골재율 40%일 때 단위 수량 W=167.7kg 일 때 concrete 1m³를 만드는데 필요한 재료의 양은?
(단, 산출근거와 답을 명시하시오. 답은 소수점이하 4자리에서 반올림하여 구하시오)

풀이

가. 단위 시멘트량

$$\frac{W}{C}=0.486, \quad \frac{167.7}{C}=0.486, \quad \therefore C=\frac{167.7}{0.486}=345.062 \ (kgf)$$

나. 잔골재량

① $S_V+G_V=1m^3-\left\{\dfrac{345.062}{1000\times3.15}+\dfrac{167.7}{1000}+\dfrac{1.5}{100}\right\}=0.708 \ (m^3)$

② $S_V=0.708\times0.4=0.283 \ (m^3)$

③ $S=0.283\times2.60\times1000=735.8 \ (kgf)$

다. 굵은 골재량

$$G=(0.708-0.283)\times2.65\times1000=1126.25 \ (kgf)$$

문제 22

콘크리트 1m³만드는데 필요한 재료량을 아래 배합표를 보고 물음에 답 하시오.

단위수량	물-결합재비	잔골재율	갇힌공기량
165kg	50%	41%	1.5%
잔골재 밀도	굵은골재 밀도	시멘트 밀도	
2.6	2.7	3.14	

풀이

가. 단위 시멘트량을 구하시오.

$$\frac{W}{C}=0.50, \quad \frac{165}{C}=0.50, \quad \therefore C=\frac{165}{0.50}=330 \ (kgf)$$

나. 단위 골재량의 절대 체적(소수 4자리 반올림)

$$S_V+G_V=1m^3-\left\{\dfrac{330}{1000\times3.14}+\dfrac{165}{1000}+\dfrac{1.5}{100}\right\}=0.715 \ (m^3)$$

다. 단위 잔 골재량을 구하시오(정수로 표시)

$$S = S_V \times S_g \times 1000 = (0.715 \times 0.41) \times 2.60 \times 1000 = 762 \ (kgf)$$

라. 단위 굵은 골재량의 부피를 구하시오. (소수점 4자리에서 반올림)

$$G = G_V \times G_g \times 1000 = 0.715 - (0.715 \times 0.41) = 0.422 \ (m^3)$$

문제 23

콘크리트 배합설계에서 골재의 단위 용적과 밀도는 다음과 같다. 다음 물음에 산출근거와 답을 쓰시오.

구분	밀 도	단위용적
굵은골재	2.68	0.462
잔 골재	2.62	0.248

풀이

가. 단위 골재의 절대용적을 구하시오.

$$S_V + G_V = 0.248 + 0.462 = 0.710 \ (m^3)$$

나. 잔골재율을 구하시오. (소수점 2자리에서 반올림)

$$S/a = \frac{S_V}{S_V + G_V} \times 100 = \frac{0.248}{0.248 + 0.462} \times 100 = 34.9 \ (\%)$$

다. 단위 잔골재량을 구하시오.

$$S = S_V \times S_g \times 1000 = 0.248 \times 2.62 \times 1000 = 649.76 \ (kgf)$$

라. 단위 굵은 골재량을 구하시오.

$$G = G_V \times G_g \times 1000 = 0.462 \times 2.68 \times 1000 = 1238.16 \ (kgf)$$

문제 24

다음과 같은 배합 설계표에 의하여 콘크리트 $1m^3$을 배합하는데 필요한 다음 산출근거와 답을 답안지에 기록하시오. (단, 소수3자리에서 반올림)

굵은골재 최대치수 (mm)	슬럼프값 (%)	W/B (%)	결합재 밀도	단위시멘트량 (kg)	잔골재율 (%)	잔골재 밀도	굵은골재 밀도	공기량 (%)
30	7.5	52	3.14	350	34	2.58	2.64	5

풀이 가. 단위 수량을 계산 하시오.

$$\frac{W}{C} = 0.52, \quad \frac{W}{350} = 0.52, \quad \therefore W = 0.52 \times 350 = 182 \, (kgf)$$

나. 단위 골재량의 절대부피를 계산 하시오.

$$S_V + G_V = 1m^3 - \left\{ \frac{350}{1000 \times 3.14} + \frac{182}{1000} + \frac{5}{100} \right\} = 0.66 \, (m^3)$$

다. 단위 잔골재량의 절대체적을 계산 하시오.

$$S_V = (S_V + G_V) \times S/a = 0.66 \times 0.34 = 0.22 \, (m^3)$$

라. 단위 굵은골재량의 절대부피를 계산 하시오.

$$G_V = (S_V + G_V) - S_V = 0.66 - 0.22 = 0.44 \, (m^3)$$

마. 단위 잔골재량을 계산 하시오.

$$S = S_V \times S_g \times 1000 = 0.22 \times 2.58 \times 1000 = 567.6 \, (kgf)$$

바. 단위 굵은 골재량을 계산 하시오.

$$G = G_V \times G_g \times 1000 = 0.44 \times 2.64 \times 1000 = 1161.6 \, (kgf)$$

문제 25

콘크리트의 배합설계에서 단위 잔골재 부피 0.236m³와 잔골재 밀도 2.50이고, 단위 굵은골재의 부피가 0.400m³와 굵은 골재밀도 2.68이었다면 다음 물음에 답하시오.
(단, 소수1자리까지 구하시오.)

풀이 가. 잔골재율(S/a)을 구하시오.

$$S/a = \frac{V_S}{V_S + V_G} \times 100 = \frac{0.236}{0.236 + 0.400} \times 100 = 37.1 \, (\%)$$

나. 단위 잔골재량을 구하시오.

$$S = S_V \times S_g \times 1000 = 0.236 \times 2.50 \times 1000 = 590 \, (kgf)$$

다. 단위 굵은골재량을 구하시오.

$$G = G_V \times G_g \times 1000 = 0.400 \times 2.68 \times 1000 = 1072 \, (kgf)$$

문제 26

콘크리트 배합설계에서 재료의 시험 결과가 다음과 같을 때 콘크리트 1m³를 배합하는데 필요한 다음 사항의 산출근거와 답을 쓰시오.
(단, 갇힌 공기량은 1.5%, 소수 4자리에서 반올림)

굵은골재최 대치수 (mm)	물-시멘 트 비 (%)	잔 골 재 율 (%)	단 위 수 량 (kgf/m³)	잔골재 밀 도	굵은골재 밀 도	시멘트 밀 도
25	48.5	40.2	176	2.64	2.68	3.14

풀이

가. 단위 시멘트량을 구하시오.

$$\frac{W}{C} = 0.485, \quad \frac{176}{C} = 0.485, \quad \therefore C = \frac{176}{0.485} = 362.887 \ (kgf)$$

나. 단위 골재량의 절대체적(V)를 구하시오.

$$S_V + G_V = 1 - \left\{ \frac{362.887}{1000 \times 3.14} + \frac{176}{1000} + \frac{1.5}{100} \right\} = 0.693 \ (m^3)$$

다. 단위 잔골재량의 절대체적을 구하시오.

$$S_V = (S_V + G_V) \times S/a = 0.693 \times 0.402 = 0.279 \ (m^3)$$

라. 단위 잔골재량을 구하시오.

$$S = S_V \times S_g \times 1000 = 0.279 \times 2.64 \times 1000 = 736.56 \ (kgf)$$

마. 단위 굵은골재량의 절대체적을 구하시오.

$$G_V = (S_V + G_V) - S_V = 0.693 - 0.279 = 0.414 \ (m^3)$$

바. 단위 굵은골재량을 구하시오.

$$G = G_V \times G_g \times 1000 = 0.414 \times 2.68 \times 1000 = 1109.52 \ (kgf)$$

문제 27

콘크리트용 재료 시험결과 최대치수 40mm, 굵은 골재밀도 2.62, 잔골재 비중 2.53, 시멘트 밀도 3.14 이었고, 단위수량(W) 165kgf, 물결합재비(W/C) 55%, 잔골재율(S/a) 36%, 슬럼프 8cm, 갇힌 공기량 1.2%인, 조건으로 콘크리트 1m³를 만들려고 한다. 아래 물음에 답하시오.

풀이

가. 단위 시멘트량을 구하시오.

$$\frac{W}{C} = 0.55, \quad \frac{165}{C} = 0.55, \quad \therefore C = \frac{165}{0.55} = 300 \ (kg/m^3)$$

나. 단위 골재량의 절대부피를 구하시오. (단, 소수4자리에서 반올림)

$$S_V + G_V = 1m^3 - \left\{\frac{300}{1000 \times 3.14} + \frac{165}{1000} + \frac{1.2}{100}\right\} = 0.727 \ (m^3)$$

다. 단위 잔골재량의 절대부피를 구하시오. (단, 소수4자리에서 반올림)

$$S_V = (S_V + G_V) \times S/a = 0.727 \times 0.36 = 0.262 \ (m^3)$$

라. 단위 굵은골재량의 절대부피를 구하시오.(단, 소수4자리에서 반올림)

$$G_V = (S_V + G_V) - S_V = 0.727 - 0.262 = 0.465 \ (m^3)$$

마. 단위 잔골재량을 구하시오.(단, 소수1자리에서 반올림)

$$S = S_V \times S_g \times 1000 = 0.262 \times 2.53 \times 1000 = 663 \ (kgf/m^3)$$

바. 단위 굵은 골재량을 구하시오 (단, 소수 1자리에서 반올림)

$$G = G_V \times G_g \times 1000 = 0.465 \times 2.62 \times 1000 = 1218 \ (kgf/m^3)$$

문제 28

다음과 같은 배합 설계도에 의하여 콘크리트 $1m^3$을 배합하는데 필요한 요구사항을 구하시오. (소수 4자리에서 반올림)

시멘트 밀도	단위 수량 (kg)	물-시멘트 비(%)	굵은 골재 최대치수 (mm)	슬럼프 (cm)	잔골 재율 S/a(%)	AE공 기량 (%)	잔골재 밀도	굵은골재 밀도
3.14	173	48	25	8.5	39	1.0	2.60	2.65

풀이

가. 시멘트량

$$\frac{W}{C} = 0.48, \ \frac{173}{C} = 0.48, \ \therefore C = \frac{173}{0.48} = 360.417 \ (kg/m^3)$$

나. 잔골재량

① $S_V + G_V = 1m^3 - \left\{\frac{362.417}{1000 \times 3.14} + \frac{173}{1000} + \frac{1}{100}\right\} = 0.702 \ (m^3)$

② $S_V = 0.702 \times 0.39 = 0.274 \ (m^3)$

③ $S = 0.274 \times 2.60 \times 1000 = 712.4 \ (kgf)$

다. 굵은골재량

① $G_V = (S_V + G_V) - S_V = 0.702 - 0.274 = 0.428 \ (m^3)$

② $G = 0.428 \times 2.65 \times 1000 = 1134.2 \ (kgf)$

문제 29

굵은 골재 최대치수 25mm, 슬럼프 12cm, W/C 58.8%의 콘크리트 1m³을 만들기 위하여 잔골재율 S/a, 단위수량 W을 보정하고 표를 보고 시방배합을 현장배합으로 수정하시오.
(단, 시멘트의 밀도 3.17, 잔골재 2.57, 잔골재 조립률 2.85, 굵은 골재 밀도 2.75, AE제를 쓰지 않았음)

시방배합표

물(W)	시멘트(C)	잔골재(S)	굵은골재(G)
180	306	653	1180

현장에서의 골재 상태

구 분	No.4통과한 양	No.4남은 양	표면수량
잔 골 재	95	5	2
굵은골재	3	97	1.5

콘크리트의 공기량, 단위수량, 잔 골재율의 대략의 값

굵은 골재의 최대 치수 (mm)	단위 굵은 골재의 용적 (%)	AE제를 사용하지 않는 콘크리트			공기량 (%)	AE 콘 크 리 트			
						양질의 AE제를 사용하는 경우		양질의 감수제를 적당히 사용하는 경우	
		갇힌 공기 (%)	잔골재율 S/a (%)	단위 수량 W (kg)		잔골재율 S/a(%)	단위 수량 W(kg)	잔골재율 S/a(%)	단위 수량 W(kg)
15	53	2.5	49	190	7.0	46	170	47	160
19	61	2.0	45	185	6.0	42	165	43	155
25	66	1.5	41	175	5.0	37	155	38	145
40	72	1.2	36	165	4.5	33	145	35	135
50	75	1.0	33	155	4.0	30	135	31	125
80	81	0.5	31	140	3.5	28	120	29	110

(주) 위 표의 값은 보통 입도를 가진 모래(조립률 2.80 정도)와 자갈을 사용한 물-결합재비 0.55정도, 슬럼프 약 8cm의 콘크리트에 대한 것이다.

잔 골재율(S/a)과 물(w)의 보정법

구분	S/a(%)의 보정	단위 수량 W(kg)의 보정
모래의 조립률이 0.1 만큼 클(작을)때마다	0.5 만큼 크게(작게) 한다.	보정하지 않는다.
슬럼프의 값이 1cm만큼 클(작을)때마다	보정하지 않는다.	1.2%만큼 크게(작게)한다.
물 - 결합재비를 0.05만큼 클(작을)때마다	1만큼 크게(작게)한다.	보정하지 않는다.
공기량이 1%만큼 클(작을) 때마다	0.5~1만큼 작게(크게)한다.	3%만큼 작게(크게) 한다.
부순돌을 사용할 경우	3~5만큼 크게 한다.	9~15만큼 크게 한다.
부순 모래를 사용할 경우	2~3만큼 크게 한다.	6~9만큼 크게 한다.

풀이

가. 잔골재율과 물의 보정을 하시오.

조건과 다른점	수 정 계 산	S/a(%)	W(kg)
잔골재의 조립률 =2.85이므로	$41 + \left(\dfrac{2.85 - 2.80}{0.1}\right) \times 0.5 = 41.25$	41.25	175
W/C가 58.8% 이므로	$41.25 + \left(\dfrac{0.588 - 0.55}{0.05}\right) \times 1 = 42.01$	42.01	175
슬럼프가 12cm 이므로	$175 + \left(\dfrac{12 - 8}{1}\right) \times 175 \times 0.012 = 183.4$	42.01	183.4

나. 단위 시멘트량을 구하시오.

$$\frac{W}{C} = 0.588, \quad \frac{183.4}{C} = 0.588, \quad \therefore C = \frac{183.4}{0.588} = 312 \ (kgf)$$

다. 단위 잔골재량을 구하시오.

① $S_V + G_V = 1m^3 - \left\{\dfrac{312}{1000 \times 3.17} + \dfrac{183.4}{1000} + \dfrac{1.5}{100}\right\} = 0.703 \ (m^3)$

② $S_V = 0.703 \times 0.4201 = 0.295 \ (m^3)$

③ $S = 0.295 \times 2.57 \times 1000 = 758 \ (kgf)$

라. 단위 굵은 골재량을 구하시오.

① $G_V = (S_V + G_V) - S_V = 0.703 - 0.295 = 0.408 \ (m^3)$

② $G = G_V \times G_g \times 1000 = 0.408 \times 2.75 \times 1000 = 1122 \ (kg)$

마. 시방배합을 현장배합으로 수정하시오.

① 입도조정

$$S + G = 653 + 1180 = 1833 \quad \cdots\cdots\cdots\cdots\cdots (1)$$
$$0.05S + 0.97G = 1180 \quad \cdots\cdots\cdots\cdots\cdots (2)$$

(1)번 식에 0.97을 곱하여 (2)식과 연립 하면

$$\begin{array}{r} 0.97S + 0.97G = 0.97 \times 1833 = 1778.01 \\ -\,)\,0.05S + 0.97G = 1180 \\ \hline 0.92S + 0 = 598.01 \end{array}$$

$$\therefore S = \frac{598.01}{0.92} = 650 \ (kgf) \ \cdots\cdots\cdots (3)$$

$$\therefore G = 1833 - 650 = 1183 \ (kgf)$$

② 표면수 보정

- 잔골재 표면수 : $650 \times 0.02 = 13 \ (kgf)$
- 굵은골재 표면수 : $1183 \times 0.015 = 18 \ (kgf)$

③ 계량할 재료양

- 잔골재량 : $650 + 13 = 663 \ (kgf)$
- 굵은골재량 : $1183 + 18 = 1201 \ (kgf)$
- 물 : $180 - (13 + 18) = 149 \ (kgf)$

문제 30

다음은 시방 배합 결과이다. 주어진 조건으로 현장배합으로 고치시오.
(단, 소수점 2자리에서 반올림)

조건 1.   시방 배합표

물	시멘트	잔골재	굵은골재
180	400	700	1090

조건 2. 현장골재의 상태 : 1. 잔골재의 표면수량 4%
　　　　　　　　　　　　2. 굵은골재 표면수량 1%
　　　　　　　　　　　　3. No. 4체 남는 잔골재량 3%
　　　　　　　　　　　　4. No. 4체 통과하는 굵은 골재량 4%

풀이 가. 골재량의 조정

$$S + G = 700 + 1090 = 1790 \cdots\cdots\cdots (1)$$
$$0.97S + 0.04G = 700 \cdots\cdots\cdots (2)$$

(1)번 식에 0.97을 곱하여 (2)식과 연립 하면

$$\begin{aligned}0.97S + 0.97G &= 0.97 \times 1790 = 1736.3 \\ -\ )\ 0.97S + 0.04G &= 700 \\ \hline 0 + 0.93G &= 1036.3\end{aligned}$$

$$\therefore G = \frac{1036.3}{0.93} = 1114.3\ (kgf) \cdots\cdots\cdots (3)$$

(3)번 값을 (1)식에 대입하면,

$$\therefore S = 1790 - 1114.3 = 675.7\ (kgf)$$

나. 표면수 조정

① 잔골재 표면수 : $675.7 \times 0.04 = 27.0\ (kgf)$

② 굵은골재 표면수 : $1114.3 \times 0.01 = 11.1\ (kgf)$

다. 현장배합의 위 계산으로부터 1m3의 콘크리트를 만드는데 현장에 계량해야할 양

① 물 : $180 - (27.0 + 11.1) = 141.9\ (kgf)$

② 잔골재량 : $675.7 + 27.0 = 702.7\ (kgf)$

③ 굵은골재량 : $1114.3 + 11.1 = 1125.4\ (kgf)$

④ 시멘트량 : $400\ (kgf)$

문제 31

다음 표를 보고 물음에 산출근거와 답을 적으시오.

구 분	5mm체에 남은양	5mm체를 통과한양	표면수량
잔골재(%)	5	95	2
굵은골재(%)	97	3	1

시멘트	수량	잔골재	굵은골재
324 kg	159 kg	725 kg	1082 kg

풀 이 가. 입도조정에 의한 잔골재량을 구하시오

$$S + G = 725 + 1082 = 1807 \quad \cdots\cdots\cdots\cdots\cdots\cdots (1)$$
$$0.05S + 0.97G = 1082 \quad \cdots\cdots\cdots\cdots\cdots\cdots (2)$$

(1)번 식에 0.97을 곱하여 (2)식과 연립하면

$$\begin{array}{r} 0.97S + 0.97G = 0.97 \times 1807 = 1752.79 \\ -)\ 0.05S + 0.97G = 1082 \hspace{3.2cm} \\ \hline 0.92S + 0 \hspace{0.7cm} = 670.79 \hspace{1.3cm} \end{array}$$

$$\therefore S = \frac{670.79}{0.92} = 729 \ (kgf) \ \cdots\cdots\cdots\cdots (3)$$

나. 입도조정에 의한 굵은 골재량을 구하시오

(3)번 값을 (1)식에 대입하면,

$$\therefore G = 1807 - 729 = 1078 \ (kgf)$$

다. 표면수율에 의한 잔골재량을 구하시오

① 잔골재 표면수 : $729 \times 0.02 = 15 \ (kgf)$

② 잔골재량 : $729 + 15 = 744 \ (kgf)$

라. 표면수율에 의한 굵은골재량을 구하시오

① 굵은골재 표면수 : $1078 \times 0.01 = 11 \ (kgf)$

② 굵은골재량 : $1078 + 11 = 1089 \ (kgf)$

마. 표면수율에 의한 수량을 구하시오

$159 - (15 + 11) = 133 \ (kgf)$

문제 32

시방배합에 의해 산출된 골재량을 현장 골재의 입도에 따라 수정하여 현장배합으로 잔골재의 단위량 700kg/m³, 굵은 골재의 단위량 1300kg/m³을 얻었다.
측정결과 잔골재의 표면수량이 2%, 굵은 골재의 표면수량이 1%라면 현장에서 실제 계량하여야 할 잔골재와 굵은 골재의 단위량은?

풀이

가. 잔골재량

① 잔골재 표면수 : $700 \times 0.02 = 14 \ (kgf)$

② 잔골재량 : $700 + 14 = 714 \ (kgf/cm^3)$

나. 굵은골재량

① 굵은골재 표면수 : $1300 \times 0.01 = 13 \ (kgf)$

② 굵은골재량 : $1300 + 13 = 1313 \ (kgf/cm^3)$

건설재료시험 기능사 필답형

제8장

아스팔트 시험

8.1 아스팔트 비중시험
8.2 아스팔트 침입도 시험
8.3 아스팔트 신도 시험
8.4 아스팔트 연화점 시험
◇ 아스팔트시험 문제 풀이

제8장 아스팔트 시험

8.1 아스팔트 비중 시험

아스팔트 비중이라 함은 25℃에서 아스팔트와 물의 무게비

8.2 아스팔트 침입도 시험

아스팔트 침입도 시험은 시료의 온도 25℃에서 표준침에 하중 100g을 5초 동안 주었을 때 표준침이 시료 속으로 들어간 길이(0.1mm 단위)를 침입도라고 한다.

8.3 아스팔트 신도 시험

별도의 규정이 없는 한 25±0.5℃, 속도는 5±0.25cm/min 에서 시험 하며. 신도의 단위는 cm이다.

8.4 아스팔트 연화점 시험(환구법)

시료를 환에 넣고 4시간 안에 시험을 마쳐야 하며, 시료가 강구와 함께 시료대에서 25.4mm 떨어진 밑판에 닿는 순간의 온도를 연화점이라 하고. 시험 온도는 매분 5±0.5℃의 비율로 실시한다.

아스팔트 시험 문제 풀이

문제 1

아스팔트 침입도 시험시 표준조건을 물음에 답하시오.

풀이
가. 표준 온도 : 25℃
나. 표준 침하하중 : 100 g
다. 표준 침입시간 : 5초

문제 2

아스팔트 침입도 시험에 대하여 답하시오.

풀이
가. 표준침의 침입량을 몇 mm단위로 나타낸 값을 침입도라 하는가?
$$0.1mm \left(\frac{1}{10} mm \right)$$
나. 표준 시험조건 온도(℃)는?
　　25℃
다. 시료를 이동 접시와 함께 규정온도 (25±0.1℃)로 유지된 항온 물탱크에 넣고 몇 시간 두는가?
　　1~1.5 시간, 용기가 깊으면 90~120분

문제 3

다음 빈칸을 채우시오.

풀이
가. 아스팔트의 비중이라 함은 보통 ( )℃에서의 아스팔트의 무게와 이와 같은 부피의 무게와의 비를 말한다.
　　25℃
나. 아스팔트의 침입도 시험에 있어서 특별한 시험 조건을 제외하고 표준온도는 ( )℃, 침입하중은 ( )g, 침입시간 ( )초이다.

25℃, 100g, 5초

다. Marshall시험기를 사용하는 아스팔트 혼합물의 소성흐름에 대한 저항력 시험방법은 골재의 최대지름이 (　)mm 이하의 가열 아스팔트 혼합물에 적용한다.

25mm

문제 4

아스팔트 신도 시험에 대해서 다음 물음에 답하시오.

풀 이

가. 별도의 규정이 없는 한 몇 도에서 시험하는가?

25±0.5 ℃

나. 시험할 때의 인장 속도는 얼마인가?

5±0.25 cm/min

다. 신도의 단위를 써라.

cm

라. 시료가 든 몰드를 실온에서 약 몇 분간 냉각시키는가?

30~40분

문제 5

아스팔트 연화점 시험에 대한 물음에 답하시오.

풀 이

가. 시료를 환에 넣고 몇 시간 안에 시험을 마쳐야 하는가?

4 시간

나. 시료가 강구와 함께 시료 대에서 몇 mm 떨어진 밑판에 닿는 순간의 온도를 연화점으로 하는가?

25.4 mm

다. 시험 온도는 매분 몇 ℃의 비율로 하는가?

5±0.5℃

문제 6

침입도 시험이다 물음에 답하시오.

풀이 가. 무게가 100g 이고 표준침이 5mm 관입 하였을 때 침입도를 구하시오.
$$5mm \times 10 = 50 \ (\because 1mm를 10으로 나타내므로)$$
나. 시험조건 온도는?
  25℃
다. 표준침을 침입 시킨 후 초시계를 가동시켜 정확하게 몇 초에 눈금을 읽는가?
  5 초

문제 7

다음 물음에 (   )를 채우시오.

풀이 아스팔트 침입도 시험은 시료의 온도 (①)℃에서 표준침에 하중 (②)g을 (③)sec 동안에 주었을 때 표준침이 시료 속으로 들어간 길이(④)mm 단위를 침입도라고 한다.
  ① 25,   ② 100,   ③ 5,   ④ 0.1

문제 8

아스팔트 연화점(환구법) 시험에 대해 다음 물음에 답하시오.

풀이 가. 시료가 강구와 함께 규정거리의 시험대에 닿는 순간의 온도를 측정하여 연화점으로 한다. 이 규정거리는 얼마인가?
  25.4mm
나. 연화점 시험의 수온 가열속도를 쓰시오.
  5±0.5℃/min
다. 시료를 환에 넣고 몇 시간 내에 시험을 끝내야 하는가?
  4 시간

문제 9

아스팔트(Aaphalt) 점도시험에서 25℃의 증류수 50ml가 채워질 때의 시간이 15초이고 에멀션화 아스팔트가 50ml 채워질 때의 시간이 105초 걸렸다. 이때 엥글러점도는 얼마인가?

풀이 $\eta = \dfrac{t_s}{t_w} = \dfrac{105초}{15초} = 7$ (t_s : 시료의 유출시간, t_w : 증류수의 유출시간)

문제 10

아스팔트 침입도 시험결과 무게 100g의 표준침이 5mm관입 하였다. 아래 물음에 답하시오.

풀이

가. 침입도를 구하시오.

$$5mm \times 10 = 50$$

나. 침입도 시험의 표준온도를 쓰시오.

$$25℃$$

다. 표준침을 침입시킨 후 초시계를 가동시켜 정확하게 몇 초가 되었을 때 눈금판의 값을 읽어야 하는가?

5 초

건설재료시험 기능사 필답형

제9장

강재 시험

9.1 강재 인장 시험
9.2 강재 굽힘 시험
9.3 경도 시험 방법
9.4 충격 시험 방법
◇ 강재 시험 문제 풀이

제9장 강재 시험

9.1 강재 인장 시험

① 상 항복점 $f_{SU}(kgf/mm^2) = \dfrac{F_{SU}}{A_0}$

② 하 항복점 $f_{SL}(kgf/mm^2) = \dfrac{F_{SL}}{A_0}$

③ 인장강도 $f_B(kgf/mm^2) = \dfrac{F_{\max}}{A_0}$

④ 파단 연신율 $\delta(\%) = \dfrac{l - l_0}{l_0} \times 100$

⑤ 단면 수축률 $\phi(\%) = \dfrac{A_0 - A}{A_0} \times 100$

여기서, F_{SU} : 시험편 평행부가 항복하기 이전의 최대 하중(kg)

F_{SL} : 시험편 평행부가 항복을 시작한 다음 거의 일정한 하중상태에 있어서의 최소 하중(kg)

$F_{\max}$: 최대 인장하중(kg)

l : 시험편의 양 파단면의 중심선이 일직선상에 오도록 주의해서 파단면을 맞붙여 측정한 길이(mm)

l_0 : 표점 거리(mm)

A : 시험편의 파단면을 주의해서 맞붙여 측정한 최소단면적(mm^2)

A_0 : 원 단면적(mm^2)

9.2 강재 굽힘 시험

1) 굽힘 방법
   ① 눌러 굽히는 방법   ② 감아 굽히는 방법   ③ V 블록 방법
2) 굽힘 각도 : 180°

9.3 경도 시험 방법

① 브리넬 경도 시험   ② 록웰 경도 시험
③ 비커스 경도 시험   ④ 쇼어 경도 시험

9.4 충격 시험 방법

① 샤르피 충격 시험   ② 아이로드 충격 시험

강재 시험 문제 풀이

문제 1

강제 굴곡 시험에 대해서 물음에 답하시오.

풀이 가. 굴곡 시험의 방법을 3가지 쓰시오
① 눌러 굽히는 방법
② 감아 굽히는 방법
③ V 블록 방법
나. 강재의 굽힘 각도는 얼마인가?
180°

문제 2

D16 이형철근이 인장시험을 통하여 최대 인장하중 P$_{max}$=12000kgf, Ao=198.6mm^{2}일 때 인장강도를 구하시오.

풀이 $f_B = \dfrac{P}{A} = \dfrac{12000}{198.6} = 60.42 \ kg/mm^2$

문제 3

직경 1.5cm인 봉강을 인장시험을 하여 항복점(Py)=2550kgf, 최대하중(Qu)=4150kgf을 얻었다. 물음에 답하시오.

풀이 가. 항복점 강도(Fy)를 구하시오.

$$A = \frac{\pi d^2}{4} = \frac{3.14 \times 15^2}{4} = 176.625 \ mm^2$$

$$F_y = \frac{P_y}{A} = \frac{2550}{176.625} = 14.44 \ kg/mm^2$$

나. 인장 강도(Fa)를 구하시오.

$$F_a = \frac{Q_u}{A} = \frac{4150}{176.625} = 23.50 \ kg/mm^2$$

문제 4

다음은 강재 시험에 대한 것이다. 물음에 답하시오.

풀이   가. 강의 경도 시험방법의 종류 3가지만 쓰시오.
① 브리넬 경도 시험
② 록웰 경도 시험
③ 비커스 경도 시험
④ 쇼어 경도 시험
나. 강재 충격 시험의 목적을 쓰시오.
금속재료의 인성을 알기위해
(충격시험은 시험편을 파괴하는데 필요한 에너지)

문제 5

강재의 굽힘 시험에서 굽히는 방법 3가지를 쓰시오.

풀이   ① 눌러 굽히는 방법
② 감아 굽히는 방법
③ V블록방법

건설재료시험 기능사 작업형

제10장

작업형

10.1 작업형 문제 유형

10.2 잔골재 밀도 시험

10.3 시멘트 밀도 시험

10.4 흙의 액성한계 시험

10.5 흙의 다짐 시험

10.1 작업형 문제 유형

유형 1

◎ 시험시간 : 2시간 (흙의 액성한계 시험:1시간, 잔골재 밀도 시험:1시간)

1. **요구 사항**
   주어진 기구 및 시료를 가지고 아래 시험을 실시하여 그 결과를 주어진 양식에 기록하시오.
   1) 액성한계 시험
   2) 잔골재 밀도 시험

2. **수검자 유의 사항**
   1) 필답형 시험과 작업형 시험 중 하나라도 응시치 않으면 실격으로 처리한다.
   2) 시험 방법은 한국공업규격(KS F)에 따라 실시한다.
   3) 잔골재 밀도 시험용 시료는 함수비를 적게 하여 건조시킬 수 있도록 한다.
   4) 잔골재 밀도 시험 도중 시료와 물의 온도를 20±5℃에 일치시키는 작업은 시간 관 계상 생략하고 실온 그대로 사용한다.
   5) 잔골재의 밀도는 표면 건조 포화 상태의 밀도를 계산하여 제출한다.
   6) 사용하는 기구는 조심하여 다루고 시험 중에는 일체 잡담을 금한다.
   7) 작업형 시험에서 시험한 결과 치는 볼펜으로 기록한다.
   8) 밀도 시험을 할 때 플라스크가 깨지지 않도록 주의한다.
   9) 각 시험을 시험시간 이내에서 2회 이상 평균값을 취하여도 좋다.

3. 성과표

1) 흙의 액성한계 시험 성과표

흙의 액성한계 시험

시 험 회 수	1	2	3
용기 번호			
(습윤토+용기) 무게 (g)			
(건조토+용기) 무게 (g)			
물의 질량 (g)			
용기 질량 (g)			
건조토 질량 (g)			
타격 횟수 (회)			
함 수 비 (%)			

계산란)

2) 잔골재 밀도 시험 성과표

잔골재 밀도 시험

측 정 번 호	1	2
플라스크 번호		
(플라스크+물)의 질량 (g)		
시료의 질량 (g)		
(플라스크+물+시료)의 질량 (g)		
표면 건조 포화 상태의 밀도		

(단, 시험 온도에서의 물의 밀도는 $1g/cm^3$으로 한다.)

계산란)

유형 2

◎ 시험시간 : 2시간 (잔골재 밀도 시험:1시간, 시멘트 비중 시험:1시간)

1. 요구 사항
준비된 기구 및 시료를 가지고 아래 시험을 실시하고 그 결과를 주어진 양식에 기록하시오.
1) 잔골재 밀도 시험
2) 시멘트 비중 시험

2. 수검자 유의 사항
1) 습윤 상태의 잔골재를 표면 건조 포화 상태로 만들 때는 모래 건조기를 사용
2) 잔골재 밀도 시험 도중 시료와 물의 온도를 20±5℃에 일치시키는 작업은 시간 관계상 생략하고 실온 그대로 사용한다.
3) 잔골재의 밀도는 표면 건조 포화 상태의 밀도를 계산하여 제출한다.
4) 사용하는 기구는 조심하여 다루고 시험 중에는 일체 잡담을 금한다.
5) 수검자는 시험한 결과치를 볼펜으로 기록하고 정정 시에는 감독위원의 확인 도장을 받아야 한다.
6) 밀도 시험을 할 때 플라스크가 깨지지 않도록 주의한다.
7) 각 시험은 1회를 원칙으로 하여 제한시간 이내에서는 수검자의 의향에 따라 2회 이상 실시하여 평균값을 취하여도 좋다.
8) 필답형 시험과 작업형 시험 중 하나라도 응시치 않으면 실격으로 처리한다.
9) 각 공정별 시험시간은 초과할 수 없다.

3. 성과표

1) 잔골재 밀도 시험 성과표

잔골재 밀도 시험

측 정 번 호	1	2
플라스크 번호		
(플라스크+물)의 질량 (g)		
시료의 질량 (g)		
(플라스크+물+시료)의 질량 (g)		
표면 건조 포화 상태의 밀도		

(단, 시험 온도에서의 물의 밀도는 $1g/cm^3$으로 한다.)

계산란)

2) 시멘트 비중 시험 성과표

시멘트 비중 시험

측 정 번 호	1	2
비중병 번호		
처음 광유 읽기 (cc)		
시료의 중량 (g)		
시료를 넣은 후 광유 읽기 (cc)		
비 중		

계산란)

유형 3

◎ 시험시간 : 2시간 (흙의 다짐 시험:1시간, 시멘트 비중 시험:1시간)

1. 요구 사항
※ 지급된 재료 및 시설을 사용하여 아래 시험들을 실시하고 그 결과 값을 주어진 양식에 작성하여 제출하시오.

가. 흙의 다짐 시험(KS F 2312)
  1) 다짐시험은 A다짐시험을 하여 공시체로부터 함수비 측정용 시료를 채취하여 건조기에 넣는 것 까지만 실시하고, 몰드는 한 개만 시험하여 답안지를 완성하시오.

나. 시멘트 비중 시험(KS L 5110)
  1) 시험시 실온에서 광유의 온도차는 적정하다고 가정하고 시험하여 답안지를 완성하시오.

2. 수험자 유의 사항
※ 다음 유의사항을 고려하여 요구사항을 완성하시오.
※ 항목별배점은 흙의 다짐 시험 25점, 시멘트의 비중 시험 25점입니다.
1) 수험자 인적사항 및 답안 작성은 반드시 검은색 필기구만 사용하여야 하며, 그 외 연필류, 유색 필기구, 지워지는 펜 등을 사용한 답안은 채점하지 않으며 0점 처리됩니다.
2) 답안 정정 시에는 정정하고자 하는 단어에 두 줄(=)을 긋고 다시 작성하거나 수정테이프(수정액 제외)를 사용하여 정정하시기 바랍니다.
3) 계산문제는 반드시 「계산과정」과 「답」란에 계산과정과 답을 정확히 작성하여야 하며 계산과정이 틀리거나 없는 경우 0점 처리됩니다.
4) 계산문제는 최종 결과 값(답)에서 소수 셋째자리에서 반올림하여 둘째자리까지 구하여야 하나 개별문제에서 소수 처리에 대한 요구사항이 있을 경우 그 요구사항에 따라야 합니다. (단, 문제의 특수한 성격에 따라 정수로 표기하는 문제도 있으며, 반올림한 값이

0이 되는 경우는 첫 유효숫자까지 기재하되 반올림하여 기재하여야 합니다. 예: 0.235 → 0.24)
5) 답에 단위가 없으면 오답으로 처리됩니다. (단, 문제의 요구사항에 단위가 주어졌을 경우는 생략되어도 무방합니다.)
6) 시험방법은 한국산업표준(KS F)에 의해 실시하여야 합니다.
7) 사용하는 기구는 조심하여 다루고 시험 중에는 일체의 잡담을 금하여야 합니다.
8) 각 시험은 1회를 원칙으로 하나 시험시간 내에서 수험자의 의향에 따라 2회까지 실시할 수 있습니다.
9) 시험을 할 때 비중병이 깨지지 않도록 주의합니다.
10) 시험 중 수험자는 반드시 안전수칙을 준수해야하며, 작업 복장상태, 정리정돈상태, 안전사항 등이 채점대상이 됩니다. (작업에 적합한 복장과 마스크를 항시 착용하여야 합니다.)
11) 다음 사항은 실격에 해당하여 채점 대상에서 제외됩니다.
　가) 수험자 본인이 수험 도중 시험에 대한 포기 의사를 표현하는 경우
　나) 전과정(필답형+작업형)에 응시하지 아니한 경우
　다) 시험의 전과제(1~2과제) 중 하나라도 수행하지 아니하거나 0점인 경우

3. 성과표

1) 흙의 다짐 시험 성과표

흙의 다짐 시험

A다짐 몰드의 용량		1000 cm³
측정번호	1	2 (재시험 시)
(몰드+밑판+습윤시료)의 질량 (g)		
(몰드+밑판)의 질량 (g)		
습윤시료의 질량 (g)		
습윤밀도 (g/cm³)		

○ 계산과정 :

2) 시멘트 비중 시험 성과표

시멘트의 비중 시험

측 정 번 호	1	2 (재시험 시)
비중병의 번호		
처음의 광유의 읽기 (mL)		
시료의 질량 (g)		
시료를 넣은 광유의 읽기 (mL)		
비 중		

○ 계산과정 :

10.2 잔골재 밀도 시험

1. 기계 기구

① 원뿔형 몰드
② 다짐대
③ 시료 분취기
④ 저울
⑤ 플라스크(500ml)
⑥ 건조기(드라이기)
⑦ 항온수조
⑧ 데시게이터
⑨ 피펫

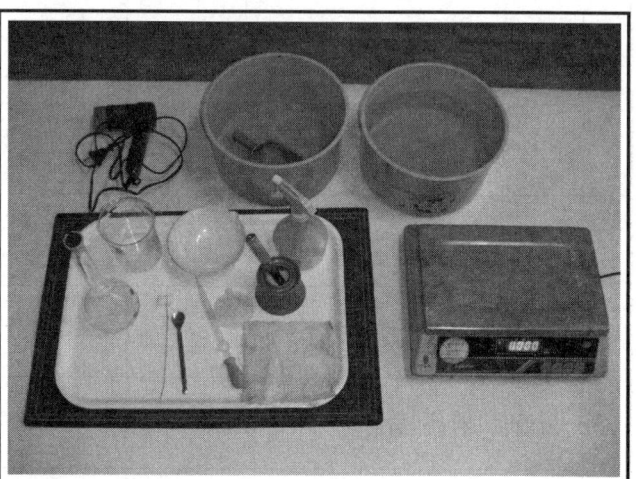

2. 잔골재 시료의 준비

① 시료를 시료 분취기로 채취한다.
② 시료 약 1000g을 단다.
③ 시료를 시료 용기에 담아 일정 무게가 될 때까지 105±5℃의 온도로 건조시킨다.

④ 시료를 24±4시간 동안 물 속에 담근다.
⑤ 시료를 편평한 그릇에 퍼놓고 따뜻한 공기로 천천히 건조시킨다.

⑥ 시료의 표면에 물기가 거의 없을 때, 시료를 원뿔형 몰드에 채워 넣는다.
⑦ 다짐대로 시료의 표면을 가볍게 25번 다진다.

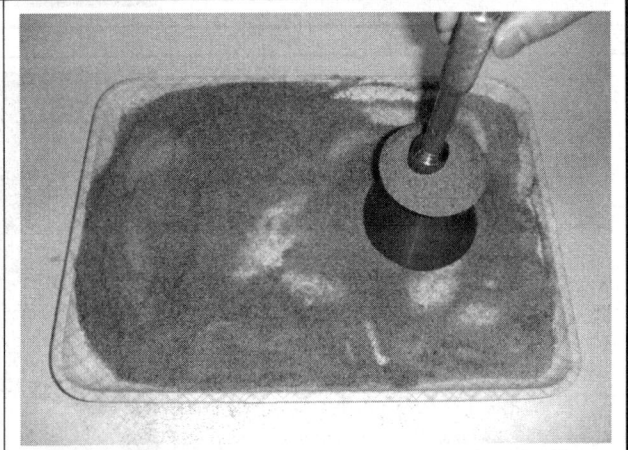

⑧ 원뿔형 몰드를 수직으로 빼 올린다. 이 때 원뿔 모양이 흘러내리지 않고 그 상태를 유지하면 잔골재에 표면수가 있을 것이다.
⑨ 원뿔형 몰드를 빼 올렸을 때 잔골재의 원뿔 모양이 흘러내리기 시작할 때까지 ⑥~⑧항의 방법을 되풀이하고, 이것을 잔골재의 표면 건조 포화 상태로 한다.

3. 잔골재 밀도 시험

① 표면 건조 포화 상태의 시료 500g 과 플라스크 표시선 까지 물을 채우고 0.1g까지 정확하게 단다.

② 시료를 곧 플라스크에 넣고 용량의 90%까지 물을 채운다.

③ 플라스크를 편평한 면에 굴리어 뒤흔들어서 공기를 모두 없앤다.

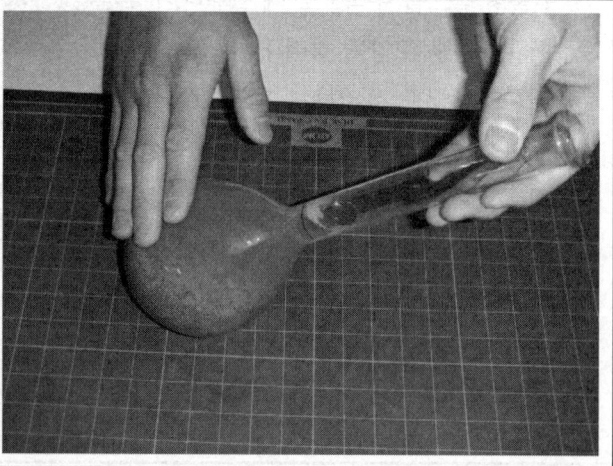

④ 플라스크를 항온 수조에 담가 20±5℃의 온도로 조절한다.
⑤ 약 1시간 지난 후 플라스크의 검정선까지 물을 채운다.
⑥ 플라스크, 시료, 물의 무게를 0.1g까지 단다.

⑦ 20±5℃ 온도의 물을 빈 플라스크의 검정선까지 채우고 무게를 단다.

4. 잔골재 밀도 시험 항목별 채점 기준

항목 번호	항목별 채점 기준	배점
1	습윤 상태의 잔골재를 건조기에 골고루 펴서 건조한다.	2
2	시료를 원뿔형 몰드에 넣을 때 다지지 않고 천천히 넣는다.	2
3	원뿔형 몰드에 시료를 가득 채우고 맨 위의 표면을 다짐대로 가볍게 25회 다진다.	2
4	원뿔형 몰드를 빼 올렸을 때 시료가 조금씩 흘러내리는 상태가 되도록 반복한다.	2
5	플라스크에 물을 채울 때 500cc의 눈금에 정확하게 일치시킨다.	2
6	시험 도중 플라스크를 편평한 면에 굴려서 플라스크 내부에 있는 기포를 없앤다.	2
7	플라스크에 물 또는 시료를 넣은 후 무게를 측정할 때 플라스크의 표면을 수건으로 깨끗이 닦아낸다.	2
8	플라스크와 저울을 사용할 때 조심스럽게 실험한다. ※ 위 항목에 결격이 없으면 항목 당 2점씩 배점 　　(2점×8항목=16점)	2
9	시험한 결과치를 가지고 계산할 줄 알면 4점 틀리면 0점	4
	계	20

10.3 시멘트 비중 시험

1. 기계 기구 및 재료

① 르 샤트리에 비중병
② 저울
③ 항온 수조
④ 온도계
⑤ 스포이드
⑥ 시멘트 시료
⑦ 광유
⑧ 마른천 또는 탈지면

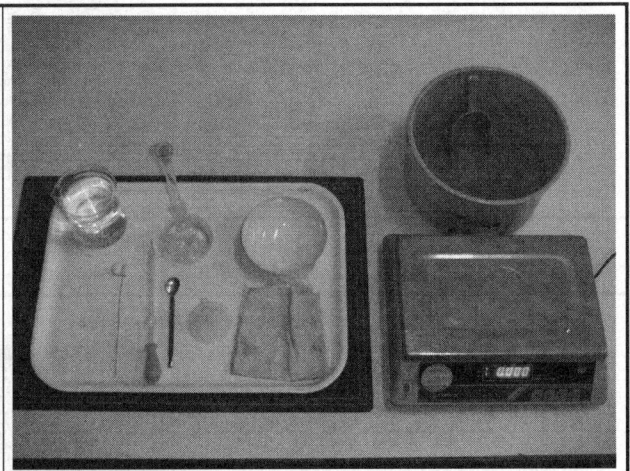

2. 시멘트 비중 시험

① 비중병의 눈금 0~1ml 사이에 광유를 넣는다.
② 비중병의 목 부분에 묻은 광유를 마른 천으로 닦아낸다.
③ 비중병을 수조 속에 넣고, 광유의 온도차가 0.2℃ 이내로 되었을 때 광유 표면의 눈금을 읽는다.

④ 시멘트 약 64g을 소수점 이하 1자리까지 정확히 단다.

⑤ 시멘트를 비중병에 넣는다.

⑥ 비중병에 넣은 시멘트 속의 공기를 없앤다.

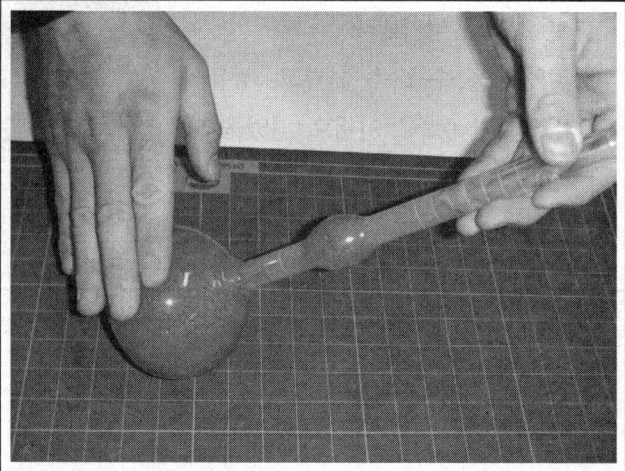

⑦ 비중병을 다시 수조에 넣고 온도차가 0.2℃ 이내일 때 광유의 표면 눈금을 읽는다.

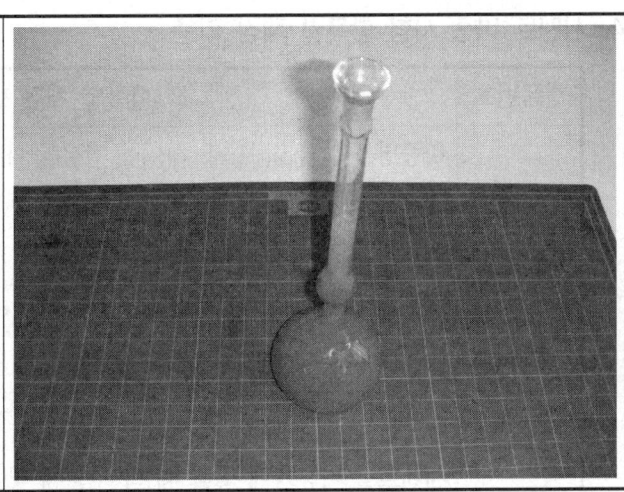

3. 결과의 계산

$$시멘트 비중 = \frac{시멘트의\ 무게\ (g)}{비중병의\ 눈금\ 차\ (ml)}$$

4. 시멘트 비중 시험 항목별 채점 기준

항목번호	항목별 채점 방법	배점
1	비중병을 눈금 0~1mL 사이에 광유를 채운 후 비중병의 목 부분에 묻은 광유는 마른걸레로 닦아낸다. (※ 눈금을 읽기 전에 목부분의 광유를 닦지 않으면 0점)	3
2	(1)항의 상태에서 광유의 표면눈금을 읽어 기록한다. (※ 광유의 모세관 기둥 하단부 눈금을 읽지 않으면 0점)	3
3	시멘트 약 64g 정도를 0.05g 단위까지 정확하게 칭량하여 기록한다.	3
4	시멘트를 비중병에 넣을 때 목 부분에 넣어 유실되지 않도록 조심하면서 넣는다. (※ 시멘트가 막혀서 철선 등으로 찌르거나 시멘트를 파내어도 시멘트의 유실로 간주하여 0점)	3
5	시멘트가 비중병 안에 묻어 있지 않도록 적당히 진동시킨다. (※ 비중병 목부분에 시멘트가 남아있으면 0점)	3
6	시멘트를 전부 넣은 다음 비중병의 마개를 막고 내부의 공기를 없앤다.	3
7	광유의 표면이 가리키는 눈금을 읽는다. (※ 광유의 모세관 기둥 하단부 눈금을 읽지 않으면 0점)	3
8	답안지 기재가 옳고, 비중 값의 계산과정과 답이 맞으면 4점, 틀리면 0점 (※ 비중의 계산 값은 무차원 및 밀도 단위(g/mL, g/cm^3)를 사용하여도 무관)	4
9	작업 복장(작업복 작업화, 마스크)을 한 가지라도 착용하지 않거나 정리 정돈 상태가 미흡하면 2점 감점 (작업복 및 작업화는 시험에 적합한 복장으로, 일상복은 가능하나 슬리퍼, 굽이 높은 신발 및 반바지 등 작업에 부적합한 복장은 감점 대상이며 각 과제별로 감점)	-2

10.4 흙의 액성한계 시험

1. 기계 기구

① 액성한계 측정기
② 시료팬
③ 분무기
④ 홈파기 날
⑤ 반죽용 주걱
⑥ 시험용 체
⑦ 함수비용 캔

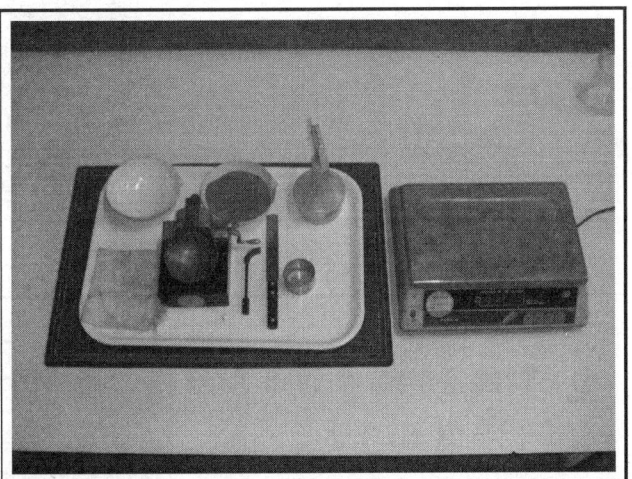

2. 흙의 액성한계 시험

① 황동 접시의 낙하 높이가 10±1mm가 되도록 조정한다.

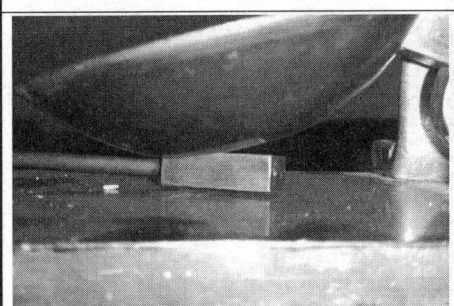

② 시료를 0.425mm 체로 체가름한다.
③ 0.425mm 체 통과 시료 약 200g을 준비한다.
④ 시료를 유리판 또는 팬 위에 펼치거나 증발 접시에 담아 둔다.

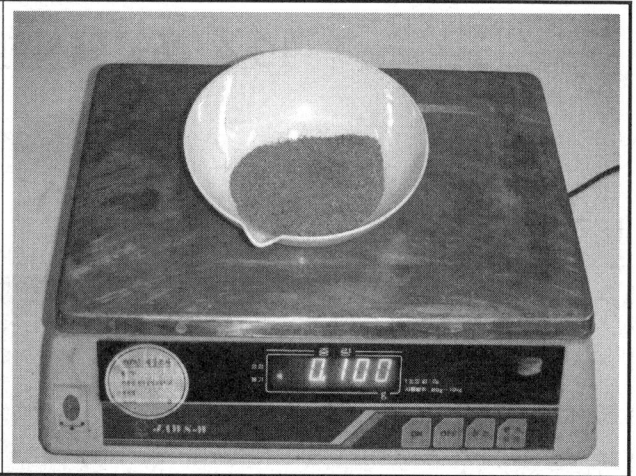

⑤ 분무기로 증류수를 뿌리면서 반죽용 주걱으로 잘 혼합한다.

⑥ 반죽된 시료를 젖은 헝겊으로 덮어 흙을 포화시킨다.

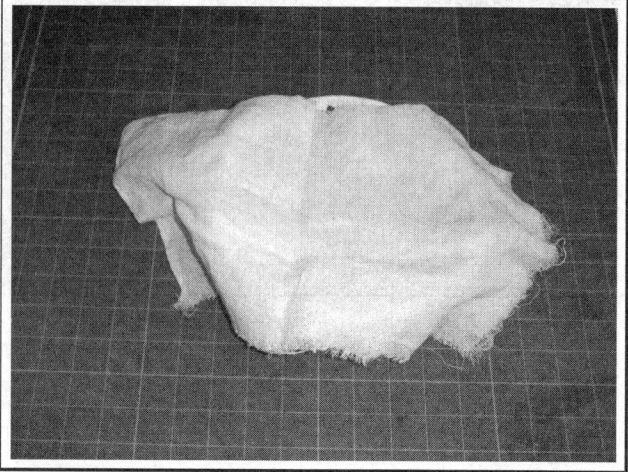

⑦ 황동 접시를 손에 쥐고 접시 중앙의 시료 두께가 1cm가 될 때까지 반죽용 주걱으로 누르면서 깐다.
⑧ 홈파기 날로 접시 밑에 수직으로 대고 접시의 지름에 따라 시료를 2등분한다.

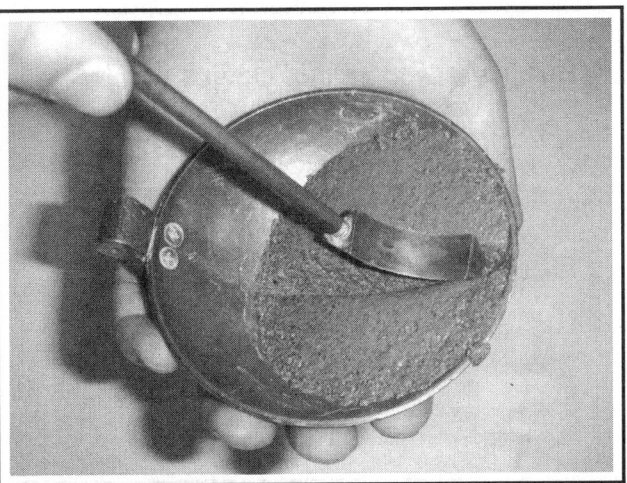

⑨ 황동 접시를 액성한계 측정기에 부착한다.

⑩ 황동 접시를 경질 고무 받침대에 낙하시켜, 홈이 팬 밑부분 흙의 접촉 길이가 15mm가 될 때까지 이 조작을 반복한다. 이때 크랭크를 1초에 2회 속도로 회전한다.
⑪ 양분된 흙의 홈이 15mm 합류할 때까지의 낙하 횟수를 기록한다.

⑫ 합류한 부분의 흙을 취하여 함수비를 측정한다.

3. 결과의 정리

반죽된 흙의 함수비를 달리 하여 각 함수비에 대한 황동 접시의 낙하 횟수와의 관계를 반대수 모눈종이에 그리면 직선이 되는데, 이것을 유동곡선이라 하며, 유동곡선에서 낙하 횟수 25회에 해당하는 함수비를 액성한계라 함.

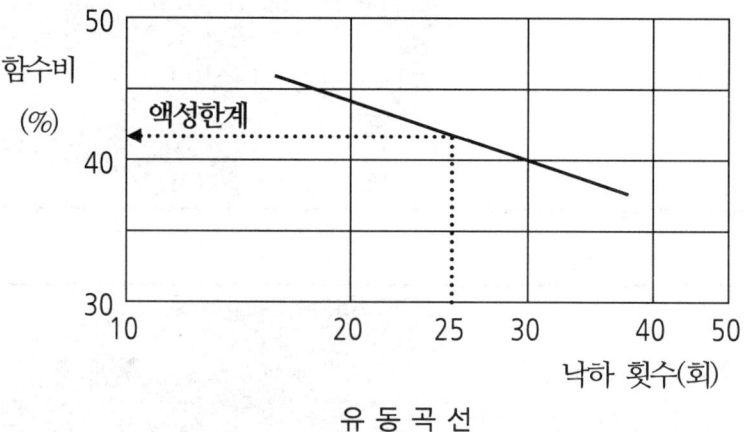

유 동 곡 선

4. 액성한계 시험 항목별 채점 기준

항목번호	항목별 채점 기준	배점
1	NO.40(0.425mm)체로 체가름한다.	3
2	시료를 약 200g 정도 채취한다.	3
3	시료를 증발 접시에 넣고 분무기로 증류수를 가하여 스패출러로 잘 혼합한다.	3
4	여기에 습한포를 덮고 방치해 둔다.	3
5	측정기의 조정판 나사를 풀어서 접시의 밑판에서 정확히 1cm의 높이가 되도록 조절하여 고정시킨다.	3
6	홈파기 날을 황동 접시의 밑에 직각으로 놓고 캠끝의 중심선을 통하는 황동 접시의 지름에 따라 시료를 둘로 나눈다.	3
7	황동 접시를 대에 설치하여 크랭크를 회전시켜 1초 동안에 2회의 비율로 대위에 떨어뜨린다.	3
8	홈의 밑부분에 흙 접촉부 1.5cm가 되도록 이 조작을 계속한다.	3
	※ 위 항목에 결격이 없으면 항목 당 3점씩 배점 (3점×8문항)=24점	
9	시험 결과치를 주어진 양식에 기재하고 계산과정이 옳으면 6점, 아니면 0점	6
	계	30

10.5 흙의 다짐 시험

1. 기계 기구 및 재료

① 몰드(지름10cm, 지름15cm)
② 칼라
③ 저울
④ 시료 추출기
⑤ 시험용 체
⑥ 곧은 날
⑦ 분무기
⑧ 함수비 측정 기구
⑨ 흙 시료, 헝겊, 그리스

2. 흙의 다짐 시험

① 시료를 19mm 체로 체가름 한다.
② 19mm 체 통과 시료 약 3kg 정도를 준비한다.

③ 시료에 분무기로 물을 가하여 작은 삽으로 잘 혼합하고 시료의 함수비를 측정한다.

④ 브러시 또는 큰 솔로 몰드를 깨끗하게 한 다음 내부에 그리스를 엷게 바른다.
⑤ 몰드의 지름과 높이를 측정한다.
⑥ (몰드+밑판)의 무게(W_1)을 측정한다.

⑦ 몰드에 밑판 및 칼라를 조립하여 두꺼운 콘크리트 판에 올려놓는다.
⑧ 3층으로 다질 경우 한층 다짐 두께는 4.5cm 정도가 되도록 시료를 몰드에 채우고 래머로 25회 다진다. 래머는 자유 낙하시킨다.

⑨ 다짐이 끝나면 칼라를 떼어내고 몰드 윗면의 여분의 흙을 곧은 날로 수평이 되도록 조심스럽게 깎아낸다.

⑩ 몰드와 밑판의 외부에 붙은 흙을 잘 닦아내고 (몰드+밑판+습윤 시료)의 무게 (W_2)를 측정한다.

⑪ 다짐한 시료를 시료 추출기 사용하여 몰드에서 빼낸다.

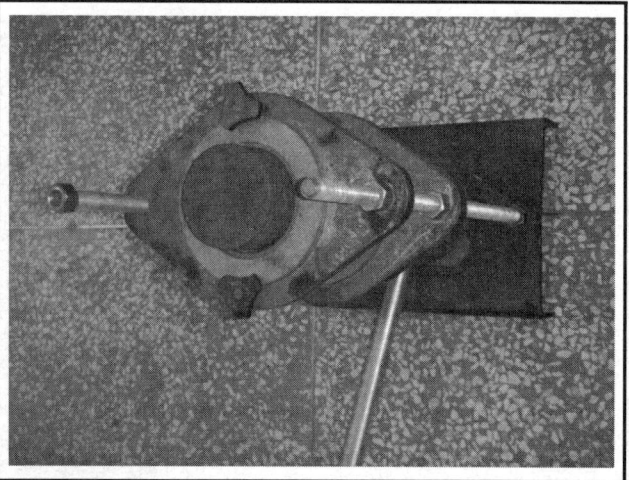

⑫ 함수비 측정용 시료는 측정개수가 한 개인 경우에는 중심부에서, 두 개인 경우에는 상부 및 하부에서 채취하여 함수비를 구한다.

3. 결과의 계산

① 습윤 단위 무게$(\gamma_t) = \dfrac{W_2 - W_1}{V}$ (g/cm³)

W_1 : (몰드 + 밑판)의 무게 (g)

W_2 : (몰드 + 밑판 + 습윤 시료)의 무게 (g)

② 건조 단위 무게$(\gamma_d) = \dfrac{\gamma_t}{1 + \dfrac{\omega}{100}}$

4. 흙의 다짐 시험 항목별 채점 기준

항목번호	항목별 채점 방법	배점
1	흙덩이를 부수고 체가름 하여 19mm 체를 통과한 시료를 사용한다.	2
2	시료에 적당량의 물을 가하여 충분히 혼합한다.	2
3	다짐을 하기 전에 빈 몰드 및 밑판의 무게를 측정한다.	2
4	혼합한 시료를 칼라를 붙인 몰드에 채우고 무게 25N 짜리 래머를 사용하여 매 층당 25회씩 다진다.	2
5	몰드는 ϕ100mm를 사용하여 3층으로 나누어 다진다.	2
6	래머를 스토퍼까지 확실하게 들어올려 자유 낙하시킨다. (자유 낙하가 아닌 힘을 가한 경우 0점)	3
7	칼라를 떼어낼 때 파괴없이 제거하고, 몰드 상부의 여분의 흙을 곧은 날로 평평하게 한다.	3
8	다짐을 한 후 몰드 및 밑판 주위를 깨끗이 하여(몰드+밑판+시료)의 무게를 측정한다.	2
9	함수비 측정용 시료를 채취할 때 추출시킨 몰드를 중앙수직으로 절단하여 중심부에서 골라 채취한다. (※ 시료 측정개수가 1개인 경우 흙의 중심부에서, 2개인 경우 상부 및 하부에서 채취한다.)	3
10	답안지 기재가 옳고, 습윤밀도 값의 계산과정과 답이 맞으면 4점, 틀리면 0점 (단위는 주어졌으므로 단위가 없어도 무관하다.)	4
11	작업 복장(작업복 작업화, 마스크)을 한 가지라도 착용하지 않거나 정리정돈 상태가 미흡하면 2점 감점 (작업복 및 작업화는 시험에 적합한 복장으로, 일상복은 가능하나 슬리퍼, 굽이 높은 신발 및 반바지 등 작업에 부적합한 복장은 감점 대상이며 각 과제별로 감점)	-2

부 록 (I)

모의고사

필기핵심기출문제

모의고사(Ⅰ)

1. 재료를 얇게 두드려 펼 수 있는 성질을 무엇이라 하는가?
   ① 인성 ② 연성
   ③ 취성 ④ 전성

2. AE 콘크리트의 공기량에 대한 설명으로 틀린 것은?
   ① 시멘트의 분말도가 높을수록 공기량은 감소한다.
   ② 공기량이 많을수록 소요 단위 수량도 많아진다.
   ③ 콘크리트의 온도가 낮을수록 공기량은 증가한다.
   ④ 단위 시멘트량이 많을수록 공기량은 감소한다.

3. 골재 입자의 표면에 묻어 있는 물의 양을 말하는 것으로 함수량에서 흡수량을 뺀 값은?
   ① 유효 흡수량
   ② 절대 건조 상태
   ③ 표면수량
   ④ 표면 건조 포화 상태

4. 콘크리트의 강도 중 가장 큰 것은?
   ① 인장강도 ② 휨강도
   ③ 전단강도 ④ 압축강도

5. 조립률과 관계있는 것은?
   ① 골재의 입도
   ② 시멘트의 분말도
   ③ 시멘트와 물의 질량비
   ④ 골재와 시멘트의 질량비

6. 원유를 증류할 때 얻어지는 석유 아스팔트로 옳은 것은?
   ① 아스팔타이트
   ② 블론 아스팔트
   ③ 샌드 아스팔트
   ④ 레이크 아스팔트

7. 시멘트 분말도가 모르타르 및 콘크리트의 성질에 미치는 영향에 대하여 설명한 것이다. 틀린 것은?
   ① 분말도가 클수록 콘크리트의 균열이 적어지므로 내구성이 증진된다.
   ② 분말도가 클수록 초기 강도가 크게 되며 강도 증진율이 높다.
   ③ 분말도가 클수록 워커빌리티가 좋은 콘크리트를 얻을 수 있다.
   ④ 분말도가 클수록 풍화하기 쉽다.

8. 실리카질의 가루이며 워커빌리티를 좋게 하고 수밀성과 내구성을 크게 하는 혼화재는?
   ① AE제 ② 폴리머
   ③ 포졸란 ④ 팽창제

9. 석재의 일반적인 성질에 대한 설명으로 틀린 것은?
   ① 화강암은 내화성이 낮다.
   ② 흡수율이 클수록 강도가 작고 동해를 받기 쉽다.
   ③ 비중이 클수록 압축강도가 크다.
   ④ 석재의 인장강도는 압축강도에 비해 매우 크다.

정답 1. ④ 2. ② 3. ③ 4. ④ 5. ① 6. ② 7. ① 8. ③ 9. ④

10. 목재의 특징에 대한 설명으로 틀린 것은?
   ① 경량이고 취급 및 가공이 쉬우며 외관이 아름답다.
   ② 함수율에 따른 변형과 팽창, 수축이 작다.
   ③ 부식이 쉽고 충해를 받는다.
   ④ 가연성이므로 내화성이 작다.

11. 굳지 않은 콘크리트에 요구되는 성질로서 틀린 것은?
   ① 거푸집에 부어 놓은 후 많은 블리딩이 생길 것
   ② 균등질이고 재료의 분리가 일어나지 않을 것
   ③ 운반, 다지기 및 마무리하기가 용이할 것
   ④ 작업에 적합한 워커빌리티를 가질 것

12. 1g의 시멘트가 가지고 있는 전체 입자의 총 표면적을 무엇이라고 하는가?
   ① 비표면적   ② 단위 표면적
   ③ 단위당 표면적   ④ 비단위 표면적

13. 아스팔트의 경도를 나타내는 것으로 아스팔트의 컨시스턴시를 침의 관입저항으로 평가할 수 있는 아스팔트의 성질은?
   ① 비중   ② 침입도
   ③ 신도   ④ 연화점

14. 다음 중 혼합 시멘트가 아닌 것은?
   ① 고로 슬래그 시멘트
   ② 플라이애시 시멘트
   ③ 알루미나 시멘트
   ④ 포틀랜드 포졸란 시멘트

15. 다음의 포졸란 중 천연산 포졸란에 속하는 것은?
   ① 고로 슬래그   ② 소성혈암
   ③ 화산재   ④ 플라이애시

16. 골재의 실적률 시험에서 공극률 40%을 얻었을 때 실적률은?
   ① 20%   ② 40%
   ③ 60%   ④ 80%

17. 굵은 골재의 밀도 및 흡수율 시험과 관련이 없는 시험기계 및 기구는?
   ① 시료 분취기   ② 항온 건조기
   ③ 원뿔형 몰드   ④ 저울

18. 흙의 입도 시험에서 구한 유효 입자 지름(D_{10})이 사용되는 것은?
   ① 사질토의 투수 계수 추정
   ② 전단 강도 정수의 추정
   ③ 흙의 내부 마찰각 추정
   ④ 지지력 계수의 추정

19. 액성한계 시험에서 공기 건조한 시료에 증류수를 가하여 반죽한 후 흙과 증류수가 잘 혼합되도록 방치하는 적당한 시간은?
   ① 1시간 정도   ② 2시간 정도
   ③ 5시간 정도   ④ 10시간 정도

20. 골재의 단위 용적 질량 시험에서 시료를 채우는 방법에 포함되는 것은?
   ① 충격을 이용하는 방법
   ② 흐름대를 사용하는 방법
   ③ 깔때기를 이용하는 방법
   ④ 진동대를 이용하는 방법

21. 환구법에 의한 아스팔트의 연화점 시험에 대한 아래 표의 ( )에 알맞은 것은?

   > 시료를 규정 조건에서 가열하였을 때, 시료가 연화되기 시작하며 규정된 거리인 ( ) mm로 쳐졌을 때의 온도를 연화점 이라고 한다.

정답 10. ② 11. ① 12. ① 13. ② 14. ③ 15. ③ 16. ③ 17. ③ 18. ① 19. ④ 20. ① 21. ②

① 20　　　　　② 25.4
③ 45.8　　　　④ 50

22. 흙의 침강 분석 시험에서 사용하는 분산제가 아닌 것은?
① 과산화수소의 포화 용액
② 피로 인산 나트륨의 포화 용액
③ 헥사메타인산 나트륨의 포화 용액
④ 트리폴리 인산 나트륨의 포화 용액

23. 골재의 안정성 시험에 사용하는 시약은?
① 황산나트륨
② 수산화칼륨
③ 염화나트륨
④ 황산알루미늄

24. 콘크리트 압축강도의 시험 기록이 없는 현장에서 설계기준 압축강도가 21MPa인 경우 배합강도는?
① 28MPa　　　② 29.5MPa
③ 31MPa　　　④ 33.5MPa

25. 콘크리트 배합설계는 골재의 어떤 함수상태를 기준으로 하는가?
① 절대 건조 상태
② 공기 중 건조 상태
③ 표면 건조 포화 상태
④ 습윤 상태

26. 콘크리트 휨 강도 시험에서 최대하중이 450kN, 지간의 길이가 450m, 파괴 단면의 평균 나비가 150mm, 파괴 단면의 평균 높이가 150mm일 때 휨강도는 얼마인가?
① 50MPa　　　② 55MPa
③ 60MPa　　　④ 65MPa

27. 천연 아스팔트의 신도 시험에서 시료를 고리에 걸고 시료의 양끝을 잡아당길 때의 규정 속도는 분당 얼마가 이상적인가?
① 2.5cm/min　　② 5cm/min
③ 7.5cm/min　　④ 10cm/min

28. 콘크리트 인장강도를 측정하기 위한 간접 시험 방법으로 가장 적당한 시험은?
① 탄성 종파 시험　　② 직접 전단 시험
③ 비파괴 시험　　　④ 할렬 시험

29. 흙의 비중을 측정하는데 기포 제거를 위하여 끓이는 시간이 적은 것부터 나열된 것은?
① 일반적인 흙 → 고유기질토 → 화산재 흙
② 일반적인 흙 → 화산재 흙 → 고유기질토
③ 고유기질토 → 화산재 흙 → 일반적인 흙
④ 화산재 흙 → 일반적인 흙 → 고유기질토

30. 다음 중 콘크리트의 워커빌리티 측정 방법이 아닌 것은?
① 슬럼프 시험
② 플로우 시험
③ 캘리볼 관입 시험
④ 슈미트 해머 시험

31. 다음 중 수은을 사용하는 시험은?
① 흙의 액성한계 시험
② 흙의 소성한계 시험
③ 흙의 수축한계 시험
④ 흙의 입도 시험

32. 시멘트 비중 시험에서 포틀랜드 시멘트 64g으로 시험한 결과 처음 광유를 넣은 후 표면을 읽은 값이 0.5mℓ, 시멘트 시료를 넣은 후 표면을 읽은 값이 20.8mℓ이었다. 이때의 시멘트 비중은?
① 3.06　　　　② 3.09
③ 3.12　　　　④ 3.15

정답 22. ①　23. ①　24. ②　25. ③　26. ③　27. ②　28. ④　29. ①　30. ④　31. ③　32. ④

33. 어느 흙을 수축한계 시험하여 수축비가 1.6이고 수축한계가 25.0%일 때 이 흙의 비중은?
   ① 1.89
   ② 2.47
   ③ 2.67
   ④ 2.79

34. 잔골재의 표면수 시험에 대한 설명으로 틀린 것은?
   ① 시험 방법으로는 질량법과 용적법이 있다.
   ② 시험은 동시에 채취한 시료에 대하여 2회 실시하고 그 결과는 평균값으로 나타낸다.
   ③ 시험의 정밀도는 평균값에서의 차가 0.3% 이하이어야 한다.
   ④ 시험하는 동안 용기 및 그 내용물의 온도는 10~15℃로 유지하여야 한다.

35. 잔골재의 표면수 시험에서 준비하여야 하는 시료에 대한 설명으로 옳은 것은?
   ① 시료는 대표적인 것을 100g 이상 채취하여 가능한 한 함수율의 변화가 없도록 주의하여 2분하고 각각을 1회의 시험의 시료로 한다.
   ② 시료는 대표적인 것을 400g 이상 채취하여 가능한 한 함수율의 변화가 없도록 주의하여 2분하고 각각을 1회의 시험의 시료로 한다.
   ③ 시료는 대표적인 것을 500g 이상 채취하여 가능한 한 함수율의 변화가 없도록 주의하여 4분하고 각각을 1회의 시험의 시료로 한다.
   ④ 시료는 대표적인 것을 1000g 이상 채취하여 가능한 한 함수율의 변화가 없도록 주의하여 2분하고 각각을 1회의 시험의 시료로 한다.

36. 압력법에 의한 굳지 않음 콘크리트의 공기량 시험 방법에 대한 설명으로 틀린 것은?
   ① 시험의 원리는 보일의 법칙을 기초로 한 것이다.
   ② 최대 치수 40mm 이하의 인공 경량 골재를 사용한 콘크리트에 적합하다.
   ③ 물을 붓고 시험하는 경우(주수법)와 물을 붓지 않고 시험하는 경우(무주수법)가 있다.
   ④ 굳지 않은 콘크리트의 공기 함유량을 공기실의 압력 감소에 의해 구하는 시험 방법이다.

37. 흙의 액성한계 시험에서 시료는 몇 μm체를 통과하는 것으로 준비하여야 하는가?
   ① 225μm
   ② 425μm
   ③ 825μm
   ④ 925μm

38. 소성한계에 대한 설명으로 옳은 것은?
   ① 소성 상태를 나타내는 최대 함수비
   ② 액성 상태를 나타내는 최소 함수비
   ③ 자중으로 인하여 유동할 때의 최소 함수비
   ④ 반고체 상태를 나타내는 최대 함수비

39. 시멘트 비중 시험에 대한 주의 사항으로 틀린 것은?
   ① 광유 표면의 눈금을 읽을 때에는 가장 윗면의 눈금을 읽도록 한다.
   ② 르샤틀리에(Le chatelier)비중병은 목부분이 부러지기 쉬우므로 조심하여 다루도록 한다.
   ③ 광유는 휘발성 물질이므로 불에 조심하여야 한다.
   ④ 시멘트, 광유, 수조의 물, 비중병은 미리 실온과 일치 시켜놓고 사용하도록 한다.

40. 흙의 액성한계 시험에서 낙하 장치에 의해 1초 동안에 2회의 비율로 활동 접시를 들어 올렸다가 떨어뜨리고, 홈의 바닥부의 흙이 길이 약 몇 cm 합류할 때까지 계속하는가?
   ① 0.5cm
   ② 1.5cm

정답 33. ③ 34. ④ 35. ② 36. ② 37. ② 38. ④ 39. ① 40. ②

③ 2.5cm   ④ 3.5cm

41. 다음 중 시멘트 분말도 측정 방법은?
   ① 표준체(Sievc)에 의한 방법
   ② 르샤틀리에(Le chatelier)비중병에 의한 방법
   ③ 비이카(Vicat)장치에 의한 방법
   ④ 길모아(Gillmore)침에 의한 방법

42. 콘크리트의 슬럼프 시험은 콘크리트를 몇 층으로 투입하고 각층 몇 회씩 다져야 하는가?
   ① 2층, 25회   ② 2층, 20회
   ③ 3층, 25회   ④ 3층, 20회

43. 굳지 않은 콘크리트의 공기량 시험 결과 겉보기 공기량이 7.5%이고, 골재의 수정계수가 1.3%일 때 공기량은?
   ① 9.75%   ② 8.8%
   ③ 6.2%   ④ 5.77%

44. 콘크리트 휨 강도 시험용 공시체의 제작에서 다짐봉을 사용하는 경우 다짐 횟수는 표면적 약 몇 mm^2 당 1회의 비율로 다지는가?
   ① $500mm^2$ ② $1000mm^2$
   ③ $1500mm^2$ ④ $2000mm^2$

45. 슬럼프 시험에 대한 설명으로 틀린 것은?
   ① 슬럼프 콘을 들어 올리는 시간은 높이 300mm에서 2~5초로 한다.
   ② 슬럼프 콘은 윗면의 안지름이 100mm, 밑면의 안지름이 200mm, 높이 300mm인 금속제이다.
   ③ 굵은 골재의 최대 치수가 40mm를 넘는 콘크리트의 경우에는 40mm를 넘는 굵은 골재를 제거한다.
   ④ 슬럼프 콘에 콘크리트를 채우기 시작하고 나서 슬럼프 콘을 들어 올리기를 종료할 때까지의 시간은 5분 이내로 한다.

46. 연약한 점토 지반에서 전단강도를 구하기 위해 실시하는 현장 시험 방법은?
   ① 베인(Vene)진단시험
   ② 직접전단시험
   ③ 일축압축시험
   ④ 삼축압축시험

47. 말뚝의 지지력 계산시 Engineering news 공식의 안전율을 얼마를 사용하는가?
   ① 10   ② 8
   ③ 6   ④ 2

48. 간극률이 50%일 때 간극비의 값으로 옳은 것은?
   ① 0.5   ② 1.0
   ③ 2.0   ④ 3.0

49. 점착력이 $0.1kg/cm^2$, 내부 마찰각이 30°인 흙에 수직응력 $25kg/cm^2$을 가하였을 때 전단 응력은?
   ① $18.5kg/cm^2$
   ② $14.5kg/cm^2$
   ③ $13.9kg/cm^2$
   ④ $13.6kg/cm^2$

50. 액성한계와 소성한계의 차이로 나타내는 것은?
   ① 액성지수   ② 소성지수
   ③ 유동지수   ④ 터프니스 지수

51. 다음 중 깊은 기초의 종류가 아닌 것은?
   ① 말뚝 기초   ② 피어 기초
   ③ 케이슨 기초 ④ 푸팅 기초

52. 지표에 하중을 가하면 침하 현상이 일어나고, 하중이 제거되면 원상태로 돌아가는 침하는?
   ① 압밀침하   ② 소성침하

정답   41. ① 42. ③ 43. ③ 44. ② 45. ④ 46. ① 47. ③ 48. ② 49. ② 50. ② 51. ④ 52. ③

③ 탄성침하   ④ 파괴침하

53. 소성한계 시험에서 흙 시료를 끈 모양으로 밀어서 지름이 약 몇 mm에서 부서질 때의 함수비를 소성한계라 하는가?
① 1mm   ② 3mm
③ 5mm   ④ 7mm

54. 도로 포장 설계에서 포장 두께를 결정하는 시험은?
① 직접 전단 시험   ② 일축 압축 시험
③ 투수 계수 시험   ④ CBR 시험

55. 다짐 곡선에서 최대 건조 단위 무게에 대응하는 함수비를 무엇이라 하는가?
① 적합 함수비   ② 최대 함수비
③ 최소 함수비   ④ 최적 함수비

56. 투수 계수가 비교적 큰 조립토(자갈, 모래)에 가장 적당한 실내 투수 시험 방법은?
① 정수위 투수 시험
② 변수위 투수 시험
③ 압밀 시험
④ 다짐 시험

57. 현장에서 지지력을 구하는 방식으로 평판 위에 하중을 걸어 하중강도와 침하량을 구하는 시험은?
① CBR 시험   ② 말뚝 재하 시험
③ 평판 재하 시험   ④ 표준 관입 시험

58. 사질토의 조밀한 정도를 나타내는 것은?
① 상대 밀도   ② 흙의 연경도
③ 소성지수   ④ 유동지수

59. 흙의 다짐 특성에 대한 설명으로 틀린 것은?
① 최적 함수비가 낮은 흙일수록 최대 건조 단위 무게는 크다.
② 입도 분포가 좋은 흙일수록 최대 건조 단위 무게가 크고 최적 함수비가 작다.
③ 일반적으로 다짐 에너지가 커지면 최적 함수비도 커진다.
④ 다짐에너지가 작아지면 최대건조단위무게도 작아진다.

60. 동상 현상을 방지하기 위한 조치로서 틀린 것은?
① 모래질 흙을 넣어 모세관 현상을 차단한다.
② 배수구를 설치하여 지하수면을 낮춘다.
③ 동결깊이 상부의 흙에 단열재, 화학약품을 넣는다.
④ 실트질 흙을 넣어 모세관 현상을 촉진시킨다.

정답 53. ② 54. ④ 55. ④ 56. ① 57. ③ 58. ① 59. ③ 60. ④

모의고사(Ⅱ)

1. 일반적으로 목재의 비중으로 사용되는 것은?
   - 가. 생목비중
   - 나. 기건비중
   - 다. 전단강도
   - 라. 절대건조비중

2. 다음 석재의 강도 중 가장 큰 것은?
   - 가. 압축강도
   - 나. 인장강도
   - 다. 전단강도
   - 라. 휨강도

3. 강의 화학성분 중 인(P)이 많을 때 증가 되는 성질은?
   - 가. 취성
   - 나. 인성
   - 다. 탄성
   - 라. 휨성

4. 일반적으로 침입도 60~120 정도의 비교적 연한 스트레이트 아스팔트에 적당한 휘발성 용제를 기하여 점도를 저하시켜 유동성을 좋게 한 아스팔트는?
   - 가. 에멀션화 아스탈트
   - 나. 컷백 아스팔트
   - 다. 블론 아스팔트
   - 라. 아스팔타이트

5. 천연 아스팔트의 종류 중 모래 속에 석유가 스며들어가 생긴 것은?
   - 가. 록 아스팔트
   - 나. 레이크 아스팔트
   - 다. 아스팔타이트
   - 라. 샌드 아스팔트

6. 다음 중 흑색 화약에 관한 설명으로 옳지 않은 것은?
   - 가. 발화가 간단하고 소규모 장소에서 사용할 수 있다.
   - 나. 값이 저렴하고 취급이 간편하다.
   - 다. 물속에서도 폭발한다.
   - 라. 폭파력은 그다지 강력하지 않다.

7. 분말도가 높은 시멘트의 설명으로 옳지 않은 것은?
   - 가. 수화작용이 빠르다.
   - 나. 수화작용에 의한 균열이 생기기 쉽다.
   - 다. 풍화하기 쉽다.
   - 라. 조기강도가 작다.

8. AE제의 종류에 해당하지 않는 것은?
   - 가. 다렉스(darex)
   - 나. 포졸리스(pozzolith)
   - 다. 시메졸(cemesol)
   - 라. 빈졸레진(vinsol resin)

9. 플라이애시 시멘트에 관한 설명으로 옳지 않은 것은?
   - 가. 워커빌리티가 좋다.
   - 나. 장기강도가 크다.
   - 다. 해수에 대한 화학 저항이 크다.
   - 라. 수화열이 크다.

10. 다음의 합성수지 중 열경화성 수지가 아닌 것은?
    - 가. 폴리에틸렌수지
    - 나. 요소수지
    - 다. 에폭시수지
    - 라. 실리콘수지

11. 단위무게 $1.59t/m^3$, 밀도 2.60 인 잔골재의 공극률은?
    - 가. 35.85%
    - 나. 38.85%
    - 다. 41.85%
    - 라. 44.85%

12. 콘크리트가 굳어 가는 도중에 부피를 늘어나게 하여 콘크리트의 건조수축에 의한 균열을 막아 주는 혼화재는?
    - 가. 포졸란
    - 나. 플라이애시

정답 1. 나 2. 가 3. 가 4. 나 5. 라 6. 다 7. 라 8. 다 9. 라 10. 가 11. 나 12. 다

다. 팽창재   라. 고로 슬래그 분말

13. A골재의 조립률이 1.75, B골재의 조립률이 3.5인 두 골재를 무게비 4 : 6의 비율로 혼합할 때 혼합 골재의 조립률을 구하면?
   가. 2.8
   나. 3.8
   다. 4.8
   라. 5.8

14. 습기가 없는 실내에서 자연 건조 시킨 것으로 골재 알 속의 빈틈 일부가 몰로 차 있는 골재의 함수 상태를 나타낸 것은?
   가. 습윤 상태
   나. 표면 건조 포화 상태
   다. 공기 중 건조 상태
   라. 절대 건조 상태

15. 포틀랜드 시멘트에 속하지 않는 것은?
   가. 조강 포틀랜드 시멘트
   나. 중용열 포틀랜드 시멘트
   다. 포틀랜드 포졸란 시멘트
   라. 보통 포틀랜드 시멘트

16. 콘크리트의 휨 강도시험에서 지간이 45cm이고, 시험기에 나타난 최대하중이 3ton 이었다. 또한 공시체 지간의 3등분 중앙부에서 파괴되었다. 휨 강도는 약 얼마인가?
   (단, 단면은 15x15cm)
   가. 40 kg/cm^2
   나. 49 kg/cm^2
   다. 32 kg/cm^2
   라. 18kg/cm^2

17. 단면적이 80mm^{2}인 강봉을 인장 시험하여 항복점하중 2560kg, 최대하중 3680kg을 얻었을 때 인장강도는 얼마인가?
   가. 70kg/mm^2
   나. 46kg/mm^2
   다. 34kg/mm^2
   라. 18kg/mm^2

18. 콘크리트의 압축강도시험을 위한 공시체의 제작이 끝나 몰드를 떼어낸 후 습윤 양생을 한다. 이 때 가장 적당한 수온은?
   가. 8~12℃
   나. 12~16℃
   다. 18~22℃
   라. 26~30℃

19. 슬럼프 시험의 주목적은 다음 중 어느 것인가?
   가. 물-결합재비의 측정
   나. 공기량의 측정
   다. 반죽질기의 측정
   라. 강도측정

20. 아스팔트 침입도 및 침입도 시험에 관한 설명 중 옳지 않은 것은?
   가. 표준 시험온도는 25℃ 이다.
   나. 침입관입량을 1/10 cm 단위로 나타낸 것을 침입도 1로 한다.
   다. 아스팔트의 반죽질기를 측정하기 위해 실시한다.
   라. 시료는 부분적으로 과열되지 않도록 주의해서 가열한다.

21. 콘크리트의 슬럼프 시험은 콘크리트를 몇 층으로 투입하고 각층 몇 회씩 다져야 하는가?
   가. 2층 25회
   나. 2층 20회
   다. 3층 25회
   라. 3층 20회

22. 다음 중 시멘트 응결시간 시험방법과 관계가 없는 것은?
   가. 플로우 테이블(Flow Table)
   나. 비카 장치(Vicat)
   다. 길모아침(Gilmour Needles)
   라. 유리판(Pat Glass Plate)

23. 골재의 체가름 시험을 할 때 체를 놓는 순서로 옳은 것은?
   가. 체눈이 가는 체는 위로, 굵은 체는 밑으로

정답 13. 가   14. 다   15. 다   16. 가   17. 나   18. 다   19. 다   20. 나   21. 다   22. 라   23. 다

놓는다.
나. 체눈이 굵은 체와 가는 체를 섞어 놓는다.
다. 체눈이 굵은 체는 위에, 가는 체는 밑에 놓는다.
라. 체눈의 크기에 관계없이 놓는다.

24. 다짐봉을 사용하여 콘크리트 휨강도시험용 공시체를 제작하는 경우 다짐횟수는 표면적 약 몇 cm² 당 1회의 비율로 다지는가?
   가. 14cm²   나. 10cm²
   다. 8cm²   라. 7cm²

25. 흙의 수축한계 시험에서 1회 사용하는 시료의 무게는?
   가. 100g   나. 70g
   다. 50g   라. 30g

26. 수축한계 시험에서 수은을 사용하는 이유는 무엇을 구하기 위한 것인가?
   가. 젖은 흙의 무게
   나. 젖은 흙의 부피
   다. 건조기에서 건조시킨 흙의 무게
   라. 건조기에서 건조시킨 흙의 부피

27. 흙의 소성한계 시험에 사용되는 기계 및 기구가 아닌 것은?
   가. 둥근봉   나. 항온건조기
   다. 불투명 유리판 라. 홈파기날

28. 2μ 이하의 점토함유율에 대한 소성지수와의 비를 무엇이라 하는가?
   가. 부피변화   나. 선수축
   다. 활성도   라. 군지수

29. 흙의 비중시험에서 일반적인 흙은 10분 이상 끓여야 하는데 그이유로 맞는 것은?
   가. 비중병이 깨지지 않도록 하기 위해

나. 흙의 입자가 작아지도록 하기 위해
다. 기포를 제거하기 위해
라. 흡수력을 향상시키기 위해 다.

30. 르샤틀리에 비중병의 0.5mL 눈금까지 광유를 주입하고 시료 64g(시멘트)을 가하여 눈금이 21mL 로 증가 되었을 때 시멘트 밀도는 얼마인가?
   가. 1.75   나. 2.31
   다. 2.84   라. 3.12

31. 골재 시험에서 "조립률이 작다"는 의미는?
   가. 골재 입자가 크다.
   나. 골재 모양이 구형이다.
   다. 골재 입자가 작다.
   라. 골재 밀도가 작다.

32. 콘크리트 압축강도용 표준 공시체의 파괴 시험에서 파괴하중이 36t일 때 콘크리트의 압축강도는? (단, 공시체는 $\phi 15 X 30 cm$)
   가. 204kg/cm²   나. 214kg/cm²
   다. 219kg/cm²   라. 229kg/cm²

33. 아스팔트 연화점 시험에서 시료가 강구와 함께 시료대에서 얼마 정도 떨어진 밑단에 닿는 순간의 온도를 연화점으로 하는가?
   가. 12.5mm   나. 25.4mm
   다. 34.5mm   라. 45.4mm

34. 콘크리트 배합설계에서 잔골재의 조립률은 어느 정도가 좋은가?
   가. 2.3~3.1   나. 3.2~4.9
   다. 5.0~6.0   라. 6.0~8.0

35. 흙의 다짐 정도를 판정하는 시험법과 거리가 먼 것은?
   가. 평판재하시험

정답 24. 나 25. 라 26. 나 27. 라 28. 다 29. 다 30. 라 31. 다 32. 가 33. 나 34. 가 35. 나

나. 베인(Vane)시험
다. 현장 흙의 단위무게 시험
라. 노상토 지지력비시험

36. 모르타르 압축강도 시험시에 사용되는 재료로서 시멘트 510g에 표준모래는 몇 g이 필요한가?
   가. 1230g　　　나. 1430g
   다. 1530g　　　라. 1630g

37. 용기의 무게가 15g 일 때 용기에 시료를 넣어 총 무게를 측정하여 475g 이었고 노건조 시킨 다음 무게가 422g 이었다. 이때 함수비는?
   가. 8.67%　　　나. 10.45%
   다. 13.02%　　　라. 25.42%

38. 골재의 단위무게를 구하는 방법 중 충격을 이용해서 구하는 방법은 용기의 한쪽 면을 몇 cm 가량 올렸다가 떨어뜨리는가?
   가. 2cm　　　나. 5cm
   다. 10cm　　　라. 15cm

39. KS F 2414에 규정된 콘크리트의 블리딩 시험은 굵은 골재의 최대 치수가 얼마 이하인 경우에 적용하는지 그 기준은?
   가. 25mm　　　나. 50mm
   다. 60mm　　　라. 80mm

40. 아스팔트 신도시험에서 시험기를 가동하여 매분 어느 정도의 속도로 시료를 잡아당기는가?
   가. 2±0.25cm　　　나. 3±0.25cm
   다. 4±0.25cm　　　라. 5±0.25cm

41. 골재에 포함된 잔 입자 시험(KS F 2511) 결과 다음과 같은 자료를 구하였다. 여기서 0.08mm 체를 통과하는 잔 입자량(%)을 구하면?

   • 씻기 전의 시료의 건조무게는 500g
   • 씻은 후의 시료의 건조무게는 488.5g

   가. 1.6%　　　나. 2.0%
   다. 2.1%　　　라. 2.3%

42. 콘크리트 배합설계에서 단위수량이 170kg/m³이고, 단위시멘트량이 340kg/m³이면 물-결합재비는 얼마인가?
   가. 100%　　　나. 50%
   다. 200%　　　라. 0%

43. 내부마찰각이 0°인 연약점토를 일축압축 시험하여 일축압축강도가 2.45 kg/cm² 을 얻었다. 이 흙의 점착력은?
   가. 0.849 kg/cm²　　　나. 0.995 kg/cm²
   다. 1.225 kg/cm²　　　라. 1.649 kg/cm²

44. 굳지 않은 콘크리트에 대한 시험방법이 아닌 것은?
   가. 워커빌리티 시험　　　나. 공기량 시험
   다. 슈미트해머 시험　　　라. 블리딩 시험

45. 흙의 액성 한계 시험에서 황동 접시를 측정기에 장치하고 크랭크를 1초에 몇 회 속도로 회전 시키는가?
   가. 2회　　　나. 4회
   다. 6회　　　라. 8회

46. 어떤 흙의 비중이 2.0, 간극률이 50%인 흙의 포화 상태의 함수비를 구한 것은?
   가. 4.52%　　　나. 47.3%
   다. 50.0%　　　라. 54.2%

47. 흙의 입도 분석 시험결과 입경 가적 곡선에서 D_{10} = 0.022mm, D_{60} = 0.13mm, D_{30} = 0.038mm 일 때 균등 계수는 얼마인가?

정답　36. 다　37. 다　38. 나　39. 나　40. 라　41. 라　42. 나　43. 다　44. 다　45. 가　46. 다　47. 다

가. 4.80 나. 5.63
다. 5.91 라. 6.03

48. 어느 흙의 자연함수비가 그 흙의 액성한계보다 높다면 그 흙의 상태는?
    가. 소성상태에 있다.
    나. 고체상태에 있다.
    다. 반고체상태에 있다.
    라. 액성상태에 있다.

49. 유선망을 그리는 주된 목적으로 가장 타당한 것은?
    가. 전단강도를 알기 위한 것이다.
    나. 압밀 침하량을 결정하기 위한 것이다.
    다. 유효 응력을 알기 위한 것이다.
    라. 침투수량을 결정하기 위한 것이다.

50. 어떤 흙의 전단시험 결과 점착력 C=5kg/cm², 흙입자에 작용하는 수직응력 5.0 kg/cm², 내부마찰각=30° 일 때 전단 강도는?
    가. 2.3 kg/cm² 나. 3.4 kg/cm²
    다. 4.5 kg/cm² 라. 5.6 kg/cm²

51. 흙의 다짐시험에 필요한 기구가 아닌 것은?
    가. 샌드콘(sand cone)
    나. 원통형 금속제 몰드(mold)
    다. 래머(rammer)
    라. 시료추출기(sample extruder)

52. 강성포장의 구조나 치수를 설계하기 위하여 지반 지지력계수 K를 결정하는 시험방법은?
    가. 다짐시험 나. CBR 시험
    다. 평판재하시험 라. 전단시험

53. 다음 중 깊은 기초의 종류가 아닌 것은?
    가. 말뚝기초 나. 피어기초
    다. 케이슨기초 라. 후팅기초

54. 연약한 점토지반에서 전단강도를 구하기 위하여 실시하는 현장 시험법은?
    가. Vane 시험 나. 현장 C.B.R 시험
    다. 삼축 압축 시험 라. 압밀 시험

55. 점성토에 대한 일축압축 시험결과 자연시료의 일축압축강도 q=1.25 kg/cm², 흐트러진 시료의 일축압축 강도 q=0.25 kg/cm² 일 때 이 흙의 예민비는?
    가. 2.0 나. 3.0
    다. 4.0 라. 5.0

56. 다음 중 현장 흙의 단위 무게를 구하기 위한 시험 방법의 종류가 아닌 것은?
    가. 모래치환법 나. 고무막법
    다. 방사선 동위원소법 라. 공내재하법

57. 흙덩어리를 손으로 밀어 지름 3mm의 국수 모양으로 만들어 부슬 부슬 해질 때의 함수비는?
    가. 소성도 나. 수축한계
    다. 소성한계 라. 액성지수

58. 흙의 삼상도에서 포화도에 대한 설명 중 잘못된 것은?
    가. 포화도가 0%라는 것은 간극 속에 물이 하나도 없음을 의미한다.
    나. 포화도가 0%라는 것은 이 흙이 완전 건조 상태에 있다고 말한다.
    다. 포화도가 100%라는 것은 간극이 완전히 물로 채워져 있음을 의미한다.
    라. 포화도가 50%라는 것은 이 흙의 절반이 물로 채워져 있음을 의미한다.

59. 다짐곡선에서 최대 건조 단위 무게에 대응하는 함수비를 무엇이라 하는가?
    가. 적정 함수비 나. 최대 함수비
    다. 최소 함수비 라. 최적 함수비

정답 48. 라 49. 라 50. 나 51. 가 52. 다 53. 라 54. 가 55. 라 56. 라 57. 다 58. 라 59. 라

60. 드롭해머를 사용한 말뚝 타입시 말뚝의 극한 지지력을 구한 값은?
   (단, 엔지니어링 뉴스공식을 사용하며, 해머의 중량(W_H)=1.7ton, 낙하고(h)=30cm, 타격당 평균관입량 (S)=2.0cm 이다.)

   가. 54.38ton 나. 37.89ton
   다. 25.41ton 라. 11.23ton

정답 60. 라

모의고사 (Ⅲ)

1. 알루미나 시멘트에 관한 설명 중 옳은 것은?
   가. 화학작용에 대한 저항성이 작아 풍화되기 쉽다.
   나. 조기강도가 커서 긴급공사에 적합하다.
   다. 해수공사에는 부적합하나 서중공사에는 적당하다.
   라. 발열량이 적어 매스콘크리트에 적합하다.

2. 목재의 건조 방법 중 자연 건조방법은?
   가. 끓임법   나. 공기건조법
   다. 증기건조법   라. 열기건조법

3. 아래의 표에서 설명하는 물질은?

   > 천연 또는 인공의 기체, 반고체 또는 고체상의 탄화수소혼합물, 또는 이들의 비금속유도체의 혼합물로 이황화탄소(CS_2)에 완전히 용해되는 물질

   가. 역청   나. 메탄
   다. 고무   라. 글리세린

4. 니트로셀룰로오스에 니트로글리세린을 넣어 콜로이드화 하여 만든 가소성의 폭약은?
   가. 교질 다이너마이트
   나. 분말상 다이너마이트
   다. 칼릿
   라. 질산에멀션폭약

5. 석재의 일반적인 성질에 대한 설명으로 틀린 것은?
   가. 석재의 인장강도는 압축강도에 비해 매우 크다.
   나. 흡수율이 클수록 강도가 작고, 동해를 받기 쉽다.
   다. 비중이 클수록 압축강도가 크다.
   라. 화강암은 내화성이 낮다.

6. 시멘트 저장에 관한 설명으로 잘못된 것은?
   가. 방습적인 구조로 된 사일로 또는 창고에 저장하여야 한다.
   나. 품종별로 구분하여 저장하여야 한다.
   다. 저장량이 많을 경우 또는 저장기간이 길어질 경우 15포대 이상으로 쌓는다.
   라. 저장 중에 약간이라도 굳은 시멘트는 공사에 사용하지 않아야 한다.

7. 포졸란을 사용한 콘크리트의 특징으로 부적당한 것은?
   가. 블리딩 및 재료 분리가 적어진다.
   나. 발열량이 증가한다.
   다. 장기 강도가 크다.
   라. 수밀성이 커진다.

8. 블론 아스팔트와 비교한 스트레이트 아스팔트의 특성에 대한 설명으로 틀린 것은?
   가. 탄성이 작다.
   나. 연화점이 비교적 낮다.
   다. 감온비가 비교적 크다.
   라. 내후성이 상당히 크다.

9. 화약취급상 주의사항 중 옳지 않은 것은?
   가. 다이너마이트는 햇볕의 직사를 피하고 화기가 있는 곳에 두지 않는다.
   나. 뇌관과 폭약은 사용에 편리하도록 한곳에 보관한다.
   다. 화기와 충격에 대하여 각별히 주의한다.

정답   1. 나   2. 나   3. 가   4. 가   5. 가   6. 다   7. 나   8. 라   9. 나

라. 장기간 보존으로 인한 흡습, 동결에 주의하고 온도와 습도에 의한 품질의 변화가 없도록 해야 한다.

10. 콘크리트부재의 크리프(creep)에 대한 설명 중 옳지 않은 것은?
    가. 하중 재하시 콘크리트의 재령이 작을수록 크리프는 크게 일어난다.
    나. 부재의 치수가 클수록 크리프는 크게 일어난다.
    다. 물-결합재비가 클수록 크리프는 크게 일어난다.
    라. 작용하는 응력이 클수록 크리프는 크게 일어난다.

11. 골재의 밀도라고 하면 일반적으로 골재가 어떤 상태일 때의 밀도를 기준으로 하는가?
    가. 노건조상태
    나. 공기중 건조상태
    다. 표면건조 포화상태
    라. 습윤상태

12. 다음 토목공사용 석재중 압축강도가 가장 큰 것은?
    가. 대리석   나. 응회암
    다. 사암   라. 화강암

13. 백주철을 열처리하여 연성과 인성을 크게 한 주철은 다음중 어느 것인가?
    가. 가단주철   나. 보통주철
    다. 고급주철   라. 특수주철

14. 콘크리트용 혼화재료 중에서 워커빌리티(workability)를 개선하는데 영향을 미치지 않는 것은?
    가. AE제   나. 응결경화촉진제
    다. 감수제   라. 시멘트 분산제

15. 시멘트가 응결할 때 화학적 반응에 의하여 수소가스를 발생시켜, 콘크리트 속에 아주 작은 기포가 생기게 하는 혼화제는?
    가. 발포제   나. 방수제
    다. AE제   라. 감수제

16. 콘크리트 압축강도용 공시체의 파괴 최대하중이 37100kg일 때 콘크리트의 압축강도는 약 얼마인가? (단. 공시체는 $\varnothing 15 \times 30cm$ 임)
    가. $53kg/cm^2$ 나. $105kg/cm^2$
    다. $155kg/cm^2$ 라. $210kg/cm^2$

17. 흙의 입도시험을 하기 위하여 40%의 과산화수소 용액 100g을 6%의 과산화수소 용액으로 만들려고 한다. 물의 양은 약 얼마나 넣으면 되는가?
    가. 567g   나. 412g
    다. 356g   라. 127g

18. 굵은 골재의 마모시험에 사용되는 가장 중요한 시험기는?
    가. 지깅시험기
    나. 로스앤젤레스시험기
    다. 표준침
    라. 원심분리시험기

19. 콘크리트 슬럼프 시험의 가장 중요한 목적은?
    가. 밀도 측정
    나. 워커빌리티 측정
    다. 강도 측정
    라. 입도 측정

20. 골재의 체가름시험에서 체 눈에 막힌 알갱이는 어떻게 처리하는가?
    가. 파쇄 되지 않도록 주의하면서 되밀어 체에 남은 시료로 간주한다.
    나. 손으로 힘주어 밀어 빼낸 후 통과된 시료

정답 10. 나 11. 다 12. 라 13. 가 14. 나 15. 가 16. 라 17. 가 18. 나 19. 나 20. 가

로 간주한다.
다. 부서져도 상관없으므로 힘껏 빼낸다.
라. 전체 골재에서 제외하여 무효로 한다.

21. 역청혼합물의 소성흐름에 대한 저항력 시험에서 가장 많이 사용되는 시험기는?
    가. 마샬시험기
    나. 슈미트해머
    다. 로스엔젤레스시험기
    라. 길모어침

22. 콘크리트 슬럼프 시험을 할 때 콘크리트를 처음 넣는 양은 슬럼프 시험용 콘 부피의 얼마까지 넣는가?
    가. 3/4   나. 1/2
    다. 1/3   라. 1/5

23. 시멘트 모르타르 압축강도 시험을 할 때 사용하는 표준 모르타르의 제작시 시멘트와 표준 모래의 무게비는?
    가. 1 : 2   나. 1 : 3
    다. 1 : 4   라. 1 : 5

24. 흙의 수축한계를 결정하기 위한 수축접시 1개를 만드는 시료의 양으로 적당한 것은?
    가. 15g   나. 30g
    다. 50g   라. 150g

25. KS F 2414에 규정된 콘크리트의 블리딩 시험은 굵은 골재의 최대 치수가 얼마 이하인 경우에 적용하는지 그 기준은?
    가. 25mm   나. 50mm
    다. 60mm   라. 80mm

26. 흙의 함수비를 측정할 때 시료를 몇 °C로 항온건조기에서 항량이 될 때까지 건조하는가?
    가. 100±5°C   나. 110±5°C
    다. 120±5°C   라. 130±5°C

27. 시멘트 밀도 시험에서 1회 시험에 사용하는 시멘트의 양은 어느 정도 필요한가?
    가. 35g   나. 46g
    다. 58g   라. 64g

28. 반죽질기에 따른 작업의 어렵고 쉬운 정도 및 재료의 분리에 저항하는 정도를 나타내는 굳지 않은 콘크리트의 성질을 무엇이라고 하는가?
    가. 트래피커빌리티   나. 워커빌리티
    다. 성형성   라. 피니셔빌리티

29. 콘크리트 배합설계시 단위수량이 160kg/m³, 단위시멘트량이 320kg/m³ 일 때 물-시멘트비는 얼마인가?
    가. 30%   나. 40%
    다. 50%   라. 60%

30. 골재의 안정성 시험에 사용되는 용액으로 알맞은 것은?
    가. 황산나트륨용액
    나. 황산마그네슘용액
    다. 염화칼슘용액
    라. 가성소다용액

31. 어느 흙을 체가름 시험한 입경가적곡선에서 D_{10}=0.095mm, D_{30}=0.14mm, D_{60}=0.16mm 얻었다. 이 흙의 균등계수는 얼마인가?
    가. 0.59   나. 1.68
    다. 2.69   라. 3.68

32. 액성한계 시험 방법에 대한 설명 중 틀린 것은?
    가. 0.425mm체로 쳐서 통과한 시료 약 200g 정도를 준비한다.
    나. 황동접시의 낙하 높이가 10±1mm가 되도록 낙하장치를 조정한다.

정답 21. 가 22. 다 23. 나 24. 나 25. 나 26. 나 27. 라 28. 나 29. 다 30. 가 31. 나 32. 라

다. 액성한계 시험으로부터 구한 유동곡선에서 낙하 횟수 25회에 해당하는 함수비를 액성한계라 한다.
라. 크랭크를 1초에 2회전의 속도로 접시를 낙하시키며, 시료가 10mm 접촉할 때까지 회전시켜 낙하횟수를 기록한다.

33. 모르타르의 압축강도가 140.5kg/cm²이었다. 이때의 파괴하중(최대하중)은 얼마인가?
   가. 584.5kg   나. 1405kg
   다. 2405kg   라. 3372kg

34. 어떤 점토시료의 수축한계 시험한 결과 값이 표와 같을 때 수축지수를 구하면?

   | 수축한계 값: 24.5% 소성한계 값: 30.3% |

   가. 2.3%   나. 2.8%
   다. 3.3%   라. 5.8%

35. 아스팔트 침입도 시험에서 침이 시료 속으로 0.1mm 들어갔을 때 침입도는?
   가. 0.1   나. 1
   다. 10   라. 100

36. 콘크리트의 블리딩에 대한 설명 중 옳지 않은 것은?
   가. 콘크리트의 재료 분리 경향을 알 수 있다.
   나. 블리딩이 심하면 콘크리트의 수밀성이 떨어진다.
   다. 분말도가 높은 시멘트를 사용하면 블리딩을 줄일 수 있다.
   라. 일반적으로 블리딩은 콘크리트를 친 후 5시간이 경과 하여야 블리딩 현상이 발생한다.

37. 콘크리트의 압축강도시험을 위한 공시체의 제작이 끝나 몰드를 떼어낸 후 습윤 양생을 한다. 이때 가장 적당한 양생온도는?
   가. 8~12°C   나. 12~16°C
   다. 18~22°C   라. 26~30°C

38. 흙을 국수모양으로 밀어 지름이 약 3mm 굵기에서 부스러질 때의 함수비를 무엇이라 하는가?
   가. 액성한계   나. 수축한계
   다. 소성한계   라. 자연한계

39. 콘크리트용 모래에 포함되어 있는 유기불순물 시험에 사용되지 않는 것은?
   가. 알코올 용액
   나. 탄산암모늄 용액
   다. 탄닌산 용액
   라. 수산화나트륨 용액

40. 다음 그림은 강의 응력과 변형률의 관계를 표시한 곡선이다. 영구 변영을 일으키지 않는 탄성한도를 나타내는 점은?

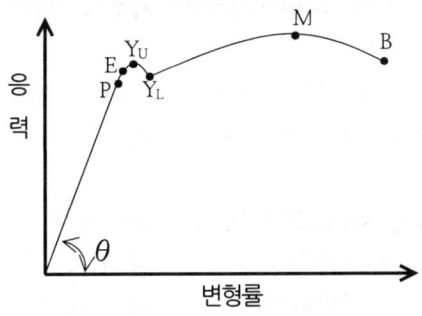

   가. F   나. E
   다. Y_1 라. U

41. 슬럼프 시험에서 콘크리트가 내려앉은 길이를 어느 정도의 정밀도로 측정하는가?
   가. 3mm   나. 5mm
   다. 7mm   라. 10mm

정답 33. 라 34. 라 35. 나 36. 라 37. 다 38. 다 39. 나 40. 나 41. 나

42. 평판재하시험에서 규정된 재하판의 지름치수가 아닌 것은?
    가. 30cm 나. 40cm
    다. 50cm 라. 75cm

43. 골재의 조립률을 구할 때 사용되는 체가 아닌 것은?
    가. 40mm 체 나. 25mm 체
    다. 10mm 체 라. 0.15mm 체

44. 아스팔트의 인화점이란 무엇인가?
    가. 아스팔트 시료를 가열하여 휘발 성분에 불이 붙어 약 10초간 불이 붙어 있을 때의 최고 온도를 말한다.
    나. 아스팔트 시료를 가열하여 휘발 성분에 불이 붙을 때의 최저 온도를 말한다.
    다. 아스팔트 시료를 가열하면 기포가 발생하는데 이때의 최고 온도를 말한다.
    라. 아스팔트 시료를 잡아당길 때 늘어나다 끊어진 길이를 말한다.

45. 흙의 비중시험에 사용하는 기계 및 기구가 아닌 것은?
    가. 스페이서 디스크 나. 항온 건조로
    다. 데시케이터 라. 피크노미터

46. 압밀 시험으로부터 얻을 수 없는 것은?
    가. 투수계수 나. 압축지수
    다. 체적변화계수 라. 연경지수

47. 흙의 연경도에서 소성한계와 액성한계 사이에 있는 흙은 어떤 상태에 있는가?
    가. 고체 상태 나. 반고체 상태
    다. 소성 상태 라. 액체 상태

48. 점성토에 대하여 일축압축 시험을 한 결과 자연상태의 압축 강도가 1.5kg/cm^{2}이고 되비빔한 경우의 압축강도가 0.28kg/cm^{2}이었다. 이 흙의 예민비는 얼마인가?
    가. 1.3 나. 1.9
    다. 5.4 라. 17.8

49. 실험실에서 측정된 최대 건조 단위무게가 1.64 g/cm^{3}이었다. 현장 다짐도를 95%로 하는 경우 현장 건조 단위무게의 최소치는?
    가. 1.73g/cm^3 나. 1.62g/cm^3
    다. 1.56g/cm^3 라. 1.45g/cm^3

50. 흙의 입자의 크기 순서로 된 것은?
    가. 자갈 > 모래 > 점토 > 실트
    나. 모래 > 자갈 > 실트 > 점토
    다. 자갈 > 모래 > 실트 > 점토
    라. 콜로이드 > 모래 > 점토 > 실트

51. 그림과 같은 정사각형 기초에 P인 등분포하중이 재하될 때 기초면 아래 Z깊이에서의 △P값을 산출하는 식으로 옳은 것은?
    (단, 2 : 1 분포법을 사용한다)

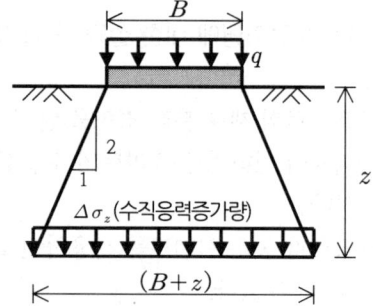

가. $\Delta P = \dfrac{PB^2}{B+z}$ 나. $\Delta P = \dfrac{PB^2}{(B+z)^2}$

다. $\Delta P = \dfrac{PB}{B+z}$ 라. $\Delta P = \dfrac{Pz^2}{P+B}$

정답 42. 다 43. 나 44. 나 45. 가 46. 라 47. 다 48. 다 49. 다 50. 다 51. 나

52. 현장다짐을 할 때에 현장 흙의 단위 무게를 측정하는 방법으로 옳지 않은 것은?
   가. 절삭법
   나. 모래 치환법
   다. 고무막법
   라. 아스팔트 치환법

53. 간극비 1.1. 건조단위무게가 $1.205g/cm^3$ 인 흙에 있어서 비중은 얼마인가?
   가. 0.890   나. 1.865
   다. 2.531   라. 2.651

54. 평판 재하 시험에서 1.25mm 침하량에 해당하는 하중 강도가 $1.25kg/cm^2$ 일 때 지지력계수 (K)는 얼마인가?
   가. $5kg/cm^3$ 나. $15kg/cm^3$
   다. $20kg/cm^3$ 라. $10kg/cm^3$

55. 사질토 지반에서 유출 수량이 급격하게 증대되면서 모래가 분출되는 현상을 무엇이라고 하는가?
   가. 침투현상   나. 배수현상
   다. 분사현상   라. 동상현상

56. 지름이 40mm, 높이 100mm인 용기에 현장 습윤 시료를 채취하여 시료의 무게를 측정했더니 250g이었다. 흙의 비중이 2.67일 때 습윤 단위무게(γ_t)는 약 얼마인가?
   가. $1g/cm^3$ 나. $2g/cm^3$
   다. $3g/cm^3$ 라. $4g/cm^3$

57. 최적 함수비 (OMC)를 구하려 한다. 다음 중 어떤 시험을 실시하여야 구할 수 있는가?
   가. CBR시험   나. 다짐시험
   다. 일축압축시험   라. 직접 전단시험

58. 얕은 기초의 종류가 아닌 것은?
   가. 전면기초   나. 말뚝기초
   다. 독립 푸팅기초   다. 복합 푸팅기초

59. 일축압축시험에서 파괴면과 최대 주응력이 이루는 각을 구하는 식으로 옳은 것은?
   가. $45 + \dfrac{\phi}{2}$ 나. $45 + \dfrac{\phi}{4}$
   다. $45 + \dfrac{\phi}{6}$ 라. $45 + \dfrac{\phi}{8}$

60. 점토와 모래가 섞여있는 지반의 극한지지력이 $60t/m^2$ 이라면 이 지반의 허용지지력은? (단. 안전율은 3이다.)
   가. $20\ t/m^2$ 나. $30\ t/m^2$
   다. $40\ t/m^2$ 라. $50\ t/m^2$

정답 52. 라 53. 다 54. 라 55. 다 56. 나 57. 나 58. 나 59. 가 60. 가

모의고사(Ⅳ)

1. 콘크리트의 배합설계에서 단위수량이 180kg/m³ 단위시멘트량이 300kg/m³ 일 때 물-시멘트비 (W/C)는?
   - 가. 60%
   - 나. 55%
   - 다. 45%
   - 라. 40%

2. 재료의 역학적 성질 중 재료를 두들길 때 얇게 펴지는 성질을 무엇이라 하는가?
   - 가. 강성
   - 나. 전성
   - 다. 인성
   - 라. 연성

3. 아스팔트의 침입도에 대한 설명으로 옳지 않은 것은?
   - 가. 침입도의 값이 클수록 아스팔트는 연하다.
   - 나. 침입도는 온도가 높을수록 커진다.
   - 다. 침입도가 작으면 비중이 작다.
   - 라. 침입도는 아스팔트의 굳기 정도를 나타내는 것으로 표준침의 관입 저항을 측정하는 것이다.

4. 시멘트에 물을 넣으면 수화 작용을 일으켜 시멘트풀이 시간이 지남에 따라 유동성과 점성을 잃고 점차 굳어진다. 이러한 반응을 무엇이라 하는가?
   - 가. 풍화
   - 나. 인성
   - 다. 강성
   - 라. 응결

5. 다음의 암석 중 퇴적암에 속하지 않는 것은?
   - 가. 사암
   - 나. 혈암
   - 다. 응회암
   - 라. 안산암

6. 다이너마이트(dynamite)의 종류 중 파괴력이 가장 강하고 수중에서도 폭발하는 것은?
   - 가. 교질 다이너마이트
   - 나. 분말상 다이너마이트
   - 다. 규조토 다이너마이트
   - 라. 스트레이트 다이너마이트

7. 시멘트를 저장할 때 주의해야 할 사항으로 잘못된 것은?
   - 가. 통풍이 잘되는 창고에 저장하는 것이 좋다.
   - 나. 저장소의 구조를 방습으로 한다.
   - 다. 저장기간이 길어질 우려가 있는 경우에는 7포 이상 쌓아 올리지 않는 것이 좋다.
   - 라. 포대시멘트가 저장 중에 지면으로부터 습기를 받지 않도록 저장하여야 한다.

8. 시멘트 입자의 가는 정도를 분말도라 하는데 분말도가 높을 때의 현상으로 틀린 것은?
   - 가. 조기 강도가 작아진다.
   - 나. 풍화하기 쉽다.
   - 다. 콘크리트에 균열이 생기기 쉽다.
   - 라. 건조 수축이 커진다.

9. 아스팔트에 관한 다음 설명 중 틀린 것은?
   - 가. 블론 아스팔트의 연화점은 대체로 스트레이트 아스팔트보다 낮다.
   - 나. 아스팔트는 도로의 포장재료 외에 흙의 안정재료, 방수재료 등으로도 사용한다.
   - 다. 스트레이트 아스팔트의 신장성은 블론 아스팔트보다 우수하다.
   - 라. 아스팔트의 신도는 시편을 규정된 속도로 당기어 끊어졌을 때 지침의 거리를 읽어 측정한다.

정답 1. 가 2. 나 3. 다 4. 라 5. 라 6. 가 7. 가 8. 가 9. 가

10. 석회암이 지열을 받아 변성된 석재로 주성분이 탄산칼슘인 석재는?
   가. 화강암	나. 응회암
   다. 대리석	라. 점판암

11. 콘크리트를 친 후 시멘트와 골재 알이 침하 하면서 물이 올라와 콘크리트의 표면에 떠오르는 현상을 무엇이라 하는가?
   가. 블리딩	나. 레이턴스
   다. 워커빌리티	라. 반죽질기

12. 원목이나 제재한 목재를 공기가 잘 통하는 곳에 쌓아 두어 자연적으로 건조시키는 방법은?
   가. 열기 건조법	나. 훈연 건조법
   다. 침수법	라. 공기 건조법

13. 콘크리트의 배합설계 계산상 그 양을 고려하여야 하는 혼화재료는 어느 것인가?
   가. 고로슬래그 미분말
   나. 고성능 감수제
   다. 기포제
   라. AE제

14. 화력발전소에서 미분탄을 보일러 내에서 완전히 연소했을 때 그 폐가스 중에 함유된 용융상태의 실리카질 미분입자를 전기집진기로 모은 것으로 콘크리트용 혼화재료 사용되는 것은?
   가. 플라이 애쉬
   나. 고로슬래그 미분말
   다. 팽창재
   라. 감수제

15. 목재의 장점에 관한 다음 설명 중 잘못된 것은?
   가. 재질과 강도가 균일하다.
   나. 온도에 대한 수축, 팽창이 비교적 작다.
   다. 충격과 진동 등을 잘 흡수한다.
   라. 가볍고 취급 및 가공이 쉽다.

16. 흙의 함수비 시험 결과가 아래 표와 같을 때 이 흙의 함수비는?

   - 자연상태 시료와 용기의 무게(g) : 125
   - 노건조 시료와 용기의 무게(g) : 105
   - 용기의 무게(g) : 55

   가. 30%	나. 40%
   다. 50%	라. 60%

17. 굳지 않은 콘크리트의 겉보기 공기량 측정 시험에 대한 설명 중 옳지 않은 것은?
   가. 대표적인 시료를 용기에 3층으로 나누어 넣는다.
   나. 각 층에 넣은 용기안의 시료는 다짐대로 25번씩 고르게 다진다.
   다. 용기에 넣고 다져진 시료는 흐트러지므로 용기의 옆면을 두들겨선 안 된다.
   라. 압력계의 지침이 안정되었을 때 압력계를 읽어 겉보기 공기량을 구한다.

18. 흙의 액성한계는 유동곡선을 그려서, 낙하횟수 몇 회의 함수비에 해당 하는가?
   가. 20회	나. 25회
   다. 30회	라. 35회

19. 골재에 포함된 잔입자 시험(KS F 2511)에서 잔입자란 골재를 물로 씻어서 몇 mm 체를 통과하는 입자를 말하는가?
   가. 0.08mm	나. 0.16mm
   다. 0.32mm	라. 0.64mm

20. 최대하중이 53000kg이고 시험체의 지름이 15.0cm, 높이가 30cm 일 때 콘크리트의 압축강도는 약 얼마인가?
   가. 300kg/cm^2	나. 350kg/cm^2
   다. 400kg/cm^2	라. 450kg/cm^2

정답 10. 다 11. 가 12. 라 13. 가 14. 가 15. 가 16. 나 17. 다 18. 나 19. 가 20. 가

21. 어느 흙의 현장 건조단위무게가 1.552g/cm³이고, 실내 다짐시험에 의한 최적함수비가 72%일 때 최대건조단위무게가 1.682g/cm³를 얻었다. 이 흙의 다짐도는?
    가. 79.36%   나. 86.21%
    다. 92.27%   라. 98.31%

22. 시멘트 시료의 무게가 64g이고 처음 광유의 읽음 값이 0.3mL, 시료를 넣고 광유의 눈금을 읽으니 20.6mL 이었다. 이 시멘트의 밀도는?
    가. 3.12   나. 3.15
    다. 3.17   라. 3.19

23. 습윤 상태의 중량이 112g인 모래를 건조시켜 표면건조 포화상태에서 108g, 공기 중 건조 상태에서 103g, 절대건조 상태에서 101g일 때 표면 수량은?
    가. 10.9%   나. 4.9%
    다. 3.7%   라. 3.1%

24. 콘크리트의 강도 시험용 공시체를 제작할 때 성형후 시험 전까지 표준양생 온도로 가장 적당한 것은?
    가. 10±2℃   나. 15±3℃
    다. 20±2℃   라. 25±2℃

25. 콘크리트의 슬럼프 값은 콘크리트가 중앙부에서 내려앉은 길이를 어느 정도의 정밀도로 표시 하는가?
    가. 0.5mm   나. 1mm
    다. 5mm   라. 10mm

26. 액성한계시험에서 공기 건조한 시료에 증류수를 가하여 반죽한 후 흙과 증류수가 잘 혼합되도록 방치하는 적당한 시간은?
    가. 1시간 정도   나. 5시간 정도
    다. 10시간 정도   라. 24시간 정도

27. 골재의 수정계수가 1.4%이고, 콘크리트의 겉보기공기량이 8.23% 일 때 콘크리트의 공기량은 얼마 인가?
    가. 9.63%   나. 6.83%
    다. 5.55%   라. 5.43%

28. 흙의 입도시험으로부터 곡률계수의 값을 구하고자 할 때 식으로 옳은 것은?
    (단, D_{10} : 입경가적곡선으로부터 얻은 10% 입경 D_{30} : 입경가적곡선으로부터 얻은 30% 입경 D_{60} : 입경가적곡선으로부터 얻은 60% 입경)
    가. $\dfrac{D_{30}^2}{D_{10} \times D_{60}}$ 나. $\dfrac{D_{30}}{D_{10} \times D_{60}}$
    다. $\dfrac{D_{30}}{D_{10}}$ 라. $\dfrac{D_{60}}{D_{10}}$

29. 시험체가 15cm×15cm×53cm 인 콘크리트 휨강도시험용 공시체를 제작할 때 다짐봉을 사용하는 경우 각 층을 몇 번씩 다지는가?
    가. 20번   나. 40번
    다. 60번   라. 80번

30. 천연 아스팔트의 신도 시험에서 시료를 고리에 걸고 시료의 양끝을 잡아당길 때의 규정 속도는 분당 얼마가 이상적인가?
    가. 8cm/min   나. 5cm/min
    다. 800cm/min   라. 500cm/min

31. 굵은 골재의 밀도시험 결과가 아래 표와 같을 때 이골재의 표면건조 포화상태의 밀도는?

    - 노 건조 시료의 질량(g) : 3800
    - 표면 건조 포화 상태의 시료 질량(g) : 4000
    - 시료의 수중 질량(g) 2491.1
    - 시험온도에서의 물의 밀도 : 1g/cm³

    가. 2.518g/cm³   나. 2.651g/cm³
    다. 2.683g/cm³   라. 2.726g/cm³

정답 21. 다 22. 나 23. 다 24. 다 25. 다 26. 다 27. 나 28. 가 29. 라 30. 나 31. 나

32. 로스앤젤레스 시험기에 의한 굵은골재의 마모시험에서 시험기를 회전시킨 후 시료를 꺼내어 몇 mm 체로 체가름하는가?
    가. 0.5mm 나. 1.2mm
    다. 1.7mm 라. 2.8mm

33. 내부마찰각이 0°인 연약점토를 일축압축시험하여 일축압축강도가 2.45kg/cm² 을 얻었다. 이 흙의 점착력은?
    가. 0.849kg/cm² 나. 0.995kg/cm²
    다. 1.225kg/cm² 라. 1.649kg/cm²

34. 다음 중 시험과정에서 수은이 사용되는 시험은?
    가. 흙의 비중시험
    나. 흙의 소성한계시험
    다. 흙의 수축한계시험
    라. 흙의 입도시험

35. 아스팔트의 침입도 시험시 표준침의 침입량을 얼마 단위로 나타낸 값을 침입도 1로 하는가?
    가. 1/100mm 나. 1/10mm
    다. 1mm 라. 1cm

36. 액성한계 시험에서 황동 접시를 1cm 높이에서 1초에 몇 회의 속도로 자유낙하 시키는가?
    가. 2회 나. 3회
    다. 4회 라. 5회

37. 강재의 인장시험 결과로부터 얻을 수 없는 것은?
    가. 항복점 나. 인장강도
    다. 상대 동탄성계수 라. 파단 연신율

38. 굳지 않은 콘크리트의 컨시스턴시를 측정하는 방법이 아닌 것은?
    가. 슬럼프 시험 나. 흐름 시험
    다. 블리딩 시험 라. 리몰딩 시험

39. 콘크리트 슬럼프 콘의 크기는?
    (단, 밑면 안지름×윗면 안지름×높이)
    가. 10×20×30cm 나. 10×30×20cm
    다. 20×10×30cm 라. 30×10×20cm

40. 시멘트의 응결시간 측정시험에 사용하는 기구는 다음 중 어느 것인가?
    가. 다이얼게이지 나. 압력계
    다. 길모어침 라. 표준체

41. 아스팔트의 연화점 시험은 시료를 규정 조건에서 가열하여 얼마의 규정거리로 쳐졌을 때의 온도를 연화점으로 하는가?
    가. 15.4mm 나. 25.4mm
    다. 35.4mm 라. 45.4mm

42. 흙의 비중시험에서 흙을 끓이는 이유로 가장 적합한 것은?
    가. 시료에 열을 가하기 위함이다.
    나. 빨리 시험하기 위함이다.
    다. 부피를 축소하기 위함이다.
    라. 기포를 제거하기 위함이다

43. 콘크리트용 모래에 포함되어 있는 유기불순물 시험에 사용하는 식별용 표준색 용액 제조에 필요하지 않은 것은?
    가. 질산은 나. 알코올
    다. 수산화나트륨 라. 탄닌산 분말

44. 콘크리트 압축강도 시험에 대한 내용으로 틀린 것은?
    가. 시험용 공시체의 지름은 굵은 골재의 최대치수의 3배 이상, 10cm 이상으로 한다.
    나. 시험기의 가압판과 공시체의 끝면은 직접 밀착시키고 그 사이에 쿠션재를 넣어서는 안 된다.
    다. 시험기의 하중을 가할 경우 공시체에 충격

정답 32. 다 33. 다 34. 다 35. 나 36. 가 37. 다 38. 다 39. 다 40. 다 41. 나 42. 라 43. 가 44. 라

을 주지 않도록 똑같은 속도로 하중을 가한다.
라. 시험체를 만든 다음 48~96시간 안에 몰드를 떼어낸다.

45. 시멘트 밀도시험에 필요한 기구는?
 가. 하버드 비중병
 나. 르샤틀리에 비중병
 다. 플라스크
 라. 비카장치

46. 모래치환법에 의한 현장 흙의 단위무게시험에서 표준모래는 무엇을 구하기 위하여 쓰이는가?
 가. 시험구멍에서 파낸 흙의 중량
 나. 시험구멍의 부피
 다. 시험구멍에서 파낸 흙의 함수상태
 라. 시험구멍 밑면부의 지지력

47. 연약한 점토 지반을 굴착할 때 하중이 지반의 지지력보다 크면 지반내의 흙이 소성 평형 상태가 되어 활동면에 따라 소성 유동을 일으켜 배면의 흙이 안쪽으로 이동하면서 굴착부분의 흙이 부풀어 올라오는 현상을 무엇이라고 하는가?
 가. 파이핑(piping)현상
 나. 히빙(heaving)현상
 다. 크리프(creep)현상
 라. 분사(quick asnd)현상

48. 흙 속의 물이 얼어서 부피가 팽창하여 지표면이 부풀어 오르는 현상을 무엇이라 하는가?
 가. 동상 현상　　나. 모세관 현상
 다. 포화 현상　　라. 팽창 현상

49. Terzaghi의 압밀이론 가정에 대한 설명으로 잘못된 것은?
 가. 흙은 균질하다.
 나. 흙은 포화되어 있다.
 다. 흙입자와 물은 비압축성이다.
 라. 압밀이 진행되면 투수계수는 감소한다.

50. 도로 포장 설계에서 포장 두께를 결정하는 시험은?
 가. 직접전단시험　　나. 일축압축시험
 다. 투수계수시험　　라. C.B.R시험

51. 다음 중 얕은 기초에 속하지 않는 것은?
 가. 독립후팅 기초　　나. 복합후팅 기초
 다. 전면 기초　　라. 우물통 기초

52. 군지수(GI)를 결정하는데 다음 중 필요 없는 것은?
 가. 0.425mm(No.40)체 통과량
 나. 소성지수
 다. 액성한계
 라. 0.075mm(No.200)체 통과량

53. 흙의 비중 2.5, 함수비 30% 간극비 0.92 일 때 포화도는 약 얼마인가?
 가. 75%　　나. 82%
 다. 87%　　라. 93%

54. 말뚝이 20개인 군항기초에 있어서 효율이 0.8, 단항으로 계산한 말뚝 한 개의 허용 지지력이 15ton 일 때 군항의 허용지지력은?
 가. 220ton　　나. 230ton
 다. 240ton　　라. 250ton

55. 어떤 시료의 액성한계가 45%, 소성한계가 25%, 자연함수비 40%일 때 액성 지수는?
 가. 0.54　　나. 0.65
 다. 0.75　　라. 0.82

56. 다음 전단 시험 중 실내전단 시험이 아닌 것은?
 가. 직접전단시험　　나. 베인전단시험

정답 45. 나　46. 나　47. 나　48. 가　49. 라　50. 라　51. 라　52. 가　53. 나　54. 다　55. 다　56. 나

다. 일축압축시험   라. 삼축압축시험

57. 실내 다짐시험에서 최대 건조밀도가 $1.75g/cm^3$일 때 다짐도 95%를 얻기 위한 현장 흙의 건조밀도는?
    가. $1.553g/cm^3$ 나. $1.663g/cm^3$
    다. $1.723g/cm^3$ 라. $1.743g/cm^3$

58. 어떤 흙의 흐트러지지 않은 시료의 일축압축강도와 다시 이겨 성형한 시료의 일축압축강도와의 비를 무엇이라 하는가?
    가. 수축비   나. 컨시스턴지수
    다. 예민비   라. 터프니스지수

59. 어느 현장 흙의 습윤단위 무게가 $1.82g/cm^3$, 함수비 20%일 때 이 흙의 건조단위무게는?
    가. $1.52g/cm^3$ 나. $1.63g/cm^3$
    다. $1.72g/cm^3$ 라. $1.80g/cm^3$

60. 흙의 통일분류 기호 중 "입도분포가 나쁜 모래"를 나타내는 것은?
    가. GP   나. SP
    다. GC   라. SC

정답   57. 나   58. 다   59. 가   60. 나

핵심기출문제해설 (1)

1. 재료가 일정한 하중 아래에서 시간의 경과에 따라 변형량이 증가되는 현상을 무엇이라 하는가?
가. 크리프 나. 피로한계 다. 길소나이트 라. 릴렉세이션

해설) 크리프 : 일정한 하중을 장기간 계속해서 작용시키면 시간이 경과함에 따라 소성변형이 증가

2. 분말로 된 흑색화약을 실이나 종이로 감아 도료를 사용하여 방수시킨 줄로서 뇌관을 점화시키기 위하여 사용하는 것은?
가. 도화선 나. 다이너마이트 다. 도폭선 라. 기폭제

해설) 도화선 : 뇌관을 점화시키기 위한 것으로 주로 흑색화약을 사용. 실을 감은 후 방수제로 도장한 것으로 완연 도화선과 속연 도화선이 있으나 속연 도화선은 최근에는 사용하지 않는다.

3. 현장에서의 목조창고에 포대시멘트를 저장 할 때 창고의 마루 바닥과 지면 사이의 거리로 가장 적합한 것은?
가. 15cm 나. 30cm 다. 50cm 라. 60cm

해설) 지면으로부터 30cm이상 쌓아 올리는 포대 수는 13포 이하

4. 목재의 건조방법 중 인공건조법에 속하지 않는 것은?
가. 끓임법 나. 수침법 다. 열기건조법 라. 증기건조법

해설) 목재 건조 방법
- 자연건조법 : 공기건조법, 침수법
- 인공건조법 : 자비법, 열기법, 증기법, 훈연법

5. 블론 아스팔트와 비교한 스트레이트 아스팔트의 특징으로 잘못된 것은?
가. 방수성이 좋다. 나. 신장성이 좋다.
다. 감온성이 크다. 라. 연화점이 높다.

해설) 스트레이트아스팔트는 신장성, 접착성, 방수성, 감온성이 크고, 내후성이 작다.

6. 아스팔트에 대한 설명으로 옳지 않은 것은?
가. 아스팔트를 인화점 이상으로 가열하여 인화한 불꽃이 곧 꺼지지 않고 계속해서 탈 때의 최저 온도를 연소점이라 한다.
나. 아스팔트가 연해져서 점도가 일정한 값에 도달하였을 때의 온도를 연화점이라 한다.
다. 아스팔트의 늘어나는 능력을 신도라 한다.
라. 침입도의 값이 클수록 아스팔트는 단단하다.

해설) 침입도: 아스팔트 굳기 정도를 나타냄. 침입도가 클수록 연하다.

정답 1. 가 2. 가 3. 나 4. 나 5. 라 6. 라

7. 다음 중 천연아스팔트가 아닌 것은?
   가. 레이크 아스팔트
   나. 록 아스팔트
   다. 스트레이트 아스팔트
   라. 샌드 아스팔트

   해설 천연아스팔트 : 레이크 아스팔트, 록 아스팔트, 샌드 아스팔트, 아스팔타이트

8. 다음 토목공사용 석재 중 압축 강도가 가장 큰 것은?
   가. 점판암   나. 응회암   다. 사암   라. 화강암

   해설 화강암 : 강도가 가장 크고, 내구성이 크나 열에 약함 (각석, 골재, 부순돌, 견치석)

9. 시멘트를 분류할 때 특수 시멘트에 속하지 않는 것은?
   가. 알루미나 시멘트
   나. 팽창 시멘트
   다. 플라이 애시 시멘트
   라. 초속경 시멘트

   해설 플라이 애시 시멘트는 혼합시멘트 이다.

10. 블리딩이 큰 콘크리트의 성질로 옳은 것은?
    가. 압축강도가 증가한다.
    나. 콘크리트의 수밀성이 증가한다.
    다. 큰크리트가 다공질로 된다.
    라. 내구성이 증가한다.

    해설
    • 블리딩 시험은 콘크리트의 재료 분리의 경향을 알기 위해서 한다.
    • 일반적으로 블리딩은 콘크리트를 친후 처음 15~30분에 대부분 생기며, 2~4시간에 거의 끝난다.
    • 블리딩이 커지면 콘크리트가 다공질 되고, 윗부분의 강도가 작아지고 수밀성과 내구성이 작아지며, 레이턴스는 강도가 거의 없어 제거 후 덧 치기 한다.

11. 목재의 일반적인 성질에 대한 설명으로 잘못된 것은?
    가. 함수량은 수축, 팽창 등에 큰 영향을 미친다.
    나. 금속, 석재, 콘크리트 등에 비해 열, 소리의 전도율이 크다.
    다. 무게에 비해서 강도와 탄성이 크다.
    라. 재질이 고르지 못하고 크기에 제한이 있다.

    해설 충격 및 진동을 잘 흡수하므로 전도율이 작다

12. 석재의 성질에 대한 일반적인 설명으로 잘못된 것은?
    가. 석재의 비중이 클수록 흡수율이 작고, 압축강도가 크다.
    나. 석재의 흡수율은 풍화, 파괴, 내구성 등과 관계가 있고 흡수율이 큰 것은 빈틈이 많으므로 동해를 받기 쉽다.
    다. 석재의 강도는 인장강도가 특히 크고 압축강도는 매우 작으므로 석재를 구조용으로 사용하는 경우에는 주로 인장력을 받는 부분에 많이 사용된다.
    라. 석재의 공극률은 일반적으로 석재에 포함된 공극과 겉보기 부피의 비로서 나타낸다.

    해설 강도 : 석재의 강도는 주로 압축 강도를 말하며 압축강도가 가장 크다.

정답 7. 다 8. 라 9. 다 10. 다 11. 나 12. 다

13. 콘크리트에 AE제를 사용하였을 때 장점에 해당되지 않는 것은?
    가. 워커빌리티가 좋다.
    나. 동결, 융해에 대한 저항성이 크다.
    다. 강도가 커지며 철근과의 부착강도가 크다.
    라. 단위수량을 줄일 수 있다.

> **해설** AE공기량이 1% 증가하면 압축강도는 약 4~6%, 휨강도는 2~3% 감소하고, 철근과의 부착강도 저하 등이 일어나므로 적정사용량 권장, 일반적인 콘크리트의 공기량은 4~7% 정도가 표준

14. 콘크리트 속에 많은 거품을 일으켜, 부재의 경량화나 단열성을 목적으로 사용하는 혼화제는?
    가. 지연제   나. 기포제   다. 급결제   라. 감수제

> **해설** 기포제 : 콘크리트 속에 거품을 일으켜 콘크리트의 경량화나 단열을 위해 사용

15. 물-결합재비 60%의 콘크리트를 제작할 경우 시멘트 1포당 필요한 물의 양은 몇 kg 인가?
    가. 15kg   나. 24kg   다. 40kg   라. 60kg

> **해설** $\frac{W}{C} = 0.6$, $\therefore W = 0.6 \times C = 0.6 \times 40 = 24kg$ ($\because$ 시멘트 1포는 $40kg$임)

16. 아스팔트 침입도 시험의 시험온도로 가장 적합한 것은?
    가. 20   나. 25   다. 30   라. 35

> **해설** 표준 시험조건 온도 25℃, 하중 100g, 시간 5초

17. 콘크리트의 압축 강도 시험에서 시험체의 가압면에는 일정한 크기 이상의 흠이 있어서는 안 된다. 이를 방지하기 위하여 하는 작업을 무엇이라 하는가?
    가. 몰딩   나. 캐핑   다. 리몰딩   라. 코팅

> **해설** 캐핑(capping) : 일반적으로 물건 위를 감싸거나 위에 씌우거나 위에 부착하는 것

18. 콘크리트의 휨강도시험을 위한 공시체의 제작이 끝나 몰드를 떼어낸 후 습윤 양생을 하려 한다. 이때 가장 적당한 양생온도는?
    가. 8~12   나. 12~16   다. 18~22   라. 26~30

> **해설** 콘크리트 압축강도, 인장강도, 휨강도 공통사항
> • 몰드 떼는 시기 : 16시간~3일
> • 시험체 양생 : 20±2 ℃에서 습윤양생

정답 13. 다   14. 나   15. 나   16. 나   17. 나   18. 다

19. 슬럼프 시험에 관한 내용 중 옳은 것은?
    가. 슬럼프콘에 시료를 채우고 벗길 때까지의 시간은 5분이다.
    나. 슬럼프콘을 벗기는 시간은 10초이다.
    다. 슬럼프콘의 높이는 30cm이다.
    라. 물을 많이 넣을수록 슬럼프 값은 작아진다.

해설
- 슬럼프 콘에 채우고 벗길 때 까지 전 작업시간은 3분 이내
- 슬럼프 콘을 들어 올리는 시간은 높이 30cm에서 2~3 초로 한다.
- 물을 많이 넣으면 묽은 반죽이 되어 슬럼프 값은 커진다.

20. 조립률이 3.11인 잔골재와 조립률이 7.41인 굵은골재를 1:1.5로 섞을 때, 혼합골재의 조립률을 구하면?
    가. 3.69   나. 4.69   다. 5.69   라. 6.69

해설 $f_a = \dfrac{p}{p+q} \cdot f_s + \dfrac{q}{p+q} \cdot f_g = \dfrac{1}{1+1.5} \times 3.11 + \dfrac{1.5}{1+1.5} \times 7.41 = 5.69$

21. 유동곡선에서 타격 회수 몇 회에 해당하는 함수비를 액성한계로 하는가?
    가. 15회   나. 20회   다. 25회   라. 30회

해설 유동곡선에서 낙하횟수 25회에 해당하는 함수비

22. 골재의 조립률에 대한 설명으로 옳지 않은 것은?
    가. 골재의 조립률은 골재 알의 지름이 클수록 크다.
    나. 잔골재의 조립률은 2.3~3.1이 적당하다.
    다. 골재의 조립률은 체가름시험으로부터 구할 수 있다.
    라. 조립률이 큰 골재를 사용하면 좋은 품질의 콘크리트를 만들 수 있다.

해설 조립률의 적절한 범위는 잔골재 : 2.3~3.1, 굵은 골재 : 6~8인 경우가 좋은 품질의 콘크리트를 얻을 수 있다.

23. 어느 흙의 습윤 무게가 300g이고, 함수비가 20%일 때, 이 흙의 노건조 무게는?
    가. 60g   나. 150g   다. 200g   라. 250g

해설 $W_S = \dfrac{100\,W}{100+\omega} = \dfrac{100 \times 300}{100+20} = 250g$

24. 시멘트 모르타르의 압축강도시험에 의하여 압축강도를 결정할 때 같은 시료, 같은 시간에 시험한 전 시험체의 평균값을 구하여 사용하는데, 이 때 평균값보다 몇 % 이상의 강도 차가 있는 시험체는 압축 강도의 계산에 사용하지 않는가?
    가. 5   나. 10   다. 15   라. 20

정답 19. 다 20. 다 21. 다 22. 라 23. 라 24. 나

25. 콘크리트의 압축강도 시험용 공시체의 지름은 굵은 골재 최대치수의 최소 몇 배 이상으로 하여야 하는가?
    가. 2배   나. 3배   다. 4배   라. 5배

    해설 공시체 치수는 공시체 지름의 2배의 높이를 가진 원기둥으로 한다. 그 지름은 굵은골재 최대치수의 3배 이상 10cm 이상

26. 다음 중 잔골재의 표면수 측정법을 바르게 묶은 것은 어느 것인가?
    가. 부피에 의한 방법, 충격을 이용하는 방법
    나. 충격을 이용하는 방법, 질량에 의한 방법
    다. 다짐대를 사용하는 방법, 삽을 이용하는 방법
    라. 질량에 의한 방법, 부피에 의한 방법

    해설 잔골재 표면수 시험 방법
    • 질량에 의한 측정법(무게법)
    • 용적에 의한 측정법(부피법)

27. 콘크리트의 휨강도 시험을 위한 공시체를 제작할 때 콘크리트를 몰드에 2층으로 나누어 채우고 각 층은 몇 번씩 다져야 하는가?
    가. 25회   나. 50회   다. 65회   라. 80회

    해설 휨강도용 공시체 규격 : 150×150×530mm 몰드, 다짐 횟수 10cm² 당 1회 이므로,
    다짐 횟수 = $(15cm \times 53cm) \div 10cm^2 = 79.5 ≒ 80$회

28. 콘크리트 슬럼프 시험에서 슬럼프값은 콘크리트가 내려앉은 길이를 얼마의 정밀도로 측정하는가?
    가. 0.5cm   나. 0.2cm   다. 0.1cm   라. 1cm

    해설 공시체 높이와 콘크리트가 무너진 상단부와 차를 0.5cm 단위로 측정하여 슬럼프 값으로 한다.

29. 흙의 비중시험을 할 때 비중병에 시료를 넣고 끓이는 이유는?
    가. 기포를 제거하기 위하여
    나. 증류수의 온도를 보정하기 위하여
    다. 공기중 건조시료를 사용했기 때문에
    라. 메니스커스에 의한 오차를 적게 하기 위하여

    해설 비중병을 끓이는 이유는 공기를 제거하여 정확한 비중을 측정하기 위함

30. 흙의 비중시험에 사용되는 시료로 적당한 것은?
    가. 9.5mm체 통과시료   나. 19mm체 통과시료
    다. 37.5mm체 통과시료   라. 53mm 체 통과시료

    해설 흙의 비중시험은 9.5mm 체를 통과한 시료를 사용 한다.

정답 25. 나   26. 라   27. 라   28. 가   29. 가   30. 가

31. 다음 중 아스팔트의 굳기 정도를 측정하는 시험은 무엇인가?

　　가. 신도시험　　나. 인화점 시험　　다. 침입도시험　　라. 마샬시험

> **해설** 침입도 시험 : 아스팔트 굳기 정도를 나타냄, 침입도가 클수록 연하다

32. 굳지 않은 콘크리트의 공기량 측정법 중 워싱턴형 공기량 측정기를 사용하는 것은 다음 중 어느 방법에 속하는가?

　　가. 무게에 의한 방법에 속한다.　　나. 면적에 의한 방법에 속한다.
　　다. 부피에 의한 방법에 속한다.　　라. 공기실 압력법에 속한다.

> **해설** 공기실 압력방법은 보일의 법칙에 의하며 워싱턴 공기량 측정기가 있다.

33. 아래 표를 보고 잔골재 조립률을 구하면?

　　가. 3.02　　나. 4.02　　다. 2.03　　라. 1.13

체의호칭(mm)	잔골재	
	체에 남은 양(%)	체에남은양의 누계(%)
10	0	0
5	4	4
2.5	8	12
1.2	15	27
0.6	43	70
0.3	20	90
0.15	9	99
접시	1	100

> **해설** $FM = \dfrac{10개체\ 가적\ 잔유율의\ 합}{100} = \dfrac{0+0+0+0+4+12+27+70+90+99}{100} = 3.02$

35. 콘크리트 1m³를 만드는데 필요한 골재의 절대 부피가 0.72m³이고 잔골재율(S/a)이 30%일 때 단위 잔골재량은 약 얼마인가? (단, 잔골재의 밀도는 2.50 이다.)

　　가. 526kg/m³　　나. 540kg/m³　　다. 574kg/m³　　라. 595kg/m³

> **해설** $S_V = (S_V + G_V) \times S/a = 0.72 \times 0.3 = 0.216\ (m^3)$
> $S = S_V \times S_g \times 1000 = 0.216 \times 2.5 \times 1000 = 540 kg/m^3$

36. 시멘트 밀도시험의 결과가 아래와 같을 때 이 시멘트의 밀도 값은?

- 처음 광유의 눈금 읽은 값 : 0.48mL
- 시료의 무게 : 64g
- 시료와 광유의 눈금 읽은 값 : 20.80mL

　　가. 3.12　　나. 3.15　　다. 3.17　　라. 3.19

> **해설** 시멘트의 비중 = $\dfrac{시멘트\ 무게(g)}{비중병\ 눈금차(ml)} = \dfrac{64}{20.80 - 0.48} = 3.15$

> **정답** 31. 다　32. 라　33. 가　34. 가　35. 나　36. 나

37. 흙의 비중 시험에서 데시케이터에 넣어서 사용되는 흡습제로 적합한 것은?
  가. 염화나트륨   나. 실리카겔   다. 산화마그네슘   라. 이산화탄소

해설) 제습제로 실리카겔, 염화칼슘 등의 흡수제를 넣는다.

38. 흙의 액성한계시험에 대한 다음 설명 중 옳지 않은 것은?
  가. 흙이 소성상태에서 액체 상태로 바뀔 때의 함수비를 구하기 위한 시험이다.
  나. 황동 접시와 경질 고무대와의 간격이 1cm가 되도록 한다.
  다. 크랭크를 초당 2회 정도로 회전시킨다.
  라. 2등분 되었던 흙이 타격으로 인하여 10cm 정도 합쳐질 때의 낙하 횟수를 구한다.

해설) 홈의 밑 부분에 있는 흙이 약 1.5cm 정도 합류할 때의 낙하회수를 구한다.

39. 금이나 납 등을 두드릴 때 얇게 펴지는 것과 같은 성질을 무엇이라 하는가?
  가. 연성   나. 전성   다. 취성   라. 인성

해설) 전성 : 재료를 두드릴 때 얇게 펴지는 성질. 납, 금 등은 전성이 큰 재료이다.

40. 길이 10cm, 지름 5cm인 강봉을 인장시켰더니 길이가 11.5cm이고, 지름은 4.8cm가 되었다. 포아송비는?
  가. 0.27   나. 0.35   다. 11.50   라. 13.96

해설) $\mu = \dfrac{1}{m} = \dfrac{\text{세로 변형률}}{\text{가로 변형률}} = \dfrac{0.04}{0.15} = 0.27$

가로변형률 $= \dfrac{11.5-10}{10} = 0.15$, 세로변형률 $= \dfrac{5-4.8}{5} = 0.04$

41. 표준체 $45\mu m$에 의한 시멘트 분말도 시험에서 보정된 잔사가 7.6%일 때 시멘트 분말도(F)는 얼마인가?
  가. 82.4%   나. 92.4%   다. 96.4%   라. 98.4%

해설) 분말도 $= 100 - 7.6 = 92.4\%$

42. 흙의 시험 중 수은을 사용하는 시험은?
  가. 수축한계시험   나. 액성한계시험
  다. 비중시험   라. 체가름시험

해설) 수축한계 시험시 습윤토의 체적을 측정할 때 수은을 수축 접시에 넘치도록 넣고 유리판으로 접시 상부를 눌러 수은을 제거하고, 남은 수은을 메스실린더에 옮겨 용적을 측정하면, 이것이 습윤토의 체적으로 정확한 체적(부피, 용적)을 측정하기 위함이다.

정답 37. 나   38. 라   39. 나   40. 가   41. 나   42. 가

43. 스트레이트 아스팔트 침입도 시험에서 무게 100g의 표준침이 5초 동안에 3mm 관입 했다면 이 재료의 침입도는 얼마인가?
   가. 3   나. 15   다. 30   라. 300

   해설 표준침의 침입량을 0.1mm ($\frac{1}{10}$ mm) 단위로 나타냄
   $\therefore$ 침입도 $= \frac{3}{0.1} = 30$

44. 일반 콘크리트용 굵은골재 마모율의 허용 값은 얼마 이하이어야 하는가?
   가. 25%   나. 35%   다. 40%   라. 50%

   해설 골재의 물리적 성질에 관한 기준

구 분	절건밀도(g/mm³)	흡수율(%)	안정성	마모율
잔 골 재	0.0025 이상	3.0 이하	10% 이하	-
굵은골재	0.0025 이상	3.0 이하	12% 이하	40% 이하

45. 어느 흙의 시험 결과 소성한계 42%, 수축한계 24%일 때 수축지수는 얼마인가?
   가. 18%   나. 24%   다. 42%   라. 66%

   해설 $I_s = w_P - w_s = 42 - 24 = 18\%$

46. 삼축 압축시험은 응력조건과 배수조건을 임의로 조절할 수 있어서 실제 현장 지반의 응력상태나 배수상태를 재현하여 시험할 수 있다. 다음 중 삼축 압축시험의 종류가 아닌 것은?
   가. UD test(비압밀 배수 시험)   나. UU test(비압밀 비배수 시험)
   다. CU test(압밀 비배수 시험)   라. CD test(압밀 배수 시험)

   해설 삼축압축 시험 배수 조건
   - 비압밀 비배수(CU-test)시험, 압밀 비배수(UU-test)시험, 주로 단기 안정에 사용
   - 압밀 배수(CD-test) 시험, 주로 장기안정 해석에 사용

47. 동상의 피해를 방지하기 위한 방법에 해당되지 않는 것은?
   가. 지하수면을 낮추는 방법
   나. 비동결성 흙으로 치환하는 방법
   다. 실트질 흙을 넣어 모세관현상을 차단하는 방법
   라. 화학약품을 넣어 동결온도를 낮추는 방법

   해설 실트질 흙은 모관상승 높이가 커서 동상이 잘 일어난다.

정답 43. 다   44. 다   45. 가   46. 가   47. 다

48. 그림과 같은 접지압(지반반력)이 되는 경우의 footing과 기초지반 흙은?

가. 연성 footing일 때의 모래 지반
나. 강성 footing일 때의 모래 지반
다. 연성 footing일 때의 점토 지반
라. 강성 footing일 때의 점토 지반

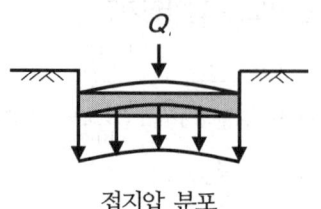

접지압 분포

해설

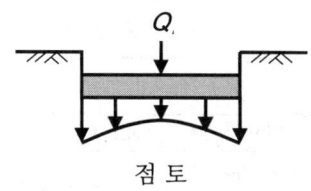 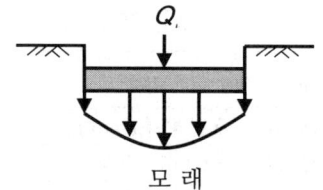

점 토   모 래

강성기초 아래 탄성침하와의 접지압력

49. 다음의 기초 중 얕은 기초에 해당되는 것은?
가. 말뚝기초   나. 피어기초   다. 우물통기초   라. 전면기초

해설 얕은 기초 종류 : 독립 후팅 기초, 연속 후팅 기초, 복합 후팅 기초, 전면기초(매트기초)

50. 점토와 모래가 섞여있는 지반의 극한 지지력이 60t/m² 이라면 이 지반의 허용지지력은? (단, 안전율은 3 이다.)
가. 20 t/m²   나. 30 t/m²   다. 40 t/m²   라. 60 t/m²

해설 허용지지력 = $\dfrac{극한지지력}{안정율} = \dfrac{60}{3} = 20 t/m^2$

51. 현장에서 모래치환법에 의해 흙의 단위무게를 측정할 때 모래(표준사)를 사용하는 주된 이유는?
가. 시료의 무게를 구하기 위하여   나. 시료의 간극비를 구하기 위하여
다. 시료의 함수비를 알기 위하여   라. 파낸 구멍의 부피를 알기 위하여

해설 $\gamma_t = \dfrac{W}{V}$ (V: 시험구멍의 체적) 에서 시험 구멍 체적을 구하기 위해 표준사 사용

52. 느슨한 상태의 흙에 기계 등의 힘을 이용하여 전압, 충격, 진동 등의 하중을 가하여 흙 속에 있는 공기를 빼내는 것을 무엇이라 하는가?
가. 압밀   나. 투수   다. 전단   라. 다짐

해설 다짐 : 느슨한 상태의 흙에 기계의 힘을 이용 전압, 충격, 진동 등의 하중을 가하여 흙속에 있는 공기를 빼내고 단위무게를 증가하여 외력에 저항하는 힘을 증대 시키는 것.

정답 48. 라 49. 라 50. 가 51. 라 52. 라

53. 어느 흙 시료에 대하여 입도분석시험 결과 입경가적곡선에서 $D_{10}=0.005mm$, $D_{30}=0.040mm$, $D_{60}=0.330mm$ 를 얻었다. 균등계수(C_u)는 얼마인가?

　가. 33　　　　나. 66　　　　다. 99　　　　라. 132

해설 $C_U = \dfrac{D_{60}}{D_{10}} = \dfrac{0.330}{0.005} = 66$

54. 어느 흙의 자연함수비가 그 흙의 액성한계보다 높다면 그 흙의 상태는?

　가. 소성상태에 있다.　　　　나. 고체상태에 있다.
　다. 반고체상태에 있다.　　　라. 액성상태에 있다.

해설 흙의 애터버그 한계

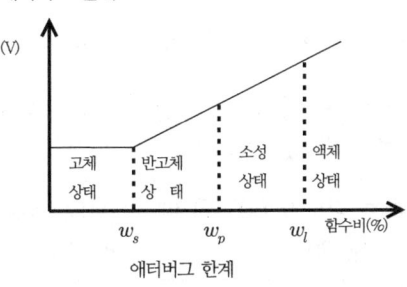

액성한계 : • 소성 상태를 나타내는 최대 함수비
　　　　　• 액체 상태를 나타내는 최소 함수비
소성한계 : • 반고체 상태를 나타내는 최대 함수비
　　　　　• 소성 상태를 나타내는 최소 함수비
수축한계 : • 고체 상태에서 반고체 상태로 변하는 경계 함수비
　　　　　• 고체 상태를 나타내는 최대 함수비
　　　　　• 반고체 상태를 나타내는 최소 함수비

55. 비중이 2.7인 모래의 간극률이 36% 일 때 한계동수경사는?

　가. 0.728　　　나. 0.895　　　다. 0.973　　　라. 1.088

해설 한계 동수 경사 $i_c = \dfrac{G_s - 1}{1+e} = \dfrac{2.7-1}{1+0.5625} = 1.088$　$\left(\because e = \dfrac{n}{100-n} = \dfrac{36}{100-36} = 0.5625\right)$

56. 기초의 구비 조건에 대한 설명 중 옳지 않은 것은?

　가. 기초는 최소 근입 깊이를 확보하여야 한다.
　나. 하중을 안전하게 지지해야 한다.
　다. 기초는 침하가 전혀 없어야 한다.
　라. 기초는 시공 가능한 것이라야 한다.

해설 기초의 구비 조건
• 최소 근입 깊이를 가질 것　　• 안전하게 하중을 지지할 것
• 침하가 허용 침하량 이하 일 것　• 시공이 가능할 것

57. 간극이 완전히 물로 포화된 포화도 100%일 때의 건조단위무게와 함수비 관계곡선을 무엇이라 하는가?

　가. 다짐곡선　　　　　　　나. 유동곡선
　다. 입도곡선　　　　　　　라. 영공기 간극곡선

해설 영공기 간극곡선
간극이 물로 완전히 포화 되어있는 경우 (S=100%)로, 다짐곡선의 하향선 오른쪽에 위치한다.

정답 53. 나　54. 라　55. 라　56. 다　57. 라

58. 흙 입자의 비중 Gs = 2.5, 간극비 e = 1, 포화도 s = 100%일 때 함수비의 값은?

　가. 25%　　　나. 40%　　　다. 125%　　　라. 50%

해설　$S \cdot e = G_S \cdot w$에서　$w = \dfrac{S \times e}{G_S} = \dfrac{100 \times 1}{2.5} = 40\%$

59. 군지수(Group index)를 구하는데 필요 없는 것은?

　가. 0.074mm(No. 200)체 통과율　　나. 유동지수
　다. 액성한계　　　　　　　　　　　라. 소성지수

해설　$GI = 0.2a + 0.005ac + 0.01bd$

　　여기서　a : No 200체 통과량에서 35를 뺀 값(0~40의 정수)　단, No 200체 통과량이 75%를 넘으면 75로 본다.
　　　　　b : No 200체 통과량에서 15를 뺀 값(0~40의 정수)　단, No 200체 통과량이 55%를 넘으면 55로 본다.
　　　　　c : 액성한계에서 40을 뺀 값(0~20의 정수) 단, $w_L > 60\%$ 이면 $w_L = 60\%$ 로 본다.
　　　　　d : 소성지수에서 10을 뺀 값(0~20의 정수). 단, $I_P > 30$ 이면 $I_P = 30$ 으로 본다.

60. 흙의 일축압축시험에서 파괴면이 수평면과 이루는 각도가 60°일 때 이 흙의 내부 마찰각은?

　가. 60°　　　나. 45°　　　다. 30°　　　라. 15°

해설　$\phi = 2\theta - 90 = 2 \times 60 - 90 = 30°$

정답　58. 나　59. 나　60. 다

핵심기출문제해설 (2)

1. 석재의 비중은 일반적으로 어떤 비중으로 나타내는가?
　가. 표건 비중　　　　　　　나. 기건 비중
　다. 장 비중　　　　　　　　라. 겉보기 비중

[해설] 석재의 비중은 일반적으로 겉보기비중을 말함

2. 콘크리트에 일정한 하중을 지속적으로 재하하면 응력의 변화가 없어도 변형은 시간에 따라 증가한다. 이와 같은 변형을 무엇이라 하는가?
　가. 건조수축　　　　　　　나. 릴렉세이션
　다. 크리프　　　　　　　　라. 플라스틱 균열

[해설] 크리프(creep) : 콘크리트에 일정하게 하중을 계속주면, 응력의 변화는 없는데 변형이 재령과 함께 커지는 현상

3. 목재의 특징으로 옳지 않은 것은?
　가. 내화성이 작다.　　　　　나. 운반 및 가공이 쉽다
　다. 재질과 강도가 균일하다　라. 충격, 진동 등을 잘 흡수한다.

[해설] 재질 및 강도가 균질하지 못하고 비틀림이 생기기 쉽다.

4. 화약취급시 주의사항 중 옳지 않은 것은?
　가. 다이너마이트는 햇빛의 직사 및 화기를 피할 것
　나. 뇌관과 폭약은 사용상 편리하게 한 곳에 모아 둘 것
　다. 운반중 화기와 충격에 주의할 것
　라. 장기간 보존으로 인한 흡습 및 동결에 주의하고 온도와 습도에 의한 품질변화가 없도록 할 것

[해설] 뇌관과 폭약은 동일한 장소에 저장해서는 안 된다.

5. AE제를 사용한 콘크리트에 대한 설명으로 틀린 것은?
　가. 연행공기는 볼베어링과 같은 작용을 함으로써 콘크리트의 워커빌리티를 개선한다.
　나. 물-결합재비가 일정할 경우 AE제의 사용량이 많을수록 콘크리트의 압축강도가 증가한다.
　다. 블리딩의 작아진다.
　라. 콘크리트의 동결융해에 대한 내구성을 증가시킨다.

[해설] 공기량이 1% 증가하면 압축강도는 약 4~6%, 휨강도는 2~3% 감소하고, 일반적인 콘크리트의 공기량은 4~7% 정도가 표준

정답　1. 라　2. 다　3. 다　4. 나　5. 나

6. 시멘트의 수화열을 적게 하기 위하여 규산 삼석회와 알루민산 삼석회의 양을 제한해서 만든 시멘트는?
   가. 중용열 포틀랜트 시멘트
   나. 조강 포틀랜트 시멘트
   다. 보통 포틀랜트 시멘트
   라. 내황산염 포틀랜트 시멘트

   해설 중용열 포틀랜드 시멘트 : 화학성분은 C_2S, C_4AF가 비교적 많고 C_3S와 C_3A는 적다. 수화열이 적어 건조수축이 작으며, 장기 강도가 크다.

7. 비교적 연한 스트레이트 아스팔트에 적당한 휘발성 용제를 가하여 점도를 저하시켜 유동성을 좋게 한 것은?
   가. 컷백 아스팔트   나. 아스팔트 유제   다. 블론 아스팔트   라. 고무화 아스팔트

   해설 컷백 아스팔트 ; 연한 석유 아스팔트에 휘발성 유분을 넣고 기계적으로 섞어서 만듦

8. 콘크리트를 타설한 뒤 시멘트와 골재 알이 가라앉으면서 물이 위로 올라오는 현상을 무엇이라 하는가?
   가. 블리딩(bieeding)
   나. 레이턴스(laitance)
   다. 피니셔 빌리티(finishability)
   라. 워커 빌리티(workability)

   해설 굵은 골재가 모르터로 부터 분리되는 현상

9. 블론 아스팔트와 비교한 스트레이트 아스팔트의 특징으로 틀린 것은?
   가. 연화점이 높다.
   나. 신장성이 크다.
   다. 감온성이 크다.
   라. 방수성이 크다.

   해설 스트레이트아스팔트는 신장성, 접착성, 방수성, 감온성이 크고, 내후성이 작다.

10. 다음 중 다이너마이트의 주성분은?
    가. 질산암모니아
    나. 니트로글리세린
    다. AN-FO
    라. 초산

    해설 다이너마이트(dynamite) 주 성분은 니트로글리세린 이다.

11. 목재에서 양분을 저장하여 두고 수액의 이동과 전달을 하는 부분은?
    가. 심재   나. 수피   다. 형성층   라. 변재

    해설 변재 : 세포가 활발히 분열하고 수액의 이동, 양분의 저장이 이루어지는 곳으로 흡수성이 크고 연질로 되어 있다. 변재는 심재보다 썩기 쉽고 강도가 약하다.

12. 재료가 외력을 받아서 변형한 후에 외력을 제거하면 원형으로 돌아가는 성질은?
    가. 소성   나. 연성   다. 탄성   라. 전성

    해설 재료가 외력을 받아서 변형이 생겼을 때 외력을 제거하면 원상태로 되돌아가는 성질

정답 6. 가 7. 가 8. 가 9. 가 10. 나 11. 라 12. 다

13. 다음 시멘트 중 조기강도가 가장 큰 것은?
    가. 고로 시멘트 나. 실리카 시멘트
    다. 알루미나 시멘트 라. 조강포틀랜트 시멘트

    해설) 알루미나 시멘트 : 보크사이트와 석회석을 혼합하여 만든 것으로 재령 1일에 보통포틀랜드시멘트 재령 28일 압축강도를 나타낸다.

14. 실리카질의 가루이며, 워커빌리티를 좋게하고 수밀성과 내구성을 크게 하는 혼화재는?
    가. AE제 나. 폴리머 다. 포졸란 라. 팽창재

    해설) 포졸란을 사용한 콘크리트 특징
    - 수밀성이 크다.
    - 해수 등에 대한 화학적 저항성이 크다.
    - 재료분리를 막고 워커빌리티, 피니셔빌리티가 좋아 진다
    - 강도 증진은 느리나 장기강도가 크다
    - 포졸란은 천연산(화산재, 규조토, 규산백토)과 인공산(고로슬래그, 플라이애쉬)

15. 다음 혼화재료 중 사용량이 비교적 많아 콘크리트의 배합설계에 고려해야 되는 혼화재는?
    가. AE 나. 염화칼슘 다. 응결경화 촉진제 라. 실리카 퓸

    해설) 혼화재: 사용량이 시멘트 중량의 5% 이상으로 콘크리트의 배합설계 계산에 고려해야 하는 혼화 재료로 플라이애쉬, 규조토, 화산회, 규산백토, 고로슬래그 미분말, 실리카 퓸

16. 르샤틀리에 비중병에 0.2cc 눈금까지 광유를 주입한 다음 시멘트 64g을 첨가하여 눈금이 21.5cc 로 증가 되었을 때 이 시멘트의 비중은 얼마인가?
    가. 2.0 나. 2.5 다. 3.0 라. 3.5

    해설) 시멘트의 비중 $= \dfrac{\text{시멘트 무게}(g)}{\text{비중병 눈금차}(ml)} = \dfrac{64}{21.5-0.2} = 3.0$

17. 아스팔트가 늘어나는 능력을 나타내며, 연성의 기준이 되는 아스팔트 시험은?
    가. 연화점 시험 나. 비중 시험
    다. 침입도 시험 라. 신도 시험

    해설) 신도: 아스팔트가 늘어나는 능력, 점착성, 가요성, 내마모성에 관계

18. 흙의 밀도시험에서 가장 큰 오차의 원인은 무엇인가?
    가. 흙의 성질 나. 흙의 습윤단위 무게
    다. 흙의 건조단위 무게 라. 흙에 내포한 공기

    해설) 비중병을 끓이는 이유는 공기를 제거하여 정확한 비중을 측정하기 위함

정답 13. 다   14. 다   15. 라   16. 다   17. 라   18. 라

19. 콘크리트의 압축강도시험에서 공시체의 지름은 굵은 골재 최대 치수의 최소 몇 배 이상이 되어야 하는가?

　　가. 1배　　　　나. 3배　　　　다. 5배　　　　라. 10배

해설　시험체 지름은 굵은 골재 최대치수의 3배 이상, 또 10cm 이상

20. 잔골재의 밀도 및 흡수율시험의 결과가 아래 표와 같을 때 이 골재의 표면건조 포화상태의 밀도는?

· 플라스크+물의 질량 : 720g	· 노건조 시료의 질량 : 489.5g
· 표면 건조 포화상태 시료의 질량 : 500.5g	· 시험온도에서의 물의 밀도 : 1g/cm³
· 플라스크+물+시료의 질량: 1082.5g	

　　가. 3.63g/cm³　　　　　　　　나. 3.58g/cm³
　　다. 3.55g/cm³　　　　　　　　라. 3.51g/cm³

해설　$(d_s) = \dfrac{m}{B+m-C} \times \rho_w \ (g/cm^3) = \dfrac{500.5}{720+500.5-1082.5} \times 1 = 3.63 (g/cm^3)$

21. 흙의 밀도시험에서 기포를 제거하기 위해 시료를 끓여야 하는데 일반적인 흙에서는 얼마 이상의 시간동안 끓여야 하는가?

　　가. 1분 이상　　나. 5분 이상　　다. 10분 이상　　라. 30분 이상

해설　끓이는 시간은 일반적인 흙에서 10분 이상 끓인다.

22. 액성한계시험에서 공기 건조한 시료에 증류수를 가하여 반죽한 후 흙과 증류수가 잘 혼합되도록 방지하는 적당한 시간은?

　　가. 1시간 정도　　　　　　　나. 5시간 정도
　　다. 10시간 정도　　　　　　라. 24시간 정도

해설　수분이 증발되지 않도록 해서 10여 시간 방치한다.

23. 흙의 함수비 측정에서 항온 건조로의 온도는 몇 °C로 유지하여야 하는가?

　　가. 80±3°C　　나. 90±5°C　　다. 100±5°C　　라. 110±5°C

해설　항온 건조로 온도
　　시료를 용기별로 항온건조로에 넣고, 110±5°C에서 일정 무게가 될 때까지(일반적으로 18~24시간 정도) 노 건조한다.

24. 아스팔트 점도시험과 관계있는 것은?

　　가. 세이보울트　　　　　　　나. 태그 개방식
　　다. 환구법　　　　　　　　　라. 클리블랜드 개방식

해설　세이볼트 : 역청(歷淸) 재료의 컨시스턴시 또는 점도를 표시하는 방법 중의 하나

정답　19. 나　20. 가　21. 다　22. 다　23. 라　24. 가

25. 콘크리트용으로 사용할 굵은 골재의 안정성은 황산나트륨으로 5회 시험으로 평가한다. 그 때 손실 질량은 몇% 이하를 표준으로 하는가?

　가. 8%　　　　나. 10%　　　　다. 12%　　　　라. 14%

> **해설** 안정성 시험에서 골재 손실 무게비는 잔골재는 10% 이하, 굵은 골재는 12% 이하로 규정

26. 로스엔젤레스 마모시험에서 A.B.C.D의 입도인 경우 시험기를 몇 번 회전시키는가?

　가. 500　　　　나. 1000　　　　다. 1500　　　　라. 2000

> **해설** 입도구분에 따라 시료를 준비하고 분당 30~33회전으로 A, B, C, D 입도의 경우 500회 회전, E, F 및 G 입도의 경우는 1000회 회전

27. 슬럼프 시험에서 콘크리트가 내려앉은 길이를 어느 정도의 정밀도로 측정하는가?

　가. 3mm　　　　나. 5mm　　　　다. 7mm　　　　라. 10mm

> **해설** 슬럼프 콘을 채운 콘크리트 윗면을 고르게 하고, 즉시 슬럼프 콘을 연직으로 들어 올려 공시체 높이와 콘크리트가 무너진 상단부와 차를 5mm 단위로 측정

28. 굳지 않은 콘크리트의 블리딩 시험에 관한 사항 중 옳지 않은 것은?

　가. 처음 60분 동안은 5분 간격으로 블리딩 물을 피펫으로 빨아낸다.
　나. 굳지 않은 콘크리트의 물이 상승하는 현상을 알기 위해서 시험한다.
　다. 시험 중에는 실온 20±3℃한다.
　라. 규정된 측정시간 동안에 생긴 블리딩 물의 양을 콘크리트의 윗 면적으로 나누면 블리딩량이다.

> **해설** 처음 60분 동안은 10분 간격으로, 그 후는 블리딩이 정지할 때까지 30분 간격으로 표면에 생긴 블리딩 물을 피펫으로 빨아낸다.

29. 현장에서 모래 치환법에 의한 흙의 단위 무게 시험을 할 때 표준사를 사용하는 이유는?

　가. 실험 구멍 내 시료 입자의 지름을 알기 위하여
　나. 실험 구멍 내 시료의 무게를 알기 위하여
　다. 실험 구멍 내 시료의 간극률을 알기 위하여
　라. 실험 구멍 내 시료의 부피를 알기 위하여

> **해설** $\gamma_t = \dfrac{W}{V}$ （V: 시험구멍의 체적）

30. 콘크리트의 설계기준 압축강도가 20MPa 이고, 압축강도의 기록이 없는 경우 배합강도는?

　가. 27MPa　　　　나. 28.5MPa　　　　다. 30MPa　　　　라. 32.5MPa

> **해설** $f_{ck} + 7 = 20 + 7 = 27 MPa$

정답 25. 다　26. 가　27. 나　27. 나　28. 가　29. 라　30. 가

31. 시멘트 모르타르의 압축강도를 시험하기 위한 모르타르 만들기에서 시멘트와 표준모래의 무게 비는?

　가. 1 : 2.45　　나. 1 : 2　　다. 1 : 3　　라. 1 : 1

해설 압축강도 및 휨강도용 모르타르 제작 시 시멘트 : 모래의 비는 1 : 3

32. 콘크리트 슬럼프 시험에서 슬럼프콘에 콘크리트를 채우기 시작하고 나서 슬럼프콘을 들어올리기를 종료할 때까지의 시간으로 옳은 것은?

　가. 2~3초 이내　　나. 1분 이내
　다. 2분 이내　　라. 3분 이내

해설 슬럼프 콘에 채우고 벗길 때 까지 전 작업시간은 3분 이내

33. 흙의 밀도 시험에 사용되는 기계 및 기구가 아닌 것은?

　가. 피크노미터　　나. 데시케이터
　다. 체진동기　　라. 온도계

해설 시험기구
피크노미터, 저울(감도 0.001g), 온도계, 항온건조로(110±5℃ 유지할 수 있는 것), 데시게이터, 흙 입자 분리기구, 파쇄기구, 끓이는 기구, 증류수

34. 골재의 체가름시험은 골재의 무엇을 알기위한 시험인가?

　가. 골재의 표면수　　나. 골재의 밀도
　다. 골재의 입도　　라. 골재의 안정성

해설 골재 입도시험은 체가름시험으로 한다.

35. 다음 중 수은을 사용하는 시험은?

　가. 흙의 액성한계 시험　　나. 흙의 소성한계 시험
　다. 흙의 수축한계 시험　　라. 흙의 함수비 시험

해설 흙의 수축한계 시험시 습윤토의 체적을 측정할 때 수은을 수축 접시에 넘치도록 넣고 유리판으로 접시 상부를 눌러 수은을 제거하고, 남은 수은을 메스시린더에 옮겨 용적을 측정하면, 이것이 습윤토의 체적으로 정확한 체적(부피, 용적)을 측정하기 위함이다.

36. 어느 흙의 액성 한계 값이 60%, 소성 한계 값이 40%, 수축한계 값이 25%일 때 이 흙의 수축 지수는?

　가. 15%　　나. 20%　　다. 35%　　라. 45%

해설 $I_S = w_P - w_S = 40 - 25 = 15\%$

정답 31. 다　32. 라　33. 다　34. 다　35. 다　36. 가

37. 콘크리트의 쪼갬 인장 강도 시험 방법에 대한 설명 중 옳지 않은 것은?
  가. 공시체에 충격을 가하지 않도록 똑같은 속도로 하중을 가한다.
  나. 공시체가 파괴될 때까지 시험기에 나타내는 최대 하중을 유효숫자 3자리까지 읽는다.
  다. 인장강도 $f_{sp} = \dfrac{P}{\pi dl}$ 로 구한다.
  라. 공시체의 하중을 가하는 방향에서의 지름을 2개소 이상에서 0.1mm까지 측정한다.

해설 인장강도 $f_{sp} = \dfrac{2P}{\pi dl}$

38. 보일의 법칙에 의하여 일정한 압력하에서 공기량으로 인하여 콘크리트의 체적이 감소한다는 이론으로 공기량을 측정하는 방법은?
  가. 무게에 의한 방법
  나. 체적에 의한 방법
  다. 공기실 압력법
  라. 통계법

해설 공기량 시험법 : 질량법, 용적법, 공기실 압력법(보일의 법칙)이 있다

39. 콘크리트 슬럼프 시험을 할 때 콘크리트를 처음 넣는 양은 슬럼프 시험용 콘 부피의 얼마 까지 넣는가?
  가. 3/4
  나. 1/2
  다. 1/3
  라. 1/5

해설 시료를 거의 같은 양의 3층으로 나눠서 채운다.

40. 골재에 포함된 잔 입자시험(KS F 2511)은 골재를 물로 씻어서 몇 mm체를 통과하는 것을 잔 입자로 보는가?
  가. 5mm 체
  나. 0.6mm 체
  다. 0.15mm 체
  라. 0.08mm 체

해설 골재에 포함된 잔입자 시험은 0.08mm체를 통과하는 시험 방법

41. 어떤 흙을 일축 압축시험하여 일축압축강도가 1.2kg/cm²을 얻었다. 이 때 시료의 파괴면은 수평에 대해 50°의 경사가 생겼다. 이 흙의 내부마찰각은?
  가. 10
  나. 20
  다. 30
  라. 40

해설 $\phi = 2\theta - 90 = 2 \times 50 - 90 = 10°$

42. 액성한계 유동곡선에서 낙하 횟수 몇 회에 해당하는 함수비를 액성한계로 하는가?
  가. 15회
  나. 20회
  다. 25회
  라. 30회

해설 유동곡선에서 낙하횟수 25회에 해당하는 함수비

43. 골재의 실적률 시험에서 공극률 40%을 얻었을 때 실적률은?
  가. 20%
  나. 40%
  다. 60%
  라. 80%

해설 실적율(%) = 100 − 공극률 = 100 − 40 = 60%

정답 37. 다 38. 다 39. 다 40. 라 41. 가 42. 다 43. 다

44. 콘크리트의 압축강도 시험에서 공시체는 다음의 어느 상태에서 시험하는가?
가. 절건상태 나. 함수율 5%
다. 기건상태 라. 습윤상태

해설 공시체 압축강도 시험은 소정의 양생이 끝난 직후의 습윤상태에서 시험

45. 아스팔트의 연화점을 시험에서 시료가 강구와 함께 몇mm 처졌을 때의 온도를 연화점으로 하는가?
가. 10.4mm 나. 15.4mm 다. 20.4mm 라. 25.4mm

해설 연화점(환구법)이란 시료를 규정 조건하에서 가열하였을 때 시료가 연화되기 시작하여 규정된 거리(25.4mm)로 처졌을 때의 온도

46. 자연상태의 함수비 35%이고, 액성한계 45%, 소성한계 30%일 때 액성지수는?
가. 0.22 나. 0.33 다. 0.44 라. 0.55

해설 $I_L = \dfrac{w_n - w_P}{I_p} = \dfrac{w_n - w_P}{w_L - w_P} = \dfrac{35 - 30}{45 - 30} = 0.33$

47. 아래의 표면 군지수를 구하는 식이다. 이기서 a를 옳게 나타낸 것은?

$$GI = 0.2a + 0.005ac + 0.01bd$$

가. 0.075mm(No. 200)체 통과백분율에서의 35%를 뺀 값이다.
나. 0.075mm(No. 200)체 통과백분율에서의 15%를 뺀 값이다.
다. 액성한계에서 40%를 뺀 값이다.
라. 소성지수에서 10%를 뺀 값이다.

해설 $GI = 0.2a + 0.005ac + 0.01bd$
여기서 a : No 200체 통과량에서 35를 뺀 값(0~40의 정수) 단, No 200체 통과량이 75%를 넘으면 75로 본다.
b : No 200체 통과량에서 15를 뺀 값(0~40의 정수) 단, No 200체 통과량이 55%를 넘으면 55로 본다.
c : 액성한계에서 40을 뺀 값(0~20의 정수) 단, $w_L > 60\%$ 이면 $w_L = 60\%$ 로 본다.
d : 소성지수에서 10을 뺀 값(0~20의 정수). 단, $I_P > 30$ 이면 $I_P = 30$ 으로 본다.

48. 도로의 평판재하시험에서 재하판 3개의 지름이 바르게 표시된 것은?
가. 20cm, 35cm, 40cm 나. 25cm, 35cm, 45cm
다. 30cm, 40cm, 75cm 라. 35cm, 45cm, 65cm

해설 재하판은 두께 22mm 지름 30, 40, 75cm의 강재원판사용

정답 44. 라 45. 라 46. 나 47. 가 48. 다

49. 어떤 흙덩어리무게가 480g 일 때 이 흙의 함수비는 20%이었다 이 흙의 노건조 무게는?
　　가. 380g　　　나. 400g　　　다. 420g　　　라. 446g

해설　$W_s = \dfrac{100\,W}{100+\omega} = \dfrac{100 \times 480}{100+20} = 400g$

50. 모래치환에 의한 현장 단위무게시험 결과 파낸 구멍속의 흙 무게 2500gf, 파낸 구멍의 부피 1000cm³, 흙의 함수비가 25% 였을 때 현장 흙의 건조단위무게는?
　　가. 1.0 gf/cm³　　나. 1.5 gf/cm³　　다. 2 gf/cm³　　라. 3.0 gf/cm³

해설　건조단위무게$(\gamma_d) = \dfrac{\gamma_t}{1+\dfrac{w}{100}} = \dfrac{2.5}{1+\dfrac{25}{100}} = 2\ gf/cm^2\ \left(\because \gamma_t = \dfrac{W}{V} = \dfrac{2500}{100} = 2.5\ gf/cm^2\right)$

51. 다음 중 깊은 기초의 종류가 아닌 것은?
　　가. 말뚝기초　　나. 피어기초　　다. 케이슨기초　　라. 푸팅기초

해설　얕은 기초 종류 : 독립 후팅 기초, 연속 후팅 기초, 복합 후팅 기초, 전면기초(매트기초)
　　　깊은 기초 종류 : 말뚝 기초, 피어 기초, 케이슨 기초

52. 자연적으로 퇴적된 점토를 함수비의 변화 없이 재 성형하면 일축압축강도가 상당히 감소하는 경향이 있다. 이러한 성질을 알기 위해 사용되는 것은?
　　가. 틱소트로피　　나. 예민비　　다. 퀵샌드　　라. 활성도

해설　예민비 : 주로 점토질 지반에 적용되며 되비빔한 강도(remoulding strength)에 대한 흐트러지지 않은 시료의 강도비

53. 말뚝이 20개인 군항기초에 있어서 효율이 0.8 단항으로 계산한 말뚝 한 개의 허용 지지력이 15t 일 때 군항의 허용지지력은?
　　가. 220t　　　나. 230t　　　다. 240t　　　라. 250t

해설　허용지지력 $= 20개 \times 0.8 \times 1.5 = 240t$

54. 말뚝의 지지력을 구하는 지지력공식 중에서 정역학적 지지력 공식에 속하는 것은?
　　가. 마이어호프공식　　　　나. 힐라공식
　　다. 엔지니어린 뉴스공식　　라. 샌더공식

해설　말뚝 기초의 지지력 산정방법
　　• 정역학적 지지력 공식 : 테르자기식, Meyerhof공식
　　• 동역학적 지지력공식 : Hiley공식, Weisbach공식, Engineering News공식
　　• 말뚝 재하에 의한 방법

정답　49. 나　50. 다　51. 라　52. 나　53. 다　54. 가

55. 유선망의 특징으로 틀린 것은?
    가. 인접한 두 유선 사이를 흐르는 침투수량은 서로 동일하다.
    나. 유선망을 이루는 삼각형은 이론상 직각삼각형이다.
    다. 유선은 등수두선과 직교한다.
    라. 인접한 두 등수두선 사이의 수두손실은 서로 동일하다.

해설 유선망의 요소는 이론상 정사각형이다

56. 토립자의 비중이 2.60인 흙의 습윤단위무게가 2.0g/cm³ 이고 함수비가 20%라고 할 때 이 흙의 건조단위무게는?
    가. 1.67g/cm³   나. 2.12g/cm³   다. 0.98g/cm³   라. 5.20g/cm³

해설 $\gamma_d = \dfrac{\gamma_t}{1+\dfrac{\omega}{100}} = \dfrac{2}{1+\dfrac{20}{100}} = 1.67 g/cm^3$

57. 다음 중 흙의 전단시험 종류가 아닌 것은?
    가. 직접 전단시험   나. 삼축압축시험   다. 일축압축시험   라. 평판재하시험

해설 시험실에서의 전단강도 시험방법 : 직접전단시험, 1축 압축시험, 3축 압축시험, 평면변형률시험, 비틀림 단순전단 시험

58. 다짐 에너지가 변화하면 최적함수비 및 최대 건조 단위무게는 어떻게 변화되는가?
    가. 다짐에너지가 증가하면 최적함수비는 감소하고 최대 건조 단위무게는 증가한다.
    나. 다짐에너지가 증가하면 최적함수비 및 최대 건조단위무게도 모두 증가한가.
    다. 다짐에너지가 증가하면 최적함수비는 증가하고 최대 건조 단위무게는 감소한다.
    라. 다짐에너지가 증가하면 최대건조 단위무게는 증가하나 최적함수비는 변화하지 않는다.

해설 다짐에너지가 클수록 단위무게는 커지며, 다짐에너지가 지나치게 커서 다짐이 불충분 것을 과도 전압이라 함

59. 다음 토질 중 동상이 가장 잘 일어나는 흙은?
    가. 모래질 점토   나. 모래질흙   다. 점토질흙   라. 실트질흙

해설 흙의 종류에 따른 동상 현상

흙 종류	동 상 정 도
점 토	점토는 모관상승 높이가 크지만 투수성이 낮다.
모 래	투수성이 크지만 모관상승이 작아 동상현상이 잘 발생하지 않는다.
실 트	모관상승높이와 투수성이 모두 커서 동상이 잘 일어난다.
동상이 잘 일어나는 순서 : 실트 > 점토 > 모래 > 자갈	

정답 55. 나   56. 가   57. 라   58. 가   59. 라

60. 다음 중 다짐한 흙의 효과를 잘못 나타낸 것은?
   가. 지반의 지지력 증가
   나. 흙의 단위중량 증가
   다. 지반의 압축성 증가
   라. 전단강도가 증가

해설 다짐효과
- 흙의 종류, 함수비, 다짐 시험 방법, 다짐 에너지 등에 따라 다르다
- 흙 입자의 간격을 적게 하여 투수성을 감소
- 전단강도의 증가
- 지지력 증대
- 잔류침하방지 : 흙의 밀도를 증가시켜 압축침하와 같은 변형을 작게 함.

정답 60. 다

핵심기출문제해설 (3)

1. 조립률 2.55의 모래와 5.85의 자갈을 중량비 1:2의 비율로 혼합했을 때 조립률은?
　가. 4.75　　　　나. 4.93　　　　다. 5.75　　　　라. 6.93

해설 잔골재와 굵은 골재가 혼합 되었을 때 조립률을 구하는 방법

$$f_a = \frac{p}{p+q} \cdot f_s + \frac{q}{p+q} \cdot f_g = \frac{1}{1+2} \times 2.55 + \frac{2}{1+2} \times 5.85 = 4.75$$

2. 실적률이 큰 골재를 사용한 콘크리트에 대한 설명으로 틀린 것은?
　가. 시멘트 페이스트의 양이 적어도 경제적으로 소요의 강도를 얻을 수 있다.
　나. 콘크리트의 밀도가 증가한다.
　다. 단위 시멘트량이 적어지므로 균열 발생의 위험이 증가한다.
　라. 콘크리트의 수밀성이 증가한다.

해설 실적이 크면 공극이 작아져 시멘트 풀 양이 적어지고 따라서 시멘트량이 적어지고 수밀성이 커서 건조수축, 침하균열 발생이 적어진다.

3. 콘크리트 속에 많은 거품을 일으켜, 부재의 경량화나 단열성을 목적으로 사용하는 혼화제는?
　가. 지연제　　　나. 기포제　　　다. 급결제　　　라. 감수제

해설 기포제 : 콘크리트 속에 거품을 일으켜 콘크리트의 경량화나 단열을 위해 사용

4. 컷백 아스팔트에 대한 설명으로 옳지 않은 것은?
　가. 천연 아스팔트에 적당한 휘발성 용제를 가하여 유동성을 좋게 만든 아스팔트다.
　나. 휘발성 용제로는 주로 석유 유출물이 사용되고 그 양은 컷백 아스팔트 무게의 10~45% 정도를 차지한다.
　다. 컷백 아스팔트는 사용한 휘발성 용제의 증발속도의 차이에 따라 완속경화, 중속경화, 급속경화의 세 종류가 있다.
　라. 컷백 아스팔트는 아스팔트 유제와 마찬가지로 상온에서 시공되는 장점이 있다.

해설 컷백 아스팔트 : 연한 석유 아스팔트에 휘발성 유분을 넣고, 기계적으로 섞어서 만듦

정답　1. 가　　2. 다　　3. 나　　4. 가

5. 굳지 않은 콘크리트의 공기량에 대한 설명을 틀린 것은?
   가. 일반적으로 공기연행제의 사용량이 증가하면 공기량도 증가한다.
   나. 시멘트의 분말도가 높을수록 공기량은 감소하는 경향이 있다.
   다. 콘크리트의 온도가 낮을수록 공기량은 증가한다.
   라. 단위 시멘트량이 많을수록 공기량은 증가하는 경향이 있다.

해설 AE제를 사용한 콘크리트의 특징
- 일반적인 콘크리트의 공기량은 4~7% 정도가 표준
- 시멘트 분말도가 높으면 공기량 감소
- 빈배합일수록 워커빌리티 개선 효과가 크다.
- 슬럼프가 커지면 공기량 감소
- 단위 시멘트량이 증가하면 공기량 감소
- 콘크리트 온도가 높으면 공기량 감소

6. 콘크리트의 크리프(creep)에 대한 설명으로 틀린 것은?
   가. 콘크리트의 재령이 짧을수록 크게 일어난다.
   나. 부재의 치수가 작을수록 크게 일어난다.
   다. 물 - 시멘트비가 작을수록 크게 일어난다.
   라. 작용하는 응력이 클수록 크게 일어난다.

해설 크리프(creep) ; 콘크리트에 일정하게 하중을 계속주면, 응력의 변화는 없는데 변형이 재령과 함께 커지는 현상

7. 시멘트의 수화열을 적게 하고 조기강도는 작으나 장기강도가 크고 체적의 변화가 적어 댐 축조 등에 사용되는 시멘트는?
   가. 알루미나 시멘트   나. 조강 포틀랜드 시멘트
   다. 중용열 포틀랜드 시멘트   라. 팽창시멘트

해설 중용열 포틀랜드 시멘트 특징
- 수화열을 적게 만듦
- 수화열이 적어 건조수축이 작으며, 장기 강도가 크다.
- 계절적으로는 수화열이 작아 여름(서중콘크리트)에 사용.
- 화학성분은 C2S, C4AF가 비교적 많고 C3S와 C3A는 적다.
- 수화열과 건조수축이 작아 댐이나 매스콘크리트(Mass Concrete) 사용

8. 재료가 외력을 받아서 변형을 일으킨 뒤 외력을 제거하면 다시 원형으로 돌아가는 성질은?
   가. 탄성   나. 소성   다. 연성   라. 강성

해설
- 강성 : 재료가 외력을 받을 때 변형에 저항하는 성질
- 인성 : 재료가 외력을 받아 파괴될 때까지 큰 응력에 견디며, 변형이 크게 일어나는 성질
- 취성 : 재료가 외력을 받을 때 작은 변형에도 파괴되는 성질
- 연성 : 재료가 인장력을 받을 때 잘 늘어나는 성질
- 전성 ; 재료를 두드릴 때 얇게 퍼지는 성질을 전성

정답   5. 라   6. 다   7. 다   8. 가

9. 계면 활성작용에 의하여 워커빌리티와 동결융해 작용에 대한 내구성을 개선시키는 혼화제는?
   가. AE(공기연행)제, 감수제
   나. 촉진제, 지연제
   다. 기포제, 발포제
   라. 보수제 접착제

   해설 AE제 ; 발포성이 현저한 계면활성제로서, 콘크리트 중에 미소한 독립된 기포를 고르게 발생시켜 내동결 융해성, 내식성 등 내구성을 개선

10. 굳지 않은 콘크리트의 워커빌리티(workbility)에 관한 다음 설명 중에서 옳은 것은?
    가. 거푸집에 쉽게 다져 넣을 수 있고 거푸집을 제거하면 천천히 그 형상이 변하기는 하지만 허물어지거나 재료분리가 없는 성질
    나. 굵은골재의 최대치수, 잔골재율, 잔골재의 입도, 반죽질기 등에 따른 콘크리트 표면의 마무리가 하기 쉬운 정도를 나타내는 성질
    다. 반죽질기 여하에 따른 작업의 난이도 및 재료분리에 저항하는 정도를 나타내는 굳지 않은 콘크리트의 성질
    라. 주로 수량의 다소에 따른 반죽의 되고 진 정도를 나타내는 것으로 콘크리트 반죽의 유연성을 나타내는 성질

   해설
   • 워커빌리티(workability) : 굳지 않은 콘크리트에서 가장 중요한 것으로 반죽질기에 따른 작업이 어렵고 쉬운 정도(작업의 난이정도) 및 재료분리에 저항하는 정도를 나타내는 성질
   • 반죽질기(consistency) : 주로 물의 양이 많고 적음에 따른 반죽의 되고 진정도를 나타내는 성질
   • 성형성(plasticity) : 거푸집에 쉽게 다져 넣을 수 있고, 거푸집을 제거하면 천천히 형상이 변하기는 하지만 허물어지거나 재료분리하지 않는 성질
   • 피니셔빌리티(finishability) : 굵은 골재의 최대치수, 잔골재율, 잔골재의 입도 반죽질기 등에 따른 마무리하기 쉬운 정도를 나타내는 성질

11. 목재의 특징에 대한 설명으로 틀린 것은?
    가. 비중에 비하여 강도가 크다.
    나. 열팽창계수가 작고 온도에 대한 신축이 작다.
    다. 가볍고 취급 및 가공이 쉽다.
    라. 함수율의 변화에 의한 변형과 팽창, 수축이 작다.

   해설 함수량에 따른 팽창수축이 크다.

12. 1g의 시멘트가 가지고 있는 전체 입자의 총 표면적을 무엇이라고 하는가?
    가. 비표면적
    나. 단위표면적
    다. 단위당 표면적
    라. 비단위 표면적

   해설 분말도는 비표면적으로 나타내며, 비표면적(cm^2/g)은 1g의 시멘트가 가지고 있는 전체 입자의 총 표면적(cm^2)

정답 9. 가 10. 다 11. 라 12. 가

13. 콘크리트는 인장강도가 작으므로 콘크리트 속에 미리 강재를 긴장시켜 콘크리트에 압축 응력을 주어 하중으로 생기는 인장응력을 비기게 하거나 줄이도록 만든 콘크리트는?
  가. 프리스트레스트 콘크리트 나. 레디믹스트 콘크리트
  다. 섬유보강 콘크리트 라. 폴리머 시멘트 콘크리트

해설 프리스트레스트 콘크리트 : 콘크리트에 생기는 인장응력을 상쇄시키거나 감소시키기 위해서, 강선이나 강봉을 미리 긴장시켜 압축응력을 주어 만든 것

14. 천연 아스팔트로서 토사 같은 것을 함유하지 않고, 성질과 용도가 블론 아스팔트와 같이 취급되는 것은?
  가. 레이크 아스팔트 나. 아스팔타이트
  다. 샌드 아스팔트 라. 커트백 아스팔트

해설 아스팔타이트 : 암석의 균열 등에 석유가 스며들어 오랜 세월에 걸쳐 아스팔트로 변질된 것으로서 불순물이 거의 없는 순수한 아스팔트의 총칭

15. 암석을 성인(지질학적)에 의해 분류할 때 화성암에 속하는 것은?
  가. 안산암 나. 응회암
  다. 대리석 라. 점판암

해설 마그마가 지표에서 빨리 식으면 화산암 [유문암, 안산암, 현무암]으로 구분

16. 잔골재 시험의 결과가 아래 표와 같을 때 잔골재의 흡수율은?

  - 표면건조포화상태의 시료 질량 : 500g
  - 습윤상태의 시료 질량 : 542g
  - 절대건조상태의 시료 질량 : 485g

  가. 2.1% 나. 3.1% 다. 8.4% 라. 11.8%

해설 $(Q) = \dfrac{m-A}{A} \times 100 \, (\%) = \dfrac{500-485}{485} \times 100 = 3.1\%$

17. 르사틀리에 비중병에 광류를 넣어 읽음이 0.8mL, 시멘트 64g을 넣고 기포를 제거한 후 읽기가 21.8mL일 때 시멘트의 비중은?
  가. 2.95 나. 3.05 다. 3.08 라. 3.15

해설 시멘트의 비중 $= \dfrac{\text{시멘트 무게}(g)}{\text{비중병 눈금차}(ml)} = \dfrac{64}{21.8-0.8} = 3.05$

정답 13. 가 14. 나 15. 가 16. 나 17. 나

18. 콘크리트 슬럼프 시험(KS F2402)의 적용범위에 대한 아래 표의 ( )에 공통으로 들갈 알맞은 수치는?

> 굵은골재의 최대 치수가 ( )mm를 넘는 콘크리트의 경우에는 ( )mm를 넘는 굵은 골재를 제거한다.

가. 30　　　나. 40　　　다. 50　　　라. 60

해설 굵은 골재 최대치수가 40mm를 넘을 경우 40mm 골재는 제거

19. 유동곡선에서 타격횟수 몇 회에 해당하는 함수비를 액성한계로 하는가?

가. 15회　　나. 25회　　다. 35회　　라. 45회

해설 유동곡선에서 낙하횟수 25회에 상당하는 함수비를 액성한계(w_l)

20. 시멘트의 강도시험(KS L ISO 679)에서 시험용 모르타르를 제작할 때 시멘트 450g을 사용한 경우 표준사의 양으로 옳은 것은?

가. 1,155g　　나. 1,215g　　다. 1,280g　　라. 1,350g

해설 시멘트 : 모래 = 3 : 1 비율 ∴ 모래양=450×3=1350g

21. 도로 포장설계에 있어서 아스팔트 포장 두께를 결정하는 시험은?

가. 노상토 지지력비시험　　나. 아스팔트의 침입시험
다. 일축압축시험　　　　　라. 직접전단시험

해설 노상토 지지력비 시험(CBR) : 도로나 활주로 등의 포장 두께를 결정하기 위한시험

22. 콘크리트 압축강도 시험의 기록이 없는 현장에서 설계기준 압축강도가 40MPa인 경우 배합강도는?

가. 50MPa　　나. 48.5MPa　　다. 47MPa　　라. 43.5MPa

해설 표준편차를 알지 못하거나 시험회수가 14회 이하인 경우 배합강도
$f_{ck} + 7 = 40 + 10 = 50 MPa$

설계기준강도 f_{ck} (Mpa)	배합강도 f_{cr} (Mpa)
21 미만	$f_{ck} + 7$
21 이상 35이하	$f_{ck} + 8.5$
35초과	$f_{ck} + 10$

정답 18. 나　19. 나　20. 라　21. 가　22. 가

23. 자연상태 함수비가 42%인 점토에 대해 애터버그 한계시험을 실시하여 액성한계가 70.6%, 소성한계가 29.4%이었다면 액성지수는?
   가. 0.99   나. 0.69   다. 0.41   라. 0.31

   해설 $I_L = \dfrac{w_n - w_P}{w_l - w_P} = \dfrac{42 - 29.4}{70.6 - 29.4} = 0.31$

24. 흙의 침강 분석시험(입도 분석시험)에 대한 내용 중 옳지 않은 것은?
   가. stokes의 법칙을 적용한다.
   나. 시험 후 메스실린더의 내용물은 0.075mm체에 붓고 물로 세척한다.
   다. 침강 측정시 메스실린더 내에 비중계를 띄우고 소수 부분의 눈금을 메니스커스 위 끝에서 0.0005까지 읽는다.
   라. 침강 분석시험에 사용되는 메스실린더의 용량은 500ml를 사용한다.

   해설 메스실린더의 용량은 1000ml를 사용

25. 로스앤젤레스 시험기를 사용하여 굵은골재의 마모시험을 할 때, 매분 몇 회의 회전수로 시험기를 회전시키는가?
   가. 20~22회   나. 30~33회
   다. 40~44회   라. 5~55회

   해설 시험기를 매분 30~33회의 회전수로 A급, B급, C급, D급은 500번, E급, F급, G급은 1000번 회전

26. 콘크리트의 워커빌리티를 측정하는 시험으로 적당하지 않은 것은?
   가. 구관입시험   나. 비비시험
   다. 흐름시험   라. 압밀시험

   해설 압밀시험은 흙 시험

27. 흙의 공학적 분류를 위한 물리적 성질 시험이 아닌 것은?
   가. 투수시험   나. 비중 시험
   다. 애터버그 한계 시험   라. 입도 시험

   해설 투수시험 : 정수위 투수시험과 변수위 투수시험을 실시하여, 흙의 투수계수를 구하는 시험

28. 흙의 비중 측정시 시료를 끓이는 이유로서 가장 적합한 것은?
   가. 기포 제거를 위하여   나. 함수비를 구하기 위하여
   다. 흙과 물이 잘 혼합하기 위하여   라. 깨끗하게 만들기 위하여

   해설 비중병을 끓이는 이유는 공기를 제거하여 정확한 비중을 측정하기 위함

정답 23. 라   24. 라   25. 나   26. 라   27. 가   28. 가

29. 콘크리트 압축강도 시험을 위한 공시체에 대한 설명으로 틀린 것은
　　가. 공시체는 지름의 2배의 높이를 가진 원기둥형으로 한다.
　　나. 공시체의 지름은 굵은골재의 최대치수의 3배 이상, 100mm 이상으로 한다.
　　다. 공시체의 몰드를 떼는 시기는 콘크리트 채우기가 끝나고 나서 3일 이상 2일 이내로 한다.
　　라. 공시체의 양생온도는 (20±2)℃로 한다.

해설 시험체에 콘크리트를 다 채운 후 16시간 이상 3일 이내에 몰드를 뗀다.

30. 흙의 비중시험에 사용되는 시료로 적당한 것은?
　　가. 4.75mm체 통과 시료　　나. 19mm체 통과 시료
　　다. 37.5mm체 통과시료　　라. 53mm체 통과 시료

해설 4.75mm 체를 통과한 시료를 사용

31. 흙을 지름 3mm의 줄 모양으로 늘여 토막토막 끊어지려고 할 때의 함수비를 무엇이라고 하는가?
　　가. 수축한계　　나. 액성한계　　다. 소성한계　　라. 액성지수

해설 소성한계(w_P) : 소성판(판유리) 위에서 흙을 부드럽게 비벼서 지름이 3mm 정도에서 균열이 생겨 부슬부슬 해질 때 조각난 부분의 함수비를 소성한계

32. 골재의 입도를 알기위해 실시하는 시험은?
　　가. 다짐시험　　나. 비중(밀도)시험　　다. 체가름시험　　라. 빈틈률시험

해설 골재 입도시험은 체가름시험으로 한다.

33. 아스팔트 침입도 시험의 측정조건에 대한 설명으로 옳은 것은?
　　가. 시료의 온도 25℃에서 100g의 하중을 5초 동안 가하는 것을 표준으로 한다.
　　나. 시료의 온도 25℃에서 100g의 하중을 10초 동안 가하는 것을 표준으로 한다.
　　다. 시료의 온도 25℃에서 200g의 하중을 5초 동안 가하는 것을 표준으로 한다.
　　라. 시료의 온도 25℃에서 200g의 하중을 10초 동안 가하는 것을 표준으로 한다.

해설 표준 시험조건 온도 25℃, 하중 100g, 시간 5초이다.

34. 콘크리트의 휨 강도 시험용 공시체를 제작하는 경우 몰드의 규격이 150×150×550mm일 때 층당 다짐 횟수는?
　　가. 15회　　나. 25회　　다. 83회　　라. 64회

해설 1000mm² 당 1회 다짐
$$다짐 횟수 = \frac{150 \times 550}{1000} = 82.5 ≒ 83회$$

정답 29. 다　30. 가　31. 다　32. 다　33. 가　34. 다

35. 흙의 함수비 시험에서 데시케이터 안에 넣는 제습제은?
   가. 염화나트륨	나. 염화칼슘
   다. 황산나트륨	라. 황산칼륨

   해설 제습제로 실리카겔, 염화칼슘 등의 흡수제를 넣는다.

36. 굳지 않은 콘크리트의 슬럼프 시험에서 콘크리트가 내려앉은 길이를 측정하는 정밀도는?
   가. 1mm	나. 2mm	다. 5mm	라. 10mm

   해설 슬럼프 콘을 채운 콘크리트 윗면을 고르게 하고, 즉시 슬럼프 콘을 연직으로 들어 올려 공시체 높이 와 콘크리트가 무너진 상단부와 차를 5mm 단위로 측정하여 슬럼프 값으로 한다.

37. 다음 중 시멘트 분말도 시험에 사용되는 재료 또는 기계·기구가 아닌 것은?
   가. 다이얼 게이지	나. 수은
   다. 거름종이	라. 다공 금속관

   해설 다이얼 게이지는 CBR 시험 기계기구

38. 흙의 함수비 시험에서 항온 건조로의 온도는?
   가. 100±5℃	나. 110±5℃
   다. 125±5℃	라. 135±5℃

   해설 시료를 용기별로 항온건조로에 넣고, 110±5℃에서 일정 무게가 될 때 까지 (일반적으로 18~24시간 정도) 노 건조

39. 잔골재의 밀도 시험을 할 때 시료의 준비 및 시험방법을 설명한 것으로 틀린 것은?
   가. 시료는 시료분취기 또는 4분법에 따라 채취한다.
   나. 시료를 용기에 담아 105±5℃의 온도로 일정한 양이 될 때까지 건조시킨다.
   다. 일정한 양이 될 때까지 건조시킨 다음, 시료를 24±4시간 동안 물속에 담근다.
   라. 시료를 원뿔형 몰드에 넣은 다음 다짐대로 시료의 표면을 가볍게 55회 다진다.

   해설 원뿔형 몰드에 시료를 채우고 윗면을 평평하게 고르고 표면을 다짐봉으로 25회 가볍게 다진다.

40. 강재의 인장시험 결과로부터 구할 수 없는 것은?
   가. 비례한도	나. 극한강도
   다. 상대 동탄성계수	라. 파단 연신율

   해설 강재 인장시험으로 항복점, 연신율, 단면수축, 비례한도, 탄성계수, 푸와송비를 구함. 상대 동탄성계수동적 시험에 의해 구해지는 탄성계수. 평판재하시험에서 하중을 동적으로 가함으로써 구해짐. 또한 P파속도, S파속도로부터 구할 수도 있음

정답 35. 나   36. 다   37. 가   38. 나   39. 라   40. 다

41. 환구법으로 역청재료의 연화점을 측정할 때, 시료를 환에 넣고 몇 시간 안에 시험을 종료해야 하는가?

　가. 1시간　　　나. 2시간　　　다. 3시간　　　라. 4시간

해설 시료를 환에 주입하고 4시간 이내에 시험을 종료

42. 콘크리트 슬럼프 시험을 할 때 콘크리트를 처음 넣는 양은 슬럼프 시험용 콘 부피의 얼마까지 넣는가?

　가. 1/2　　　나. 1/3　　　다. 1/4　　　라. 1/5

해설 시료를 거의 같은 양의 3층으로 나눠서 채운다.

43. 콘크리트의 블리딩 시험에서 처음 60분 동안은 몇 분 간격으로 표면에 생긴 블리딩을 피펫으로 빨아내는가?

　가. 1분　　　나. 5분　　　다. 10분　　　라. 30분

해설 처음 60분 동안은 10분 간격으로, 그 후는 블리딩이 정지할 때까지 30분 간격으로 표면에 생긴 블리딩 물을 피펫으로 빨아낸다.

44. 다음 중 굵은골재의 밀도 및 흡수율 시험용 기구가 아닌 것은?

　가. 저울　　　나. 철망태　　　다. 건조기　　　라. 다짐대

해설 저울, 철망태, 물통, 건조기(105±5℃)

45. 다음 중 아스팔트 혼합물의 배합설계시 필요하지 않은 시험은?

　가. 흐름값 측정　　　나. 골재의 체가름 시험
　다. 응결시간 측정　　　라. 마샬 안정도 시험

해설 응결시간 측정은 콘크리트 시험

46. 통일 분류법에서 유기질이 극히 많은 흙을 나타내는 것은?

　가. Pt　　　나. GC　　　다. GM　　　라. CL

해설 통일 분류법에 사용되는 기호

토질의 종류		제1문자	토질의 속성	제2문자	
조립토	자갈 (gravel)	G	입도 분포가 양호(well-graded)	W	조립토
	모래 (sand)	S	입도 분포가 불량(poor-graded)	p	
세립토	실트 (silt)	M	소성 지수가 4이하임.	M	세립토
	점토 (clay)	C	소성 지수가 7 이상	C	
	유기질실트 및 점토	O	압축성이 낮음(low-compressibility)	L	
유기질토	이탄(peat)	Pt	압축성 높음 (high compressibiliy)	H	

정답 41. 라　42. 나　43. 다　44. 라　45. 다　46. 가

47. 입경가적 곡선에서 유효 입경이라 함은 가적 통과율 몇 %에 해당하는 입경을 말하는가?
　가. 50%　　　나. 40%　　　다. 20%　　　라. 10%

해설 유효입경(D_{10}) : 통과 무게 백분율 10%에 해당하는 흙 입자지름

48. 옹벽의 안정을 위해 검토하는 안정 조건으로 가장 거리가 먼 내용은?
　가. 전도에 대한 안정
　나. 기초 지반의 지지력에 대한 안정
　다. 활동에 대한 안정
　라. 벽체 강도에 대한 안정

해설 옹벽의 안정 조건 : 전도에 대한 안정, 활동에 대한 안정, 지지력에 대한 안정, 원호활동에 대한 안정

49. 흙의 다짐시험을 할 때 다짐에너지에 대한 설명으로 틀린 것은?
　가. 다짐횟수에 비례한다.
　나. 다짐에너지는 래머의 무게와 높이에 반비례한다.
　다. 몰드의 부피에 반비례하며 다짐층수에 비례한다.
　라. 다짐에너지가 커지면 공극률은 작아지는 것이 일반적이다.

해설
$$E_C = \frac{W_R \cdot H \cdot N_B \cdot N_L}{V}$$
여기서, E_C : 다짐에너지($kgf.cm/cm^3$)　　W_R : 래머의 무게(kgf)
N_B : 각 층의 다짐횟수　　N_L : 다짐층수
H : 낙하고　　V : 몰드의 부피(cm^3)

50. 흙의 최적 함수비(OMC)와 관계가 깊은 시험은
　가. 전단시험　　　나. 일축압축시험
　다. 압밀시험　　　라. 다짐시험

해설 다짐곡선 최대점의 단위 무게를 최대건조 단위무게(γ_{dmax}), 이때의 함수비를 최적함수비(OMC)라 한다.

51. 도로나 활주로 등의 포장 두께를 결정하기 위하여 주로 실시하는 토질시험은?
　가. 일축압축시험　　　나. CBR시험
　다. 표준관입시험　　　라. 현장 단위무게시험

해설 노상토 지지력비(C B R) 시험 목적: 도로나 활주로 등의 포장 두께 결정하기 위한시험

52. e-logP(간극비 - 하중) 곡선은 어느 시험에 얻어지는가?
　가. 압밀시험　　　나. 일축압축시험
　다. 정수위 투수시험　　　라. 직접 전단시험

해설 압밀 : 연속적으로 작용하는 정하중에 의하여 흙 속의 물과 공기가 배제되어 흙이 압축되는 현상

정답 47. 라　48. 라　49. 나　50. 라　51. 나　52. 가

53. 투수 계수가 낮은 미세한 모래나 실트질 흙에 적합한 실내 투수시험 방법은?
  가. 정수위 투수시험   나. 변수위 투수시험
  다. 다짐시험   라. 주입법

해설 실내 투수시험

시험방법	적용지반
정수위 투수시험	투수계수가 큰 지반
변수위 투수시험	투수성이 작은 흙
압밀 시험	불투수성 흙

54. 기초의 종류 중 얕은 기초는?
  가. 전면기초   나. 말뚝기초
  다. 케이슨기초   라. 피어기초

해설 얕은 기초 종류 : 독립 후팅 기초, 연속 후팅 기초, 복합 후팅 기초, 전면기초(매트기초)
  깊은 기초 종류 : 말뚝 기초, 피어 기초, 케이슨 기초

55. 내부 마찰각 $0°$인 점토에 대하여 일축압축시험을 하여 일축압축강도 $3.6kg/m^2$을 얻었다. 이 흙의 점착력은?
  가. $1.8kg/m^2$ 나. $2.4kg/m^2$
  다. $3.0kg/m^2$ 라. $3.6kg/m^2$

해설 $C_U = \dfrac{q_u}{2}tan(45-\dfrac{\phi}{2}) = \dfrac{3.6}{2}tan(45-\dfrac{0}{2}) = 1.8 kg/m^2$

56. 흙의 통일분류법에서 조립토와 세립토로 구분하기 위한 체의 규격으로 옳은 것은?
  가. 0.45mm   나. 0.3mm   다. 0.15mm   라. 0.075mm

해설 조립토와 세립토 분류 : 0.075mm 체의 통과량이 50% 이하이면 조립토, 50% 이상이면 세립토로 분류

57. 평판재하시험에서 0.125cm 침하량에 해당하는 하중강도가 $1.75kg/cm^2$일 때 지지력 계수는?
  가. $7.1kg/cm^3$ 나. $12.5kg/cm^3$
  다. $14.0kg/cm^3$ 라. $17.5kg/cm^3$

해설 $K = \dfrac{q}{y} = \dfrac{1.75}{0.125} = 14.0 kg/cm^3$

58. 흙의 간극률(n)이 40%일 때 간극비(e)는?
  가. 0.4   나. 0.67   다. 1.50   라. 1.67

해설 $e = \dfrac{n}{100-n} = \dfrac{40}{100-40} = 0.67$

정답 53. 나 54. 가 55. 가 56. 라 57. 다 58. 나

59. 말뚝의 지지력 계산시 Engineering news 공식의 안전율은 얼마를 사용하는가?
   가. 10   나. 8   다. 6   라. 2

해설 말뚝 기초의 지지력 산정시 안전율
- 엔지니어링 뉴스 공식의 안전율 : 6
- Sander 공식 안전율 : 8

60. 강성포장의 구조나 치수를 설계하기 위하여 지반 지지력계수 K를 결정하는 시험방법은?
   가. 다짐시험   나. CBR 시험
   다. 평판재하시험   라. 전단시험.

해설 평판재하시험 : 지반의 지내력 및 노상, 노반의 지반반력계수, 콘크리트 포장과 같은 강성포장의 두께를 결정

정답 59. 다   60. 다

핵심기출문제해설 (4)

1. 목재의 특성에 대한 설명으로 틀린 것은?
  가. 비중에 비하여 강도가 크다.
  나. 함수율의 변화에도 팽창, 수축이 작다.
  다. 충격, 진동 등을 잘 흡수한다.
  라. 열팽창계수가 작고 온도에 대한 신축이 작다.

[해설]
- 외관이 아름답다.
- 가볍고, 구입, 가공, 취급이 쉽다.
- 중량에 비해 강도 및 탄력성이 크다.
- 온도에 대한 수축, 팽창이 비교적 작다.
- 충격 및 진동을 잘 흡수한다.
- 재질의 결함을 발견하기 쉽고 방부나 방충화처리가 가능해 내구적, 내화적으로 만들 수 있음
- 산 및 알칼리성에 저항성이 크다.
- 각지에 분포되어 있어 재료 얻기가 쉽다.

2. 잔골재의 실적률이 75%이고 표건 밀도가 2.65g/cm³ 일 때 공극률은?
  가. 28%   나. 25%   다. 66%   라. 3%

[해설] 공극률=100-실적률=100-75=25%

3. 포졸란의 종류 중 인공산에 속하는 것은?
  가. 플라이 애시   나. 규산백토   다. 규조토   라. 화산재

[해설] 포졸란은 천연산(화산재, 규조토, 규산백토)과 인공산(고로슬래그, 플라이애시)

4. 굳지 않은 콘크리트의 공기량에 대한 설명으로 틀린 것은?
  가. 콘크리트의 온도가 높을수록 공기량은 줄어든다.
  나. 시멘트의 분말도가 높을수록 공기량은 많아진다.
  다. 단위 시멘트량이 많을수록 공기량은 줄어든다.
  라. 잔골재량이 많을수록 공기량은 많아진다.

[해설]
- 공기량이 1% 증가하면 슬럼프가 약 2.5cm 증가한다.
- 공기량이 1% 증가하면 압축강도는 약 4~6%, 휨강도는 2~3% 감소하고,
- 철근과의 부착강도 저하 등이 일어나므로 적정사용량 권장
- 일반적인 콘크리트의 공기량은 4~7% 정도가 표준
- 슬럼프가 커지면 공기량 감소
- 시멘트 분말도가 높으면 공기량 감소
- 단위 시멘트량이 증가하면 공기량 감소
- 콘크리트 온도가 높으면 공기량 감소

[정답] 1. 나   2. 나   3. 가   4. 나

5. 시멘트를 저장할 때 주의해야 할 사항으로 잘못된 것은?
   가. 통풍이 잘되는 창고에 저장하는 것이 좋다.
   나. 저장소의 구조를 방습으로 한다.
   다. 저장기간이 길어질 우려가 있는 경우에는 7포 이상 쌓아 올리지 않는 것이 좋다.
   라. 포대시멘트가 저장 중에 지면으로부터 습기를 받지 않도록 저장

   해설 통풍이 안 되는 방습적인 구조로 된 사일로 또는 창고에 품종별로 구분하여 저장

6. 금속재료의 시험의 종류에 속하지 않는 것은?
   가. 인장시험   나. 굴곡시험
   다. 경도시험   라. 오토클레이브 팽창도 시험

   해설 금속재료 시험 : 인장강도, 굴곡 시험, 경도 시험, 충격시험

7. 고로슬래그 시멘트에 관한 설명으로 옳은 것은?
   가. 보통 포틀랜드 시멘트에 비하여 응결이 빠르다.
   나. 보통 포틀랜드 시멘트에 비하여 조기강도가 높다.
   다. 보통 포틀랜드 시멘트에 비하여 발열량이 적어 균열발생이 적다.
   라. 긴급공사, 보수공사 및 그라우팅용에 적합하다.

   해설 수화열이 작아 응결이 느리고, 균열이 적게 발생하며, 장기강도가 크다.

8. 다음 중 콘크리트의 워커빌리티 증진에 도움이 되지 않는 것은?
   가. AE제   나. 감수제   다. 포졸란   라. 응결경화 촉진제

   해설 워커빌리티와 내동해성을 개선시키는 것 : AE제, 감수제, 포졸란

9. 굳은 콘크리트의 건조수축에 대한 설명으로 틀린 것은?
   가. 물-결합재비가 클수록 건조수축이 커진다.
   나. 골재의 입자가 작을수록 건조수축이 커진다.
   다. 습윤상태에서는 팽창변화, 공기중 건조 상태에서는 수축한다.
   라. 온도가 낮은 경우 건조수축이 커진다.

   해설 건조수축 균열 : 워커빌리티에 필요한 잉여수가 건조하면서 콘크리트는 수축
   물의 양이 많을 때, 골재입자가 클수록, 온도가 높을수록 건조수축이 커진다.

10. 스트레이트 아스팔트를 가열하여 고온의 공기를 불어 넣어 아스팔트 성분의 화학변화를 일으켜 만든 것으로서 주로 방수재료, 접착제, 방식 도장용 등에 사용되는 것은?
    가. 레이크 아스팔트   나. 컷백아스팔트   다. 블론아스팔트   라. 코울타르

    해설 스트레이트 아스팔트를 가열하여 고온의 공기를 불어넣어, 아스팔트 성분에 화학변화를 일으켜 만듦. 감온성이 적고, 탄력이 크며, 연화점이 높다

정답 5. 가   6. 라   7. 다   8. 라   9. 라   10. 다

11. 콘크리트용 골재가 갖추어야 할 성질에 대한 설명으로 틀린 것은?
   가. 동일한 입경을 가질 것
   나. 깨끗하고, 강하며, 내구적일 것
   다. 연한 석편, 가느다란 석편을 함유하지 않을 것
   라. 먼지, 흙, 유기불순물, 염화물 등의 유해물을 함유하지 않을 것

해설 입도 : 크고 작은 알갱이가 섞여 있는 정도로 알갱이(입경)의 크기가 같으면 실적률이 작아져 양질의 콘크리트를 만들기 어려움, 보통 굵은골재 FM:6~8, 잔골재FM:2.3~3.1것이 양질의 골재

12. 물-결합재비 60%의 콘크리트를 제작할 경우 시멘트 1포당 필요한 물의 양은 몇 kg 인가? (단, 시멘트 1포의 무게는 40kg 이다.)
   가. 15kg   나. 24kg   다. 40kg   라. 60kg

해설 $\frac{W}{B}=0.6, \quad W=0.6\times 40 = 24 kg$

13. 스트레이트 아스팔트에 천연 고무, 합성 고무 등을 넣어서 성질을 좋게 한 아스팔트는?
   가. 유화 아스팔트   나. 컷백 아스팔트
   다. 고무화 아스팔트   라. 플라스틱 아스팔트

해설 고무화 아스팔트 : 스트레이트 아스팔트에 천연고무, 합성고무 등을 넣어서 성질을 개선한 것으로, 추운 곳에서의 도로포장에 사용

14. 보크사이트와 석회석을 혼합하여 만든 시멘트로서 조기강도가 커서 긴급 공사나 한중콘크리트에 알맞으며, 내화학성도 우수하여 해수공사에 적합한 시멘트는?
   가. 중용열 포틀랜드 시멘트   나. 팽창 시멘트
   다. 알루미나 시멘트   라. 내황산염 포틀랜드 시멘트

해설 알루미나시멘트: 보크사이트와 석회석을 혼합하여 만든 것으로 재령 1일에 보통포틀랜드시멘트 재령 28일 압축강도를 나타낸다.

15. 암석의 분류방법 중 성인(지질학적)에 의한 분류내용에 속하지 않는 것은?
   가. 화산암   나. 퇴적암   다. 변성암   라. 성층암

해설
• 성인에 따라서는 마그마의 작용으로 만들어지면 화성암(igneous rock),
• 퇴적작용을 통해 만들어지면 퇴적암(Sedimentary rock),
• 변성작용을 통해 만들어지면 변성암(Metamorphic rock)

16. 아스팔트의 침입도 시험에서 표준침의 침입량이 16.9mm일 때 침입도는?
   가. 1.69   나. 16.9   다. 169   라. 1690

해설 표준침의 침입량을 0.1mm ($\frac{1}{10}$ mm) 단위로 나타낸 값을 침입도로 한다. ∴ 침입도 = $\frac{16.9}{0.1}$ = 169

정답 11. 가 12. 나 13. 다 14. 다 15. 라 16. 다

17. 콘크리트 압축강도 시험에 대한 설명으로 틀린 것은?
　가. 시험체 지름은 굵은 골재 최대치수의 3배 이상 일 것
　나. 공시체의 양생 온도는 18~22℃로 한다.
　다. 공시체가 급격한 변형을 시작한 후에는 하중을 가하는 속도의 조정을 중지하고 하중을 계속 가한다.
　라. 공시체의 양생이 끝난 뒤 충분히 건조시켜 마른상태에서 시험한다.

해설 습윤상태에서 시험

18. 시멘트의 비중시험의 결과가 아래의 표와 같을 때 이 시멘트의 비중은?

- 처음 광유의 눈금 읽음 : 0.40mL
- 시료와 광유의 눈금 읽음 : 20.8mL
- 시료의 무게 : 64g

　가. 3.08　　나. 3.12　　다. 3.14　　라. 3.16

해설 시멘트 비중 $= \dfrac{\text{시멘트의 무게}(g)}{\text{비중병 눈금차}(ml)} = \dfrac{64}{20.8 - 0.40} = 3.14$

19. 흙과 관련된 시험에서 입경가적 곡선을 그릴 수 있는 시험으로 옳은 것은?
　가. 흙의 입도시험　　나. 흙의 비중시험
　다. 흙의 함수비시험　　라. 흙의 연경도시험

해설 흙 입자의 크기는 입경으로 나타내는데, 여러 가지 크기의 입자들이 어떤 비율로 섞여 있는가를 나타내는 것을 입도

20. 콘크리트 압축강도 시험 결과 최대 하중이 519.43kN이고 공시체의 지름이 152mm 일 때 공시체의 압축 강도는?
　가. 2.8MPa　　나. 3.84MPa
　다. 28.6MPa　　라. 38.4MPa

해설 압축강도 $= \dfrac{P}{A} = \dfrac{519.43 \times 1000}{\dfrac{\pi \times 152^2}{4}} = 28.6 MPa$

21. 용기의 무게가 15g일 때 용기에 흙 시료를 넣어 총 무게를 측정하여 475g 이었고 노건조 시킨 다음 무게가 422g 이었다. 이때의 함수비는?
　가. 8.6%　　나. 10.45%　　다. 13.0%　　라. 25.42%

해설 $w = \dfrac{W_W}{W_S} \times 100 = \dfrac{475 - 422}{422 - 15} \times 100 = 13.0\%$

정답 17. 라　18. 다　19. 가　20. 다　21. 다

22. 흙의 함수비 시험에 사용되는 기계·기구가 아닌 것은?
    가. 원뿔형 몰드   나. 저울
    다. 데시케이터   라. 항온건조로

    해설 용기, 저울, 항온건조로, 데시게이터 (실리카겔, 염화칼슘 등의 흡수제를 넣은 것)
    원뿔형 몰드는 잔골재 밀도시험 기구

23. 흙의 수축한계를 결정하기 위한 수축접시 1개를 만드는 시료의 양으로 적당한 것은?
    가. 15g   나. 30g   다. 50g   라. 150g

    해설 0.425mm체 통과 시료 약 30g을 유리판 위에서 증류수를 가하면서 반죽 상태로 반죽한다.

24. 콘크리트 배합설계시 단위수량이 160kg/m³ 단위시멘트량이 320kg/m³ 일 때 물-시멘트비는?
    가. 30%   나. 40%   다. 50%   라. 60%

    해설 $\dfrac{W}{B} = \dfrac{160}{320} \times 100 = 50\%$

25. 액성한계가 42.8% 이고 소성한계는 32.2%일 때 소성지수를 구하면?
    가. 10.6   나. 12.8   다. 21.2   라. 42.4

    해설 $I_P = w_L - w_P = 42.8 - 32.2 = 10.6\%$

26. 시멘트 입자의 가는 정도를 알기 위해서 실시하는 시험은?
    가. 시멘트 모르타르 압축강도 시험
    나. 시멘트 모르타르 인장강도 시험
    다. 시멘트 팽창도 시험
    라. 시멘트 분말도 시험

    해설 분말도는 입자의 가는정도

27. 일반적으로 굵은 골재의 체가름 시험에서 굵은 골재 최대 치수가 20mm 정도일 때 사용하는 시료의 최소 건조질량은?
    가. 1kg   나. 2kg   다. 4kg   라. 8kg

    해설 잔골재 경우(1.2mm체 95%이상 통과 최소질량 100g 하고,1.2mm 5%이상 남는 것에 대한 최소건조 질량 500g 으로 한다. 굵은 골재 경우(골재 최대치수의 0.2배)

정답   22. 가   23. 나   24. 다   25. 가   26. 라   27. 다

28. 잔골재의 밀도 및 흡수율시험의 결과가 아래 표와 같을 때 이 골재의 표면건조 포화상태의 밀도는?

- 플라스크+물의 질량 : 720g
- 표면 건조 포화상태 시료의 질량 : 500.5g
- 플라스크+물+시료의 질량: 1082.5g
- 노건조 시료의 질량 : 489.5g
- 시험온도에서의 물의 밀도 : 1g/cm³

가. 3.63g/cm³ 나. 3.58g/cm³
다. 3.55g/cm³ 라. 3.51g/cm³

해설 $(d_s) = \dfrac{m}{B+m-C} \times \rho_w \ (g/cm^3) = \dfrac{500.5}{720+500.5-1082.5} \times 1 = 3.63(g/cm^3)$

29. 골재의 수정계수가 1.25%이고, 콘크리트의 겉보기 공기량이 6.75% 일 때 콘크리트의 공기량은 얼마인가?

가. 8.44%   나. 8.0%   다. 5.5%   라. 5.0%

해설 공기량 $A(\%) = A1 - G = 6.75 - 1.25 = 5.5\%$

30. 액성 한계 시험을 하고자 할 때 황동 접시와 경질 고무 받침대 사이에 게이지를 끼우고 황동 접시의 낙하 높이가 얼마나 되도록 낙하 장치를 조정하는가?

가. 10±0.1mm   나. 15±0.1mm   다. 20±0.2mm   라. 25±0.2mm

해설 낙하높이 : 10±0.1mm

31. 아스팔트가 늘어나는 정도를 측정하는 시험은?

가. 비중시험   나. 인화점시험   다. 침입도시험   라. 신도시험

해설 아스팔트 시험

물리적 성질	특 징
침입도	아스팔트 굳기 정도를 나타냄. 침입도가 클수록 연하다.
신 도	아스팔트가 늘어나는 능력, 점착성, 가요성, 내마모성에 관계
인화점 연소점	아스팔트를 가열하면 가연성 증기로 불이 붙는다. 이 때 최저온도를 인화점, 계속 가열하여 불꽃이 5초 이상 계속될 때의 최저온도를 연소점 이라함.
연화점	아스팔트가 연해져서 점도가 일정한 값에 도달 하였을 때 온도

32. 슬럼프 시험에서 다짐대로 몇 층에 각각 몇 번씩 다지는가?

가. 2층, 25회   나. 3층, 25회   다. 3층, 59회   라. 2층, 59회

해설
- 슬럼프 콘에 채우고 벗길 때 까지 전 작업시간은 3분 이내
- 슬럼프 콘은 강으로 된 평판위에 설치하고 3층 25회 다진다.
- 2층은 슬럼프콘 부피의 약 2/3(깊이 약 16cm) 넣고 25회 고르게 다진다.
- 공시체 높이와 콘크리트가 무너진 상단부와 차를 5mm 단위로 측정하여 슬럼프 값으로 한다.

정답 28. 가   29. 다   30. 가   31. 라   32. 나

33. 모래의 유기 불순물 시험에서 시료와 수산화나트륨 용액을 넣고 병마개를 닫고 잘 흔든 다음 얼마 동안 가만히 놓아둔 후 색도를 비교하는가?
  가. 1시간
  나. 12시간
  다. 24시간
  라. 48시간

> **해설** 색도의 측정 : 시료에 수산화나트륨 용액을 가한 유리용기와 표준색 용액을 넣은 유리용기를 24시간 가만히 놓은 후, 잔골재 상부의 용액색이 표준색 용액보다 연한지, 진한지 또는 같은지를 육안 비교

34. 굵은 골재의 밀도 및 흡수율시험에서 철망태와 시료를 물속에서 꺼내어 물기를 제거 한 후 시료가 일정한 질량이 될 때까지 건조시키는 온도로서 적합한 것은?
  가. 100±2℃
  나. 105±5℃
  다. 110±2℃
  라. 115±5℃

> **해설** 105±5℃에서 건조 시키고 실온에서 냉각 후 절대건조상태의 질량(A)을 측정

35. 흙의 소성한계 시험에 대한 설명으로 틀린 것은?
  가. 불투명 유리판을 사용하여 흙의 소성 한계 시험을 실시한다.
  나. 1초 동안에 2회의 비율로 황동접시를 낙하시킨다.
  다. 끈 모양으로 만들어진 흙의 지름이 3mm가 된 단계에서 끊어졌을 때 함수비를 소성한계라 한다.
  라. 0.425mm체를 통과한 것을 시료로 준비한다.

> **해설** 1초 동안에 2회의 비율로 황동접시를 낙하 : 액성한계시험

36. 콘크리트 1m³를 만드는데 필요한 골재의 절대 부피가 0.72m³이고 잔골재율(S/a)이 30%일 때 단위 잔골재량은 약 얼마인가? (단, 잔골재의 비중은 2.50 이다.)
  가. 526kg/m³
  나. 540kg/m³
  다. 574kg/m³
  라. 595kg/m³

> **해설** $S = S_V \times S_g \times 1000 = 0.216 \times 2.50 \times 1000 = 540 kg/m^3$
> $(S_V = (S_V + G_V) \times S/a = 0.72 \times 0.3 = 0.216 m^3)$

37. 아스팔트의 신도시험에서 시험기에 물을 채우고, 물의 온도를 얼마로 유지해야 하는가?
  가. 20±0.5℃
  나. 22±0.5℃
  다. 25±0.5℃
  라. 27±0.5℃

> **해설** 신도시험기에 전동기에 의해 물의 온도 25±0.5℃에서 5±0.25cm/min의 속도로 잡아당겨 시료가 끊어졌을 때의 지침 눈금을 0.5cm 단위로 읽는다.

정답 33. 다   34. 나   35. 나   36. 나   37. 다

38. 콘크리트의 반죽질기를 측정하는 것으로 워커빌리티를 판단하는 하나의 수단으로 사용 되는 시험은?
  가. 콘크리트의 슬럼프시험
  나. 콘크리트의 공기량시험
  다. 콘크리트의 블리딩시험
  라. 콘크리트의 휨강도시험

> **해설** 워커빌리티 판단 시험 : 슬럼프시험, 구관입시험, 흐름시험, 비비시험, 리몰딩시험

39. 콘크리트 압축강도시험의 기록이 없는 현장에서 설계기준 압축강도(f_{ck})가 20MPa인 콘크리트를 배합하기 위한 배합강도를 구하면?
  가. 20MPa
  나. 27MPa
  다. 28.5MPa
  라. 30MPa

> **해설** 표준편차를 알지 못하거나 시험회수가 14회 이하인 경우 배합강도
> $f_{ck} + 7 = 20 + 7 = 27 MPa$

40. 콘크리트 압축 강도 시험에서 공시체에 하중을 가하는 속도에 대한 설명으로 옳은 것은?
  가. 압축응력도의 증가율이 매초 (6±0.4)MPa이 되도록 한다.
  나. 압축응력도의 증가율이 매초 (0.6±0.2)MPa이 되도록 한다.
  다. 압축응력도의 증가율이 매초 (0.6±0.04)MPa이 되도록 한다.
  라. 압축응력도의 증가율이 매초 (6±4)MPa이 되도록 한다.

> **해설** 콘크리트 압축강도 시험에서 하중을 가하는 속도는 압축응력도의 증가율이 매초 (0.6±0.2)MPa이 되도록 한다.

41. 길이 10cm, 지름 5cm인 강봉을 인장시켰더니 길이가 11.5cm이고, 지름은 4.8cm가 되었다. 포아송비는?
  가. 0.27
  나. 0.36
  다. 11.50
  라. 13.96

> **해설** $\mu = \dfrac{1}{m} = \dfrac{\text{세로 변형률}}{\text{가로 변형률}} = \dfrac{0.04}{0.15} = 0.27$
> 가로변형률 $= \dfrac{11.5 - 10}{10} = 0.15$, 세로변형률 $= \dfrac{5 - 4.8}{5} = 0.04$

42. 잔골재의 밀도시험은 두 번 실시하여 평균값을 잔골재의 밀도 값으로 결정한다. 이때 각각의 시험값은 평균과의 차이가 얼마 이하이어야 하는가?
  가. 0.5g/cm³
  나. 0.1g/cm³
  다. 0.05g/cm³
  라. 0.01g/cm³

> **해설** 시험값과 평균값의 차이가 밀도의 경우 0.01(g/㎤)이하, 흡수율의 경우 0.05(%)이하

정답 38. 가 39. 나 40. 나 41. 가 42. 라

43. 다음 흙의 시험 중 수은이 필요한 시험은?
가. 액성한계시험
나. 수축한계시험
다. 소성한계시험
라. 비중시험

해설 수축한계 시험시 습윤토의 체적을 측정할 때 수은을 수축 접시에 넘치도록 넣고 유리판으로 접시 상부를 눌러 수은을 제거하고, 남은 수은을 메스시린더에 옮겨 용적을 측정하면, 이것이 습윤토의 체적으로 정확한 체적(부피, 용적)을 측정하기 위함이다.

44. 흙의 비중시험에서 흙을 끓이는 이유로 가장 적합한 것은?
가. 시료에 열을 가하기 위함이다.
나. 빨리 시험하기 위함이다.
다. 부피를 축소하기 위함이다.
라. 기포를 제거하기 위함이다.

해설 기포 제거를 위하여 비중병을 끓인다.

45. 다음 보기에 해당하는 기구로 시험을 할 수 있는 것은?

• 비카장치   • 길모어 장치   • 모르타르 혼합기

가. 시멘트 비중시험
나. 시멘트 분말도시험
다. 시멘트 안정성 시험
라. 시멘트 응결시험

해설 시멘트 응결시험장치 : 길모어장치, 비카 침장치

46. 점성토 지반의 개량공법으로 적합하지 않은 것은?
가. 샌드드레인 공법
나. 바이브로 플로테이션 공법
다. 치환 공법
라. 프리로우딩 공법

해설 바이브로 플로테이션 공법은 사질지반에 적용

47. 상부구조물에서 오는 하중을 연약한 지반을 통해 견고한 지층으로 전달시키는 기능을 가진 말뚝을 무슨 말뚝이라 하는가?
가. 선단지지말뚝
나. 인장말뚝
다. 마찰말뚝
라. 경사말뚝

해설 선단(말뚝끝 부분)이 견고한 지층(암반지역)까지 도달시켜 상부하중 지지

48. 모래층의 깊이 5m되는 점의 수직응력이 8.0t/m², 전단저항각 Ø=30°일 때, 전단강도는 얼마인가?
가. 3.90t/m²
나. 4.01t/m²
다. 4.62t/m²
라. 5.01t/m²

해설 $\tau_f = C + \sigma\tan\phi = 0 + 8\tan 30 = 4.62 t/m^2$ (∵ 모래 점착력 C=0)

정답 43. 나 44. 라 45. 라 46. 나 47. 가 48. 다

49. 점토와 모래가 섞여있는 지반의 극한지지력이 90t/m² 이라면 이 지반의 허용지지력은?
(단, 안전율은 3 이다.)
  가. 20t/m²   나. 30t/m²   다. 40 t/m²   라. 60t/m²

해설 허용지지력 = $\dfrac{극한지지력}{안전율} = \dfrac{90}{3} = 30 t/m^2$

50. 암석이 풍화된 후, 물, 중력, 바람, 빙하 등에 의해 다른 장소로 운반되어 쌓인 흙은?
  가. 퇴적토   나. 풍화토   다. 잔류토   라. 유기질토

51. Terzaghi의 압밀이론의 가정으로 틀린 것은?
  가. 흙은 균질하다.   나. 흙은 포화되어 있다.
  다. 흙입자와 물은 비압축성이다.   라. 흙의 투수계수는 압력의 크기에 비례한다.

해설 $k = D_s^2 \dfrac{\gamma_w}{\eta} \dfrac{e}{1+e} C$ 에서 흙 입자 지름(D_s)의 제곱에 비례한다.

52. 다음 중 N값과 직접 관계가 있는 시험은?
  가. Vane 시험   나. 직접전단시험
  다. 표준관입시험   라. 평판재하시험

해설 표준관입시험 : 64kg의 중량의 햄머를 76cm 높이에서 자유 낙하시켜 관입시험용 샘플러를 지반에 30cm 관입시키는데 필요한 타격횟수 N치를 구한다.

53. 도로나 활주로 등의 포장두께를 결정하기 위하여 노상토의 강도, 압축성, 팽창성 등을 결정하는 시험방법은?
  가. CBR시험   나. 다짐시험
  다. 압밀시험   라. 콘(Cone)관입시험

해설 노상토 지지력비(C B R) 시험 목적: 도로나 활주로 등의 포장 두께 결정하기 위한시험

54. 간극률이 40%인 흙의 간극비는?
  가. 0.44   나. 0.58   다. 0.67   라. 0.83

해설 $e = \dfrac{n}{100-n} = \dfrac{40}{100-40} = 0.67$

55. 통일분류법의 기호 중 입도분포가 좋은 자갈을 나타낸 것은?
  가. GW   나. GP   다. CH   라. SW

해설 제1문자 : 자갈(Gravel) : G, 제2문자 : 입도분포 양호(Well-graded) : W ∴ GW

정답 49. 나 50. 가 51. 라 52. 다 53. 가 54. 다 55. 가

56. 다음 중 모세관 상승 높이가 가장 높은 흙은?
   가. 자갈
   나. 굵은 모래
   다. 가는 모래
   라. 점토

   해설 입자가 가늘수록 모관상승 높다. (점토>가는모래>굵은모래>자갈 순)

57. 다음 중 흙에 관한 전단시험의 종류가 아닌 것은?
   가. 베인 시험
   나. CBR 시험
   다. 삼축 압축 시험
   라. 일축 압축 시험

   해설 CBR시험은 지지력 시험

58. 기초의 종류에서 깊은 기초에 해당되는 것은?
   가. 전면기초
   나. 연속푸팅기초
   다. 복합푸팅기초
   라. 케이슨기초

   해설 깊은 기초 : 말뚝기초, 피어기초, 케이슨기초

59. 어떤 흙의 함수비는 20%, 비중 2.68 간극비는 0.72일 때 이 흙의 포화도는?
   가. 47.4%   나. 57.4%   다. 64.4%   라. 74.4%

   해설 $S = \dfrac{G_s \times w}{e} = \dfrac{2.68 \times 20}{0.72} = 74.4\%$

60. 어떤 흙의 구성성분이 다음과 같을 때, 간극률은?

구성성분	부피(cm³)	무게(g)
공기	$V_a = 5$	$W_a = 0$
물	$V_w = 15$	$W_w = 15$
흙입자	$V_s = 80$	$W_s = 165$

   가. 5%   나. 15%   다. 20%   라. 25%

   해설 $n = \dfrac{공극의\ 부피}{흙\ 전체의\ 부피} \times 100 = \dfrac{V_V}{V} \times 100\ (\%) = \dfrac{20}{100} \times 100 = 20\%$

정답 56. 라   57. 나   58. 라   59. 라   60. 다

핵심기출문제해설 (5)

1. 적당한 입도를 가진 골재를 사용한 콘크리트의 특징으로 틀린 것은?
   ① 콘크리트의 워커빌리티가 감소된다.
   ② 재료분리 현상이 감소된다.
   ③ 건조수축이 적어진다.
   ④ 단위수량 및 단위시멘트량이 적어진다.

   해설 입도분포가 좋다는 뜻은 굵고 작은 알갱이가 골고루 섞여 있어 공극을 작은 입자들이 채워져 실적을 크게 하고, 빈틈을 적게 함으로서 모르타르가 적게 들고, 그러므로 시멘트가 적게 사용되어 경제적이며, 강도, 내구성도 커지게 된다.

2. 목재의 장점으로 옳지 않은 것은?
   ① 가벼워서 다루기가 쉽다.
   ② 무게에 비해서 강도와 탄성이 크다.
   ③ 열, 소리의 전도율이 작다.
   ④ 내화성이 크다

   해설 내화성 : 불에 잘 견디는 성질로 목재는 불에 잘 탄다.

3. 시멘트의 성분 중 석고를 사용하는 주목적은?
   ① 워커빌리티의 증진을 위해서
   ② 흡수성을 높이기 위해서
   ③ 응결시간의 조절을 위해서
   ④ 강도의 증진을 위해서

   해설 응결지연제로 석고 3%를 첨가

4. 다음 중 천연아스팔트에 속하는 것은?
   ① 스트레이트 아스팔트
   ② 레이크 아스팔트
   ③ 블론 아스팔트
   ④ 용제추출 아스팔트

   해설 천연아스팔트 : 레이크 아스팔트, 록 아스팔트, 샌드 아스팔트, 아스팔타이트, 블론 아스팔트는 석유 아스팔트

정답 1. ① 2. ④ 3. ③ 4. ②

5. 콘크리트 속에 짧은 섬유를 고르게 분산시켜 인장강도, 휨강도, 내충격성, 균열에 대한 저항성 등을 좋게 한 콘크리트는?
① 팽창 콘크리트
② 폴리머 콘크리트
③ 섬유 보강 콘크리트
④ 경량 골재 콘크리트

해설 섬유보강 콘크리트 ; 콘크리트의 인장강도, 내충격성, 균열 등의 취성을 개선하기 위해 콘크리트 속에 섬유를 혼합시켜 균열에 대한 저항성을 증진시키고 인성을 부여 할 목적으로 제조된 콘크리트

6. 아스팔트의 물리적 성질에 대한 설명으로 옳은 것은?
① 아스팔트의 비중은 침입도가 작을수록 커진다.
② 아스팔트의 늘어나는 능력을 점도라 한다.
③ 아스팔트를 가열하여 어느 일정 온도에 도달할 때 화기에 의해 불이 붙게되는 최저 온도를 연화점이라고 한다.
④ 아스팔트는 온도에 따른 컨시스텐시의 변화가 매우 크며 이 변화에 정도를 침입도라고 한다.

해설 아스팔트 물리적 성질

물리적 성질	특 징
비 중	보통 25℃에서의 아스팔트의 무게와 이와 같은 부피의 물의 무게와의 비(1.01~1.10 정도), 아스팔트의 비중은 침입도가 작을수록(상대 굳기가 클수록) 커진다.
침입도	아스팔트 굳기 정도를 나타냄. 침입도가 클수록 연하다.
신 도	아스팔트가 늘어나는 능력, 점착성, 가요성, 내마모성에 관계
인화점 연소점	아스팔트를 가열하면 가연성 증기로 불이 붙는다. 이 때 최저온도를 인화점, 계속 가열하여 불꽃이 5초 이상 계속될 때의 최저온도를 연소점 이라함.
연화점	아스팔트가 연해져서 점도가 일정한 값에 도달 하였을 때 온도

7. 해중공사 또는 한중 콘크리트 공사용 시멘트로 적당한 것은?
① 저열포틀랜드 시멘트
② 팽창 시멘트
③ 알루미나 시멘트
④ 중용열포틀랜드 시멘트

해설 해중이나, 한중콘크리트는 수화열이 커서 응결 경화가 빨라야 함. 알루미나시멘트는 보통 포틀랜트시멘트의 28일 압축강도를 1일 만에 나타낸다.

8. 콘크리트에 AE제를 사용하였을 때 장점에 해당되지 않는 것은?
① 워커빌리티가 좋다.
② 동결, 융해에 대한 저항성이 크다.
③ 강도가 커지며 철근과의 부착강도가 크다.
④ 단위수량을 줄일 수 있다.

해설 AE제는 시멘트 분산작용을 이용 워커빌리티를 개선하고, 소요의 슬럼프 및 강도를 확보하기 위해 단위수량 및 단위시멘트를 감소시킬 목적으로 사용

정답 5. ③   6. ①   7. ③   8. ③

9. 콘크리트에 염화칼슘을 사용하는 경우에 대한 설명으로 틀린 것은?
   ① 응결이 촉진된다.
   ② 조기강도가 증가한다.
   ③ 한중 콘크리트에 사용할 수 있다.
   ④ 황산염의 작용을 받는 곳에 적합하다.

   해설 염화칼슘은 응결촉진제로 조기강도 증가함으로 한중콘크리트에 적합

10. 콘크리트 속에 많은 거품을 일으켜, 부재의 경량화나 단열성을 목적으로 사용하는 혼화제는?
    ① 지연제   ② 기포제   ③ 급결제   ④ 감수제

    해설 기포제 : 콘크리트 속에 거품을 일으켜 콘크리트의 경량화나 단열을 위해 사용

11. 반죽질기 여하에 따르는 작업의 난이 정도 및 재료의 분리에 저항하는 정도를 나타내는 굳지 않은 콘크리트의 성질은?
    ① 반죽질기   ② 워커빌리티   ③ 성형성   ④ 피니셔빌리티

    해설
    - 워커빌리티(workability) : 굳지 않은 콘크리트에서 가장 중요한 것으로 반죽 질기에 따른 작업이 어렵고 쉬운 정도(작업의 난이정도) 및 재료분리에 저항하는 정도를 나타내는 성질
    - 반죽질기(consistency) : 주로 물의 양이 많고 적음에 따른 반죽의 되고 진 정도를 나타내는 성질
    - 성형성(plasticity) : 거푸집에 쉽게 다져 넣을 수 있고, 거푸집을 제거하면 천천히 형상이 변하기는 하지만 허물어지거나 재료분리하지 않는 성질
    - 피니셔빌리티(finishability) : 굵은 골재의 최대치수, 잔골재율, 잔골재의 입도 반죽질기 등에 따른 마무리하기 쉬운 정도를 나타내는 성질

12. 콘크리트의 강도라 하면 일반적으로 콘크리트의 어떤 강도를 말하는가?
    ① 압축강도   ② 인장강도   ③ 휨강도   ④ 전단강도

    해설 압축강도에 비해 인장강도는 $\frac{1}{10} \sim \frac{1}{13}$, 휨강도는 $\frac{1}{5} \sim \frac{1}{8}$ 정도로 압축강도가 크다

13. 작은 변형에도 쉽게 파괴되는 재료의 성질은?
    ① 인성   ② 취성   ③ 연성   ④ 전성

    해설
    - 인성 : 재료가 외력을 받아 파괴될 때까지 큰 응력에 견디며, 변형이 크게 일어나는 성질
    - 취성 : 재료가 외력을 받을 때 작은 변형에도 파괴되는 성질
    - 연성 : 재료가 인장력을 받을 때 잘 늘어나는 성질
    - 전성 : 재료를 두드릴 때 얇게 펴지는 성질을 전성

14. 대리석이나 화강암 같은 큰 석재를 채취할 때 사용하는 것으로 유연화약이라고도 부르는 것은?
    ① 흑색화약   ② 무연화약   ③ 다이너마이트   ④ 칼릿

    해설 흑색화약 : 폭발시 연기가 많아서 유연화약 이라고도 부른다.

정답 9. ④   10. ②   11. ②   12. ①   13. ②   14. ①

15. 골재알의 내부가 물로 채워져 있고, 표면에도 물이 부착되어 있는 골재의 상태는?
   ① 절대건조상태
   ② 공기 중 건조상태
   ③ 표면건조포화상태
   ④ 습윤상태

해설 골재의 함수상태

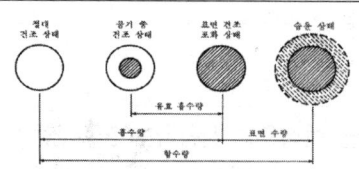

① 절대 건조 상태 : 골재 속의 공극에 있는 물을 전부 제거된 상태
② 공기 중 건조 상태 : 공기 중에서 자연건조 시킨 상태로 골재 속의 내부 일부는 물로 차 있는 상태
③ 표면 건조 포화 상태 : 골재 표면은 물기가 없고, 내부 빈틈은 물로 포화된상태
④ 습윤상태 : 골재 표면에 물기가 있고, 내부 빈틈도 물로 차 있는 상태

16. 시멘트 강도에 영향을 주는 요인에 대한설명 중 틀린 것은?
   ① 단위수량이 많을수록 강도는 커진다.
   ② 풍화되면 강도는 감소한다.
   ③ 30도 까지는 양생온도가 높을수록 강도가 커진다.
   ④ 분말도가 높으면 조기강도가 크다.

해설 단위수량이 많으면 반죽 및 타설은 용이하나 강도가 현저하게 감소하고 재료분리 발생

17. 콘크리트 배합설계 계산에서 물-시멘트비를 47%로 할 때 단위수량이 156kg 이라면 단위 시멘트량은 얼마인가?
   ① 732kg   ② 332kg   ③ 203kg   ④ 73kg

해설 $\frac{W}{C} = 0.47$, ∴ $C = \frac{156}{0.47} = 332 kg$

18. 다음 중 흙의 활성도(A)에 대한설명으로 옳은 것은?
   ① 2μ 이하의 점토 함유량에 대한 소성지수의 비
   ② 2μ 이하의 점토 함유량에 대한 유동지수의 비
   ③ 5μ 이하의 점토 함유량에 대한 소성지수의 비
   ④ 5μ 이하의 점토 함유량에 대한 유동지수의 비

해설 흙의 활성도(Activity : A_C) $A_C = \frac{I_P}{2\mu \text{이하의 점토 함유율}(\%)}$

19. 아스팔트의 늘어나는 능력을 측정하는 시험은?
   ① 아스팔트 점도시험
   ② 아스팔트 침입도시험
   ③ 아스팔트 인화점시험
   ④ 아스팔트 신도시험

해설 신도 : 아스팔트가 늘어나는 능력, 점착성, 가요성, 내마모성에 관계

정답 15. ④ 16. ① 17. ② 18. ① 19. ④

20. 로스엔젤레스 시험기에 의한 굵은 골재의 마모시험에서 시료 50kg을 철구와 함께 시험기에 넣어 1,000회 회전시킨 후에 1.7mm(No. 12)체 잔류량이 42.32kg이었다. 이 골재의 마모감량은 몇 %인가?
  ① 7.69%　　② 15.36%　　③ 42.32%　　④ 84.64%

해설 마모율 = $\dfrac{\text{시험 전 시료 질량} - \text{시험 후 } 1.7mm \text{체에 남은 시료 질량}}{\text{시험 전 시료 질량}} \times 100(\%)$
= $\dfrac{50 - 42.32}{50} \times 100 = 15.36\%$

21. 아스팔트의 연화점 시험에서 시료가 강구와 함께 몇 mm 쳐졌을 때의 온도를 연화점으로 하는가?
  ① 2.54mm　　② 15.4mm　　③ 18.4mm　　④ 25.4mm

해설 연화점(환구법)이란 시료를 규정 조건하에서 가열하였을 때 시료가 연화되기 시작하여 규정된 거리(25.4mm)로 쳐졌을 때의 온도를 말한다.

22. 액성한계는 유동 곡선에서 시료낙하 횟수 몇 회에 해당하는 함수비인가?
  ① 15회　　② 20회　　③ 25회　　④ 30회

해설 유동곡선에서 낙하횟수 25회에 상당하는 함수비를 액성한계(w_l)로 한다.

23. 골재의 안정성 시험에서 잔골재는 대표적인 시료 몇 kg을 채취하여 시험 하는가?
  ① 1kg　　② 2kg　　③ 3kg　　④ 4kg

해설 잔골재를 시험하는 경우 시료는 대표적인 것 약 2kg을 채취한다.

24. 흙의 $75\mu m$체 통과량 시험 시 조립토와 세립토를 분류하는 방법으로 옳은 것은?
  ① $75\mu m$체 통과율이 50% 이하이면 조립토, 50% 이상이면 세립토
  ② $75\mu m$체 통과율이 60% 이하이면 조립토, 40% 이상이면 세립토
  ③ $75\mu m$체 통과율이 70% 이하이면 조립토, 30% 이상이면 세립토
  ④ $75\mu m$체 통과율이 80% 이하이면 조립토, 20% 이상이면 세립토

해설 0.075mm 체의 통과량이 50% 이하이면 조립토, 50% 이상이면 세립토로 분류

25. 흙의 입도시험에 사용되는 재료가 아닌 것은?
  ① 과산화수소　　② 황산　　③ 규산나트륨　　④ 증류수

해설 분산제 : 규산나트륨(Na_2SiO_2), 가성소다(NaOH), 과산화수소(H_2O_2)6%용액, 그밖에 증류수

26. 콘크리트의 압축강도 시험용 공시체의 지름은 굵은 골재 최대치수의 최소 몇 배 이상으로 하여야 하는가?
  ① 2배　　② 3배　　③ 4배　　④ 5배

해설 시험체 지름은 굵은 골재 최대치수의 3배 이상, 또 10cm 이상.

정답 20. ②　21. ④　22. ③　23. ②　24. ①　25. ②　26. ②

27. 흙의 비중을 측정할 때 필요한 기구 및 기계가 아닌 것은?
① 항온 건조기 ② 전열기
③ 피크노미터 ④ 르샤틀리에 비중병

해설 르샤트리에 비중병은 시멘트 비중시험 기구

28. 콘크리트의 압축강도 시험에서 공시체는 다음 중 어떤 상태에서 시험하는가?
① 절건상태 ② 함수율5% ③ 기건상태 ④ 습윤상태

해설 공시체 압축강도 시험은 소정의 양생이 끝난 직후의 습윤상태에서 시험

29. 강재의 인장시험에 있어서 응력-변형률 곡선에 관계되는 사항이 아닌 것은?
① 비례한도 ② 탄성한도 ③ 파괴점 ④ 인성한도

해설 변형률의 관계

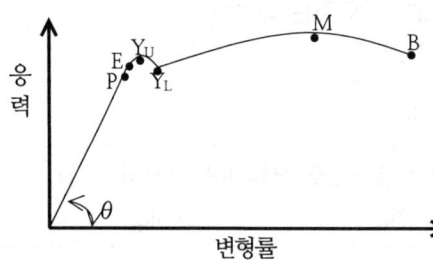

- P 점 : 비례한도
- E 점 : 탄성한도
- YU점 : 상항복점
- YL점 : 하항복점
- M 점 : 최대응력(극한강도)
- B 점 : 파괴점

30. 콘크리트의 압축 강도 시험 방법에 대한 설명 중 옳지 않은 것은?
① 공시체의 지름을 0.5mm, 높이를 5mm까지 측정한다.
② 상하의 가압판의 크기는 공시체의 지름 이상으로 한다.
③ 공시체에 충격을 주지 않도록 일정한 속도로 하중을 가한다.
④ 공시체는 소정의 양생이 끝난 직후의 상태에서 시험을 알 수 있도록 한다.

해설 공시체 지름을 0.1mm, 높이를 1mm까지 측정한다.

31. 콘크리트 배합설계에서 잔골재의 조립률은 어느 정도가 좋은가?
① 2.3~3.1 ② 3.2~4.9 ③ 5.0~6.0 ④ 6.0~8.0

해설 잔골재 FM : 2.3~3.1, 굵은골재 FM : 6~8

32. 블리딩 측정 시 표면에 생긴 물을 뽑아내는 시험기구의 이름은 무엇인가?
① 피펫 ② 비커 ③ 메스실린더 ④ 시험관

해설 처음 60분 동안은 10분 간격으로, 그 후는 블리딩이 정지할 때까지 30분 간격으로 표면에 생긴 블리딩 물을 피펫으로 빨아낸다.

정답 27. ④ 28. ④ 29. ④ 30. ① 31. ① 32. ①

33. 잔골재의 밀도시험에서는 2회 시험을 실시하여 그 평균값을 잔골재의 밀도로 한다. 이때 시험의 정밀도에 대안 설명으로 옳은 것은?
① 각 시험값의 차이가 0.05g/cm³ 이하이어야 한다.
② 각 시험값의 차이가 0.01g/cm³ 이하이어야 한다.
③ 각 시험값은 평균과의 차이가 0.05g/cm³ 이하이어야 한다.
④ 각 시험값은 평균과의 차이가 0.01g/cm³ 이하이어야 한다.

해설 시험값과 평균값의 차이가 밀도의 경우 0.01(g/㎤)이하, 흡수율의 경우 0.05(%)이하

34. 골재에 포함된 잔 입자가 콘크리트에 미치는 영향으로 틀리는 것은?
① 콘크리트의 혼합수량이 많아진다.
② 건조수축에 의하여 콘크리트에 균열이 생기기 쉽다.
③ 점토 덩어리가 형성된다면 동결융해에 대한 내구성을 증진시킬 수 있다.
④ 시멘트풀과 골재와의 부착력이 약해져서 콘크리트의 강도가 작아진다.

해설 골재에 점토덩어리를 함유하면 수분이 형성되어 동해 및 내구성 저하

35. 시멘트의 강도시험(KS L ISO 679)을 실시하고자 공시체를 제작할 경우 적합한 물-시멘트비는?
① 40%   ② 50%   ③ 60%   ④ 70%

해설 KS L ISO 679를 인용하면 "질량에 대한 비율로 시멘트와 표준사를 1:3의 비율로 하며, 혼합수의 양은 1/2 분량 (물/시멘트비=50%)

36. 다음 중 모래의 유기불순물시험에서 사용하는 용액은?
① 수산화나트륨   ② 염화칼슘
③ 염화나트륨   ④ 황산마그네슘

해설 유기불순물시험 수산화나트륨 용액을 사용

37. 블레인 공기투과장치에 의하여 시멘트 분말도 시험을 할 때 필요 없는 것은?
① 유공금속관   ② 거름종이
③ 수은   ④ 광유(완전 탈수된 것)

해설 광유는 시멘트 비중시험 사용

38. 어떤 흙을 체가름 시험하여 입경가적곡선에서 D_{10}=0.31mm, D_{30}=1.4mm, D_{60}=2.0mm 를 얻었다. 이 흙의 곡률계수는?
① 1.24   ② 2.36   ③ 3.16   ④ 4.34

해설 $C_g = \dfrac{(D_{30})^2}{D_{10} \cdot D_{60}} = \dfrac{1.4^2}{0.31 \times 2.0} = 3.16$

정답 33. ④   34. ③   35. ②   36. ①   37. ④   38. ③

39. 콘크리트 압축강도 시험에서 측정하는 공시제의 재령일이 아닌 것은?
① 7일　　② 28일　　③ 63일　　④ 90일

해설 압축강도시험 : 재령 7일, 28일, 90일

40. 콘크리트의 인장강도는 압축강도의 얼마 정도인가?
① $\frac{1}{5} \sim \frac{1}{8}$　　② $\frac{1}{10} \sim \frac{1}{13}$　　③ $\frac{1}{15} \sim \frac{1}{20}$　　④ $\frac{1}{25} \sim \frac{1}{30}$

해설 인장강도 : $\frac{1}{10} \sim \frac{1}{13}$,　휨강도 : $\frac{1}{5} \sim \frac{1}{8}$

41. 어떤 점토시료의 수축한계를 시험한 결과 값이 다음 표와 같을 때 수축지수를 구하면?

수축한계 : 24.5%, 소성한계 : 30.3%

① 2.3%　　② 2.8%　　③ 3.3%　　④ 5.8%

해설 $I_s = w_P - w_s = 30.3 - 24.5 = 5.8\%$

42. 흙의 함수비 시험 결과가 아래 표와 같을 때 이 흙의 함수비는?

- 자연상태 시료와 용기의 무게(g) : 125
- 노건조 시료와 용기의 무게(g) : 105
- 용기의 무게(g) : 55

① 30%　　② 40%　　③ 50%　　④ 60%

해설 함수비$(\omega) = \frac{물의\ 무게}{흙\ 입자만의\ 무게} \times 100 = \frac{W_W}{W_S} \times 100 = \frac{125-105}{105-55} \times 100 = 40\%$

43. 역청재료의 연소점은 시료의 증기에 불꽃을 가까이 대었을 때 기름의 증기와 공기의 혼합기체가 연속하여 몇 초 이상 연소하는 최저의 시료 온도를 말하는가?
① 5초　　② 10초　　③ 15초　　④ 20초

해설 아스팔트를 가열하면 가연성 증기로 불이 붙는다. 이 때 최저온도를 인화점, 계속 가열하여 불꽃이 5초 이상 계속될 때의 최저온도를 연소점이라 함

44. 다음 중 stokes의 법칙에 의하여 흙 입자의 크기를 알아내는 것은?
① 체분석법　　② 침강분석법
③ MIT분석법　　④ Casagrande분석법

해설 스토크스 법칙 ⇒ 침강분석 시험에 이용
완전히 구로 가정한 흙 입자가 물속에 침강되는 경우에 있어서 흙 입자의 침강속도는 스토크스 법칙으로 구한다. 입자가 굵을수록 침강속도가 빠르고, 작은 것은 느리다.

정답 39. ③　40. ②　41. ④　42. ②　43. ①　44. ②

45. 콘크리트의 슬럼프 시험방법에 대한 아래표의 설명에서 ( )에 공통으로 들어갈 수치로 옳은 것은?

> 굵은 골재의 최대 치수가 ( ) mm를 넘는 콘크리트의 경우에는 ( )mm넘는 굵은 골재를 제거한다.

① 25mm ② 40mm ③ 70mm ④ 100mm

해설 굵은골재 최대치수 40mm를 넘는 경우 40mm를 넘는 골재는 제거

46. 점착력 0.2kg/cm² 내부 마찰각이 30°인 흙에 수직응력 20kg/cm²을 가하였을 때 전단응력은?
① 11.25kg/cm²
② 11.75kg/cm²
③ 12.08kg/cm²
④ 12.18kg/cm²

해설 $T_f = C + \sigma\tan\phi = 0.2 + 20 \times \tan30 = 11.75 kg/cm^2$

47. 자갈이나 모래와 같이 비교적 큰 입자의 흙이 모여 서로 접촉해 중력에 의해 눌러져 있는 구조는?
① 벌집구조
② 면모구조
③ 분산구조
④ 단립구조

해설 단립 구조 : 자갈이나 모래와 같이, 비교적 큰 입자의 흙이 모여 서로 접촉해 중력에 의해 눌러져 있는 구조

48. 흙의 전단강도를 구하기 위한 전단시험법 중 현장시험에 해당하는 것은?
① 일축압축시험
② 삼축압축시험
③ 직접전단시험
④ 표준관입시험

해설 현장에서 전단강도 측정 방법 : 표준관입시험(SPT), 베인시험(Vane test)

49. 사질지반에 놓여있는 강성기초의 접지압 분포에 관한 설명으로 옳은 것은?
① 기초 밑면에서의 응력은 토질에 상관없이 일정하다.
② 기초의 밑면에서는 어느 부분이나 동일하다
③ 기초의 모서리 부분에서 최대 응력이 발생한다.
④ 기초의 중앙부에서 최대응력이 발생한다.

해설 강성기초 아래 탄성침하와의 접지압력: 중앙에서 최대응력 발생

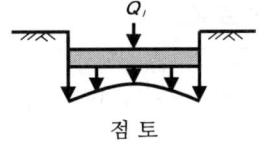
점토

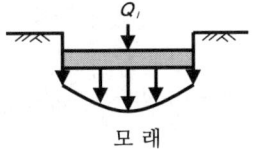
모래

50. 현장에서 모래치환법에 의해 흙의 단위무게를 표준사를 사용하는 주된 이유는?
① 시료의 무게를 구하기 위하여
② 시료의 간극비를 구하기 위하여
③ 시료의 함수비를 구하기 위하여
④ 파내 구멍의 부피를 구하기 위하여

해설 $\gamma_t = \dfrac{W}{V}$ (V: 시험구멍의 체적) 에서 시험 구멍 체적을 구하기 위해 표준사 사용

51. 깊은 기초의 종류가 아닌 것은?
① 말뚝기초   ② 전면기초   ③ 피어기초   ④ 케이슨기초

해설 얕은 기초 종류 : 독립 후팅 기초, 연속 후팅 기초, 복합 후팅 기초, 전면기초(매트기초)
깊은 기초 종류 : 말뚝 기초, 피어 기초, 케이슨 기초

52. 흙의 분사현상에 대한 설명으로 틀린 것은?
① 분사현상이 일어나는 한계가 되는 동수경사를 한계동수경사라 한다.
② 분사현상을 일으키려는 흙의 지지력이 매우 크다.
③ 분사현상으로 인해 지반 내에서 물의 통로가 생기면서 흙이 세굴 되어가는 과정을 파이핑 이라고 한다.
④ 분사현상이 가장 잘 일어나는 지반은 모래지반이다.

해설 분사현상(quick sand) : 한계동수 경사에 이르러 유효응력이 0이 되면 점착력이 없는 흙은 전단강도를 가질 수 없다. 수압이 유효응력보다 크게 되면 수압에 의하여 흙 입자는 혼탁하게 되어 분출되는 현상

53. 모래 치환에 의한 현장 단위 무게시험에 구멍에서 파낸 젖은 흙의 무게가 2340g 이었다. 이 흙의 함수비는 15%일 때 건조 흙의 무게는 얼마인가?
① 1989g   ② 2120g   ③ 2034.8g   ④ 2148.2g

해설 $W_S = \dfrac{100 W}{100 + w} = \dfrac{100 \times 2340}{100 + 15} = 2034.8g$

54. 도로의 평판재하시험에서 재하판 3개의 지름이 바르게 표시된 것은?
① 20cm, 35cm, 40cm
② 25cm, 35cm, 45cm
③ 30cm, 40cm, 75cm
④ 35cm, 45cm, 65cm

해설 재하 판은 두께 22mm 지름 30, 40, 75cm의 강재원판사용

55. 흙 속의 간극은 물과 공기로 채워져 있다. 간극 속의 물 부피와 간극 전체의 부피와의 비를 백분율을 나타낸 것을 무엇이라 하는가?
① 간극비   ② 간극률   ③ 포화도   ④ 함수비

해설 포화도 (Saturation) : $S = \dfrac{\text{공극속의 물의 부피}}{\text{공극의 부피}} \times 100 = \dfrac{V_W}{V_V} \times 100 \, (\%)$

정답 50. ④ 51. ② 52. ② 53. ③ 54. ③ 55. ③

56. 압밀에서 선행압밀하중을 설명한 것으로 옳은 것은?
   ① 과거에 받았던 최대 압밀하중
   ② 현재 받고 있는 압밀하중
   ③ 앞으로 받을 수 있는 최대 압밀하중
   ④ 침하를 일으키지 않는 최대 압밀하중

해설
- 정규압밀 : 현재하중이 과거의 최대하중
- 과압밀 : 현재하중이 과거 최대하중보다 작은 경우
- 선행압밀하중 : 과거에 받았던 최대하중

57. 사면 파괴의 원인이 아닌 것은?
   ① 흙의 수축과 팽창에 의한 균열
   ② 흙이 가지는 전단 저항력의 증가
   ③ 함수량의 증가에 따른 점토의 연약화, 간극수압의 증가
   ④ 공사시 흙의 굴착, 이동, 지진 및 수압의 작용

해설 흙이 가지는 전단 저항력이 증가하면 사면은 안정

58. 흙의 다짐 시험에서 다짐에너지에 대한 설명으로 틀린 것은?
   ① 래머(rammer)의 낙하횟수에 반비례한다.
   ② 시료의 부피에 반비례한다.
   ③ 래머(rammer)의 중량에 비례한다.
   ④ 래머(rammer)의 낙하높이에 비례한다.

해설 $E_C = \dfrac{W_R \cdot H \cdot N_B \cdot N_L}{V}$

여기서, E_C : 다짐에너지 $(kgf.cm/cm^3)$ W_R : 래머의 무게 (kgf)
N_B : 각 층의 다짐횟수 N_L : 다짐층수
H : 낙하고 V : 몰드의 부피 (cm^3)

59. 통일분류법에서 균등계수(C_U)가 4이상이고 곡률계수가 1~3인 것에 해당되는 자갈의 분류 기호는?
   ① GW   ② GP   ③ GM   ④ GC

해설 곡률계수가 $1 < C_g < 3$, 균등계수가 자갈의 경우 $C_U > 4$, 모래의 경우 $C_U > 6$ 이면 입도분포가 좋다

60. 입경가적곡선에서 $D_{10}=0.04mm$, $D_{30}=0.07mm$, $D_{60}=0.14mm$이다. 균등계수(C_U), 곡률계수(C_g)는?
   ① $C_U=0.286$, $C_g=0.875$
   ② $C_U=3.5$, $C_g=1.14$
   ③ $C_U=3.5$, $C_g=0.875$
   ④ $C_U=0.286$, $C_g=1.14$

해설 $C_U = \dfrac{D_{60}}{D_{10}} = \dfrac{0.14}{0.04} = 3.5$, $C_g = \dfrac{(D_{30})^2}{D_{10} \cdot D_{60}} = \dfrac{0.07^2}{0.04 \times 0.14} = 0.875$

정답   56. ①   57. ②   58. ①   59. ①   60. ③

핵심기출문제해설 (6)

1. 다음 시멘트 중 조기강도가 가장 큰 것은?
① 고로 시멘트
② 실리카 시멘트
③ 알루미나 시멘트
④ 조강포틀랜드 시멘트

해설 알루미나 시멘트는 보통포틀랜드 시멘트 28일 압축강도를 1일 만에 발현

2. AE 콘크리트의 공기량에 영향을 미치는 요인에 대한 설명으로 틀린 것은?
① 시멘트의 분말도가 높을수록 공기량은 감소한다.
② 잔골재 속에 0.4~0.6mm의 세립분이 증가하면 공기량은 증가한다.
③ 진동다짐 시간이 길면 공기량은 감소한다.
④ 콘크리트의 온도가 높을수록 공기량은 증가한다.

해설 콘크리트의 온도가 높을수록 공기량은 감소

3. 온도에 따라 아스팔트의 경도, 점도 등이 변화하는 성질은?
① 감온성 ② 방수성 ③ 신장성 ④ 점착성

해설 감온성 : 온도의 고저에 의해 아스팔트의 경도, 점도 등이 변화하는 성질

4. 골재의 체가름 시험으로 결정할 수 없는 것은?
① 입도
② 조립률
③ 굵은 골재의 최대치수
④ 실적률

해설 골재의 체가름 시험 : 입도, 조립률(F.M), 굵은 골재의 최대치수를 구하기 위한 시험

5. 폭약을 다룰 때 주의할 사항으로 옳지 않은 것은?
① 뇌관과 폭약은 함께 저장한다.
② 운반 중에 충격을 주어서는 안 된다.
③ 다이너마이트는 햇빛을 직접 쬐지 않도록 해야 한다.
④ 장기간 보존으로 인한 흡습, 동결이 되지 않도록 조치해야 한다.

해설 폭약 취급시 주의 사항
- 뇌관과 폭약은 동일한 장소에 저장해서는 안 된다.
- 운반 중 화기 및 충격에 대해서 세심한 주의를 한다.
- 장기보존에 의한 흡습, 동결이 되지 않도록 주의를 한다.
- 다이너마이트를 저장할 때 일광(해볕)의 직사와 화기 있는 곳은 피한다.
- 취급자의 지도, 감독을 받고 폭약의 지식을 충분히 인식시켜 두어야

정답 1. ③ 2. ④ 3. ① 4. ④ 5. ①

6. 분말도가 큰 시멘트에 대한 설명으로 옳은 것은?
   ① 풍화되기 쉽다.
   ② 블리딩이 커진다.
   ③ 초기강도가 적다.
   ④ 물과의 접촉 표면적이 작다.

   해설 시멘트 분말도가 높으면(입자가 가늘면)
   - 수화작용이 빠르고
   - 조기강도가 커진다.
   - 풍화하기 쉽고
   - 수화열이 많아 콘크리트에 균열 발생

7. 다음 시멘트 중 혼합시멘트에 속하는 것은?
   ① 중용열포틀랜드 시멘트
   ② 고로 시멘트
   ③ 알루미나 시멘트
   ④ 백색포틀랜드 시멘트

   해설 혼합시멘트 : 고로슬래그 시멘트, 플라이애쉬 시멘트, 포틀랜드 포졸란 시멘트

8. 강의 경도, 강도를 증가시키기 위하여 오스테나이트(austenite)영역까지 가열한 다음 급랭하여 마텐자이트(martensite)조직을 얻은 열처리는?
   ① 담금질   ② 불림   ③ 풀림   ④ 뜨임

   해설 담금질
   - 급랭함으로써 금속이나 합금의 내부에서 일어나는 변화를 막아 고온에서의 안정 상태 또는 중간 상태를 저온·온실에서 유지하는 조작

9. 골재 입자의 표면수는 없고, 입자 내부의 빈틈은 물로 포화된 상태는?
   ① 노건조 상태
   ② 공기중 건조 상태
   ③ 습윤 상태
   ④ 표면 건조 포화상태

   해설 골재의 함수상태

   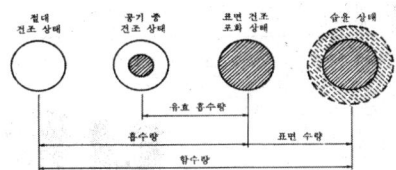

10. 시멘트의 응결을 상당히 빠르게 하기 위하여 사용하는 혼화제로서 뿜어 붙이기 콘크리트, 콘크리트 그라우트 등에 사용하는 혼화제는?
    ① 감수제
    ② 급결제
    ③ 지연제
    ④ 발포제

    해설 급결제
    - 시멘트 수화작용을 촉진시키기 위한 것으로 순간적인 응결과 경화가 요구되는 경우에 사용하며 염화칼슘($CaCl_2$)을 사용

정답 6. ① 7. ② 8. ① 9. ④ 10. ②

11. 콘크리트가 일정한 하중을 지속적으로 재하하면 응력의 변화가 없어도 변형은 시간에 따라 증가한다. 이와 같은 변형을 무엇이라 하는가?
    ① 건조수축
    ② 릴랙세이션
    ③ 크리프
    ④ 플라스틱 균열

해설 크리프

12. 콘크리트가 굳어 가는 도중에 부피를 늘어나게 하여 콘크리트의 건조수축에 의한 균열을 막아주는 혼화재는?
    ① 포졸란
    ② 플라이 애시
    ③ 팽창재
    ④ 고로 슬래그 분말

해설 팽창재
   • 콘크리트가 굳을 때 부피를 팽창시켜 건조수축에 의한 균열을 막아주기 위한 것

13. 기건상태에서 목재 함수율의 일반적인 범위로 접합한 것은?
    ① 6~11%
    ② 12~18%
    ③ 19~25%
    ④ 26~32%

해설 함수율은 12~18%, 기건비중은 0.3~09

14. 콘크리트의 워커빌리티를 개선하기 위한 방법으로 옳지 않은 것은?
    ① 분말도가 높은 시멘트를 사용한다.
    ② AF제, 감수제, AE 감수제를 사용한다.
    ③ 시멘트의 양에 비해 골재의 양을 많게 한다.
    ④ 고로 슬래그미분말 등의 혼화재를 사용한다.

해설 골재를 많이 쓰면 작업하기가 어렵고, 재료분리 발생

15. 도로 포장용 콘크리트의 품질 결정에 사용되는 콘크리트의 강도는?
    ① 압축강도
    ② 휨강도
    ③ 인장강도
    ④ 전단강도

해설 인장강도 : 도로 포장용 콘크리트의 품질 결정

16. 흙의 밀도 시험에 사용되는 기계 및 기구가 아닌 것은?
    ① 피크노미터
    ② 데시케이터
    ③ 체진동기
    ④ 온도계

해설 흙의 밀도 시험에 사용되는 기계 및 기구 : 피크노미터, 저울, 온도계, 항온건조로, 데시게이터, 증류수등

정답 11. ③ 12. ③ 13. ② 14. ③ 15. ② 16. ③

17. 굳지 않은 콘크리트의 공기 함유량 시험에서 워싱턴형 공기량 측정기를 사용하는 공기량 측정법은 어느 것인가?
   ① 무게법   ② 부피법
   ③ 공기실 압력법   ④ 공기 계산법

해설 워싱턴형 : 공기실 압력법

18. 다음 중 콘크리트의 워커빌리티 시험이 아닌 것은?
   ① 슬럼프 시험   ② 구관입 시험
   ③ 리몰딩 시험   ④ 마샬안정도 시험

해설 워커빌리티 시험 : 슬럼프, 구관입, 리몰딩, 비비시험

19. 시멘트 비중시험에서 비중병을 실온으로 일정하게 되어 있는 물중탕에 넣어 광유의 온도차가 얼마 이내로 되었을 때 광유의 표면 눈금을 읽는가?
   ① 0.2℃   ② 1.2℃   ③ 2.2℃   ④ 3.2℃

해설 비중병을 수조에 넣고 온도차가 0.2℃이내일 때 눈금을 읽는다.

20. 흙의 액성한계 시험에서 유동곡선을 그릴 때 세로축 항목으로 옳은 것은?
   ① 입경   ② 함수비
   ③ 체의 크기   ④ 가적 통과율

해설 가로축 : 낙하횟수, 세로축 : 함수비

21. 콘크리트의 인장강도를 측정하기 위한 간접시험 방법으로 적당한 것은?
   ① 비파괴 시험   ② 할열 시험
   ③ 탄성종파 시험   ④ 직접전단 시험

해설 할열 시험

22. 콘크리트 블리딩은 보통 몇 시간이면 거의 끝나는가?
   ① 4~6시간   ② 6~8시간   ③ 8시간 이상   ④ 2~4시간

해설 일반적으로 블리딩은 콘크리트를 친후 처음 15~30 분에 대부분 생기며, 2~4시간에 거의 끝난다.

23. 콘크리트 휨 강도 시험에 사용할 공시체의 규격이 150×150×530mm일 경우 층당 다짐횟수로 가장 적합한 것은?
   ① 70회   ② 80회   ③ 90회   ④ 100회

해설 다짐횟수 $= (15cm \times 53cm) \div 10 = 79.5$회 ≒ 80회

정답 17. ③   18. ④   19. ①   20. ②   21. ②   22. ④   23. ②

24. 골재 시험 중 시험용 기구로서 철망태가 사용되는 것은?
   ① 잔골재의 표면수 시험   ② 잔골재의 밀도 시험
   ③ 굵은 골재의 밀도 시험   ④ 굵은 골재의 마모 시험

   해설 굵은 골재의 밀도 시험 기구 : 표준체, 시료분취기, 건조기, 저울, 철망태, 물통, 데시게이터

25. 아스팔트가 늘어나는 정도를 측정하는 시험은?
   ① 비중시험   ② 인화점시험
   ③ 침입도시험   ④ 신도시험

   해설 신도는 아스팔트의 늘어나는 능력을 나타냄

26. 흙의 소성 한계 시험을 실시하고자 할 때 1회 시험에 사용할 시료의 양으로 가장 적합한 것은? (단, 자연 함수비 상태로서 425μm체를 통과한 흙)
   ① 10g   ② 30g   ③ 100g   ④ 300g

   해설 425μm체를 통과한 것으로 30g정도 준비

27. 흙의 침강 분석 시험(입도 분석 시험)에 대한 내용 중 옳지 않은 것은?
   ① Stokes의 법칙을 적용한다.
   ② 시험 후 메스실린더의 내용물은 0.075mm체에 붓고 물로 세척한다.
   ③ 침강 측정 시 메스실린더 내에 비중계를 띄우고 소수 부분의 눈금을 메니스커스 위 끝에서 0.0005까지 읽는다.
   ④ 침강 분석 시험에 사용되는 메스실린더의 용량은 500mL를 사용한다.

   해설 분산작업을 마친 후, 내용물을 1000ml 용량의 메스실린더에 넣는다.

28. 콘크리트 블리딩 시험에서 콘크리트를 용기에 3층으로 나누어 넣고 각층을 다짐대로 몇 회씩 고르게 다지는가?
   ① 10회   ② 15회   ③ 20회   ④ 25회

   해설 3층 25회 다짐

29. 시멘트 시료의 무게가 64g이고 처음 광유의 읽음 값이 0.3mL, 시료를 넣고 광유의 눈금을 읽으니 20.6mL이었다. 이 시멘트의 비중은?
   ① 3.12   ② 3.15   ③ 3.17   ④ 3.19

   해설 비중 $= \dfrac{64}{20.6-0.3} = 3.15$

정답 24. ③ 25. ④ 26. ② 27. ④ 28. ④ 29. ②

30. 콘크리트의 슬럼프 시험에서 슬럼프콘에 콘크리트를 채우기 시작하고 나서 슬럼프콘을 들어올리기를 종료할 때까지의 시간으로 옳은 것은?
① 3분 이내로 한다.
② 4분 이내로 한다.
③ 5분 이내로 한다.
④ 6분 이내로 한다.

해설 슬럼프 콘에 채우고 벗길 때 까지 전 작업시간은 3분 이내

31. 시멘트입자의 가는 정도를 알기 위한 시험으로 옳은 것은?
① 시멘트 비중 시험
② 시멘트 응결 시험
③ 시멘트 분말도 시험
④ 시멘트 팽창성 시험

해설 분말도 시험 : 시멘트 입자의 가는 정도를 알기 위함 (비표적으로 표시 : cm^2/g)

32. 잔골재의 체가름 시험에 사용하는 시료의 최소 건조 질량으로 옳은 것은?
(단, 잔골재가 1.2mm체에 질량비로 5% 이상 남는 경우)
① 5kg   ② 1kg   ③ 500g   ④ 100g

해설 잔골재 시험 표준량

골재알의 크기	시료의 최소 건조 질량
1.2mm 체를 95%(질량비) 이상 통과 한 것	100g
1.2mm 체를 5%(질량비) 이상 남는 것	500g

33. 잔골재의 표면수 측정 방법으로 옳은 것은?
① 질량에 의한 방법
② 빈틈률에 의한 측정법
③ 안정성에 의한 측정법
④ 잔입자에 의한 측정법

해설 잔골재의 표면수 측정 방법은 질량에 의한 측정법과 부피에 의한 측정법

34. 강재의 인장시험 결과로부터 구할 수 없는 것은?
① 비례한도
② 극한강도
③ 상대 동탄성계수
④ 파단 연신율

해설 동결융해에 대한 저항성 시험 : 상대동탄성계수

35. 아스팔트의 연화점은 시료를 규정한 조건에서 가열하였을 때 시료가 연화되기 시작하여 거리가 몇 mm로 처졌을 때의 온도를 말하는가?
① 20.4mm
② 25.4mm
③ 27.4mm
④ 29.4mm

해설 연화점(환구법)이란 시료를 규정 조건하에서 가열하였을 때 시료가 연화되기 시작하여 규정된 거리(25.4mm)로 처졌을 때의 온도를 말한다.

정답 30. ①   31. ③   32. ③   33. ①   34. ③   35. ②

36. 로스앤젤레스 시험기에 의한 굵은 골재의 마모시험에서 시험기에서 시료를 꺼낸 후 다음 중 어떤 체로 체가름 하는가?
   ① 1.7mm   ② 2.5mm   ③ 5.0mm   ④ 10mm

   해설) 시료를 시험기에서 꺼내 1.7mm 체로 체가름 한 후 물로 씻고 건조시켜 질량을 측정

37. 흙의 밀도시험에서 피크노미터에 시료와 증류수를 채우고 끓일 때 일반적인 흙의 경우 몇 분 이상 끓여야 하는가?
   ① 1분   ② 5분   ③ 10분   ④ 30분

   해설) 알코올램프로 비중병을 가열하여 10분 이상 끓인다.

38. 흙의 액성한계 시험에서 황동 접시를 1cm 높이에서 1초에 몇 회의 속도로 자유낙하 시키는가?
   ① 2회   ② 3회   ③ 4회   ④ 5회

   해설) 액성한계측정기의 손잡이를 1초 동안에 2회의 속도로 회전시켜 황동 접시를 판에 떨어뜨린다.

39. 시멘트 비중시험의 정밀도 및 편차에 대한 설명으로 옳은 것은?
   ① 동일 시험자가 동일 재료에 대하여 3회 측정한 결과가 ±0.05 이내
   ② 동일 시험자가 동일 재료에 대하여 2회 측정한 결과가 ±0.03 이내
   ③ 다른 시험자가 동일 재료에 대하여 2회 측정한 결과가 ±0.02 이내
   ④ 다른 시험자가 동일 재료에 대하여 3회 측정한 결과가 ±0.05 이내

   해설) 두 번 이상 실시하여 측정값의 차이가 ±0.03 이내로 되면, 그 평균값을 취한다.

40. 흙을 가늘게 국수모양으로 밀어 지름이 약 3mm 굵기에서 부스러질 때의 함수비를 무엇이라 하는가?
   ① 액성한계   ② 수축한계
   ③ 소성한계   ④ 자연한계

   해설) 소성한계 : 흙의 끈이 지름 3mm가 된 단계에서 끈이 끊어 졌을 때 그 조각조각 난 부분의 흙을 모아서 함수비를 측정한다.

41. 모래에 포함되어 있는 유기 불순물 시험에서 사용되는 시약으로 틀린 것은?
   ① 황산   ② 탄닌산
   ③ 알코올   ④ 수산화나트륨

   해설) 표준색 용액 제조
   - 10%의 알코올 용액 9.8g에 타닌산 가루 0.2g을 넣어 2%의 타닌산 용액을 만든다.
   - 3%의 수산화나트륨 용액을 만든다. (수산화나트륨 9g+물 291g)
   - 2% 타닌산 용액 $2.5ml$를 3% 수산화나트륨 용액 $97.5ml$에 섞어서 표준색 용액을 만든다.

정답 36. ① 37. ③ 38. ① 39. ② 40. ③ 41. ①

42. 액성한계 시험에서 낙하횟수 몇 회에 상당하는 함수비를 액성한계라 하는가?
① 10회　　② 15회　　③ 20회　　④ 25회

해설 유동곡선에서 낙하횟수 25회에 상당하는 함수비를 액성한계(w_l)로 한다.

43. 액성한계 시험은 황동 접시를 경질 고무받침대에 낙하시켜, 홈의 바닥부의 흙이 길이 약 몇cm 합류할 때까지 계속하게 되는가?
① 0.5cm　　② 1cm　　③ 1.2cm　　④ 1.5cm

해설 홈의 밑 부분에 있는 흙이 약 1.5cm 정도 합류할 때의 낙하횟수를 구한다.

44. 아스팔트 침입도 시험에서 침이 시료 속으로 0.1mm 들어갔을 때 침입도는?
① 0.1　　② 1　　③ 10　　④ 100

해설 표준침의 침입량을 0.1mm ($\frac{1}{10}$ mm) 단위로 나타낸 값을 침입도로 한다.

45. 콘크리트 압축강도용 표준 공시체의 파괴시험에서 파괴하중이 360kN일 때 콘크리트의 압축강도는? (단, 지름 150mm인 몰드를 사용)
① 20.4MPa　　② 21.4MPa　　③ 21.9MPa　　④ 22.9MPa

해설 압축강도 $= \frac{P}{A} = \frac{360 \times 1000}{\frac{3.14 \times 150^2}{4}} = 20.4(MPa)$

46. 다음 중 얕은 기초에 속하지 않는 것은?
① 독립후팅 기초　　② 복합후팅 기초
③ 전면 기초　　　　④ 우물통 기초

해설 얕은기초 : 독립 후팅, 연속 후팅 기초, 복합 후팅 기초, 전면기초(매트기초)

47. 점성토 지반의 개량공법으로 적합하지 않은 것은?
① 샌드드레인 공법　　② 바이브로 플로테이션 공법
③ 치환공법　　　　　④ 프리로우딩 공법

해설 점성토 지반의 개량공법

공법	공법종류
치환공법	굴착치환, 폭파치환, 압출치환
강제압밀공법	프리로딩 공법(사전압밀 공법), 압성토공법
수직배수공법	샌드드레인 공법, 페이퍼드레인공법, 팩 드레인공법
기 타	샌드매트공법, 전기침투공법, 전기화학적고결공법

정답 42. ④　43. ④　44. ②　45. ①　46. ④　47. ②

48. 흙의 투수계수에 영향을 미치는 요소로 가장 거리가 먼 것은?
① 간극비
② 흙의 비중
③ 물의 단위중량
④ 형상계수

해설 간극비, 점성계수, 포화도, 토립자크기, 형상계수, 물의 단위중량

49. 지표면에 있는 정사각형 하중면 10m×10m의 기초 위에 10t/m²의 등분포 하중이 작용했을 때 지표면으로부터 10m 깊이에서 발생하는 수직응력의 증가량은 얼마인가? (단, 2:1 분포법을 사용한다)
① 1.0t/m²
② 1.5t/m²
③ 2.3t/m²
④ 2.5t/m²

해설 $\triangle \sigma = \dfrac{qBL}{(B+z)(L+z)} = \dfrac{10 \times 10 \times 10}{(10+10)(10+10)} = 2.5 t/m^2$

50. 흙의 다짐 특성에 대한 설명으로 틀린 것은?
① 입도가 좋은 모래질 흙은 다짐곡선이 예민하다.
② 실트나 점토 등의 세립토는 다짐곡선이 완만하다.
③ 최적 함수비가 높은 흙일수록 최대 건조단위무게가 크다.
④ 입도가 좋은 모래질 흙은 점토보다 최대건조 단위무게가 크다.

해설 흙의 다짐 특성
- 최적함수비가 작은 흙일수록 γ_{dmax}는 크다.
- 입자크기가 큰 흙일수록 γ_{dmax}가 크고, OMC가 작으며, 곡선경사가 급하다.
- 입자크기가 작은 흙일수록 γ_{dmax}는 작고, OMC가 크며, 곡선은 완만하다.
- 입도 분포가 좋은 흙일수록 γ_{dmax}가 크고, OMC는 작다.
- 다짐에너지가 증가하면 OMC는 감소하고, γ_{dmax}는 증가 한다.

51. 토질시험의 종류 중 점성토 비배수 강도(c)를 결정하는데 필요한 현장 시험은?
① 현장투수시험
② 평판재하시험
③ 다짐시험
④ 압밀시험

해설 압밀 : 연속적으로 작용하는 정하중에 의하여 흙 속의 물과 공기가 배제되어 흙이 압축되는 현상

52. 예민비를 결정 하고자 하는 데 필요한 시험은?
① 일축압축시험
② 직접전단시험
③ 다짐시험
④ 압밀시험

해설 일축압축시험 이용 : 단위 무게의 계산, 일축 압축 강도의 결정법, 강도 정수의 결정, 예민비의 결정

정답 48. ②　49. ④　50. ③　51. ④　52. ①

53. 도로의 평판재하 시험에 사용하는 원형 재하판은 그 종류가 3개이다. 3개의 지름(cm)으로 옳은 것은?
   ① 30, 40, 50
   ② 35, 45, 75
   ③ 30, 40, 60
   ④ 30, 40, 75

해설 재하판은 두께 22mm 지름 30, 40, 75cm의 강재원판사용

54. 흙의 입도 시험결과 어떤 흙이 D_{60}=3mm, D_{10}=0.42mm 이면 균등계수(Cu)는?
   ① 6.14
   ② 6.84
   ③ 7.14
   ④ 7.84

해설 $C_U = \dfrac{D_{60}}{D_{10}} = \dfrac{3}{0.42} = 7.14$

55. 자연 상태에 있는 조립토의 조밀한 정도를 백분율로 나타내는 것은?
   ① 상대밀도
   ② 포화도
   ③ 다짐도
   ④ 다짐곡선

해설 상대밀도

56. 동상의 피해를 방지하기 위한 방법에 해당되지 않는 것은?
   ① 지하수면을 낮추는 방법
   ② 비동결성 흙으로 치환하는 방법
   ③ 실트질 흙을 넣어 모세관현상을 차단하는 방법
   ④ 화학약품을 넣어 동결온도를 낮추는 방법

해설 실트질 흙은 모세관현상이 크다

57. 어떤 흙의 함수비를 구하기 위해 용기와 습윤토의 무게를 측정한 결과 60.5g, 용기와 노건조 흙의 무게는 58.2g, 용기의 무게는 16.3g이다. 이 흙의 함수비는?
   ① 5.49%
   ② 6.85%
   ③ 10.64%
   ④ 24.38%

해설 $\omega = \dfrac{W_W}{W_S} \times 100 = \dfrac{(44.2 - 41.9)}{41.9} \times 100 = 5.49\%$

58. 간극비가 0.71인 흙의 간극률은?
   ① 29.0%
   ② 35.0%
   ③ 41.5%
   ④ 54.3%

해설 $\eta = \dfrac{e}{1+e} \times 100 = \dfrac{0.71}{1+0.71} \times 100 = 41.52\%$

정답 53. ④ 54. ③ 55. ① 56. ③ 57. ① 58. ③

59. 흙 입자가 물속에서 침강하는 속도로부터 입경을 계산할 수 있는 법칙은?
① 콜로이드(colloid)의 법칙 ② 스토크스(stokes)의 법칙
③ 테르쟈기(Terzaghi)의 법칙 ④ 애터버그(Atterberg)의 법칙

해설 침강하는 속도로부터 입경을 계산할 수 있는 법칙 : 스토크스(stokes)의 법칙

60. 자연상태의 모래지반을 다져 e가 e_{min}에 이르도록 했다면 이 지반의 상대밀도(%)는?
① 200% ② 100% ③ 50% ④ 0%

해설 공극비가 최소(e_{min}=0)는 공극이 없이 잘 다져졌다는 의미이므로 상대밀도는 최대

정답 59. ② 60. ②

핵심기출문제해설 (7)

1. 화력발전소에서 미분탄을 완전 연소시켰을 때 전기집진기로 잡은 작은 미립자로서 냉각되면 구형이 되고 표면이 미끄러워져서 이를 콘크리트에 혼입하면 반죽질기가 좋아지는 것은?
   ① 광재(Slag) ② 실리카 ③ 플라이 애시 ④ 염화칼슘

   해설 플라이 애시는 분탄을 연소시킬 때 얻어지는 석탄재로 입자가 구형이고, 그 자체는 수경성이 없지만 실리카 성분이 수산화칼슘과 반응하여 경화하는 포졸란 반응을 한다.

2. 경량 골재에 속하는 것은?
   ① 강자갈 ② 화산자갈 ③ 산자갈 ④ 바닷자갈

   해설 천연경량골재 : 경석, 화산자갈, 응회암, 용암
   인공경량골재 : 팽창성 혈암, 팽창성 점토, 플라이 애시

3. 블리딩이 심할 경우 콘크리트에 발생하는 현상에 대한 설명으로 옳은 것은?
   ① 강도가 증가한다.
   ② 수밀성이 커진다.
   ③ 내구성이 증가한다.
   ④ 굵은 골재가 모르타르로부터 분리된다.

   해설 블리딩이 심할 경우 굵은 골재가 모르타르로부터 분리된다.

4. 석재의 분류에서 화성암에 속하는 것은?
   ① 응회암 ② 석회암 ③ 점판암 ④ 안산암

   해설 안산암은 화성암의 일종이다.

5. 목재의 강도에 대한 일반적인 설명으로 틀린 것은?
   ① 섬유에 평행방향의 인장강도는 압축강도보다 작다.
   ② 일반적으로 밀도가 크면 압축강도도 크다.
   ③ 목재의 함수율과 강도는 반비례한다.
   ④ 휨강도는 전단강도보다 크다.

   해설 섬유의 평행방향의 인장강도는 압축강도보다 크다.

정답 1. ③ 2. ② 3. ④ 4. ④ 5. ①

6. 감수제의 특징을 설명한 것 중 옳지 않은 것은?
   ① 시멘트풀의 유동성을 증가시킨다.
   ② 수화작용이 느리고 강도가 감소된다.
   ③ 콘크리트가 굳은 뒤에는 내구성이 커진다.
   ④ 워커빌리티를 좋게 하고 단위수량을 줄일 수 있다.

해설 감수제의 특징은 수화작용이 빠르고 강도가 증가된다.

7. 채석장, 노천 굴착, 대발파, 수중 발파에 가장 알맞은 폭약은?
   ① 칼릿
   ② 흑색 화약
   ③ 니트로글리세린
   ④ 규조토 다이너마이트

해설 칼릿은 채석장, 노천 굴착, 대발파, 수중 발파에 가장 알맞은 폭약이다.

8. 다음 중 기폭용품에 속하지 않은 것은?
   ① 도화선
   ② 도폭선
   ③ 뇌관
   ④ 다이너마이트

해설 기폭용품에는 도화선, 도폭선, 뇌관이다.

9. 굳지 않는 콘크리트에 포함된 공기량에 영향을 미치는 요소에 대한 설명으로 틀린 것은?
   ① 시멘트 분말도가 높을수록 공기량은 감소하는 경향이 있다.
   ② AE제 사용량이 증가하면 공기량은 감소하는 경향이 있다.
   ③ 잔골재량이 많을수록 공기량이 증가한다.
   ④ 콘크리트의 온도가 낮을수록 공기량은 증가한다.

해설 AE제의 사용량이 증가하면 공기량도 증가한다.

10. 콘크리트 부재의 크리프(Creep)에 대한 설명 중 옳지 않은 것은?
    ① 물-시멘트비가 작을수록 크리프는 크게 일어난다.
    ② 하중 재하 시 콘크리트의 재령이 작을수록 크리프는 크게 일어난다.
    ③ 부재의 치수가 작을수록 크리프는 크게 일어난다.
    ④ 작용하는 응력이 클수록 크리프는 크게 일어난다.

해설 물-시멘트비가 클수록 크리프는 크게 일어난다.

정답 6. ② 7. ① 8. ④ 9. ② 10. ①

11. 다음 중 콘크리트의 압축강도에 가장 큰 영향을 미치는 요인은?
    ① 골재와 시멘트의 중량
    ② 물-시멘트의 비
    ③ 굵은 골재와 잔골재의 비
    ④ 물과 골재의 중량비

해설 물-시멘트비는 콘크리트 압축강도에 영향을 끼치는 요소 중에서 가장 크게 영향을 미친다.

12. 공기 단축을 할 수 있고 한중 콘크리트와 수중 콘크리트를 시공하기에 적합한 시멘트는?
    ① 조강 포틀랜드 시멘트
    ② 중용열 시멘트
    ③ 보통 포틀랜드 시멘트
    ④ 고로 시멘트

해설 조강 포틀랜드 시멘트는 긴급공사나 해중 공사, 한중 콘크리트 공사에 적합하다.

13. 시멘트를 분류할 때 혼합 시멘트에 속하지 않는 것은?
    ① 포졸란 시멘트
    ② 고로 슬래그 시멘트
    ③ 알루미나 시멘트
    ④ 플라이 애시 시멘트

해설 혼합 시멘트에는 고로 슬래그 시멘트, 플라이 애시 시멘트, 포틀랜드 포졸란 시멘트(실리카 시멘트)가 있다. 특수 시멘트에는 알루미나 시멘트, 초속경 시멘트, 팽창 시멘트가 있다.

14. 골재의 입도에 대한 설명으로 적합한 것은?
    ① $1m^3$의 골재의 질량
    ② 골재에서 물을 포함하고 있는 상태
    ③ 골재를 용기 속에 채워 넣을 때 골재 사이에 존재하는 공극
    ④ 골재의 크고 작은 입자의 혼합된 정도

해설 골재의 입도란 골재의 크고 작은 알이 섞여있는 정도를 말한다.

15. 콘크리트용 골재로서 필요한 조건을 설명한 것으로 옳지 않은 것은?
    ① 깨끗하고 유해물을 함유하지 않을 것
    ② 마모에 대한 저항성이 클 것
    ③ 입도 분포가 균등할 것
    ④ 모양은 입방체 또는 둥근형에 가까울 것

해설 골재가 갖추어야 할 성질에서 크고 작은 입자의 혼합 상태인 입도가 좋을 것.

정답 11. ② 12. ① 13. ③ 14. ④ 15. ③

16. 흙의 비중 시험에 사용되는 시료로 적당한 것은?
    ① 9.5mm 체 통과 시료
    ② 19mm 체 통과 시료
    ③ 37.5mm 체 통과 시료
    ④ 53mm 체 통과 시료

    해설 흙의 비중 시험에 사용되는 시료는 9.5mm 체를 통과하는 시료를 사용한다.

17. 흙의 비중 시험에 사용되는 시험기구가 아닌 것은?
    ① 피크노미터 ② 데시케이터 ③ 온도계 ④ 다이얼게이지

    해설 다이얼게이지는 흙의 비중 시험에 사용되지 않는다.

18. 액성한계가 42.8%이고 소성한계는 32.2%일 때 소성지수를 구하면?
    ① 10.6 ② 12.8 ③ 21.2 ④ 42.4

    해설 소성지수 = 액성한계 - 소성한계
    = 42.8 - 32.2 = 10.6

19. 흙의 함수비 측정에서 항온 건조로의 온도는 몇 ℃로 유지하여야 하는가?
    ① 80±3℃ ② 90±5℃ ③ 100±5℃ ④ 110±5℃

    해설 항온 건조로의 온도는 110±5℃ 정도이다.

20. 워싱턴형 공기량 측정기를 사용하는 시험에 대한 설명으로 옳은 것은?
    ① 주수법과 무주수법이 있다.
    ② 부피법과 무부피법이 있다.
    ③ 압력법과 무압력법이 있다.
    ④ 질량법과 무질량법이 있다.

    해설 워싱턴형 공기량 측정기를 사용하는 시험에는 주수법과 무주수법이 있다.

21. 굳지 않은 콘크리트의 슬럼프 시험에서 슬럼프는 어느 정도의 정밀도로 측정하여야 하는가?
    ① 1mm ② 5mm ③ 1cm ④ 5cm

    해설 슬럼프값은 콘크리트가 내려앉은 길이를 5mm 단위로 측정한다.

22. 흙의 함수량 시험에 사용되는 시험기구가 아닌 것은?
    ① 데시케이터 ② 저울 ③ 항온 건조로 ④ 르 샤틀리에 비중병

    해설 르 샤틀리에 비중병은 시멘트의 비중 시험에 사용되는 기구이다.

정답 16. ① 17. ④ 18. ① 19. ④ 20. ① 21. ② 22. ④

23. 시멘트 비중 시험에 사용하는 시료로서 포틀랜드 시멘트는 1회분 시험으로 약 몇 g이 필요한가?
① 56g　　② 64g　　③ 75g　　④ 83g

해설 시멘트의 비중 시험에 사용하는 1회분 시멘트의 무게는 64g 정도가 필요하다.

24. 흙의 시험 중 수은을 사용하는 시험은?
① 수축한계 시험　　② 액성한계 시험　　③ 비중 시험　　④ 체가름 시험

해설 흙의 수축한계 시험에서는 수은을 사용한다.

25. 콘크리트 슬럼프 시험에서 슬럼프 콘에 시료를 채울 때 각 층의 다짐횟수는?
① 20회　　② 25회　　③ 30회　　④ 35회

해설 슬럼프 콘에 시료를 채울 때 3층으로 나눠서 채우고 각 층을 다짐봉으로 25회 다진다.

26. 콘크리트의 블리딩에 관한 설명 중 옳지 않은 것은?
① 묽은 반죽의 콘크리트에서 타설 높이가 높으면 블리딩이 많이 생긴다.
② 블리딩량이 많으면 철근과 콘크리트의 부착력이 떨어진다.
③ 블리딩량이 많으면 수밀성이 좋아진다.
④ 블리딩량이 많으면 레이턴스도 크다.

해설 블리딩량이 많으면 상부의 콘크리트가 다공질로 되며 강도, 수밀성, 내구성 등이 감소한다.

27. 아스팔트 침입도 시험에 대한 설명으로 옳은 것은?
① 100g의 추에 5초 동안 침의 관입량이 0.1mm일 때를 침입도 "1"이라 한다.
② 100g의 추에 5초 동안 침의 관입량이 1mm일 때를 침입도 "1"이라 한다.
③ 100g의 추에 10초 동안 침의 관입량이 0.1mm일 때를 침입도 "1"이라 한다.
④ 100g의 추에 10초 동안 침의 관입량이 1mm일 때를 침입도 "1"이라 한다.

해설 아스팔트의 침입도 시험은 시료의 온도 25℃에서 표준침에 하중 100g을 5초 동안에 주었을 때 표준침이 시료 속으로 들어간 길이 0.1mm 단위를 침입도라 한다.

28. 골재의 체가름 시험에서 조립률(F.M)을 구할 때 사용되지 않는 체는?
① 10mm　　② 20mm　　③ 30mm　　④ 40mm

해설 조립률을 구하기 위한 10개 체 :
80mm, 40mm, 20mm, 10mm, 5mm, 2.5mm, 1.2mm, 0.6mm, 0.3mm, 0.15mm

정답 23. ②　24. ①　25. ②　26. ③　27. ①　28. ③

29. 반죽된 흙의 함수비를 달리하여 각 함수비에 대한 황동 접시의 낙하횟수와의 관계를 반대수 모눈 종이에 직선으로 나타낸 그래프를 무엇이라 하는가?
① 유동곡선
② 단위무게 곡선
③ 소성도 곡선
④ 액성한계 곡선

해설 액성한계 시험에서 얻은 함수비와 낙하횟수를 반대수 용지에 점으로 표시하고, 점들의 평균이 되는 직선으로 그은 선을 유동곡선이라 한다.

30. 콘크리트 배합 설계 시 단위수량이 171kg/m³, 물-시멘트비가 50%일 때 단위시멘트량은?
① 100kg/m³
② 171kg/m³
③ 342kg/m³
④ 400kg/m³

해설 단위 시멘트량 = $\dfrac{\text{단위수량}}{\text{물} - \text{시멘트비}} = \dfrac{171}{0.5} = 342\,\text{kg/m}^3$

31. 흙의 비중 시험에서 비중병에 시료와 증류수를 넣고 10분 이상 끓이는 이유로 가장 타당한 것은?
① 흙 입자의 무게를 정확히 알기 위하여
② 흙 입자 속에 있는 기포를 완전히 제거하기 위하여
③ 증류수와 흙이 잘 섞이게 하기 위하여
④ 비중병을 검정하기 위하여

해설 비중 시험에서 비중병을 끓이는 이유는 기포를 완전히 제거하기 위함이다.

32. 콘크리트의 쪼갬인장강도 시험에 사용되는 공시체의 규격에 대한 아래 표의 설명에서 ( )안에 들어갈 수치로 알맞은 것은?

> 공시체는 원기둥 모양으로 그 지름은 굵은 골재의 최대치수의 (ㄱ)배 이상이며 (ㄴ)mm 이상으로 한다.

① ㄱ : 2, ㄴ : 100
② ㄱ : 3, ㄴ : 150
③ ㄱ : 4, ㄴ : 100
④ ㄱ : 5, ㄴ : 150

해설 콘크리트의 인장강도 공시체는 원기둥 모양으로 그 지름은 굵은 골재 최대 치수의 4배 이상이며, 100mm 이상으로 한다.

33. 굳지 않은 콘크리트 블리딩 시험에서 시료의 블리딩 물의 총량이 7.5g이고 시료에 함유된 물의 총 무게가 207g일 때 블리딩률(%)을 구한 값은?
① 3.15%
② 3.25%
③ 3.32%
④ 3.62%

해설 블리딩률 = $\dfrac{B}{C} \times 100 = \dfrac{7.5}{207} \times 100 = 3.62\%$

정답 29. ① 30. ③ 31. ② 32. ③ 33. ④

34. 굵은 골재의 마모 시험에 사용되는 가장 중요한 시험기는?
① 지깅 시험기 ② 로스앤젤레스 시험기
③ 표준침 ④ 원심분리 시험기

> **해설** 로스앤젤레스 시험기가 대표적인 마모 시험기이다.

35. 시멘트 비중 시험에 사용되는 재료로 옳은 것은?
① 수은 ② 광유 ③ 경유 ④ 알코올

> **해설** 시멘트 비중 시험에는 광유를 사용한다.

36. 다짐봉을 사용하여 콘크리트 휨강도 시험용 공시체를 제작하는 경우 다짐횟수는 표면적 약 몇 mm²당 1회의 비율로 다지는가?
① 2000mm² ② 1500mm² ③ 1000mm² ④ 500mm²

> **해설** 콘크리트 휨강도 시험용 공시체의 제작에서 다짐봉을 사용하는 경우 다짐횟수는 표면적 약 1000mm²당 1회의 비율로 다진다.

37. 콘크리트 배합 설계에 사용하는 골재의 밀도는 어떤 상태의 골재 밀도인가?
① 습윤상태 ② 절대건조상태
③ 공기 중 건조상태 ④ 표면건조 포화상태

> **해설** 콘크리트 배합설계에 사용하는 골재의 밀도는 표면건조 포화상태의 것을 기준으로 한다.

38. 아스팔트(Asphalt) 침입도 시험을 시행하는 목적은?
① 아스팔트 굳기 정도 측정 ② 아스팔트 신도 측정
③ 아스팔트 비중 측정 ④ 아스팔트 입도 측정

> **해설** 아스팔트의 침입도 시험은 아스팔트의 굳기 정도를 측정한다.

39. 골재의 체가름 시험에서 체가름 작업은 언제까지 하는가?
① 1분간 각 체를 통과하는 것이 전 시료 질량의 0.1% 이하로 될 때까지 작업을 한다.
② 1분간 각 체를 통과하는 것이 전 시료 질량의 0.2% 미만으로 될 때까지 작업을 한다.
③ 2분간 각 체를 통과하는 것이 전 시료 질량의 1% 이하로 될 때까지 작업을 한다.
④ 2분간 각 체를 통과하는 것이 전 시료 질량의 2% 미만으로 될 때 까지 작업을 한다.

> **해설** 체가름 작업은 1분간 각 체를 통과하는 것이 전 시료 질량의 0.1% 이하로 될 때까지 한다.

40. 봉 다지기에 의한 골재의 단위용적질량 시험을 할 때 사용하는 다짐봉의 지름은 몇 mm인가?
① 8mm ② 10mm ③ 16mm ④ 20mm

> **해설** 봉 다지기에 의한 골재의 단위용적질량 시험을 할 때 사용하는 다짐봉의 지름은 16mm이다.

정답 34. ② 35. ② 36. ③ 37. ④ 38. ① 39. ① 40. ③

41. 콘크리트 슬럼프 시험을 할 때 콘크리트를 처음 넣는 양은 슬럼프 시험용 콘 부피의 얼마까지 넣는가?
   ① 1/2   ② 1/3   ③ 1/4   ④ 1/5

해설 슬럼프 콘에 시료를 채울 때 거의 같은 양으로 3층으로 나누어 채운다.

42. 다음 중 시멘트 분말도 단위로 옳은 것은?
   ① N   ② g   ③ cm^2 ④ cm^2/g

해설 시멘트의 분말도는 비표면적으로 나타내며, 단위는 cm2/g이다.

43. 액성한계 시험 시 황동 접시를 대에 설치하여 크랭크를 회전시켜서 1초 동안에 2회의 비율로 대 위에 떨어뜨린 후 홈의 밑부분에 흙이 약 몇 cm 접촉되도록 이 작업을 계속하는가?
   ① 0.5cm   ② 1.0cm   ③ 1.5cm   ④ 1.8cm

해설 액성한계 시험에서 홈의 밑부분의 흙이 15mm정도 접촉할 때까지 회전시켜 낙하횟수를 기록한다.

44. 잔골재의 체가름 시험용 시료 채취 방법으로 옳은 것은?
   ① 2분법   ② 3분법   ③ 4분법   ④ 5분법

해설 골재 시험에서 시료채취는 4분법으로 한다.

45. 금이나 납 등을 두드릴 때 얇게 펴지는 것과 같은 성질을 무엇이라 하는가?
   ① 연성   ② 전성   ③ 취성   ④ 인성

해설 금이나 납 등을 두드릴때 얇게 펴지는 것과 같은 성질을 전성이라 한다.

46. 도로 지반의 평판재하 시험에서 1.25mm가 침하될 때 하중 강도는 4.0kg/cm²이었다. 지지력 계수는?
   ① $20kg/cm^3$ ② $24kg/cm^3$ ③ $28kg/cm^3$ ④ $32kg/cm^3$

해설 지지력 계수 $K = \dfrac{q}{y} = \dfrac{4}{0.125} = 32 kg/cm^3$

47. 점성토에 대한 일축압축 시험 결과 자연시료의 일축 압축강도는 1.25kg/cm², 흐트러진 시료의 일축압축강도는 0.25kg/cm²일 때 이 흙의 예민비는?
   ① 2.0   ② 3.0   ③ 4.0   ④ 5.0

해설 예민비 $S_t = \dfrac{q_u}{q_{ur}} = \dfrac{1.25}{0.25} = 5.0$

정답 41. ②   42. ④   43. ③   44. ③   45. ②   46. ④   47. ④

48. 투수계수(k)의 단위로 옳은 것은?
   ① cm^2/sec ② cm^3/min ③ cm/sec^2 ④ cm/sec

   해설 투수계수의 단위는 cm/sec이다.

49. 유선망을 작도하는 주된 이유는?
   ① 전단강도를 알기 위하여
   ② 침하량과 침하속도를 알기 위하여
   ③ 침투유량과 간극수압을 알기 위하여
   ④ 지지력을 알기 위하여

   해설 침투유량과 간극수압을 알기 위하여 유선망을 작도한다.

50. 자연함수비가 액성한계보다 크다면 그 흙은?
   ① 고체상태에 있다.   ② 소성상태에 있다.
   ③ 액체상태에 있다.   ④ 반고체상태에 있다.

   해설 자연함수비가 액성한계보다 크면 그 흙은 액체상태에 있다.

51. 말뚝의 지지력을 구하는 지지력 공식 중에서 정역학적 지지력 공식에 속하는 것은?
   ① 마이어호프(Meyerhof) 공식   ② 힐리(Hiley) 공식
   ③ 엔지니어링뉴스(Engineering news) 공식   ④ 샌더(Sander) 공식

   해설 마이어호프(Meyerhof) 공식은 정역학적 지지력 공식에 속한다.

52. 어떤 흙의 비중이 2.0, 간극비가 1.0일 때 이 흙의 수중단위무게는?
   ① $0.5g/cm^3$ ② $0.7g/cm^3$ ③ $1.0g/cm^3$ ④ $1.5g/cm^3$

   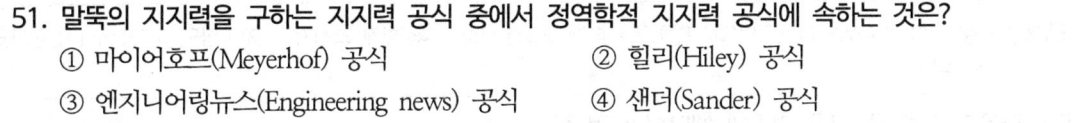

   해설 수중단위무게 = $\dfrac{간극비}{흙의 비중} = \dfrac{1.0}{2.0} = 0.5 g/cm^3$

53. 아스팔트 포장과 같이 가요성 포장의 두께를 결정하는 데 주로 쓰이는 값은?
   ① 압밀계수(C_v) 값   ② 지지력비(CBR) 값
   ③ 콘지지력(q_c) 값   ④ 일축압축강도(q_u) 값

   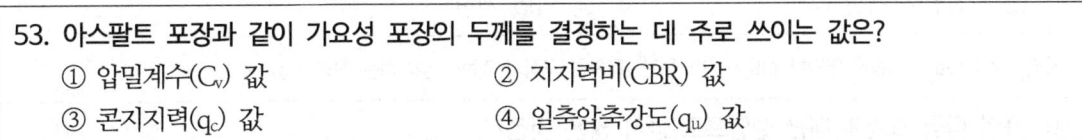

   해설 아스팔트 포장과 같이 가요성 포장의 두께를 결정하는데 주로 쓰이는 값은 CBR값이다.

54. 현장다짐을 할 때에 현장 흙의 단위무게를 측정하는 방법으로 옳지 않은 것은?
   ① 절삭법   ② 아스팔트치환법   ③ 고무막법   ④ 모래치환법

   해설 현장흙의 단위무게를 측정하는 방법은 모래치환법, 고무막법, 절삭법 등이 있다.

정답 48. ④   49. ③   50. ③   51. ①   52. ①   53. ②   54. ②

55. 지름 50mm, 높이 125mm인 용기에 현장 습윤상태의 흙 시료를 채취하여 시료의 무게를 측정하였더니 시료의 무게가 466g이었다. 이 흙의 습윤단위무게는?
  ① 1.2g/cm³ ② 1.5g/cm³ ③ 1.9g/cm³ ④ 2.0g/cm³

해설 습윤단위무게 $= \dfrac{W}{V} = \dfrac{466}{245.31} = 1.90 g/cm^3$

($V = \dfrac{3.14 \times 5^2}{4} \times 12.5 = 245.31 cm^3$)

56. 흙의 다짐에 대한 설명으로 틀린 것은?
  ① 조립토일수록 최대 건조단위중량은 작아진다.
  ② 조립토일수록 최적함수비는 작아진다.
  ③ 양입도일수록 최적함수비는 작아진다.
  ④ 양입도일수록 최대 건조단위중량은 커진다.

해설 흙의 다짐에서 조립토일수록 최대 건조단위중량은 커진다.

57. 통일분류법 및 AASHTO 분류법으로 흙을 분류할 때, 필요한 요소가 아닌 것은?
  ① 액성한계 ② 수축한계 ③ 소성지수 ④ 흙의 입도

해설 통일분류법 및 AASHTO 분류법으로 흙을 분류할 때 필요한 요소는 액성한계, 소성지수, 흙의 입도, 0.075mm 체 통과율 등이 있다.

58. 다음의 기초 중 얕은 기초에 해당되는 것은?
  ① 말뚝 기초 ② 피어 기초 ③ 우물통 기초 ④ 전면 기초

해설 얕은 기초 종류에는 독립후팅 기초, 연속후팅 기초, 복합후팅 기초, 전면 기초 등이 있다.
깊은 기초 종류에는 말뚝 기초, 피어 기초, 케이슨 기초 등이 있다.

59. 연약한 점토지반에서 전단강도를 구하기 위하여 실시하는 현장 시험법은?
  ① Vane 시험
  ② 현장 CBR 시험
  ③ 직접전단 시험
  ④ 압밀 시험

해설 베인(Vane)시험은 연약한 점토지반에서 전단강도를 구하기 위하여 실시하는 현장시험법이다.

60. 흙의 다짐 효과에 대한 설명으로 옳지 않은 것은?
  ① 압축성이 작아진다.
  ② 흙의 역학적 강도와 지지력이 감소한다.
  ③ 부착성이 양호해지고 흡수성이 감소한다.
  ④ 투수성이 감소한다.

해설 흙의 다짐 효과에서 흙의 역학적 강도와 지지력이 증가한다.

정답 55. ③ 56. ① 57. ② 58. ④ 59. ① 60. ②

부 록 (II)

필답형 기출문제 해설

핵심 필답형 기출문제해설 (1)

문제 1

다음은 흙의 직접전단 시험결과이다. 그래프를 그려 점착력(c)과 내부마찰각(ϕ)을 구하시오.

수직응력(σ) kg/cm²	0.1	0.3	0.25
최대전단응력(τ) kg/cm²	0.15	0.25	0.35

풀이 가. 아래의 그래프를 그리시오.

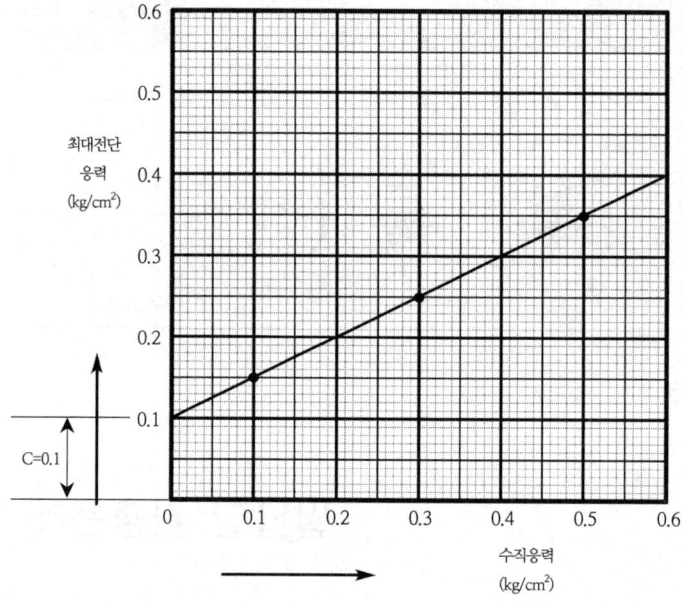

나. 점착력(c)을 구하시오.

　　0.1kg/cm²

다. 내부마찰각(ϕ)을 구하시오.

$$\phi = \tan^{-1} \frac{0.4 - 0.15}{0.6 - 0.1} = 26°33'54''$$

문제 2

현장에서 모래 치환법에 의한 흙의 밀도 시험을 한 결과이다. 다음 요구사항을 구하시오.
(단, 소수 4째 자리에서 반올림하시오.)

(시험 전 표준모래+병) 무게 (g)	6371
(시험 후 표준모래+병) 무게 (g)	3913
깔때기 속의 표준모래 무게 (g)	1460
구멍 속에 파낸 흙 무게 (g)	1158
흙의 함수비 (%)	8.72
표준 모래의 단위중량 (g/cm³)	1.34
실내 다짐시험에 의한 최대건조단위중량 (g/cm³)	1.56

풀이

가. 구멍 속을 채운 표준모래 무게를 구하시오.

$$W_{sand} = 6371 - (3913 + 1460) = 998\,g$$

나. 시험 구멍의 부피를 구하시오.

$$V_H = \frac{W_{sand}}{\gamma_{sand}} = \frac{998}{1.34} = 744.776\ cm^3$$

다. 현장 흙의 습윤단위중량을 구하시오.

$$\gamma_t = \frac{W}{V_H} = \frac{1158}{744.776} = 1.555\ g/cm^3$$

라. 현장 흙의 다짐도를 구하시오.

$$\gamma_d = \frac{\gamma_t}{1+\frac{w}{100}} = \frac{1.555}{1+\frac{8.72}{100}} = 1.430$$

$$C_d = \frac{\gamma_d}{\gamma_{dmax}} \times 100 = \frac{1.430}{1.56} \times 100 = 91.667\%$$

문제 3

자연 함수비가 50%인 점성토의 토질 시험 결과 액성한계가 70%, 소성한계가 40%, 수축한계가 25%였다. 다음 물음에 답하시오.

[풀이] 가. 소성지수를 구하시오.

$$I_P = W_L - W_P = 70 - 40 = 30\ \%$$

나. 액성지수를 구하시오.

$$I_L = \frac{W_n - W_P}{I_P} = \frac{50 - 40}{30} = 0.33$$

다. 컨시스턴시(consistency) 지수를 구하시오.

$$I_C = \frac{W_L - W_n}{I_P} = \frac{70 - 50}{30} = 0.67$$

문제 4

콘크리트의 워커빌리티(Workability)를 측정하기 위한 시험방법을 3가지만 쓰시오.

[풀이] ① 슬럼프 시험　　② 구관입 시험　　③ 흐름 시험

문제 5

콘크리트 슬럼프(slump) 시험에서 시멘트 20 kg, W/C = 50%이고, 중량 배합(시멘트:모래:자갈)=1:2:4의 비율로 혼합할 때 다음 물음에 답하시오.

[풀이] 가. 물의 양을 구하시오.

$$20 \times 0.5 = 10 kg$$

나. 모래의 양을 구하시오.

$$20 \times 2 = 40 kg$$

다. 자갈의 양을 구하시오.

$$20 \times 4 = 80 kg$$

문제 6

다음 (　)안에 알맞은 숫자를 써 넣으시오.

[풀이] 가. 아스팔트 혼합물의 비중이라 함은 보통 (①　　)℃에서의 아스팔트 무게와 이와 같은 부피를 갖는 물 무게의 비를 말한다.

25℃

나. 아스팔트의 침입도 시험에 있어서 특별한 시험 조건을 제외하고 표준온도는
(②   )℃, 침입하중은 (③   )g, 침입시간은 (④   )초이다.
25℃, 100g, 5초

다. 마샬 시험기를 사용하는 아스팔트 혼합물의 소성흐름에 대한 저항력 측정방법은 아스팔트와 최대 치수 (⑤   )mm의 골재를 혼합한 가열 혼합물에 적용한다.
25mm

문제 7

체분석 시험을 위한 잔골재의 건조무게가 500 g이고, 체가름 시험결과 각체에 남은 양이 다음과 같을 때 표(잔류율, 가적잔류율)를 완성하고 조립률을 구하시오.

풀이 가. 표를 완성하시오.

체(mm)	잔유량(g)	잔유율(%)	가적잔유율(%)
20 mm	0	(0)	(0)
10 mm	5	(1)	(1)
5 mm	20	(4)	(5)
2.5 mm	66	(13.2)	(18.2)
1.2 mm	140	(28)	(46.2)
0.6 mm	212	(42.4)	(88.6)
0.3 mm	41	(8.2)	(96.8)
0.15 mm	14	(2.8)	(99.6)
팬	2	(0.4)	(100)
계	500	(100)	

나. 조립률을 구하시오.

$$\frac{1+5+18.2+46.2+88.6+96.8+99.6}{100} = 3.55$$

문제 8

콘크리트 시방배합 결과가 다음과 같다. 현장골재 상태를 보고 다음 물음에 답하시오.
(단, 소수 첫째자리에서 반올림하시오.)

[시방배합표 (kg/m³)]

물(W)	시멘트(C)	잔골재(S)	굵은 골재(G)
159	324	725	1082

[현장골재의 상태]

구 분	5mm체에 남는 양(%)	5mm체 통과량(%)	표면수량(%)
잔골재	5	95	2
굵은 골재	97	3	1

풀이

가. 입도에 대한 골재량을 수정하시오.

$$S + G = 725 + 1082 = 1807 \quad \cdots\cdots (1)$$
$$0.05S + 0.97G = 1082 \quad \cdots\cdots (2)$$

(1)번 식에 0.97을 곱하여 (2)식과 연립하면

$$\begin{array}{r} 0.97S + 0.97G = 0.97 \times 1807 = 1752.79 \\ -)\,0.05S + 0.97G = 1082 \\ \hline 0.92S + 0 = 670.79 \end{array}$$

$$\therefore S = \frac{670.79}{0.92} = 729 \ kg \ \cdots\cdots (3)$$

(3)번 값을 (1)식에 대입하면,

$$\therefore G = 1807 - 729 = 1078 \ kg$$

나. 표면수량에 대한 수정을 하여 계량할 각 재료량을 구하시오.

표면수량에 의한 잔골재량

① 잔골재 표면수 : $729 \times 0.02 = 15 \ kg$

② 잔골재량 : $729 + 15 = 744 \ kg$

표면수량에 의한 굵은 골재량

① 굵은골재 표면수 : $1078 \times 0.01 = 11 \ kg$

② 굵은골재량 : $1078 + 11 = 1089 \ kg$

표면수량에 의한 물의 양

$159 - (15 + 11) = 133 \ kg$

핵심 필답형 기출문제해설 (2)

문제 1

자연 상태 흙의 함수비가 41.2%, 액성한계 48.4%, 소성한계 34.6% 이었다. 다음 물음에 답하시오.

풀이

가. 소성지수를 구하시오.

$$I_P = W_L - W_P = 48.4 - 34.6 = 13.8\%$$

나. 컨시스턴시 지수를 구하시오.

$$I_C = \frac{W_L - W_n}{I_P} = \frac{48.4 - 41.2}{13.8} = 0.52$$

다. 액성지수를 구하시오.

$$I_L = \frac{W_n - W_P}{I_P} = \frac{41.2 - 34.6}{13.8} = 0.48$$

문제 2

아스팔트(Asphalt) 점도시험에서 25℃의 증류수 50 mL의 유출 시간이 15초이고, 유화 아스팔트 50 mL의 유출 시간이 105초 걸렸다. 이때 엥글러 점도를 구하시오.

풀이

$$\frac{\text{시료의 유출 시간}}{\text{증류수의 유출 시간}} = \frac{105\text{초}}{15\text{초}} = 7$$

문제 3

어떤 점성토의 일축 압축 시험한 결과이다. 다음 물음에 답하시오.

    공시체 파괴면과 수평면과의 각도(θ) = 60°
    흐트러지지 않은 시료의 일축압축강도(qu) = 420 kPa
    되비빔하여 만든 시료의 일축압축강도(qur) = 60 kPa

풀이

가. 자연상태를 기준으로 한 이 시료의 내부마찰각(φ)을 구하시오.

$$\theta = 45° + \frac{\phi}{2} \quad \therefore \quad \phi = 2\theta - 90 = 2 \times 60 - 90 = 30°$$

나. 자연상태를 기준으로 한 이 시료의 점착력(c)을 구하시오.

$$C = \frac{q_u}{2} \tan\left(45 - \frac{\phi}{2}\right) = \frac{420}{2} \tan\left(45 - \frac{30}{2}\right) = 121.24 \, kPa$$

다. 이 흙의 예민비(St)를 구하시오.

$$S_t = \frac{q_u}{q_{ur}} = \frac{420}{60} = 7$$

라. 이 흙의 예민비에 따른 점토 특성을 분류하시오.

$4 \leq S_t \leq 8$ 이므로 예민성 점토

문제 4

굵은 골재의 체가름 시험을 통해 얻은 결과가 아래 표와 같다. 다음 물음에 답하시오.

체의 크기	75mm	40mm	25mm	20mm	10mm	5mm	2.5mm	1.2mm	0.6mm	0.3mm	0.15mm
잔류율(%)	0	4	2	24	18	17	34	1	0	0	0
누적 잔류율(%)	0	4	6	30	48	65	99	100	100	100	100

풀이

가. 조립률을 구하시오.

$$\frac{4+30+48+65+99+100+100+100+100}{100} = 6.46$$

나. 시료의 상태(양호/불량)를 판정하시오.

굵은 골재 조립률이 6~8 범위 안에 있으므로 양호하다.

다. 시험기구 중 건조기는 몇 도의 온도를 유지해야 하는지 쓰시오.

$105 \pm 5\,℃$

문제 5

습윤 상태에서의 중량 100 g의 모래를 건조시켜 표면건조 포화상태에서 97 g, 공기 중 건조 상태에서 95 g, 절대 건조 상태에서 92 g이 되었을 때 다음 물음에 답하시오.

풀이

가. 표면수율을 구하시오.

$$\frac{습윤\ 상태 - 표면건조\ 포화상태}{표면건조\ 포화상태} \times 100 = \frac{100-97}{97} \times 100 = 3.09\,\%$$

나. 유효흡수율을 구하시오.

$$\frac{\text{표면건조 포화상태} - \text{공기 중 건조 상태}}{\text{공기 중 건조 상태}} \times 100 = \frac{97-95}{95} \times 100 = 2.11\%$$

다. 흡수율을 구하시오.

$$\frac{\text{표면건조 포화상태} - \text{절대 건조 상태}}{\text{절대 건조 상태}} \times 100 = \frac{97-92}{92} \times 100 = 5.43\%$$

라. 전 함수율을 구하시오.

$$\frac{\text{습윤 상태} - \text{절대 건조 상태}}{\text{절대 건조 상태}} \times 100 = \frac{100-92}{92} \times 100 = 8.70\%$$

문제 6

다음 배합 설계 표에 의해 물음에 답하시오.

시멘트 비중	단위수량(kg)	물-시멘트 비(%)	혼화재량
3.14	159	53	단위 시멘트량의 5%

풀이

가. 단위 시멘트량을 구하시오.

$$\text{단위수량} \div \text{물·시멘트비} = 159 \div 0.53 = 300 kg$$

나. 단위 혼화재량을 구하시오.

$$\text{단위 시멘트량} \times 0.05 = 300 \times 0.05 = 15 kg$$

문제 7

아스팔트 침입도 시험의 표준조건에 대한 다음 물음에 답하시오.

풀이

가. 시험온도 : 25℃

나. 표준침이 관입하는 시간 : 5초

문제 8

흙의 습윤단위중량(γ_t) = 1.65 g/cm3, 함수비(ω) = 56.86%, 흙의 비중(G_s) = 2.716 일 때 다음 물음에 답하시오.

풀이

가. 흙의 건조단위중량(γ_d)을 구하시오.

$$r_d = \frac{r_t}{1+\frac{\omega}{100}} = \frac{1.65}{1+\frac{56.86}{100}} = 1.05 g/cm^3$$

나. 간극비(e)를 구하시오.

$$e = \frac{G_s}{\gamma_d} \times r_w - 1 = \frac{2.716}{1.05} \times 1 - 1 = 1.59$$

다. 포화도(S)를 구하시오.

$$S = \frac{G_s \times \omega}{e} = \frac{2.716 \times 56.86}{1.59} = 97.13\,\%$$

핵심 필답형 기출문제해설 (3)

문제 1

어떤 현장에서 다짐시험을 한 결과이다. 다음 물음에 답하시오.
(단, 몰드의 부피는 1000cm3이고, 이 흙의 비중은 2.60이다.)

시험번호	1	2	3	4	5	6
몰드무게(g)	4000	4000	4000	4000	4000	4000
(시료+몰드)무게(g)	5990	6050	6090	6100	6080	6060
함수비(%)	11.1	12.4	13.5	14.5	15.4	16.6

풀이

가. 습윤시료무게, 습윤단위무게, 건조단위무게를 구하시오.

시 험 번 호	1	2	3	4	5	6
습윤시료의 무게(g)	1990	2050	2090	2100	2080	2060
습윤단위무게(g/cm^3)	1.99	2.05	2.09	2.10	2.08	2.06
건조단위무게(g/cm^3)	1.79	1.82	1.84	1.83	1.80	1.77

나. 다짐곡선을 작도하시오.

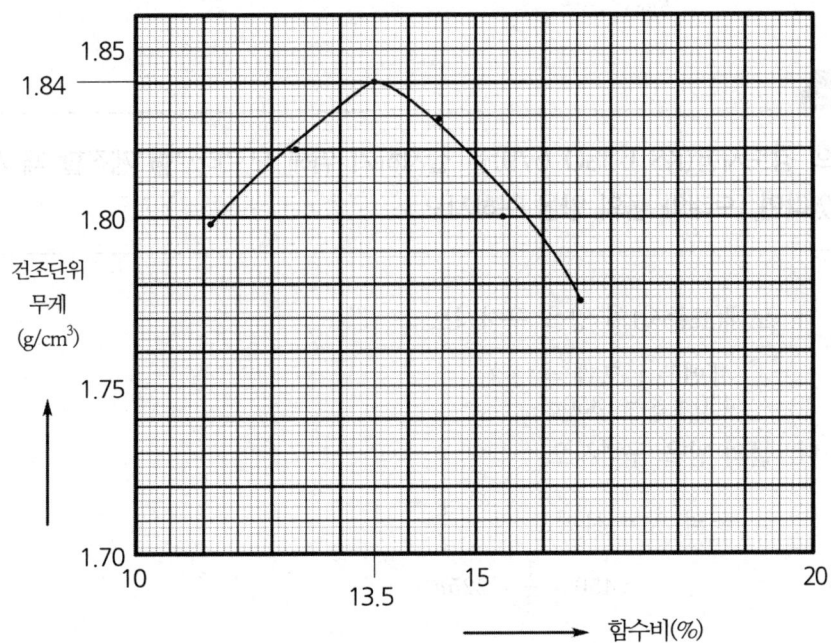

다. 최적함수비(O.M.C)와 최대건조밀도 (γ_{dmax})를 구하시오.

최적함수비 : 13.5%

최대건조밀도 : 1.84 g/cm^3

문제 2

어느 자연시료인 실트질 점토흙의 시험체에 대하여 일축압축 강도시험을 하여 일축압축 강도가 qu=7.6kg/cm²이고 파괴면의 각도가 시험체 수평방향과 이루는 각이 60°였다. 이 흙을 다시 이겨 성형한 시료의 일축압축강도가 1.2kg/cm²였다. 아래 물음에 답하시오.

풀이

가. 이 시료의 내부마찰각(ϕ)을 구하시오.

$$\theta = 45° + \frac{\phi}{2} \quad \therefore \quad \phi = 2\theta - 90 = 2 \times 60 - 90 = 30°$$

나. 이 시료의 점착력(c)을 구하시오.

$$c = \frac{q_u}{2} \tan\left(45 - \frac{\phi}{2}\right) = \frac{7.6}{2} \tan\left(45 - \frac{30}{2}\right) = 2.19 kg/cm^2$$

다. 이 시료의 예민비(St)를 구하시오.

$$S_t = \frac{q_u}{q_{ur}} = \frac{7.6}{1.2} = 6.33$$

문제 3

시멘트의 강도시험(KS L ISO 679)을 실시하기 위해 모르타르를 제작할 때 시멘트 450g을 사용하였다면, 모래와 물의 양을 구하시오.

풀이

가. 모래(표준사)의 양을 구하시오.

시멘트 : 모래 = 1 : 3
450 × 3 = 1350g

나. 물의 양을 구하시오.

$$물의 \ 양 = 시멘트 \ 양 \times \frac{1}{2}$$
$$= 450 \times \frac{1}{2} = 225g$$

문제 4

아스팔트 시험에 대한 아래의 물음에 답하시오.

풀이

가. 아스팔트의 침입도 시험에서 규정조건에서 표준침의 관입깊이가 20mm인 경우 침입도를 구하시오.

$$20 \times 10 = 200$$

나. 아스팔트의 신도시험에서 별도의 규정이 없는 경우 시험온도와 속도를 쓰시오.

① 시험온도 : 25 ± 0.5 ℃

② 시험속도 : 5 ± 0.25 cm/min

문제 5

콘크리트의 강도시험에 대한 아래의 물음에 답하시오.

풀이

가. 강도시험용 공시체를 제작할 때 양생온도의 범위를 쓰시오.

20 ± 2℃

나. 콘크리트의 압축강도 시험에서 공시체에 하중을 가하는 속도에 대한 아래 표의 설명에서 ( )에 들어갈 알맞은 속도범위를 쓰시오.

> 공시체에 충격을 주지 않도록 똑같은 속도로 하중을 가한다. 하중을 가하는 속도는 압축응력도의 증가율이 매초 (　　)MPa이 되도록 한다.

0.6 ± 0.2

다. 3등분점 재하법에 따라 콘크리트의 휨강도시험을 실시한 결과가 아래의 표와 같을 때 이 콘크리트의 휨강도를 구하시오.
(단, 시험체가 인장쪽 표면 지간 방향 중심선의 3등분점 사이에서 파괴되었다.)

> - 사용공시체 규격 : 150mm×150mm×530mm
> - 지간의 길이 : 450mm
> - 파괴시 최대 하중 : 35000N

$$휨강도 = \frac{Pl}{bd^2} = \frac{35000 \times 450}{150 \times 150^2} = 4.67 MPa$$

라. 쪼갬인장강도(f_{sp})를 구하는 식을 쓰시오.
(단, P : 시험에서 구한 최대 하중, d : 공시체의 지름(mm), l : 공시체의 길이 (mm))

$$인장강도 = \frac{2P}{\pi d l}$$

문제 6

현장에서 흙 시료를 실험한 결과 습윤단위무게(γ_t)=1.98t/m³, 함수비(ω)=20%, 흙입자의 비중(G_s)=2.70을 얻었다. 다음 물음에 답하시오.

풀이

가. 건조단위무게(γ_d)를 구하시오.

$$\gamma_d = \frac{\gamma_t}{1+\frac{\omega}{100}} = \frac{1.98}{1+\frac{20}{100}} = 1.65 \, t/m^3$$

나. 간극비(e)를 구하시오.

$$e = \frac{G_s}{\gamma_d} \times \gamma_w - 1 = \frac{2.70}{1.65} \times 1 - 1 = 0.64$$

다. 간극률(n)을 구하시오.

$$n = \frac{e}{1+e} \times 100 = \frac{0.64}{1+0.64} \times 100 = 39.02 \, \%$$

라. 포화단위무게(γ_{sat})를 구하시오.

$$\gamma_{sat} = \frac{G_s + e}{1+e}\gamma_w = \frac{2.70 + 0.64}{1+0.64} \times 1 = 2.04 \, t/m^3$$

마. 수중단위무게(γ_{sub})를 구하시오.

$$\gamma_{sub} = \gamma_{sat} - 1 = 2.04 - 1 = 1.04 \, t/m^3$$

문제 7

시멘트 응결시험방법 2가지를 쓰시오.

풀이

① 비카 침에 의한 방법
② 길모어 침에 의한 방법

핵심 필답형 기출문제해설 (4)

문제 1

다음 표를 보고 물음에 산출근거와 답을 적으시오

풀이

시방배합표(kg/m³)

물	시멘트	잔골재	굵은골재
159	324	725	1082

현장골재상태

구분	5mm체에 남은 양	5mm체 통과한 양	표면수량
잔골재(%)	5	95	2
굵은골재(%)	97	3	1

풀이

가. 입도조정에 의한 잔골재량을 구하시오.

$S + G = 725 + 1082 = 1807$ ·················· (1)
$0.05S + 0.97G = 1082$ ·················· (2)

(1)번 식에 0.97을 곱하여 (2)식과 연립 하면

$$\begin{array}{r} 0.97S + 0.97G = 0.97 \times 1807 = 1752.79 \\ -)\ 0.05S + 0.97G = 1082 \\ \hline 0.92S + 0\ \ \ \ \ \ \ = 670.79 \end{array}$$

$$\therefore S = \frac{670.79}{0.92} = 729\ kg \quad \cdots\cdots (3)$$

나. 입도조정에 의한 굵은골재량을 구하시오.

(1)식 에서 $S + G = 1807 \quad G = 1807 - S$

$\therefore G = 1807 - 729 = 1078\ kg$

다. 표면수율에 의한 잔골재량을 구하시오.

① 잔골재 표면수 $= 729 \times 0.02 = 15\ kg$

② 잔골재량 $= 729 + 15 = 744\ kg$

라. 표면수율에 의한 굵은골재량을 구하시오.

① 굵은골재표면수 $= 1078 \times 0.01 = 11\ kg$

② 굵은골재량 $= 1078 + 11 = 1089\ kg$

마. 표면수율에 의한 물의 양을 구하시오.
단위수량 = $159 - (15 + 11) = 133\,kg$

문제 2

현장에서 젖은 흙을 채취하여 무게를 측정하니 193kgf, 부피는 120cm³, 이 흙을 110±5℃로 항온노건조한 무게를 측정하였더니 155gf 이었다. 이 흙의 비중 GS=2.73이라고 할 때 다음 물음에 답하시오.

[풀이]

가. 함수비를 구하시오.
$$w = \frac{W_W}{W_S} \times 100 = \frac{W - W_S}{W_S} \times 100 = \frac{193 - 155}{155} \times 100 = 24.52\,\%$$

나. 습윤 단위무게를 구하시오
$$\gamma_t = \frac{W}{V} = \frac{193}{120} = 1.61\,g/cm^3$$

다. 건조단위무게를 구하시오
$$\gamma_d = \frac{W_S}{V} = \frac{155}{120} = 1.29\,g/cm^3$$

라. 간극비를 구하시오.
$$e = \frac{G_S}{\gamma_d} \times \gamma_w - 1 = \frac{2.73}{1.29} \times 1 - 1 = 1.12$$

마. 간극률을 구하시오.
$$n = \frac{e}{1+e} \times 100 = \frac{1.12}{1+1.12} \times 100 = 52.83\,\%$$

바. 포화도를 구하시오.
$$S = \frac{G_S \cdot w}{e} = \frac{2.73 \times 24.52}{1.12} = 59.77\,\%$$

문제 3

시멘트 모르타르 인장강도 시험에 사용하는 표준모르타르 제조시 시멘트 510g을 사용할 때 표준모래는 몇g을 넣어야 하는가?

[풀이] 시멘트 모르타르 인장강도 배합비 시멘트:표준모래=1:2.7이므로
1:2.7=510:표준모래 ∴ 표준모래=2.7×510=1377g
〈2011년 시방서 변경〉
압축 및 휨강도 표준모르타르 제조시 시멘트 : 모래비는 1 : 3으로 한다.
인장강도에 대한 규정 없음

문제 4

현장모래의 건조단위 무게가 1.62gf/cm³ 이었다. 이 모래를 시험실에서 시험을 실시한 결과 최대건조 단위무게가 1.78gf/cm³, 최소건조단위무게 1.46gf/cm³일 때 다음 물음에 답하시오.

풀이

가. 현장모래의 상대밀도를 구하시오.

$$Dr = \frac{e_{\max} - e}{e_{\max} - e_{\min}} \times 100 = \frac{\gamma_d - \gamma_{dmin}}{\gamma_{dmax} - \gamma_{dmin}} \times \frac{\gamma_{dmax}}{\gamma_d} \times 100 \; (\%)$$

$$= \frac{1.62 - 1.46}{1.78 - 1.46} \times \frac{1.78}{1.62} \times 100 = 54.94 \; (\%)$$

나. 현장모래의 상대밀도를 판정하시오.
(단, 판정사유를 반드시 기재하시오)

D_r = 54.94% 이므로 중간 상태

사질토의 상대밀도 판정

상 태	상대밀도(%)
매우 느슨	0~20
느 슨	20~40
중 간	40~60
조 밀	60~80
매우 조밀	80~100

문제 5

잔골재 표면수 시험에 대한 아래 물음에 답하시오.

풀이

가. 잔골재 표면수 측정방법 2가지를 쓰시오.
　　　질량법, 용적법

나. 잔골재 표면수 시험은 몇 ℃인가?
　　　15~25℃

다. 표면수 시험결과 아래와 같을 때 표면수율은 몇 % 인가?

용기+표시선까지 물(g)	962.4
시료의 질량(g)	500
용기+표시선까지 물+시료(g)	1261.5
시료의 표준밀도(g/cm3)	2.61

① $m = m_1 + m_2 - m_3 = 500 + 962.4 - 1261.5 = 200.9(g)$

여기서, m_1 : 시료의 질량(g)
m_2 : 용기와 물의 질량(g)
m_3 : 용기, 시료 및 물의 질량(g)
m : 시료에서 치환된 물의 질량(g)

② $H = \dfrac{m - m_s}{m_1 - m} \times 100(\%) = \dfrac{200.9 - 191.6}{500 - 200.9} \times 100 = 3.1(\%)$

여기서, $m_s = \dfrac{m_1}{d_s} = \dfrac{500}{2.61} = 191.6$
d_s : 잔골재 표건밀도(g/cm^3)

문제 6

흙의 자연함수비가 45%인 점성토의 토성시험 결과 액성한계가 60%, 소성한계 40%, 수축한계 30%였다. 물음에 산출근거를 쓰고 답하시오.

풀이

가. 소성지수를 구하시오.
$I_P = w_L - w_p = 60 - 40 = 20(\%)$

나. 액성지수를 구하시오.
$I_L = \dfrac{w_n - w_p}{I_p} = \dfrac{w_n - w_p}{w_L - w_P} = \dfrac{45 - 40}{20} = 0.25$

다. 컨시스턴시지수를 구하시오.
$I_C = \dfrac{w_L - w_n}{I_P} = \dfrac{60 - 45}{20} = 0.75$

문제 7

아스팔트 연화점 시험에 대한 물음에 답하시오.

풀이

가. 시료를 환에 넣고 몇 시간 안에 시험을 마쳐야 하는가?
4시간

나. 시료가 강구와 함께 시료대에서 몇 mm 떨어진 밑판에 닿는 순간의 온도를 연화점으로 하는가?
25.4mm

다. 시험 온도는 매분 몇 ℃의 비율로 하는가?
5±0.5℃

핵심 필답형 기출문제해설 (5)

문제 1

흙의 습윤 단위무게가 1.75g/cm³, 함수비 30%, 비중 2.60일 때 다음 물음에 답하시오.

풀이

가. 건조단위무게를 구하시오.

$$\gamma_d = \frac{\gamma_t}{1+\frac{w}{100}} = \frac{1.75}{1+\frac{30}{100}} = 1.346 g/cm^3$$

나. 간극비를 구하시오.

$$e = \frac{G_s}{\gamma_d}\gamma_w - 1 = \frac{2.60}{1.346} \times 1 - 1 = 0.932$$

다. 포화도를 구하시오.

$$S = \frac{G_s \cdot w}{e} = \frac{2.60 \times 30}{0.932} = 83.69\%$$

문제 2

일축압축시험 결과 q_u=3.4kg/cm², 파괴면 각도 55° 이었다. 다음 물음에 답하시오.

풀이

가. 내부 마찰각을 구하시오.

$$\theta = 45° + \frac{\phi}{2}, \quad 55° = 45° + \frac{\phi}{2}$$

$$\therefore \phi = 20°$$

나. 이 흙의 점착력을 구하시오.

$$C = \frac{q_u}{2\tan(45°+\frac{\phi}{2})} = \frac{3.4}{2 \times \tan(45°+\frac{20°}{2})} = 1.19 kg/cm^2$$

문제 3

현장 모래의 건조단위무게(γ_d)가 1.50g/cm³, 최대 건조단위무게(γ_{dmax})가 1.70g/cm³, 최소 건조단위무게(γ_{dmin})1.40g/cm³ 일 때 이 흙의 상대밀도를 구하시오.

풀이

$$D_r = \frac{\gamma_d - \gamma_{dmin}}{\gamma_{dmax} - \gamma_{dmin}} \times \frac{\gamma_{dmax}}{\gamma_d} \times 100 = \frac{1.50 - 1.40}{1.70 - 1.40} \times \frac{1.70}{1.50} \times 100 = 37.8\%$$

문제 4

굵은 골재의 밀도 및 흡수량 시험한 결과가 다음과 같을 때 물음에 답 하시오.

- 표면건조포화상태 : 2225g
- 물속 철망의 무게 : 1917g
- 물속 시료와 철망의 무게 : 3218g
- 노건조의 시료무게 : 2138g

풀이

가. 표면건조 포화상태의 밀도

$$\frac{B}{B-C} \times \rho_w = \frac{2225}{2225-1301} \times 1 = 2.41 g/cm^3$$

C값(물속에서 시료무게) 계산

물속(철망태+시료무게) - 물속 철망태무게 = 3218 - 1917 = 1301g

나. 진밀도

$$\frac{A}{A-C} \times \rho_w = \frac{2138}{2138-1301} \times 1 = 2.55 g/cm^3$$

다. 흡수율

$$\frac{B-A}{A} \times 100 = \frac{2225-2138}{2138} \times 100 = 4.07 \, (\%)$$

문제 5

흙의 자연 함수비가 50%인 점성토의 토성시험 결과 액성한계가 70%, 소성한계 40%, 수축한계가 25%였다. 물음에 산출근거를 쓰고 답하시오.

풀이

가. 소성지수를 구하시오.

$$I_P = w_L - w_P = 70 - 40 = 30 \, (\%)$$

나. 액성지수를 구하시오.

$$I_L = \frac{w_n - w_P}{I_P} = \frac{50-40}{30} = 0.33$$

다. 컨시스턴시(consistency)지수를 구하시오.

$$I_C = \frac{w_L - w_n}{I_P} = \frac{70-50}{30} = 0.67$$

문제 6

침입도 시험이다 물음에 답하시오.

풀이 가. 무게가 100g 이고 표준침이 5mm 관입 하였을 때 침입도를 구하시오.

$$5mm \times 10 = 50 \ (\because 1mm을 10으로 나타내므로)$$

나. 시험조건 온도는?

25℃

다. 표준침을 침입 시킨 후 초시계를 가동시켜 정확하게 몇 초에 눈금을 읽는가?

5 초

문제 7

다음 콘크리트는 시방배합표이다. 현장배합으로 수정하시오.

시방 배합표

굵은골재최대 치수(mm)	슬럼프 (mm)	물-결합재비 (%)	잔골재율 (%)	물 (kg)	시멘트 (kg)	잔골재 (kg)	굵은골재 (kg)
25	120	45	40	179	390	700	1089

현장골재상태

-. 잔골재 속에 5mm체에 남은양 3% -. 굵은골재속에 5mm체에 통과량 2%	-. 잔골재 표면수 3% -. 굵은골재 표면수 1%

풀이 1) 입도보정

$$S + G = 700 + 1089 = 1789 \cdots\cdots (1)$$
$$0.03S + 0.98G = 1089 \cdots\cdots (2)$$

(1)번 식에 0.98을 곱하여 (2)식과 연립 하면

$$\begin{array}{r} 0.98S + 0.98G = 0.98 \times 1789 = 1753.22 \\ -) \ 0.03S + 0.98G = 1089 \\ \hline 0.95S + 0 \quad\quad = 664.22 \end{array}$$

$$\therefore S = \frac{664.22}{0.95} = 699.18 \ kg \cdots\cdots (3)$$

$$\therefore G = 1789 - 699.18 = 1089.82 \ kg$$

2) 표면수 보정

① 잔골재 표면수 : $699.18 \times 0.03 = 20.98\,kg$

② 굵은골재 표면수 : $1089.82 \times 0.01 = 10.90\,kg$

가. 단위 잔골재량을 구하시오.

$699.18 + 20.98 = 720.16\,kg$

나. 단위 굵은골재량을 구하시오.

$1089.82 + 10.90 = 1100.72\,kg$

다. 단위 수량을 구하시오.

$179 - (20.98 + 10.90) = 147.12\,kg$

문제 8

어떤 현장에서 다짐시험을 한 결과이다. 다음 물음에 답하시오.
(단, 몰드의 체적은 1000cm³이고, 이 흙의 비중은 2.60이다.)

시 험 번 호	1	2	3	4	5	6
몰드무게(g)	4000	4000	4000	4000	4000	4000
(시료+몰드)무게(g)	5990	6050	6090	6100	6080	6060
함수비(%)	11.1	12.4	13.5	14.5	15.4	16.6

풀이 가. 습윤 시료무게, 습윤밀도, 건조밀도를 구하시오.

시 험 번 호	1	2	3	4	5	6
습윤시료의 무게(gf)	1990	2050	2090	2100	2080	2060
습윤밀도(gf/cm³)	1.99	2.05	2.09	2.10	2.08	2.06
건조밀도(gf/cm³)	1.791	1.824	1.841	1.834	1.802	1.767

계산근거)

습윤시료무게 = (시료+몰드)무게 − 몰드무게 = $5990 - 4000 = 1990\,(gf)$

습윤밀도 $(\gamma_t) = \dfrac{W}{V} = \dfrac{1990}{1000} = 1.99\,(gf/cm^3)$

건조밀도 $(\gamma_d) = \dfrac{\gamma_t}{1 + \dfrac{w}{100}} = \dfrac{1.99}{1 + \dfrac{11.1}{100}} = 1.791\,(gf/cm^3)$

나. 다짐곡선을 작도하시오.

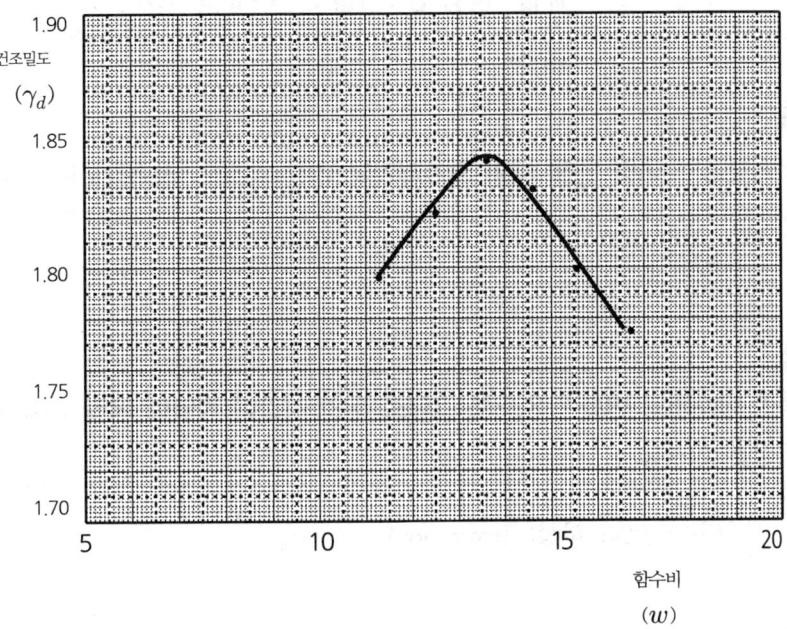

다. 최적함수비(O.M.C)와 최대건조밀도 (γ_{dmax})를 구하시오.

최적함수비 ($O.M.C$) : 13.5%

최대건조밀도(γ_{dmax}) : 1.84 g/cm^3

핵심 필답형 기출문제해설 (6)

문제 1
흐트러진 시료를 되비빔 했을 때와 흐트러지지 않은 시료의 압축강도의 비를 쓰시오.

예민비

문제 2
교란된 흙을 함수비의 변화가 없도록 그대로 두면 시간이 지남에 따라 손실된 강도를 일부 회복하는 현상을 쓰시오.

틱소트로피 현상(Thixotropy)

문제 3
자연함수비(w_n) 36%, 액성한계(w_L)가 41% 습윤시료의 부피(V)가 20.4cm² 건조시료의 부피(V_0) 16.2cm³ 건조시료무게(W_S) 30.6g, 소성한계 (w_P) 32% 이었을 때 다음 물음에 답하시오.

풀이

가. 수축한계를 구하시오

$$w_s = w_n - \left[\frac{(V-V_0)\gamma_w}{W_S} \times 100\right] = 36 - \left[\frac{(20.4-16.2) \times 1}{30.6} \times 100\right]$$

$$= 22.27\,(\%)$$

나. 수축지수를 구하시오

$$I_S = w_P - w_s = 32 - 22.27 = 9.73\,(\%)$$

다. 수축비를 구하시오

$$R = \frac{W_S}{V_0 \times \gamma_w} = \frac{30.6}{16.2 \times 1} = 1.89$$

문제 4
콘크리트 표준 시방서에 의한 다음 조건에서의 배합강도(MPa)는 얼마인가?
(단, f_{ck} = 27 MPa, 30회 이상 압축강도 시험에 의한 표준편차 s = 2.7 MPa)

풀이 $f_{ck} \leq 35\mathrm{MPa}$ 인 경우이므로

- $f_{cr} = f_{ck} + 1.34s \text{ (Mpa)} = 27 + 1.34 \times 2.7 = 30.62 \text{ MPa}$
- $f_{cr} = (f_{ck} - 3.5) + 2.33s \text{ (Mpa)}$
  $= (27 - 3.5) + 2.33 \times 2.7 = 29.79 \text{ MPa}$
- 두 값 중 큰 값을 배합강도로 한다. ∴ 30.62 (MPa)

문제 5

골재에 포함된 잔입자 (0.08mm체를 통과하는) 시험 방법이다. 물음에 답하시오.

풀이 가. 씻기 전 시료의 건조질량이 500g, 씻은 후 시료의 건조 질량이 477.5g 이다. 0.08 mm체를 통과하는 잔입자의 질량비를 구하시오.

$$\text{통과율}(\%) = \frac{\text{씻기 전 시료의 건조질량} - \text{씻은 후 시료의 건조질량}}{\text{씻기 전 시료의 건조질량}} \times 100(\%)$$

$$= \frac{500 - 477.5}{500} \times 100 = 4.5\%$$

나. 휘젓는 작업은 굵은 입자와 잔입자를 완전히 분리 시키고 (　)mm체를 통과하는 것을 잔입자로 하는가?

0.08

문제 6

현장의 습윤밀도가 1.75g/cm³, 함수비는 8.2%였다. 실험실에서 최대 습윤밀도는 1.80g/cm³, 최소 습윤밀도는 1.70g/cm3로 측정되었다. 물음에 답하시오.

풀이 가. 현장 모래의 상대밀도를 구하시오.

① 건조밀도 $\gamma_d = \dfrac{\gamma_t}{1 + \dfrac{w}{100}} = \dfrac{1.75}{1 + \dfrac{8.2}{100}} = 1.617 g/cm^3$

② 최대 건조밀도 $\gamma_{dmax} = \dfrac{\gamma_{tmax}}{1 + \dfrac{w}{100}} = \dfrac{1.80}{1 + \dfrac{8.2}{100}} = 1.664 g/cm^3$

③ 최소 건조밀도 $\gamma_{dmin} = \dfrac{\gamma_{tmin}}{1 + \dfrac{w}{100}} = \dfrac{1.70}{1 + \dfrac{8.2}{100}} = 1.571 g/cm^3$

④ $D_r = \dfrac{\gamma_d - \gamma_{dmin}}{\gamma_{dmax} - \gamma_{dmin}} \times \dfrac{\gamma_{dmax}}{\gamma_d} \times 100$

$= \dfrac{1.617 - 1.571}{1.664 - 1.571} \times \dfrac{1.664}{1.617} \times 100 = 50.9\%$

나. 현장 모래의 상대밀도를 판정하시오.

40~60% 사이이므로 중간(보통) 정도임

해설 ☞ 상대밀도 판정

상 태	상대밀도(%)
매우 느슨	0~20
느 슨	20~40
중 간	40~60
조 밀	60~80
매우 조밀	80~100

문제 7

체분석 시험을 위한 잔골재의 건조무게가 500g이고, 체가름 시험결과 각체에 남은양이 다음과 같을 때 표(잔유율, 가적잔유율)을 완성하고 조립률을 계산 하시오

풀이 가. 빈칸 (잔유율, 가적잔유율)을 계산하여 기록하시오

체(mm)	잔유량(g)	잔유율(%)	가적잔유율(%)
20	0	(0)	(0)
10	5	(1)	(1)
5	20	(4)	(5)
2.5	66	(13.2)	(18.2)
1.2	140	(28)	(46.2)
0.6	212	(42.4)	(88.6)
0.3	41	(8.2)	(96.8)
0.15	14	(2.8)	(99.6)
팬	2	(0.4)	(100)
계	500		

나. 조립률을 계산 하시오. (단, 소수점이하 2자리에서 반올림)

$FM = \dfrac{1 + 5 + 18.2 + 46.2 + 88.6 + 96.8 + 99.6}{100} = 3.6$

핵심 필답형 기출문제해설 (7)

문제 1

콘크리트 압축강도의 표준 편차를 알지 못할 때, 또는 시험 횟수가 14회 이하인 경우 설계기준강도 (f_{ck}) 18MPa와, 40MPa일 때 콘크리트 배합강도를 구하시오

풀이

① 설계기준강도 (f_{ck}) 18MPa인 경우

$$f_{ck} + 7 = 18 + 7 = 25 \ MPa$$

② 설계기준강도 (f_{ck}) 40MPa인 경우

$$f_{ck} + 10 = 40 + 10 = 50 MPa$$

해설 표준편차를 알지 못하거나 시험횟수가 14회 이하인 경우 배합강도

설계기준강도 f_{ck} (Mpa)	배합강도 f_{cr} (Mpa)
21 미만	$f_{ck} + 7$
21 이상 35이하	$f_{ck} + 8.5$
35초과	$f_{ck} + 10$

문제 2

콘크리트 배합설계에서 단위수량이 157kg, 물-결합재비(W/B) 50%, 갇힌 공기 2%, 잔골재율 40%, 잔골재 밀도 2.50g/cm³, 굵은 골재 밀도 2.60g/cm³ 시멘트 밀도 3.14g/cm³ 일 때 다음 물음에 답하시오.

풀이

가. 단위 시멘트량을 구하시오

$$\frac{W}{C} = 50\% = 0.5, \ \therefore C = \frac{W}{0.5} = \frac{157}{0.5} = 314 \ (kgf/m^3)$$

나. 단위 골재의 절대부피를 구하시오.

$$S_V + G_V = 1 - \left(\frac{C(kg)}{1000 \times C_g} + \frac{W(kg)}{1000} + \frac{A(\%)}{100} + \frac{혼화재량(kg)}{1000 \times 혼화재비중} \right)$$

$$= 1 - \left(\frac{314kg}{1000 \times 3.14} + \frac{157kg}{1000} + \frac{2}{100} \right) = 0.723 \ (m^3)$$

다. 단위 잔골재량을 구하시오.

① $S_V = (S_V + G_V) \times S/a = 0.723 \times 0.4 = 0.289 m^3$

$S = S_V \times S_g \times 1000 = 0.289 \times 2.50 \times 1000 = 723 kgf/m^3$

라. 단위 굵은골재량을 구하시오.

$G = ((S_V + G_V) - S_V) \times G_g \times 1000$

$= (0.723 - 0.289) \times 2.60 \times 1000 = 1128 kgf/m^3$

문제 3

포화 점토층의 두께가 5m이며, 점토층의 위는 모래층이고 아래는 암반이다. 이 점토에 일정하게 작용하여 최종 압밀 침하량이 50cm 였다. 다음 물음에 답하시오.

풀이 가. 침하량이 10cm 일 때, 이 점토의 평균 압밀도를 구하시오.

$$U = \frac{\triangle H_t}{\triangle H} \times 100 = \frac{10}{50} \times 100 = 20 \, (\%)$$

나. 같은 하중에 대한 압밀계수 CV 값이 3×10-3cm²/sec 라 할 때 50% 침하가 일어나는데 걸리는 시간을 구하시오. (단, 단위는 일로 표시)

$$t_{50} = \frac{T_V H^2}{C_V} = \frac{0.197 \times 500^2}{3 \times 10^{-3}} = 16,416,666 초$$

$$= \frac{16,416,666}{60 \times 60 \times 24} = 190 일$$

여기서, 아래층이 암반이므로 1면 배수임

문제 4

어떤 흙의 수축 한계 시험을 한 결과가 다음과 같았다. 다음 물음에 답 하시오.

수축접시내의 습윤시료의 용적	21.6cm³
노건조시료의 용적	15.1cm³
노건조시료의 중량	26.2g
습윤시료의 함수비	44.6%

풀이 가. 수축한계를 구하시오.

$$w_s = w - \left[\frac{(V - V_0)\gamma_w}{W_S} \times 100 \right]$$

$$= 44.6 - \left[\frac{(21.6 - 15.1) \times 1}{26.2} \times 100 \right] = 19.79 \, (\%)$$

나. 수축비를 구하시오.

$$R = \frac{C}{w - w_s} = \frac{W_S}{V_0 \times \gamma_w} = \frac{26.2}{15.1 \times 1} = 1.74$$

다. 흙의 비중을 구하시오.

$$G_S = \frac{\gamma_w}{\dfrac{1}{R} - \dfrac{w_s}{100}} = \frac{1}{\dfrac{1}{1.74} - \dfrac{19.79}{100}} = 2.65$$

문제 5

현장의 모래 건조밀도가 1.56g/cm³이었다. 이 모래를 실험실에서 1000cm³의 용기를 사용하여 최대로 느슨한 상태로 채우고, 또 최대로 조밀하게 채운 다음 건조단위무게를 측정하였더니 1450g, 1630g 이었다. 물음에 답하시오.

풀이

① $\gamma_{dmax} = \dfrac{W_s}{V} = \dfrac{1630}{1000} = 1.63 g/cm^3$

② $\gamma_{dmin} = \dfrac{W_s}{V} = \dfrac{1450}{1000} = 1.45 g/cm^3$

③ $D_r = \dfrac{\gamma_d - \gamma_{dmin}}{\gamma_{dmax} - \gamma_{dmin}} \times \dfrac{\gamma_{dmax}}{\gamma_d} \times 100$

$= \dfrac{1.560 - 1.450}{1.630 - 1.450} \times \dfrac{1.630}{1.560} \times 100 = 63.85\%$

문제 6

현장에서 젖은 흙을 채취하여 무게를 측정하니 200gf, 부피는 100cm³이 흙을 110±5℃로 항온노건조한 후 무게를 측정하였더니 160gf 이었다. 이 흙의 비중 Gs=2.70 이라고 할 때 다음 물음에 답하시오.

풀이

가. 함수비(w)를 구하시오.

$$w = \frac{W_W}{W_S} \times 100 = \frac{40}{160} \times 100 = 25 \, (\%)$$

($W_W = 200 - 160 = 40 \; g$)

나. 습윤 단위무게(γ_t) 를 구하시오.

$$\gamma_t = \frac{G_S + \dfrac{S \cdot e}{100}}{1+e}\gamma_w = \frac{W}{V} = \frac{200}{100} = 2.0 \ (gf/cm^3)$$

다. 건조단위무게(γ_d)를 구하시오.

$$\gamma_d = \frac{G_S}{1+e}\gamma_w = \frac{W_S}{V} = \frac{160}{100} = 1.6 \ (gf/cm^3)$$

라. 간극비(e)를 구하시오.

$$e = \frac{G_S}{\gamma_d} \times \gamma_w - 1 = \frac{2.70}{1.6} \times 1 - 1 = 0.69$$

마. 간극률(n)을 구하시오.

$$n = \frac{e}{1+e} \times 100 = \frac{0.69}{1+0.69} \times 100 = 40.83\ \%$$

바. 포화도(S)를 구하시오.

$$S = \frac{G_S \cdot w}{e} = \frac{2.7 \times 25}{0.69} = 97.83\ (\%)$$

문제 7

잔골재 밀도시험을 한 결과 다음과 같은 결과를 얻었다. 물음에 답하시오.

결과 : 시료의 무게 500g   A : 시료의 노건조 무게 490g
B : (플라스크+물) 무게 689g   C : (플라스크+물+시료) 무게 990g

풀이

가. 절대건조 밀도를 구하시오

$$\frac{A}{B+m-C} \times \rho_w = \frac{490}{689+500-990} \times 1 = 2.46 g/cm^3$$

나. 표면건조포화상태의 밀도를 구하시오

$$\frac{m}{B+m-C} \times \rho_w = \frac{500}{689+500-990} \times 1 = 2.51 g/cm^3$$

다. 진밀도를 구하시오

$$\frac{A}{B+A-C} \times \rho_w = \frac{490}{689+490-990} \times 1 = 2.59 g/cm^3$$

라. 흡수율은 몇 %인가?

$$\frac{m-A}{A} \times 100 = \frac{500-490}{490} \times 100 = 2.04\ (\%)$$

핵심 필답형 기출문제해설 (8)

문제 1

다음 물음에 답하시오.

풀이 가. 아스팔트 침입도 시험시 온도는 얼마인가 쓰시오.
　　　　25℃
　　　나. 아스팔트 신도 시험시 시료는 시료를 (　) μm 체로 걸러 금속판 위에 조립된 형틀에 어느 정도 과잉으로 유입한다.
　　　　300μm
　　　다. 아스팔트 연화점 시험시 시료가 강구와 함께 규정거리의 시험대에 닿는 순간의 온도를 측정하여 연화점으로 한다. 이 규정거리는 얼마인가?
　　　　25.4mm

문제 2

다음 물음에 답하시오.

풀이 가. 아스팔트 침입도 시험을 실시하는 이유를 쓰시오.
　　　　아스팔트 굳기정도를 알기 위하여
　　　나. 아스팔트 신도시험을 하는 이유를 쓰시오.
　　　　아스팔트의 늘어나는 능력을 알기 위하여
　　　다. 교란된 흙은 시간이 지남에 따라 손실된 강도 일부가 회복되는 현상을 무엇 이라 하는가?
　　　　틱스트로피 현상

문제 3

콘크리트 압축강도의 표준 편차를 알지 못할 때, 또는 시험 횟수가 14회 이하인 경우 설계기준강도 (f_{ck}) 18MPa와, 40MPa일 때 콘크리트 배합강도를 구하시오.

풀이 ① 설계기준강도 (f_{ck}) 18MPa인 경우
　　　　$f_{ck} + 7 = 18 + 7 = 25 \; MPa$
　　　② 설계기준강도 (f_{ck}) 40MPa인 경우
　　　　$f_{ck} + 10 = 40 + 10 = 50 MPa$

문제 4

모래치환법으로 현장 단위무게 시험을 했다. 시험구멍의 부피(V)가 836.63m³이었고, 이 구멍에서 파낸 흙무게(W)가 1650.5g 이었다. 이 흙의 토질 실험 결과 함수비(w)는 9.5%, 흙의 비중(Gs)이 2.65, 최대 건조단위무게(γ_{dmax})가 1.87g/cm³ 이었을 때 다음 물음에 답하시오.

풀이

가. 현장 습윤단위무게(γ_t)를 구하시오

$$\gamma_t = \frac{W}{V_H} = \frac{1650.5}{836.63} = 1.97\ (gf/cm^3)$$

나. 현장 건조단위무게(γ_d)를 구하시오

$$\gamma_d = \frac{W_S}{V} = \frac{\gamma_t}{1+\frac{w}{100}} = \frac{1.97}{1+\frac{9.5}{100}} = 1.80\ (gf/cm^3)$$

다. 간극비(e)를 구하시오.

$$e = \frac{Gs \cdot \gamma_w}{\gamma_d} - 1 = \frac{2.65 \times 1}{1.80} - 1 = 0.47$$

라. 간극률(n)을 구하시오.

$$n = \frac{e}{1+e} \times 100 = \frac{0.47}{1+0.47} \times 100 = 31.97\ (\%)$$

마. 다짐도를 구하시오.

$$C_d = \frac{\gamma_d}{\gamma_{dmax}} \times 100 = \frac{1.80}{1.87} \times 100 = 96.26\ (\%)$$

문제 5

다음 표는 시료의 체가름 결과이다. 물음에 답하시오.

풀이

가. 잔유율, 가적잔유율을 구하시오.

체 눈금(mm)	잔유량(g)	잔유율(%)	가적잔유율(%)
20	0	(0)	(0)
10	5	(1)	(1)
5	20	(4)	(5)
2.5	66	(13.2)	(18.2)
1.2	140	(28)	(46.2)
0.6	212	(42.4)	(88.6)
0.3	41	(8.2)	(96.8)
0.15	14	(2.8)	(99.6)
PAN	2	(0.4)	(100)

나. 조립률을 구하시오.

$$F.M = \frac{1+5+18.2+46.2+88.6+96.8+99.6}{100} = 3.6$$

문제 6

아래 조건으로 콘크리트 1m³를 만드는데 필요한 다음 물음에 답하시오.

- 물-결합재비 : 50%
- 단위시멘트량 : 350kg/m³
- 잔골재율 : 40%
- 굵은골재 밀도 : 2.62g/cm³
- 잔골재 밀도 : 2.59g/cm³
- 시멘트 밀도 : 3.15g/cm³
- 공기량 : 4%

풀이

가. 단위수량을 구하시오.

$$\frac{W}{C} = 0.5, \quad \therefore W = 0.5 \times C = 0.5 \times 350 = 175 kg/m^3$$

나. 단위잔골재량을 구하시오.

① $V = S_V + G_V = 1 - \left(\frac{350}{1000 \times 3.15} + \frac{175}{1000} + \frac{4}{100}\right) = 0.674 m^3$

② $S = 0.674 \times 0.4 \times 2.59 \times 1000 = 698.264 kg/m^3$

다. 단위굵은골재량을 구하시오.

$$G = 0.674 \times 0.6 \times 2.62 \times 1000 = 1059.528 kg/m^3$$

문제 7

포화점토의 일축 압축 시험을 한 결과 자연상태의 일축 압축강도(q_u)가 2.64 kg/cm², 흐트러진 상태의 일축 압축 강도(q_{ur})는 0.6kg/cm² 이었다. 또한 파괴 면과 수평면이 이루는 각도가 65°일 때 아래의 물음에 답하시오

풀이

가. 이 흙의 내부마찰각(ϕ)을 구하시오.

$$\phi = 2\theta - 90 = 2 \times 65 - 90 = 40°$$

나. 이 흙의 점착력(C)을 구하시오.(단, 소수점 3자리에서 반올림)

$$C = \frac{q_u}{2} tan\left(45 - \frac{\phi}{2}\right) = \frac{2.64}{2} tan\left(45 - \frac{40}{2}\right) = 0.62 \ (kgf/cm^2)$$

다. 이 흙의 예민비(Sensitivity ratioist)를 구하시오.
(단, 소수점 2자리에서 반올림)

$$S_t = \frac{q_u}{q_{ur}} = \frac{2.64}{0.6} = 4.4$$

라. 이 흙의 예민비의 특성을 분류하시오.(단, 구체적인 사유를 쓸 것)

$4 \leq S_t \leq 8$ 이므로 예민성 점토

핵심 필답형 기출문제해설 (9)

문제 1

어느 점성토에 대한 애터버그시험 결과이다. 다음 물음에 대한 산출근거와 답을 쓰시오.
(단, 소수점 3자리에서 반올림)

* 자연상태의 함수비 : 43.26%   액성한계 : 65.38%
  소성한계 : 30.43%   수축한계 : 16.72%

풀이

가. 이 흙의 소성지수(I_P)를 구하시오.

$$I_P = w_L - w_P = 65.38 - 30.43 = 34.95 \, (\%)$$

나. 이 흙의 액성지수(I_L)를 구하라.

$$I_L = \frac{w_n - w_P}{I_P} = \frac{43.26 - 30.43}{34.95} = 0.37$$

다. 이 흙의 수축지수(Is)를 구하라.

$$I_S = w_P - w_s = 30.43 - 16.72 = 13.71 \, (\%)$$

라. 애터버그 한계와 연경도(Consistency) 사이의 관계로 보아 자연 상태에서 이 시료는 어떤 상태에 속하는가?

$$w_P = 30.43 < w_n < w_L = 65.38 \quad \text{이므로 소성 상태}$$

문제 2

콘크리트 압축강도 시험에 관한 다음 물음에 답하시오.

풀이

가. 지름 150mm, 높이 300mm인 원주형 시험체를 만들 때, 몇 층, 몇 회로 다지는가?
   3층, 25회

나. 압축강도 시험용 시험체를 만든 뒤 몰드에서 몇 시간 안에 떼어 내는가?
   16시간 이상 3일 이내

다. 콘크리트의 압축강도 시험에서 지름 150mm, 높이 300mm의 공시체에 최대하중이 389kN이 작용하였다. 이때 콘크리트의 압축강도는 얼마인가?

$$\text{압축강도}(f_c) = \frac{P}{A} = \frac{389 \times 1000}{\frac{3.14 \times 150^2}{4}} = 22.02 \, (MPa)$$

문제 3

골재 체가름시험에 대하여 물음에 답하시오.

풀이

가. 조립률구하는 10개 체 모두 쓰시오
  80, 40, 20, 10, 5, 2.5, 1.2, 0.6, 0.3, 0.15mm

나. 체가름 시험 시료 표준량을 쓰시오.
  1) 잔골재 1.2mm체를 95%(질량비)이상 통과한 것
     100g
  2) 잔골재 1.2mm체에 5%(질량비) 이상 남은 것
     500g
  3) 굵은골재 최대치수 25mm 정도의 것
     5kg

문제 4

비중이 2.3인 점토시료에 대해 압밀 시험을 실시했다. 하중이 7.2kg/cm²에서 14.5kg/cm²로 변화하는 동안 공극비가 1.15에서 0.96으로 감소하였다. 평균 시료 높이 1.45cm, t_{50}=83초, t_{90}=327초 일 때 다음 물음에 답하시오. (단, 양면 배수임)

풀이

가. 압밀 계수(C_V) 값을 구하시오.
  ① $\sqrt{t}$ 법

  $$C_V = \frac{0.848\left(\frac{H}{2}\right)^2}{t_{90}} = \frac{0.848 \times \left(\frac{1.45}{2}\right)^2}{327} = 1.3631 \times 10^{-3} \ (cm^2/\sec)$$

  ② $\log t$ 법

  $$C_V = \frac{0.197\left(\frac{H}{2}\right)^2}{t_{50}} = \frac{0.197\left(\frac{1.45}{2}\right)^2}{83} = 1.2476 \times 10^{-3} \ (cm^2/\sec)$$

나. 압축계수(a_V)값을 구하시오. (단, 소수 4자리에서 반올림)

  $$a_V = \frac{e_1 - e_2}{p_2 - p_1} = \frac{1.15 - 0.96}{14.5 - 7.2} = 0.026 \ (cm^2/kg)$$

다. 체적변화계수(m_V) 값을 구하시오.(단, 소수 4자리에서 반올림)

  $$m_V = \frac{a_V}{1+e} = \frac{0.026}{1+1.15} = 0.012 \ (cm^2/kg)$$

라. 압축지수(Cc) 값을 구하시오.(단, 소수 4자리에서 반올림)

$$Cc = \frac{e_1 - e_2}{\log\frac{p_2}{p_1}} = \frac{1.15 - 0.96}{\log\frac{14.5}{7.2}} = 0.625$$

마. 투수계수(k)값을 구하시오.

① $\sqrt{t}$법

$$k = C_V \times m_V \times \gamma_w = 1.3631 \times 10^{-3} \times 0.012 \times 0.001$$

$$= 1.636 \times 10^{-8} \ (cm/\sec)$$

② $\log t$법

$$k = C_V \times m_V \times \gamma_w = 1.2476 \times 10^{-3} \times 0.012 \times 0.001$$

$$= 1.497 \times 10^{-8} cm/\sec$$

여기서 $\gamma_w = 1 g/cm^3 = 0.001 \ (kg/cm^3)$

문제 5

다음 아스팔트 신도시험에 대한 물음에 답하시오.

풀이

가. 신도의 단위를 쓰시오.

cm

나. 신도시험의 물의온도를 쓰시오.

25±0.5℃

다. 신도시험은 얼마의 속도로 잡아당기는가?

5±0.25cm/min

문제 6

포화점토의 일축 압축 시험을 한 결과 자연상태 일 때의 일축 압축강도(q_u)가 2.64kg/cm², 흐트러진 상태의 일축 압축 강도(q_{ur})는 0.6kg/cm² 이었다.
또한 파괴 면과 수평면이 이루는 각도가 65°일 때 아래의 물음에 답하시오.

풀이

가. 이 흙의 내부마찰각(ϕ)을 구하시오.

$$\phi = 2\theta - 90 = 2 \times 65 - 90 = 40°$$

나. 이 흙의 점착력(C)를 구하시오.(단, 소수점 3자리에서 반올림)

$$C = \frac{q_u}{2}tan(45 - \frac{\phi}{2}) = \frac{2.64}{2}tan(45 - \frac{40}{2}) = 0.62 \ (kgf/cm^2)$$

다. 이 흙의 예민비(Sensitivity ratioist)를 구하시오.
   (단, 소수점 2자리에서 반올림)
   $$S_t = \frac{q_u}{q_{ur}} = \frac{2.64}{0.6} = 4.4$$

라. 이 흙의 예민비의 특성을 분류하시오.(단, 구체적인 사유를 쓸 것)
   $4 \leq S_t \leq 8$ 이므로 예민성 점토

핵심 필답형 기출문제해설 (10)

문제 1

콘크리트의 강도시험에 대한 아래의 물음에 답하시오.

풀이

가. 강도시험용 공시체를 제작할 때 양생 온도의 범위를 쓰시오.

$20 \pm 2℃$

나. 콘크리트의 압축강도 시험에서 공시체에 하중을 가하는 속도에 대한 아래 표의 설명에서 ( )에 들어갈 알맞은 속도범위를 쓰시오.

> 공시체에 충격을 주지 않도록 똑같은 속도로 하중을 가한다. 하중을 가하는 속도는 압축 응력도의 증가율이 매초 ( )MPa이 되도록 한다.

0.6 ± 0.2

다. 3등분점 재하법에 따라 콘크리트의 휨 강도 시험을 실시한 결과가 아래 표와 같을 때 이 콘크리트의 휨강도를 구하시오.
(단, 공시체가 인장쪽 표면 지간 방향 중심선의 3등분점 사이에서 파괴되었다.)

> - 사용공시체 규격 : 150mm×150mm×530mm
> - 지간의 길이 : 450mm
> - 파괴시 최대 하중 : 35000N

$$휨강도 = \frac{Pl}{bd^2} = \frac{35000 \times 450}{150 \times 150^2} = 4.67 MPa$$

라. 쪼갬인장강도(f_{sp})를 구하는 식을 쓰시오.
(단, P : 시험에서 구한 최대 하중(N), d : 공시체의 지름(mm), l : 공시체의 길이(mm))

$$f_{sp} = \frac{2P}{\pi dl}$$

문제 2

아스팔트 시험에 대한 다음 물음에 답하시오.

풀이 가. 아스팔트의 굳기 정도를 측정하여 아스팔트를 분류함으로써, 사용목적 또는 기상 조건 등에 알맞은 아스팔트를 선정하기 위해 실시하는 시험이 무엇인지 쓰시오.
침입도 시험

나. 아스팔트의 늘어나는 능력을 알기위해 실시하는 시험이 무엇인지 쓰시오.
신도 시험

문제 3

자연 상태의 함수비가 40.4%인 어떤 흙 시료의 액성한계 · 소성한계 시험결과 액성한계가 64.2%, 소성한계가 29.2%, 수축한계가 15.4% 일 때 아래 물음에 답하시오.

풀이 가. 흙의 소성지수를 구하시오.
$$I_p = W_L - W_P = 64.2 - 29.2 = 35\ \%$$

나. 흙의 액성지수를 구하시오.
$$I_L = \frac{W_n - W_P}{I_P} = \frac{40.4 - 29.2}{35} = 0.32$$

문제 4

부피가 100 cm³이고 무게가 200 g인 습윤 흙을 건조기에 건조하여 무게를 측정하니 180 g 이었다. 이 흙의 비중이 2.65인 경우 아래 물음에 답하시오.

풀이 가. 습윤단위중량(γ_t)을 구하시오.
$$\gamma_t = \frac{W}{V} = \frac{200}{100} = 2.0\ g/cm^3$$

나. 건조단위중량(γ_d)을 구하시오.
$$\gamma_d = \frac{W_s}{V} = \frac{180}{100} = 1.8\ g/cm^3$$

다. 함수비(w)를 구하시오.
$$w = \frac{W_w}{W_s} \times 100 = \frac{20}{180} \times 100 = 11.11\ \%$$

라. 간극비(e)를 구하시오.

$$e = \frac{G_s}{\gamma_d} \times \gamma_w - 1 = \frac{2.65}{1.8} \times 1 - 1 = 0.47$$

마. 포화도(S)를 구하시오.

$$S = \frac{G_s \cdot w}{e} = \frac{2.65 \times 11.11}{0.47} = 62.64\,\%$$

문제 5

굵은 골재의 밀도 및 흡수율 시험결과가 아래의 표와 같을 때 다음 물음에 답하시오.

측정 항목	측정값
표면 건조 포화 상태 시료의 질량	4000 g
물속에서 철망태와 시료의 질량	3360 g
물속에서 철망태의 질량	870 g
절대 건조 상태 시료의 질량	3940 g
시험온도에서의 물의 밀도	0.997 g/cm³

풀이

가. 절대 건조 상태의 밀도를 구하시오.

$$\frac{A}{B-C} \times \rho_w = \frac{3940}{4000 - (3360 - 870)} \times 0.997 = 2.60\,g/cm^3$$

나. 표면 건조 포화 상태의 밀도를 구하시오.

$$\frac{B}{B-C} \times \rho_w = \frac{4000}{4000 - (3360 - 870)} \times 0.997 = 2.64\,g/cm^3$$

다. 진밀도를 구하시오.

$$\frac{A}{A-C} \times \rho_w = \frac{3940}{3940 - (3360 - 870)} \times 0.997 = 2.71\,g/cm^3$$

라. 흡수율(%)을 구하시오.

$$\frac{B-A}{A} \times 100 = \frac{4000 - 3940}{3940} \times 100 = 1.53\,\%$$

문제 6

굵은 골재의 최대치수가 40 mm, 슬럼프값 75 mm, 갇힌 공기량 1%, 단위수량 173 kg/m³, 잔골재율 39%, 물-시멘트비 48%, 시멘트비중 3.14, 잔골재 비중 2.60, 굵은 골재 비중 2.65 일 때 다음 사항을 구하시오.
(단, 소수점 넷째자리에서 반올림하시오.)

풀이

가. 단위 시멘트량을 구하시오.

$$\text{단위수량} \div \text{물·시멘트비} = 173 \div 0.48 = 360.417 \ kg/m^3$$

나. 단위 잔골재량을 구하시오.

① 단위 골재량의 절대 용적 $= 1 - \left(\dfrac{\text{단위수량}}{1000} + \dfrac{\text{단위 시멘트량}}{\text{시멘트 비중} \times 1000} + \dfrac{\text{공기량}}{100} \right)$
$= 1 - \left(\dfrac{173}{1000} + \dfrac{360.417}{3.14 \times 1000} + \dfrac{1}{100} \right) = 0.702 \ m^3$

② 단위 잔골재량의 절대 용적 = 단위 골재량의 절대 용적 × 잔골재율
$= 360.417 \times 0.39 = 0.274 m^3$

③ 단위 잔골재량 = 단위 잔골재량의 절대 용적 × 잔골재 비중 × 1000
$= 0.274 \times 2.60 \times 1000 = 712.4 \ kg$

다. 단위 굵은 골재량을 구하시오.

① 단위 굵은 골재량의 절대 용적 = 단위 골재량의 절대 용적 − 단위 잔골재량의 절대 용적
$= 0.702 - 0.274 = 0.428 \ m^3$

② 단위 굵은 골재량 = 단위 굵은 골재량의 절대 용적 × 굵은 골재비중 × 1000
$= 0.428 \times 2.65 \times 1000 = 1134.2 \ kg$

문제 7

노반의 CBR 시험결과를 보고 다음 물음에 답하시오.
(단, 소수점 둘째자리에서 반올림하시오.)

번호	관입량(mm)	시험하중(kN)	표준하중강도(MN/m2)	표준하중(kN)
1	2.5	3.8	6.9	13.4
2	5.0	6.4	10.3	19.9

풀이

가. $CBR_{2.5}$을 구하시오.

$$CBR_{2.5} = \dfrac{\text{시험하중}}{\text{표준하중}} \times 100 = \dfrac{3.8}{13.4} \times 100 = 28.4 \ \%$$

나. $CBR_{5.0}$을 구하시오.

$$CBR_{5.0} = \frac{시험하중}{표준하중} \times 100 = \frac{6.4}{19.9} \times 100 = 32.2\,\%$$

문제 8

흙의 입도시험을 실시하여 작성한 입경가적 곡선에서 D_{10} = 0.02 mm, D_{30} = 0.04 mm, D_{60} = 0.12 mm를 얻었을 때 아래 물음에 답하시오.

풀이 가. 균등계수를 구하시오.

$$C_u = \frac{D_{60}}{D_{10}} = \frac{0.12}{0.02} = 6$$

나. 곡률계수를 구하시오.

$$C_g = \frac{D_{30}{}^2}{D_{10} \times D_{60}} = \frac{0.04^2}{0.02 \times 0.12} = 0.67$$

핵심 필답형 기출문제 해설 (11)

문제 1

흙의 전단강도를 결정하기 위해 일반적으로 사용되는 실내 시험 방법을 3가지만 쓰시오.

풀이
① 직접 전단 시험
② 일축 압축 시험
③ 삼축 압축 시험

문제 2

잔골재 밀도 및 흡수율 시험 결과가 다음 표와 같을 때 아래 물음에 답하시오.

<시험 결과>
- 표면 건조 포화 상태 시료의 질량 : 500g
- 절대 건조 상태 시료의 질량 : 494.6g
- (물+플라스크)의 질량 : 688.8g
- (물+플라스크+시료)의 질량 : 998.6g
- 시험 온도에서 물의 밀도 : 1g/cm³

풀이

가. 표면 건조 포화 상태의 밀도를 구하시오.

$$\text{표면 건조 포화 상태의 밀도} = \frac{m}{B+m-C} \times \rho_w$$

$$= \frac{500}{688.5+500-998.6} \times 1$$

$$= 2.63\,(g/cm^3)$$

나. 흡수율을 구하시오.

$$\text{흡수율} = \frac{m-A}{A} \times 100$$

$$= \frac{500-494.6}{494.6} \times 100$$

$$= 1.09(\%)$$

문제 3

흙의 습윤 단위 무게가 1.9t/m³이고, 함수비는 25%이다. 이 흙의 비중이 2.65라 할 때 다음 물음에 답하시오.

풀이

가. 흙의 건조 단위 무게(rd)를 구하시오.

$$rd = \frac{rt}{1+\frac{w}{100}} = \frac{1.9}{1+\frac{25}{100}} = \frac{1.9}{1.25} = 1.52(t/m^3)$$

나. 간극비(e)를 구하시오.

$$e = \frac{Gs}{rd} \times rw - 1 = \frac{2.65}{1.52} \times 1 - 1 = 0.74$$

다. 간극률(n)을 구하시오.

$$n = \frac{e}{1+e} \times 100 = \frac{0.74}{1+0.74} \times 100 = \frac{0.74}{1.74} \times 100 = 42.53(\%)$$

라. 포화 단위 무게($rsat$)를 구하시오.

$$rsat = \frac{Gs+e}{1+e} \times rw = \frac{2.65+0.74}{1+0.74} \times 1 = 1.95(t/m^3)$$

마. 포화도(s)를 구하시오.

$s \times e = w \times Gs$에서 $s = \dfrac{w \times Gs}{e} = \dfrac{25 \times 2.65}{0.74} = 89.53(\%)$

문제 4

아스팔트 시험에 대한 다음 물음에 답하시오.

풀이

가. 아스팔트의 굳기 정도를 측정하여 아스팔트를 분류함으로써 사용 목적 또는 기상 조건 등에 알맞은 아스팔트를 선정하기 위해 실시하는 시험은?
    아스팔트의 침입도 시험

나. 아스팔트의 늘어나는 능력을 알기 위해 실시하는 시험은?
    아스팔트의 신도 시험

문제 5

자연 상태의 함수비가 30.4%인 불교란 점토 시료를 채취하여 애터버그 한계 시험을 한 결과 액성한계 37.2%, 소성한계 19.2%이었다. 아래 물음에 답하시오.

풀이

가. 소성지수(Ip)를 구하시오.

$$Ip = W_L - W_p = 37.2 - 19.2 = 18(\%)$$

나. 컨시스턴시지수(Ic)를 구하시오.

$$Ic = \frac{W_L - W_n}{Ip} = \frac{37.2 - 30.4}{18} = \frac{6.8}{18} = 0.38$$

다. 액성지수(I_L)를 구하시오.

$$I_L = \frac{W_n - W_p}{I_p} = \frac{30.4 - 19.2}{18} = \frac{11.2}{18} = 0.62$$

라. 압축지수(C_C)를 구하시오.

$$C_C = 0.009(W_L - 10) = 0.009(37.2 - 10) = 0.24$$

문제 6

콘크리트 슬럼프 시험에 대한 다음 물음에 답하시오.

풀이

가. 슬럼프 콘(Slump cone)의 윗면의 안지름은 몇 mm인가?

　　100mm

나. 슬럼프 콘에 시료를 채우고 벗길 때까지의 전 작업 시간은 몇 분 이내로 하여야 하는가?

　　3분

다. 슬럼프 콘을 벗기는 작업 시간은 몇 초 정도로 끝내야 하는가?

　　2~5초

문제 7

흙의 일축 압축 시험에서 일축 압축 강도가 $3.4 kg/cm^2$, 파괴면과 수평면의 각도가 55°였을 때 다음 물음에 답하시오.

풀이

가. 이 흙의 내부 마찰각(ϕ)을 구하시오.

$$\theta = 45° + \frac{\phi}{2}$$

$$\phi = 2\theta - 90° = 2 \times 55° - 90° = 110° - 90° = 20°$$

나. 이 흙의 점착력(c)을 구하시오.

$$c = \frac{q_u}{2\tan(45 + \frac{\phi}{2})} = \frac{3.4}{2\tan(45° + \frac{20°}{2})} = \frac{3.4}{2 \times \tan 55°}$$

$$= \frac{3.4}{2 \times 1.428} = \frac{3.4}{2.856} = 1.19(kg/cm^2)$$

문제 8

다음은 콘크리트의 시방 배합표이다. 현장에서 골재의 상태를 조사하니 잔골재의 표면수량 5%, 굵은 골재의 표면수량 2%, 잔골재 중 5mm 체에 남는 양 3%, 굵은 골재 중 5mm 체를 통과하는 양 4%이었다. 시방배합을 현장배합으고 수정하시오.

〈시방 배합표〉

굵은 골재의 최대치수(mm)	슬럼프(mm)	물-시멘트비	잔골재율(%)
25	100	45	39.5

단위량(kg/m^3)			
물(W)	시멘트(C)	잔골재(S)	굵은 골재(G)
179	398	699	1089

풀이

1. 입도에 의한 조정

    S + G = 699 + 1089 = 1788 --------- (1)

    0.97s + 0.04G = 699 --------- (2)

(1)번식에 0.97을 곱하여 (2)식과 연립하면,

$$0.97S + 0.97G = 1734.36$$
$$-)\ 0.97S + 0.04G = \ \ 699\ \ \ \ \ \ \ \ $$
$$0\ \ \ +\ 0.93G = 1035.36$$

$$\therefore G = \frac{1035.36}{0.93} = 1113.29(kg) \text{--------} (3)$$

(3)번 값을 (1)식에 대입하면,

$$S + 1113.29 = 1788$$

$$\therefore S = 1788 - 1113.29 = 674.71(kg)$$

잔골재 : 674.71(kg)

굵은 골재 : 1113.29(kg)

2. 표면수량 조정

　① 잔골재 표면수량 : 674.71 ✕ 0.05 = 33.74(kg)

　② 굵은 골재 표면수량 : 1113.29 ✕ 0.02 = 22.27(kg)

3. 현장배합으로 수정

　① 단위 수량

　　179−(33.74 + 22.27)=122.99(kg)

　② 단위 잔골재

　　674.71 + 33.74 = 708.45(kg)

　③ 단위 굵은 골재

　　1113.09 + 22.27 = 1135.56(kg)

콘크리트 표준시방서 변경 및 KS 규격 변경에 따른 예상문제

1. 슬럼프 플로로 품질을 지정하는 경우 KS F 2594의 규정에 따라 시험하고 슬럼프 플로 값이 700mm 인 경우 슬럼프 플로 허용오차는 얼마인가?

    ± 100mm

    해설 슬럼프 플로의 허용차(mm)

슬럼프 플로	슬럼프 플로의 허용차
500	± 75
600	± 100
700	± 100

2. 잔골재의 물리적 품질 기준으로 절대건조밀도와 흡수율은 얼마인가?

    1) 잔골재의 절대건조밀도는 0.0025 g/mm^3 이상
    2) 잔골재의 흡수율은 3.0% 이하

3. 굵은골재 내구성 시험에 대한 내용이다. 물음에 답하시오.

    1) 내구성 시험 용액 : 황산나트륨
    2) 평가 횟수 : 5회
    3) 손실질량 표준 : 12% 이하

4. 잔골재의 유해물 함유량중 염화물(NaCl) 환산량은 질량 백분율로 얼마 이하이어야 하는가?

    0.04 이하

    해설 잔골재의 유해물 함유량 한도(질량백분율)

종 류	최대값
점토 덩어리	1.0
0.08 mm체 통과량 콘크리트의 표면이 마모작용을 받는 경우 기타의 경우	3.0 5.0
석탄, 갈탄 등으로 밀도 2.0 g/cm^{3}의 액체에 뜨는 것 콘크리트의 외관이 중요한 경우 기타의 경우	0.5 1.0
염화물(NaCl 환산량)	0.04

5. 콘크리트 표준 시방서에 의한 다음 조건에서의 배합강도(MPa)는 얼마인가?
   (단, f_{ck} = 27 MPa, 30회 이상 압축강도 시험에 의한 표준편차 s = 2.7 MPa)

풀이 $f_{ck} \leq 35\,\text{MPa}$ 인 경우이므로

- $f_{cr} = f_{ck} + 1.34s\,(\text{MPa}) = 27 + 1.34 \times 2.7 = 30.62 ≒ 31.0\,\text{MPa}$
- $f_{cr} = (f_{ck} - 3.5) + 2.33s\,(\text{MPa})$
  $= (27 - 3.5) + 2.33 \times 2.7 = 29.79 ≒ 30.0\,\text{MPa}$
- 두 값 중 큰 값을 배합강도로 한다. ∴ 31.0 (MPa)

6. 기존설계강도(f_{ck})가 40 MPa이고, 30회 이상의 충분한 압축강도 시험을 거쳐 4.0 MPa의 표준편차를 얻었다. 이 콘크리트의 배합강도(f_{cr})를 구하시오.

풀이 $f_{ck} > 35\,\text{MPa}$ 인 경우이므로

- $f_{cr} = f_{ck} + 1.34s = 40 + 1.34 \times 4 = 45.36\,(\text{MPa})$
- $f_{cr} = 0.9f_{ck} + 2.33s = 0.9 \times 40 + 2.33 \times 4 = 45.32\,(\text{MPa})$
- 두 값 중 큰 값을 배합강도로 한다. ∴ 45.36 (MPa)

해설 배합강도 결정

배합강도는 설계기준압축강도 35MPa 이하의 경우와, 35MPa 초과의 경우로 나누어 계산하고 각 두 식에 의한 값 중 큰 값으로 정하여야 한다.

□ $f_{ck} \leq 35\,\text{MPa}$ 인 경우

$$f_{cr} = f_{ck} + 1.34s\,(\text{MPa})$$
$$f_{cr} = (f_{ck} - 3.5) + 2.33s\,(\text{MPa})$$

□ $f_{ck} > 35\,(\text{MPa})$ 인 경우

$$f_{cr} = f_{ck} + 1.34s\,(\text{MPa})$$
$$f_{cr} = 0.9f_{ck} + 2.33s\,(\text{MPa})$$

여기서, s : 압축강도의 표준편차 (MPa)

7. 표준편차를 알지 못하거나 시험횟수가 14회 이하인 경우 배합강도에 대한 물음에 답하시오.

설계기준강도 $f_{ck}\,(MPa)$	배합강도 $f_{cr}\,(MPa)$
21 미만	$f_{ck} + (\ 7\ )$
21 이상 35 이하	$f_{ck} + (\ 8.5\ )$
35 초과	$f_{ck} + (\ 10\ )$

8. 콘크리트용 각 재료의 측정 단위로 계량 허용오차는 얼마인가?

재료의 종류	측정 단위	1회 계량분량의 한계허용오차(%)
시 멘 트	질량	(-1, +2)
골 재	질량 또는 부피	(± 3)
물	질량	(-2, +1)
혼 화 재[주1)]	질량	(± 2)
혼 화 제	질량 또는 부피	(± 3)

주) 고로슬래그 미분말의 계량오차의 최대치는 ±1%로 한다.

9. 콘크리트 다짐시 개소당 다짐시간은 얼마인가?

시멘트풀이 표면 상부로 약간 부상하기까지 한다.

> 1개소당 진동 시간은 다짐할 때 시멘트풀이 표면 상부로 약간 부상하기까지 한다.

10. 압축강도에 의한 콘크리트의 품질 검사시 구조물의 중요도와 공사의 규모에 따라 몇 m³ 마다 실시하는가?

100m³

해설 압축강도에 의한 콘크리트의 품질 검사

종류	항목	시험·검사 방법	시기 및 횟수[1)]	판정기준	
				$f_{ck} \leq 35$ MPa	$f_{ck} > 35$ MPa
설계기준압축 강도로부터 배합을 정한 경우	압축강도 (일반적인 경우 재령 28일)	KS F 2405의 방법[1)]	1회/일, 또는 구조물의 중요도와 공사의 규모에 따라 100 m³ 마다 1회, 배합이 변경될 때마다	① 연속 3회 시험값의 평균이 설계기준압 축강도 이상 ② 1회 시험값이 (설계 기준압축강도- 3.5MPa) 이상	① 연속 3회 시험값의 평균이 설계기준압 축강도 이상 ② 1회 시험값이 설계 기준압축강도의 90 % 이상
그 밖의 경우				압축강도의 평균치가 소요의 물-결합재비에 대응하는 압축강도 이상일 것.	

주 1) 1회의 시험값은 공시체 3개의 압축강도 시험값의 평균값임

11. 보, 슬래브 및 트러스 등에서 그의 정상적 위치 또는 형상으로부터 처짐을 고려하여 상향으로 들어 올리는 것 또는 들어 올린 크기를 무엇이라 하는가?

솟음(camber)

12. 경량골재 콘크리트는 설계기준압축강도의 범위와 기건 단위질량은 얼마인가?
    1) 설계기준압축강도의 범위 : 15 MPa 이상, 24 MPa 이하
    2) 기건 단위질량의 범위 : 1,400~2,000 kg/m³

13. 수밀콘크리트의 연속 타설 시간 간격은 외기온도가 25 ℃를 넘었을 경우에는 (   )시간, 25 ℃ 이하일 경우에는 (   ) 시간을 넘어서는 안 된다. (   )안 값은 얼마인가?
    1.5 , 2

14. 해양콘크리트 구조물에 쓰이는 콘크리트의 설계기준강도는 몇 MPa 이상으로 하여야 하는가?
    30 MPa 이상

15. 모르타르 및 콘크리트의 길이변화 시험 방법(KS F 2424)에 규정되어 있는 길이 변화측정 방법을 3가지만 쓰시오
    ① 콤퍼레이터 방법   ② 콘택트게이지 방법   ③ 다이얼게이지 방법

16. 재령28일 모르타르 공시체(4×4×16cm)에 50kN의 하중이 재하 할 때 공시체가 파괴 되었다면 이 모르타르의 압축강도는 얼마인가?

    풀이 압축강도$(f_c) = \dfrac{P(N)}{A(mm^2)} = \dfrac{50 \times 1000}{40 \times 40} = 31.25 \ N/mm^2 = 31.25 \, MPa$

    ※ SI 단위 체계로 변경 $kgf/cm^2 \Rightarrow N/mm^2 \, (MPa)$

17. 지름이 15cm, 높이 30cm인 원주형 공시체의 인장강도를 측정하기 위하여 쪼갬인장강도 시험으로 콘크리트에 하중을 가하여 공시체가 100 kN에 파괴되었다면 이때 콘크리트의 인장강도는?

    풀이 인장강도$(f_{sp}) = \dfrac{2P}{\pi dl} = \dfrac{2 \times 100,000}{3.14 \times 150 \times 300} = 1.4 \ (MPa)$

    여기서, P : 시험기에 나타난 최대하중(N)
    l : 시험체의 길이(mm)
    d : 시험체의 지름(mm)

    ※ SI 단위 체계로 변경 $kgf/cm^2 \Rightarrow N/mm^2 \, (MPa)$

18. 콘크리트의 휨강도 시험에서 최대하중 34.2kN에서 공시체가 파괴되었다. 이 콘리트 공시체의 휨강도는 얼마인가? (단, 150×150×530mm 공시체이고 지간은 450mm이고, 공시체가 인장쪽 표면 지간방향중심선의 3등분점 사이에서 파괴되었다.)

풀이 휨강도$(f_b) = \dfrac{P\,l}{bd^2} = \dfrac{34.2 \times 1000 \times 450}{150 \times 150^2} = 4.56\ \text{MPa}$
$(P:N,\quad l,b,d:mm,\quad f_b:MPa,\ 1kN:1000N)$

※ SI 단위 체계로 변경 kgf/cm2 ⇒ N/mm² (MPa)

19. 체가름 시험 결과 잔골재 조립률 2.65, 굵은 골재 조립률 7.38이며 잔골재 대 굵은 골재비를 1 : 1.6 으로 할 때 혼합골재의 조립률은?

풀이 $f_a = \dfrac{p}{p+q} \cdot f_s + \dfrac{q}{p+q} \cdot f_g = \dfrac{1}{1+1.6} \cdot 2.65 + \dfrac{1.6}{1+1.6} \cdot 7.38 = 5.56$

20. 시멘트 모르타르의 압축강도를 측정하기 위하여 표준 모르타르를 제작하고자 할 때 시멘트를 1500 g 사용할 경우 표준사의 소요량은?

풀이 모르타르 제작시 시멘트 : 모래의 비는 1 : 3
표준사의 소요량 = 1500 × 3 = 4500 g

> 압축강도 및 휨강도용 모르타르 제작 시 시멘트 : 모래의 비는 1 : 3비가 되게 한다.
> (인장강도에 대한 규정 없음)
> -. 압축강도$(\text{MPa}) = \dfrac{\text{최대 하중}(N)}{\text{시험체의 단면적}(mm^2)}$
> -. 휨강도$(\text{MPa}) = \dfrac{1.5\,F_f\,l}{b^3}$

21. 조립률 2.5, 표면건조포화상태 밀도 2.7 g/cm³, 절대건조상태 밀g/cm³도 2.6 , 단위 용적질량 1,600 kg/m³인 잔골재의 실적률은?

풀이 골재의 실적률 : $G = \dfrac{T}{d_D} \times 100(\%)$

$G = \dfrac{T}{d_D \times 1000} \times 100(\%) = \dfrac{1600}{(2.6)(1000)} \times 100(\%) = 61.5\%$

22. 배합설계에서 잔골재의 절대용적이 320ℓ, 굵은골재의 절대용적이 560ℓ일 때, 잔골재율은 얼마인가?

풀이 잔골재율(S/a)=$\dfrac{S_V}{S_V+G_V}\times 100 = \dfrac{320}{320+560}\times 100 = 36.4\%$

23. 배합설계시 단위 수량이 166kg/m³이고, 물-결합재비가 50%라면 단위 시멘트량은 얼마인가? (단, 혼화재는 사용하지 않는다.)

풀이 물-결합재비 : $\dfrac{W}{B}=\dfrac{W}{C}=50\%$ ∴ $C=\dfrac{W}{0.5}=\dfrac{166}{0.5}=332\,kg/m^3$

※ 물-시멘트비(W/C) ⇒ 물-결합재비(W/B)로 변경

24. 설계기준강도(f_{ck})가 30MPa이고 표준편차를 알지 못한 경우 배합강도는 얼마인가?

풀이 $f_{ck}+8.5=30+8.5=38.5\,MPa$

25. 수밀콘크리트의 물-결합재비의 표준은 몇 %이하로 하는가?

　　　수밀콘크리트 물-결합재비는 50%를 기준

콘크리트 시험방법 개정 안내[KS규정]

○ 규정 : KS F 2405 콘크리트 압축 강도 시험방법
○ 개정일 : 2022.12.23일
○ 개정내용
　콘크리트 압축강도 시험방법의 재하속도가
　[0.6±0.4MPa/s] 에서 [0.6±0.2MPa/s]로 개정되었습니다.

○ 규정 : KS F 2402 콘크리트의 슬럼프 시험방법
○ 개정일 : 2022.12.23일
○ 개정내용
　슬럼프 콘을 들어 올리는 시간은 높이 300mm에서 3.5±1.5초 로 개정되었습니다.
　　　　　　　　　　　　　　　(2~5초)

부 록 (Ⅲ)

건설재료시험 공식 정리

건설재료시험 양식

건설재료시험 공식 정리

1. 토성 시험

흙의 구성	
1. 공극비(e)	$e = \dfrac{\text{공극의 부피}}{\text{흙 입자만의 부피}} = \dfrac{V_V}{V_S}$
2. 공극률(n)	$n = \dfrac{\text{공극의 부피}}{\text{흙 전체 부피}} \times 100 = \dfrac{V_V}{V} \times 100\,(\%)$
3. e, n의 관계	$e = \dfrac{n}{100-n}$, $\quad n = \dfrac{e}{1+e} \times 100\,(\%)$
4. 포화도(S)	$S = \dfrac{\text{공극속의 물 부피}}{\text{공극의 부피}} \times 100 = \dfrac{V_W}{V_V} \times 100\,(\%)$
5. 함수비(w)	$w = \dfrac{\text{물의 무게}}{\text{흙 입자만의 무게}} \times 100 = \dfrac{W_W}{W_S} \times 100\,(\%)$
6. 함수율(w')	$w' = \dfrac{W_W}{W} \times 100\,(\%)$
7. w, w' 관계	$w = \dfrac{100\,w'}{100-w'}\,(\%)$, $\quad w' = \dfrac{100w}{100+w}\,(\%)$
8. W_S, W_W의 관계	$W_S = \dfrac{100 \cdot W}{100+w}$, $\quad W_W = \dfrac{w \cdot W}{100+w}$
9. 흙입자의 비중(G_S)	$G_S = \dfrac{\text{흙 입자만의 단위 무게}}{\text{물의 단위 무게}} = \dfrac{\gamma_s}{\gamma_w} = \dfrac{W_s}{V_s} \cdot \dfrac{1}{\gamma_w}$
10. e, S, w, G_S 관계	$S \cdot e = G_S \cdot w$
11. 습윤단위 무게(γ_t)	$\gamma_t = \dfrac{W}{V} = \dfrac{W_S + W_W}{V_S + V_V} = \dfrac{G_S + \dfrac{S \cdot e}{100}}{1+e}\gamma_w\,(g/cm^3)$
12. 건조단위 무게(γ_d)	$\gamma_d = \dfrac{W_S}{V} = \dfrac{G_S}{1+e}\gamma_w = \dfrac{\gamma_t}{1+\dfrac{w}{100}}\,(g/cm^3)$
13. 포화단위 무게(γ_{sat})	$\gamma_{sat} = \dfrac{G_S + e}{1+e}\gamma_w\,(g/cm^3)$
14. 수중단위 무게(γ_{sub})	$\gamma_{sub} = \dfrac{G_S + e}{1+e}\gamma_w - \gamma_w = \gamma_{sat} - \gamma_w$
15. e, S, w, γ_w, G_S 관계	$e = \dfrac{\gamma_w}{\gamma_d} \cdot G_s - 1$

흙의 연경도	
1. 소성지수(I_p)	$I_P = w_L - w_P$
2. 액성지수(I_L)	$I_L = \dfrac{w_n - w_p}{I_p} = \dfrac{w_n - w_p}{w_L - w_P}$
3. 수축지수(I_s)	$I_s = w_p - w_s$
4. 연경지수(I_c)	$I_C = \dfrac{w_l - w_n}{I_P} = \dfrac{w_l - w_n}{w_l - w_p}$
5. I_c, I_L의 관계	$I_C + I_L = 1$
6. 유동지수(I_f)	$I_f = \dfrac{w_1 - w_2}{\log N_2 - \log N_1}$
7. 터프니스지수(I_t)	$I_t = \dfrac{I_p}{I_f}$
8. 흙의 활성도(AC)	$A_C = \dfrac{I_P}{2\mu \text{ 이하의 점토 함유율}(\%)}$
9. 압축지수의 추정	$C_C' = 0.007(w_L - 10)$
	$C_C = 1.3 C_C' = 0.009(w_L - 10)$

흙의 분류	
1. 균등계수(C_U)	$C_U = \dfrac{D_{60}}{D_{10}}$
2. 곡률계수(C_g)	$C_g = \dfrac{(D_{30})^2}{D_{10} \cdot D_{60}}$
3. 군지수(GI)	$GI = 0.2a + 0.005ac + 0.01bd$

흙의 입도 시험	
1. 전시료의 노건조무게	$W_S = \dfrac{100W}{100 + w}$
2. 잔유율(P_r)	$P_r = \dfrac{W_{sr}}{W_s} \times 100\ (\%)$
3. 가적 잔유율(P_r')	$P_r' = \Sigma P_r$
4. 가적 통과율(P')	$P' = 100 - P_r'$

흙의 비중 시험	
1. W_a의 결정	$W_a = \dfrac{T℃에서의 물의 비중}{T'℃에서의 물의 비중} \times (Wa' - W_f) + W_f$
2. 온도 $T'℃$의 물에 대한 $T℃$의 흙 입자 비중	$G_T(T℃/T'℃) = \dfrac{W_S}{W_S + (W_a - W_b)}$
3. 기준이 되는 온도가 지정되지 않을 때	$G_S(T/15℃) = K \cdot G_T(T℃/T'℃)$

흙의 수축한계 시험	
1. 수축한계(w_s)	$w_s = w - \left\{ \dfrac{(V-V_s)\gamma_w}{W_s} \times 100 \right\} = \left(\dfrac{1}{R} - \dfrac{1}{G_s}\right) \times 100\ \%$
2. 수축비(R)	$R = \dfrac{C}{w - w_s} = \dfrac{W_s}{V_s \cdot r_w}$
3. 비중의 근사값(G_S)	$G_S = \dfrac{1}{\dfrac{1}{R} - \dfrac{\omega_s}{100}},\quad R = \dfrac{W_S}{V_S \cdot \gamma_w}$

2. 노상토 지지력비 시험

노상토 지지력비 시험	
1. 팽창비	$\gamma_e = \dfrac{다이얼게이지\ 최후\ 읽음 - 최초\ 읽음}{공시체\ 최초\ 높이(mm)} \times 100(\%)$
2. 흡수팽창시험 후 시험체의 부피	$V_2 = V_1 \times \left(1 + \dfrac{r_e}{100}\right)\ (cm^3)$
3. 흡수팽창시험 후 시험체에 대한 건조단위 무게	$\gamma_d' = \dfrac{\gamma_d}{1 + \dfrac{\gamma_e}{100}} = \dfrac{100\gamma_d}{100 + \gamma_e}\ (g/cm^3)$
4. 흡수팽창시험 후 시험체에 대한 습윤단위 무게	$\gamma_t = \dfrac{W_3 - W_1}{V}\ (cm^3)$
5. 흡수팽창시험 후 시험체에 대한 평균 함수비	$w_a' = \left(\dfrac{\gamma_t}{\gamma_d'} - 1\right) \times 100\ (\%)$
6. 노상토 지지력비	$CBR = \dfrac{시험하중}{표준하중} \times 100 = \dfrac{시험단위하중}{표준단위하중} \times 100(\%)$

평판재하 시험	
1. 지지력 계수(K)	$K = \dfrac{q}{y}$
2. 지하판 크기에 따른 관계	$K_{75} = \dfrac{1}{2.2} \times K_{30}$, $\quad K_{75} = \dfrac{1}{1.5} \times K_{40}$

3. 흙의 다짐시험

흙의 다짐 시험	
1. 다짐도(C_d)	$C_d = \dfrac{\gamma_d}{\gamma_{dmax}} \times 100$
2. 상대밀도(D_r)	$Dr = \dfrac{e_{\max} - e}{e_{\max} - e_{\min}} \times 100 = \dfrac{\gamma_d - \gamma_{dmin}}{\gamma_{dmax} - \gamma_{dmin}} \times \dfrac{\gamma_{dmax}}{\gamma_d} \times 100\,(\%)$
3. 다짐에너지(E_C)	$E_C = \dfrac{W_R \cdot H \cdot N_B \cdot N_L}{V}\,(kg.cm/cm^3)$

4. 흙의 전단 시험

흙의 전단 시험	
1. 전단강도	$T_f = C + \sigma \tan\phi$
2. 전단응력(T_f)	1면전단 시험 : $T_f = \dfrac{S}{A}$
	2면전단 시험 : $T_f = \dfrac{S}{2A}$
3. 일축압축과 점착력	$C_U = \dfrac{q_u}{2} tan(45 - \dfrac{\phi}{2})\quad q_u = 2 \cdot C_u \cdot \tan(45 + \dfrac{\phi}{2})$
4. 내부마찰각(ϕ)	$\theta = 45° + \dfrac{\phi}{2},\quad \phi = 2\theta - 90°$
5. 표준관입(N)와 일축압축 강도와의 관계	$q_u = \dfrac{N}{8}$
6. 예민비(S_t)	$S_t = \dfrac{q_u}{q_{ur}}$

5. 흙의 압밀 시험

흙의 압밀 시험	
1. 압축 계수 : a_v	$a_v = \dfrac{e_1 - e_2}{P_1 - P_2} = \dfrac{\Delta e}{\Delta P}(P-e)$
2. 체적 변화 계수 : m_v	$m_v = \dfrac{\dfrac{\Delta V}{V}}{\Delta P} = \dfrac{e_1 - e_2}{1+e}\dfrac{1}{P_2 - P_1} = \dfrac{a_v}{1+e}$
3. 압축 지수 : C_C	$C_C = \dfrac{e_1 - e_2}{\log P_2 - \log P_1} = \dfrac{e_1 - e_2}{\log \dfrac{P_2}{P_1}}$
4. $\sqrt{t}$ 법 압밀계수(C_v)	$C_v = \dfrac{0.848 H^2}{t_{90}}$
5. $\log t$법 압밀계수(C_v)	$C_v = \dfrac{0.197 H^2}{t_{50}}$

6. 골재시험

골재 체가름 시험	
1. 조립률(FM)	$FM = \dfrac{10개체\ 가적\ 잔유율의\ 합}{100}$
2. 혼합골재 조립률(f_a)	$f_a = \dfrac{p}{p+q} \cdot f_s + \dfrac{q}{p+q} \cdot f_g$

굵은골재 밀도 및 흡수율 시험		
1. 표면건조 포화상태 밀도	$\dfrac{B}{B-C} \times \rho_w$	A : 절대건조상태 시료의 질량(g)
2. 절대건조 상태 밀도	$\dfrac{A}{B-C} \times \rho_w$	
3. 진 밀도	$\dfrac{A}{A-C} \times \rho_w$	B : 표면건조포화상태 질량(g)
4. 흡수율	$\dfrac{B-A}{A} \times 100(\%)$	C : 시료의 수중 질량(g)
5. 무더기 평균밀도(G)	$\dfrac{1}{\dfrac{P_1}{100G_1} + \dfrac{P_2}{100G_2} + \dfrac{P_3}{100G_3} + \cdots + \dfrac{P_n}{100G_n}}$	
6. 무더기 평균 흡수율(A)	$\dfrac{P_1 A_1}{100} + \dfrac{P_2 A_2}{100} + \cdots + \dfrac{P_n A_n}{100}$	

잔골재 밀도 및 흡수율 시험		
1. 표면건조포화상태의 밀도	$\dfrac{m}{B+m-C} \times \rho_w$	m: 표면건조포화상태시료의 질량
2. 절대건조 상태의 밀도	$\dfrac{A}{B+m-C} \times \rho_w$	C: 시료와 물로 검정된 용량을 나타낸 눈금까지 채운플라스크 질량(g)
3. 진밀도	$\dfrac{A}{B+A-C} \times \rho_w$	B: 검정된 용량을 나타낸 눈금까지 물을 채운 플라스크 질량(g)
4. 흡수율	$\dfrac{m-A}{A} \times 100 (\%)$	A: 절대건조상태의 시료 질량(g)
5. 표면수율	$\dfrac{습윤상태 - 표면건조포화상태}{표면건조포화상태} \times 100 (\%)$	
6. 유효흡수율	$\dfrac{표면건조포화상태 - 기건상태}{기건상태} \times 100 (\%)$	
7. 흡수율	$\dfrac{표면건조포화상태 - 노건조상태}{노건조상태} \times 100 (\%)$	
8. 전함수율	$\dfrac{습윤상태 - 노건조상태}{노건조상태} \times 100 (\%)$	

7. 시멘트 및 콘크리트 시험

시멘트 비중 시험	
1. 시멘트 비중	$\dfrac{시멘트의 무게(g)}{비중병 눈금차(ml)}$

시멘트 모르타르 압축강도 시험	
1. 흐름값	$\dfrac{시험 후 퍼진 모르타르의 평균 지름}{흐름 몰드의 밑 지름} \times 100(\%)$
2. 압축강도	$\dfrac{최대하중}{단면적} (N/mm^2)$

블리딩 시험	
블리딩량	$\dfrac{V}{A}(cm^3/cm^2,\ ml/cm^2)$

콘크리트 압축강도 시험	
압축강도(f_c)	$\dfrac{P}{A}\ (N/mm^2)$

콘크리트 인장강도 시험	
인장강도(f_{sp})	$\dfrac{2P}{\pi dl}$ (N/mm^2, MPa)

콘크리트 휨강도 시험	
휨강도(f_b)	$\dfrac{Pl}{bd^2}$ (N/mm^2, MPa)

콘크리트 공기 함유량 시험	
콘크리트 공기량(A)	$A_1 - G$

콘크리트 압축강도 추정을 위한 반발 경도 시험		
1. 수정 반발 경도(R_0)	$R_0 = R + \Delta R$	R_0 : 수정 반발경도 R : 측정반발경도 ΔR : 보정값
2. 압축강도(F)	$F = 13R_0 - 184$ (kgf/cm^2) $F = 1.27R_0 - 18.0$ (MPa)	

콘크리트 시방 배합	
1. 골재량 체적	$S_V + G_V =$ $1m^3 - \left\{ \dfrac{C(kg)}{1000 \times C_g} + \dfrac{W(kg)}{1000} + \dfrac{A(\%)}{100} + \dfrac{혼화재량(kg)}{1000 \times 혼화재 비중} \right\}(m^3)$
2. 잔골재 부피	$S_V = (S_V + G_V) \times S/a$ (m^3)
3. 굵은골재 부피	$G_V = (S_V + G_V) - S_V$ (m^3)
4. 잔골재량	$S = S_V \times S_g \times 1000$ (kg)
5. 굵은골재 량	$G = G_V \times G_g \times 1000$ (kg)

건설재료시험 양식

체분석(입경가적곡선)

체 눈 (mm)	잔류흙 무게 (g)	잔류율 (%)	가적잔유율 (%)	가적통과율 (%)	보정가적통과율 (%)

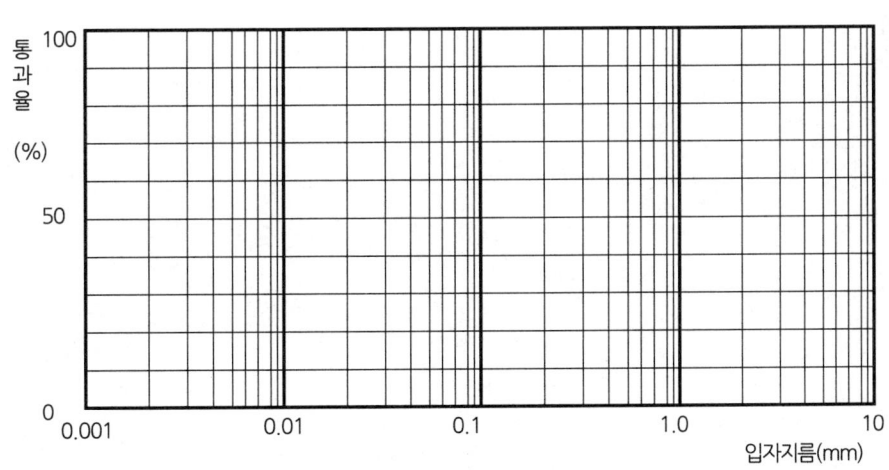

입 경 가 적 곡 선

흙의 액성한계 시험

낙하횟수 (회)					
함 수 비 (%)					

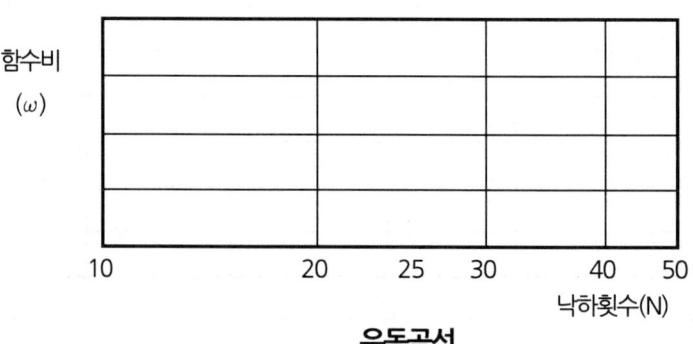

유동곡선

계산란)

다짐시험

시험번호	1	2	3	4	5	6
몰 드 무 게 (g)						
(시료+몰드)무게 (g)						
함 수 비 (%)						
습윤시료의 무게 (gf)						
습 윤 밀 도 (gf/cm^3)						
건 조 밀 도 (gf/cm^3)						

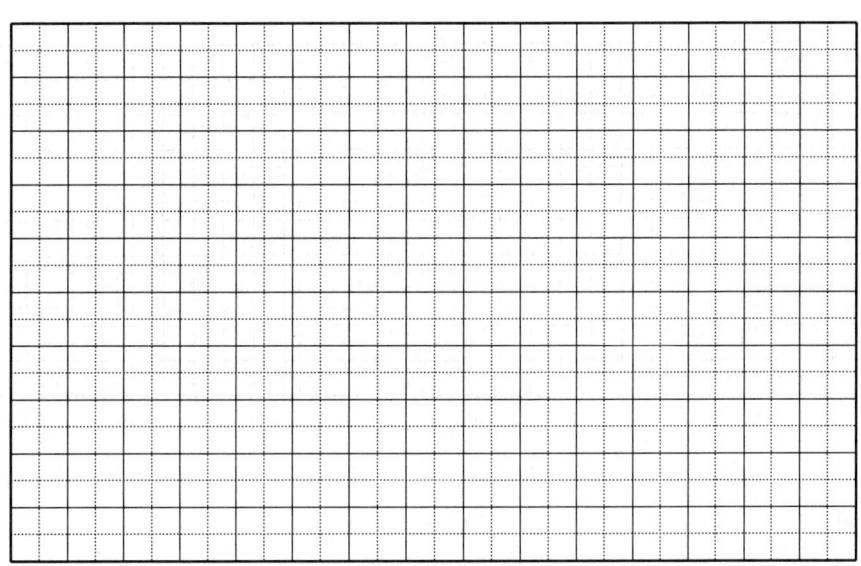

다짐 곡선

계산란)

노상토 지지력비 시험

시험횟수(회)	1	2	3	4	5
함수비 (%)					
건조밀도 (gf/cm³)					

다짐회수(회)	10회	25회	55회
시험하중2.5mm에 대하여			
건조밀도 (gf/cm³)			

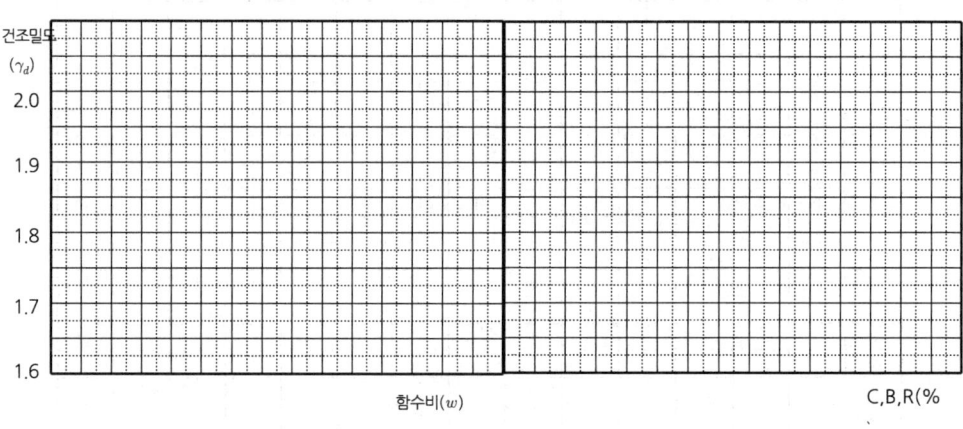

계산란)

현장밀도시험 (들밀도시험)

번호	측정요소	결과	산 출 근 거
1	(시험전 모래+용기)무게(g)		
2	(시험후 모래+용기)무게(g)		
3	사용된 모래무게(g)		
4	깔때기속의 모래무게(g)		
5	구멍속의 모래무게(g)		
6	(용기+(시료팬)+흙)무게(g)		
7	용기+(시료팬)무게(g)		
8	흙의(구멍속)무게(g)		
9	(젖은흙+함수캔)무게(g)		
10	(마른흙+함수캔)무게(g)		
11	함수캔 무게(g)		
12	물 무게(g)		
13	마른흙의 무게(g)		
14	함수비(%)		
15	모래의 단위중량 (g/cm^3)		
16	습윤 밀도 (g/cm^3)		
17	건조 밀도 (g/cm^3)		

골재 체가름 시험

체(mm)	잔유량(g)	잔유율(%)	가적잔유율(%)	가적통과율(%)
PAN				
계				

계산란)

1) 성과표 작성

　① 잔유율 $= \dfrac{\text{각 체의 잔류량}}{\text{총 시료량}} \times 100$ (%)

　② 가적잔유율 $= \Sigma$잔유율(%)

　③ 가적통과율 $= 100 -$ 가적잔유율 (%)

2) 조립률(FM)

　$FM =$

3) 사용여부 결정

모눈종이

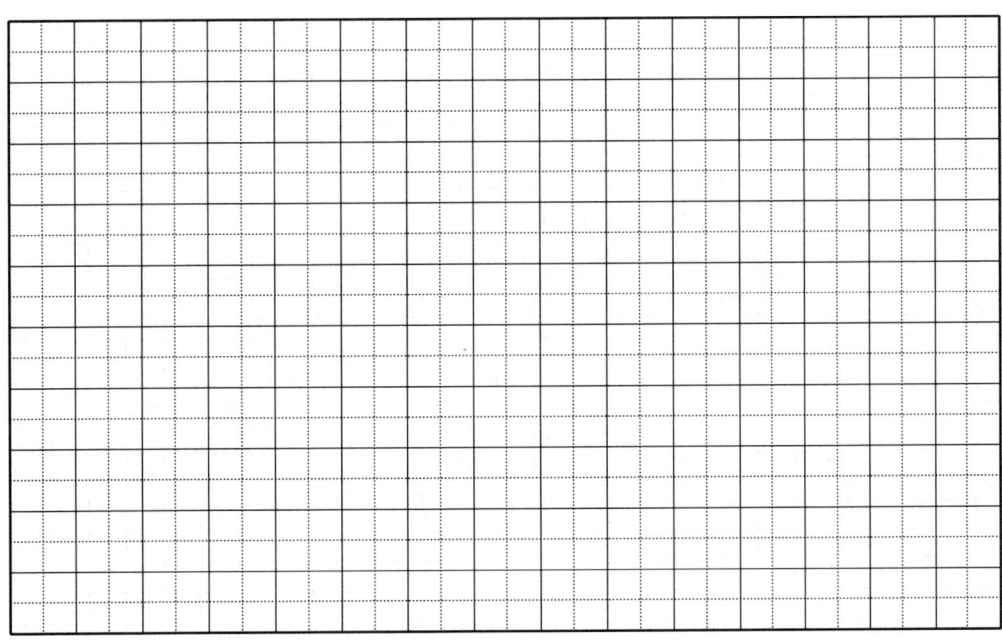

세미 로그 용지

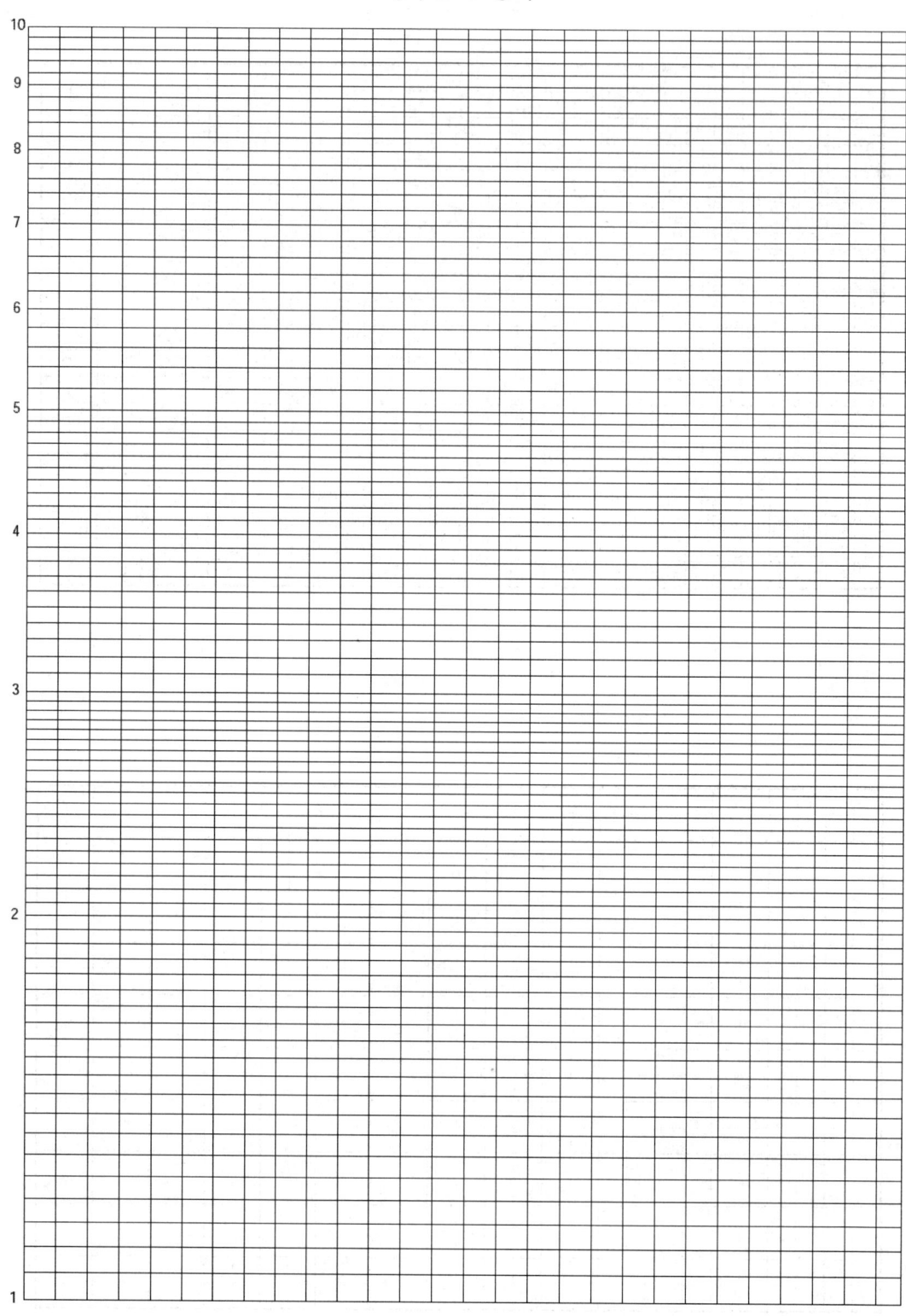

부 록 643

건설재료시험기능사(필기 실기)

2007년 6월 25일 초판발행
2026년 1월 10일 개정증보20판인쇄
2026년 1월 15일 개정증보20판발행

편 저 : 박 종 삼
발행인 : 성 대 준
발행처 : 도서출판 금호
　　　　서울시 성동구 성수이로 118
　　　　전화 : 02)498-4816　FAX : 02)462-1426
　　　　등록 : 제303-2004-000005호

　　　　　　　　　　　　　　　정가 26,000원

* 파본은 교환해 드립니다.
* 본서의 무단복제를 금합니다.